主要符号列表

符号	描述
$\boldsymbol{u}(x, y, z)=(u(x, y, z), v(x, y, z), w(x, y, z))^{\mathrm{T}}$	在点（x，y，z）处沿坐标轴方向的位移
$\boldsymbol{f}=(f_x, f_y, f_z)^{\mathrm{T}}$	在点（x，y，z）处单位体积上的体力分量
$\boldsymbol{T}=(T_x, T_y, T_z)^{\mathrm{T}}$	在表面上点（x，y，z）处每单位面积上的作用力分量
$\boldsymbol{\varepsilon}=(\varepsilon_x, \varepsilon_y, \varepsilon_z, \gamma_{yz}, \gamma_{zx}, \gamma_{xy})^{\mathrm{T}}$	应变分量，ε 是正应变，γ 是工程切应变
$\boldsymbol{\sigma}=(\sigma_x, \sigma_y, \sigma_z, \tau_{yz}, \tau_{zx}, \tau_{xy})^{\mathrm{T}}$	应力分量，σ 是正应力，τ 是工程切应力
Π	势能 $\Pi=U+WP$，其中 U 是应变能，WP 是外力势(work potential)
$\boldsymbol{q}$	单元节点位移矢量（列阵[㊀]）（自由度 DOF），维度（NDN * NEN，1）——NDN 和 NEN 的解释见下一个表
$\boldsymbol{Q}$	单元全部节点位移矢量，维度（NN * NDN，1）——NN 和 NDN 的解释见下一个表
$\boldsymbol{k}$	单元刚度矩阵；单元应变能 $U_e=\frac{1}{2}\boldsymbol{q}^{\mathrm{T}}\boldsymbol{kq}$
$\boldsymbol{K}$	结构的整体刚度矩阵 $\Pi=\frac{1}{2}\boldsymbol{Q}^{\mathrm{T}}\boldsymbol{KQ}-\boldsymbol{Q}^{\mathrm{T}}\boldsymbol{F}$
f^e	单元ⓔ中分布在节点上的体力
T^e	单元ⓔ中分布在节点上的面力
$\phi(x, y, z)$	虚位移变量；对应于实际位移 $\boldsymbol{u}$（x，y，z）
$\boldsymbol{\psi}$	单元节点虚位移矢量；对应于 $\boldsymbol{q}$
$\boldsymbol{N}$、$\boldsymbol{D}$ 和 $\boldsymbol{B}$	分别是在 $\xi\eta\zeta$ 坐标系下的形状函数、材料矩阵和应变-位移矩阵。$\boldsymbol{u}=\boldsymbol{Nq}$，$\boldsymbol{\varepsilon}=\boldsymbol{Bq}$，$\boldsymbol{\sigma}=\boldsymbol{DBq}$。

Input 文件的结构[㊁]

```
TITLE        (*)
PROBLEM  DESCRIPTION          (*)
NN  NE  NM  NDIM  NEN  NDN   (*)
 4   2   2    2     3    2              — 1 Line of data, 6 entries per line
ND  NL  NMPC     (*)
 5   2   0                              — 1 Line of data, 3 entries
Node#  Coordinate#1 … Coordinate#NDIM   (*)
  1        3              0
  2        3              2
  3        0              2
```

㊀ 此处原版中的术语 vector 的本意应译为矢量。但在有限元中，vector 也可以表示多个节点的位移（每个节点的位移为矢量）所组成的矢量列阵，若翻译为矢量，容易简单理解为位移矢量，而“多节点位移所组成的受力列阵”（或简称为“节点位移列阵”）是比较合适的，故此处简化译为列阵。——译者注

㊁ HEAT1D 和 HEAT2D 程序需要附加热通量和对流的边界条件数据（参见第 10 章）。

（*）＝空语句（注释行）——不能省略。

注意：在 input 文件中不能出现空白行。

```
  4        0              0                     — NN Lines of data, (NDIM + 1) entries
Elem#  Node#1  ...  Node#NEN  Mat#  Element  Characteristics⊖        (*)
  1      4       1      2       1      0.5        0.
  2      3       4      2       2      0.5        0.
                 —NE Lines of data, (NEN + 2 + #of Char.) entries
DOF#  Specified Displacement      (*)
  2         0
  5         0
  6         0                                   —ND Lines of data, 2 entries
  7         0
  8         0
DOF#    Load       (*)
  4     -7500
  3      3000                                   —NL Lines of data, 2 entries
MAT#  Material  Properties      (*)
  1     30e6      0.25     12e-6
                                                —NM Lines of data, (1 + # of prop.) entries
  2     20e6      0.3      0.
  B1  i  B2  j  B3   (Multipoint constraint: B1 * Qi + B2 * Qj = B3)      (*)
                                                —NMPC Lines of data, 5 entries
```

主程序变量

NN = 节点数；

NE = 单元数；

NM = 不同材料数；

NDIM = 每个节点的坐标数（例如，二维情形 NDIM = 2，三维情形 NDIM = 3）；

NEN = 每个单元的节点数（例如，三节点三角形单元 NEN = 3，四节点四边形单元 = 4）；

NDN = 每个节点的自由度数（例如，常应变三角形单元 NDN = 2，三维梁单元 NDN = 6）；

ND = 对应于给定位移的自由度数 = 边界条件数；

NL = 施加载荷的分量个数（沿自由度方向）；

NMPC = 多点约束数；

NQ = 总自由度数 = NN * NDN。

程　序	单元特性	材料属性
FEM1D, TRUSS, TRUSSKY	面积，温度增量	E
CST, QUAD	厚度，温度增量	E, ν, α
AXISYM	温度增量	E, ν, α
FRAME2D	面积，惯性矩，分布载荷	E
FRAME3D	面积，3 个轴的惯性矩，2 个分布载荷	E
TETRA, HEXAFNT	温度增量	E, ν, α
HEAT2D	单元热源	热导率 k
BEAMKM	惯性矩，面积	E, ρ
CSTKM	厚度	E, ν, α, ρ

⊖ 单元特性和材料属性的描述见下。

一些材料的典型物理属性

材 料	密度 kg/m³	强度极限 拉伸 /MPa	强度极限 压缩 /MPa	屈服强度 /MPa	弹性模量 E /GPa	泊松比 ν	热膨胀系数 10⁻⁶/℃	热导率 /(W·m⁻¹·℃⁻¹)
铝 2014-T6	2800	470		410	72	0.33	23	210
铝（合金）6061-T6	2800	228		131	70	0.33	23	210
冷轧黄铜	8470	540		420	105	0.35	19	105
退火黄铜	8470	330		100	105	0.35	19	105
锰青铜	8800	450		170	100	0.34	20	58
灰口铸铁	7200	170	650		95	0.25	12	45
韧性铸铁	7200	370		250	170	0.25	12	45
低强度混凝土	2400	2	20		22	0.15	11	1
中强度混凝土	2400	3	41		32	0.15	11	1
高强度混凝土	2400	4	62		40	0.15	11	1
冷拉紫铜	8900	380		330	120	0.33	17	380
硅玻璃	2400	80	400		70	0.17	8	0.8
镁 8.5% 铝合金	1800	350		250	45	0.35	26	160
钢 0.2% C 热轧	7850	410		250	200	0.30	12	42
钢 0.2% C 冷轧	7850	550		350	200	0.30	12	42
钢 0.6% C 热轧	7850	690		370	200	0.30	12	42
调质钢 0.8% C 热轧	7850	830		700	200	0.30	12	42
不锈钢 302 冷轧	7920	860		600	194	0.30	17	18
钛 6% Al 4% V	4460	900		830	110	0.34	9	14

注：成分组成、温度和处理条件的差别会使材料的属性有一个较大的变化范围。

本书常用计量单位及换算

物 理 量	单 位/换 算
一般量	
加速度	$1\text{in/s}^2 = 0.0254\text{m/s}^2$
面积	$1\text{in}^2 = 645.16\text{mm}^2$
密度（i）	$1\text{lbm/in}^3 = 27679.905\text{kg/m}^3$
密度（ii）	$1\text{slug/ft}^3 = 515.379\text{kg/m}^3$
力	$1\text{lb} = 4.448\text{N}$
频率	Hz
长度	$1\text{in} = 0.0254\text{m}$; $1\text{ft} = 0.3048\text{m}$
质量（i）	$1\text{lbm} = 0.45359\text{kg}$
质量（ii）	$1\text{slug} = 14.594\text{kg}$
力矩	$1\text{in}\cdot\text{lb} = 0.1130\text{N}\cdot\text{m}$
惯性矩（面积）	$1\text{in}^4 = 416231.4\text{mm}^4$
惯性矩（质量）（i）	$1\text{lbm}\cdot\text{in}^2 = 2.9264\text{E}-4\text{kg}\cdot\text{m}^2$
惯性矩（质量）（ii）	$1\text{slug}\cdot\text{in}^2 = 0.009415\text{kg}\cdot\text{m}^2$
功率（i）	$1\text{in}\cdot\text{lb/s} = 0.1130\text{W}$
功率（ii）	$1\text{hp} = 0.746\text{kW}$ （$1\text{hp} = 550\text{ft}\cdot\text{lb}$）
压力	$1\text{psi} = 6894.8\text{Pa}$ （psi = pounds/in², Pa = N/m²）
刚度	$1\text{lb/in} = 175.1\text{N/m}$
应力（i）	$1\text{psi} = 6894.8\text{Pa}$
应力（ii）	$1\text{ksi} = 6.8948\text{MPa}$; $1\text{MPa} = 145.04\text{psi}$ （ksi = 1000psi; MPa = 10⁶Pa）
时间	s

物 理 量	单 位/换 算
速度	$1in/s = 0.0254m/s$
体积	$1in^3 = 16.3871E - 6m^3$
功，能	$1in \cdot lb = 0.1130J$
热传导	
表面传热系数	$1Btu/(h \cdot ft^2 \cdot {}^\circ F) = 5.6783W/(m^2 \cdot {}^\circ C)$
热量	$1Btu = 1055.06J$ （$1Btu = 778.17ft \cdot lb$）
热通量	$1Btu/(h \cdot ft^2) = 3.1546W/m^2$
比热	$1Btu/{}^\circ F = 1899.108J/{}^\circ C$
温度（i）	$T({}^\circ F) = [(9/5)T + 32]{}^\circ C$
温度（ii）	$T(K) = T{}^\circ C + 273.15$
热导率	$1Btu/(h \cdot ft \cdot {}^\circ F) = 1.7307W/(m \cdot {}^\circ C)$
液体流动	
绝对黏度	$1lb \cdot s/ft^2 = 478.803P$ （$poise = g/cm \cdot s$）
流动黏度	$1ft^2/s = 929.03St$ （$stoke = cm^2/s$）
电磁场	
电容	F（法拉）
电荷量	C（库仑）
电荷密度	C/m^3
电动势	V（伏特）
电感	H（亨利）
磁导率	H/m
介电常数	F/m
标量磁势	A（安培）

时代教育·国外高校优秀教材精选

工程中的有限元方法

（中文版·原书第4版）

Introduction to Finite Elements in Engineering

[美] T. R. 钱德拉佩特拉（Tirupathi R. Chandrupatla）
A. D. 贝莱冈度（Ashok D. Belegundu） 著
曾攀 雷丽萍 译

机械工业出版社

图书在版编目（CIP）数据

工程中的有限元方法：第 4 版/[美] 钱德拉佩特拉（Chandrupatla, T. R.），[美] 贝莱冈度（Belegundu, A. D.）著；曾攀，雷丽萍译. —北京：机械工业出版社，2014.6（2024.7 重印）
（时代教育·国外高校优秀教材精选）
ISBN 978-7-111-46150-0

Ⅰ. ①工… Ⅱ. ①钱…②贝…③曾…④雷… Ⅲ. ①有限元法—应用—工程技术—高等学校—教材 Ⅳ. ①TB115

中国版本图书馆 CIP 数据核字（2014）第 050061 号

机械工业出版社（北京市百万庄大街 22 号 邮政编码 100037）
策划编辑：刘小慧 责任编辑：刘小慧 王勇哲 陈崇昱 卢若薇
版式设计：常天培 责任校对：刘雅娜
封面设计：张 静 责任印制：张 博
北京建宏印刷有限公司印刷
2024 年 7 月第 1 版第 4 次印刷
184mm × 260mm · 25.5 印张 · 621 千字

标准书号：ISBN 978-7-111-46150-0
定价：78.00 元

电话服务	网络服务
客服电话：010-88361066	机 工 官 网：www.cmpbook.com
010-88379833	机 工 官 博：weibo.com/cmp1952
010-68326294	金 书 网：www.golden-book.com
封底无防伪标均为盗版	机工教育服务网：www.cmpedu.com

译 者 序

本书是近年来在国际上有限元分析教学方面具有较大影响的大学教材之一。它的显著特点是：在介绍有限元方法基本原理的同时，提供相应的工程背景和建模技巧，书中所给的实例和习题几乎都对应或涉及实际工程背景，使读者在学习过程中就能体会和了解实际问题的有限元建模过程，可以说这正是学习有限元分析方法的重要目的之一。

本书的作者 T. R. 钱德拉佩特拉博士（Tirupathi R. Chandrupatla）为美国罗文大学（Rowan University）机械工程系的教授和主任，曾在工业界从事机械设计工作，具有丰富的工程实际经验，也开展了有限元方法方面的学术研究。他长期从事有限元方面的教学工作，形成了在有限元教学中基本理论与实际工程相结合的显著特点。另一位作者 A. D. 贝莱冈度博士（Ashok D. Belegundu）在宾夕法尼亚州立大学（The Pennsylvania State University）执教，从事机械系统及设计方面的研究，在结构有限元分析及优化方面发表了许多学术论文，在学术和教学方面都有较大的影响。

T. R. 钱德拉佩特拉博士与 A. D. 贝莱冈度博士合作，于 1991 年写出了本书的第 1 版，由于特点鲜明而在大学中广受欢迎和赞誉，取得了很好的教学效果。1997 年出版了本书的第 2 版，2002 年由培生教育出版集团出版了第 3 版，2012 年由培生教育出版集团出版了本书的第 4 版，并且作了以下调整：

1）增加了叠加原理的表述。

2）增加了对称结构及反对称结构的建模及处理。

3）增加了例题及习题。

4）将原来的第 8 章（梁及框架结构）移到第 4 章（桁架结构）之后。

5）提供修改后的 VB 源程序。

6）提供基于 JavaScript 脚本的程序（便于在网络上运行）。

本书的第 3 版于 2005 年由机械工业出版社引进并出版了影印版，已进行了多次印刷，取得了很好的社会及市场效果。目前的新版完全保留了前版的特点，所作的调整更能反映有限元方法的工程及适用属性，特别考虑了课程教学的特点，注重方法原理的论述与实用例题的展示，提供了 300 多个图示和大量的实例，在新版本中提供了所有的计算机程序源代码。因原书采用了部分英制单位，本书特在内封前给出了常用计量单位及换算表，以便于读者查阅。

本书写作流畅，推导严谨，实例丰富，特别注重实用性，可以作为机械、力学、土木、水利、航空航天等专业的学生进行有限元方法学习的教材，也可与已经出版的影印版结合起来使用，作为双语课程的教材。

本书是在原第 3 版翻译的基础上完成的，雷丽萍对新修订的内容进行了翻译，曾攀对全书的翻译进行了审定，硕士生黑梦对书中的公式及图表进行了编排。译者还特别感谢张慧玲女士对本书中文版出版的重要贡献。由于译者的水平有限，在对原书的理解和专业用语方面难免有不妥之处，敬请读者批评指正。

清华大学机械工程系

曾　攀　雷丽萍

前　言

本书的第1版在20多年以前问世，几年之后又出版了第2版和第3版。本书曾被翻译成西班牙语、韩语、希腊语和汉语。我们收到了来自使用该书的教授、学生和从事实际工作的工程师的正面反馈意见，也了解到在过去30年中我们学校的学生使用本书的各方面情况。本书的基本出发点是提供有限元方法的清晰理论、建模方法以及具体的计算机实现程序，在这一版充分考虑了许多建议，保留了以前版本的特点，并在一些方面有所改进。

本书在以下方面作了调整：

1）介绍叠加原理。

2）对称与反对称问题的处理。

3）提供更多的例题和习题。

4）拼片试验。

5）将梁和框架结构的章节移至桁架章节之后。

6）修订了 Excel VB 编程。

7）提供可在网页浏览器 IE、Firefox、Chrome、Safari 上运行的 JavaScript 程序。

8）提供与有限元编程衔接的图形处理运行程序。

书中许多章节还增加了一些新的材料，补充了实际算例和练习题，以帮助读者更好地学习和理解，而练习题更强调了对基本理论的理解和实际问题的考虑。在前面几章中增加了实际问题的建模，在第1章增加了叠加原理，清晰阐述了二维问题中对称和反对称情形的处理方法，增加了例题和练习题，并增加了对拼片试验和相关问题的讨论。所提供的程序都具有相同的编程结构，以方便读者仿照使用；同时还增加了 JavaScript 程序，使得读者可以采用 IE、Firefox、Chrome 或 Safari 等网页浏览器进行有限元问题的求解。所有程序都经过认真的检查，可下载程序包中包括了涉及图形程序的可执行版本。程序所采用的语言包括：Visual Basic、Microsoft Excel Visual Basic、MATLAB、JavaScript，以及早期使用的 QBASIC、FORTRAN 和 C，相应的求解说明也作了更新。

第1章简要介绍有限元方法的历史背景和基本概念，对平衡方程、应力-应变关系、应变-位移关系和势能原理进行评述，引入伽辽金（Galerkin）方法的概念。

第2章介绍矩阵和行列式的性质，引入高斯（Gauss）消元法，讨论对称带状矩阵方程的求解和带状矩阵“特征顶线”（skyline）的处理方法，对平方根（Cholesky 分解）法和共轭梯度法也作了讨论。

第3章通过对一维问题的分析来介绍有限元方法的基本概念和表达式，涉及有限元分析的主要步骤：形状函数的表达、单元刚度矩阵的推导、整体刚度矩阵的形成、边界条件的处理、方程的求解以及应力计算；同时给出了基于势能方法和伽辽金方法的表达形式，而且考虑了温度效应的处理。

第4章给出平面及三维桁架问题的有限元表达，对于整体刚度矩阵的组装，分别给出带状矩阵和具有“特征顶线”矩阵的形式，还提供了基于这两种形式进行求解的计算机程序。

第5章讨论梁单元及埃尔米特（Hermite）形状函数的应用，涉及二维及三维框架结构。

第6章介绍用于二维平面应力和平面应变问题求解的常应变三角形单元（CST），详细给出问题的建模过程及边界条件的处理方法，对于正交各向异性材料也给出相应的处理方法。

第7章介绍轴对称物体在承受轴对称外载时的建模过程，给出相应的三角形单元表达式，还提供几个实际问题的处理方法。

第8章介绍四边形单元和高阶单元的基本概念以及采用高斯方法进行面积积分的数值方法，给出轴对称四边形单元的表达式以及基于共轭梯度法求解的过程。

第9章为三维应力分析，包括四面体单元和六面体单元，还介绍波前法的求解及其实现过程。

第10章详细介绍标量场问题的处理，在其他各章中均将伽辽金方法和能量原理作为有限元方法推导的基本原理，在本章中仅采用伽辽金方法来进行推导。采用该方法可以直接对所给出的微分方程进行处理，而无需定义一个用来求最小值的等效泛函。该章分别就稳态热传导、扭转、一般流动、渗流、电磁场、管道中流动、声学等问题给出相应的伽辽金方法表达式。

第11章为动力学问题，给出单元质量矩阵表达，对一般特征值问题的特征值（自然率频）、特征向量（模态形状）的求解进行讨论，给出求逆迭代法、雅可比（Jacobi）法、三对角化法以及显式漂移法等求解方法。

第12章介绍前处理及后处理的概念，给出二维问题网格自动划分的原理及实现方法，对于三角形和四边形单元给出由单元值求取节点应力的最小二乘方法，还介绍了后处理中的等值线技术。

对于本科生来说，书中一些较深的内容可以忽略，或根据某一新的完整内容体系，按需要来采用本书的材料，建议并鼓励在学习完第6章后就开始使用第12章中的程序，这样可以帮助读者高效率地准备各种有限元分析的数据。

我们对北卡罗莱纳-夏洛特分校（UNC Charlotte）机械工程系方宏兵（音译）（Hongbing Fang）教授、新泽西州霍博肯史蒂文斯技术学院（Stevens Institute of Technology，Hoboken，New Jersey）机械工程系K. 普切尔（Kishore Pochiraju）教授、亚利桑那州立大学艾拉答富尔顿工学院（Arizona State University，Ira A. Fulton）S. 拉赞（Subramanian Rajan）教授、密歇根州劳伦斯理工大学（Lawrence Technological University，Michigan）机械工程系C. H. 利多尔（Chris H. Reidel）教授、康奈尔大学（Cornell University）锡布利（Sibley）机械与航空学院N. J. 扎巴拉（Nicholas J. Zabaras）教授表示感谢，他们对本书第3版进行了审阅并提出许多建设性的意见，这些对我们有很大的帮助作用。

本书自带的采用Visual Basic、Excel-based Visual Basic、MATLAB、FORTRAN、JavaScript和C语言编写的计算源代码，可以由网页 www. pearsonhighered. com/chandrupatla 获得。

本书作者T. R. 钱德拉佩特拉对J. 廷斯利·奥登（J. Tinsley Oden）表示感谢，正是他的教导和鼓励影响了作者本人的一生，感谢在罗文大学（Rowan University）和凯特林大学（Kettering University）就读的学习该课程的学生，还要感谢同事P. 冯罗克特（Paris von Lockette）在本书第2版和第3版出版后的教学活动中所提出的富有价值的意见。

本书作者A. D. 贝莱冈度感谢他在宾夕法尼亚州立大学的学生们，他们对本书和程序提出了很好的建议。

感谢M. 霍顿（Marcia Horton）对本版本和先前版本所给予的指导，感谢培生教育出版集团的编辑们：N. 迪亚斯（Norrin Dias）、T. 奎恩（Tacy Quinn）、D. 亚内尔（Debbie Yarnell）和C. 罗密欧（Clare Romeo）。正是他们才使得本书的编写工作变得如此愉快。感谢项目主管M. 潘·沙拉万南（Maheswari Pon Saravanan）和她在印度TexTech International Chennai的团队，他们高效地完成了编辑和文稿校对工作。

T. R. 钱德拉佩特拉

A. D. 贝莱冈度

目　录

第1章

基本概念

1.1 引言

对于广泛的工程问题，有限元方法已成为数值求解的强有力工具，它所涉及的领域包括从汽车、飞机、建筑、桥梁结构的变形和应力分析，到热流、液体流、磁通量、渗流等流动问题的场分析。随着计算机技术和CAD技术的发展，可以较容易地对许多复杂问题进行建模分析，对于一些可选的设计方案而言，可以在制造实物原型之前就借助于计算机进行实验或考证。要完成这些工作，就需要我们充分理解有限元方法的基本理论、建模技巧以及计算方法。有限元分析的基本过程是：将介质的复杂几何区域离散为具有简单几何形状的单元，也叫做有限单元，而单元内的材料性质和控制方程通过单元节点的未知量来进行表达，再通过单元集成、外载和约束条件的处理，得到方程组，求解该方程组就可以得到该介质行为的近似表达。

1.2 历史背景

有限元方法的基本思想产生于对飞机结构进行分析的需求。1941年，雷尼科夫（Hrenikoff）采用“框架形变功法”计算了弹性问题，可兰特（Courant）于1943年发表了采用三角形区域内的分片多项式来处理扭转问题的论文，特纳（Turner）等人于1956年推导了杆、梁等单元的刚度矩阵，而“有限单元”这一名称是克拉夫（Clough）于1960年提出的。

在20世纪60年代初期，就有许多工程师采用有限元方法来近似求解应力分析、流体流动、热传导等问题。1955年，阿吉里斯（Argyris）出版了一本关于能量原理和矩阵方法的书，为进一步开展有限元方法的研究奠定了基础。第一本关于有限元方法的书是监科维奇（Zienkiewicz）和Cheung于1967年完成的。在20世纪60年代后期和70年代初期，有限元分析被应用于处理非线性和大变形问题。1972年Oden完成了有关非线性介质方面的专著，有关的数学基础是在20世纪70年代奠定的，涉及新型单元、收敛性方面等问题。

如今，随着大型计算机的发展和小型计算机的普及，使得学生和在企业工作的工程师可以充分地使用有限元方法这一有力的工具。

1.3 本书概要

本书采用势能原理和伽辽金（Galerkin）方法来推导有限元方法。首先就固体和结构的力学分析讨论有限元方法的基本概念，以加强理解。因此，在本书的前几章，主要处理杆、梁，以及弹性变形体问题，对于不同材料的弹性问题，也是按这一次序进行讨论。在书的第

10 章，才将有限元方法的概念扩展到场问题的处理中，在每一章中都提供一系列的典型例题和供读者使用的计算机程序。

下面介绍一下将在有限元方法中使用的基本概念。

1.4 应力与平衡方程

一个体积为 V 和外表面为 S 的三维物体如图 1.1 所示，物体中的点由 x，y，z 坐标确定，其中的一部分边界有位移约束，另一部分边界作用有分布力 $\boldsymbol{T}$，也叫做拉力。

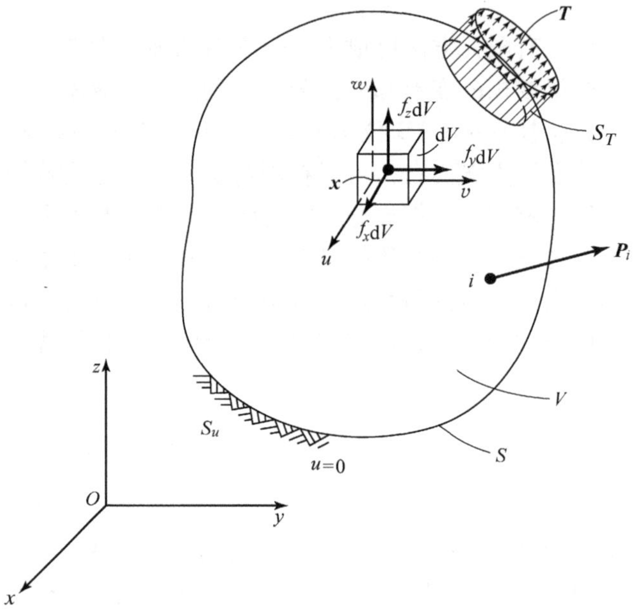

图 1.1 三维物体

在力的作用下，物体产生变形。一点($\boldsymbol{x}=[x,\ y,\ z]^{\mathrm{T}}$)的变形由它的位移的三个分量来表示

$$\boldsymbol{u}=(u,v,w)^{\mathrm{T}} \tag{1.1}$$

对于单位体积的分布力，如单位体积的重力，由矢量$\boldsymbol{f}$来表示

$$\boldsymbol{f}=(f_x,f_y,f_z)^{\mathrm{T}} \tag{1.2}$$

在微小体元 dV 上作用有体积力[⊖]的情况如图 1.1 所示。表面拉力 $\boldsymbol{T}$ 可以通过物体表面该点上的分量来表示

$$\boldsymbol{T}=(T_x,T_y,T_z)^{\mathrm{T}} \tag{1.3}$$

表面拉力的典型例子有分布接触力和拉力。作用于点 i 的外载荷 $\boldsymbol{P}$ 可以由它的三个分量来表示

$$\boldsymbol{P}_i=(P_x,P_y,P_z)_i^{\mathrm{T}} \tag{1.4}$$

作用在微小体元 dV 上的应力如图 1.2 所示。当体积微元 dV 收缩为一个点时，虽然可以

⊖ 也可以简称为“体力”，原文均用 body force。——编辑注

将应力张量的分量写成为一个（3×3）的对称矩阵，但人们习惯于用6个独立分量来表示，即

$$\boldsymbol{\sigma}=(\sigma_x,\sigma_y,\sigma_z,\tau_{yz},\tau_{xz},\tau_{xy})^{\mathrm{T}} \tag{1.5}$$

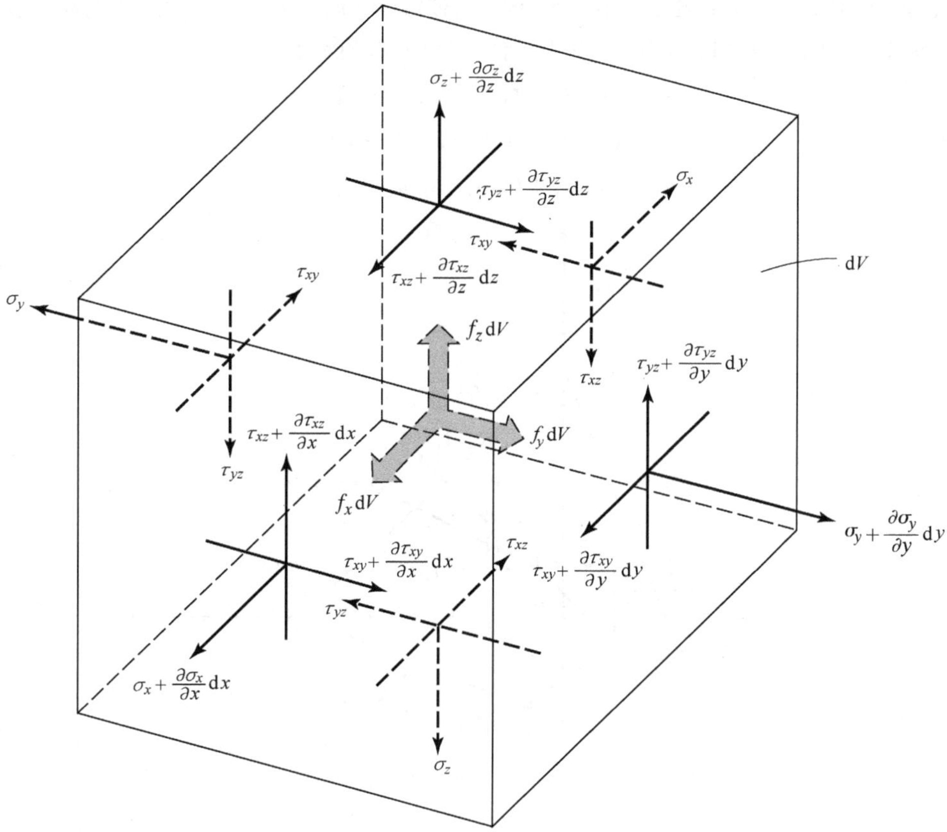

图1.2 微小体元的平衡

其中，σ_x、σ_y、σ_z 为正应力；τ_{yz}、τ_{xz}、τ_{xy}为切应力。下面考虑图1.2所示微小体元的平衡问题。首先由应力乘上所对应的面积可以得到合力，然后取平衡，有$\sum F_x=0$，$\sum F_y=0$ 及 $\sum F_z=0$，注意有 $\mathrm{d}V=\mathrm{d}x\mathrm{d}y\mathrm{d}z$，可以得到平衡方程如下：

$$\begin{cases}\dfrac{\partial\sigma_x}{\partial x}+\dfrac{\partial\tau_{xy}}{\partial y}+\dfrac{\partial\tau_{xz}}{\partial z}+f_x=0\\[2mm]\dfrac{\partial\tau_{xy}}{\partial x}+\dfrac{\partial\sigma_y}{\partial y}+\dfrac{\partial\tau_{yz}}{\partial z}+f_y=0\\[2mm]\dfrac{\partial\tau_{xz}}{\partial x}+\dfrac{\partial\tau_{yz}}{\partial y}+\dfrac{\partial\sigma_z}{\partial z}+f_z=0\end{cases} \tag{1.6}$$

1.5 边界条件

参照图1.1可以看出，存在有位移边界条件和外载边界条件。如果在 S_u 边界上有固定的位移 $\boldsymbol{u}$，则

$$\boldsymbol{u}=\boldsymbol{0} \text{ 在 } S_u \text{ 上} \tag{1.7}$$

也可以考虑形如 $\boldsymbol{u}=\boldsymbol{a}$ 的边界条件，其中，$\boldsymbol{a}$ 为所给定的位移。

下面讨论图 1.3 所示四面体 $ABCD$ 的平衡问题。图中的 DA、DB 以及 DC 分别平行于 x、y 及 z 轴，面积 ABC（由 $\mathrm{d}A$ 表示）位于表面，如果 $\boldsymbol{n}=(n_x,\ n_y,\ n_z)^{\mathrm{T}}$ 为 $\mathrm{d}A$ 的单位法线，则有 $BDC=n_x\mathrm{d}A$，$ADC=n_y\mathrm{d}A$，$ADB=n_z\mathrm{d}A$，沿三个轴取平衡有

$$\begin{cases}\sigma_x n_x+\tau_{xy}n_y+\tau_{xz}n_z=T_x\\ \tau_{xy}n_x+\sigma_y n_y+\tau_{yz}n_z=T_y\\ \tau_{xz}n_x+\sigma_{yz}n_y+\sigma_z n_z=T_z\end{cases} \tag{1.8}$$

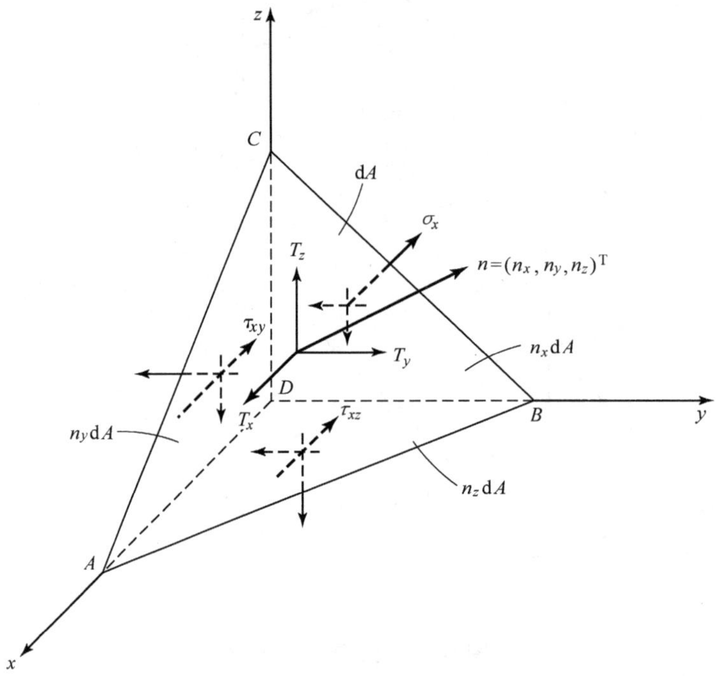

图 1.3 物体表面上的一个微小体元

在外力所施加的边界 S_T 上，这些条件必须满足。对于集中载荷，可以视为作用在一个很小和有限的区域上的分布载荷。

1.6 应变-位移关系

对应于式（1.5）中应力的表达，将应变表示为一个列向量形式，有

$$\boldsymbol{\varepsilon}=(\varepsilon_x,\varepsilon_y,\varepsilon_z,\gamma_{yz},\gamma_{xz},\gamma_{xy})^{\mathrm{T}} \tag{1.9}$$

其中，ε_x，ε_y 及 ε_z 为正应变，而 γ_{yz}，γ_{xz} 以及 γ_{xy} 为工程切应变。

图 1.4 表示 dx-dy 面的小变形情况，同样也可以表达其他面的变形情况，因此，有

$$\boldsymbol{\varepsilon}=\left(\frac{\partial u}{\partial x},\frac{\partial v}{\partial y},\frac{\partial w}{\partial z},\frac{\partial v}{\partial z}+\frac{\partial w}{\partial y},\frac{\partial u}{\partial z}+\frac{\partial w}{\partial x},\frac{\partial u}{\partial y}+\frac{\partial v}{\partial x}\right)^{\mathrm{T}} \tag{1.10}$$

以上应变表达仅在小变形情况下才成立。

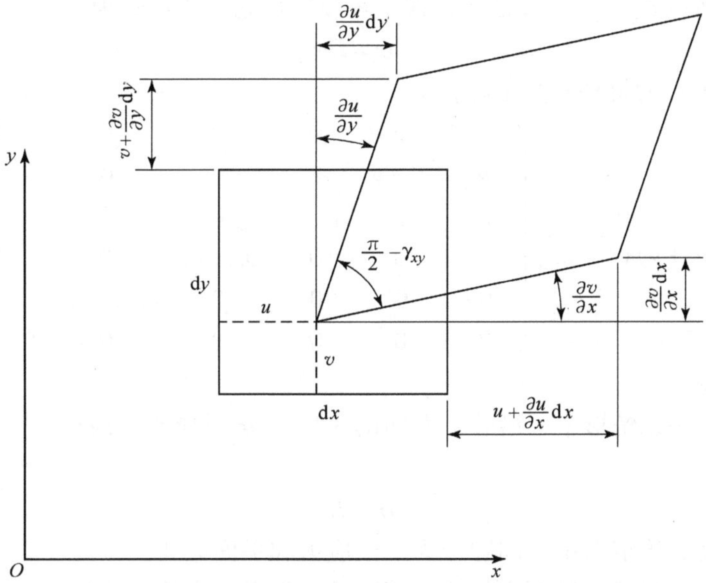

图 1.4 具有变形的微小体元的表面

1.7 应力-应变关系

对于线弹性材料，应力-应变关系服从广义胡克定律，对于各向同性材料，仅需要两个材料常数，即弹性模量（或杨氏模量）E 和泊松比 ν。就物体内的一个立方体单元，胡克定律可以写成

$$\begin{cases}\varepsilon_x=\dfrac{\sigma_x}{E}-\nu\dfrac{\sigma_y}{E}-\nu\dfrac{\sigma_z}{E}\\ \varepsilon_y=-\nu\dfrac{\sigma_x}{E}+\dfrac{\sigma_y}{E}-\nu\dfrac{\sigma_z}{E}\\ \varepsilon_z=-\nu\dfrac{\sigma_x}{E}-\nu\dfrac{\sigma_y}{E}+\dfrac{\sigma_z}{E}\\ \gamma_{yz}=\dfrac{\tau_{yz}}{G}\\ \gamma_{xz}=\dfrac{\tau_{xz}}{G}\\ \gamma_{xy}=\dfrac{\tau_{xy}}{G}\end{cases}\tag{1.11}$$

剪切模量（或刚性模量）G 为

$$G=\frac{E}{2(1+\nu)}\tag{1.12}$$

由胡克定律，可以得到

$$\varepsilon_x+\varepsilon_y+\varepsilon_z=\frac{(1-2\nu)}{E}(\sigma_x+\sigma_y+\sigma_z)\tag{1.13}$$

将式（1.11）中的（$\sigma_y+\sigma_z$）等进行代换，可以写出它的逆形式为

$$\boldsymbol{\sigma}=\boldsymbol{D\varepsilon} \tag{1.14}$$

$\boldsymbol{D}$ 为对称的（6×6）的材料常数矩阵，即

$$\boldsymbol{D}=\frac{E}{(1+\nu)(1-2\nu)}\begin{pmatrix}1-\nu & \nu & \nu & 0 & 0 & 0\\ \nu & 1-\nu & \nu & 0 & 0 & 0\\ \nu & \nu & 1-\nu & 0 & 0 & 0\\ 0 & 0 & 0 & 0.5-\nu & 0 & 0\\ 0 & 0 & 0 & 0 & 0.5-\nu & 0\\ 0 & 0 & 0 & 0 & 0 & 0.5-\nu\end{pmatrix} \tag{1.15}$$

特殊情形讨论

一维情形 在一维情形中，沿着 x 方向的正应力 σ 对应于正应变 ε，应力-应变关系非常简单，即为

$$\sigma=E\varepsilon \tag{1.16}$$

二维情形 在二维情形中，问题分为平面应力和平面应变。

平面应力 一个很薄的等厚度物体在其边界上受平面内的外载荷，这样的问题被称为平面应力问题。如图1.5a所示的圆环，它与中心杆件有紧配合而受内压，这就是一个平面应力问题，其应力 σ_z、τ_{xz}和 τ_{yz}取为零，这时，式（1.11）的胡克定律变为

$$\begin{cases}\varepsilon_x=\dfrac{\sigma_x}{E}-\nu\dfrac{\sigma_y}{E}\\ \varepsilon_y=-\nu\dfrac{\sigma_x}{E}+\dfrac{\sigma_y}{E}\\ \gamma_{xy}=\dfrac{2(1+\nu)}{E}\tau_{xy}\\ \varepsilon_z=-\dfrac{\nu}{E}(\sigma_x+\sigma_y)\end{cases} \tag{1.17}$$

它的逆形式为

$$\begin{pmatrix}\sigma_x\\ \sigma_y\\ \tau_{xy}\end{pmatrix}=\frac{E}{1-\nu^2}\begin{pmatrix}1 & \nu & 0\\ \nu & 1 & 0\\ 0 & 0 & \dfrac{1-\nu}{2}\end{pmatrix}\begin{pmatrix}\varepsilon_x\\ \varepsilon_y\\ \gamma_{xy}\end{pmatrix} \tag{1.18}$$

它也常写为 $\boldsymbol{\sigma}=\boldsymbol{D\varepsilon}$。

平面应变 如果一个具有等截面的很长的筒体沿长度方向均受均匀外载，如图1.5b所示，从中截取受有外载的一小段，这就可以按平面应变问题进行处理。这时 ε_z、γ_{zx}、γ_{yz}为零，而 σ_z 不为零，其应力-应变关系可以直接由式（1.14）和式（1.15）得到：

$$\begin{pmatrix}\sigma_z\\ \sigma_y\\ \tau_{xy}\end{pmatrix}=\frac{E}{(1+\nu)(1-2\nu)}\begin{pmatrix}1-\nu & \nu & 0\\ \nu & 1-\nu & 0\\ 0 & 0 & \dfrac{1}{2}-\nu\end{pmatrix}\begin{pmatrix}\varepsilon_z\\ \varepsilon_y\\ \gamma_{xy}\end{pmatrix} \tag{1.19}$$

其中，$\boldsymbol{D}$ 为（3×3）矩阵，它建立3个应力分量和3个应变分量之间的联系。

对于各向异性物体，若采用适当的取向主轴，也可以使用合适的 $\boldsymbol{D}$ 矩阵来描述材料。

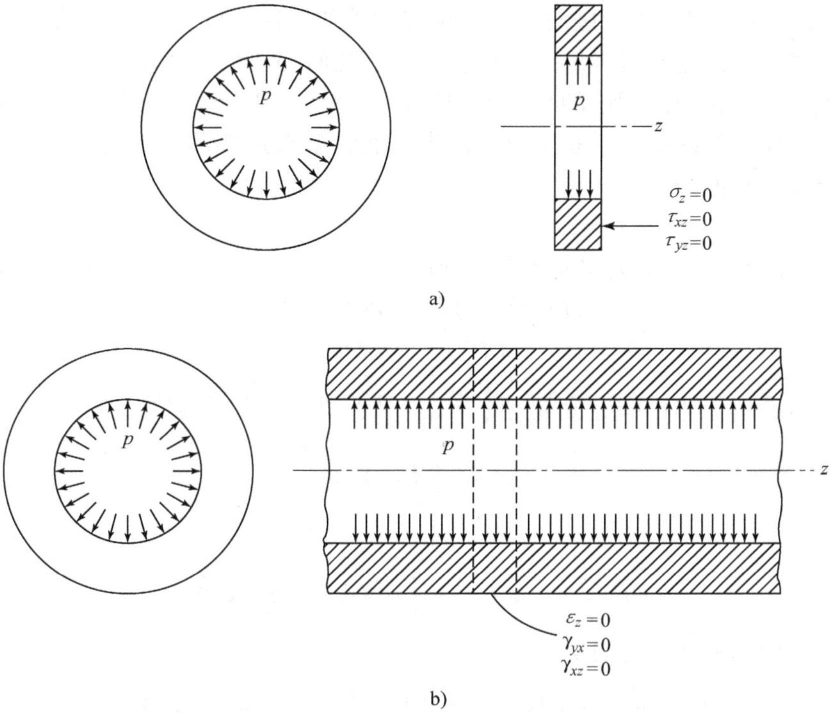

图 1.5

a）平面应力 b）平面应变

1.8 温度效应

假如相对于原来状态，温度升高为 ΔT（x，y，z），相应的变形也较容易考虑。对于各向同性材料，温度升高 ΔT 则会产生一个均匀应变，其大小和材料的线膨胀系数 α 有关，α 表示材料在单位温度升高时所引起的长度改变值，一般情况下，在温度的某种有限变化范围内都将其假定为常数。若物体可以自由变形，则由温度变化引起的应变不会产生应力。温度应变一般被表示为初应变的形式

$$\boldsymbol{\varepsilon}_0=(\alpha\Delta T,\alpha\Delta T,\alpha\Delta T,0,0,0)^{\mathrm{T}} \tag{1.20}$$

则应力-应变关系变为

$$\boldsymbol{\sigma}=\boldsymbol{D}(\boldsymbol{\varepsilon}-\boldsymbol{\varepsilon}_0) \tag{1.21}$$

就平面应力情形，有

$$\boldsymbol{\varepsilon}_0=(\alpha\Delta T,\alpha\Delta T,0)^{\mathrm{T}} \tag{1.22}$$

就平面应变情形，由于有约束 $\varepsilon_z=0$，因此，$\boldsymbol{\varepsilon}_0$ 有所不同，即

$$\boldsymbol{\varepsilon}_0=(1+\nu)(\alpha\Delta T,\alpha\Delta T,0)^{\mathrm{T}} \tag{1.23}$$

无论是平面应力还是平面应变，都有 $\boldsymbol{\sigma}=(\sigma_x,\ \sigma_y,\ \tau_{xy})^{\mathrm{T}}$ 和 $\boldsymbol{\varepsilon}=(\varepsilon_x,\ \varepsilon_y,\ \gamma_{xy})^{\mathrm{T}}$，这两种情形下的 $\boldsymbol{D}$ 矩阵分别见式（1.18）和式（1.19）。

1.9 势能与平衡方程 瑞利-里兹方法

在固体力学中，我们的问题是求取如图 1.1 所示物体在满足平衡方程（1.6）下的位移

$\boldsymbol{u}$，注意应力是与应变相关的，进而也是与位移相关的。这需要求解二阶偏微分方程，所求解的解称为精确解，但这些精确解只有根据简单的几何和外载条件才能求出。通常这些简单情况下的精确解可以在弹性理论的教科书中找到。对于复杂的几何形状和一般的边界及外载条件，要得到相应的精确解几乎是不可能的事，通常要采用势能或变分方法来求取近似解，这些方法会放宽函数的条件。

势能 Π

一个弹性体的总势能 Π 被定义为总应变能（U）与外力功势能（WP）之和

$$\Pi = \underset{(U)}{\text{总应变能}} + \underset{(WP)}{\text{外力功势能}} \tag{1.24}$$

对于线弹性材料，单位体积的应变能是$\frac{1}{2}\boldsymbol{\sigma}^{\mathrm{T}}\boldsymbol{\varepsilon}$。对于图 1.1 中弹性体，总应变能 U 为

$$U = \frac{1}{2}\int_V \boldsymbol{\sigma}^{\mathrm{T}}\boldsymbol{\varepsilon}\,\mathrm{d}V \tag{1.25}$$

外力功势能为

$$WP = -\int_V \boldsymbol{u}^{\mathrm{T}}\boldsymbol{f}\,\mathrm{d}V - \int_S \boldsymbol{u}^{\mathrm{T}}\boldsymbol{T}\,\mathrm{d}S - \sum_i \boldsymbol{u}_i^{\mathrm{T}}\boldsymbol{P}_i \tag{1.26}$$

因此，图 1.1 中所示弹性体的总势能为

$$\Pi = \frac{1}{2}\int_V \boldsymbol{\sigma}^{\mathrm{T}}\boldsymbol{\varepsilon}\,\mathrm{d}V - \int_V \boldsymbol{u}^{\mathrm{T}}\boldsymbol{f}\,\mathrm{d}V - \int_S \boldsymbol{u}^{\mathrm{T}}\boldsymbol{T}\,\mathrm{d}S - \sum_i \boldsymbol{u}_i^{\mathrm{T}}\boldsymbol{P}_i \tag{1.27}$$

考虑保守力系统，即外力功势能与作用力的路径无关，或换句话说，一个系统从一个给定的几何构形产生变形后，再回到该状态，那么无论加载路径如何，作用力所做的功都为零。下面对势能原理作一完整的表达：

最小势能原理

对于保守力系统，在所有许可位移场中，对应于平衡状态的位移场使得总势能取极值，如果极值条件为最小值，则对应的平衡状态是稳定的。

许可位移是指满足位移单值相容条件和边界条件的位移，本书在处理力学问题时，多采用位移作为未知量，其相容条件是自动满足的。

为具体展示这一求解思路，下面考虑一个离散连接系统作为例子。

例题 1.1

例题 1.1 图 a 为一个弹簧系统，其总势能为

$$\Pi = \frac{1}{2}k_1\delta_1^2 + \frac{1}{2}k_2\delta_2^2 + \frac{1}{2}k_3\delta_3^2 + \frac{1}{2}k_4\delta_4^2 - F_1q_1 - F_3q_3$$

其中，δ_1、δ_2、δ_3 及 δ_4 是4个弹簧的伸长量。由 $\delta_1 = q_1 - q_2$，$\delta_2 = q_2$，$\delta_3 = q_3 - q_2$，以及 $\delta_4 = -q_3$，有

$$\Pi = \frac{1}{2}k_1(q_1 - q_2)^2 + \frac{1}{2}k_2q_2^2 + \frac{1}{2}k_3(q_3 - q_2)^2 + \frac{1}{2}k_4q_3^2 - F_1q_1 - F_3q_3$$

其中，q_1、q_2 和 q_3 分别为节点 1、2、3 的位移。

对于这一具有 3 个自由度系统的平衡，令 Π 对 q_1、q_2、q_3 取极小值，可以得到 3 个方程

$$\frac{\partial \Pi}{\partial q_i} = 0 \quad (i = 1,2,3) \tag{1.28}$$

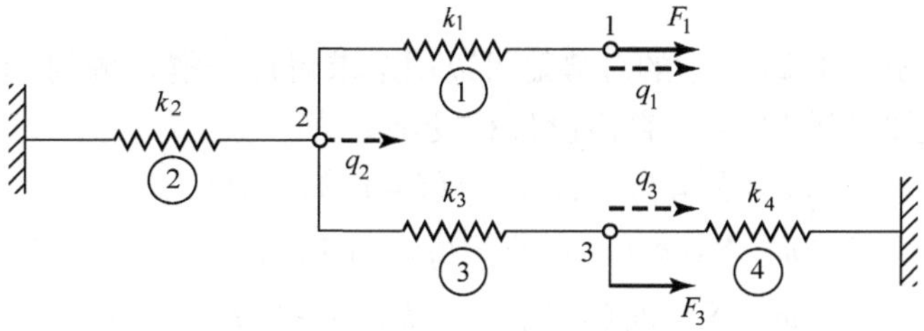

a)

例题 1.1 图 a

即

$$\frac{\partial \Pi}{\partial q_1}=k_1(q_1-q_2)-F_1=0$$

$$\frac{\partial \Pi}{\partial q_2}=-k_1(q_1-q_2)+k_2q_2-k_3(q_3-q_2)=0$$

$$\frac{\partial \Pi}{\partial q_3}=k_3(q_3-q_2)+k_4q_3-F_3=0$$

将这些平衡方程写成矩阵形式 $\boldsymbol{Kq}=\boldsymbol{F}$，有

$$\begin{pmatrix} k_1 & -k_1 & 0 \\ -k_1 & k_1+k_2+k_3 & -k_3 \\ 0 & -k_3 & k_3+k_4 \end{pmatrix}\begin{pmatrix} q_1 \\ q_2 \\ q_3 \end{pmatrix}=\begin{pmatrix} F_1 \\ 0 \\ F_3 \end{pmatrix} \tag{1.29}$$

另一方面，如果我们对系统的每一个分离节点写出平衡方程，如例题 1.1 图 b 所示，有

$$k_1\delta_1=F_1$$

$$k_2\delta_2-k_1\delta_1-k_3\delta_3=0$$

$$k_3\delta_3-k_4\delta_4=F_3$$

这些方程则与式（1.29）的方程完全相同。

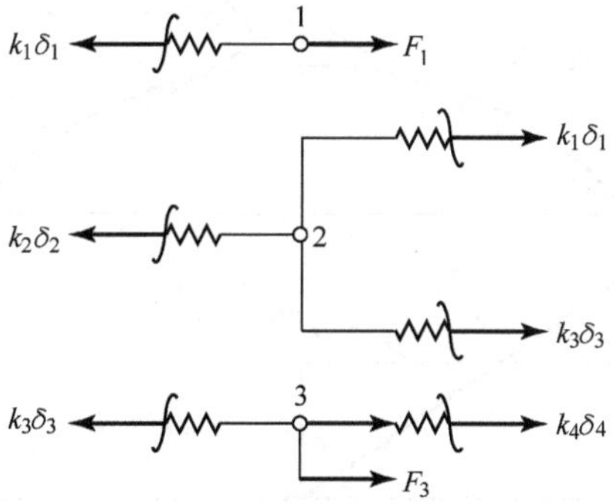

b)

例题 1.1 图 b

可以清楚地看出，式（1.29）是采用势能方法，按照一种规范流程来得到的，而未采用分离自由体进行分析，这种方法在处理大规模和复杂系统时更为出色。

瑞利-里兹方法

对于连续介质，式（1.27）中的总势能可以用来求得近似解，瑞利-里兹（Rayleigh-Ritz）方法就是求取位移近似解的方法，它假设位移场函数为

$$\begin{cases} u = \sum a_i \phi_i(x,y,z) \quad (i=1,2,\cdots,l) \\ v = \sum a_j \phi_j(x,y,z) \quad (j=l+1,2,\cdots,m) \\ w = \sum a_k \phi_k(x,y,z) \quad (k=m+1,2,\cdots,n) \end{cases} \tag{1.30}$$

其中，$n>m>l$；函数 ϕ_i 通常取为多项式；位移 u、v、w 必须是几何许可的，即 u、v、w 必须满足给定的边界条件。将式（1.30）代入式（1.27）中，并引入应力-应变关系和应变-位移关系，有

$$\Pi = \Pi(a_1, a_2, \cdots, a_r) \tag{1.31}$$

其中，r = 独立未知量的个数。将 Π 对 $a_i(i=1,\ 2,\ \cdots,\ r)$ 取极值，可得到 r 个方程

$$\frac{\partial \Pi}{\partial a_i} = 0 \quad (i=1,2,\cdots,r) \tag{1.32}$$

例题 1.2

对于一个线弹性一维问题的杆（见例题 1.2 图），若忽略体积力，则势能为

$$\Pi = \frac{1}{2}\int_0^L EA\left(\frac{du}{dx}\right)^2 dx - 2u_1$$

其中，$u_1 = u(x=1)$。

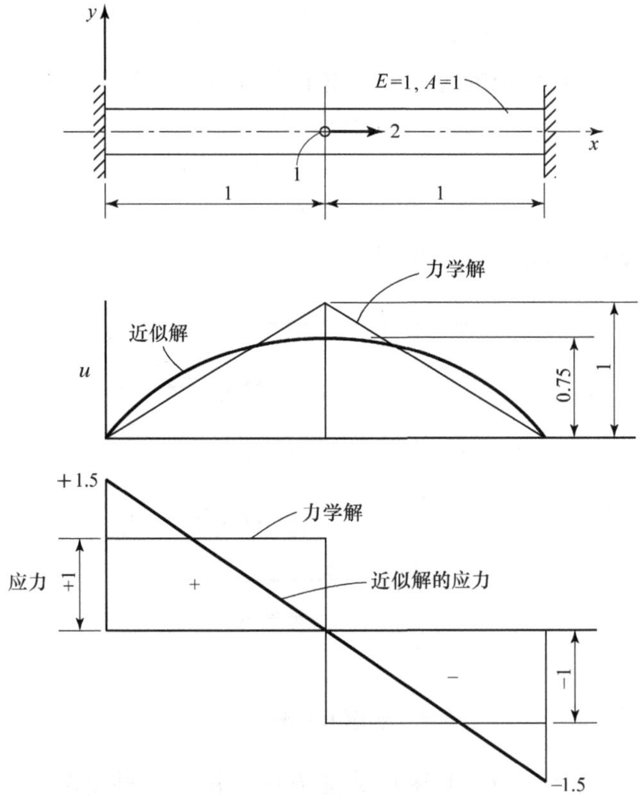

例题 1.2 图

取一个多项式函数为

$$u=a_1+a_2x+a_3x^2$$

它必须满足 $u=0$（在 $x=0$ 处）和 $u=0$（在 $x=2$ 处），因此有

$$0=a_1$$

$$0=a_1+2a_2+4a_3$$

则

$$a_2=-2a_3$$

$$u=a_3(-2x+x^2),\quad u_1=-a_3$$

于是 $\mathrm{d}u/\mathrm{d}x=2a_3(-1+x)$，且

$$\begin{aligned}\Pi &= \frac{1}{2}\int_0^2 4a_3^2(-1+x)^2\mathrm{d}x-2(-a_3)\\ &= 2a_3^2\int_0^2(1-2x+x^2)\mathrm{d}x+2a_3\\ &= 2a_3^2\left(\frac{2}{3}\right)+2a_3\end{aligned}$$

令 $\partial\Pi/\partial a_3=4a_3\left(\frac{2}{3}\right)+2=0$，有

$$a_3=-0.75,\quad u_1=-a_3=0.75$$

杆中的应力为

$$\sigma=E\frac{\mathrm{d}u}{\mathrm{d}x}=1.5(1-x)$$

值得注意的是，如果用分段多项式插值函数来构造 u，则可以求得精确解。

有限元方法在构造式（1.30）中的基函数时可以提供系统的构造方式。

1.10 伽辽金方法

伽辽金（Galerkin）方法直接针对原控制方程采用积分的形式进行处理，它通常被认为是加权残值法中的一种，这里考虑定义在区域 V 上的控制方程，其一般表达式为

$$Lu=P \tag{1.33}$$

对于例题 1.2 中的一维杆，相应的控制方程是以下微分方程

$$\frac{\mathrm{d}}{\mathrm{d}x}\left(EA\frac{\mathrm{d}u}{\mathrm{d}x}\right)=0$$

将算子 L 写成

$$\frac{\mathrm{d}}{\mathrm{d}x}EA\frac{\mathrm{d}}{\mathrm{d}x}(\,)$$

并作用在 u 上。

其精确解需要在每一点上都满足式（1.33），如果我们寻找一个近似解 $\tilde{u}$，它必然会带来一个误差 $\varepsilon(x)$，把这个误差叫做残差，即

$$\varepsilon(x)=L\tilde{u}-P \tag{1.34}$$

近似方法要求残差经加权后在整个区域中之和应为零，即

$$\int_V W_i(L\tilde{u}-P)\,\mathrm{d}V=0 \quad (i=1,2,\cdots,n) \tag{1.35}$$

选取不同的加权函数 W_i 会得到不同的近似方法，对于伽辽金方法，加权函数 W_i 取为构造$\tilde{u}$的基底函数。设$\tilde{u}$可以表示为

$$\tilde{u}=\sum_{i=1}^{n} Q_i G_i \tag{1.36}$$

其中，$G_i(i=1,2,\cdots,n)$，为基底函数（通常取为关于 x、y、z 的多项式），这里将加权函数取为基底函数 G_i 的线性组合。特别地，考虑一个试函数 ϕ 为

$$\phi=\sum_{i=1}^{n} \phi_i G_i \tag{1.37}$$

其中，系数 ϕ_i 是待求的，但需要 ϕ 对于给定位移$\tilde{u}$的地方满足齐次边界条件（即零条件）。实际上，可以像构造式（1.36）中的$\tilde{u}$那样来构造式（1.37）中的 ϕ，这种方法可以在后面章节中使推导变得更简单。

伽辽金方法的表达如下：

> 选择基底函数 G_i，确定$\tilde{u}=\sum_{i=1}^{n} Q_i G_i$ 中的系数 Q_i，使得
>
> $$\int_V \phi(L\tilde{u}-P)\,\mathrm{d}V=0 \tag{1.38}$$
>
> 对于 $\phi=\sum_{i=1}^{n}\phi_i G_i$ 类型的每一个函数 ϕ 都成立，其中，系数 ϕ_i 是待定的，ϕ 需要满足齐次（零）边界条件，求出 Q_i 后，将得到近似解$\tilde{u}$。

通常，在处理式（1.38）时，将采用分部积分法，而其中的导数阶次也将降低，同时还可以得到自然边界条件，如面力边界条件。

例题 1.3

考虑一个微分方程

$$\frac{\mathrm{d}u}{\mathrm{d}x}+2u=1 \quad (0<x<1)$$

其初始条件为 $u(0)=1$。

注意到 $u(0)$ 为 u 在 $x=0$ 处的值。如果将 x 设为时间 t，上述微分方程就可用来描述一个温度为 u 的物体被放置在较低温度环境时的牛顿冷却定律。假设近似式为

$$u=a+bx+cx^2$$

当 $a=1$ 时，该式满足初始条件，则有

$$u=1+bx+cx^2$$

伽辽金方法要求

$$\begin{cases}\int_0^1 W\left(\dfrac{\mathrm{d}u}{\mathrm{d}x}+2u-1\right)\mathrm{d}x=0\\ W(0)=0\end{cases}$$

采用与 u 近似式中一样的基函数来构建 W，有

$$W=A+Bx+Cx^2$$

由于在 $x=0$ 处的 u 值是给定的，因此权函数在该处的值也为零，故

$$W = Bx + Cx^2$$

其中，B 和 C 值为任意值，利用分部积分法

$$\int_0^1 W\frac{\mathrm{d}u}{\mathrm{d}x}\mathrm{d}x = -\int_0^1 u\frac{\mathrm{d}W}{\mathrm{d}x}\mathrm{d}x + W(1)u(1) - W(0)u(0)$$

由 $W(0)=0$，有变分形式

$$-\int_0^1 u\frac{\mathrm{d}W}{\mathrm{d}x}\mathrm{d}x + W(1)u(1) + 2\int_0^1 Wu\mathrm{d}x - \int_0^1 W\mathrm{d}x = 0$$

将 $u(1)=1+b+c$ 和 $W=Bx+Cx^2$ 代入上式得

$$Bf(a,b)+Cg(a,b)=0$$

这个式子对于任意的 B 和 C 都成立（可以设 $B=1$，$C=0$ 和 $B=0$，$C=1$），这意味着 $f(a,\ b)=0$ 和 $g(a,\ b)=0$，则得到以下两个方程

$$1.667b+1.667c=-0.5$$
$$0.8333b+0.9c=-0.3333$$

求解以上方程得到 $b=-0.7857$，$c=0.3571$。利用式 $u=1+bx+cx^2$ 再计算给定 x 下的 u 值，有：

$$u(0.5)=0.6964,u(1)=0.5714$$

这个例题给出了如何采用伽辽金方法直接由微分方程求解近似解的过程。

弹性问题中的伽辽金方法 让我们将注意力转向弹性问题的平衡方程（1.6），采用伽辽金方法，则

$$\int_V\Big[\left(\frac{\partial\sigma_x}{\partial x}+\frac{\partial\tau_{xy}}{\partial y}+\frac{\partial\tau_{xz}}{\partial z}+f_x\right)\phi_x+\left(\frac{\partial\tau_{xy}}{\partial x}+\frac{\partial\sigma_y}{\partial y}+\frac{\partial\tau_{yz}}{\partial z}+f_y\right)\phi_y+$$
$$\left(\frac{\partial\tau_{xz}}{\partial x}+\frac{\partial\tau_{yz}}{\partial y}+\frac{\partial\sigma_z}{\partial z}+f_z\right)\phi_z\Big]\mathrm{d}V=0 \tag{1.39}$$

其中

$$\boldsymbol{\phi}=(\phi_x,\phi_y,\phi_z)^{\mathrm{T}}$$

是一个与 $\boldsymbol{u}$ 的位移边界条件一致的任意位移。如果在表面上一点 $\boldsymbol{x}$ 上的单位法线矢量为 $\boldsymbol{n}=(n_x,\ n_y,\ n_z)^{\mathrm{T}}$，则分部积分公式为

$$\int_V\frac{\partial\alpha}{\partial x}\theta\mathrm{d}V=-\int_V\alpha\frac{\partial\theta}{\partial x}\mathrm{d}V+\int_S n_x\alpha\theta\mathrm{d}S \tag{1.40}$$

其中，α 和 θ 是（x，y，z）的函数。对于多维问题，式（1.40）通常被称为格林-高斯（Green-Gauss）定理或散度定理。使用这个定理对式（1.39）进行分部积分，经过整理，可以得到

$$-\int_V\boldsymbol{\sigma}^{\mathrm{T}}\boldsymbol{\varepsilon}(\phi)\mathrm{d}V+\int_V\boldsymbol{\phi}^{\mathrm{T}}\boldsymbol{f}\mathrm{d}V+\int_S[(n_x\sigma_x+n_y\tau_{xy}+n_z\tau_{xz})\phi_x+$$
$$(n_x\tau_{xy}+n_y\sigma_y+n_z\tau_{yz})\phi_y+(n_x\tau_{xz}+n_y\tau_{yz}+n_z\sigma_z)\phi_z]\mathrm{d}S=0 \tag{1.41}$$

其中

$$\boldsymbol{\varepsilon}(\phi)=\left(\frac{\partial\phi_x}{\partial x},\ \frac{\partial\phi_y}{\partial y},\ \frac{\partial\phi_z}{\partial z},\ \frac{\partial\phi_y}{\partial z}+\frac{\partial\phi_z}{\partial y},\ \frac{\partial\phi_x}{\partial z}+\frac{\partial\phi_z}{\partial x},\ \frac{\partial\phi_x}{\partial y}+\frac{\partial\phi_y}{\partial x}\right)^{\mathrm{T}} \tag{1.42}$$

为应变，它对应于任意位移场 $\boldsymbol{\phi}$。

在边界上，由式（1.8），有平衡式 $(n_x\sigma_x + n_y\tau_{xy} + n_z\tau_{xz}) = T_x$ 等，在某一点上，载荷 $(n_x\sigma_x + n_y\tau_{xy} + n_z\tau_{xz})\mathrm{d}S$ 可以等效为 P_x 等，这些都是问题的自然边界条件。因此，由式（1.41）可以推导出三维应力分析伽辽金方法的“变分形式”或“弱形式”：

$$\int_V \boldsymbol{\sigma}^{\mathrm{T}}\boldsymbol{\varepsilon}(\phi)\,\mathrm{d}V - \int_V \boldsymbol{\phi}^{\mathrm{T}}\boldsymbol{f}\,\mathrm{d}V - \int_S \boldsymbol{\phi}^{\mathrm{T}}\boldsymbol{T}\,\mathrm{d}S - \sum_i \boldsymbol{\phi}^{\mathrm{T}}\boldsymbol{P} = 0 \tag{1.43}$$

其中，$\boldsymbol{\phi}$ 为与给定位移边界条件 $\boldsymbol{u}$ 一致的任意位移。对式（1.43）进行求解可以得到一个近似解。

对于线弹性问题，式（1.43）就是标准的虚功原理，$\boldsymbol{\phi}$ 为运动学许可的虚位移。虚功原理的表述如下：

虚功原理

对于任一满足位移边界条件的许可位移场〈$\boldsymbol{\phi}$，$\boldsymbol{\varepsilon}$（ϕ）〉，若内力虚功等于外力虚功，则该物体将处于平衡状态。

值得注意的是，当选取相同的基底或坐标函数时，针对弹性问题的伽辽金方法和虚功原理将具有相同的形式。由于式（1.43）的变分形式也可以针对其他一些边界值问题的控制方程进行求解，因此，伽辽金方法更具普遍性。伽辽金方法是直接针对原始微分方程推导出的，对于那些不能给出泛函（需对其求极小值）的问题，伽辽金方法比瑞利-里兹方法更具有优势。

例题 1.4

考虑例题 1.2 的问题，用伽辽金方法进行求解，平衡方程为

$$\frac{\mathrm{d}}{\mathrm{d}x}EA\frac{\mathrm{d}u}{\mathrm{d}x} = 0 \quad \begin{pmatrix} u=0, \text{当 } x=0 \text{ 时} \\ u=0, \text{当 } x=2 \text{ 时} \end{pmatrix}$$

用 ϕ 乘以该微分方程，并进行分部积分，有

$$\int_0^2 -EA\frac{\mathrm{d}u}{\mathrm{d}x}\frac{\mathrm{d}\phi}{\mathrm{d}x}\mathrm{d}x + \left(\phi EA\frac{\mathrm{d}u}{\mathrm{d}x}\right)_0^1 + \left(\phi EA\frac{\mathrm{d}u}{\mathrm{d}x}\right)_1^2 = 0$$

其中，ϕ 在 $x=0$ 和 $x=2$ 处为零，$EA(\mathrm{d}u/\mathrm{d}x)$ 为杆中的张力，它在 $x=1$ 处有一个阶跃值为 2，（见例题 1.2 图）则

$$\int_0^2 -EA\frac{\mathrm{d}u}{\mathrm{d}x}\frac{\mathrm{d}\phi}{\mathrm{d}x}\mathrm{d}x + 2\phi_1 = 0$$

这里对于 u 和 ϕ 采用相同的多项式基底函数，若 u_1 和 ϕ_1 为在 $x=1$ 处的函数值，则有

$$u = (2x - x^2)u_1$$

$$\phi = (2x - x^2)\phi_1$$

将这些表达式代入上面的积分中，并设 $E=1$，$A=1$，有

$$\phi_1\left[-u_1\int_0^2 (2-2x)^2\mathrm{d}x + 2\right] = 0$$

$$\phi_1\left(-\frac{8}{3}u_1 + 2\right) = 0$$

以上关系应对每一个 ϕ_1 恒成立，所以有解

$$u_1 = 0.75$$

1.11 圣维南原理

对于支撑与结构交互作用的边界，我们往往需要作一些近似处理。例如，考虑一个悬臂梁，一端自由，另一端由铆接与立柱相连。现在的问题是：其铆接是完全的刚性连接，还是部分刚性连接，在固定端的横截面上的每一个点是否都应为相同的边界条件。圣维南研究了各种近似处理方法对整个问题解的影响，而他提出的圣维南原理表明：只要不同的近似处理是静力等效的，对于远离支撑区域的结果将是有效的；这也意味着，只有在离支撑约束很近的区域，其求解结果才会有显著的差别。

1.12 冯·米泽斯应力

基于冯·米泽斯（von Mises）应力可以确定出韧性材料产生失效的准则，即结构中的冯·米泽斯应力应当小于材料的屈服应力 σ_Y，写成不等式的形式，有

$$\sigma_{VM} \leqslant \sigma_Y \tag{1.44}$$

其中，冯·米泽斯应力 σ_{VM} 由以下公式求出

$$\sigma_{VM} = \sqrt{I_1^2 - 3I_2} \tag{1.45}$$

其中，I_1 和 I_2 为应力张量的第一和第二不变量，以一般表达式写出，则 I_1 和 I_2 为

$$\begin{cases} I_1 = \sigma_x + \sigma_y + \sigma_z \\ I_2 = \sigma_x\sigma_y + \sigma_y\sigma_z + \sigma_z\sigma_x - \tau_{yz}^2 - \tau_{xz}^2 - \tau_{xy}^2 \end{cases} \tag{1.46}$$

以主应力 σ_1、σ_2 和 σ_3 来表达，这两个不变量为

$$\begin{cases} I_1 = \sigma_1 + \sigma_2 + \sigma_3 \\ I_2 = \sigma_1\sigma_2 + \sigma_2\sigma_3 + \sigma_3\sigma_1 \end{cases}$$

式（1.45）给出的冯·米泽斯应力可以写成

$$\sigma_{VM} = \frac{1}{\sqrt{2}}\sqrt{(\sigma_1 - \sigma_2)^2 + (\sigma_2 - \sigma_3)^2 + (\sigma_3 - \sigma_1)^2} \tag{1.47}$$

对于平面应力状态，有

$$\begin{cases} I_1 = \sigma_x + \sigma_y \\ I_2 = \sigma_x\sigma_y - \tau_{xy}{}^2 \end{cases} \tag{1.48}$$

对于平面应变状态，有

$$\begin{cases} I_1 = \sigma_x + \sigma_y + \sigma_z \\ I_2 = \sigma_x\sigma_y + \sigma_y\sigma_z + \sigma_z\sigma_x - \tau_{xy}{}^2 \end{cases} \tag{1.49}$$

其中，$\sigma_z = \nu(\sigma_x + \sigma_y)$。

1.13 叠加原理

叠加原理是指物体在受到一系列载荷的联合作用时，其响应为各个载荷作用响应的总和，这是线性理论中的重要原理。对于一个定义为 $Au = v$ 的线性系统，其中，v 为输入量或

激励量，A 为线性算子，u 为输出量或响应，则叠加原理可以表述为

$$A(u_1+u_2+\cdots+u_n)=Au_1+Au_2+\cdots+Au_n \tag{1.50}$$

叠加原理应满足添加性和同质性条件，即

$$A(c_1u_1+c_2u_2)=c_1Au_1+c_2Au_2$$

叠加原理应用于线弹性系统的小变形时，应符合前面讨论过的胡克定律。在弹性结构中，多个载荷联合作用下的响应等于每个载荷分别作用下的响应的总和。如果已知在每个载荷作用下的位移和应力，则这些载荷联合作用下的位移和应力可以通过每个载荷的位移和应力的代数和来求得。

1.14 计算机程序

计算机的使用是进行有限元分析的基础，要解决工程实际问题和对结果进行合理的解释，就必须要有开发完善、易于维护、具有良好技术支持的计算机程序。现有许多商品化的有限元软件可以满足这些需要。目前在工业上有一种趋势，就是只有采用标准的计算机软件来进行计算，其结果才能被采用。商品化软件能够提供用户友好的数据平台，并且还有美观便捷的图形显示。但软件并不能提供直观的理论原理和求解方法，只有特别的带有源代码的计算机程序才提供这些技术过程。本书将按照提供背景技术过程的思路来安排相应的内容。书中的每一章都会提供与相关理论对应的计算机程序，感兴趣的学生可以花些时间来深刻理解计算机程序是如何实现理论上的各个步骤。所提供源代码程序的计算机语言有 C、Excel Visual Basic、FORTRAN、JavaScript、MATLAB 和 Visual Basic。这些程序可以从本书封底的网站下载获得。Excel VB 程序的运行如电子表格形式，而 JavaScript 程序可以通过网页浏览形式运行。在每一章后面还提供带有输入和输出文件的例题，请参阅包括程序在内的自述文件，里面提供了程序的详细使用说明。我们也鼓励在学习过程中使用商品化软件以作为一种补充。

1.15 小结

本章讨论了有限元分析的背景，下一章我们将讨论求解线性代数方程的矩阵代数方法。

历史性文献

[1] Hrenikoff, A., "Solution of problems in elasticity by the frame work method." *Journal of Applied Mechanics*, *Transactions of the ASME* 8: 169-175 (1941).

[2] Courant, R., "Variational methods for the solution of problems of equilibrium and vibrations." *Bulletin of the American Mathematical Society* 49: 1-23 (1943).

[3] Turner, M. J., R. W. Clough, H. C. Martin, and L. J. Topp, "Stiffness and deflection analysis of complex structures." *Journal of Aeronautical Science* 23 (9): 805-824 (1956).

[4] Clough, R. W., "The finite element method in plane stress analysis." *Proceedings American Society of Civil Engineers*, 2nd Conference on Electronic Computation, Pittsburgh, PA, 23:

345-378 (1960).
[5] Argyris, J. H., "Energy theorems and structural analysis." *Aircraft Engineering*, 26: Oct. - Nov. (1954); 27: Feb. - May (1955).
[6] Zienkiewicz, O. C., and Y. K. Cheung, *The Finite Element Method in Structural and Continuum Mechanics*. London: McGraw-Hill (1967).
[7] Oden, J. T., *Finite Elements of Nonlinear Continua*. New York: McGraw-Hill (1972).

习　题

1.1　应用广义胡克定律［式（1.11）］，推导出由式（1.15）所给出的 $\boldsymbol{D}$ 矩阵。

1.2　习题 1.2 图所示的两条位移曲线中有一条为悬臂梁的平衡解，请选出正确的一条。

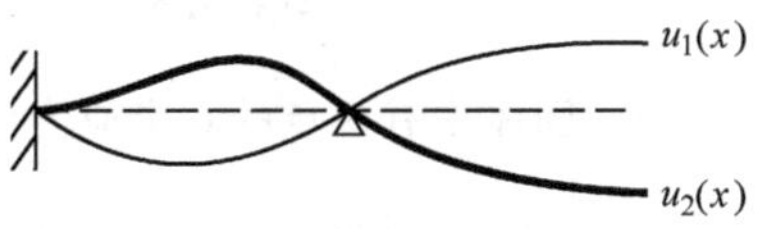

习题 1.2 图

1.3　在平面应变问题中，有

$$\sigma_x = 30\,000\text{psi}, \sigma_y = -15\,000\text{psi}$$

$$E = 30 \times 10^6\text{psi}, \nu = 0.3$$

求应力 σ_z 的值。

1.4　如果一个位移场为

$$u = (x^2 + 4y^2 - 16xy)10^{-4}$$

$$v = (y^2 - 5x + 8y)10^{-4}$$

求出位于点 $x = 1$，$y = 0$ 处的 ε_x，ε_y，γ_{xy}。

1.5　求出如习题 1.5 图所示单元的位移变形场 $u(x, y)$、$v(x, y)$，并由此计算 ε_x、ε_y、γ_{xy}，并进行解释和讨论。

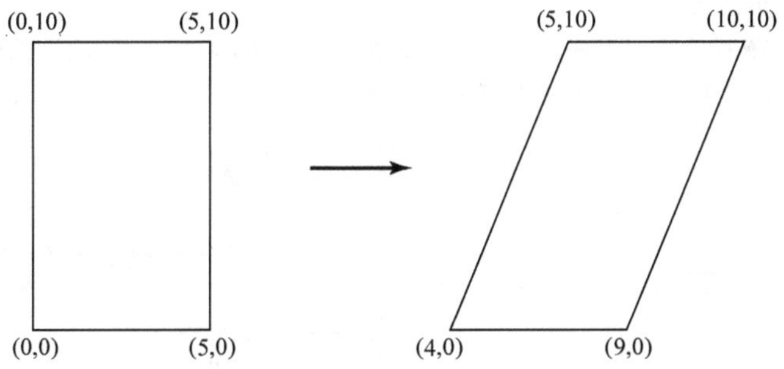

习题 1.5 图

1.6　一个位移场为

$$u = 2 + 2x + 4x^2 + 3xy^2$$

$$v = xy - 8x^2$$

它强加在如习题 1.6 图所示的正方形单元上。

（a）写出 ε_x、ε_y 及 γ_{xy} 的表达式。

（b）使用 MATLAB 画出 ε_x、ε_y 及 γ_{xy} 的分布图。

（c）确定正方形单元中的何处有最大的 ε_x。

1.7　一个长方形 $ABCD$ 经过变形后变为如图所示的 $A'B'C'D'$。

（a）根据变形情况确定满足给定角点位移值的位移函数 $u(x, y)$ 和 $v(x, y)$。

（b）由（a）确定 ε_x、ε_y 及 γ_{xy} 的表达式。

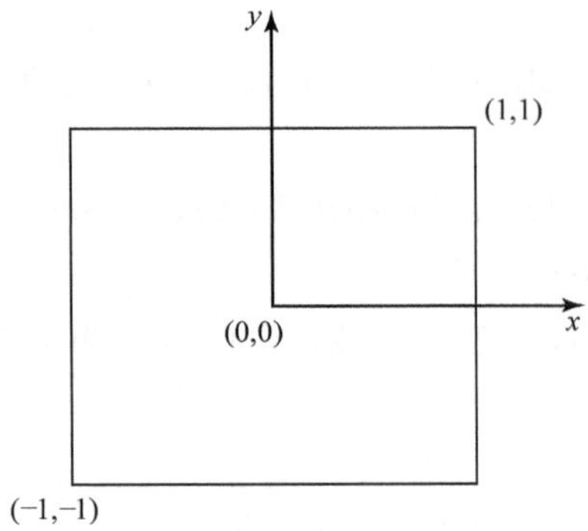

习题 1.6 图

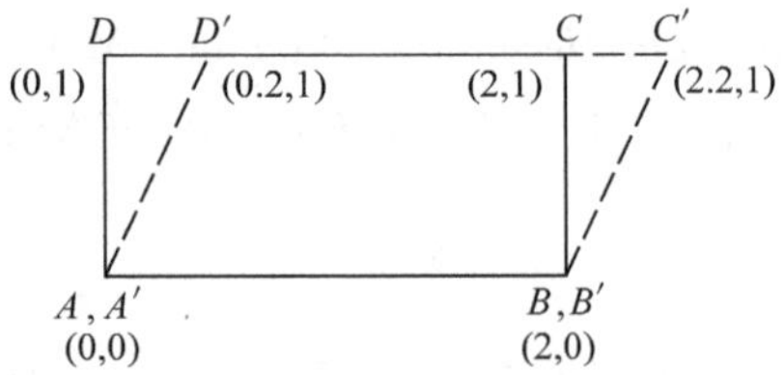

习题 1.7 图

1.8　固体中有一点的 6 个应力分量为 $\sigma_x = 120\text{MPa}$，$\sigma_y = 55\text{MPa}$，$\sigma_z = -85\text{MPa}$，$\tau_{yz} = 33\text{MPa}$，$\tau_{xz} = 75\text{MPa}$，$\tau_{xy} = -55\text{MPa}$。求出法线为（$n_x$，$n_y$，$n_z$）$=\left(\frac{1}{2}, \frac{1}{2}, \frac{1}{\sqrt{2}}\right)$平面上点的法向应力。（提示：法向应力 $\sigma_n = T_x n_x + T_y n_y + T_z n_z$）

1.9　对于各向同性材料，应力-应变关系可以用 Lame 系数 λ 和 μ 来表示，即

$$\sigma_x = \lambda\varepsilon_v + 2\mu\varepsilon_x$$
$$\sigma_y = \lambda\varepsilon_v + 2\mu\varepsilon_y$$
$$\sigma_z = \lambda\varepsilon_v + 2\mu\varepsilon_z$$
$$\tau_{yz} = \mu\gamma_{yz}, \tau_{xz} = \mu\gamma_{xz}, \tau_{xy} = \mu\gamma_{xy}$$

这里 $\varepsilon_v = \varepsilon_x + \varepsilon_y + \varepsilon_z$，写出用 E 和 ν 表达的 Lame 系数 λ，μ。

1.10　一根长杆作用有载荷和45℃的升温。测得某一点的总应变为 2×10^{-5}，如果 $E = 123\text{GPa}$ 和 $\alpha = 16.2\times10^{-6}/℃$，求该点的应力。

1.11　如习题 1.11 图所示的一根杆，在 x 处的应变为 $\varepsilon_x = 5 + 4x^2$，求杆前端的位移 δ。

1.12　求如习题 1.12 图所示弹簧系统中所示节点的位移。

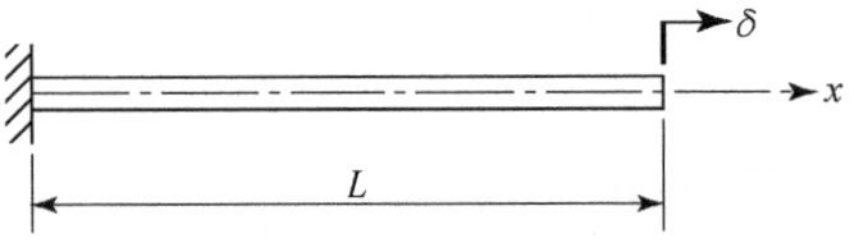

习题 1.11 图

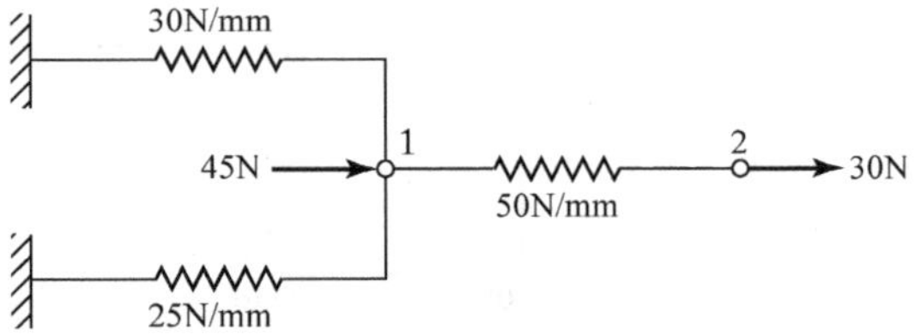

习题 1.12 图

1.13　写出考虑温度的广义胡克定律方程，并以此来求解以下问题。如习题 1.13 图所示，将一个块体紧贴在两个刚性墙之间，假设由室温 T_0 升温至 $T_0 + \Delta T$，试确定块体中的应力 σ_y，其中块体弹性模量为 E，泊松比为 ν，线膨胀系数为 α。分别采用以下两个假设进行求解：

（a）块体在 z 方向为一薄片。

（b）块体在 z 方向特别厚。

1.14　一个块体放置到如习题 1.14 图所示一个刚性墙内，利用广义胡克定律，求出其中的应力 σ_y。其中块体弹性模量为 E，泊松比为 ν。假设块体在 z 方向为一薄片。（提示：将 y 方向上的 $\alpha\Delta T$ 设定为等价的初始应变 $+0.1/1$）

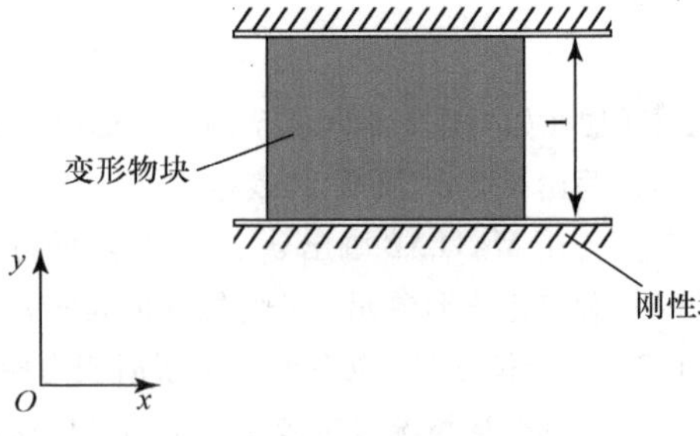

习题 1.13 图

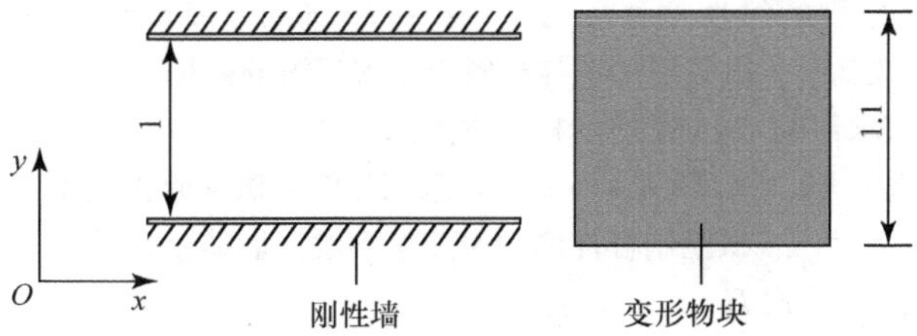

习题 1.14 图

1.15　采用瑞利-里兹法求出习题 1.15 图中的杆件中点处的位移。

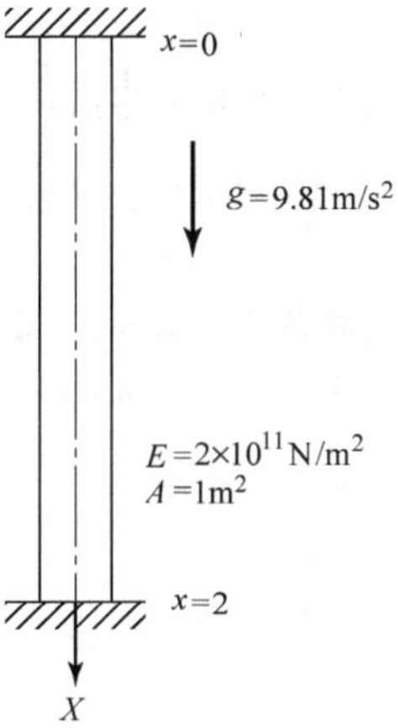

习题 1.15 图

1.16　如习题 1.16 图所示，一个两端固定的杆件承受变化的体力，假设位移场为 $u = a_0 + a_1 x + a_2 x^2$，试用瑞利-里兹法求相应的位移场 $u(x)$ 和应力场 $\sigma(x)$。

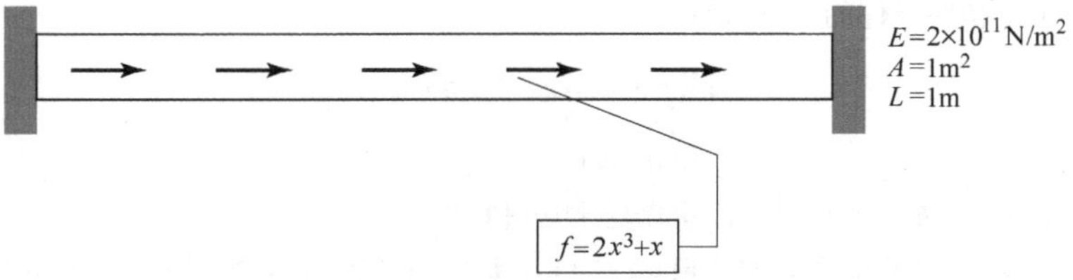

习题 1.16 图

1.17　采用瑞利-里兹法求如习题 1.17 图所示杆件的位移场 $u(x)$，其中单元 1 为铝，单元 2 为钢，它们的性能和参数为

$$E_{al} = 97\text{GPa}, A_1 = 800\text{mm}^2, L_1 = 300\text{mm}$$

$$E_{st} = 123\text{GPa}, A_2 = 1000\text{mm}^2, L_2 = 500\text{mm}$$

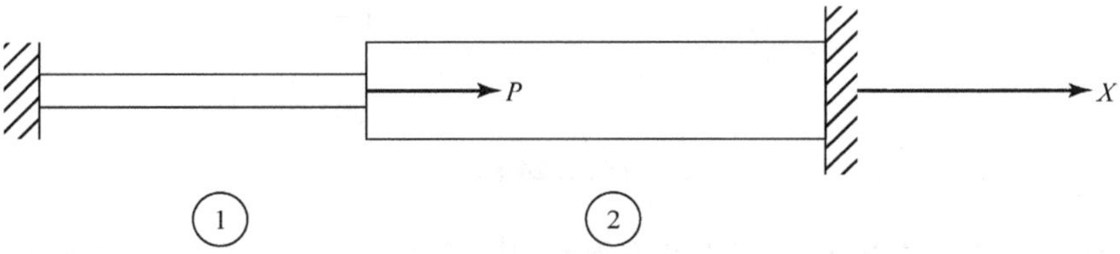

习题 1.17 图

载荷 $P=8000\text{N}$，假设一个分段的线性位移场为 $u=a_1+a_2x$（对于 $0\leqslant x\leqslant 300\text{mm}$），$u=a_3+a_4x$（对于 $300\text{mm}\leqslant x\leqslant 800\text{mm}$），试比较瑞利-里兹法的解与材料力学解析解的差别。

1.18 采用伽辽金方法求习题 1.15 图所示杆件中点的位移。

1.19 基于多项式函数 $u=a_1+a_2x+a_3x^2+a_4x^3$，采用势能方法求解例题 1.2。

1.20 如习题 1.20 图所示，一根钢制杆件的两端连接到刚性墙体上，承受一个分布载荷。

（a）写出该系统的势能表达式 Π。

（b）假设位移场为 $u(x)=a_0+a_1x+a_2x^2$，采用瑞利-里兹法求出位移 $u(x)$，并画出 u 随 x 变化的曲线。

（c）画出 σ 随 x 变化的曲线。

1.21 考虑一个需要求极小值的泛函

$$I=\int_0^L \frac{1}{2}k\left(\frac{\mathrm{d}y}{\mathrm{d}x}\right)^2\mathrm{d}x+\frac{1}{2}h(a_0-800)^2$$

在 $x=60$ 处有 $y=20$ 并且考虑 $k=20$，$h=25$，$L=60$；采用多项式逼近函数 $y(x)=a_0+a_1x+a_2x^2$ 和瑞利-里兹法求出 a_0，a_1 和 a_2

1.22 如习题 1.22 图所示一根棒，其边界条件为 $u_1=0$，节点坐标为 $x_1=0$，$x_2=1$，$x_3=3$。所施加的两点载荷如习题 1.22 图所示。其中，$E=1$，$A=1$。假设 $u=a_0+a_1x$，采用瑞利-里兹法进行求解，并画出 u 及 σ 随 x 的变化曲线。

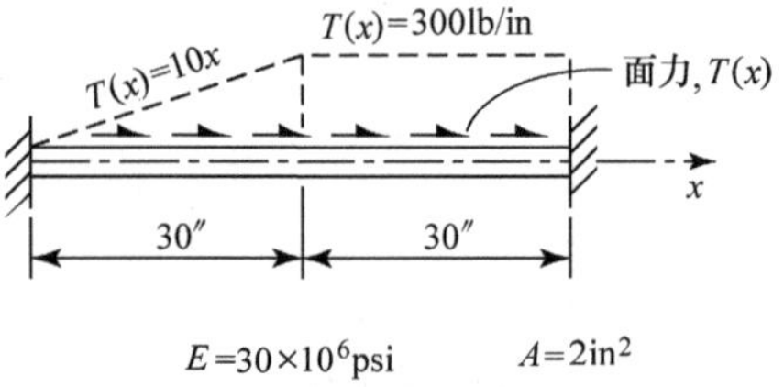

习题 1.20 图

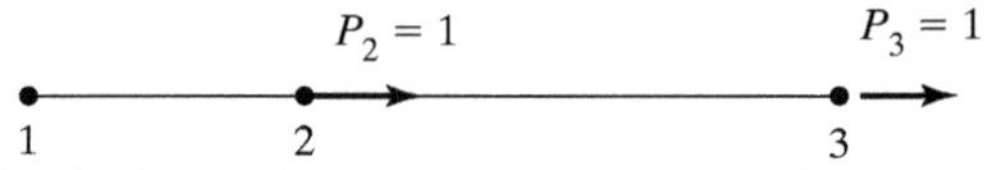

习题 1.22 图

1.23 考虑一个带初始条件的微分方程：

$$\begin{cases}\dfrac{\mathrm{d}u}{\mathrm{d}x}+3u=x \quad (0\leqslant x\leqslant 1)\\ u(0)=1\end{cases}$$

假设初始近似解为 $u=a+bx+cx^2$，试用伽辽金法进行求解。

1.24 悬臂梁在 $x=L$ 处的挠度 ν 和转角 ν'（$=\mathrm{d}\nu/\mathrm{d}x$）如习题 1.24 图所示。利用叠加原理确定图中所示悬臂梁在 $x=L$ 处的 ν 和转角 ν'。

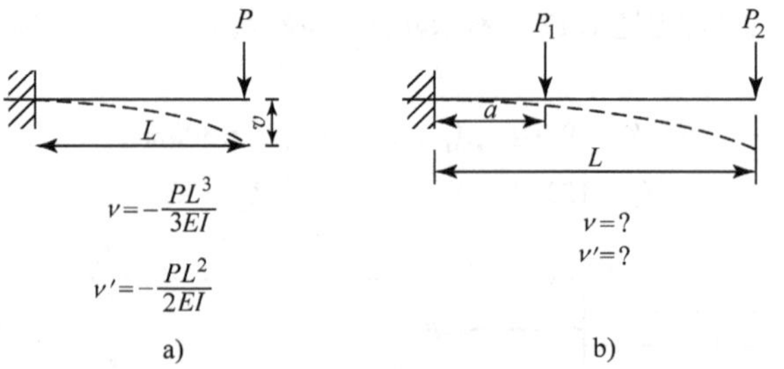

习题 1.24 图

1.25 一个正方形变形后的形状如习题 1.25 图所示，其中角点 A、C 和 D 在 x 和 y 方向位移 $u=0$，$v=0$，在点 B 位移为 $u=-0.01$，$v=0.01$。各点的 x 和 y 的坐标值分别为 A（0，0），B（1，0），C（1，1），D

(0, 1), Q (0.5, 0.5)。

(a) 求出上述变形的位移场，即满足给定角点位移值的位移函数 $u(x, y)$, $v(x, y)$。

(b) 由 (a) 确定点 B 和 Q 的剪切应变。

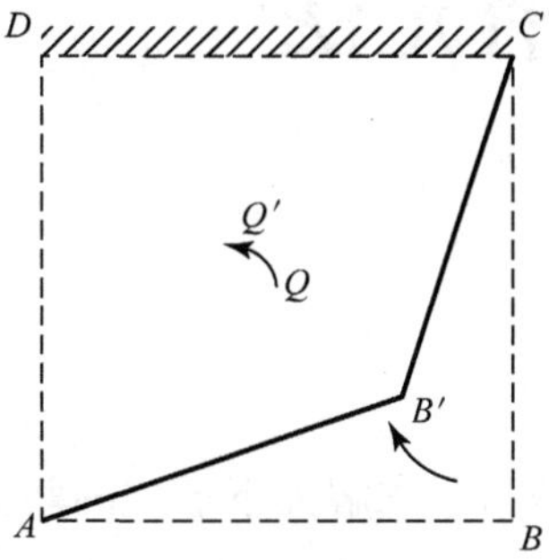

习题 1.25 图

第 2 章

矩阵代数与高斯消元法

2.1 矩阵代数

在这里学习矩阵的目的主要是为了求解如下形式的联立方程组

$$\begin{cases} a_{11}x_1 + a_{12}x_2 + \cdots + a_{1n}x_n = b_1 \\ a_{21}x_1 + a_{22}x_2 + \cdots + a_{2n}x_n = b_2 \\ \vdots \\ a_{n1}x_1 + a_{n2}x_2 + \cdots + a_{nn}x_n = b_n \end{cases} \tag{2.1a}$$

式中，x_1，x_2，…，x_n是未知数。方程（2.1a）可以用矩阵形式表示成

$$\boldsymbol{Ax} = \boldsymbol{b} \tag{2.1b}$$

这里，$\boldsymbol{A}$ 是一个（$n \times n$）维方阵，$\boldsymbol{x}$ 和 $\boldsymbol{b}$ 是（$n \times 1$）维向量，即

$$\boldsymbol{A} = \begin{pmatrix} a_{11} & a_{12} & \cdots & a_{1n} \\ a_{21} & a_{22} & \cdots & a_{2n} \\ \vdots & \vdots & & \vdots \\ a_{n1} & a_{n2} & \cdots & a_{nn} \end{pmatrix},\ \boldsymbol{x} = \begin{pmatrix} x_1 \\ x_2 \\ \vdots \\ x_n \end{pmatrix},\ \boldsymbol{b} = \begin{pmatrix} b_1 \\ b_2 \\ \vdots \\ b_n \end{pmatrix}$$

根据这一表达方式，可以将矩阵简单地看成是数据元素的一个阵列。矩阵 $\boldsymbol{A}$ 也可以表示为 $[A]$，位于矩阵 $\boldsymbol{A}$ 的第 i 行与第 j 列的一个数据元素用 a_{ij}来表示。

两个矩阵 $\boldsymbol{A}$ 和 $\boldsymbol{x}$ 的乘积也可以定义为：$\boldsymbol{A}$ 的第 i 行与向量 $\boldsymbol{x}$ 的点积等于 b_i，其结果得到式（2.1a）中的第 i 个方程；有关乘法运算和其他算法将在本章进行详细的讨论。

用有限元方法对工程问题进行分析，会涉及一系列的矩阵运算。由于计算机非常适合于做矩阵运算，因此它为求解大型问题提供了条件。本章将根据本书后面内容的需要来论述基本矩阵运算，也讨论求解线性方程组的高斯消元法，同时还会介绍一种高斯消元法的派生形式：“特征顶线”（skyline）的处理方法。

行向量与列向量

一个（$1 \times n$）维的矩阵称为**行向量**，而一个（$m \times 1$）维的矩阵称为**列向量**。例如，

$$\boldsymbol{d} = (1, -1, 2)$$

是一个（1×3）的行向量，而

$$\boldsymbol{e} = \begin{pmatrix} 2 \\ 2 \\ -6 \\ 0 \end{pmatrix}$$

是一个（4×1）的列向量。

加法和减法

对于两个矩阵 $\boldsymbol{A}$ 和 $\boldsymbol{B}$，二者的维数均为（$m \times n$），那么，两者之和 $\boldsymbol{C}=\boldsymbol{A}+\boldsymbol{B}$ 定义为

$$c_{ij}=a_{ij}+b_{ij} \tag{2.2}$$

即，$\boldsymbol{A}$ 的第（ij）分量加上 $\boldsymbol{B}$ 的第（ij）分量得到 $\boldsymbol{C}$ 的第（ij）分量，例如

$$\begin{pmatrix} 2 & -3 \\ -3 & 5 \end{pmatrix}+\begin{pmatrix} 2 & 1 \\ 0 & 4 \end{pmatrix}=\begin{pmatrix} 4 & -2 \\ -3 & 9 \end{pmatrix}$$

类似地，可以定义减法运算。

标量积

一个矩阵 $\boldsymbol{A}$ 与一个标量 c 的乘积定义为

$$c\boldsymbol{A}=[ca_{ij}] \tag{2.3}$$

下面给出一个例子

$$\begin{pmatrix} 10000 & 4500 \\ 4500 & -6000 \end{pmatrix}=10^3\begin{pmatrix} 10 & 4.5 \\ 4.5 & -6 \end{pmatrix}$$

矩阵乘法

一个（$m \times n$）维矩阵 $\boldsymbol{A}$ 与一个（$n \times p$）维矩阵 $\boldsymbol{B}$ 的乘积是一个（$m \times p$）维的矩阵 $\boldsymbol{C}$，即

$$\underset{(m\times n)}{\boldsymbol{A}}\quad\underset{(n\times p)}{\boldsymbol{B}}\quad\underset{(m\times p)}{=\boldsymbol{C}} \tag{2.4}$$

$\boldsymbol{C}$ 的第（ij）个分量通过以下的点积得到

$$c_{ij}=(\boldsymbol{A}\text{ 的第 } i \text{ 行})\cdot(\boldsymbol{B}\text{ 的第 } j \text{ 列}) \tag{2.5}$$

例如，

$$\underset{(2\times 3)}{\begin{pmatrix} 2 & 1 & 3 \\ 0 & -2 & 1 \end{pmatrix}}\underset{(3\times 2)}{\begin{pmatrix} 1 & 4 \\ 5 & -2 \\ 0 & 3 \end{pmatrix}}=\underset{(2\times 2)}{\begin{pmatrix} 7 & 15 \\ -10 & 7 \end{pmatrix}}$$

应该注意到，$\boldsymbol{AB}\neq\boldsymbol{BA}$。事实上，由于 $\boldsymbol{B}$ 的列数可能不等于 $\boldsymbol{A}$ 的行数，$\boldsymbol{BA}$ 可能根本就没有定义，即不存在。

转置

如果 $\boldsymbol{A}=[a_{ij}]$，则 $\boldsymbol{A}$ 的转置记为 $\boldsymbol{A}^{\mathrm{T}}$，可以表示成 $\boldsymbol{A}^{\mathrm{T}}=[a_{ji}]$。因此，$\boldsymbol{A}$ 的行正好是 $\boldsymbol{A}^{\mathrm{T}}$ 的列。例如，设

$$\boldsymbol{A}=\begin{pmatrix} 1 & -5 \\ 0 & 6 \\ -2 & 3 \\ 4 & 2 \end{pmatrix}$$

那么

$$\boldsymbol{A}^{\mathrm{T}}=\begin{pmatrix} 1 & 0 & -2 & 4 \\ -5 & 6 & 3 & 2 \end{pmatrix}$$

一般地，如果 $\boldsymbol{A}$ 是（$m \times n$）维，则 $\boldsymbol{A}^{\mathrm{T}}$ 就是（$n \times m$）维。

一个乘积的转置是转置逆序的乘积：

$$(\boldsymbol{ABC})^{\mathrm{T}}=\boldsymbol{C}^{\mathrm{T}}\boldsymbol{B}^{\mathrm{T}}\boldsymbol{A}^{\mathrm{T}} \tag{2.6}$$

微分和积分

一个矩阵的分量不一定是标量，它们也可以是函数。例如

$$\boldsymbol{B}=\begin{pmatrix} x+y & x^2-xy \\ 6+x & y \end{pmatrix}$$

由此，矩阵可以进行微分和积分运算，一个矩阵的导数（或积分）可以简单地看成是该矩阵中每一个分量的导数（或积分）。因此

$$\frac{\mathrm{d}}{\mathrm{d}x}\boldsymbol{B}(x)=\left(\frac{\mathrm{d}b_{ij}(x)}{\mathrm{d}x}\right) \tag{2.7}$$

$$\int \boldsymbol{B}\mathrm{d}x\mathrm{d}y=\left(\int b_{ij}\mathrm{d}x\mathrm{d}y\right) \tag{2.8}$$

式（2.7）的计算公式具有特别重要的作用。令 $\boldsymbol{A}$ 为一（$n\times n$）维常量矩阵，$\boldsymbol{x}=(x_1,\ x_2,\ \cdots,\ x_n)^{\mathrm{T}}$ 为一具有 n 个变量的列向量，则，$\boldsymbol{Ax}$ 关于变量 x_p 的导数为

$$\frac{\mathrm{d}}{\mathrm{d}x_p}(\boldsymbol{Ax})=\boldsymbol{a}^p \tag{2.9}$$

式中，$\boldsymbol{a}^p$ 是 $\boldsymbol{A}$ 的第 p 列。这个结果与将向量（$\boldsymbol{Ax}$）完整写出来后再进行求导所得到的结果相同，即

$$\boldsymbol{A}x=\begin{pmatrix} a_{11}x_1+a_{12}x_2+\cdots+a_{1p}x_p+\cdots+a_{1n}x_n \\ a_{21}x_1+a_{22}x_2+\cdots+a_{2p}x_p+\cdots+a_{2n}x_z \\ \vdots \\ a_{n1}x_1+a_{n2}x_2+\cdots+a_{np}x_p+\cdots+a_{nn}x_n \end{pmatrix} \tag{2.10}$$

于是，我们清楚地看到，$\boldsymbol{Ax}$ 关于 x_p 的导数得到了式（2.9）所示 $\boldsymbol{A}$ 的第 p 列。

方阵

对于一个矩阵，若它的行数等于列数，就称为方阵。

对角矩阵

对角矩阵是指一个仅沿主对角线有非零元素的方阵。例如

$$\boldsymbol{A}=\begin{pmatrix} 2 & 0 & 0 \\ 0 & 6 & 0 \\ 0 & 0 & -3 \end{pmatrix}$$

单位矩阵

单位矩阵是指一个主对角线上的元素均为 1 的对角矩阵。例如

$$\boldsymbol{I}=\begin{pmatrix} 1 & 0 & 0 & 0 \\ 0 & 1 & 0 & 0 \\ 0 & 0 & 1 & 0 \\ 0 & 0 & 0 & 1 \end{pmatrix}$$

如果 $\boldsymbol{I}$ 是（$n\times n$）维的单位矩阵，$\boldsymbol{x}$ 是一个（$n\times 1$）向量，则

$$\boldsymbol{Ix}=\boldsymbol{x}$$

对称矩阵

对称矩阵是方阵，它的元素满足

$$a_{ij} = a_{ji} \tag{2.11a}$$

或等价于

$$\boldsymbol{A} = \boldsymbol{A}^{\mathrm{T}} \tag{2.11b}$$

即关于主对角线对称位置的元素应相等，例如

$$\boldsymbol{A} = \begin{pmatrix} 2 & 1 & 0 \\ 1 & 6 & -2 \\ 0 & -2 & 8 \end{pmatrix}$$

上三角矩阵

上三角矩阵是指所有零元素位于主对角线之下的矩阵。例如

$$\boldsymbol{U} = \begin{pmatrix} 2 & -1 & 6 & 3 \\ 0 & 14 & 8 & 0 \\ 0 & 0 & 5 & 1 \\ 0 & 0 & 0 & 3 \end{pmatrix}$$

矩阵的行列式

一个方阵 $\boldsymbol{A}$ 的行列式是一个标量，记为 $\det \boldsymbol{A}$。采用**余子式法**得到一个（2×2）维和（3×3）维矩阵的行列式，其计算公式如下

$$\det\begin{pmatrix} a_{11} & a_{12} \\ a_{21} & a_{22} \end{pmatrix} = a_{11}a_{22} - a_{21}a_{12} \tag{2.12}$$

$$\det\begin{pmatrix} a_{11} & a_{12} & a_{13} \\ a_{21} & a_{22} & a_{23} \\ a_{31} & a_{32} & a_{33} \end{pmatrix} = a_{11}(a_{22}a_{33} - a_{32}a_{23}) - a_{12}(a_{21}a_{33} - a_{31}a_{23}) + a_{13}(a_{21}a_{32} - a_{31}a_{22}) \tag{2.13}$$

矩阵的逆

对于一个方阵 $\boldsymbol{A}$，如果 $\det \boldsymbol{A} \neq 0$，则 $\boldsymbol{A}$ 有逆矩阵，记为 $\boldsymbol{A}^{-1}$，该逆矩阵满足关系

$$\boldsymbol{A}^{-1}\boldsymbol{A} = \boldsymbol{A}\boldsymbol{A}^{-1} = \boldsymbol{I} \tag{2.14}$$

如果 $\det \boldsymbol{A} \neq 0$，我们称 $\boldsymbol{A}$ 是**非奇异的**，如果 $\det \boldsymbol{A} = 0$，则称 $\boldsymbol{A}$ 是**奇异的**，这时对它不能定义逆矩阵。一个方阵 $\boldsymbol{A}$ 的余子式 M_{ij} 是删除 $\boldsymbol{A}$ 的第 i 行和第 j 列后得到的（$n-1$）×（$n-1$）矩阵的行列式，矩阵 $\boldsymbol{A}$ 的余子式 C_{ij} 为

$$C_{ij} = (-1)^{i+j} M_{ij}$$

由元素 C_{ij} 所组成的矩阵 $\boldsymbol{C}$ 称为余因子矩阵。矩阵 $\boldsymbol{A}$ 的伴随矩阵定义为

$$\mathrm{Adj}\boldsymbol{A}^{㊀} = \boldsymbol{C}^{\mathrm{T}}$$

一个方阵 $\boldsymbol{A}$ 的逆矩阵为

$$\boldsymbol{A}^{-1} = \frac{\mathrm{adj}\,\boldsymbol{A}}{\det \boldsymbol{A}}$$

例如，一个（2×2）矩阵 $\boldsymbol{A}$ 的逆矩阵为

$$\begin{pmatrix} a_{11} & a_{12} \\ a_{21} & a_{22} \end{pmatrix}^{-1} = \frac{1}{\det \boldsymbol{A}} \begin{pmatrix} a_{22} & -a_{12} \\ -a_{21} & a_{11} \end{pmatrix}$$

㊀ 通常记作 $\boldsymbol{A}^*$，只是表示的方式不同。——编辑注

二次型

若 A 为一个 $(n \times n)$ 矩阵，x 为一个 $(n \times 1)$ 向量，则标量

$$x^{\mathrm{T}} A x \tag{2.15}$$

称为二次型，这是因为将它展开后可以得到二次表达式

$$x^{\mathrm{T}} A x = x_1 a_{11} x_1 + x_1 a_{12} x_2 + \cdots + x_1 a_{1n} x_n + x_2 a_{21} x_1 + x_2 a_{22} x_2 + \cdots + x_2 a_{2n} x_n +$$
$$\cdots + x_n a_{n1} x_1 + x_n a_{n2} x_2 + \cdots + x_n a_{nn} x_n \tag{2.16}$$

作为一个例子，取标量

$$u = 3x_1^2 - 4x_1 x_2 + 6x_1 x_3 - x_2^2 + 5x_3^2$$

它可以用矩阵形式表示为

$$u = (x_1, x_2, x_3) \begin{pmatrix} 3 & -2 & 3 \\ -2 & -1 & 0 \\ 3 & 0 & 5 \end{pmatrix} \begin{pmatrix} x_1 \\ x_2 \\ x_3 \end{pmatrix} = x^{\mathrm{T}} A x$$

特征值和特征向量

考虑特征值问题

$$A y = \lambda y \tag{2.17a}$$

这里 A 是一个 $(n \times n)$ 方阵，我们希望找到一个非平凡解，即希望找到满足式（2.17a）的一个非零特征向量 y 和对应的特征值 λ。如果将式（2.17a）改写成

$$(A - \lambda I) y = 0 \tag{2.17b}$$

可以发现，只有当 $A - \lambda I$ 是一个奇异矩阵时，y 才有非零解，即

$$\det(A - \lambda I) = 0 \tag{2.18}$$

式（2.18）称为**特征方程**。求解式（2.18）可以得到 n 个根，即特征值 λ_1，λ_2，$\cdots$，λ_n。对于每一个特征值 λ_i，与其相对应的特征向量 y^i 可以通过式（2.17b）得到，即

$$(A - \lambda_i I) y^i = 0 \tag{2.19}$$

注意到由于 $(A - \lambda_i I)$ 是一个奇异矩阵，因此特征向量 y^i 只能确定到与一个任意常数相乘的程度。

例题 2.1

对于矩阵

$$A = \begin{pmatrix} 4 & -2.236 \\ -2.236 & 8 \end{pmatrix}$$

其特征方程是

$$\det \begin{pmatrix} 4 - \lambda & -2.236 \\ -2.236 & 8 - \lambda \end{pmatrix} = 0$$

由此可得

$$(4 - \lambda)(8 - \lambda) - 5 = 0$$

求解上面这个方程，得

$$\lambda_1 = 3, \ \lambda_2 = 9$$

为了获得对应于特征值 λ_1 的特征向量 $y^1 = (y_1^1, y_2^1)^{\mathrm{T}}$，将 $\lambda_1 = 3$ 代入式（2.19）中，有

$$\begin{pmatrix} (4-3) & -2.236 \\ -2.236 & (8-3) \end{pmatrix} \begin{pmatrix} y_1^1 \\ y_2^1 \end{pmatrix} = \begin{pmatrix} 0 \\ 0 \end{pmatrix}$$

因而，$\boldsymbol{y}^1$ 的分量满足方程

$$y_1^1 - 2.236 y_2^1 = 0$$

对特征向量进行单位化处理，以使得 $\boldsymbol{y}^1$ 成为一个单位向量。其做法是令 $y_2^1 = 1$，结果得到 $\boldsymbol{y}^1 = (2.236,\ 1)^{\mathrm{T}}$。用 $\boldsymbol{y}^1$ 除以它的长度（模）得

$$\boldsymbol{y}^1 = (0.913,\ 0.408)^{\mathrm{T}}$$

应用类似的方法，将 λ_2 代入式（2.19）中，得到 $\boldsymbol{y}^2$，单位化后

$$\boldsymbol{y}^2 = (-0.408,\ 0.913)^{\mathrm{T}}$$

在有限元分析中，特征值问题具有 $\boldsymbol{Ay} = \lambda \boldsymbol{By}$ 的形式。这些问题的求解方法将在第 11 章中讨论。

正定矩阵

如果一个对称矩阵的所有特征值都是严格正的（大于零），就说它是正定的。在前面的例子中，对称矩阵

$$\boldsymbol{A} = \begin{pmatrix} 4 & -2.236 \\ -2.236 & 8 \end{pmatrix}$$

有特征值 $\lambda_1 = 3 > 0$ 和 $\lambda_2 = 9 > 0$，因此它是正定的。正定矩阵的另一个定义为：若一个（$n \times n$）维的对称矩阵 $\boldsymbol{A}$ 是正定的，则对于任意非零向量 $\boldsymbol{x} = (x_1,\ x_2,\ \cdots,\ x_n)^{\mathrm{T}}$，它满足

$$\boldsymbol{x}^{\mathrm{T}} \boldsymbol{A} \boldsymbol{x} > 0 \tag{2.20}$$

乔列斯基（Cholesky）分解

一个正定对称矩阵 $\boldsymbol{A}$ 可以分解为如下形式：

$$\boldsymbol{A} = \boldsymbol{L}\boldsymbol{L}^{\mathrm{T}} \tag{2.21}$$

式中，$\boldsymbol{L}$ 是一个下三角矩阵，它的转置 $\boldsymbol{L}^{\mathrm{T}}$ 是上三角矩阵。这就是乔列斯基分解。$\boldsymbol{L}$ 的元素通过下列步骤进行计算：第 k 行元素的求值不影响前面已经求出的 $k-1$ 行的元素。在进行分解时，k 从 1 到 n 行的求值公式如下

$$l_{kj} = \frac{\left(a_{kj} - \sum_{i=1}^{j-1} l_{ki} l_{kj}\right)}{l_{jj}} \quad (j = 1, \cdots, k-1)$$

$$l_{kk} = \sqrt{a_{kk} - \sum_{i=1}^{j-1} l_{ki}{}^2} \tag{2.22}$$

在该求值过程中，当上限值小于下限值时便不再进行求和。

一个下三角矩阵的逆矩阵是一个下三角矩阵，逆矩阵 $\boldsymbol{L}^{-1}$ 的对角元素是 $\boldsymbol{L}$ 的对角元素的倒数。需要注意的是，对于已知矩阵 $\boldsymbol{A}$，它的分解矩阵 $\boldsymbol{L}$ 可以保存在 $\boldsymbol{A}$ 的下三角部分，$\boldsymbol{L}^{-1}$ 的对角线之下的元素可以保存在 $\boldsymbol{A}$ 的对角线之上的部分。

2.2 高斯消元法

一个线性方程组的矩阵形式为

$$\boldsymbol{Ax} = \boldsymbol{b}$$

式中，$\boldsymbol{A}$ 是（$n \times n$）矩阵，$\boldsymbol{b}$ 和 $\boldsymbol{x}$ 是（$n \times 1$）向量，如果 $\det \boldsymbol{A} \neq 0$，那么我们可以在方程的两边先乘以 $\boldsymbol{A}^{-1}$，写出 $\boldsymbol{x}$ 的唯一解为 $\boldsymbol{x} = \boldsymbol{A}^{-1}\boldsymbol{b}$。不过，要求出 $\boldsymbol{A}^{-1}$ 的显式解，比如采用余子式法，在计算上要付出极大的代价，同时容易出现舍入性错误。然而，采用消去过程则要好得多；下面就来讨论在求解 $\boldsymbol{Ax} = \boldsymbol{b}$ 时最有效的高斯消元法。

高斯消元法是一个众所周知的采取逐次消去未知数来求解联立方程的方法。下面首先通过一个例子来说明该方法，接下来再给出一般的求解过程和算法。考虑联立方程

$$\begin{cases} x_1 - 2x_2 + 6x_3 = 0 & (\text{Ⅰ}) \\ 2x_1 + 2x_2 + 3x_3 = 3 & (\text{Ⅱ}) \\ -x_1 + 3x_2 = 2 & (\text{Ⅲ}) \end{cases} \tag{2.23}$$

式中将这些方程标注为Ⅰ、Ⅱ和Ⅲ，现在，我们希望从Ⅱ和Ⅲ中消去 x_1，由方程Ⅰ有，$x_1 = +2x_2 - 6x_3$，将 x_1 代入方程Ⅱ和Ⅲ，得

$$\begin{cases} x_1 - 2x_2 + 6x_3 = 0 & (\text{Ⅰ}) \\ 0 + 6x_2 - 9x_3 = 3 & (\text{Ⅱ}^{(1)}) \\ -0 + x_2 + 6x_3 = 2 & (\text{Ⅲ}^{(1)}) \end{cases} \tag{2.24}$$

注意到式（2.24）也可以通过**行运算**由式（2.23）得到，这一点是非常重要的。特别地，为了从式（2.23）中的方程Ⅱ中消去 x_1，需要Ⅱ式减去Ⅰ式的2倍；为了从Ⅲ式中消去 x_1，需要Ⅲ式加上Ⅰ式，结果便得到式（2.24）。注意到，主对角线下面第一列中的零表示 x_1 已经从方程Ⅱ和Ⅲ中消去。式（2.24）中的上标（1）表示方程已经作过一次变换。

继续从式（2.24）的Ⅲ中消去 x_2，在这一过程中，Ⅲ式减去了Ⅱ式的1/6倍，得到的方程组为

$$\begin{cases} x_1 - 2x_2 + 6x_3 = 0 & (\text{Ⅰ}) \\ 0 + 6x_2 - 9x_3 = 3 & (\text{Ⅱ}^{(1)}) \\ 0 + 0 \quad \dfrac{15}{2}x_3 = \dfrac{3}{2} & (\text{Ⅲ}^{(2)}) \end{cases} \tag{2.25}$$

式（2.25）左边的系数矩阵就是上三角矩阵，因为由最后一个方程可以得到 $x_3 = 1/5$，代入第二个方程中可以得到 $x_2 = 4/5$，然后，再代入第一个方程中可得到 $x_1 = 2/5$，所以，到此为止，求解过程实际上已经完成。以相反顺序来求取未知数的这个过程称为**回代**。

利用矩阵形式可以更为简洁地把这些运算表示如下：以增广矩阵（$\boldsymbol{A}$，$\boldsymbol{b}$）进行计算，高斯消元过程是

$$\begin{pmatrix} 1 & -2 & 6 & 0 \\ 2 & 2 & 3 & 3 \\ -1 & 3 & 0 & 2 \end{pmatrix} \to \begin{pmatrix} 1 & -2 & 6 & 0 \\ 0 & 6 & -9 & 3 \\ 0 & 1 & 6 & 2 \end{pmatrix} \to \begin{pmatrix} 1 & -2 & 6 & 0 \\ 0 & 6 & -9 & 3 \\ 0 & 0 & 15/2 & 3/2 \end{pmatrix} \tag{2.26}$$

进行回代，有

$$x_3 = \frac{1}{5},\ x_2 = \frac{4}{5},\ x_1 = \frac{2}{5} \tag{2.27}$$

高斯消元法的基本算法

以上我们通过一个例子讨论了高斯消元过程，而这个过程将被表示为一个易于计算机编程的算法。

式（2.1）所示原始形式的方程组可以重新表示为

$$
\text{第}\ i\ \text{行}\begin{pmatrix} a_{11} & a_{12} & a_{13} & \cdots & a_{1j} & \cdots & a_{1n} \\ a_{21} & a_{22} & a_{23} & \cdots & a_{2j} & \cdots & a_{2n} \\ a_{31} & a_{32} & a_{33} & \cdots & a_{3j} & \cdots & a_{3n} \\ \vdots & \vdots & \vdots & & \vdots & & \vdots \\ a_{i1} & a_{i2} & a_{i3} & \cdots & a_{ij} & \cdots & a_{in} \\ \vdots & \vdots & \vdots & & \vdots & & \vdots \\ a_{n1} & a_{n2} & a_{n3} & \cdots & a_{nj} & \cdots & a_{nn} \end{pmatrix}\begin{pmatrix} x_1 \\ x_2 \\ x_3 \\ \vdots \\ x_i \\ \vdots \\ x_n \end{pmatrix} = \begin{pmatrix} b_1 \\ b_2 \\ b_3 \\ \vdots \\ b_i \\ \vdots \\ b_n \end{pmatrix} \tag{2.28}
$$

第 j 列

高斯消元是一个系统性方法，它逐次消去变量 x_1，x_2，x_3，…，x_{n-1}直到只剩下最后一个变量 x_n，其结果给出一个由经处理后的系数与右边部分所组成的上三角矩阵，这个过程称为正向消元；然后进行回代，可以依次方便地求出 x_n，x_{n-1}，…，x_3，x_2，x_1。从第 1 步开始，$\boldsymbol{A}$ 和 $\boldsymbol{b}$ 写成如下形式

$$
\begin{pmatrix} a_{11} & a_{12} & a_{13} & \cdots & a_{1j} & \cdots & a_{1n} \\ a_{21} & a_{22} & a_{23} & \cdots & a_{2j} & \cdots & a_{2n} \\ \vdots & \vdots & \vdots & & \vdots & & \vdots \\ a_{i1} & a_{i2} & a_{i3} & \cdots & a_{ij} & \cdots & a_{in} \\ \vdots & \vdots & \vdots & & \vdots & & \vdots \\ a_{n1} & a_{n2} & a_{n3} & \cdots & a_{nj} & \cdots & a_{nn} \end{pmatrix} \text{开始第}\ k(=1)\ \text{步} \begin{pmatrix} b_1 \\ b_2 \\ \vdots \\ b_i \\ \vdots \\ b_n \end{pmatrix} \tag{2.29}
$$

第 1 步的目的是利用方程 1（第一行）从其他方程中消去 x_1。若用圆括号中的上标表示步数，则对于第 1 步，其约化过程是

$$
a_{ij}^{(1)} = a_{ij} - \frac{a_{i1}}{a_{11}} \cdot a_{1j} \tag{2.30}
$$

和

$$
b_i^{(1)} = b_i - \frac{a_{i1}}{a_{11}} \cdot b_1
$$

注意到，比值 a_{i1}/a_{11}可以简单地看成是行的乘数，这在前面所讨论的例子中已经提到过，a_{11}也叫做主元素。式（2.29）阴影区内的所有元素都要进行约化处理，即进行对应的行运算，其 i 和 j 的范围从 2 到 n，由于 x_1 被消去，第 2 行到第 n 行首列的元素均变为零。在设计计算机程序时，不需要将它们设置为零，但需要考虑到它们将在实际运算中等于零，因此，从第 2 步开始时，有

$$
\begin{pmatrix} a_{11} & a_{12} & a_{13} & \cdots & a_{1j} & \cdots & a_{1n} \\ 0 & a_{22}^{(1)} & a_{23}^{(1)} & \cdots & a_{2j}^{(1)} & \cdots & a_{2n}^{(1)} \\ 0 & a_{32}^{(1)} & a_{33}^{(1)} & \cdots & a_{3j}^{(1)} & \cdots & a_{3n}^{(1)} \\ \vdots & \vdots & \vdots & & \vdots & & \vdots \\ 0 & a_{i2}^{(1)} & a_{i3}^{(1)} & \cdots & a_{ij}^{(1)} & \cdots & a_{in}^{(1)} \\ \vdots & \vdots & \vdots & & \vdots & & \vdots \\ 0 & a_{n2}^{(1)} & a_{n3}^{(1)} & \cdots & a_{nj}^{(1)} & \cdots & a_{nn}^{(1)} \end{pmatrix} \text{开始第}\ k(=2)\ \text{步} \begin{pmatrix} b_1 \\ b_2^{(1)} \\ b_3^{(1)} \\ \vdots \\ b_i^{(1)} \\ \vdots \\ b_n^{(1)} \end{pmatrix} \tag{2.31}
$$

式（2.31）阴影部分的元素将在第2步进行约化。这里，我们给出在第 k 步开始时，所进行的第 k 步运算方程为

$$
\begin{array}{l}
\\ \\ \\ \\ \\ \\ \text{第 } i \text{ 行} \\ \\
\end{array}
\left(\begin{array}{ccccccccc}
a_{11} & a_{12} & a_{13} & \cdots & \cdots & \cdots & a_{1j} & \cdots & a_{1n} \\
0 & a_{22}^{(1)} & a_{23}^{(1)} & \cdots & \cdots & \cdots & a_{2j}^{(1)} & \cdots & a_{2n}^{(1)} \\
0 & 0 & a_{33}^{(2)} & \cdots & \cdots & \cdots & a_{3j}^{(2)} & \cdots & a_{3n}^{(2)} \\
\hdashline
0 & 0 & 0 & \cdots & a_{k+1,k+1}^{(k-1)} & \cdots & a_{k+1,j}^{(k-1)} & \cdots & a_{k+1,n}^{(k-1)} \\
\vdots & \vdots & \vdots & & \vdots & & \vdots & & \vdots \\
0 & 0 & 0 & \cdots & a_{i,k+1}^{(k-1)} & \cdots & a_{ij}^{(k-1)} & \cdots & a_{in}^{(k-1)} \\
\hdashline
0 & 0 & 0 & \cdots & a_{n,k+1}^{(k-1)} & \cdots & a_{nj}^{(k-1)} & \cdots & a_{nn}^{(k-1)}
\end{array}\right)
\text{开始第 } k \text{ 步}
\begin{pmatrix}
b_1 \\ b_2^{(1)} \\ b_3^{(2)} \\ \vdots \\ b_{k+1}^{(k-1)} \\ \vdots \\ b_i^{(k-1)} \\ \vdots \\ b_n^{(k-1)}
\end{pmatrix}
\tag{2.32}
$$

第 j 列

在第 k 步，阴影部分的元素需要进行约化，在下标所给出的范围内进行一般性约化的方法如下：

在第 k 步

$$
\begin{aligned}
a_{ij}^{(k)} &= a_{ij}^{(k-1)} - \frac{a_{ik}^{(k-1)}}{a_{kk}^{(k-1)}} a_{kj}^{(k-1)} \quad (i,j = k+1,\cdots,n) \\
b_i^{(k)} &= b_{ij}^{(k-1)} - \frac{a_{ij}^{(k-1)}}{a_{kk}^{(k-1)}} b_{kj}^{(k-1)} \quad (i = k+1,\cdots,n)
\end{aligned}
\tag{2.33}
$$

在第（$n-1$）步之后，有

$$
\begin{pmatrix}
a_{11} & a_{12} & a_{13} & a_{14} & \cdots & a_{1n} \\
 & a_{22}^{(1)} & a_{23}^{(1)} & a_{24}^{(1)} & \cdots & a_{2n}^{(1)} \\
 & & a_{33}^{(2)} & a_{34}^{(2)} & \cdots & a_{3n}^{(2)} \\
 & & & a_{44}^{(3)} & \cdots & a_{4n}^{(3)} \\
 & & & & \ddots & \vdots \\
 & & & & & a_{nn}^{(n-1)}
\end{pmatrix}
\begin{pmatrix} x_1 \\ x_2 \\ x_3 \\ x_4 \\ \vdots \\ x_n \end{pmatrix}
=
\begin{pmatrix} b_1 \\ b_2^{(1)} \\ b_3^{(2)} \\ b_4^{(3)} \\ \vdots \\ b_n^{(n-1)} \end{pmatrix}
\tag{2.34}
$$

为了表述方便，上面引入了上角标。而在计算机编程时，可以免除这些上角标，为了表达上一致，下面去除上角标，此时，回代过程为

$$
x_n = \frac{b_n}{a_{nn}} \tag{2.35}
$$

因而

$$
x_i = \frac{b_i - \sum\limits_{j=i+1}^{n} a_{ij} x_j}{a_{ii}} \quad (i = n-1, n-2, \cdots, 1) \tag{2.36}
$$

这就是高斯消元法的整个过程。

对于前面所讨论的算法，下面给出相应的计算机程序的逻辑结构表示。

算法 1：一般矩阵

正向消元（A，b 的约化）

$$\text{DO } k = 1,\ n-1$$
$$\text{DO } i = k+1,\ n$$
$$c = \frac{a_{ik}}{a_{kk}}$$
$$\text{DO } j = k+1,\ n$$
$$a_{ij} = a_{ij} - ca_{k_j}$$
$$b_i = b_i - cb_k$$

回代

$$b_n = \frac{b_n}{a_{nn}}$$
$$\text{DO } ii = 1,\ n-1$$
$$i = n - ii$$
$$\text{sum} = 0$$
$$\text{DO } j = i+1,\ n$$
$$\text{sum} = \text{sum} + a_{ij}b_j$$
$$b_i = \frac{b_i - \text{sum}}{a_{ii}}$$

［注意：最后得到的 b 就是 $Ax = b$ 的解］
该算法在程序 GAUSS 中实现。

对称矩阵

如果 A 是对称矩阵，那么前面的算法需要作两处修改；一是乘数被定义为

$$c = \frac{a_{ki}}{a_{kk}} \tag{2.37}$$

另一处修改涉及 DO LOOP 语句的循环指数（即前面算法中的第三个 DO LOOP 语句），应为

$$\text{DO } j = i, n \tag{2.38}$$

对称带状矩阵

在一个**带状**矩阵中，所有非零元素都包含在一个带内，而带之外的元素均为零。在以后的章节中我们遇到的刚度矩阵就是一个对称带状矩阵。

考虑一个（$n \times n$）对称带状矩阵

$$(2.39)$$

第 2 对角线
主对角（第 1 线）

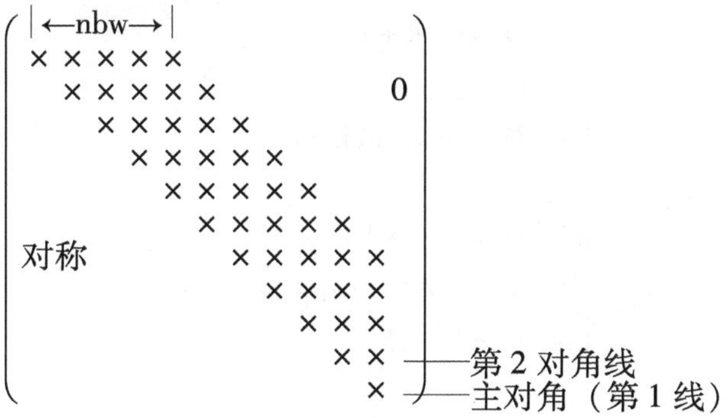

在式（2.39）中，nbw 称为**半带宽度**（half-bandwidth）。由于只有非零元素需要保存，因此这一矩阵的元素可以被紧凑地保存到如下（$n\times \text{nbw}$）的矩阵中

$$\begin{array}{ccccc} \text{第1列} & \text{第2列} & & & \text{nbw} \\ | & | & & & | \end{array}$$

$$\begin{pmatrix} \times & \times & \times & \times & \times \\ \times & \times & \times & \times & \times \\ \times & \times & \times & \times & \times \\ \times & \times & \times & \times & \times \\ \times & \times & \times & \times & \times \\ \times & \times & \times & \times & \times \\ \times & \times & \times & \times & \times \\ \times & \times & \times & \times & \\ \times & \times & \times & & \\ \times & \times & & & \\ \times & & & & \end{pmatrix} \tag{2.40}$$

式（2.39）中的主对角线或第1对角线，是式（2.40）的第一列。一般地，式（2.39）的第 p 个对角线保存在式（2.40）中的第 p 列，式（2.39）和式（2.40）的元素之间具有如下的对应关系

$$\left.\begin{matrix} a_{ij} \\ (j>i) \end{matrix}\right|_{(2.39)} = a_{i(j-i+1)}\Big|_{(2.40)} \tag{2.41}$$

同时应注意到，在式（2.39）中，有 $a_{ij}=a_{ji}$，式（2.40）中第 k 行元素的个数是 min（$n-k+1$，nbw）；由此可以给出对称带状矩阵的高斯消元法。

算法2：对称带状矩阵

正向消元

```
DO k = 1, n - 1
nbk = min (n - k + 1, nbw)
  DO i = k + 1, nbk + k - 1
  i1 = i - k + 1
  c = a(k,i1)/a(k,1)
    DO j = i, nbk + k - 1
    j1 = j - i + 1
    j2 = j - k + 1
    a(i,j1) = a(i,j1) - c a(k,j2)
  b(i) = b(i) - c b(k)
```

回代

```
      b_n = b_n / a_(n,1)
┌─ DO ii = 1, n - 1
│  i = n - ii
│  nbi = min(n - i + 1, nbw)
│  sum = 0
│┌─ DO j = 2, nbi
│└─ sum = sum + a_(i,j) b_(i+j-1)
└─ b_i = (b_i - sum) / a_(i,1)
```

[注意：DO LOOP 语句的循环指数是以式（2.39）的原始矩阵为基础的；当涉及带状矩阵 **A** 时，则使用式（2.41）所对应的值。另一方面，可以直接用带状矩阵 **A** 的元素表示 DO LOOP 语句的循环指数，这两种方法都在计算机程序中得到了应用。]

多重右边项的求解

通常，我们需要求解 **A** 相同，但 **b** 不相同的方程组 $\boldsymbol{Ax}=\boldsymbol{b}$。它出现于同一结构在不同加载条件下的有限元分析中；求解时，如果将与 **A** 相关的计算同与 **b** 相关的计算分开来进行，在计算复杂度上会更为合理些，其原因在于，将一个（$n\times n$）的矩阵 **A** 约化为它的三角矩阵形式，其运算量正比于 n^3，而 **b** 的约化和回代的运算量仅正比于 n^2；对于很大的 n，这种差异将是十分显著的。

因此，针对一个对称带状矩阵，可对前面的算法修改如下。

算法 3：对称带状矩阵，多重右边项

A 的正向消元

```
┌─ DO k = 1, n - 1
│  nbk = min(n - k + 1, nbw)
│┌─ DO i = k + 1, nbk + k - 1
││  i1 = i - k + 1
││  c = a_(k,i1) / a_(k,1)
││┌─ DO j = i, nbk + k - 1
│││  j1 = j - i + 1
│││  j2 = j - k + 1
└└└─ a_(i,j1) = a_(i,j1) - c a_(k,j2)
```

每一个 **b** 的正向消元

```
┌─ DO k = 1, n - 1
│  nbk = min(n - k + 1, nbw)
│┌─ DO i = k + 1, nbk + k - 1
││  i1 = i - k + 1
││  c = a_(k,i1) / a_(k,1)
└└─ b_i = b_i - c b_k
```

回代 其方法与**算法 2** 相同。

基于列约化的高斯消元法

仔细观察高斯消元过程，可以发现它是一列一列地对系数进行约化处理，从这个过程可以导出用于**特征顶线求解**（skyline solution）的最简单处理流程，后面将对这方面进行介绍；在此我们考虑对称矩阵的列约化过程，只需对上三角矩阵的系数和向量 $\boldsymbol{b}$ 进行存储。

回顾一下式（2.41），便能知道列处理方法的实质，此时

$$\begin{pmatrix} a_{11} & a_{12} & a_{13} & a_{14} & \cdots & a_{1n} \\ & a_{22}^{(1)} & a_{23}^{(1)} & a_{24}^{(1)} & \cdots & a_{2n}^{(1)} \\ & & a_{33}^{(2)} & a_{34}^{(2)} & \cdots & a_{3n}^{(2)} \\ & & & a_{44}^{(3)} & \cdots & a_{4n}^{(3)} \\ & & & & \ddots & \vdots \\ & & & & & a_{nn}^{(n-1)} \end{pmatrix} \begin{pmatrix} x_1 \\ x_2 \\ x_3 \\ x_4 \\ \vdots \\ x_n \end{pmatrix} = \begin{pmatrix} b_1 \\ b_2^{(1)} \\ b_3^{(2)} \\ b_4^{(3)} \\ \vdots \\ b_n^{(n-1)} \end{pmatrix}$$

将注意力放到约化后的矩阵上，比如，第 3 列；该列中的第一个元素没有变化，第二个元素改变了一次，第三个元素改变了两次。进一步，由式（2.33），考虑到由于 $\boldsymbol{A}$ 是对称的，有 $a_{ij}=a_{ji}$，则有

$$\begin{aligned} a_{23}^{(1)} &= a_{23} - \frac{a_{12}}{a_{11}}a_{13} \\ a_{33}^{(1)} &= a_{33} - \frac{a_{13}}{a_{11}}a_{13} \\ a_{33}^{(2)} &= a_{33}^{(1)} - \frac{a_{23}^{(1)}}{a_{22}^{(1)}}a_{23}^{(1)} \end{aligned} \tag{2.42}$$

从这些方程中，我们发现到了一个重要的现象，第 3 列的约化只用到第 1 列与第 2 列的元素以及第 3 列已经作过约化的元素；这种只使用已作约化的前面列中的元素来得到第 3 列的思想可以说明如下

$$\begin{pmatrix} a_{11} & a_{12} & a_{13} \\ & a_{22}^{(1)} & a_{23} \\ & & a_{33} \end{pmatrix} \to \begin{pmatrix} a_{11} & a_{12} & a_{13} \\ & a_{22}^{(1)} & a_{23}^{(1)} \\ & & a_{33}^{(1)} \end{pmatrix} \to \begin{pmatrix} a_{11} & a_{12} & a_{13} \\ & a_{22}^{(1)} & a_{23}^{(1)} \\ & & a_{33}^{(2)} \end{pmatrix} \tag{2.43}$$

类似地，可以完成其他列的约化。例如，第 4 列的约化可以分三步来完成，以下给出示意

$$\begin{pmatrix} a_{14} \\ a_{24} \\ a_{34} \\ a_{44} \end{pmatrix} \to \begin{pmatrix} a_{14} \\ a_{24}^{(1)} \\ a_{34}^{(1)} \\ a_{44}^{(1)} \end{pmatrix} \to \begin{pmatrix} a_{14} \\ a_{24}^{(1)} \\ a_{34}^{(2)} \\ a_{44}^{(2)} \end{pmatrix} \to \begin{pmatrix} a_{14} \\ a_{24}^{(1)} \\ a_{34}^{(2)} \\ a_{44}^{(3)} \end{pmatrix} \tag{2.44}$$

设第 j 列左边的列已完成约化，现在我们来讨论第 j 列（$2 \leqslant j \leqslant n$）的约化。相应的系数可以表示为如下形式

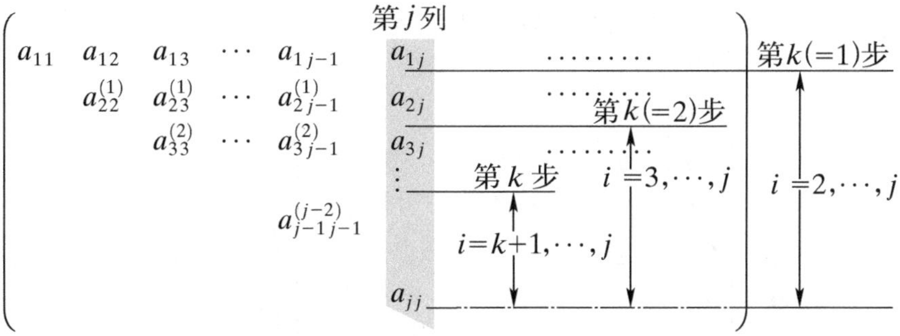

$$\begin{pmatrix} a_{11} & a_{12} & a_{13} & \cdots & a_{1\,j-1} & a_{1j} & \cdots\cdots\cdots & \\ & a_{22}^{(1)} & a_{23}^{(1)} & \cdots & a_{2\,j-1}^{(1)} & a_{2j} & \cdots\cdots & \\ & & a_{33}^{(2)} & \cdots & a_{3\,j-1}^{(2)} & a_{3j} & & \\ & & & & & \vdots & & \\ & & & & a_{j-1\,j-1}^{(j-2)} & & & \\ & & & & & a_{jj} & & \end{pmatrix} \qquad (2.45)$$

第 j 列的约化只需要第 j 列左边各列的元素和经过适当约化的第 j 列中的元素。我们注意到，对于第 j 列，需要约化的步数为 $j-1$。同样的，由于 a_{11} 不作约化，因此只需对第 2 列到第 n 列作约化。计算过程的逻辑关系为

$$\begin{array}{l} \text{DO } j = 2 \text{ to } n \\ \quad \text{DO } k = 1 \text{ to } j-1 \\ \qquad \text{DO } i = k+1 \text{ to } j \\ \qquad\quad a_{ij}^{(k)} = a_{ij}^{(k-1)} - \dfrac{a_{ki}^{(k-1)}}{a_{kk}^{(k-1)}} a_{kj}^{(k-1)} \end{array} \qquad (2.46)$$

此外，右边对 $\boldsymbol{b}$ 的约化可以看成是多列的约化。因此，我们有

$$\begin{array}{l} \text{DO } k = 1 \text{ to } n-1 \\ \quad \text{DO } i = k+1 \text{ to } n \\ \qquad b_i^{(k)} = b_i^{(k-1)} - \dfrac{a_{ki}^{(k-1)}}{a_{kk}^{(k-1)}} b_k^{(k-1)} \end{array} \qquad (2.47)$$

从式（2.46）可以看出，如果某一列的上部是一组零元素，需要进行运算的范围仅仅是从第一个非零元素到对角线之间的元素，这就自然引出了**特征顶线求解**方法。

特征顶线求解

如果某一列的上部元素为零，则只有从第一个非零值开始的元素才需要保存，将上部零元素与第一个非零元素分离开的界线称为**特征顶线**。考虑一个例子

$$\begin{array}{c} \text{列的高度} \quad \begin{array}{|c|c|c|c|c|c|c|c|} \hline 1 & 2 & 2 & 4 & 4 & 4 & 3 & 5 \\ \hline \end{array} \\ \begin{pmatrix} a_{11} & a_{12} & 0 & a_{14} & 0 & 0 & 0 & 0 \\ & a_{22} & a_{23} & a_{24} & a_{25} & 0 & 0 & 0 \\ & & a_{33} & a_{34} & 0 & a_{36} & 0 & 0 \\ & & & a_{44} & 0 & a_{46} & 0 & a_{48} \\ & & & & a_{55} & a_{56} & a_{57} & 0 \\ & & & & & a_{66} & a_{67} & a_{68} \\ & & & & & & a_{77} & a_{78} \\ & & & & & & & a_{88} \end{pmatrix} \text{特征顶线} \end{array} \qquad (2.48)$$

为了提高效率，只有有效的列才需要存储。它们可以用一个列向量 $\boldsymbol{A}$ 和一个对角线指针向量 $\boldsymbol{ID}$ 来进行存储，即

$$\text{对角线指针}\ (ID)$$

$$\boldsymbol{A}=\begin{pmatrix} \underline{a_{11}} \\ a_{12} \\ \underline{a_{22}} \\ a_{23} \\ \underline{a_{33}} \\ a_{14} \\ a_{24} \\ a_{34} \\ \underline{a_{44}} \\ \vdots \\ a_{88} \end{pmatrix} \begin{matrix} \leftarrow 1 \\ \\ \leftarrow 3 \\ \\ \leftarrow 5 \\ \\ \\ \\ \leftarrow 9 \\ \\ \leftarrow 25 \end{matrix} \qquad \boldsymbol{ID}=\begin{pmatrix} 1 \\ 3 \\ 5 \\ 9 \\ 13 \\ 17 \\ 20 \\ 25 \end{pmatrix} \tag{2.49}$$

第 I 列的高度为 $ID(I)-ID(I-1)$，右边的 $\boldsymbol{b}$ 用一个单独的列进行存储。因此，高斯消元法的列约化方案可以应用于方程组的求解。本书给出了一个特征顶线求解程序。

波前法

波前法是求解有限元问题高斯消元法的一种派生形式。消元过程的处理是将消元后的方程写到计算机硬盘中，因此减少了大量存储的要求，从而使小型计算机就可以求解大型有限元问题。在第 9 章中将介绍波前法并具体应用到六面体单元的处理中。

2.3 方程求解的共轭梯度法

共轭梯度法是方程求解的一种迭代方法。这种方法正在获得广泛的应用，并移植到了几种计算机软件中，这里将介绍对称矩阵的 Fletcher-Reeves 算法。

考虑如下方程组的求解

$$\boldsymbol{Ax}=\boldsymbol{b}$$

式中，$\boldsymbol{A}$ 是一个 $(n\times n)$ 对称正定矩阵，$\boldsymbol{b}$ 和 $\boldsymbol{x}$ 是 $(n\times 1)$ 向量。对对称矩阵 $\boldsymbol{A}$ 所采用的共轭梯度法其实现步骤如下。

共轭梯度法算法

从点 x_0 开始，有计算过程

$$\begin{aligned}
&\boldsymbol{g}_0=\boldsymbol{Ax}_0-\boldsymbol{b},\boldsymbol{d}_0=-\boldsymbol{g}_0\\
&\boldsymbol{\alpha}_k=\frac{\boldsymbol{g}_k^{\mathrm{T}}\boldsymbol{g}_k}{\boldsymbol{d}_k^{\mathrm{T}}\boldsymbol{A}\boldsymbol{d}_k}\\
&\boldsymbol{x}_{k+1}=\boldsymbol{x}_k+\boldsymbol{\alpha}_k\boldsymbol{d}_k\\
&\boldsymbol{g}_{k+1}=\boldsymbol{g}_k+\boldsymbol{\alpha}_k\boldsymbol{A}\boldsymbol{d}_k\\
&\boldsymbol{\beta}_k=\boldsymbol{g}_k+\boldsymbol{\alpha}_k\boldsymbol{A}\boldsymbol{d}_k\\
&\boldsymbol{\beta}_k=\frac{\boldsymbol{g}_{k+1}^{\mathrm{T}}\boldsymbol{g}_{k+1}}{\boldsymbol{g}_k^{\mathrm{T}}\boldsymbol{g}_k}\\
&\boldsymbol{d}_{k+1}=-\boldsymbol{g}_{k+1}+\boldsymbol{\beta}_k\boldsymbol{d}_k
\end{aligned}\tag{2.50}$$

这里 $k=0,1,2,\cdots$；迭代持续进行，直到 $\boldsymbol{g}_k^{\mathrm{T}}\boldsymbol{g}_k$ 达到一个较小的值。这种方法是稳定的，经

过 n 次迭代即可收敛，这一流程被移植到了可下载文件所包含的 CGSOLVE 程序中；它适用于有限元应用中的并行计算处理，可以应用预处理技术进行加速。程序的输入和输出格式如下。

输入数据/输出数据

CGSOLVE，GAUSS 算法的输入格式

```
EQUATION SOLVING USING GAUSS ELIMINATION
   Number of Equations
   8
   Matrix A() in Ax = B
   6  0  1  2  0  0  2  1
   0  5  1  1  0  0  3  0
   1  1  6  1  2  0  1  2
   2  1  1  7  1  2  1  1
   0  0  2  1  6  0  2  1
   0  0  0  2  0  4  1  0
   2  3  1  1  2  1  5  1
   1  0  2  1  1  0  1  3
   Right hand side B() in Ax = B
   1  1  1  1  1  1  1  1
```

GAUSS 的输出格式

```
Results from Program Gauss
EQUATION SOLVING USING GAUSS ELIMINATION
Solution
1    0.392552899
2    0.639736191
3   -0.1430338
4   -0.217230008
5    0.380186865
6    0.511816433
7   -0.612805716
8    0.447787854
```

习　题

2.1　已知

$$\boldsymbol{A}=\begin{pmatrix}8 & -2 & 0\\ -2 & 4 & -3\\ 0 & -3 & 3\end{pmatrix},\ \boldsymbol{d}=\begin{pmatrix}2\\ -1\\ 3\end{pmatrix}$$

求解以下问题：

(a) $\boldsymbol{I}-\boldsymbol{dd}^{\mathrm{T}}$。

(b) $\det\boldsymbol{A}$。

(c) $\boldsymbol{A}$ 的特征值和特征向量，$\boldsymbol{A}$ 是正定的吗？

(d) 应用算法 1 和 2，计算 $\boldsymbol{Ax}=\boldsymbol{d}$ 的解。

2.2　已知

$$\boldsymbol{N}=(\xi,1-\xi^2)$$

求出

(a) $\int_{-1}^{1}\boldsymbol{N}\mathrm{d}\xi$。

(b) $\int_{-1}^{1}\boldsymbol{N}^{\mathrm{T}}\boldsymbol{N}\mathrm{d}\xi$。

2.3　用矩阵形式 $\frac{1}{2}\boldsymbol{x}^{\mathrm{T}}\boldsymbol{Q}\boldsymbol{x}+\boldsymbol{c}^{\mathrm{T}}\boldsymbol{x}$ 来表示 $3x_1-8x_2-5x_1^2+5x_1x_2$。

2.4 用 BASIC 语言或 MATLAB 对算法 3 进行编程。然后，求解方程 $\boldsymbol{Ax}=\boldsymbol{b}$，$\boldsymbol{A}$ 同习题 2.1，$\boldsymbol{b}$ 如下所示

$$\boldsymbol{b}=(5,-10,3)^{\mathrm{T}}$$
$$\boldsymbol{b}=(2.2,-1,3)^{\mathrm{T}}$$

2.5 应用余子式法，求出下面矩阵的逆

$$\begin{pmatrix}1 & 2 & 3\\ 2 & 1 & 3\\ 3 & 1 & 2\end{pmatrix}$$

2.6 顶点位于（x_1，y_1），（x_2，y_2）和（x_3，y_3）的三角形的面积可以写成如下形式

$$面积=\frac{1}{2}\det\begin{pmatrix}1 & x_1 & y_1\\ 1 & x_2 & y_2\\ 1 & x_3 & y_3\end{pmatrix}$$

求出顶点位于（2，2），（7，8）和（11，12）的三角形的面积。

2.7 对于习题2.7图中的三角形，内部的点 P（2，2）将它分为三个面积为 A_1、A_2 和 A_3 的三角形。求出 A_1/A，A_2/A，A_3/A

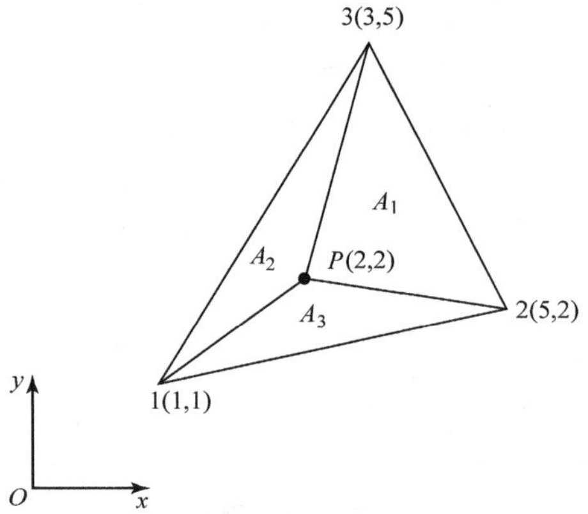

习题 2.7 图

2.8 一个对称矩阵 $[\boldsymbol{A}]_{n\times n}$ 的半带宽度为 nbw，它保存在矩阵 $[\boldsymbol{B}]_{n\times \mathrm{nbw}}$ 中。

（a）找出与 $A_{11,14}$ 对应的元素在 $\boldsymbol{B}$ 中的位置。

（b）找出与 $B_{6,1}$ 对应的元素在 $\boldsymbol{A}$ 中的位置。

2.9 对于一个全部为非零元素的（10×10）对称矩阵，分别采用带状和特征顶线法对该矩阵进行存储。

2.10 对以下正定矩阵进行乔列斯基分解

$$\begin{pmatrix}4 & 2 & -6\\ 2 & 10 & 9\\ -6 & 9 & 26\end{pmatrix}$$

2.11 一个方阵 $\boldsymbol{A}$ 可以被分解为 $\boldsymbol{A}=\boldsymbol{LU}$，其中，$\boldsymbol{L}$ 是下三角矩阵，$\boldsymbol{U}$ 是上三角矩阵。令

$$\begin{pmatrix}1 & 2 & 3\\ 2 & 5 & 8\\ 3 & 8 & 14\end{pmatrix}=\begin{pmatrix}1 & 0 & 0\\ l_{21} & 1 & 0\\ l_{31} & l_{32} & 1\end{pmatrix}\begin{pmatrix}u_{11} & u_{12} & u_{13}\\ 0 & u_{22} & u_{23}\\ 0 & 0 & u_{33}\end{pmatrix}=\boldsymbol{LU}$$

试求出 $\boldsymbol{L}$ 和 $\boldsymbol{U}$。

2.12 利用习题2.6中的思路，将顶点坐标分别为 A（1，1），B（7，2），C（6，6）和 D（3，7）的四边形 $ABCD$ 分解为两个三角形，并求其面积。

2.13 如果 $\boldsymbol{T}^{-1}=\boldsymbol{T}^{\mathrm{T}}$，则 $\boldsymbol{T}$ 称为正交矩阵。证明：变换矩阵$\begin{pmatrix}\cos\theta & \sin\theta\\ -\sin\theta & \cos\theta\end{pmatrix}$为正交矩阵。

2.14 对于以下矩阵，计算：(a) 所有的余子式；(b) 余因子；(c) 伴随矩阵；(d) 行列式；(e) 逆矩阵。

$$\begin{pmatrix}4 & 3 & 1\\ 3 & 3 & 2\\ 3 & 4 & 5\end{pmatrix}$$

程序清单

```
<< MAIN PROGRAM >>
'*********    PROGRAM GAUSS   ***********
'*       GAUSS ELIMINATION METHOD       *
'*           GENERAL MATRIX             *
'* T.R.Chandrupatla and A.D.Belegundu *
'***************************************
DefInt I-N
DefDbl A-H, O-Z
Dim N
Dim ND, NL, NCH, NPR, NMPC, NBW
Dim A(), B()
Private Sub CommandButton1_Click()
     Call InputData
     Call GaussRow
     Call Output
End Sub
```

```
<< READ DATA FROM SHEET1 (from file in C, FORTRAN, MATLAB, QB, VB) >>
Private Sub InputData()
    N = Worksheets(1).Cells(3, 1)
    ReDim A(N, N), B(N)
      LI = 4
    '----- Read A() -----
    For I = 1 To N
        LI = LI + 1
        For J = 1 To N
        A(I, J) = Worksheets(1).Cells(LI, J)
        Next
    Next
     LI = LI + 2
    '----- Read B() -----
     For J = 1 To N
        B(J) = Worksheets(1).Cells(LI, J)
     Next
End Sub
```

```
<< GAUSS ELIMINATION ROUTINE >>
Private Sub GaussRow()
    '----- Forward Elimination -----
    For K = 1 To N - 1
      For I = K + 1 To N
        C = A(I, K) / A(K, K)
        For J = K + 1 To N
          A(I, J) = A(I, J) - C * A(K, J)
        Next J
        B(I) = B(I) - C * B(K)
      Next I
    Next K
    '----- Back-substitution -----
    B(N) = B(N) / A(N, N)
    For II = 1 To N - 1
      I = N - II
      C = 1 / A(I, I): B(I) = C * B(I)
      For K = I + 1 To N
        B(I) = B(I) - C * A(I, K) * B(K)
      Next K
    Next II
End Sub
```

```
<< OUTPUT TO SHEET2 (to file in C, FORTRAN, MATLAB, QB, VB) >>
Private Sub Output()
   ' Now, writing out the results in a different worksheet
    Worksheets(2).Cells.ClearContents
    Worksheets(2).Cells(1, 1) = "Results from Program Gauss"
    Worksheets(2).Cells(1, 1).Font.Bold = True
    Worksheets(2).Cells(2, 1) = Worksheets(1).Cells(1, 1)
    Worksheets(2).Cells(2, 1).Font.Bold = True
    Worksheets(2).Cells(3, 1) = "Solution"
    Worksheets(2).Cells(3, 1).Font.Bold = True
    LI = 3
    For I = 1 To N
        LI = LI + 1
        Worksheets(2).Cells(LI, 1) = I
        Worksheets(2).Cells(LI, 2) = B(I)
    Next
End Sub
```

第 3 章

一维问题

3.1 概述

本章将用总势能、应力-应变和应变-位移的关系来详细说明求解一维问题的有限元方法。在本书的后面将讨论到二维和三维问题，其求解的基本过程相同。对于一维问题，应力、应变、位移和载荷均只有一个自变量 x，也就是说，在第 1 章中提到的向量 $\boldsymbol{u}$、$\boldsymbol{\sigma}$、$\boldsymbol{\varepsilon}$、$\boldsymbol{T}$ 和 $\boldsymbol{f}$ 在这里可简化为

$$\boldsymbol{u}=u(x),\ \boldsymbol{\sigma}=\sigma(x),\ \boldsymbol{\varepsilon}=u(x)$$
$$\boldsymbol{T}=T(x),\ \boldsymbol{f}=f(x) \tag{3.1}$$

因此，应力-应变和应变-位移关系可写为

$$\sigma=E\varepsilon,\varepsilon=\frac{\mathrm{d}u}{\mathrm{d}x} \tag{3.2}$$

对于一维问题，体积微元 $\mathrm{d}V$ 可写为

$$\mathrm{d}V=A\mathrm{d}x \tag{3.3}$$

载荷包括三种类型：体积力 f、面积力 T 和集中力 P_i。这些力作用在物体上的情况如图 3.1 所示。体积力是作用在物体体积元上的分布力，其量纲为每单位体积上的力，由地球引力引起的自重就是一个体积力的例子；面积力是作用在物体表面的分布力。在第 1 章中，面积力被定义为单位面积上的力，对于一维问题来说，面积力是指单位长度上的力。这里的面积力是单位面积上的力和横截面周长的乘积，摩擦阻力、黏滞力和表面剪切力都是一维问题中

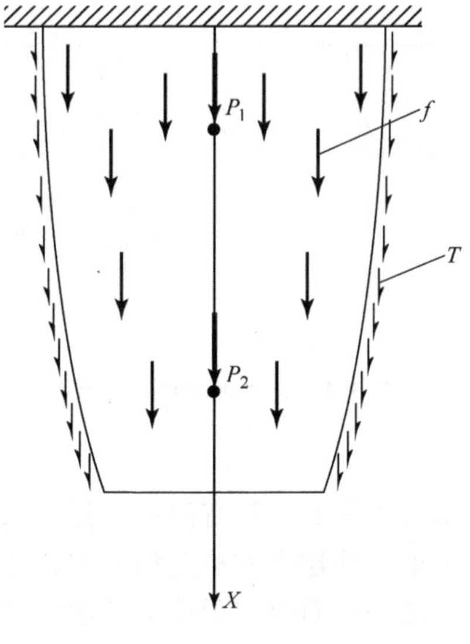

图 3.1 受面积力、体积力和集中力作用的一维杆件

面积力的例子。最后，P_i 是作用在点 i 的力，而 u_i 是该点在 x 方向上的位移。

一维物体的有限元建模将在第 3.2 节中讨论，基本的思路是将区域离散化，并用离散点的值来表示位移场。下面首先介绍线性单元，用势能方法和伽辽金（Galerkin）方法来详细说明刚度和载荷的概念，然后讨论边界条件。本章的最后将讨论温度效应和二次单元。

3.2 建立有限元模型

下面，我们将讨论单元划分和节点编号的步骤。

单元划分

杆件如图 3.1 所示。第一步是将杆件转化为一个阶梯轴模型。这个模型由若干个离散的单元组成，每个单元都是等截面的。比如，我们用四个有限单元来建立这根杆的模型。简单来说，是将杆件划分为四个区域，如图 3.2a 所示，分别求出每个区域内横截面积的平均值，用来定义各个等截面的单元。图 3.2b 即为由此得到的四个单元五个节点的有限元模型。在这个模型中，每个单元有两个节点；在图 3.2b 中，单元编号上加了圆圈，以区别于节点编号。除了横截面积外，单元内的面积力和体积力通常也都视为常数，但是在单元和单元之间，其横截面积、面积力和体积力在数值上可以是不同的。增加单元的数量能够得到更好的近似效果，在施加集中力的地方定义相应的节点将有利于计算。

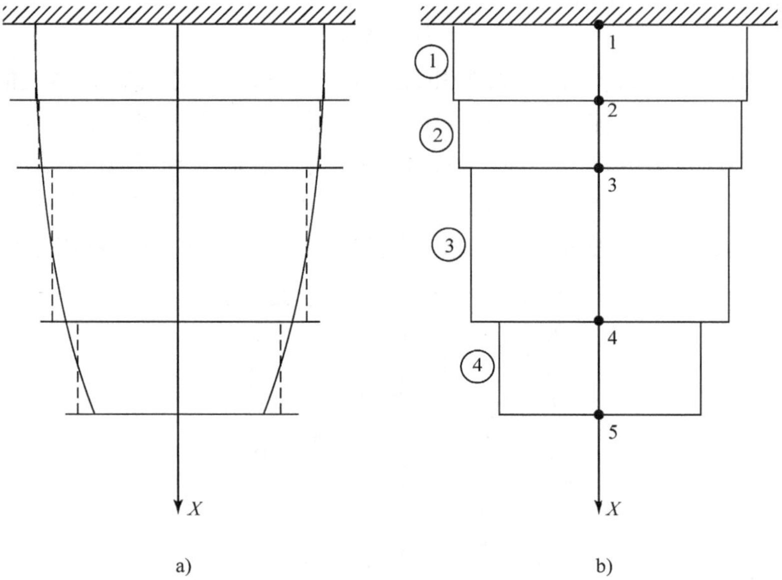

图 3.2 杆件的有限元模型

编号方案

上面已经叙述了如何用一系列离散的、具有简单几何形状的单元来对一个外形比较复杂的杆件进行建模，而其中的各个单元的建模方法是相同的，这就是为什么有限元方法能够很容易地利用计算机来实现得原因之一；而要实现得更方便和简单，还必须对模型采取有序的编号方案。

在一维问题中，每个节点仅允许在 $\pm x$ 方向上有位移；因此，每个节点只有一个自由度（dof，degree of freedom）。图 3.2b 中的五个节点的有限元模型就有五个自由度，将每个自由度的位移表示为 Q_1，Q_2，$\cdots$，Q_5，实际上，列阵 $\boldsymbol{Q} = (Q_1, Q_2, \cdots, Q_5)^{\mathrm{T}}$ 被称为整体位移列阵，而整体载荷列阵则表示为 $\boldsymbol{F} = (F_1, F_2, \cdots, F_5)^{\mathrm{T}}$；列阵 $\boldsymbol{Q}$ 和 $\boldsymbol{F}$ 如图 3.3 所示，符号规定如下：如果位移或载荷沿着 x 正方向，则数值为正。此时，还没有考虑问题的边界条件，例如，图 3.3 中的节点 1 是固定的，即有 $Q_1 = 0$，这个条件将在后面进行讨论。

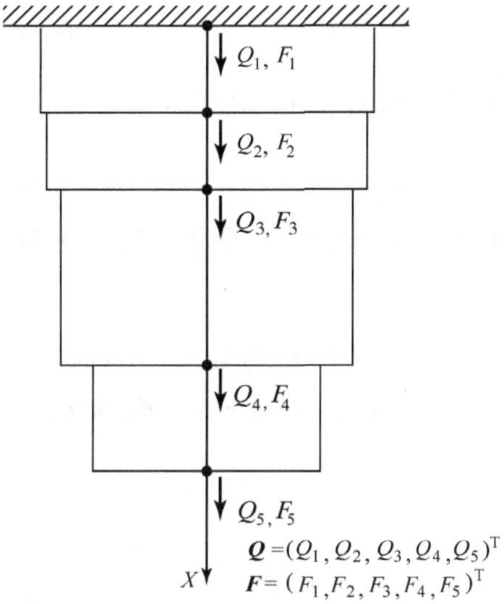

由于每个单元有两个节点，因此，可以简单地对单元节点连接的信息进行表述，如图 3.4 所示，其中，还给出了单元的连接表。在该表中，标题栏中的 1、2 指的是单元的局部节点编号，而物体上相应的节点编号称为整体编号。这样，根据单元节点连接信息就可以建立起局部-整体的节点对应关系；在这个简单的例子中，局部节点 1 与单元编号 e 相同，而局部节点 2 为 $e+1$，所以单元节点信息很容

$$\boldsymbol{Q} = (Q_1, Q_2, Q_3, Q_4, Q_5)^{\mathrm{T}}$$
$$\boldsymbol{F} = (F_1, F_2, F_3, F_4, F_5)^{\mathrm{T}}$$

图 3.3 $\boldsymbol{Q}$ 和 $\boldsymbol{F}$ 列阵

易得到。对更为复杂几何结构的单元进行编号，一般都需要使用单元节点连接表，单元节点连接信息采用数组 NOC 输入到程序中。

自由度、节点位移、节点载荷和单元节点连接信息的概念是有限元方法的核心，读者应该理解得非常清楚。

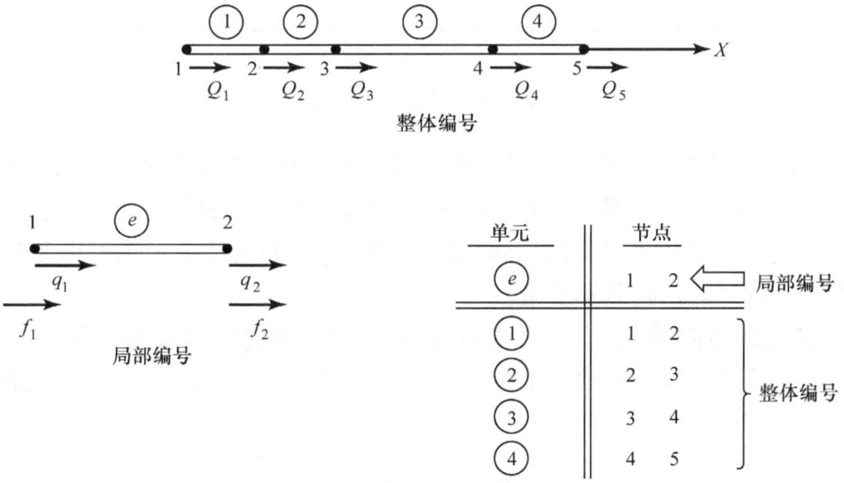

图 3.4 单元节点连接状况

3.3 形状函数与局部坐标

通过分段函数对位移场所进行的描述，可以清楚地理解本章的有限元原理与第 1 章中

Rayleigh-Ritz 法之间的关系。如图 3.5 所示，分段线性基函数 $\boldsymbol{\Phi}_j(\boldsymbol{x})$ ($j=1, \cdots, 5$)，其定义如下

$$\boldsymbol{\Phi}_j(\boldsymbol{x}) = \begin{cases} 1 & \text{在节点 } j \text{ 上} \\ 0 & \text{当节点 } k \neq j \text{ 时} \end{cases} \tag{3.4}$$

利用这些函数，可以写成

$$u = \sum_{j=1}^{5} Q_j(\boldsymbol{x}) \boldsymbol{\Phi}_j(\boldsymbol{x}) \tag{3.5}$$

这些基函数称为全局形状函数，它们可以精确表示常数函数或线性函数，并满足关系

$$\sum_j \boldsymbol{\Phi}_j(\boldsymbol{x}) = 1 \tag{3.6}$$

这一性质被称为分段归一性，这类广义函数被用于无网格方法，即广义有限单元法（GFEM，Generalized Finite Element Method）。

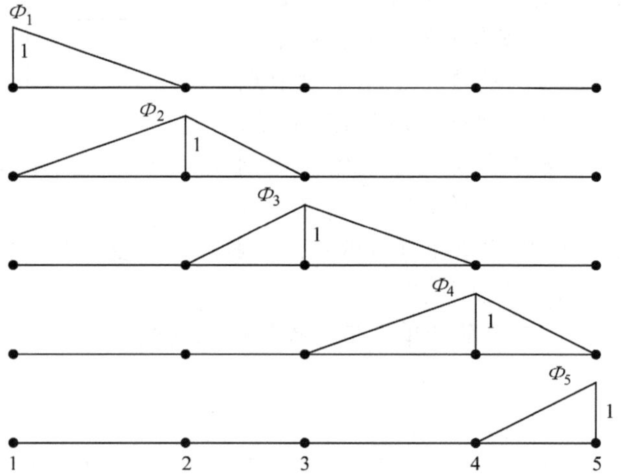

图 3.5 整体形状函数

由于势能的积分是每个单元积分的总和，因此基于单元来分析这些基函数更为方便。比如在单元 2 中，有 $\boldsymbol{\Phi}_2$ 的右边部分和 $\boldsymbol{\Phi}_3$ 的左边部分，对于一般单元 e 如果将左节点设为 1，右节点设为 2，这些基函数可以看成形状函数 N_1 和 N_2，若通过单元映射将形状函数定义在 (-1, 1) 之间，这些函数将是不变量。

考虑一个典型的有限单元 e，如图 3.6a 所示。采用局部节点编号，第一个节点编号为 1，第二个为 2，记 x_1 为节点 1 的 x 坐标，x_2 为节点 2 的 x 坐标，定义一个**自然**（或**本征**）坐标系 ξ，有

$$\xi = \frac{2}{x_2 - x_1}(x - x_1) - 1 \tag{3.7}$$

从图 3.6b 中可以看到：在节点 1 处，有 $\xi = -1$；在节点 2 处，有 $\xi = 1$。ξ 从 -1 变化到 1 时正好是整个单元的长度，我们基于这个坐标系来定义用于位移场插值的形状函数。

这里，通过一个线性分布函数来进行插值以得到单元内的未知位移（见图 3.7），当模型中的单元数量增加时，这种近似的精确度也随之提高，要实现这样的线性插值，应将线性**形状函数**取为

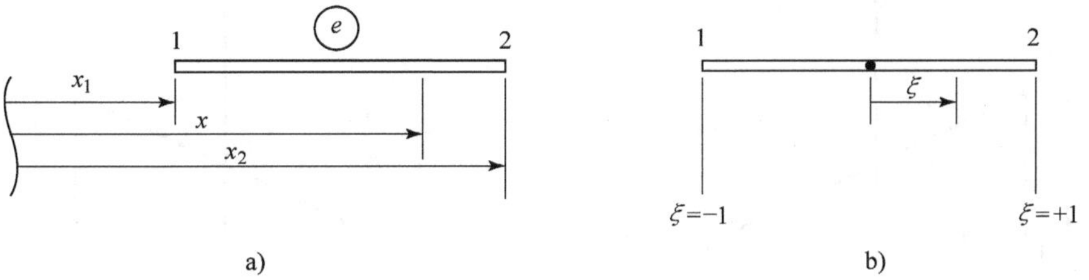

图 3.6 在坐标系 x 和坐标系 ξ 中的单元

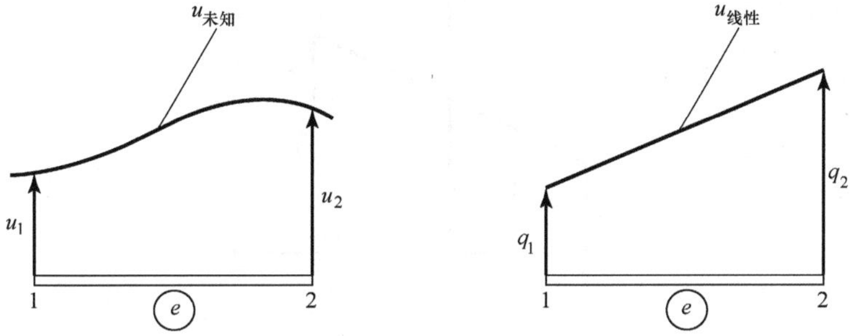

图 3.7 单元内位移场的线性插值

$$N_1(\xi)=\frac{1-\xi}{2} \tag{3.8}$$

$$N_2(\xi)=\frac{1+\xi}{2} \tag{3.9}$$

形状函数 N_1 和 N_2 如图 3.8a、b 所示。由于当 $\xi=-1$ 时，有 $N_1=1$；当 $\xi=1$ 时，有 $N_1=0$，且 N_1 在两点之间是一条直线，所以由式（3.8）可以得到形状函数 N_1 的图形，如图 3.8a 所示。同理，图 3.8b 中的图形是由式（3.9）得到的。一旦确定了形状函数，单元内的线性位移场就可以用节点位移 q_1 和 q_2 表示为

$$u=N_1q_1+N_2q_2 \tag{3.10a}$$

或写成矩阵的形式

$$u=\boldsymbol{N}\boldsymbol{q} \tag{3.10b}$$

其中

$$\boldsymbol{N}=(N_1,N_2),\boldsymbol{q}=(q_1,q_2)^{\mathrm{T}} \tag{3.11}$$

以上方程中的 $\boldsymbol{q}$ 为单元位移列阵。由式（3.10a）很容易验证：在节点 1 处，有 $u=q_1$，在节点 2 处，有 $u=q_2$，且 u 的变化是线性的（见图 3.8c）。

对于式（3.7）中的坐标变换关系（将 x 转换为 ξ），若用 N_1 和 N_2 来表示，则有

$$x=N_1x_1+N_2x_2 \tag{3.12}$$

比较式（3.10a）和式（3.12），可以发现位移 u 和坐标 x 都使用相同的形状函数 N_1 和 N_2 在单元内进行插值，一些文献将其称之为等参变换。

虽然上面用的是线性形状函数，但也可以用其他类型的形状函数。3.9 节将讨论采用二次形状函数的情况。通常来说，形状函数需要满足以下条件：

（1）在单元内，一阶导数必须存在。

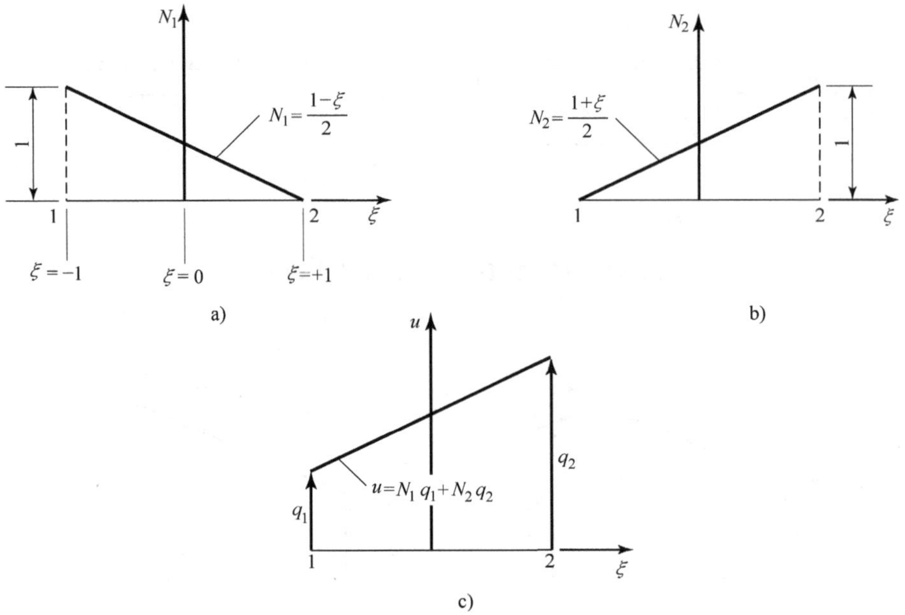

图 3.8

a）形状函数 N_1　b）形状函数 N_2　c）基于 N_1 和 N_2 的线性插值

（2）在单元之间的连接处，位移必须连续。

刚体运动不会在单元内产生任何应力。二维问题的收敛性将在第 8 章讨论。

例题 3.1

参照例题 3.1 图，完成以下工作：

（a）计算点 P 的 ξ、N_1 和 N_2。

（b）如果 $q_1=0.003\text{in}$，$q_2=-0.005\text{in}$，求出点 P 的位移 q。

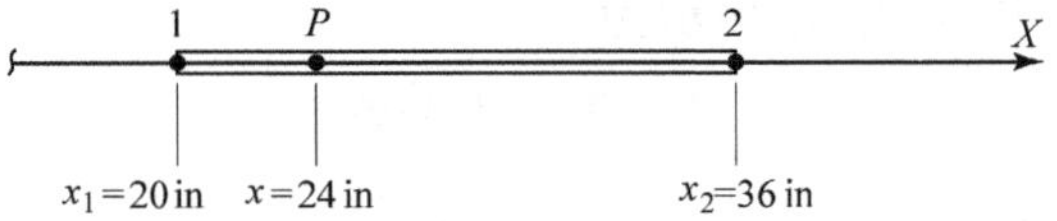

例题 3.1 图

解：

（a）由式（3.7），点 P 的 ξ 坐标为

$$\xi_P=\frac{2}{16}(24-20)-1=-0.5$$

再由式（3.8）、式（3.9）有

$$N_1=0.75,\quad N_2=0.25$$

（b）由式（3.10a），有

$$u_P=0.75(0.003)+0.25(-0.005)=0.001\text{in}$$

式（3.2）中的应变-位移关系为

$$\varepsilon=\frac{\mathrm{d}u}{\mathrm{d}x}$$

对上式运用链式微分法则，得到

$$\varepsilon = \frac{\mathrm{d}u}{\mathrm{d}\xi}\frac{\mathrm{d}\xi}{\mathrm{d}x} \tag{3.13}$$

由式（3.7）中 x 和 ξ 的关系，得到

$$\frac{\mathrm{d}\xi}{\mathrm{d}x} = \frac{2}{x_2 - x_1} \tag{3.14}$$

由于

$$u = N_1 q_1 + N_2 q_2 = \frac{1-\xi}{2}q_1 + \frac{1+\xi}{2}q_2$$

则有

$$\frac{\mathrm{d}u}{\mathrm{d}\xi} = \frac{-q_1 + q_2}{2} \tag{3.15}$$

因此，式（3.13）变为

$$\varepsilon = \frac{1}{x_2 - x_1}(-q_1 + q_2) \tag{3.16}$$

式（3.16）也可以写成

$$\varepsilon = \boldsymbol{Bq} \tag{3.17}$$

其中（1×2）维的矩阵 $\boldsymbol{B}$ 叫做单元的应变-位移矩阵，为

$$\boldsymbol{B} = \frac{1}{x_2 - x_1}(-1, 1) \tag{3.18}$$

注意：使用线性形状函数得到的 $\boldsymbol{B}$ 是一个常数矩阵，因此单元内的应变也是一个常数。由胡克定律得到的应力为

$$\sigma = E\boldsymbol{Bq} \tag{3.19}$$

由此式得到的单元内的应力也是常数。对插值而言，由式（3.16）得到的应力值可视为单元中心处的数值。

基于节点位移值，表达式 $u = \boldsymbol{Nq}$、$\varepsilon = \boldsymbol{Bq}$ 和 $\sigma = E\boldsymbol{Bq}$ 分别描述了单元的位移、应变和应力，将这些表达式代入杆单元的势能表达式中，就能得到单元的刚度矩阵和载荷列阵。

3.4 势能方法

第 1 章中给出的势能的一般表达式为

$$\boldsymbol{\Pi} = \frac{1}{2}\int_L \sigma^{\mathrm{T}}\varepsilon A\mathrm{d}x - \int_L u^{\mathrm{T}} f A\mathrm{d}x - \int_L u^{\mathrm{T}} T\mathrm{d}x - \sum_i u_i P_i \tag{3.20}$$

式中的 u、σ、ε、T 和 f 在本章的开头已经讨论过了，在式（3.20）的最后一项中，P_i 是作用在点 i 处的集中力，u_i 是该点的 x 方向位移，其中对 i 求和表明计算由所有集中力引起的势能。

因为连续体已经被离散为有限个单元，则求 $\boldsymbol{\Pi}$ 的表达式可以写为

$$\boldsymbol{\Pi} = \sum_e \frac{1}{2}\int_e \sigma^{\mathrm{T}}\varepsilon A\mathrm{d}x - \sum_e \int_e u^{\mathrm{T}} f A\mathrm{d}x - \sum_e \int_e u^{\mathrm{T}} T\mathrm{d}x - \sum_i Q_i P_i \tag{3.21a}$$

式（3.21a）中的最后一项是假设集中力 P_i 施加在节点上的，这样的假设使这里按指标形式

进行推导变得更加简单，同时这也是一种常用的建模方法。式（3.21a）也可写成

$$\boldsymbol{\Pi} = \sum_e U_e - \sum_e \int_e u^{\mathrm{T}} f A \mathrm{d}x - \sum_e \int_e u^{\mathrm{T}} T \mathrm{d}x - \sum_i Q_i P_i \tag{3.21b}$$

其中

$$U_e = \frac{1}{2}\int_e \boldsymbol{\sigma}^{\mathrm{T}} \boldsymbol{\varepsilon} A \mathrm{d}x \tag{3.22}$$

是单元的应变能。

单元刚度矩阵

考虑式（3.22）中应变能 U_e 这一项。将 $\sigma = E\boldsymbol{Bq}$ 和 $\varepsilon = \boldsymbol{Bq}$ 代入式（3.22）中，可以得到

$$U_e = \frac{1}{2}\int_e \boldsymbol{q}^{\mathrm{T}} \boldsymbol{B}^{\mathrm{T}} E \boldsymbol{B} \boldsymbol{q} A \mathrm{d}x \tag{3.23a}$$

或

$$U_e = \frac{1}{2}\boldsymbol{q}^{\mathrm{T}}\left(\int_e \boldsymbol{B}^{\mathrm{T}} E \boldsymbol{B} A \mathrm{d}x\right)\boldsymbol{q} \tag{3.23b}$$

在有限元模型（见3.2节）中，单元 e 的横截面积 A_e 是常数，而 $\boldsymbol{B}$ 是常数矩阵。进一步，由 x 与 ξ 的变换公式（3.7），有

$$\mathrm{d}x = \frac{x_2 - x_1}{2}\mathrm{d}\xi \tag{3.24a}$$

或

$$\mathrm{d}x = \frac{l_e}{2}\mathrm{d}\xi \tag{3.24b}$$

其中，$-1 \leqslant \xi \leqslant 1$，且 $l_e = |x_2 - x_1|$ 是单元的长度。

单元应变能 U_e 可以表示为

$$U_e = \frac{1}{2}\boldsymbol{q}^{\mathrm{T}}\left(A_e \frac{l_e}{2} E_e \boldsymbol{B}^{\mathrm{T}} \boldsymbol{B} \int_{-1}^{1} \mathrm{d}\xi\right)\boldsymbol{q} \tag{3.25}$$

其中，E_e 是单元 e 的弹性模量。由于 $\int_{-1}^{1}\mathrm{d}\xi = 2$，并将式（3.18）中的 $\boldsymbol{B}$ 代入，得到

$$U_e = \frac{1}{2}\boldsymbol{q}^{\mathrm{T}} A_e l_e E_e \frac{1}{l_e^2}\begin{pmatrix} -1 \\ 1 \end{pmatrix}(-1, 1)\boldsymbol{q} \tag{3.26}$$

结果有

$$U_e = \frac{1}{2}\boldsymbol{q}^{\mathrm{T}} \frac{A_e E_e}{l_e}\begin{pmatrix} 1 & -1 \\ -1 & 1 \end{pmatrix}\boldsymbol{q} \tag{3.27}$$

该式具有以下形式

$$U_e = \frac{1}{2}\boldsymbol{q}^{\mathrm{T}} \boldsymbol{k}^e \boldsymbol{q} \tag{3.28}$$

其中，单元刚度矩阵 $\boldsymbol{k}^e$ 的定义如下

$$\boldsymbol{k}^e = \frac{E_e A_e}{l_e}\begin{pmatrix} 1 & -1 \\ -1 & 1 \end{pmatrix} \tag{3.29}$$

注意到：式（3.28）中的应变能表达式与简单弹簧的应变能表达式 $U = \frac{1}{2}kQ^2$ 非常相

似，同时，还可以看出 $\boldsymbol{k}^e$ 与乘积 A_eE_e 成正比，而与长度 l_e 成反比。

单元刚度矩阵——直接法

直接法利用的是在固体力学基础教程中所推导的应力-应变关系和应变-位移关系。这里将该方法做一介绍。同时，形状函数推导的主要步骤也可以为通用单元的推导提供相关背景知识。

对于图 3.4 所示的单元，有：

$$\varepsilon=\frac{q_2-q_1}{l}$$

$$\sigma=E\varepsilon$$

$$f_1=-\sigma A=\frac{EA}{l}(q_1-q_2)$$

$$f_2=\sigma A=\frac{EA}{l}(-q_1+q_2)$$

写成矩阵的形式，有

$$\frac{EA}{l}\begin{pmatrix}1 & -1\\ -1 & 1\end{pmatrix}\begin{pmatrix}q_1\\ q_2\end{pmatrix}=\begin{pmatrix}f_1\\ f_2\end{pmatrix}$$

即 $\boldsymbol{k}^e\boldsymbol{q}=\boldsymbol{f}$，其中，$\boldsymbol{k}^e$ 是方程（3.29）中的单元刚度矩阵。

载荷项

首先，考虑出现在总势能中的单元体积力项 $\int_e u^{\mathrm{T}}fA\mathrm{d}x$，将 $u=N_1q_1+N_2q_2$ 代入，得到

$$\int_e u^{\mathrm{T}}fA\mathrm{d}x=A_ef\int_e(N_1q_1+N_2q_2)\mathrm{d}x \tag{3.30}$$

体积力 f 具有单位体积作用力的量纲。在式（3.30）中，A_e 和 f 在单元内是常数，因此可以提出到积分号外，上式可以写成

$$\int_e u^{\mathrm{T}}fA\mathrm{d}x=\boldsymbol{q}^{\mathrm{T}}\begin{pmatrix}A_ef\int_e N_1\mathrm{d}x\\ A_ef\int_e N_2\mathrm{d}x\end{pmatrix} \tag{3.31}$$

代入 $\mathrm{d}x=(l_2/2)\,\mathrm{d}\xi$，上面的形状函数的积分可以很容易求得，则有

$$\begin{aligned}\int_e N_1\mathrm{d}x&=\frac{l_e}{2}\int_{-1}^{1}\frac{1-\xi}{2}\mathrm{d}\xi=\frac{l_e}{2}\\ \int_e N_2\mathrm{d}x&=\frac{l_e}{2}\int_{-1}^{1}\frac{1+\xi}{2}\mathrm{d}\xi=\frac{l_e}{2}\end{aligned} \tag{3.32}$$

其中，$\int_e N_1\mathrm{d}x$ 正好是 N_1 曲线下的面积，如图 3.9 所示，该面积 $=\frac{1}{2}\cdot l_e\cdot 1=l_e/2$。同样，$\int_e N_2\mathrm{d}x=\frac{1}{2}\cdot l_e\cdot 1=l_e/2$，因此式（3.20）中的体积力项可化简为

$$\int_e u^{\mathrm{T}}fA\mathrm{d}x=\boldsymbol{q}^{\mathrm{T}}\frac{A_e}{2}l_ef\begin{pmatrix}1\\ 1\end{pmatrix} \tag{3.33a}$$

其矩阵形式为

$$\int_e u^{\mathrm{T}} f A \mathrm{d}x = \boldsymbol{q}^{\mathrm{T}} \boldsymbol{f}^e \qquad (3.33\mathrm{b})$$

此式右边是"位移×力"的形式。因此，单元体积力列阵 $\boldsymbol{f}^e$ 可以表示为

$$\boldsymbol{f}^e = \frac{A_e l_e f}{2} \begin{pmatrix} 1 \\ 1 \end{pmatrix} \qquad (3.34)$$

上述单元体积力列阵的物理含义很简单，因为 $A_e l_e$ 是单元的体积，f 是单位体积的体积力，故 $A_e l_e f$ 给出了作用在单元上的总体积力，式（3.34）中的系数 1/2 说明这个总体积力是平均分配在单元的两个节点上的。

面积 $\int_e N_1 \mathrm{d}x = \frac{1}{2} \cdot l_e \cdot 1 = \frac{l_e}{2}$

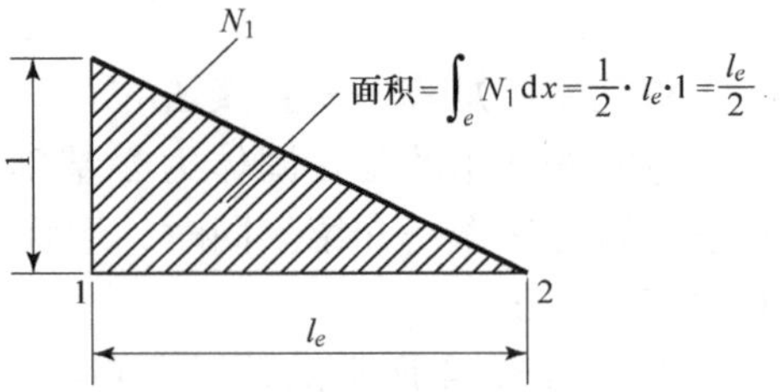

图 3.9   一个形状函数的积分

现在考虑出现在总势能中的单元面积力项 $\int_e u^{\mathrm{T}} T \mathrm{d}x$ ，即

$$\int_e u^{\mathrm{T}} T \mathrm{d}x = \int_e (N_1 q_1 + N_2 q_2) T \mathrm{d}x \qquad (3.35)$$

因为面积力 T 在单元内是常数，则有

$$\int_e u^{\mathrm{T}} T \mathrm{d}x = \boldsymbol{q}^{\mathrm{T}} \begin{pmatrix} T \int_e N_1 \mathrm{d}x \\ T \int_e N_2 \mathrm{d}x \end{pmatrix} \qquad (3.36)$$

前面已经提到 $\int_e N_1 \mathrm{d}x = \int_e N_2 \mathrm{d}x = l_e/2$ ，因此，式（3.36）可以写成如下形式

$$\int_e u^{\mathrm{T}} T \mathrm{d}x = \boldsymbol{q}^{\mathrm{T}} \boldsymbol{T}^e \qquad (3.37)$$

这里单元面积力列阵表示为

$$\boldsymbol{T}^e = \frac{T l_e}{2} \begin{pmatrix} 1 \\ 1 \end{pmatrix} \qquad (3.38)$$

上式的物理含义与单元体积力列阵一样。

在此，已经得出了单元矩阵 $\boldsymbol{k}^e$、$\boldsymbol{f}^e$ 和 $\boldsymbol{T}^e$，考虑到单元的节点连接关系（例如在图 3.3 中，对于单元 1，有 $\boldsymbol{q} = (Q_1, Q_2)^{\mathrm{T}}$，对于单元 2，有 $\boldsymbol{q} = (Q_2, Q_3)^{\mathrm{T}}$，等），式（3.21b）中的总势能可以写成

$$\Pi = \frac{1}{2} \boldsymbol{Q}^{\mathrm{T}} \boldsymbol{K} \boldsymbol{Q} - \boldsymbol{Q}^{\mathrm{T}} \boldsymbol{F} \qquad (3.39)$$

其中，$\boldsymbol{K}$ 是整体刚度矩阵；$\boldsymbol{F}$ 是整体载荷列阵；$\boldsymbol{Q}$ 是整体位移列阵。例如，在图 3.2b 所示的有限元模型中，$\boldsymbol{K}$ 是一个 5×5 的矩阵，而 $\boldsymbol{F}$ 和 $\boldsymbol{Q}$ 是 5×1 的列阵。$\boldsymbol{K}$ 是这样得到的：根据单元的节点连接关系，将每个单元的 $\boldsymbol{k}^e$ 放到整体 $\boldsymbol{K}$ 矩阵中相应的位置上，重叠部分需要求和，$\boldsymbol{F}$ 列阵也是用相似的方法进行集成得到的。这种由单元刚度和载荷集成得到 $\boldsymbol{K}$ 和 $\boldsymbol{F}$ 矩阵的过程还将在第 3.6 节中详细讨论。

3.5   Galerkin 方法

根据第 1 章中介绍的概念，我们引入一个虚位移场

$$\phi = \phi(x) \tag{3.40}$$

相应的虚应变为

$$\varepsilon(\phi) = \frac{\mathrm{d}\phi}{\mathrm{d}x} \tag{3.41}$$

其中，ϕ 是一个满足边界条件的任意位移或虚位移，式（1.43）给出了伽辽金方法的变分形式，对于这里所考虑的一维问题，可以写成

$$\int_L \boldsymbol{\sigma}^{\mathrm{T}}\boldsymbol{\varepsilon}(\boldsymbol{\phi})A\mathrm{d}x - \int_L \boldsymbol{\phi}^{\mathrm{T}} fA\mathrm{d}x - \int_L \boldsymbol{\phi}^{\mathrm{T}} T\mathrm{d}x - \sum_i \phi_i P_i = 0 \tag{3.42a}$$

上式应对每个满足边界条件的 ϕ 都成立，第一项表示内力虚功，而载荷项则对应外力虚功。

在离散域上，式（3.42a）变成

$$\sum_e \int_e \boldsymbol{\varepsilon}^{\mathrm{T}} E\boldsymbol{\varepsilon}(\boldsymbol{\phi})A\mathrm{d}x - \sum_e \int_e \boldsymbol{\phi}^{\mathrm{T}} fA\mathrm{d}x - \sum_e \int_e \boldsymbol{\phi}^{\mathrm{T}} T\mathrm{d}x - \sum_i \phi_i P_i = 0 \tag{3.42b}$$

这里 ε 是由问题中的真实载荷引起的应变，而 $\varepsilon(\phi)$ 是虚应变；采用与式（3.10b）、式（3.17）和式（3.19）中类似的插值步骤，有

$$\phi = \boldsymbol{N}\boldsymbol{\psi}$$

$$\varepsilon(\phi) = \boldsymbol{B}\boldsymbol{\psi} \tag{3.43}$$

其中，$\boldsymbol{\psi} = (\psi_1, \psi_2)^{\mathrm{T}}$ 指单元 e 的任意节点位移。同样，节点的整体虚位移可表示为

$$\boldsymbol{\psi} = (\boldsymbol{\psi}_1, \boldsymbol{\psi}_2, \cdots, \boldsymbol{\psi}_N)^{\mathrm{T}} \tag{3.44}$$

单元刚度

下面讨论式（3.42b）中表示内力虚功的第一项，将式（3.43）代入式（3.42b）中，且由于 $\boldsymbol{\varepsilon} = \boldsymbol{B}\boldsymbol{q}$，有

$$\int_e \boldsymbol{\varepsilon}^{\mathrm{T}} E\boldsymbol{\varepsilon}(\boldsymbol{\phi})A\mathrm{d}x = \int_e \boldsymbol{q}^{\mathrm{T}}\boldsymbol{B}^{\mathrm{T}} E\boldsymbol{B}\boldsymbol{\psi}A\mathrm{d}x \tag{3.45}$$

在有限元模型中（见 3.2 节），单元 e 的横截面积（记为 A_e）是常数；同时，$\boldsymbol{B}$ 也是一个常数矩阵，且有 $\mathrm{d}x = (l_e/2)\,\mathrm{d}\xi$，因此

$$\int_e \boldsymbol{\varepsilon}^{\mathrm{T}} E\boldsymbol{\varepsilon}(\boldsymbol{\phi})A\mathrm{d}x = \boldsymbol{q}^{\mathrm{T}}\left(E_e A_e \frac{l_e}{2}\boldsymbol{B}^{\mathrm{T}}\boldsymbol{B}\int_{-1}^{1}\mathrm{d}\xi\right)\boldsymbol{\psi} \tag{3.46a}$$

$$= \boldsymbol{q}^{\mathrm{T}}\boldsymbol{k}^e\boldsymbol{\psi}$$

$$= \boldsymbol{\psi}^{\mathrm{T}}\boldsymbol{k}^e q \tag{3.46b}$$

其中，$\boldsymbol{k}^e$ 是（对称）单元刚度矩阵，为

$$\boldsymbol{k}^e = E_e A_e l_e \boldsymbol{B}^{\mathrm{T}}\boldsymbol{B} \tag{3.47}$$

将由式（3.18）中的 $\boldsymbol{B}$ 代入，则有

$$\boldsymbol{k}^e = \frac{E_e A_e}{l_e}\begin{pmatrix} 1 & -1 \\ -1 & 1 \end{pmatrix} \tag{3.48}$$

载荷项

讨论式（3.42a）中的第二项单元内体积力所做虚功，由 $\phi = \boldsymbol{N}\boldsymbol{\psi}$ 和 $\mathrm{d}x = (l_e/2)\mathrm{d}\xi$，且体积力在单元内设为常数，得到

$$\int_e \boldsymbol{\phi}^{\mathrm{T}} fA\mathrm{d}x = \int_{-1}^{1}\boldsymbol{\psi}^{\mathrm{T}}\boldsymbol{N}^{\mathrm{T}} fA_e \frac{l_e}{2}\mathrm{d}\xi \tag{3.49a}$$

$$= \boldsymbol{\psi}^{\mathrm{T}}\boldsymbol{f}^e \tag{3.49b}$$

其中

$$\boldsymbol{f}^e = \frac{A_e l_e f}{2}\begin{pmatrix}\int_{-1}^{1} N_1 \mathrm{d}\xi \\ \int_{-1}^{1} N_2 \mathrm{d}\xi\end{pmatrix} \tag{3.50a}$$

称为单元体积力列阵，将 $N_1 = (1-\xi)/2$ 和 $N_2 = (1+\xi)/2$ 代入，有 $\int_{-1}^{1} N_1 \mathrm{d}\xi = 1$。其中的 $\int_{-1}^{1} N_1 \mathrm{d}\xi$ 是 N_1 曲线下的面积，该面积 $= \frac{1}{2} \times 2 \times 1 = 1$，而 $\int_{-1}^{1} N_2 \mathrm{d}\xi = 1$，因此

$$\boldsymbol{f}^e = \frac{A_e l_e f}{2}\begin{pmatrix}1 \\ 1\end{pmatrix} \tag{3.50b}$$

单元面积力项可以化简为

$$\int_e \phi^{\mathrm{T}} T \mathrm{d}x = \boldsymbol{\psi}^{\mathrm{T}} \boldsymbol{T}^e \tag{3.51}$$

其中，单元面积力列阵为

$$\boldsymbol{T}^e = \frac{T l_e}{2}\begin{pmatrix}1 \\ 1\end{pmatrix} \tag{3.52}$$

这里，已经得到了单元矩阵 $\boldsymbol{k}^e$、$\boldsymbol{f}^e$ 和 $\boldsymbol{T}^e$，考虑到单元的节点连接关系（在图 3.3 中，对于单元①，有 $\boldsymbol{\psi} = (\psi_1, \psi_2)^{\mathrm{T}}$，对于单元②，有 $\boldsymbol{\psi} = (\psi_2, \psi_3)^{\mathrm{T}}$，等），其变分形式为

$$\sum_e \boldsymbol{\psi}^{\mathrm{T}} \boldsymbol{k}^e \boldsymbol{q} - \sum_e \boldsymbol{\psi}^{\mathrm{T}} \boldsymbol{f}^e - \sum_e \boldsymbol{\psi}^{\mathrm{T}} \boldsymbol{T}^e - \sum_i \boldsymbol{\psi}_i P_i = 0 \tag{3.53}$$

也可写为

$$\boldsymbol{\psi}^{\mathrm{T}}(\boldsymbol{KQ} - \boldsymbol{F}) = 0 \tag{3.54}$$

它对每个满足边界条件的 $\boldsymbol{\psi}$ 都成立。简单地讨论一下处理边界条件的方法。整体刚度矩阵 $\boldsymbol{K}$ 是由单元矩阵 $\boldsymbol{K}^e$ 根据单元节点连接关系集成得到的。同样，$\boldsymbol{F}$ 是由单元矩阵 $\boldsymbol{f}^e$ 和 $\boldsymbol{T}^e$ 集成得到的，这种集成将在 3.6 中详细讨论。

3.6 整体刚度矩阵和载荷列阵的集成

上面得到的整体势能为

$$\Pi = \sum_e \frac{1}{2} \boldsymbol{q}^{\mathrm{T}} \boldsymbol{k}^e \boldsymbol{q} - \sum_e \boldsymbol{q}^{\mathrm{T}} \boldsymbol{f}^e - \sum_e \boldsymbol{q}^{\mathrm{T}} \boldsymbol{T}^e - \sum_i P_i Q_i$$

在考虑到单元节点连接关系后，可以写成如下形式

$$\Pi = \frac{1}{2} \boldsymbol{Q}^{\mathrm{T}} \boldsymbol{KQ} - \boldsymbol{Q}^{\mathrm{T}} \boldsymbol{F}$$

该步骤涉及由单元刚度矩阵和载荷矩阵来集成 $\boldsymbol{K}$ 和 $\boldsymbol{F}$。下面首先说明由单元刚度矩阵 $\boldsymbol{k}^e$ 集成得到结构刚度矩阵 $\boldsymbol{K}$ 的方法。

参照图 3.2b 中的有限元模型，例如，考虑单元③中的应变能，有

$$U_3 = \frac{1}{2} \boldsymbol{q}^{\mathrm{T}} \boldsymbol{k}^3 \boldsymbol{q} \tag{3.55a}$$

或者将 $\boldsymbol{k}^3$ 代入，得到

$$U_3=\frac{1}{2}\boldsymbol{q}^{\mathrm{T}}\frac{E_3A_3}{l_3}\begin{pmatrix}1 & -1\\ -1 & 1\end{pmatrix}\boldsymbol{q} \tag{3.55b}$$

对于单元③，有 $\boldsymbol{q}=(Q_3,\ Q_4)^{\mathrm{T}}$，故 U_3 可以写为

$$U_3=\frac{1}{2}(Q_1,\ Q_2,\ Q_3,\ Q_4,\ Q_5)\begin{pmatrix}0 & 0 & 0 & 0 & 0\\ 0 & 0 & 0 & 0 & 0\\ 0 & 0 & \dfrac{E_3A_3}{l_3} & \dfrac{-E_3A_3}{l_3} & 0\\ 0 & 0 & \dfrac{-E_3A_3}{l_3} & \dfrac{E_3A_3}{l_3} & 0\\ 0 & 0 & 0 & 0 & 0\end{pmatrix}\begin{pmatrix}Q_1\\ Q_2\\ Q_3\\ Q_4\\ Q_5\end{pmatrix} \tag{3.56}$$

从上式可以看到矩阵 $\boldsymbol{k}^3$ 中的元素填充在矩阵 $\boldsymbol{K}$ 的第三和第四行与列中；因此，当增加单元应变能时，$\boldsymbol{k}^e$ 中的元素根据单元节点连接关系被放置在整体刚度矩阵 $\boldsymbol{K}$ 中相应的地方，重叠部分的元素则进行简单的相加。我们可以用符号将这种集成方式记为

$$\boldsymbol{k}\leftarrow\sum_e\boldsymbol{k}^e \tag{3.57a}$$

同样的，整体载荷列阵 $\boldsymbol{F}$ 也是由单元载荷列阵和节点集中力集成而成的，即

$$\boldsymbol{F}\leftarrow\sum_e(\boldsymbol{f}^e+\boldsymbol{T}^e)+\boldsymbol{P} \tag{3.57b}$$

伽辽金方法给出的也是同样的集成过程。下面用一个例子来详细介绍这个集成过程，在实际计算中，可以利用对称性和稀疏性的特点，以带状形式或特征顶线方式对 $\boldsymbol{K}$ 进行储存，这将在 3.7 节中进行讨论，并将在第 4 章中做更为详细的介绍。

例题 3.2

考虑例题3.2 图中的杆件，对每个单元 i，A_i 和 l_i 是相应的横截面积和长度，每个单元 i 受到一个单位长度的面积力 T_i 和单位体积的体积力 f 的作用，假定 T_i、f、A_i 等量之间的量纲单位是协调的，材料的弹性模量为 E，节点 2 上作用的集中载荷为 P_2，下面来集成结构的刚度矩阵和节点载荷列阵。

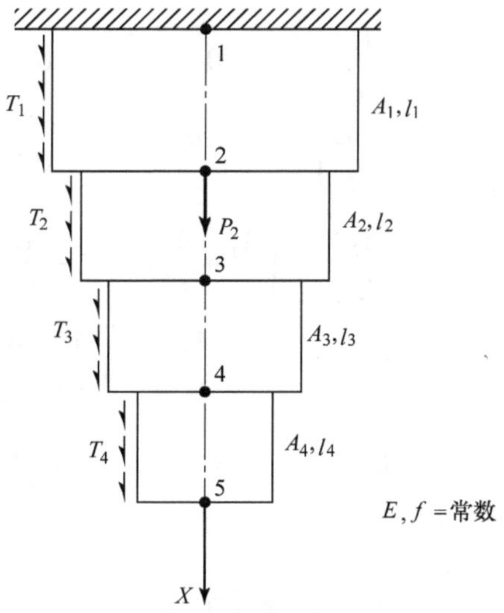

例题 3.2 图

每个单元 i 的单元刚度矩阵可以由式（3.29）得到

$$[k^{(i)}]=\frac{EA_i}{l_i}\begin{pmatrix}1 & -1\\ -1 & 1\end{pmatrix}$$

单元的节点连接关系如下表

单元	1	2
1	1	2
2	2	3
3	3	4
4	4	5

单元刚度矩阵可以利用单元节点连接关系表进行“扩展”，然后进行累加（或集成）得到如下的结构刚度矩阵[⊖]

$$\boldsymbol{K}=\frac{EA_1}{l_1}\begin{pmatrix}1 & -1 & 0 & 0 & 0\\ -1 & 1 & 0 & 0 & 0\\ 0 & 0 & 0 & 0 & 0\\ 0 & 0 & 0 & 0 & 0\\ 0 & 0 & 0 & 0 & 0\end{pmatrix}+\frac{EA_2}{l_2}\begin{pmatrix}0 & 0 & 0 & 0 & 0\\ 0 & 1 & -1 & 0 & 0\\ 0 & -1 & 1 & 0 & 0\\ 0 & 0 & 0 & 0 & 0\\ 0 & 0 & 0 & 0 & 0\end{pmatrix}+$$

$$\frac{EA_3}{l_3}\begin{pmatrix}0 & 0 & 0 & 0 & 0\\ 0 & 0 & 0 & 0 & 0\\ 0 & 0 & 1 & -1 & 0\\ 0 & 0 & -1 & 1 & 0\\ 0 & 0 & 0 & 0 & 0\end{pmatrix}+\frac{EA_4}{l_4}\begin{pmatrix}0 & 0 & 0 & 0 & 0\\ 0 & 0 & 0 & 0 & 0\\ 0 & 0 & 0 & 0 & 0\\ 0 & 0 & 0 & 1 & -1\\ 0 & 0 & 0 & -1 & 1\end{pmatrix}$$

从而

$$\boldsymbol{K}=E\begin{pmatrix}\frac{A_1}{l_1} & -\frac{A_1}{l_1} & 0 & 0 & 0\\ -\frac{A_1}{l_1} & \left(\frac{A_1}{l_1}+\frac{A_2}{l_2}\right) & -\frac{A_2}{l_2} & 0 & 0\\ 0 & -\frac{A_2}{l_2} & \left(\frac{A_2}{l_2}+\frac{A_3}{l_3}\right) & -\frac{A_3}{l_3} & 0\\ 0 & 0 & -\frac{A_3}{l_3} & \left(\frac{A_3}{l_3}+\frac{A_4}{l_4}\right) & -\frac{A_4}{l_4}\\ 0 & 0 & 0 & -\frac{A_4}{l_4} & \frac{A_4}{l_4}\end{pmatrix}$$

⊖ 例 3.2 中这种单元刚度矩阵的扩展仅是出于说明的目的，在计算机中是不会给出的，因为储存 0 元素会影响效率，因此 $\boldsymbol{K}$ 是直接由 $\boldsymbol{k}^e$ 利用单元节点连接关系表集成得到的。

整体载荷列阵可以集成如下

$$
\boldsymbol{F} = \begin{pmatrix} \dfrac{A_1 l_1 f}{2} + \dfrac{l_1 T_1}{2} \\[2mm] \left(\dfrac{A_1 l_1 f}{2} + \dfrac{l_1 T_1}{2} \right) + \left(\dfrac{A_2 l_2 f}{2} + \dfrac{l_2 T_2}{2} \right) \\[2mm] \left(\dfrac{A_2 l_2 f}{2} + \dfrac{l_2 T_2}{2} \right) + \left(\dfrac{A_3 l_3 f}{2} + \dfrac{l_3 T_3}{2} \right) \\[2mm] \left(\dfrac{A_3 l_3 f}{2} + \dfrac{l_3 T_3}{2} \right) + \left(\dfrac{A_4 l_4 f}{2} + \dfrac{l_4 T_4}{2} \right) \\[2mm] \dfrac{A_4 l_4 f}{2} + \dfrac{l_4 T_4}{2} \end{pmatrix} + \begin{pmatrix} 0 \\ P_2 \\ 0 \\ 0 \\ 0 \end{pmatrix}
$$

3.7　整体刚度矩阵 **K** 的性质

就前面讨论的一维线性问题的整体刚度矩阵，给出几点重要的说明：

（1）整体刚度矩阵 **K** 的维数是（$N \times N$），其中，N 是节点的数量，这是因为每个节点只有一个自由度。

（2）**K** 是对称矩阵。

（3）**K** 是带状矩阵；也就是说所有在带状区域之外的元素都是 0，这可以从上面的例 3.2 中看到；在这个例子中，**K** 可以压缩表示为如下带状形式

$$
\boldsymbol{K}_{\text{banded}} = E \begin{pmatrix} \dfrac{A_1}{l_1} & -\dfrac{A_1}{l_1} \\[2mm] \dfrac{A_1}{l_1} + \dfrac{A_2}{l_2} & -\dfrac{A_2}{l_2} \\[2mm] \dfrac{A_2}{l_2} + \dfrac{A_3}{l_3} & -\dfrac{A_3}{l_3} \\[2mm] \dfrac{A_3}{l_3} + \dfrac{A_4}{l_4} & -\dfrac{A_4}{l_4} \\[2mm] \dfrac{A_4}{l_4} & 0 \end{pmatrix}
$$

注意到 $\boldsymbol{K}_{\text{banded}}$ 是（$N \times \text{NBW}$）维矩阵，其中，NBW 是半带宽。在许多如上所讨论的一维问题中，单元 i 的节点信息是 i 和 $i+1$，在这种情况下，带状矩阵只有两列（NBW = 2），在二维和三维问题中，由单元矩阵直接形成带状或特征顶线形式的 **K** 将涉及流程记录，这将在第 4 章的最后进行详细讨论。读者可以验证下面这个计算半带宽的一般公式

$$
\text{NBW} = \max \{\text{一个单元中 DOF 编号的差值}\} + 1 \tag{3.58}
$$

例如，考虑图 3.10a 中已经编号的一个 4 单元的杆模型，由式（3.58）可以得到

$$
\text{NBW} = \max \{ 4-1, 5-4, 5-3, 3-2 \} + 1 = 4
$$

图 3.10a 中的编号方案并不合适，因为 **K** 几乎被填满了，从而增大了计算机的存储空间和计算量。图 3.10b 中给出的是能够得到最小 NBW 的最佳编号。

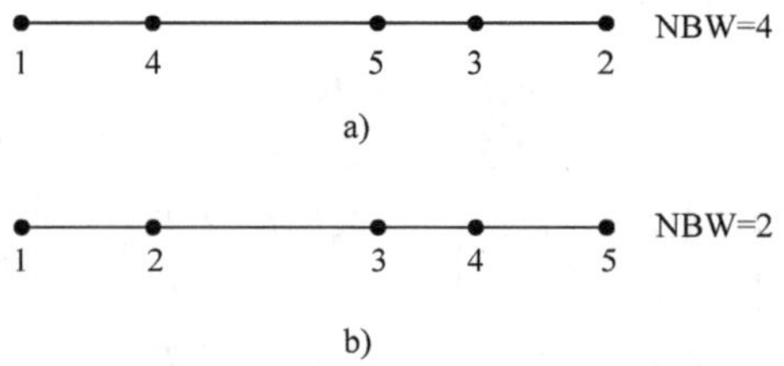

图 3.10 节点编号及对半带宽的影响

现在就可以用势能方法或伽辽金方法写出有限元（平衡）方程组，然后处理问题的边界条件，求解这些方程可以得到整体位移列阵 $\boldsymbol{Q}$；随后就可以求出应力和支反力，这些步骤将在 3.8 中讨论。

3.8 有限元方程 边界条件的处理

在处理完边界条件后就可以得到有限元方程。

边界条件的类型

在对连续体进行离散化建模后，物体的总势能可以表示为

$$\Pi = \frac{1}{2}\boldsymbol{Q}^{\mathrm{T}}\boldsymbol{K}\boldsymbol{Q} - \boldsymbol{Q}^{\mathrm{T}}\boldsymbol{F}$$

其中，$\boldsymbol{K}$ 是结构的整体刚度矩阵；$\boldsymbol{F}$ 是整体载荷列阵；$\boldsymbol{Q}$ 是整体位移列阵。正如前面所讨论的那样，$\boldsymbol{K}$ 和 $\boldsymbol{F}$ 是由单元刚度和载荷矩阵分别进行集成所得到的，然后得到平衡方程，从中求解出节点位移、单元应力和支反力。

现在使用第 1 章中所提到的最小势能原理，该原理描述如下：在满足结构系统边界条件的所有可能的位移中，符合平衡条件的位移使得总势能取最小值。因此在满足边界条件的情况下，通过将势能表达式对 $\boldsymbol{Q}$ 求最小值来得到平衡方程，边界条件通常的形式为

$$Q_{p_1} = a_1, Q_{p_2} = a_2, \cdots, Q_{p_r} = a_r \tag{3.59}$$

即沿自由度 p_1，p_2，…，p_r 的位移被相应地指定为 a_1，a_2，…，a_r，换句话说，就是结构中有 r 个支座，其中每个支座的节点有一个指定的位移。例如，考虑图 3.2b 中的杆，它仅有一个边界条件 $Q_1=0$。

本节关于边界条件的处理同样可以用在二维和三维问题中，由于在二维应力问题中一个节点有两个自由度，所以这里用自由度来代替节点。本节中所叙述的步骤在随后所有章节中都将用到，而且，基于 Galerkin 方法处理边界条件的步骤，与随后基于能量方法的步骤是相同的。

多点相关约束的边界条件为

$$\beta_1 Q_{p_1} + \beta_2 Q_{p_2} = \beta_0 \tag{3.60}$$

其中，β_0、β_1 和 β_2 是常数，这些边界条件出现在斜滚子支座、刚性连接或过盈配合的建模中。

这里要强调的是：不适当的边界条件会导致错误的结果；边界条件应排除结构发生刚体移动的可能，还应精确地对原物理系统进行建模描述。对于式（3.59）中的给定位移的边

界条件，其处理的方法有两种：**消元法**和**罚函数法**；而对式（3.60）中的多点相关约束的边界条件，只能使用罚函数法，因为罚函数法更容易实现。

消元法

为了阐述基本概念，以单个的边界条件 $Q_1 = a_1$ 为例。在边界条件 $Q_1 = a_1$ 下，通过将 Π 对 Q 取最小值来得到平衡方程，对一个自由度为 N 的结构来说，有

$$Q = (Q_1, Q_2, \cdots, Q_N)^{\mathrm{T}}$$
$$F = (F_1, F_2, \cdots, F_N)^{\mathrm{T}}$$

整体刚度矩阵形式如下

$$K = \begin{pmatrix} K_{11} & K_{12} & \cdots & K_{1N} \\ K_{21} & K_{22} & \cdots & K_{2N} \\ \vdots & \vdots & & \vdots \\ K_{N1} & K_{N2} & \cdots & K_{NN} \end{pmatrix} \tag{3.61}$$

注意 K 是对称矩阵。势能 $\Pi = \frac{1}{2} Q^{\mathrm{T}} K Q - Q^{\mathrm{T}} F$ 可以写成如下的展开形式

$$\begin{aligned} \Pi = \frac{1}{2} (& Q_1 K_{11} Q_1 + Q_1 K_{12} Q_2 + \cdots + Q_1 K_{1N} Q_N + Q_2 K_{21} Q_1 + Q_2 K_{22} Q_2 + \cdots \\ & + Q_2 K_{2N} Q_N + \cdots + Q_N K_{N1} Q_1 + Q_N K_{N2} Q_2 + \cdots + Q_N K_{NN} Q_N) - \\ & (Q_1 F_1 + Q_2 F_2 + \cdots + Q_N F_N) \end{aligned} \tag{3.62}$$

将边界条件 $Q_1 = a_1$ 代入 Π 的表达式，得到

$$\begin{aligned} \Pi = \frac{1}{2} (& a_1 K_{11} a_1 + a_1 K_{12} Q_2 + \cdots + a_1 K_{1N} Q_N + Q_2 K_{21} a_1 + Q_2 K_{22} Q_2 + \cdots \\ & + Q_2 K_{2N} Q_N + \cdots + Q_N K_{N1} a_1 + Q_N K_{N2} Q_2 + \cdots + Q_N K_{NN} Q_N) - \\ & (a_1 F_1 + Q_2 F_2 + \cdots + Q_N F_N) \end{aligned} \tag{3.63}$$

注意此时位移 Q_1 已经在势能的表达式中消去了，因此，Π 要取最小值则必须满足

$$\frac{\mathrm{d}\Pi}{\mathrm{d}Q_i} = 0 \quad (i = 2, 3, \cdots, N) \tag{3.64}$$

由式（3.63）和式（3.64），可以得到

$$\begin{aligned} K_{22} Q_2 + K_{23} Q_3 + \cdots + K_{2N} Q_N &= F_2 - K_{21} a_1 \\ K_{32} Q_2 + K_{33} Q_3 + \cdots + K_{3N} Q_N &= F_3 - K_{31} a_1 \\ &\vdots \\ K_{N2} Q_2 + K_{N3} Q_3 + \cdots + K_{NN} Q_N &= F_N - K_{N1} a_1 \end{aligned} \tag{3.65}$$

这些有限元方程可以写成如下矩阵形式

$$\begin{pmatrix} K_{22} & K_{23} & \cdots & K_{2N} \\ K_{32} & K_{33} & \cdots & K_{3N} \\ \vdots & \vdots & & \vdots \\ K_{N2} & K_{N3} & \cdots & K_{NN} \end{pmatrix} \begin{pmatrix} Q_2 \\ Q_3 \\ \vdots \\ Q_N \end{pmatrix} = \begin{pmatrix} F_2 - K_{21} a_1 \\ F_3 - K_{31} a_1 \\ \vdots \\ F_N - K_{N1} a_1 \end{pmatrix} \tag{3.66}$$

可以看出：通过从原先（$N \times N$）的刚度矩阵中消去第一行和第一列（由于 $Q_1 = a_1$），也可以简单地得到上面的 $(N-1) \times (N-1)$ 刚度矩阵。将方程（3.66）写成

$$\boldsymbol{KQ}=\boldsymbol{F} \tag{3.67}$$

其中，$\boldsymbol{K}$ 是通过消去对应于给定支座自由度的行和列而得到的缩减矩阵，用高斯消元法可以求解式（3.67）得到位移列阵 $\boldsymbol{Q}$；如果给出的边界条件合理，缩减的 $\boldsymbol{K}$ 矩阵应是一个非奇异矩阵，而原始的 $\boldsymbol{K}$ 矩阵是一个奇异矩阵。一旦 $\boldsymbol{Q}$ 被确定，单元应力就可以通过式（3.19）：$\sigma=E\boldsymbol{Bq}$ 求解得到，其中每个单元的 $\boldsymbol{q}$ 是根据单元节点信息从 $\boldsymbol{Q}$ 中提取出来的。

假设位移和应力已经确定，现在需要计算支座处的支反力 R_1。从节点 1 的有限元方程中（或平衡方程），可以求出这个支反力为

$$K_{11}Q_1+K_{12}Q_2+\cdots+K_{1N}Q_N=F_1+R_1 \tag{3.68}$$

这里 Q_1，Q_2，…，Q_N 为已知，支座处施加的载荷 F_1（如果有）也是已知的。因此，节点处保持平衡的支反力为

$$R_1=K_{11}Q_1+K_{12}Q_2+\cdots+K_{1N}Q_N-F_1 \tag{3.69}$$

构成 $\boldsymbol{K}$ 矩阵第一行的 K_{11}，K_{12}，…，K_{1N}要单独存储，因为式（3.67）中的 $\boldsymbol{K}$ 是通过从原始 $\boldsymbol{K}$ 矩阵中消去这里的行和列而得到的。

前面讨论过的对 $\boldsymbol{K}$ 和 $\boldsymbol{F}$ 所进行的处理也可以由伽辽金方法的变分形式得到，由式（3.54），有

$$\boldsymbol{\psi}^{\mathrm{T}}(\boldsymbol{KQ}-\boldsymbol{F})=0 \tag{3.70}$$

上式对于每个满足问题边界条件的 $\boldsymbol{\psi}$ 都成立。作为特例，考虑约束

$$\boldsymbol{Q}_1=a_1 \tag{3.71}$$

令

$$\boldsymbol{\psi}_1=0 \tag{3.72}$$

选择虚位移 $\boldsymbol{\psi}=(0,\ 1,\ 0,\ \cdots,\ 0)^{\mathrm{T}}$，$\boldsymbol{\psi}=(0,\ 0,\ 1,\ \cdots,\ 0)^{\mathrm{T}}$，…，$\boldsymbol{\psi}=(0,\ 0,\ 0,\ \cdots,\ 1)^{\mathrm{T}}$，并将其全部代入式（3.70）中，恰好得到式（3.66）给出的平衡方程。

上述的讨论基于处理边界条件 $Q_1=a_1$，这个过程可以很容易推广到处理多个边界条件。随后将对一般的操作过程进行总结。同样，这个过程也可以用于二维和三维问题。

小结：消元方法

考虑边界条件

$$Q_{p_1}=a_1,Q_{p_2}=a_2,\cdots,Q_{p_r}=a_r$$

步骤 1. 存储整体刚度矩阵 $\boldsymbol{K}$ 和载荷列阵 $\boldsymbol{F}$ 的第 p_1，p_2，…，p_r行，这些行随后将被用到。

步骤 2. 从 $\boldsymbol{K}$ 阵中去掉第 p_1 行和列，第 p_2 行和列，…，第 p_r 行和列，得到一个（$N-r$，$N-r$）维的刚度矩阵。同样的方法得到（$N-r$，1）维的载荷列阵 $\boldsymbol{F}$，对每个不是支座的自由度 i，将载荷分量修正为

$$F_i=F_i-(K_{i,p_1}a_1+K_{i,p_2}a_2+\cdots+K_{i,p_r}a_r) \tag{3.73}$$

求解

$$\boldsymbol{KQ}=\boldsymbol{F}$$

得到位移列阵 $\boldsymbol{Q}$。

步骤3. 对每个单元，从 $\boldsymbol{Q}$ 列阵中提取单元位移列阵 $\boldsymbol{q}$，并根据单元节点信息来确定单元应力。

步骤4. 利用步骤1存储的信息，计算出在每个支座自由度上的支反力

$$\begin{cases} R_{p_1} = K_{p_1 1}Q_1 + K_{p_1 2}Q_2 + \cdots + K_{p_1 N}Q_N - F_{p_1} \\ R_{p_2} = K_{p_2 1}Q_1 + K_{p_2 2}Q_2 + \cdots + K_{p_2 N}Q_N - F_{p_2} \\ \vdots \\ R_{p_r} = K_{p_r 1}Q_1 + K_{p_r 2}Q_2 + \cdots + K_{p_r N}Q_N - F_{p_r} \end{cases} \tag{3.74}$$

例题 3.3

对于例题3.3图a中的薄钢板，均匀的板厚为 $t = 1\text{in}$，弹性模量 $E = 30\times10^6\text{psi}$，密度 $\rho = 0.2836\text{lb/in}^3$。除了自重外，板的中点还受到一个集中力 $P = 100$ lb。

（a）用两个有限单元建立板的模型。

（b）写出单元刚度矩阵和单元体积力列阵。

（c）集成结构刚度矩阵 $\boldsymbol{K}$ 和整体载荷列阵 $\boldsymbol{F}$。

（d）用消元法求解整体位移列阵 $\boldsymbol{Q}$。

（e）求出单元的应力值。

（f）确定支座处的支反力。

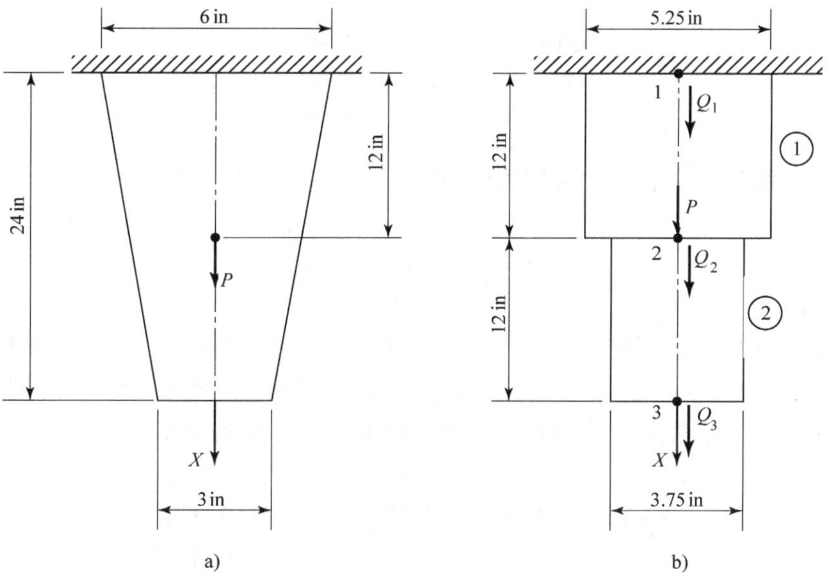

例题 3.3 图

解：

（a）用两个长度为12in的单元来建立模型，得到的有限元模型如例题3.3图b所示，节点和单元的编号如图所示；因为例题3.3图a中的板在中点处的横截面积为 4.5in^2，所以单元①的平均横截面积为 $A_1 = (6+4.5)/2 = 5.25\ \text{in}^2$，单元②则为 $A_2 = (4.5+3)/2 = 3.75\text{in}^2$，边界条件为 $Q_1 = 0$。

（b）由式（3.29）可以写出单元刚度矩阵为

$$\begin{array}{c} \quad\quad\quad\quad\quad\quad\quad\quad 1 \quad\quad 2 \leftarrow\downarrow \quad\quad \text{整体 dof} \\ \boldsymbol{k}^{1}=\dfrac{30\times10^{6}\times5.25}{12}\begin{pmatrix}1 & -1\\ -1 & 1\end{pmatrix}\begin{matrix}1\\2\end{matrix}\end{array}$$

及

$$\begin{array}{c} \quad\quad\quad\quad\quad\quad\quad\quad 2 \quad\quad 3 \\ \boldsymbol{k}^{2}=\dfrac{30\times10^{6}\times3.75}{12}\begin{pmatrix}1 & -1\\ -1 & 1\end{pmatrix}\begin{matrix}2\\3\end{matrix}\end{array}$$

而由式（3.34），单元的体积力列阵为

$$\begin{array}{c} \quad\quad\quad\quad\quad\quad\quad\quad\quad\quad\quad \text{整体 dof} \\ \quad\quad\quad\quad\quad\quad\quad\quad\quad\quad\quad \downarrow \\ \boldsymbol{f}^{1}=\dfrac{5.25\times12\times0.2836}{2}\begin{pmatrix}1\\1\end{pmatrix}\begin{matrix}1\\2\end{matrix}\end{array}$$

及

$$\boldsymbol{f}^{2}=\frac{3.75\times12\times0.2836}{2}\begin{pmatrix}1\\1\end{pmatrix}\begin{matrix}2\\3\end{matrix}$$

（c）整体刚度矩阵 $\boldsymbol{K}$ 可由 $\boldsymbol{k}^{1}$ 和 $\boldsymbol{k}^{2}$ 进行集成，即

$$\begin{array}{c} \quad\quad\quad\quad\quad 1 \quad\quad\quad\quad 2 \quad\quad\quad\quad 3 \\ \boldsymbol{K}=\dfrac{30\times10^{6}}{12}\begin{pmatrix}5.25 & -5.25 & 0\\ -5.25 & 9.00 & -3.75\\ 0 & -3.75 & 3.75\end{pmatrix}\begin{matrix}1\\2\\3\end{matrix}\end{array}$$

外加的整体载荷列阵 $\boldsymbol{F}$ 由 $\boldsymbol{f}^{1}$、$\boldsymbol{f}^{2}$ 和集中力 $P=100\text{lb}$ 进行集成，即

$$\boldsymbol{F}=\begin{pmatrix}8.9334\\ 15.3144+100\\ 6.3810\end{pmatrix}$$

（d）在消元法中，刚度矩阵 $\boldsymbol{K}$ 是通过去掉对应于固定自由度的行和列而得到的，在本例题中，自由度1是固定的。因此，从原始矩阵 $\boldsymbol{K}$ 中去掉第一行和列即可得到 $\boldsymbol{K}$；同样，$\boldsymbol{F}$ 也是通过从原始 $\boldsymbol{F}$ 中去掉第一个分量而得到，因此，所得到的平衡方程为

$$\begin{array}{c} \quad\quad\quad\quad 2 \quad\quad\quad\quad 3 \\ \dfrac{30\times10^{6}}{12}\begin{pmatrix}9.00 & -3.75\\ -3.75 & 3.75\end{pmatrix}\begin{pmatrix}Q_2\\Q_3\end{pmatrix}=\begin{pmatrix}115.3144\\ 6.3810\end{pmatrix}\end{array}$$

求解得到

$$Q_2=0.9272\times10^{-5}\text{in.}$$

$$Q_3=0.9953\times10^{-5}\text{in.}$$

因此，$\boldsymbol{Q}=(0,0.9272\times10^{-5},\ 0.9953\times10^{-5})^{\mathrm{T}}\text{in}$。

（e）由式（3.18）和式（3.19）可以得到每个单元的应力

$$\sigma_1=30\times10^{6}\times\frac{1}{12}(-1,1)\begin{pmatrix}0\\ 0.9272\times10^{-5}\end{pmatrix}=23.18\text{psi}$$

及

$$\sigma_2 = 30 \times 10^6 \times \frac{1}{12}(-1,1)\begin{pmatrix}0.9272 \times 10^{-5} \\ 0.9953 \times 10^{-5}\end{pmatrix} = 1.70 \text{ psi}$$

(f) 由式(3.74)可求得节点 1 处的支反力，这里要用到(c)中 $\boldsymbol{K}$ 的第一行，同样从(c)里看到节点 1 处的外载荷(由自重引起)为 $F_1 = 8.9334\text{lb}$，故

$$R_1 = \frac{30 \times 10^6}{12}(5.25, -5.25, 0)\begin{pmatrix}0 \\ 0.9272 \times 10^{-5} \\ 0.9953 \times 10^{-5}\end{pmatrix} - 8.9334 = -130.6\text{lb}$$

显然，支反力与板上所受的向下力的总和相等、方向相反。

罚函数法

现在讨论处理边界条件的另一种方法。这种方法很容易通过计算机程序中实现，而且即使在考虑式(3.60)中所给出的一般边界条件时也保持了它的简洁性。首先来讨论给定位移的边界条件，然后再说明它是如何应用到多点约束问题中的。

给定位移的边界条件 考虑边界条件 $Q_1 = a_1$，其中 a_1 是沿支座的自由度 1 的已知给定位移，下面介绍处理这个边界条件的罚函数法。

用一个具有较大刚度 C 的弹簧来模拟支座，C 的大小随后进行讨论。此时，弹簧的一端移动了 a_1，如图 3.11 所示，因为结构在该点产生的附加抗力相当小，故沿自由度 1 的位移 Q_1 近似等于 a_1，因此弹簧的实际伸长量为 $(Q_1 - a_1)$。弹簧的应变能为

$$U_s = \frac{1}{2}C(Q_1 - a_1)^2 \qquad (3.75)$$

将上式带入整体势能中，有

$$\Pi_M = \frac{1}{2}\boldsymbol{Q}^T\boldsymbol{K}\boldsymbol{Q} + \frac{1}{2}C(Q_1 - a_1)^2 - \boldsymbol{Q}^T\boldsymbol{F} \qquad (3.76)$$

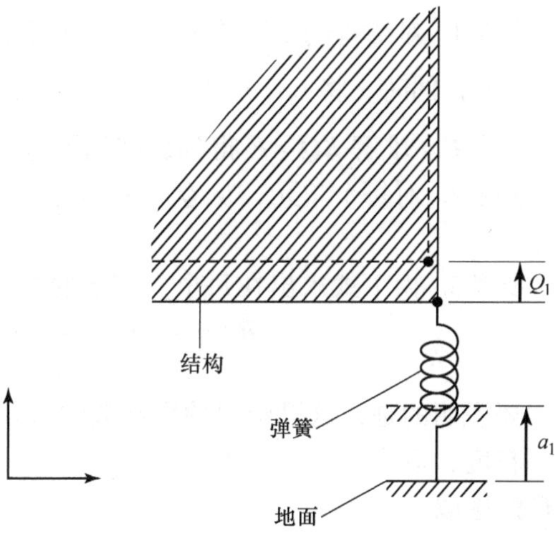

图 3.11 罚函数法（使用一个具有较大刚度的弹簧来模拟边界条件 $Q_1 = a_1$）

令 $\partial \Pi_M / \partial Q_i = 0$ ($i = 1, 2, \cdots, N$)，可以得到 Π_M 的最小值，有限元分析的平衡方程为

$$\begin{pmatrix} (K_{11} + C) & K_{12} & \cdots & K_{1N} \\ K_{21} & K_{22} & \cdots & K_{2N} \\ \vdots & \vdots & & \vdots \\ K_{N1} & K_{N2} & \cdots & K_{NN} \end{pmatrix}\begin{pmatrix} Q_1 \\ Q_2 \\ \vdots \\ Q_N \end{pmatrix} = \begin{pmatrix} F_1 + Ca_1 \\ F_2 \\ \vdots \\ F_N \end{pmatrix} \qquad (3.77)$$

这里可以看到，为处理 $Q_1 = a_1$，需要对以上方程进行修正，即将一个大数 C 加到 $\boldsymbol{K}$ 的第一个对角元上以及将 Ca_1 加到 F_1 上，式 3.77 的解即为位移列阵 $\boldsymbol{Q}$。

节点 1 处的支反力等于弹簧在结构上施加的力，因为弹簧的实际伸长量为 $(Q_1 - a_1)$，而弹簧的刚度为 C，所以支反力为

$$R_1 = -C(Q_1 - a_1) \qquad (3.78)$$

式（3.77）中对 $\boldsymbol{K}$ 和 $\boldsymbol{F}$ 的修正也可以通过伽辽金方法得到，考虑边界条件 $Q_1=a_1$。为处理边界条件，我们引入一个大刚度系数为 C 的弹簧来代替给定位移为 a_1 的支座（见图3.11），弹簧所做的虚功为

$$\delta W_s = \text{虚位移} \times \text{弹簧上的力}$$

或

$$\delta W_s = \Psi_1 C(Q_1 - a_1) \tag{3.79}$$

因此其对应的变分形式为

$$\boldsymbol{\Psi}^{\mathrm{T}}(\boldsymbol{KQ}-\boldsymbol{F}) + \Psi_1 C(Q_1 - a_1) = 0 \tag{3.80}$$

以上方程对任意 $\boldsymbol{\psi}$ 都应成立。选取 $\boldsymbol{\psi}=(0,\ 1,\ 0,\ \cdots,\ 0)^{\mathrm{T}}$，$\boldsymbol{\psi}=(0,\ 0,\ 1,\ \cdots,\ 0)^{\mathrm{T}}$，…，$\boldsymbol{\psi}=(0,\ 0,\ 0,\ \cdots,\ 1)^{\mathrm{T}}$，并代入到式（3.80）中，恰好可以得到如式（3.77）所示的修正式。对该方法的一般处理过程进行总结，其表达如下

小结：罚函数法

考虑边界条件

$$Q_{p_1}=a_1, Q_{p_2}=a_2, \cdots, Q_{p_r}=a_r$$

步骤1. 对结构刚度矩阵 $\boldsymbol{K}$ 的修正如下：将一个大数 C 加到 $\boldsymbol{K}$ 的第 p_1，p_2，…，p_r个对角元上，同时，将 Ca_1 加到 F_{p_1}，Ca_2 加到 F_{p_2}，…，Ca_r 加到 F_{p_r}上，得到修正的整体载荷列阵 $\boldsymbol{F}$。求解 $\boldsymbol{KQ}=\boldsymbol{F}$ 得到位移列阵 $\boldsymbol{Q}$，式中的 $\boldsymbol{K}$ 和 $\boldsymbol{F}$ 是经过修正后的矩阵和列阵。

步骤2. 对每个单元，从 $\boldsymbol{Q}$ 中提取单元位移列阵 $\boldsymbol{q}$，根据单元节点的信息，求出单元应力。

步骤3. 由下式求出在每个支座上的支反力

$$R_{p_i} = -C(Q_{p_i} - a_i) \quad (i=1,\ 2,\ \cdots,\ r) \tag{3.81}$$

需要说明的是：这里所说的罚函数法只是一种近似的方法，求解的精度，特别是支反力的求解精度，取决于 C 的选取。

***C* 的选取**

对方程组（3.77）中的第一个方程进行扩充，得到

$$(K_{11}+C)Q_1 + K_{12}Q_2 + \cdots + K_{1N}Q_N = F_1 + Ca_1 \tag{3.82a}$$

将上式除以 C，有

$$\left(\frac{K_{11}}{C}+1\right)Q_1 + \frac{K_{12}}{C}Q_2 + \cdots + \frac{K_{1N}}{C}Q_N = \frac{F_1}{C} + a_1 \tag{3.82b}$$

从上式中我们可以发现，如果 C 选得足够大，那么 $Q_1 \approx a_1$，尤其是当 C 比刚度系数 K_{11}，K_{12}，…，K_{1N}大得多时，那么有 $Q_1 \approx a_1$。F_1 是施加在支座处的外力（如果有的话），而且 F_1/C 通常是一个很小的值。

可以使用下面这个简单的方法来选取 C 值，即

$$C = \max|K_{ij}| \times 10^4 \quad (1 \leqslant i \leqslant N, 1 \leqslant j \leqslant N) \tag{3.83}$$

C 选用 10^4 对于大多数情况的计算是适合的。读者可以选取一个简单的问题来试一试，使用上述这个公式（比如用 10^5 或 10^6）来验证所得到的支反力的解相差是否很大。

例题 3.4

如例题3.4图所示的杆，受到一个轴向力 $P=200\times10^3$N 的作用，用罚函数法来处理边界条件，求解：

（a）节点位移。

（b）每种材料中的应力。

（c）支反力。

解：

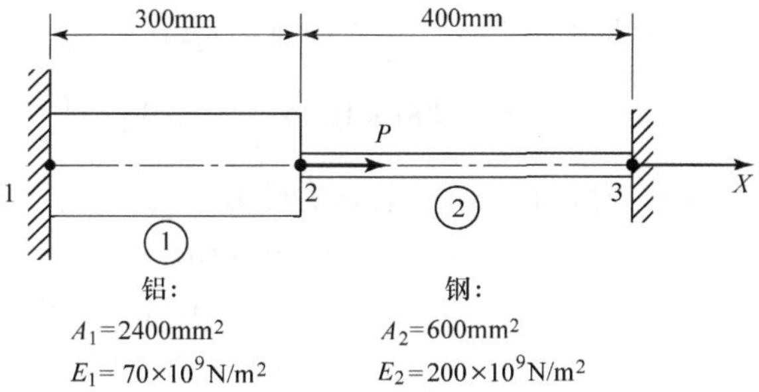

例题 3.4 图

（a）单元刚度矩阵为

$$\begin{matrix} & 1 & 2 & \leftarrow \text{整体 dof} \end{matrix}$$

$$\boldsymbol{k}^1=\frac{70\times10^3\times2400}{300}\begin{pmatrix}1 & -1\\ -1 & 1\end{pmatrix}$$

和

$$\begin{matrix} & 2 & 3 \end{matrix}$$

$$\boldsymbol{k}^2=\frac{200\times10^3\times600}{400}\begin{pmatrix}1 & -1\\ -1 & 1\end{pmatrix}$$

由单元刚度矩阵 $\boldsymbol{k}^1$ 和 $\boldsymbol{k}^2$ 集成所得到的整体结构刚度矩阵为

$$\begin{matrix} & 1 & 2 & 3 \end{matrix}$$

$$\boldsymbol{K}=10^6\begin{pmatrix}0.56 & -0.56 & 0\\ -0.56 & 0.86 & -0.30\\ 0 & -0.30 & 0.30\end{pmatrix}$$

整体载荷列阵为

$$\boldsymbol{F}=(0,\ 200\times10^3,\ 0)^{\mathrm{T}}$$

这里自由度1和3是固定的，所以在使用罚函数法时，将大数 C 分别加到 $\boldsymbol{K}$ 的第一和第三个对角元上，根据式（3.83）选取 C，有

$$C=(0.86\times10^6)\times10^4$$

因此，修正后的刚度矩阵为

$$\boldsymbol{K}=10^6\begin{pmatrix}8600.56 & -0.56 & 0\\ -0.56 & 0.86 & -0.30\\ 0 & -0.30 & 8600.30\end{pmatrix}$$

而有限元方程为

$$10^6\begin{pmatrix}8600.56 & -0.56 & 0\\ -0.56 & 0.86 & -0.30\\ 0 & -0.30 & 8600.30\end{pmatrix}\begin{pmatrix}Q_1\\ Q_2\\ Q_3\end{pmatrix}=\begin{pmatrix}0\\ 200\times10^3\\ 0\end{pmatrix}$$

解得

$$\boldsymbol{Q}=(15.1432\times10^{-6},0.23257,8.1127\times10^{-6})^{\mathrm{T}}\ \mathrm{mm}$$

（b）由式（3.19）求得单元应力为

$$\sigma_1=70\times10^3\times\frac{1}{300}(-1,1)\begin{pmatrix}15.1432\times10^{-6}\\ 0.23257\end{pmatrix}=54.27\mathrm{MPa}$$

其中，$1\text{MPa} = 10^6\text{N/m}^2 = 1\text{N/mm}^2$。还有

$$\sigma_2 = 200 \times 10^3 \times \frac{1}{400}(-1, 1)\begin{pmatrix} 0.23257 \\ 8.1127 \times 10^{-6} \end{pmatrix} = -116.29\text{MPa}$$

（c）由式（3.81）求得支反力

$$\begin{aligned} R_1 &= -CQ_1 \\ &= -(0.86 \times 10^{10}) \times 15.1432 \times 10^{-6} \\ &= -130.23 \times 10^3\text{N} \end{aligned}$$

及

$$\begin{aligned} R_3 &= -CQ_3 \\ &= -(0.86 \times 10^{10}) \times 8.1127 \times 10^{-6} \\ &= -69.77 \times 10^3\text{N} \end{aligned}$$

例题 3.5

在例题3.5图a中，有一个外力 $P = 60 \times 10^3\text{N}$ 在作用，确定物体中的位移场、应力和支座支反力（取 $E = 20 \times 10^3\text{N/mm}^2$）。

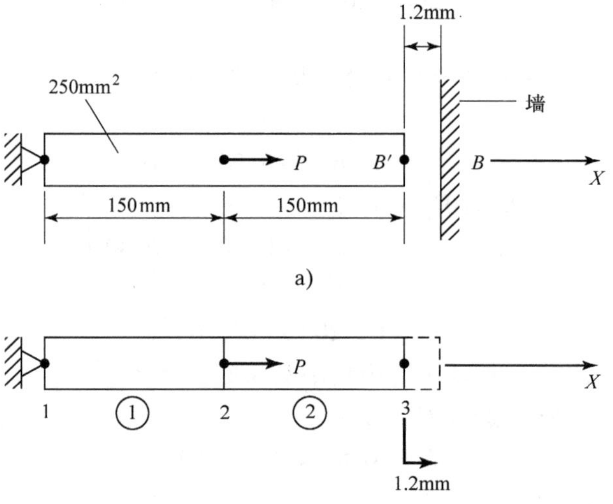

例题 3.5 图

解：

在这个问题中，我们首先应该确定杆与墙 B 之间是否发生接触。假设墙不存在，那么该问题的解为

$$Q_{B'} = 1.8\text{mm}$$

其中，$Q_{B'}$是点B'的位移。从这个结果可以看出接触是存在的，因为边界条件发生了变化，即点B'的位移是给定的 1.2mm，所以需要重新求解。建立两个单元的有限元模型如例题3.5图b所示，边界条件为 $Q_1 = 0$ 和 $Q_3 = 1.2\text{mm}$，结构刚度矩阵 $\boldsymbol{K}$ 为

$$\boldsymbol{K} = \frac{20 \times 10^3 \times 250}{150}\begin{pmatrix} 1 & -1 & 0 \\ -1 & 2 & -1 \\ 0 & -1 & 1 \end{pmatrix}$$

整体载荷列阵为

$$\boldsymbol{F} = (0, \ 60 \times 10^3, \ 0)^{\mathrm{T}}$$

在罚函数法中，因引入边界条件 $Q_1 = 0$ 和 $Q_3 = 1.2\mathrm{mm}$，需要对方程进行一些修改：这里选取 $C = (2/3) \times 10^9$，将大数 C 加到 $\boldsymbol{K}$ 的第一和第三个对角元上；将数 $(C \times 1.2)$ 加到 $\boldsymbol{F}$ 的第三个分量上，则修正后的方程如下

$$\frac{10^5}{3} \begin{pmatrix} 20001 & -1 & 0 \\ -1 & 2 & -1 \\ 0 & -1 & 20001 \end{pmatrix} \begin{pmatrix} Q_1 \\ Q_2 \\ Q_3 \end{pmatrix} = \begin{pmatrix} 0 \\ 60.0 \times 10^3 \\ 80.0 \times 10^8 \end{pmatrix}$$

它的解为

$$\boldsymbol{Q} = (7.49985 \times 10^{-5}, 1.500045, 1.200015)^{\mathrm{T}} \mathrm{mm}$$

单元应力为

$$\sigma_1 = 20 \times 10^3 \times \frac{1}{150} (-1,1) \begin{pmatrix} 7.49985 \times 10^{-5} \\ 1.500045 \end{pmatrix} = 199.996 \mathrm{MPa}$$

$$\sigma_2 = 20 \times 10^3 \times \frac{1}{150} (-1,1) \begin{pmatrix} 1.500045 \\ 1.200015 \end{pmatrix} = -40.004 \mathrm{MPa}$$

支反力为

$$R_1 = -C \times 7.49985 \times 10^{-5} = -49.999 \times 10^3 \mathrm{N}$$

及

$$R_3 = -C \times (1.200015 - 1.2) = -10.001 \times 10^3 \mathrm{N}$$

由于引入了支座的弹性，使得由罚函数法得到的结果有一个小的近似误差。事实上，读者可以验证，用消元法来处理边界条件，求得的精确解为 $R_1 = -50.0 \times 10^3 \mathrm{N}$ 和 $R_3 = -10.0 \times 10^3 \mathrm{N}$。

多点约束的处理

在需要对诸如斜滚子支座或刚性连接等问题进行处理时，得到的边界条件有如下形式

$$\beta_1 Q_{p_1} + \beta_2 Q_{p_2} = \beta_0$$

其中，β_0、β_1 和 β_2 是已知常数，这样的边界条件在一些文献中被称为多点约束。下面将讨论如何采用罚函数法来处理这种类型的边界条件。

考虑修正后的总势能，有表达式

$$\Pi_{\mathrm{M}} = \frac{1}{2} \boldsymbol{Q}^{\mathrm{T}} \boldsymbol{K} \boldsymbol{Q} + \frac{1}{2} C (\beta_1 Q_{p_1} + \beta_2 Q_{p_2} - \beta_0)^2 - \boldsymbol{Q}^{\mathrm{T}} \boldsymbol{F} \qquad (3.84)$$

其中，C 是一个大数。因为 C 很大，仅当 $(\beta_1 Q_{p_1} + \beta_2 Q_{p_2} - \beta_0)$ 非常小时，即当 $\beta_1 Q_{p_1} + \beta_2 Q_{p_2} \approx \beta_0$ 时，Π_{M} 才可能取最小值。令 $\partial \Pi_{\mathrm{M}} / \partial Q_i = 0$ $(i = 1, \cdots, N)$，得到修正后的刚度和载荷矩阵，相应的修改过程如下所示

$$\begin{pmatrix} K_{p_1 p_1} & K_{p_1 p_2} \\ K_{p_2 p_1} & K_{p_2 p_2} \end{pmatrix} \longmapsto \begin{pmatrix} K_{p_1 p_1} + C\beta_1^2 & K_{p_1 p_2} + C\beta_1\beta_2 \\ K_{p_2 p_1} + C\beta_1\beta_2 & K_{p_2 p_2} + C\beta_2^2 \end{pmatrix} \qquad (3.85)$$

和

$$\begin{pmatrix} F_{p_1} \\ F_{p_2} \end{pmatrix} \longmapsto \begin{pmatrix} F_{p_1} + C\beta_0\beta_1 \\ F_{p_2} + C\beta_0\beta_2 \end{pmatrix} \qquad (3.86)$$

如果考虑平衡方程组 $\partial\Pi_M/\partial Q_{p_1}=0$ 和 $\partial\Pi_M/\partial Q_{p_2}=0$，并重新整理成如下形式

$$\sum_j K_{p_1 j}Q_j - F_{p_1} = R_{p_1} \text{ 和 } \sum_j K_{p_2 j}Q_j - F_{p_2} = R_{p_2}$$

可以求得支反力 R_{p_1} 和 R_{p_2}，它们分别是沿自由度 p_1 和 p_2 方向的支反力

$$R_{p_1} = -\frac{\partial}{\partial Q_{p_1}}\left(\frac{1}{2}C(\beta_1 Q_{p_1}+\beta_2 Q_{p_2}-\beta_0)^2\right) \tag{3.87a}$$

$$R_{p_2} = -\frac{\partial}{\partial Q_{p_2}}\left(\frac{1}{2}C(\beta_1 Q_{p_1}+\beta_2 Q_{p_2}-\beta_0)^2\right) \tag{3.87b}$$

化简上式，得

$$R_{p_1} = -C\beta_1(\beta_1 Q_{p_1}+\beta_2 Q_{p_2}-\beta_0) \tag{3.88a}$$

及

$$R_{p_2} = -C\beta_2(\beta_1 Q_{p_1}+\beta_2 Q_{p_2}-\beta_0) \tag{3.88b}$$

可以看到，罚函数法不但可以处理多点约束，还可以很容易地用计算机程序来实现，这是通过引入一个非物理参量来得到式（3.84）中的修正势能。多点约束是最普遍的边界条件，其他的约束形式都可以视为特例来处理。

例题 3.6

结构如例题 3.6 图 a 所示，有一根忽略质量的刚性杆，它的一端铰接，其上还连接有一根钢质杆和一根铝质杆，其右端作用有外力 $P=30\times10^3$N。

（a）采用两个有限单元进行建模，写出模型的边界条件。

（b）给出修正的刚度矩阵和载荷列阵，求解 $\boldsymbol{Q}$，并确定单元应力。

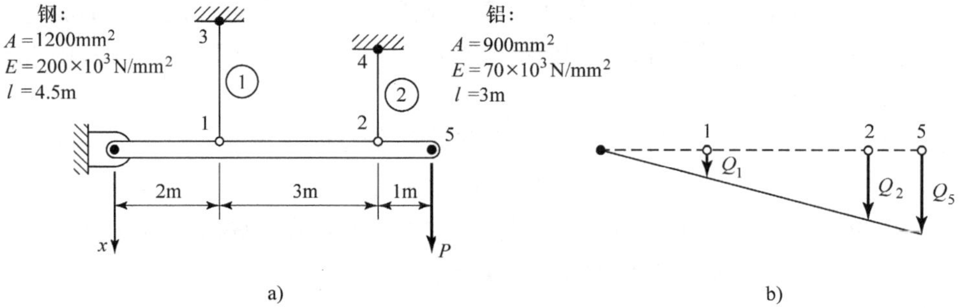

例题 3.6 图

解：

（a）用两个单元对该问题进行建模，单元节点信息见下表

单元的连接表

单元编号	节点1	节点2
①	3	1
②	4	2

节点 3、4 处的边界条件为：$Q_3=0$ 和 $Q_4=0$。因为刚性杆保持直线，Q_1、Q_2 和 Q_5 的相对关系如例题 3.6 图 b 所示，根据刚性杆的状态，给出相关节点的约束如下

$$Q_1-0.33\dot{3}Q_5=0$$

$$Q_2 - 0.833\dot{3}Q_5 = 0$$

（b）首先，给出各个单元刚度矩阵为

$$\boldsymbol{k}^1 = \frac{200 \times 10^3 \times 1200}{4500}\begin{pmatrix} 1 & -1 \\ -1 & 1 \end{pmatrix} = 10^3\begin{pmatrix} 53.3\dot{3} & -53.3\dot{3} \\ -53.3\dot{3} & 53.3\dot{3} \end{pmatrix}\begin{matrix} 3 \\ 1 \end{matrix}$$

及

$$\boldsymbol{k}^2 = \frac{70 \times 10^3 \times 900}{3000}\begin{pmatrix} 1 & -1 \\ -1 & 1 \end{pmatrix} = 10^3\begin{pmatrix} 21 & -21 \\ -21 & 21 \end{pmatrix}\begin{matrix} 4 \\ 2 \end{matrix}$$

则整体刚度矩阵为

$$\boldsymbol{K} = 10^3\begin{pmatrix} 53.3\dot{3} & 0 & -53.3\dot{3} & 0 & 0 \\ 0 & 21 & 0 & -21 & 0 \\ -53.3\dot{3} & 0 & 53.3\dot{3} & 0 & 0 \\ 0 & -21 & 0 & 21 & 0 \\ 0 & 0 & 0 & 0 & 0 \end{pmatrix}\begin{matrix} 1 \\ 2 \\ 3 \\ 4 \\ 5 \end{matrix}$$

对矩阵 $\boldsymbol{K}$ 的修正如下：选取一个远大于刚度系数的大数 $C = (53.33 \times 10^3) \times 10^4$，由于 $Q_3 = Q_4 = 0$，将 C 加到 $\boldsymbol{K}$ 中（3，3）和（4，4）的位置上。然后考虑（a）中给出的多点约束方程组，对于第一个约束 $Q_1 - 0.333Q_5 = 0$，注意到 $\beta_0 = 0$，$\beta_1 = 1$，$\beta_2 = -0.333$，则由式（3.85）得到刚度矩阵的附加项为

$$\begin{pmatrix} C\beta_1^2 & C\beta_1\beta_2 \\ C\beta_1\beta_2 & C\beta_2^2 \end{pmatrix} = 10^7\begin{pmatrix} 53.3\dot{3} & -17.7\dot{7} \\ -17.7\dot{7} & 5.925926 \end{pmatrix}\begin{matrix} 1 \\ 5 \end{matrix}$$

因为 $\beta_0 = 0$，所以载荷附加项为零。用同样的方法处理第二个多点约束方程 $Q_2 - 0.833Q_5 = 0$，得到刚度矩阵附加项

$$10^7\begin{pmatrix} 53.3\dot{3} & -44.4\dot{4} \\ -44.4\dot{4} & 37.037037 \end{pmatrix}\begin{matrix} 2 \\ 5 \end{matrix}$$

由以上所有的附加项，得到最后的修正的方程组为

$$10^3\begin{pmatrix} 533386.7 & 0 & -53.33 & 0 & -177777.7 \\ 0 & 533354.3 & 0 & -21.0 & -444444.4 \\ -53.33 & 0 & 533386.7 & 0 & 0 \\ 0 & -21.0 & 0 & 533354.3 & 0 \\ -177777.7 & -444444.4 & 0 & 0 & 429629.6 \end{pmatrix}\begin{pmatrix} Q_1 \\ Q_2 \\ Q_3 \\ Q_4 \\ Q_5 \end{pmatrix} = \begin{pmatrix} 0 \\ 0 \\ 0 \\ 0 \\ 30 \times 10^3 \end{pmatrix}$$

如在第 2 章中给出的例子那样，用求解矩阵方程的计算机程序来解这个方程组，得到

$$\boldsymbol{Q} = (0.486, 1.215, 4.85 \times 10^{-5}, 4.78 \times 10^{-5}, 1.457) \text{ mm}$$

由式（3.18）和式（3.19）得到单元应力为

$$\sigma_1 = \frac{200 \times 10^3}{4500}(-1, 1)\begin{pmatrix} 4.85 \times 10^{-5} \\ 0.486 \end{pmatrix}$$
$$= 21.60\text{MPa}$$

及

$$\sigma_2 = 28.35\text{MPa}$$

在这个问题中，我们发现用罚函数法处理多点约束时，所有对角元的刚度值会变大，因此结果对计算中的误差比较敏感，当存在较多的多点约束时，最好使用计算机中的双精度运算。

3.9 二次形状函数

到目前为止，单元内的未知位移场是由线性形状函数插值得到的，但在某些问题中，用二次插值函数可以得到更为精确的解。本节将介绍二次形状函数，并推导出相应的单元刚度矩阵和载荷列阵，读者应注意到其基本步骤和前面在线性一维单元推导中所用到的是相同的。

考虑一个典型的三节点二次单元，如图 3.12a 所示，在局部坐标编号方案中，左边的节点记为1，右边的为2，而中点为3，节点3 的引入是为了进行二次拟合，称为内节点。记 x_i 为节点 i 的 x 坐标，$i=1$，2，3。且 $\boldsymbol{q}=(q_1, q_2, q_3)^{\mathrm{T}}$，其中，$q_1$、$q_2$ 和 q_3 分别为节点 1，2 和 3 的位移，将 x 坐标系按下式变换到 ξ 坐标系

$$\xi = \frac{2(x - x_3)}{x_2 - x_1} \tag{3.89}$$

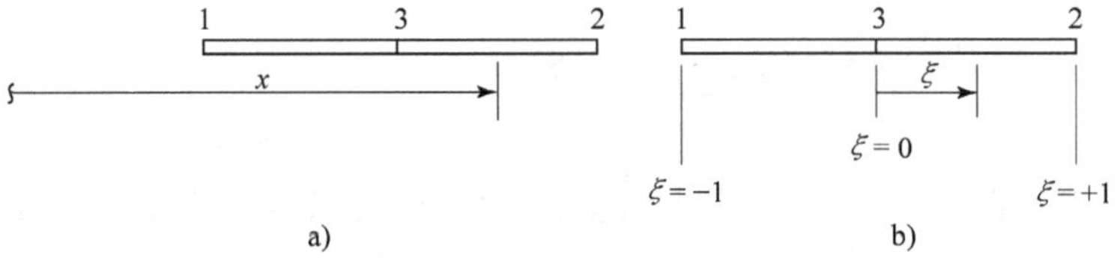

图 3.12 在 x 坐标系和 ξ 坐标系下的二次单元

由式（3.89）可看到，在节点 1、3、2 处，ξ 的值分别为 −1，0，1（见图 3.12b），则在 ξ 坐标系中，对二次形状函数 N_1、N_2、N_3 定义分别如下

$$N_1(\xi) = -\frac{1}{2}\xi(1-\xi) \tag{3.90a}$$

$$N_2(\xi) = \frac{1}{2}\xi(1+\xi) \tag{3.90b}$$

$$N_3(\xi) = (1+\xi)(1-\xi) \tag{3.90c}$$

形状函数 N_1 在节点 1 处等于单位 1，而在节点 2、3 处为 0；同样，N_2 在节点 2 处等于单位 1，在其余两个节点处为 0；N_3 在节点 3 处等于单位 1，在其余两个节点处为 0。形状函数 N_1、N_2 和 N_3 的图形如图 3.13 所示。通过观察还可以直接写出这些形状函数的表达式。例如，由于在 $\xi=0$ 处有 $N_1=0$，而在 $\xi=1$ 处有 $N_1=0$，则 N_1 必须含有 $\xi(1-\xi)$ 的乘积项，即 N_1 有如下形式

$$N_1 = c\xi(1-\xi) \tag{3.91}$$

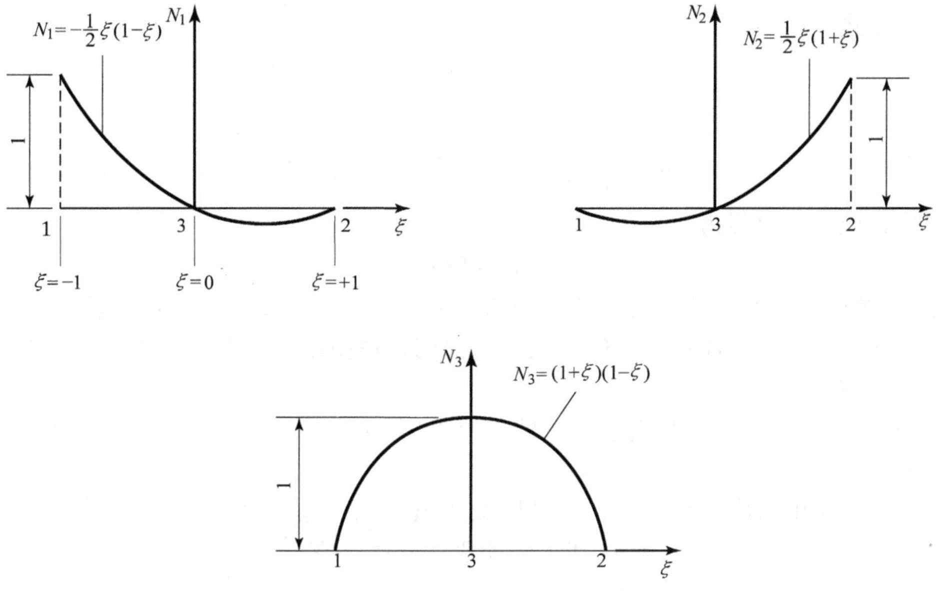

图 3.13 形状函数 N_1、N_2 和 N_3

由在 $\xi=-1$ 处 $N_1=1$ 的条件，可以求得常数 $c=-\frac{1}{2}$，由此得到式（3.90a）中的公式。这些形状函数称为拉格朗日形状函数。

用节点位移来表示单元内的位移场，则有

$$u = N_1 q_1 + N_2 q_2 + N_3 q_3 \tag{3.92a}$$

或

$$u = \boldsymbol{N}\boldsymbol{q} \tag{3.92b}$$

其中，$\boldsymbol{N}=(N_1, N_2, N_3)$ 是一个（1×3）的形状函数行阵，$\boldsymbol{q}=(q_1, q_2, q_3)^{\mathrm{T}}$ 是（3×1）的单元位移列阵；在节点 1 处，有 $N_1=1$，$N_2=N_3=0$，因此 $u=q_1$；同样，在节点 2 处，有 $u=q_2$，在节点 3 处，有 $u=q_3$，所以式（3.92a）中的 u 是一个通过 q_1、q_2 和 q_3 来进行二次插值的函数（见图 3.14）。

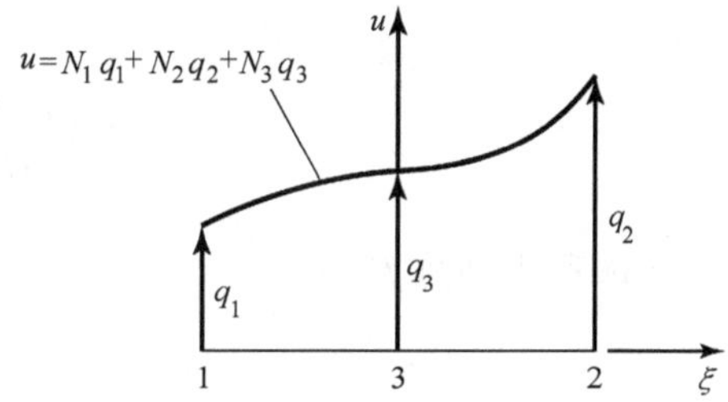

图 3.14 采用二次函数进行插值

这样应变 ε 则为

$$\begin{aligned}\varepsilon &= \frac{\mathrm{d}u}{\mathrm{d}x}\ \text{（应变-位移关系）}\\ &= \frac{\mathrm{d}u}{\mathrm{d}\xi}\frac{\mathrm{d}\xi}{\mathrm{d}x}\ \text{（求导链求法则）}\\ &= \frac{2}{x_2-x_1}\frac{\mathrm{d}u}{\mathrm{d}\xi}\ \text{（利用式 3.89）}\\ &= \frac{2}{x_2-x_1}\left(\frac{\mathrm{d}N_1}{\mathrm{d}\xi}, \frac{\mathrm{d}N_2}{\mathrm{d}\xi}, \frac{\mathrm{d}N_3}{\mathrm{d}\xi}\right)\boldsymbol{q}\ \text{（利用式 3.92）}\end{aligned} \tag{3.93}$$

由式（3.90），有

$$\varepsilon = \frac{2}{x_2 - x_1}\left(-\frac{1-2\xi}{2}, \frac{1+2\xi}{2}, -2\xi\right)\boldsymbol{q} \qquad (3.94)$$

或写成如下形式

$$\varepsilon = \boldsymbol{Bq} \qquad (3.95)$$

其中，

$$\boldsymbol{B} = \frac{2}{x_2 - x_1}\left(-\frac{1-2\xi}{2}, \frac{1+2\xi}{2}, -2\xi\right) \qquad (3.96)$$

由胡克定律，应力可以写为

$$\sigma = \boldsymbol{EBq} \qquad (3.97)$$

由于 N_i 是二次形状函数，则式（3.96）中的 $\boldsymbol{B}$ 在 ξ 上是线性的，这意味着应力和应变在单元内可以是线性变化的。而在前面的讨论中，我们知道使用线性形状函数时，应力和应变在单元内却是常数。

我们现在有了 u、ε、σ 的表达式，即式（3.92b）、式（3.95）和式（3.97）。同时由式（3.89），我们有 $\mathrm{d}x = (l_e/2)\,\mathrm{d}\xi$。

在这里所讨论的有限元模型中，假设横截面积为 A_e、体积力为 F、面积力为 T 且在单元内它们都是常数。将 u、ε、σ 和 $\mathrm{d}x$ 代入势能表达式中，有

$$\begin{aligned}
\Pi &= \sum_e \frac{1}{2}\int_e \sigma^{\mathrm{T}}\varepsilon A\mathrm{d}x - \sum_e \int_e u^{\mathrm{T}}fA\mathrm{d}x - \sum_e \int_e u^{\mathrm{T}}T\mathrm{d}x - \sum_i Q_i P_i \\
&= \sum_e \frac{1}{2}\boldsymbol{q}^{\mathrm{T}}\left(E_e A_e \frac{l_e}{2}\int_{-1}^{1}(\boldsymbol{B}^{\mathrm{T}}\boldsymbol{B})\mathrm{d}\xi\right)\boldsymbol{q} - \sum_e \boldsymbol{q}^{\mathrm{T}}\left(A_e \frac{l_e}{2}f\int_{-1}^{1}\boldsymbol{N}^{\mathrm{T}}\mathrm{d}\xi\right) - \\
&\quad \sum_e \boldsymbol{q}^{\mathrm{T}}\left(\frac{l_e}{2}T\int_{-1}^{1}\boldsymbol{N}^{\mathrm{T}}\mathrm{d}\xi\right) - \sum_i Q_i P_i
\end{aligned} \qquad (3.98)$$

将上式与总势能的一般形式

$$\Pi = \sum_e \frac{1}{2}\boldsymbol{q}^{\mathrm{T}}\boldsymbol{k}^e\boldsymbol{q} - \sum_e \boldsymbol{q}^{\mathrm{T}}\boldsymbol{f}^e - \sum_e \boldsymbol{q}^{\mathrm{T}}\boldsymbol{T}^e - \sum_i Q_i P_i$$

进行比较，有

$$\boldsymbol{k}^e = \frac{E_e A_e l_e}{2}\int_{-1}^{1}\boldsymbol{B}^{\mathrm{T}}\boldsymbol{B}\mathrm{d}\xi \qquad (3.99\mathrm{a})$$

将式（3.96）中的 $\boldsymbol{B}$ 代入上式，有

$$\boldsymbol{k}^e = \frac{E_e A_e}{3l_e}\begin{pmatrix} 7 & 1 & -8 \\ 1 & 7 & -8 \\ -8 & -8 & 16 \end{pmatrix}\begin{matrix} 1 \\ 2 \\ 3 \end{matrix} \qquad (3.99\mathrm{b})$$

（表头）$\quad 1 \qquad 2 \qquad 3 \leftarrow$ 局部 dof

而单元体积力列阵 $\boldsymbol{f}^e$ 为

$$\boldsymbol{f}^e = \frac{A_e l_e f}{2}\int_{-1}^{1}\boldsymbol{N}^{\mathrm{T}}\mathrm{d}\xi \qquad (3.100\mathrm{a})$$

将式（3.90）中的 $\boldsymbol{N}$ 代入上式，有

$$\boldsymbol{f}^e = A_e l_e f\begin{pmatrix} 1/6 \\ 1/6 \\ 2/3 \end{pmatrix}\begin{matrix} 1 \\ 2 \\ 3 \end{matrix} \qquad (3.100\mathrm{b})$$

↓ 局部 dof

同样的，单元的面积力列阵 $\boldsymbol{T}^e$ 为

$$\boldsymbol{T}^e = \frac{l_e T}{2}\int_{-1}^{1}\boldsymbol{N}^{\mathrm{T}}\mathrm{d}\xi \tag{3.101a}$$

代入后，有

$$\boldsymbol{T}^e = l_e T\begin{pmatrix}1/6\\1/6\\2/3\end{pmatrix}\begin{matrix}1\\2\\3\end{matrix} \quad (\downarrow \text{局部 dof}) \tag{3.101b}$$

总势能也可以写成如 $\Pi = \frac{1}{2}\boldsymbol{Q}^{\mathrm{T}}\boldsymbol{K}\boldsymbol{Q} - \boldsymbol{Q}^{\mathrm{T}}\boldsymbol{F}$ 的形式，其中整体的结构刚度矩阵 $\boldsymbol{K}$ 和节点载荷列阵 $\boldsymbol{F}$ 相应地由单元刚度矩阵和载荷列阵进行集成而得到。

例题 3.7

如例题 3.7 图 a 所示的杆（机械臂）的旋转角速度为 $\omega = 30\mathrm{rad/s}$，采用两个二次单元进行建模，确定杆上的轴向应力分布。这里只考虑离心力，而忽略杆的弯曲。

解：

用两个二次单元建立杆的有限元模型，如例题 3.7 图 b 所示，模型共有 5 个自由度，由式（3.99b）可知，单元刚度矩阵为

$$\boldsymbol{k}^1 = \frac{10^7 \times 0.6}{3\times 21}\begin{pmatrix}7 & 1 & -8\\1 & 7 & -8\\-8 & -8 & 16\end{pmatrix}\begin{matrix}1\\3\\2\end{matrix}$$

（列对应整体 dof：1　3　2；整体 dof）

和

$$\boldsymbol{k}^2 = \frac{10^7 \times 0.6}{3\times 21}\begin{pmatrix}7 & 1 & -8\\1 & 7 & -8\\-8 & -8 & 16\end{pmatrix}\begin{matrix}3\\5\\4\end{matrix}$$

（列对应：3　5　4）

所以

$$\boldsymbol{K} = \frac{10^7 \times 0.6}{3\times 21}\begin{pmatrix}7 & -8 & 1 & 0 & 0\\-8 & 16 & -8 & 0 & 0\\1 & -8 & 14 & -8 & 1\\0 & 0 & -8 & 16 & -8\\0 & 0 & 1 & -8 & 7\end{pmatrix}\begin{matrix}1\\2\\3\\4\\5\end{matrix}$$

（列对应：1　2　3　4　5）

体积力 f（$\mathrm{lb/in^3}$）由下式求得

$$f = \frac{\rho r \omega^2}{g}\mathrm{lb/in^3}$$

其中，ρ 为密度，$g = 32.2\mathrm{ft/s^2}$。由于 f 为距铰支点距离 r 的函数，取 f 在每个单元上的平均值，有

$$f_1 = \frac{0.2836 \times 10.5 \times 30^2}{32.2 \times 12} = 6.94$$

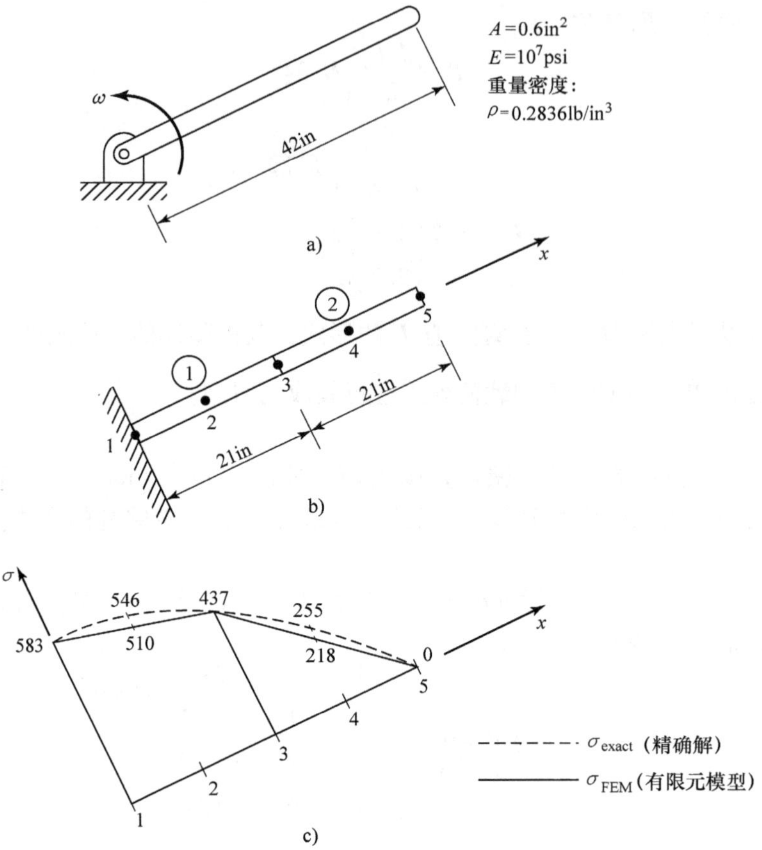

$A = 0.6\text{in}^2$
$E = 10^7\text{psi}$
重量密度：
$\rho = 0.2836\text{lb/in}^3$

a)

b)

c)

σ_exact（精确解）
σ_FEM（有限元模型）

例题 3.7 图

和

$$f_2 = \frac{0.2836 \times 31.5 \times 30^2}{32.2 \times 12}$$

$$= 20.81$$

所以，由式（3.100b）可知，单元体积力列阵为

$$f^1 = 0.6 \times 21 \times f_1 \begin{pmatrix} \dfrac{1}{6} \\[2mm] \dfrac{1}{6} \\[2mm] \dfrac{2}{3} \end{pmatrix} \begin{matrix} \downarrow \text{整体 dof} \\ 1 \\ 3 \\ 2 \end{matrix}$$

和

$$f^2 = 0.6 \times 21 \times f_2 \begin{pmatrix} \dfrac{1}{6} \\[2mm] \dfrac{1}{6} \\[2mm] \dfrac{2}{3} \end{pmatrix} \begin{matrix} \downarrow \text{整体 dof} \\ 3 \\ 5 \\ 4 \end{matrix}$$

对$\boldsymbol{f}^1$和$\boldsymbol{f}^2$进行集成，得到

$$\boldsymbol{F}=(14.57,\ 58.26,\ 58.26,\ 174.79,\ 43.70)^{\mathrm{T}}$$

采用消元法处理边界条件后得到的有限元方程组为

$$\frac{10^7\times 0.6}{63}\begin{pmatrix}16 & -8 & 0 & 0\\ -8 & 14 & -8 & 1\\ 0 & -8 & 16 & -8\\ 0 & 1 & -8 & 7\end{pmatrix}\begin{pmatrix}Q_2\\ Q_3\\ Q_4\\ Q_5\end{pmatrix}=\begin{pmatrix}58.26\\ 58.26\\ 174.79\\ 43.7\end{pmatrix}$$

解得

$$\boldsymbol{Q}=10^{-3}(0,\ 0.5735,\ 1.0706,\ 1.4147,\ 1.5294)^{\mathrm{T}}\mathrm{mm}$$

则由式（3.96）和式（3.97）可以求得应力。单元的节点连接信息如下表。

单元编号	1	2	3	←局部节点号
①	1	3	2	↕ 整体节点号
②	3	5	4	

对于单元①，有

$$\boldsymbol{q}=(Q_1,\ Q_3,\ Q_2)^{\mathrm{T}}$$

而，对单元②有

$$\boldsymbol{q}=(Q_3,\ Q_5,\ Q_4)^{\mathrm{T}}$$

由式（3.96）和式（3.97），有

$$\sigma_1=10^7\times\frac{2}{21}\left(-\frac{1-2\xi}{2},\ \frac{1+2\xi}{2},\ \ -2\xi\right)\begin{pmatrix}Q_1\\ Q_3\\ Q_2\end{pmatrix}$$

其中，$-1\leqslant\xi\leqslant1$，且σ_1表示单元①内的应力。将$\xi=-1$代入上式即可得到单元①在节点1上的应力

$$\sigma_1|_1=10^7\times\frac{2}{21}\times10^{-3}(-1.5,-0.5,+2.0)\begin{pmatrix}0\\ 1.0706\\ 0.5735\end{pmatrix}$$
$$=583\mathrm{psi}$$

将$\xi=0$代入，则得到节点2（对应于单元①的中点）上的应力

$$\sigma_1|_3=10^7\times\frac{2}{21}\times10^{-3}(-0.5,\ 0.5,\ 0)\begin{pmatrix}0\\ 1.0706\\ 0.5735\end{pmatrix}$$
$$=510\mathrm{psi}$$

同样，得到

$$\sigma_1|_2=\sigma_2|_1=437\mathrm{psi},\ \sigma_2|_3=218\mathrm{psi},\ \sigma_2|_2=0$$

轴向分布如例题3.7图c所示。将由有限元模型得到的应力分布与精确解进行比较，精确解给出的结果如下

$$\sigma_{\mathrm{exact}}(x)=\frac{\rho\omega^2}{2g}(L^2-x^2)$$

由此式求出的应力分布精确解也同时标注在例题3.7图c中。

3.10 温度效应

本节将讨论在各向同性的线弹性材料中由温度变化引起的应力，也就是将讨论**温度应力**问题。如果已知温度变化的分布 $\Delta T(x)$，那么由这个温度变化引起的应变可视为**初始应变** ε_0，定义为

$$\varepsilon_0 = \alpha\Delta T \tag{3.102}$$

式中，α 是热膨胀系数；ΔT 为正值时表示温度上升值。

在存在 ε_0 的情况下，应力-应变规律如图3.15所示。从图中我们看到应力-应变关系可表述为

$$\sigma = E(\varepsilon - \varepsilon_0) \tag{3.103}$$

单位体积的应变能 u_0 等于图3.15中阴影部分的面积，即

$$u_0 = \frac{1}{2}\sigma(\varepsilon - \varepsilon_0) \tag{3.104}$$

将式（3.103）代入上式可写为

$$u_0 = \frac{1}{2}(\varepsilon - \varepsilon_0)^{\mathrm{T}}E(\varepsilon - \varepsilon_0) \tag{3.105a}$$

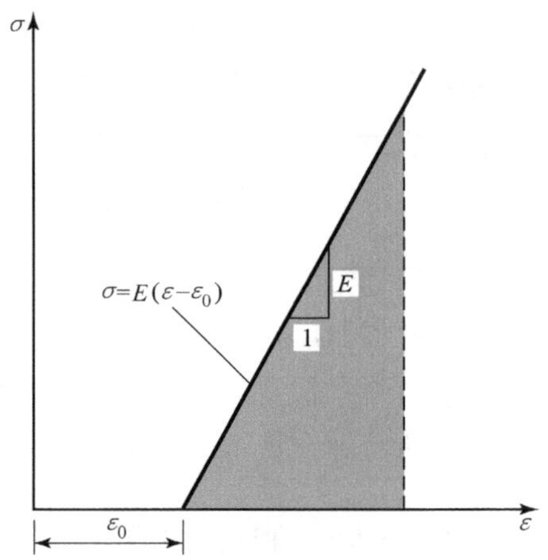

图3.15 存在初始应变的应力-应变关系

将 u_0 在结构的总体积内进行积分，可以得到结构的总应变能 U

$$U = \int_L \frac{1}{2}(\varepsilon - \varepsilon_0)^{\mathrm{T}}E(\varepsilon - \varepsilon_0)A\mathrm{d}x \tag{3.105b}$$

当采用一维线性单元进行建模时，此式可变为

$$U = \sum_e \frac{1}{2}A_e\frac{l_e}{2}\int_{-1}^{1}(\varepsilon - \varepsilon_0)^{\mathrm{T}}E_e(\varepsilon - \varepsilon_0)\mathrm{d}\xi \tag{3.105c}$$

注意到 $\varepsilon = \boldsymbol{Bq}$，则有

$$U = \sum_e \frac{1}{2}\boldsymbol{q}^{\mathrm{T}}\left(E_eA_e\frac{l_e}{2}\int_{-1}^{1}\boldsymbol{B}^{\mathrm{T}}\boldsymbol{B}\mathrm{d}\xi\right)\boldsymbol{q} - \sum_e \boldsymbol{q}^{\mathrm{T}}E_eA_e\frac{l_e}{2}\varepsilon_0\int_{-1}^{1}\boldsymbol{B}^{\mathrm{T}}\mathrm{d}\xi + \sum_e \frac{1}{2}E_eA_e\frac{l_e}{2}\varepsilon_0^2 \tag{3.105d}$$

观察应变能的表达式，我们发现右边第一项可以求得前面在3.4节中推导出的单元刚度矩阵；最后一项是常数项，在令 $\mathrm{d}\Pi/\mathrm{d}\boldsymbol{Q} = 0$ 而得到的平衡方程中，它将被去掉而不起作用。由第二项得到我们想要的单元载荷列阵 $\boldsymbol{\theta}^e$，它是温度变化的结果，即

$$\boldsymbol{\theta}^e = E_eA_e\frac{l_e}{2}\varepsilon_0\int_{-1}^{1}\boldsymbol{B}^{\mathrm{T}}\mathrm{d}\xi \tag{3.106a}$$

将 $\boldsymbol{B} = (-1,1)/(x_2 - x_1)$ 代入，且由于 $\varepsilon_0 = \alpha\Delta T$，此式可简化为

$$\boldsymbol{\theta}^e = \frac{E_eA_el_e\alpha\Delta T}{x_2 - x_1}\begin{pmatrix}-1\\1\end{pmatrix} \tag{3.106b}$$

在式（3.106b）中，ΔT 是单元内温度变化的平均值。式（3.106b）中的温度载荷列阵可以和体积力、面积力、集中力列阵一起进行集成以得到结构的整体载荷列阵 $\boldsymbol{F}$，这个集成过程可以表达为

$$\boldsymbol{F} = \sum_{e} (\boldsymbol{f}^e + \boldsymbol{T}^e + \theta^e) + \boldsymbol{P} \tag{3.107}$$

在求解有限元方程 $\boldsymbol{KQ} = \boldsymbol{F}$ 而得到位移 $\boldsymbol{Q}$ 后，各单元内的应力可以由式（3.103）求得，即

$$\sigma = E(\boldsymbol{Bq} - \alpha\Delta T) \tag{3.108a}$$

或

$$\sigma = \frac{E}{x_2 - x_1}(-1,\ 1)\boldsymbol{q} - E\alpha\Delta T \tag{3.108b}$$

例题 3.8

在 20℃时，有一个轴向外力 $P = 300 \times 10^3$N 作用在如例题 3.8 图所示的杆件上，随后温度上升到 60℃。在这种情况下，

（a）集成 $\boldsymbol{K}$ 和 $\boldsymbol{F}$ 阵。

（b）求节点位移和单元应力。

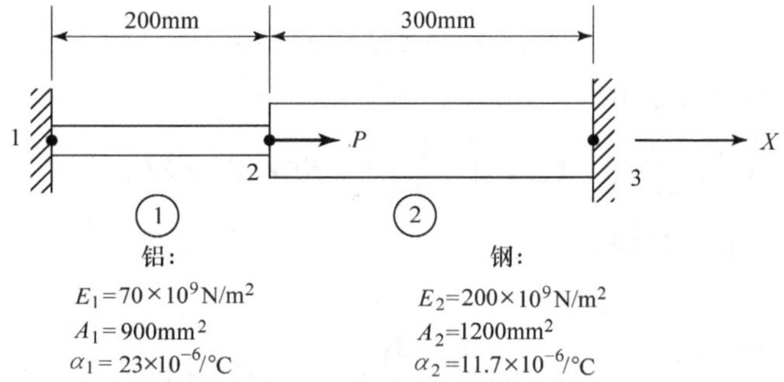

例题 3.8 图

解：

（a）单元刚度矩阵为

$$\boldsymbol{k}^1 = \frac{70 \times 10^3 \times 900}{200}\begin{pmatrix} 1 & -1 \\ -1 & 1 \end{pmatrix}\text{N/mm}$$

$$\boldsymbol{k}^2 = \frac{200 \times 10^3 \times 1200}{300}\begin{pmatrix} 1 & -1 \\ -1 & 1 \end{pmatrix}\text{N/mm}$$

因此

$$\boldsymbol{K} = 10^3\begin{pmatrix} 315 & -315 & 0 \\ -315 & 1115 & -800 \\ 0 & -800 & 800 \end{pmatrix}\text{N/mm}$$

在集成 $\boldsymbol{F}$ 时，温度和集中力的影响都要考虑，根据式（3.106b）得到由 $\Delta T = 40$℃引起的单元温度载荷为

$$\boldsymbol{\theta}^1 = 70 \times 10^3 \times 900 \times 23 \times 10^{-6} \times 40\begin{pmatrix} -1 \\ 1 \end{pmatrix}\begin{matrix} 1 \\ 2 \end{matrix}\ \text{N} \quad (\downarrow \text{整体 dof})$$

和

$$\boldsymbol{\theta}^2 = 200 \times 10^3 \times 1200 \times 11.7 \times 10^{-6} \times 40 \begin{pmatrix} -1 \\ 1 \end{pmatrix} \begin{matrix} 2 \\ 3 \end{matrix} \text{N}$$

然后，集成 $\boldsymbol{\theta}^1$、$\boldsymbol{\theta}^2$ 和集中力，有

$$\boldsymbol{F} = 10^3 \begin{pmatrix} -57.96 \\ 57.96 - 112.32 + 300 \\ 112.32 \end{pmatrix}$$

或

$$\boldsymbol{F} = 10^3(-57.96, 245.64, 112.32)^{\mathrm{T}}\text{N}$$

（b）用消元法来求解位移。因为自由度 1 和 3 固定，故 $\boldsymbol{K}$ 的第一行和列、第三行和列，以及 $\boldsymbol{F}$ 的第一和第三个分量，都将被去掉。由此得到一个方程式

$$10^3[1115]Q_2 = 10^3 \times 245.64$$

解得

$$Q_2 = 0.220\text{mm}$$

故

$$\boldsymbol{Q} = (0, 0.220, 0)^{\mathrm{T}}\text{mm}$$

由式（3.108b）求得单元应力值

$$\begin{aligned}\sigma_1 &= \frac{70 \times 10^3}{200}(-1, 1)\begin{pmatrix} 0 \\ 0.220 \end{pmatrix} - 70 \times 10^3 \times 23 \times 10^{-6} \times 40 \\ &= 12.60\text{MPa}\end{aligned}$$

及

$$\begin{aligned}\sigma_2 &= \frac{200 \times 10^3}{300}(-1, 1)\begin{pmatrix} 0.220 \\ 0 \end{pmatrix} - 200 \times 10^3 \times 11.7 \times 10^{-6} \times 40 \\ &= -240.27\text{MPa}\end{aligned}$$

3.11 实际问题的建模与边界条件的施加

这里阐述在问题建模中需要考虑的问题。

平衡问题

对于如图 3.16a 中的一维平衡杆件问题，图中没有给出任何边界条件。由于建模时没有固定一个节点，会导致全局刚度矩阵出现奇异，并使得程序在运行中因出现被零除的情况而出错。第一步是通过将总载荷相加来查看载荷之和是否为零来进行平衡检查。如图 3.16b 所示，需要定义一个坐标系，并固定一个端部节点，如固定节点 1。

对称性

假设问题的几何形状和载荷如图 3.17a 所示具有对称性，应力和位移的完整解可以通过考虑图 3.17b 中的一半模型来获得，在对称线上的节点应是固定的。

具有相同端点位移的两个单元

在图 3.18a 的问题中，两个单元的端点具有相同的位移，这时该问题可以通过多点约束来进行建模，或如图 3.18b 所示，将这两个单元通过采用相同节点编号的方式来进行建模。

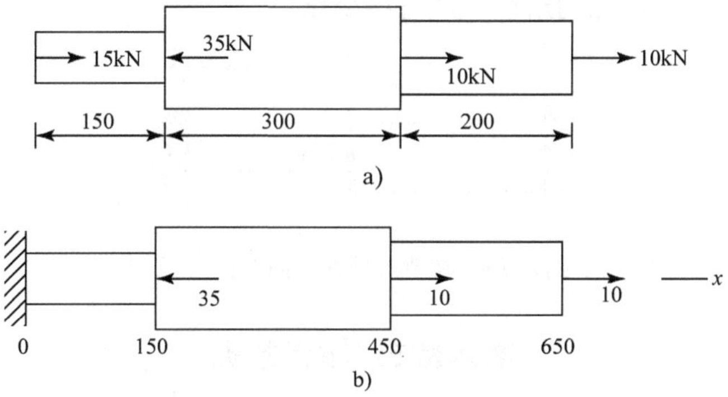

图 3.16 平衡杆问题

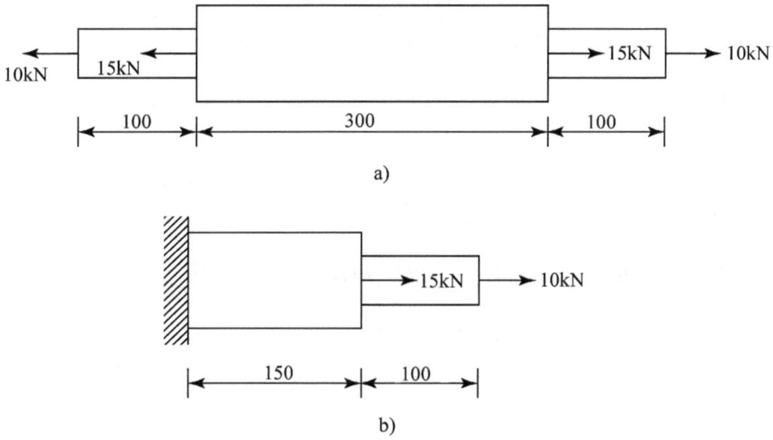

图 3.17 对称问题

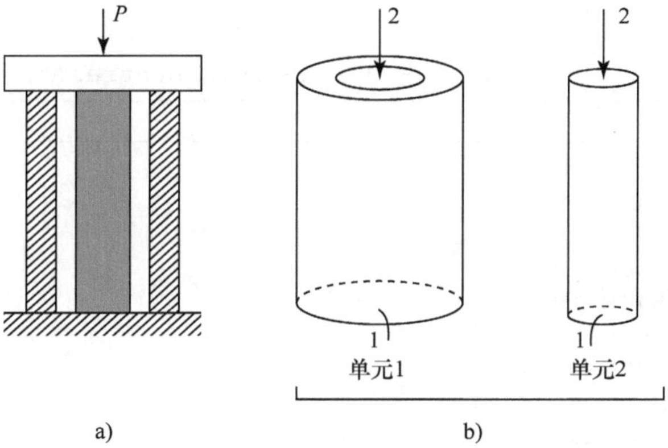

图 3.18 具有相同节点编号的单元

有封闭间隙的问题

图 3.19 为有封闭间隙的杆问题，这个情形在例题 3.5 中已阐述。对该问题的处理如下。首先，忽略间隙并进行求解，如果在间隙处的节点位移小于或等于间隙，则问题得到解决。否则，令间隙处的节点位移边界条件等于间隙值再对问题进行重新求解。

其他问题可能是以上情况的组合，或有些变化。

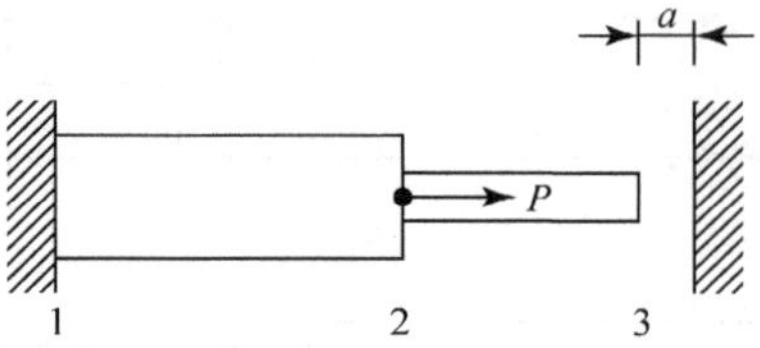

图3.19 在节点处存在间隙的问题

输入数据/输出数据

```
INPUT FOR FEM1D
PROGRAM FEM1D   << BAR ANALYSIS >>
EXAMPLE 3.3
NN      NE      NM      NDIM    NEN     NDN
 3       2      1       1       2       1
ND      NL      NMPC
 1       3      0
NODE#   X-COORD
 1       0
 2      12
 3      24
EL#     N1      N2      MAT#    AREA    TEMP RISE
 1       1      2       1       5.25        0
 2       2      3       1       3.75        0
DOF#    DISP
 1      0
DOF#    LOAD
 1         8.9334
 2      115.3144
 3         6.381
MAT#       E          Alpha
 1      3.00E+07       0
B1      I       B2      J       B3   >== MultiPointContstraints
```

```
OUTPUT FROM FEM1D
Results from Program FEM1D
EXAMPLE 3.3
Node#           Displacement
1               5.80572E-10
2               9.27261E-06
3               9.95325E-06
Element#        Stress
1               23.18007619
2               1.7016
Node#           Reaction
1               -130.6288
```

习　　题

3.1　如习题3.1图所示的杆，横截面积 $A_e = 1\text{in}^2$，弹性模量 $E = 2.3\times10^6\text{psi}$。若 $q_1 = 0.05\text{in}$ 及 $q_2 =$

0.06in，求（用手工计算）：

（a）点 P 的位移。

（b）应变 ε 和应力 σ。

（c）单元矩阵。

（d）单元内的应变能。

3.2　对节点编号如习题 3.2 图所示的一维模型，求出带宽 NBW。

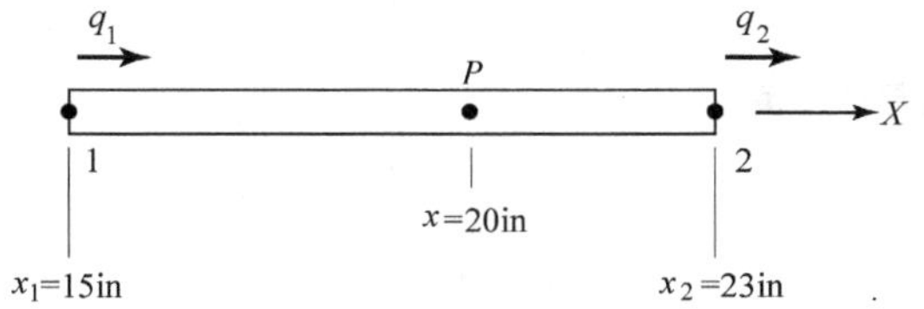

习题 3.1 图

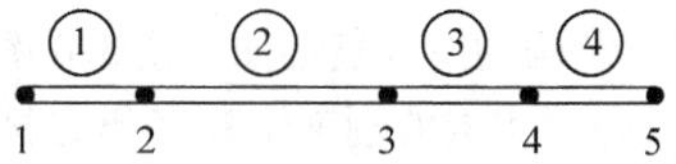

习题 3.2 图

3.3　如习题 3.3 图所示的杆，已知用一维二节点单元计算得到的有限元解为：位移 $\boldsymbol{Q}=(-0.4, 0, 0.8, -0.3)^{\mathrm{T}}$mm，$E=2\times10^5$N/mm^2，单元面积为 5mm^2，$L_{1-2}=25$mm，$L_{2-3}=60$mm，$L_{3-4}=80$mm。

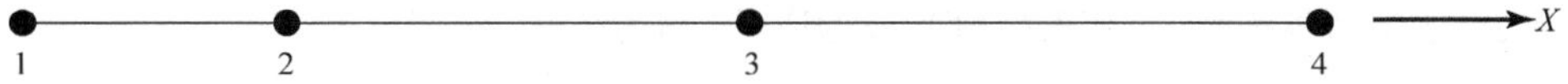

习题 3.3 图

（a）根据有限元原理，画出位移 $u(x)$ 关于 x 的曲线。

（b）根据有限元原理，画出应变 $\varepsilon(x)$ 关于 x 的曲线。

（c）求单元 2－3 的 $\boldsymbol{B}$ 矩阵。

（d）单元 1－2 内的应变能。

3.4　简要回答以下问题：

（a）单元刚度矩阵［$\boldsymbol{k}$］都是非奇异阵，是否正确？给出选择及理由。

（b）对于任意的 $\boldsymbol{Q}$，在什么情况下结构的应变能 $U=\frac{1}{2}\boldsymbol{Q}^{\mathrm{T}}\boldsymbol{K}\boldsymbol{Q}$ 总是大于零？

（c）在杆的有限元模型中，给定位移为 $\boldsymbol{Q}=(1, 1, \cdots, 1)^{\mathrm{T}}$，相关的应变能 $U=\frac{1}{2}\boldsymbol{Q}^{\mathrm{T}}\boldsymbol{K}\boldsymbol{Q}$ 等于零。由此针对刚度矩阵 $\boldsymbol{K}$ 可以得到什么结论？

（d）考虑一个在 $x=0$ 和 $x=1$ 两端分别固定的杆，对于轴向位移场 $u=(x-1)^2$ 是否是运动容许的？

3.5　采用三个未知系数来表达习题 3.5 图中的高度函数 $h(x)$。

3.6　如习题 3.6 图所示的单元，用形状函数 $N_1(\xi)$ 和 $N_2(\xi)$ 对单元内的位移场进行内插。

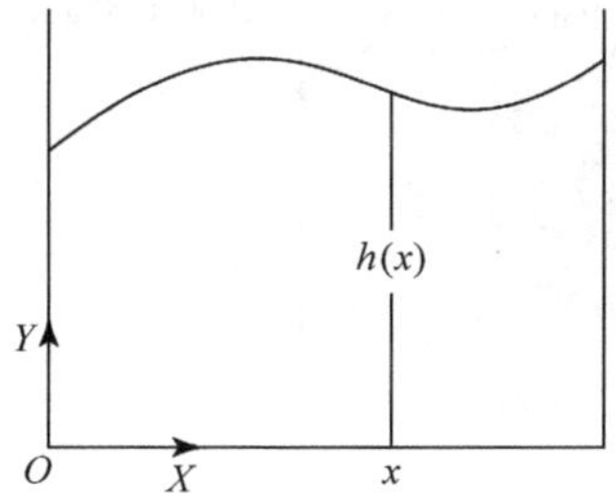

习题 3.5 图

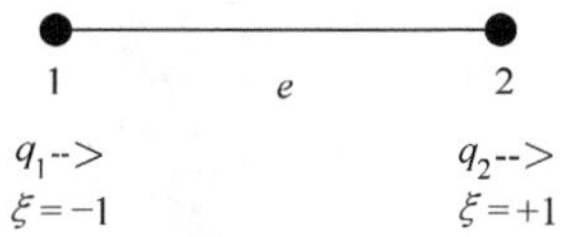

习题 3.6 图

推导出以 N_1 和 N_2 表述的应变-位移矩阵 $\boldsymbol{B}$ 的表达式，其中应变 $\varepsilon=\boldsymbol{B}\boldsymbol{q}$。（不要将 N_1 和 N_2 假设为任何特殊的形式）［注意：$\boldsymbol{q}=(q_1, q_2)^{\mathrm{T}}$］

3.7 一个用一维单元进行建模的结构如习题 3.7 图所示，需要将一个弹簧附加在节点 22 上，程序 FEM1D 中的带状刚度矩阵 $\boldsymbol{S}$ 由于附加了弹簧将进行如下修正：

$\boldsymbol{S}$ = （________，________） = $\boldsymbol{S}$（________，________） + ________（填空）

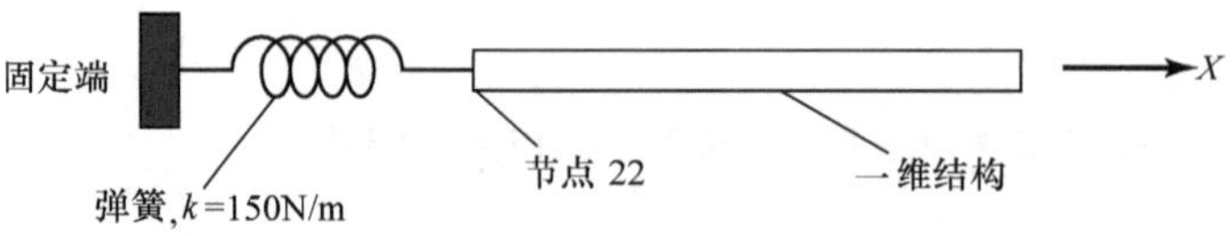

习题 3.7 图

3.8 结构的一维模型如习题 3.8 图所示。

（a）证明集成的刚度矩阵 $\boldsymbol{K}$ 是奇异的。

（b）给出一个位移列阵 $\boldsymbol{Q}_0 \neq \boldsymbol{0}$，满足 $\boldsymbol{KQ} = \boldsymbol{F} = \boldsymbol{0}$。借助于图形，讨论这个位移的意义，并求出结构的应变能。

（c）证明：一般情况下式 $\boldsymbol{KQ} = \boldsymbol{0}$ 的任意非零解 $\boldsymbol{Q}$ 使得 $\boldsymbol{K}$ 是奇异的。

3.9 杆件受外力的作用如习题 3.9 图所示，求节点位移、单元应力和支座约束力。手工求解这个问题，用消元法来处理边界条件，并用程序 FEM1D 验证所求得的结果。

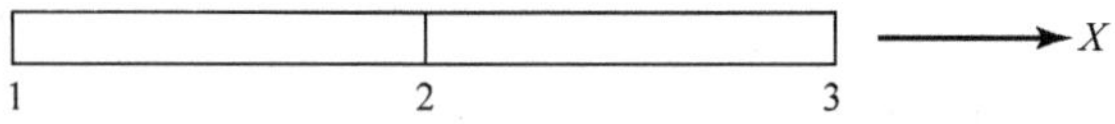

习题 3.8 图

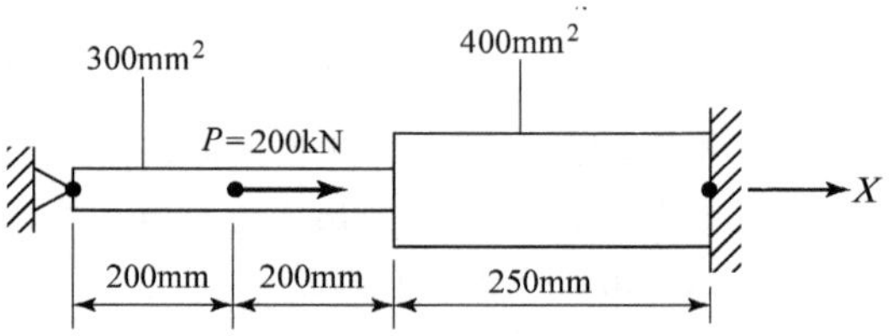

$E = 123 \times 10^3 \text{ N/m}^2$
(1 kN = 1000 N)

习题 3.9 图

3.10 重做书中的例题 3.5，用消元法处理边界条件，并采用手工计算。

3.11 在习题 3.11 图中，一个轴向力 $P = 400\text{kN}$ 施加在复合块上，求每种材料中的应力。（提示：可以将两个单元都连接在节点 1 和 2 上）

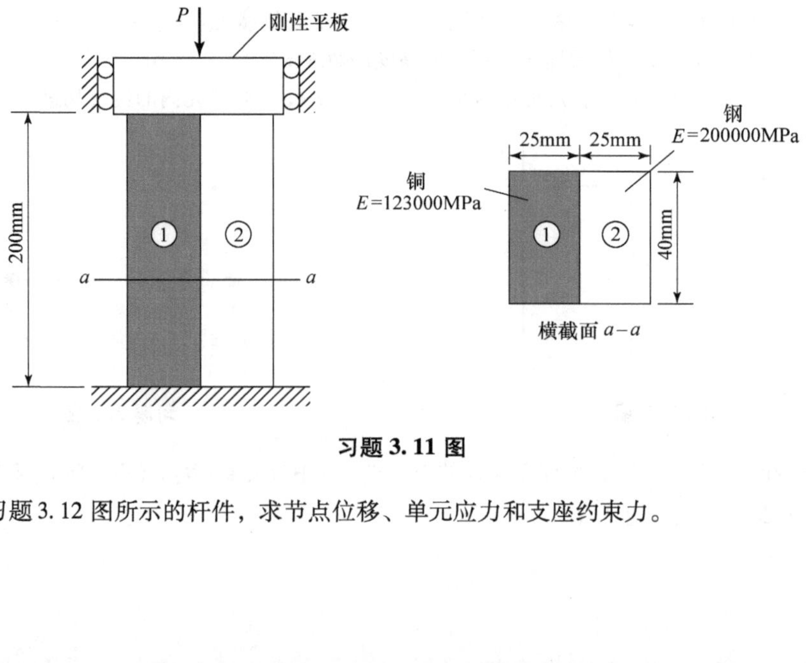

习题 3.11 图

3.12 如习题 3.12 图所示的杆件，求节点位移、单元应力和支座约束力。

3.13　完成书中的例题 3.7，分别用：

（a）两个线性单元。

（b）四个线性单元。

画出在例题 3.7 图 c 上的应力分布。

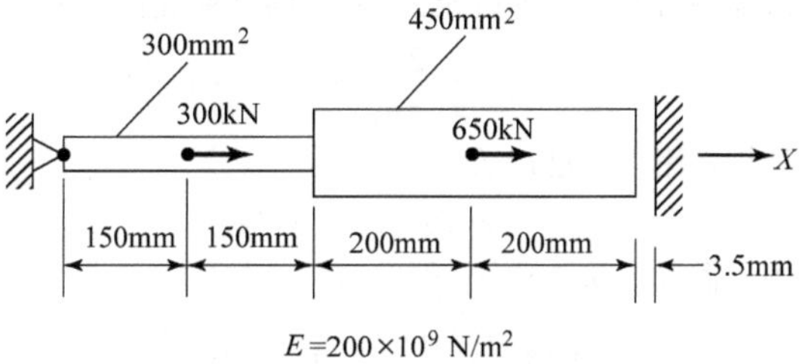

3.14　如习题 3.14 图所示，一根锥形杆受到在 x 方向上体积力 $f = x^2$，以及集中力 $P = 2$ 的作用。

（a）假设位移场为 $u = a_0 + a_1 x + a_2 x^2$，用瑞利-里兹法求位移 $u(x)$ 和应力 $\sigma(x)$ 的表达式。

（b）用两个二节点单元的有限元方法来求解这个问题。写出所有的步骤，包括单元矩阵、集成矩阵、边界条件和求解过程。画出 $u(x)$ 关于 x、$\sigma(x)$ 关于 x 的曲线，对比有限元方法和瑞利-里兹法这两种方法求得的结果。

习题 3.12 图

厚度 $= 0.2\mathrm{m}$，$E = 50\mathrm{N/m}^2$

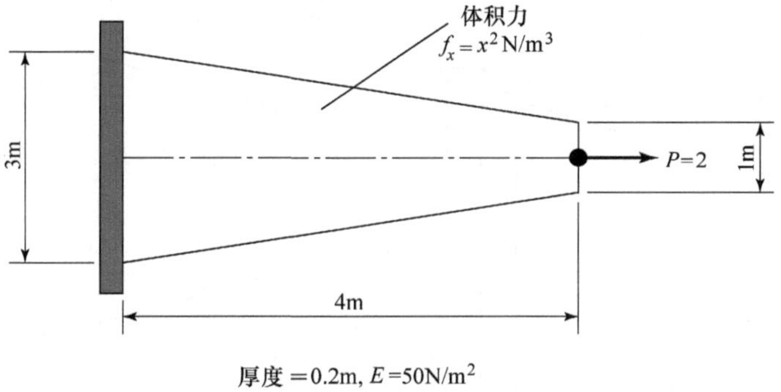

习题 3.14 图

3.15　考虑多点约束关系 $3Q_p - Q_q = 0$，其中 p 和 q 是自由度编号，为满足该约束，需要对带状刚度矩阵 S 进行哪些修正？若结构的带宽为 n_1，那么引入约束后的新带宽是多少？

3.16　一根刚性梁如习题 3.16 图所示，在外载作用前是水平的；在外载作用下，确定每个垂直构件内的应力。（提示：边界条件是多点约束）

3.17　如习题 3.17 图所示，一铜制螺栓安装在铝管上。为使螺母有紧配合，多拧了 1/4 圈来进行紧固。已知螺栓为单线螺纹，螺距为 2mm，求螺栓和管上的应力。（提示：边界条件是多点约束。）

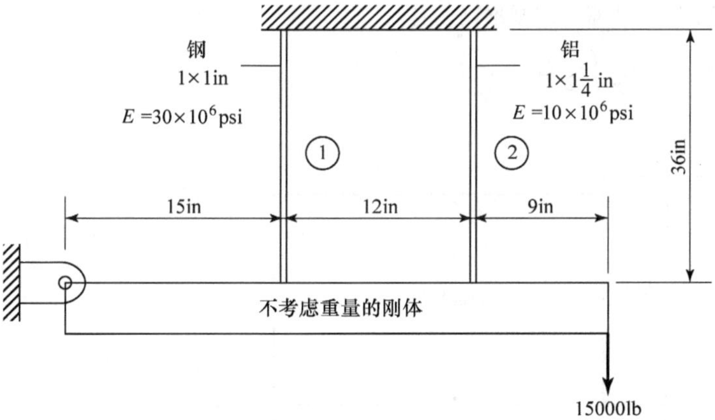

习题 3.16 图

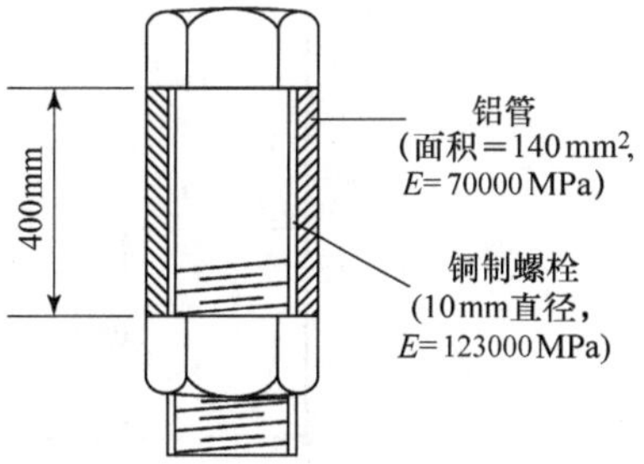

习题 3.17 图

3.18　本习题进一步强调了这一过程：一旦确定了形状函数，所有的单元矩阵都可以求得。当给定某个任意的形状函数，要求读者来推导 B 和 k 矩阵。

考虑如图所示的一维单元，x 和 ξ 的坐标变换公式为

$$\xi = \frac{2}{x_2 - x_1}(x - x_1) - 1$$

位移场使用下式进行插值

$$u(\xi) = N_1 q_1 + N_2 q_2$$

其中，假设形状函数 N_1 和 N_2 为

$$N_1 = \cos\frac{\pi(1+\xi)}{4},\ N_2 = \cos\frac{\pi(1-\xi)}{4}$$

（a）推出关系式 $\boldsymbol{\varepsilon} = \boldsymbol{Bq}$，即推出 $\boldsymbol{B}$ 矩阵。

（b）推出刚度矩阵 $\boldsymbol{k}^e$。（不用计算积分）

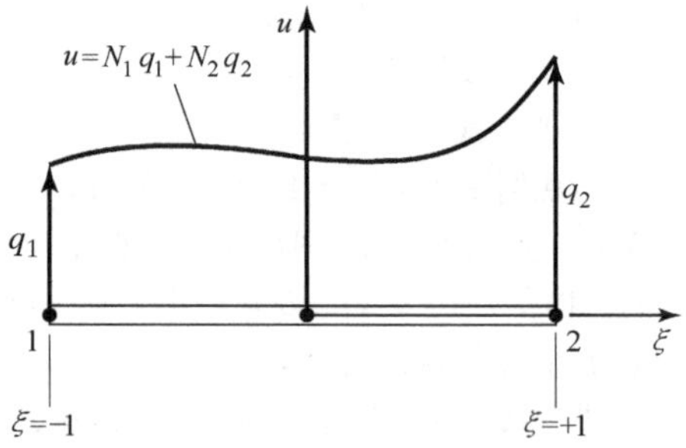

习题 3.18 图

3.19 推导出如习题 3.19 图 a、b 所示的一维锥形单元的单元刚度矩阵 $\boldsymbol{k}$。（提示：利用位移插值的形状函数，来描述习题 3.19 图 a 中宽度、习题 3.19 图 b 中直径的线性变化规律。）

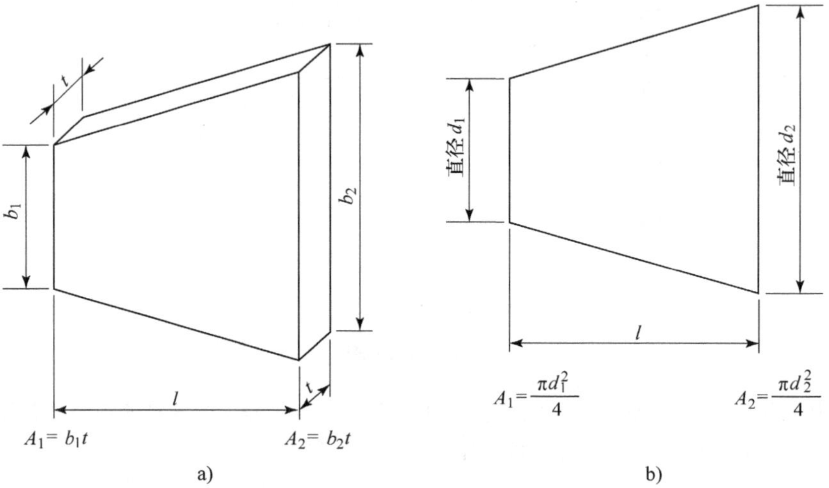

习题 3.19 图

3.20 出于绘图和外插的目的（参见第 12 章），有时需要从计算机运算所得的单元应力值中来求出节点应力值。例如，对于如习题 3.20 图所示的情况，由于每个单元的应力 σ_1、σ_2 和 σ_3 在单元内都为常数，为得到最合理的节点应力 S_i（$i=1, 2, 3, 4$），由最小二乘准则，有

$$\min I = \sum_e \int \frac{1}{2}(\sigma - \sigma_e)^2 \mathrm{d}x$$

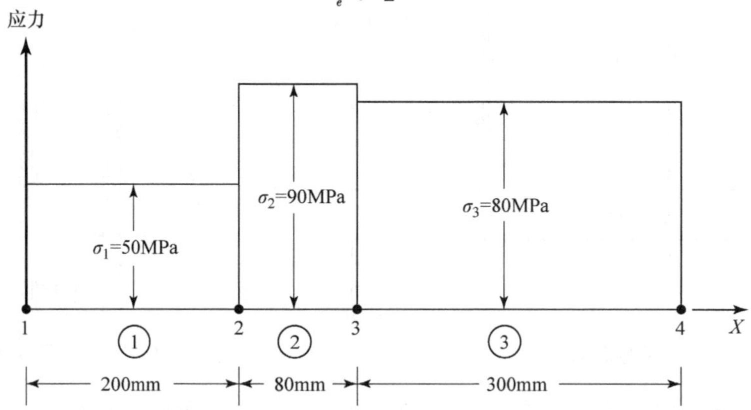

习题 3.20 图

其中，σ 是用节点值 S_i 和线性形状函数来表示的应力分布，即

$$\sigma = N_1 s_1 + N_2 s_2$$

1 和 2 为节点编号。

画出基于节点值的应力分布图。

3.21　习题 3.21 图中的杆长为 4in，用下列模型求出杆中的应力。

（a）采用一个线性单元。

（b）采用两个线性单元。（注意：x 的单位为 in，T 的单位为 kips/in）

3.22　对习题 3.22 图中的垂直杆，求出点 A 的位移和杆中的应力分布。弹性模量 $E=100\text{MPa}$，重力密度 $\rho=0.06\text{N/cm}^3$。讨论应力分布的特点。（提示：将由重力分布引起的节点载荷加到程序中，用两个单元和四个单元来分别求解）

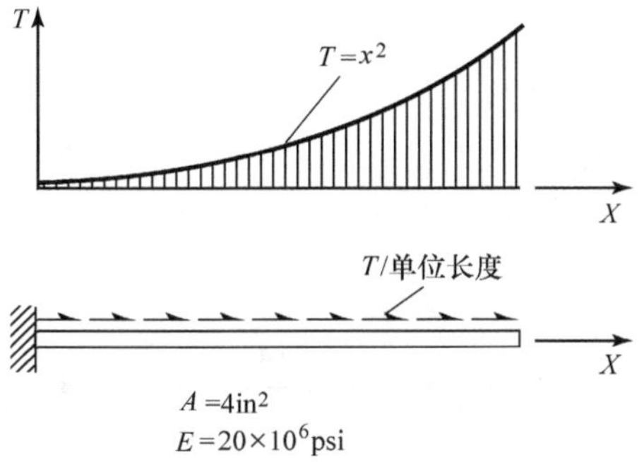

习题 3.21 图

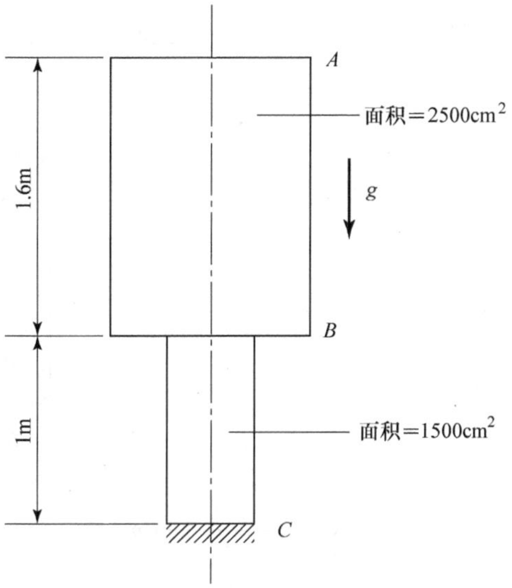

习题 3.22 图

3.23　如习题 3.23 图所示，求出在自重作用下自由端的位移，分别用

（a）1 个单元。

（b）2 个单元。

（c）4 个单元。

（d）8 个单元。

（e）16 个单元。

画出各种情况下单元数量与位移的关系曲线。

3.24　如习题 3.24 图所示的杆件，其两单元的有限元解为 $\boldsymbol{Q}=(0,\ 0.5,\ 0.25)^{\mathrm{T}}\text{mm}$，若采用的单元形状函数为 $N_1=\dfrac{(1-\xi)^2}{4}$，$N_2=\dfrac{(1+\xi)^2}{4}$，试计算单元 1-2 的中间节点的位移 u。

3.25　对于习题 3.25 图中的杆件，其边界条件为 $Q_1=0$，$Q_3=0.2$。节点坐标分别是 $x_1=0$，$x_2=1$，$x_3=3$。施加的点载荷如图所示，其中 $E=1$，$A=1$。采用两个两节点单元来计算节点位移 Q_2。

3.26　如习题 3.26 图所示杆件，其体积力为 $f_x=1\text{N/m}^2$，其中，$E=1\text{N/m}^2$，$A=1\text{m}^2$，$L=3\text{m}=$杆件长度，图中施加的点载荷为 $P=1\text{N}$。

（a）假设位移场 $u=a_0+a_1x$，用瑞利-里兹法求位移和应力的分布，即求 $u(x)$ 和 $\sigma(x)$。

（b）采用两个单元的有限元模型求解该问题（每个单元有两个节点）。

（c）画出采用瑞利-里兹法和有限元法求解的 $u(x)$ 和 $\sigma(x)$ 曲线。

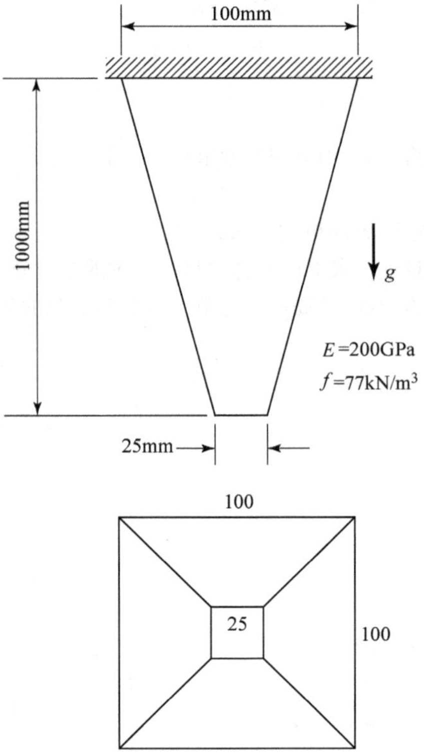

习题 3.23 图

习题 3.24 图

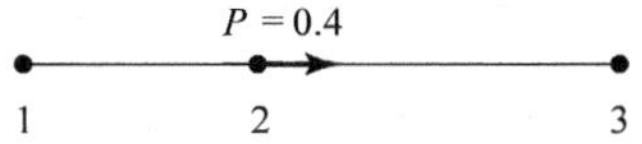

习题 3.25 图

3.27 考虑以下形状函数（一维问题的两节点单元）：$N_1 = \frac{(1-\xi)^2}{4}$，$N_2 = \frac{(1+\xi)^2}{4}$

（a）推导 $\boldsymbol{B}$ 矩阵。

（b）当端点位移为 $q_1 = q_2 = 1$ 时，计算单元的应变 ε_x，并解释所求得的应变值是否有意义。

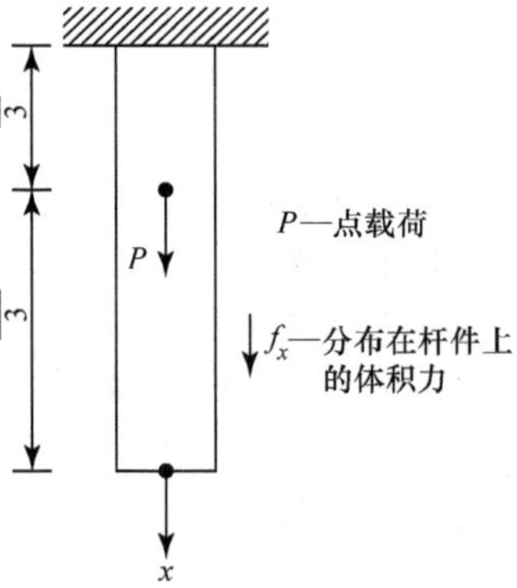

习题 3.26 图

3.28 一根杆上施加如习题 3.28 图所示的 8 个点载荷，每个点载荷大小为 $P=1$，

（a）假设一个简单位移场 $u = a_0 + a_1 x$，采用瑞利-里兹法求 $x=8$ 末端处的位移。

（b）基于 FEM1D 有限元法程序（包括输出和输入文件）进行求解，并对两种解进行比较。

3.29 如习题 3.29 图所示的一维杆件，承受线性变化的体积力 $f=x$，假设其位移场 $u = a_0 + a_1 x + a_2 x^2$，采用瑞利-里兹法求解位移函数 $u(x)$ 和应力函数 $\sigma(x)$。然后，计算端点处的位移值，画出 $\sigma(x)$ 关于 x 的曲线。取 $E=100$，$A=1$，$L=1$。

3.30 一个二次单元如习题 3.30 图所示，其上作用有一个二次变化的面积力（定义为单位长度上的力）。

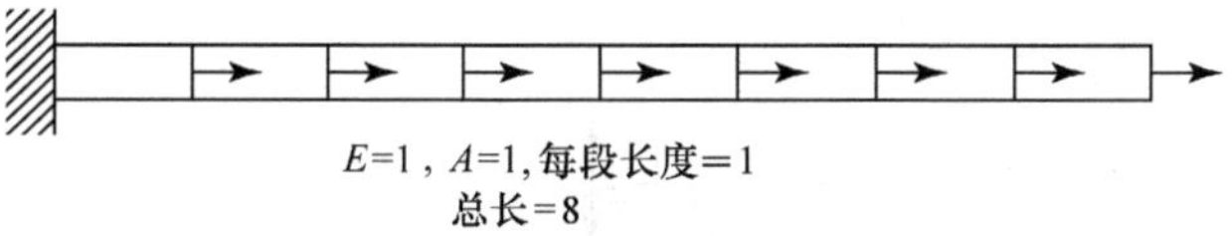

习题 3.28 图

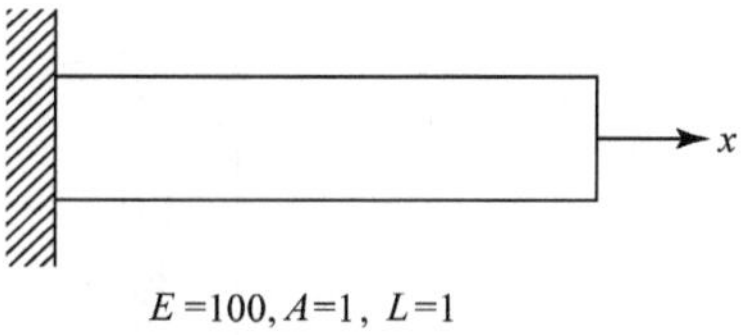

习题 3.29 图

（a）用形状函数 N_1、N_2 和 N_3 将面积力表示为 ξ、T_1、T_2 和 T_3 的函数。

（b）由势能项 $\int_e u^{\mathrm{T}} T \mathrm{d}x$ 推导出单元面积力 T^e 的表达式，基于 T_1、T_2、T_3 和 l_e 进行表示。

（c）用上面推导出的精确面积载荷来重做习题 3.21。采用一个二次单元，用手工进行求解。

3.31　如习题 3.31 图所示的结构处于一个温度升高的变化中，$\Delta T = 80℃$。求位移场、应力和支反力。用手工求解该题，然后用消元法来处理边界条件。

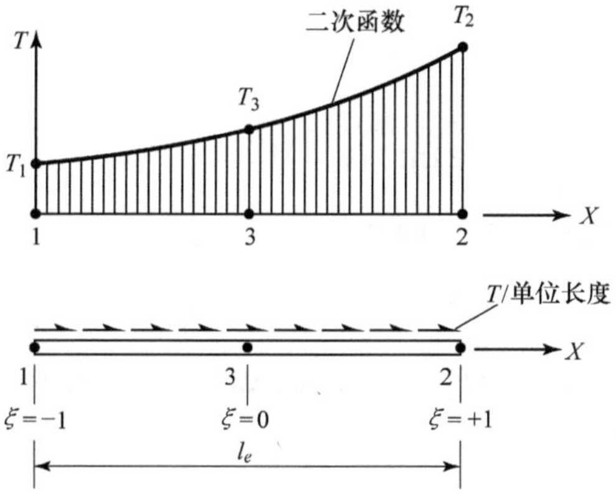

习题 3.30 图

$P_1 = 60\mathrm{kN}$
$P_2 = 75\mathrm{kN}$
$\Delta T = 80℃$

青铜	铝	钢
$A = 2400\mathrm{mm}^2$	$1200\mathrm{mm}^2$	$60\mathrm{mm}^2$
$E = 83\mathrm{GPa}$	$70\mathrm{GPa}$	$200\mathrm{GPa}$
$\alpha = 18.9 \times 10^{-6}/℃$	$23 \times 10^{-6}/℃$	$11.7 \times 10^{-6}/℃$

$(1\mathrm{GPa} = 10^9 \mathrm{N/m}^2)$

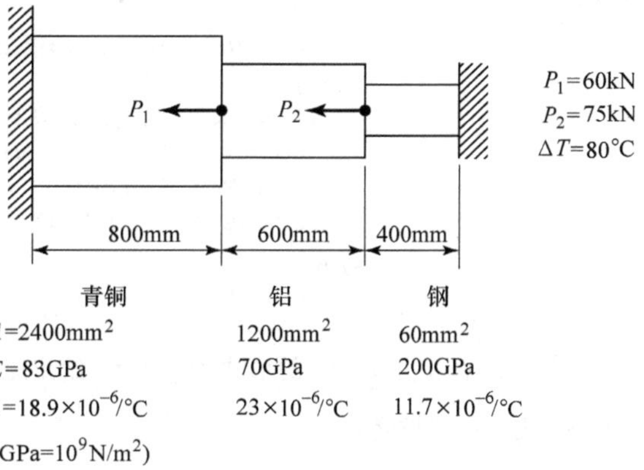

习题 3.31 图

3.32　如习题 3.32 图所示，一根考虑自重的杆，其重力密度为 $\rho g \equiv \gamma = 1\mathrm{N/m}^3$，杆为等截面形，其截面面积 $A = 1\mathrm{m}^2$，$E = x^{1.2}\mathrm{Pa}$，$L = 3\mathrm{m}$，

（a）假设 NE = 2 单元，采用手算进行求解。

（b）采用 FEM1D MATLAB 代码验证（a）的结果（注意程序 FEM1D 调用了 BANSOL. M 文件，它们都放置在相同的目录下）。

（c）修改 FEM1D 程序，采用 NE = 2，4，8，16 个单元进行求解，并画出末端 $x = 0$ 处位移与 NE 的关系曲线。包括代码修改列表。

（d）画出势能与 NE 关系的曲线。

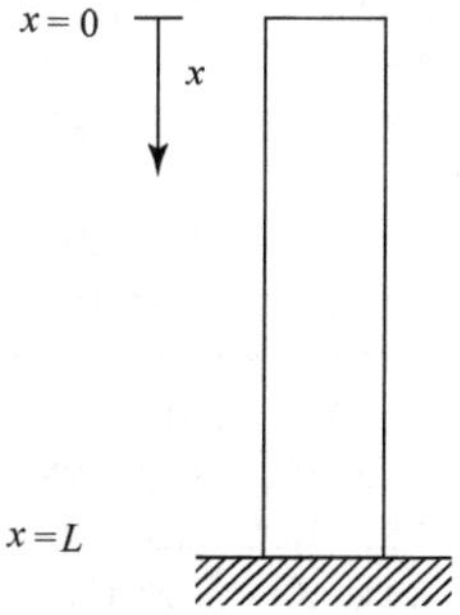

3.33　组装如习题 3.33 图所示由温度变化引起的 3×1 载荷列阵 F。

3.34　如习题 3.34 图所示厚度为 1m 的等厚楔形板，在 x 方向承受的体积力为 $f_x = x$。采用两个单元进行求解，并画出单元划分情况和应力分布。

习题 3.32 图

$E = 1$，$A = 1$，$\alpha = 1$

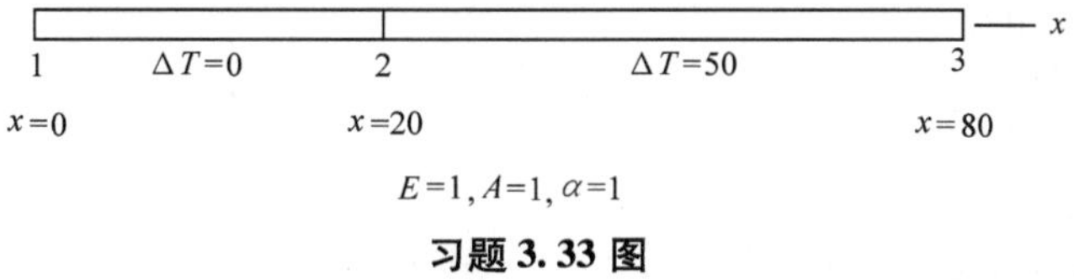

习题 3.33 图

3.35　修改 FEM1D 程序，用 $U_e = \dfrac{1}{2}\int_e \sigma \varepsilon \mathrm{d}V$ 计算单元应变能。用 AREA（N）定义单元 N 截面面积。

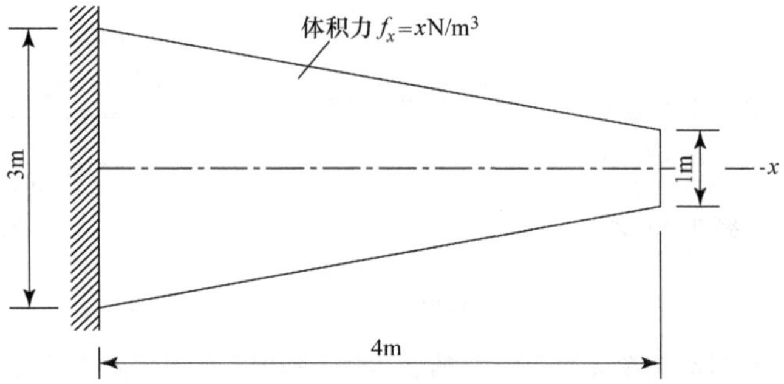

厚度 $t=1\text{m}, E=100\text{Pa}$

习题 3.34 图

修改程序 fem1d. m 中以下的部分。

```
%----- Stress Calculation -----
for N = 1 : NE
  N1 = NOC(N, 1); N2 = NOC(N, 2); N3 = MAT(N)
  EPS = (F(N2) - F(N1)) / (X(N2) - X(N1));
  If NPR > 1 Then C = PM(N3, 2)
  Stress(N) = PM(N3, 1) * (EPS - C * DT(N));
End
```

3.36 解释积分 $\int_e u^2 \mathrm{d}x$ 的形式为 $\boldsymbol{q}^{\mathrm{T}}\boldsymbol{W}\boldsymbol{q}$，给出矩阵 $\boldsymbol{W}$ 的表达式。（提示：代入 $\boldsymbol{u}=\boldsymbol{N}\boldsymbol{q}$，并将 d$x$ 写成 dξ 的形式。l_e = 单元长度）

程序清单

```
MAIN PROGRAM
'*****************************************
'*          PROGRAM FEM1D               *
'*         1-D BAR ELEMENT              *
'*    WITH MULTI-POINT CONSTRAINTS      *
'* T.R.Chandrupatla and A.D.Belegundu   *
'*****************************************
DefInt I-N
Dim NN, NE, NM, NDIM, NEN, NDN
Dim ND, NL, NPR, NMPC, NBW
Dim X(), NOC(), F(), AREA(), MAT(), DT(), S()
Dim PM(), NU(), U(), MPC(), BT(), Stress(), React()
Dim CNST, Title$
Private Sub CommandButton1_Click()
     Call InputData
     Call Bandwidth
     Call Stiffness
     Call ModifyForBC
     Call BandSolver
     Call StressCalc
     Call ReactionCalc
     Call Output
End Sub
```

（续）

```
DATA INPUT FROM SHEET1 in Excel (from file in C, FORTRAN, MATLAB etc)
Private Sub InputData()
    NN = Worksheets(1).Cells(4, 1)
    NE = Worksheets(1).Cells(4, 2)
    NM = Worksheets(1).Cells(4, 3)
    NDIM = Worksheets(1).Cells(4, 4)
    NEN = Worksheets(1).Cells(4, 5)
    NDN = Worksheets(1).Cells(4, 6)
    ND = Worksheets(1).Cells(6, 1)
    NL = Worksheets(1).Cells(6, 2)
    NMPC = Worksheets(1).Cells(6, 3)
    NPR = 2  'Material Properties E, Alpha
    ReDim X(NN), NOC(NE, NEN), F(NN), AREA(NE), MAT(NE), DT(NE)
    ReDim PM(NM, NPR), NU(ND), U(ND), MPC(NMPC, 2), BT(NMPC, 3)
      LI = 7
     '----- Coordinates -----
    For I = 1 To NN
        LI = LI + 1
        N = Worksheets(1).Cells(LI, 1)
        X(N) = Worksheets(1).Cells(LI, 2)
    Next
     LI = LI + 1
    '----- Connectivity -----
     For I = 1 To NE
        LI = LI + 1
        N = Worksheets(1).Cells(LI, 1)
        NOC(N, 1) = Worksheets(1).Cells(LI, 2)
        NOC(N, 2) = Worksheets(1).Cells(LI, 3)
        MAT(N) = Worksheets(1).Cells(LI, 4)
        AREA(N) = Worksheets(1).Cells(LI, 5)
        DT(N) = Worksheets(1).Cells(LI, 6)
     Next
     '----- Specified Displacements -----
     LI = LI + 1
     For I = 1 To ND
        LI = LI + 1
        NU(I) = Worksheets(1).Cells(LI, 1)
        U(I) = Worksheets(1).Cells(LI, 2)
     Next
     '----- Component Loads -----
     LI = LI + 1
     For I = 1 To NL
        LI = LI + 1
        N = Worksheets(1).Cells(LI, 1)
        F(N) = Worksheets(1).Cells(LI, 2)
     Next
     LI = LI + 1
     '----- Material Properties -----
```

（续）

```
     For I = 1 To NM
        LI = LI + 1
        N = Worksheets(1).Cells(LI, 1)
        For J = 1 To NPR
            PM(N, J) = Worksheets(1).Cells(LI, J + 1)
        Next
     Next
     '----- Multi-point Constraints B1*Qi+B2*Qj=B0
     If NMPC > 0 Then
         LI = LI + 1
        For I = 1 To NMPC
            LI = LI + 1
            BT(I, 1) = Worksheets(1).Cells(LI, 1)
            MPC(I, 1) = Worksheets(1).Cells(LI, 2)
            BT(I, 2) = Worksheets(1).Cells(LI, 3)
            MPC(I, 2) = Worksheets(1).Cells(LI, 4)
            BT(I, 3) = Worksheets(1).Cells(LI, 5)
        Next
     End If
End Sub
```

BANDWIDTH EVALUATION

```
Private Sub Bandwidth()
     '----- Bandwidth Evaluation -----
     NBW = 0
     For N = 1 To NE
        NABS = Abs(NOC(N, 1) - NOC(N, 2)) + 1
        If NBW < NABS Then NBW = NABS
     Next N
     For I = 1 To NMPC
        NABS = Abs(MPC(I, 1) - MPC(I, 2)) + 1
        If NBW < NABS Then NBW = NABS
     Next I
End Sub
```

ELEMENT STIFFNESS AND ASSEMBLY

```
Private Sub Stiffness()
     ReDim S(NN, NBW)
     '----- Stiffness Matrix -----
     For N = 1 To NE
        N1 = NOC(N, 1): N2 = NOC(N, 2): N3 = MAT(N)
        X21 = X(N2) - X(N1): EL = Abs(X21)
        EAL = PM(N3, 1) * AREA(N) / EL
        TL = PM(N3, 1) * PM(N3, 2) * DT(N) * AREA(N) * EL / X21
        '----- Temperature Loads -----
        F(N1) = F(N1) - TL
        F(N2) = F(N2) + TL
        '----- Element Stiffness in Global Locations -----
        S(N1, 1) = S(N1, 1) + EAL
        S(N2, 1) = S(N2, 1) + EAL
```

（续）

```
        IR = N1: If IR > N2 Then IR = N2
        IC = Abs(N2 - N1) + 1
        S(IR, IC) = S(IR, IC) - EAL
     Next N
End Sub
```

```
MODIFICATION FOR BOUNDARY CONDITIONS
Private Sub ModifyForBC()
     '----- Decide Penalty Parameter CNST -----
     CNST = 0
     For I = 1 To NN
        If CNST > S(I, 1) Then CNST = S(I, 1)
     Next I
     CNST = CNST * 10000
     '----- Modify for Boundary Conditions -----
        '--- Displacement BC ---
        For I = 1 To ND
           N = NU(I)
           S(N, 1) = S(N, 1) + CNST
           F(N) = F(N) + CNST * U(I)
        Next I
        '--- Multi-point Constraints ---
        For I = 1 To NMPC
           I1 = MPC(I, 1): I2 = MPC(I, 2)
           S(I1, 1) = S(I1, 1) + CNST * BT(I, 1) * BT(I, 1)
           S(I2, 1) = S(I2, 1) + CNST * BT(I, 2) * BT(I, 2)
           IR = I1: If IR > I2 Then IR = I2
           IC = Abs(I2 - I1) + 1
           S(IR, IC) = S(IR, IC) + CNST * BT(I, 1) * BT(I, 2)
           F(I1) = F(I1) + CNST * BT(I, 1) * BT(I, 3)
           F(I2) = F(I2) + CNST * BT(I, 2) * BT(I, 3)
        Next I
End Sub
```

```
SOLUTION OF EQUATIONS BANDSOLVER
Private Sub BandSolver()
     '----- Equation Solving using Band Solver -----
          N = NN
     '----- Forward Elimination -----
     For K = 1 To N - 1
        NBK = N - K + 1
        If N - K + 1 > NBW Then NBK = NBW
        For I = K + 1 To NBK + K - 1
           I1 = I - K + 1
           C = S(K, I1) / S(K, 1)
           For J = I To NBK + K - 1
              J1 = J - I + 1
              J2 = J - K + 1
              S(I, J1) = S(I, J1) - C * S(K, J2)
           Next J
           F(I) = F(I) - C * F(K)
        Next I
```

（续）

```
     Next K
     '----- Back Substitution -----
     F(N) = F(N) / S(N, 1)
     For II = 1 To N - 1
        I = N - II
        NBI = N - I + 1
        If N - I + 1 > NBW Then NBI = NBW
        Sum = 0!
        For J = 2 To NBI
           Sum = Sum + S(I, J) * F(I + J - 1)
        Next J
        F(I) = (F(I) - Sum) / S(I, 1)
     Next II
End Sub
```

```
STRESS CALCULATIONS
Private Sub StressCalc()
     ReDim Stress(NE)
     '----- Stress Calculation -----
     For N = 1 To NE
        N1 = NOC(N, 1): N2 = NOC(N, 2): N3 = MAT(N)
        EPS = (F(N2) - F(N1)) / (X(N2) - X(N1))
        Stress(N) = PM(N3, 1) * (EPS - PM(N3, 2) * DT(N))
     Next N
End Sub
```

```
REACTION CALCULATIONS
Private Sub ReactionCalc()
     ReDim React(ND)
     '----- Reaction Calculation -----
     For I = 1 To ND
        N = NU(I)
        React(I) = CNST * (U(I) - F(N))
     Next I
End Sub
```

```
OUTPUT TO SHEET2 in Excel (to file in C,FORTRAN, MATLAB etc)
Private Sub Output()
   ' Now, writing out the results in a different worksheet
    Worksheets(2).Cells.ClearContents
    Worksheets(2).Cells(1, 1) = "Results from Program FEM1D"
    Worksheets(2).Cells(1, 1).Font.Bold = True
    Worksheets(2).Cells(2, 1) = Worksheets(1).Cells(2, 1)
    Worksheets(2).Cells(2, 1).Font.Bold = True
    Worksheets(2).Cells(3, 1) = "Node#"
    Worksheets(2).Cells(3, 1).Font.Bold = True
    Worksheets(2).Cells(3, 2) = "Displacement"
    Worksheets(2).Cells(3, 2).Font.Bold = True
    LI = 3
    For I = 1 To NN
        LI = LI + 1
```

（续）

```
        Worksheets(2).Cells(LI, 1) = I
        Worksheets(2).Cells(LI, 2) = F(I)
    Next
    LI = LI + 1
    Worksheets(2).Cells(LI, 1) = "Element#"
    Worksheets(2).Cells(LI, 1).Font.Bold = True
    Worksheets(2).Cells(LI, 2) = "Stress"
    Worksheets(2).Cells(LI, 2).Font.Bold = True
    For N = 1 To NE
        LI = LI + 1
        Worksheets(2).Cells(LI, 1) = N
        Worksheets(2).Cells(LI, 2) = Stress(N)
    Next
    LI = LI + 1
    Worksheets(2).Cells(LI, 1) = "Node#"
    Worksheets(2).Cells(LI, 1).Font.Bold = True
    Worksheets(2).Cells(LI, 2) = "Reaction"
    Worksheets(2).Cells(LI, 2).Font.Bold = True
    For I = 1 To ND
        LI = LI + 1
        N = NU(I)
        Worksheets(2).Cells(LI, 1) = N
        Worksheets(2).Cells(LI, 2) = React(I)
     Next
End Sub
```

第 4 章
桁　架

4.1　引言

本章论述桁架结构的有限元分析。4.2 节将讨论二维（2-D）桁架（平面桁架）问题的处理方法，在 4.3 节，将把这种方法推广到处理三维（3-D）桁架问题。图 4.1 是一个典型的平面桁架结构。桁架结构只能由二力杆件（two-force member）组成，即每一个桁架单元或直接受压或直接受拉（见图 4.2）。在桁架结构中，要求所有载荷与反作用力仅作用在铰点处，而且所有杆件在其两端都由光滑的铰支相互连接。一般的工科学生，都曾在静力学的课程中用节点法（method of joints）和截面分析法（method of sections）分析过桁架问题，这些方法虽然阐述了静力学的基本原理，但当应用于大型的静不定桁架结构问题时，则显得相当繁琐，而且并不容易求得节点位移。相反，采用有限元方法很容易处理静定或静不定问题。有限元方法还能求得节点的位移值，并能程式化地考虑温度变化以及支座的影响。

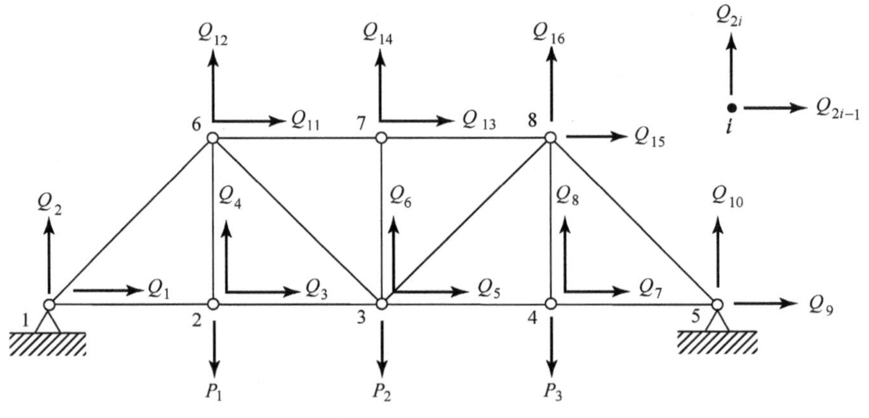

图 4.1　二维桁架结构

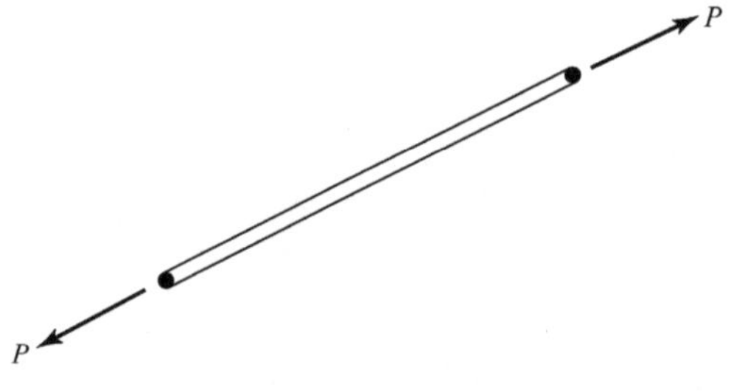

图 4.2　二力杆件

4.2 平面桁架问题

现在把第3章讨论的建模方法延伸到二维桁架问题上，对相关步骤进行如下讨论。

局部和整体坐标系

第3章中所考虑的一维结构与桁架之间所存在的主要区别在于：桁架的单元有不同的取向。为了考虑这些不同的取向，下面介绍**局部**和**整体**坐标系。

图4.3是一个在局部和整体坐标系下的典型平面桁架单元，单元的两个节点的局部编号分别为1和2。局部坐标系的x'轴沿单元由节点1指向节点2，局部坐标系下的所有物理量都以上标（′）表示，整体Oxy坐标系是固定的，独立于单元的取向。定义x、y、z坐标轴组成一个右手坐标系，z轴垂直于纸面向外。在整体坐标系中，每个节点有两个自由度，这里我们采用一种系统化的编号法：整体节点编号为j的节点，其自由度编号为$2j-1$和$2j$，对应的整体坐标系下的位移为Q_{2j-1}和Q_{2j}，如图4.1所示。

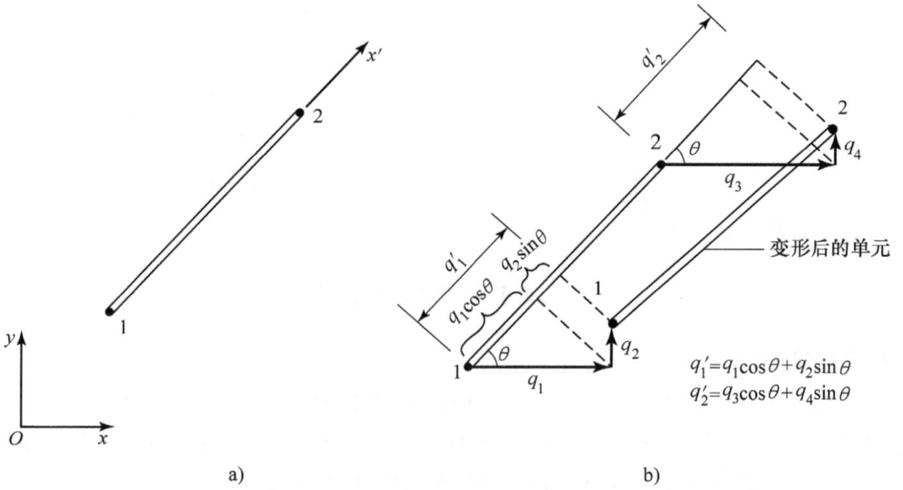

图4.3 一个二维桁架单元

将局部坐标系下节点1和2的位移分别记为q'_1和q'_2，那么在局部坐标系下的单元节点的位移矢量就可记为

$$\boldsymbol{q}' = (q'_1, q'_2)^{\mathrm{T}} \tag{4.1}$$

整体坐标系下的单元节点位移是一个（4×1）的列阵

$$\boldsymbol{q} = (q_1,\ q_2,\ q_3,\ q_4)^{\mathrm{T}} \tag{4.2}$$

$\boldsymbol{q}'$和$\boldsymbol{q}$之间的关系可进行如下推导：在图4.3b中，我们可以看到q'_1等于q_1和q_2各自投影到x'轴上的分量之和，即

$$q'_1 = q_1\cos\theta + q_2\sin\theta \tag{4.3a}$$

类似地，有

$$q'_2 = q_3\cos\theta + q_4\sin\theta \tag{4.3b}$$

在这里，我们要引入**方向余弦**l和m：$l=\cos\theta$，$m=\cos\phi$（$=\sin\theta$）。这些方向余弦是局部坐标轴x'分别与整体坐标轴x和y之间夹角的余弦。现在，式（4.3a）和式（4.3b）可以写

成矩阵的形式

$$\boldsymbol{q}' = \boldsymbol{L}\boldsymbol{q} \tag{4.4}$$

其中，变换矩阵 $\boldsymbol{L}$ 为

$$\boldsymbol{L} = \begin{pmatrix} l & m & 0 & 0 \\ 0 & 0 & l & m \end{pmatrix} \tag{4.5}$$

l 和 m 的计算公式

下面给出由节点坐标来计算方向余弦 l 和 m 的表达式。参考图 4.4，节点 1 和节点 2 的坐标分别为（x_1，y_1）和（x_2，y_2），这样就有

$$l = \frac{x_2 - x_1}{l_e},\quad m = \frac{y_2 - y_1}{l_e} \tag{4.6}$$

其中，长度 l_e 由下式计算

$$l_e = \sqrt{(x_2 - x_1)^2 + (y_2 - y_1)^2} \tag{4.7}$$

由于式（4.6）和式（4.7）是直接通过节点坐标来进行计算的，因此容易在计算机程序中实现。

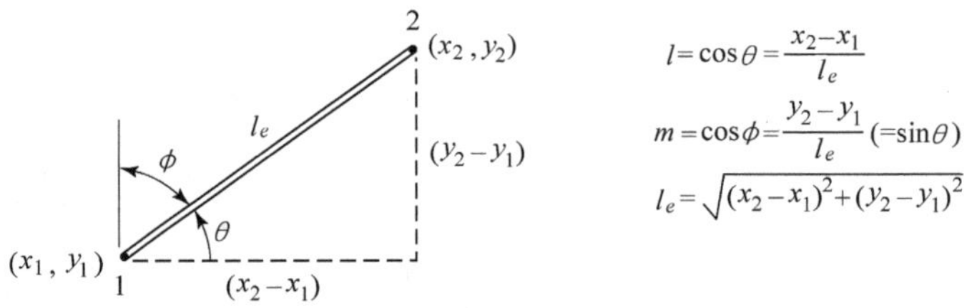

图 4.4 方向余弦

单元刚度矩阵

这里可以发现这样一个情况：桁架单元以局部坐标系的视角来看就是一个一维单元，这一情况使得我们能够利用前面在第 3 章中得到的针对一维单元的结果。因此，根据式（3.29），局部坐标系下桁架单元的单元刚度矩阵由下式给出

$$\boldsymbol{k} = \frac{E_e A_e}{l_e}\begin{pmatrix} 1 & -1 \\ -1 & 1 \end{pmatrix} \tag{4.8}$$

其中，A_e 是单元的横截面积；E_e 是弹性模量。现在的任务就是要得到整体坐标系下单元刚度矩阵的表达式，这一表达式可通过计算单元的应变能来得到。具体来说，局部坐标系下的单元应变能为

$$U_e = \frac{1}{2}\boldsymbol{q}'^{\mathrm{T}}\boldsymbol{k}'\boldsymbol{q}' \tag{4.9}$$

把 $\boldsymbol{q}' = \boldsymbol{L}\boldsymbol{q}$ 代入式（4.9），得到

$$U_e = \frac{1}{2}\boldsymbol{q}^{\mathrm{T}}(\boldsymbol{L}^{\mathrm{T}}\boldsymbol{k}'\boldsymbol{L})\boldsymbol{q} \tag{4.10}$$

以整体坐标表示的应变能可写为

$$U_e = \frac{1}{2}\boldsymbol{q}^{\mathrm{T}}\boldsymbol{k}\boldsymbol{q} \tag{4.11}$$

其中，$\boldsymbol{k}$ 是以整体坐标表示的单元刚度矩阵。再由前一个式子，可以得到基于整体坐标表示

的单元刚度矩阵为

$$\boldsymbol{k}=\boldsymbol{L}^{\mathrm{T}}\boldsymbol{k}'\boldsymbol{L} \tag{4.12}$$

分别由式（4.5）和式（4.8）替换上式中的 $\boldsymbol{L}$ 和 $\boldsymbol{k}'$，可以得到

$$\boldsymbol{k}=\frac{E_eA_e}{l_e}\begin{pmatrix} l^2 & lm & -l^2 & -lm \\ lm & m^2 & -lm & -m^2 \\ -l^2 & -lm & l^2 & lm \\ -lm & -m^2 & lm & m^2 \end{pmatrix} \tag{4.13}$$

单元刚度矩阵以通常的方式进行组装（集成）即可得到结构的整体刚度矩阵，这一组装过程的示例见例题4.1。至于如何用带状法和特征顶线法，把单元刚度矩阵组装（集成）成整体刚度矩阵的计算机处理过程，将在4.4节中介绍。

刚度矩阵 $\boldsymbol{k}=\boldsymbol{L}^{\mathrm{T}}\boldsymbol{k}'\boldsymbol{L}$ 也可以根据伽辽金变分原理推导得到，因虚位移 $\boldsymbol{\psi}'$引起的虚功 δW 为

$$\delta W=\boldsymbol{\Psi}'^{\mathrm{T}}(\boldsymbol{k}'\boldsymbol{q}') \tag{4.14a}$$

由于 $\boldsymbol{\psi}'=\boldsymbol{L}\boldsymbol{\psi}$ 以及 $\boldsymbol{q}'=\boldsymbol{L}\boldsymbol{q}$，就有

$$\begin{aligned}\delta W&=\boldsymbol{\Psi}^{\mathrm{T}}(\boldsymbol{L}^{\mathrm{T}}\boldsymbol{k}'\boldsymbol{L})\boldsymbol{q}\\&=\boldsymbol{\psi}^{\mathrm{T}}\boldsymbol{k}\boldsymbol{q}\end{aligned} \tag{4.14b}$$

应力的计算

注意到在局部坐标系下的桁架单元是一个简单的二力杆件（见图4.2），则可以得到这种单元的应力计算表达式，即桁架单元的应力 σ 由下式给出

$$\sigma=E_e\varepsilon \tag{4.15a}$$

由于应变 ε 是单位初始长度的变化量，所以

$$\begin{aligned}\sigma&=E_e\frac{q_2'-q_1'}{l_e}\\&=\frac{E_e}{l_e}(-1,\ 1)\begin{pmatrix}q_1'\\q_2'\end{pmatrix}\end{aligned} \tag{4.15b}$$

利用变换式 $\boldsymbol{q}'=\boldsymbol{L}\boldsymbol{q}$，上式可用整体位移下的节点位移 $\boldsymbol{q}$ 重写为

$$\sigma=\frac{E_e}{l_e}(-1,\ 1)\boldsymbol{L}\boldsymbol{q} \tag{4.15c}$$

将式（4.5）中的 $\boldsymbol{L}$ 代入，可得

$$\sigma=\frac{E_e}{l_e}(-l,\ -m,\ l,\ m)\boldsymbol{q} \tag{4.16}$$

通过求解有限元方程可以得到位移，而由式（4.16）便可得到每个单元的应力。需要注意的是：正的应力值表示单元受拉，负值则表示单元受压。

例题 4.1

考虑如例题4.1图a所示的四杆桁架结构。对于每个单元，给定 $E=29.5\times10^6\mathrm{psi}$，$A_e=1.0\mathrm{in}^2$。完成以下计算：

（a）确定每个单元的刚度矩阵。

（b）组装得到整个桁架的整体结构刚度矩阵。

（c）使用消元法，求解节点位移值。

（d）计算每个单元的应力值。

（e）计算支座反作用力。

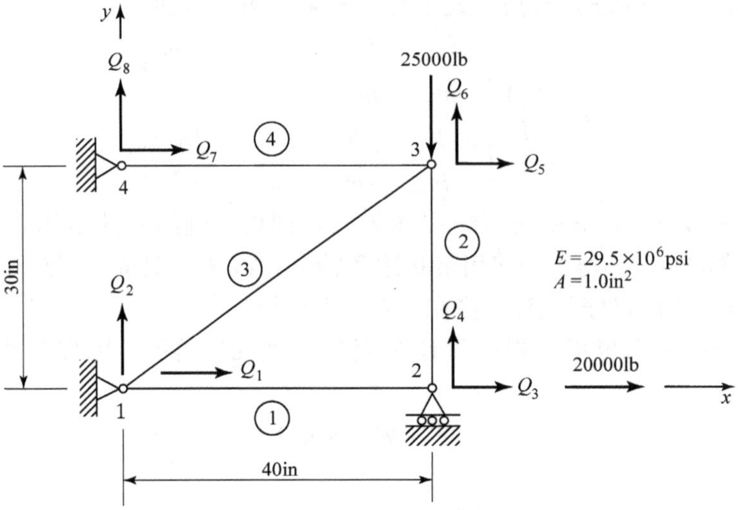

a)

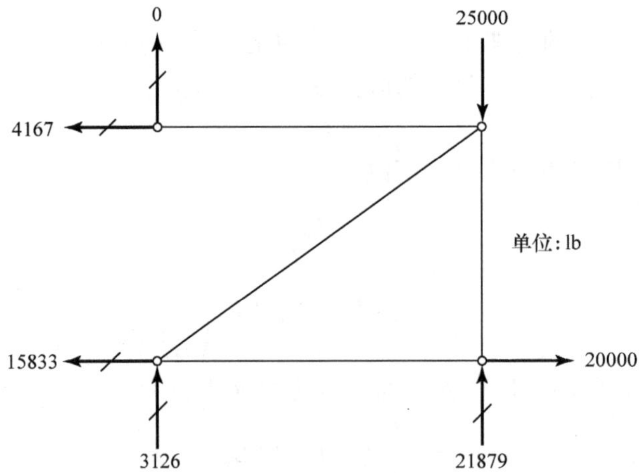

b)

例题 4.1 图

解：

（a）建议以表格的形式表示节点坐标值以及单元信息，节点坐标值如下表所示

节　点	x	y
1	0	0
2	40	0
3	40	30
4	0	30

单元的连接关系如下

单　元	1	2
①	1	2
②	3	2
③	1	3
④	4	3

需要注意的是：用户可以选择定义单元连接关系的方式，例如，单元②的连接关系可以定义为2-3，而不是上表中的3-2，但方向余弦必须与采用的连接方式相一致；利用式（4.6）和式（4.7）中的表达式，以及节点坐标值和给定的单元连接关系的信息，可得各个单元的方向余弦列表如下

单　元	l_e	l	m
①	40	1	0
②	30	0	-1
③	50	0.8	0.6
④	40	1	0

例如，计算单元③的方向余弦为：$l=(x_3-x_1)/l_e=(40-0)/50=0.8, m=(y_3-y_1)/l_e=(30-0)/50=0.6$。

利用式（4.13），单元①的单元刚度矩阵可写为

$$\boldsymbol{k}^1=\frac{29.5\times10^6}{40}\begin{pmatrix}1&0&-1&0\\0&0&0&0\\-1&0&1&0\\0&0&0&0\end{pmatrix}\begin{matrix}1\\2\\3\\4\end{matrix}$$

（列整体 dof：1　2　3　4）

在 $\boldsymbol{k}^1$ 的表达式中标出了与该单元所连接的节点 1 与节点 2 的整体自由度，这些整体自由度如例题4.1 图 a 所示，将用于组装单元的刚度矩阵。

单元②、③和④的单元刚度矩阵分别如下

$$\boldsymbol{k}^2=\frac{29.5\times10^6}{30}\begin{pmatrix}0&0&0&0\\0&1&0&-1\\0&0&0&0\\0&-1&0&1\end{pmatrix}\begin{matrix}5\\6\\3\\4\end{matrix}$$

（列：5　6　3　4）

$$\boldsymbol{k}^3=\frac{29.5\times10^6}{50}\begin{pmatrix}0.64&0.48&-0.64&-0.48\\0.48&0.36&-0.48&-0.36\\-0.64&-0.48&-0.64&0.48\\0.48&-0.36&0.48&0.36\end{pmatrix}\begin{matrix}1\\2\\5\\6\end{matrix}$$

（列：1　2　5　6）

$$
\boldsymbol{k}^4=\frac{29.5\times10^6}{40}\begin{pmatrix} 1 & 0 & -1 & 0\\ 0 & 0 & 0 & 0\\ -1 & 0 & 1 & 0\\ 0 & 0 & 0 & 0\end{pmatrix}\begin{matrix}7\\8\\5\\6\end{matrix}
\quad(\text{列号 } 7\ \ 8\ \ 5\ \ 6)
$$

(b) 结构的整体刚度矩阵 $\boldsymbol{K}$ 可由单元刚度矩阵进行组装得到，把各单元刚度矩阵进行叠加，并注意单元的连接关系，可以得到

$$
\boldsymbol{K}=\frac{29.5\times10^6}{600}\begin{pmatrix}
22.68 & 5.76 & -15.0 & 0 & -7.68 & -5.76 & 0 & 0\\
5.76 & 4.32 & 0 & 0 & -5.76 & -4.32 & 0 & 0\\
-15.0 & 0 & 15.0 & 0 & 0 & 0 & 0 & 0\\
0 & 0 & 0 & 20.0 & 0 & -20.0 & 0 & 0\\
-7.68 & -5.76 & 0 & 0 & 22.68 & 5.76 & -15.0 & 0\\
-5.76 & -4.32 & 0 & -20.0 & 5.76 & 24.32 & 0 & 0\\
0 & 0 & 0 & 0 & -15.0 & 0 & 15.0 & 0\\
0 & 0 & 0 & 0 & 0 & 0 & 0 & 0
\end{pmatrix}\begin{matrix}1\\2\\3\\4\\5\\6\\7\\8\end{matrix}
\quad(\text{列号 } 1\ \ 2\ \ 3\ \ 4\ \ 5\ \ 6\ \ 7\ \ 8)
$$

(c) 在处理边界条件时，需对上式给出的结构整体刚度矩阵 $\boldsymbol{K}$ 进行处理；这里使用第3章中讨论的消元法。由于固定支撑对应于自由度1，2，4，7和8，将 $\boldsymbol{K}$ 矩阵中所对应的相关行和列进行删除，缩减后的有限元方程组由下式给出

$$
\frac{29.5\times10^6}{600}\begin{pmatrix}15 & 0 & 0\\ 0 & 22.68 & 5.76\\ 0 & 5.76 & 24.32\end{pmatrix}\begin{pmatrix}Q_3\\ Q_5\\ Q_6\end{pmatrix}=\begin{pmatrix}20000\\ 0\\ -25000\end{pmatrix}
$$

求解这些方程组，得到位移值

$$
\begin{pmatrix}Q_3\\ Q_5\\ Q_6\end{pmatrix}=\begin{pmatrix}27.12\times10^{-3}\\ 5.65\times10^{-3}\\ -22.25\times10^{-3}\end{pmatrix}\text{in}
$$

因此，整个结构的节点位移列阵可写为

$$
\boldsymbol{Q}=(0,\ 0,\ 27.12\times10^{-3},\ 0,\ 5.65\times10^{-3},\ 22.25\times10^{-3},\ 0,\ 0)^{\mathrm{T}}\text{in}
$$

(d) 每个单元的应力可依据式（4.16）来确定，具体过程如下：

单元①的连接关系是1-2，从而单元①的节点位移列阵为 $\boldsymbol{q}=(0,\ 0,\ 27.12\times10^{-3},\ 0)^{\mathrm{T}}$，由式（4.16）得到

$$
\sigma_1=\frac{29.5\times10^6}{40}(-1,0,1,0)\begin{pmatrix}0\\ 0\\ 27.12\times10^{-3}\\ 0\end{pmatrix}
$$

$$
=20\,000.0\text{psi}
$$

杆件2中的应力由下式给出

$$
\sigma_2=\frac{29.5\times10^6}{30}(0,1,0,-1)\begin{pmatrix}5.65\times10^{-3}\\ -22.25\times10^{-3}\\ +27.12\times10^{-3}\\ 0\end{pmatrix}
$$

$$= -21\ 880.0\text{psi}$$

类似地，可以得到

$$\sigma_3 = -5208.0\text{psi}$$

$$\sigma_4 = 4167.0\text{psi}$$

（e）最后一步是确定支座约束力的大小，我们需要确定对应于固支自由度 1，2，4，7 和 8 方向上的支座约束力，把 $\boldsymbol{Q}$ 代入初始得到的有限元方程组 $\boldsymbol{R}=\boldsymbol{KQ}-\boldsymbol{F}$ 中，就可求得这些值。在代入过程中，只需要用到 $\boldsymbol{K}$ 矩阵中与前述自由度相对应的各行，而且对应于这些自由度，有 $\boldsymbol{F}=\boldsymbol{0}$，从而有

$$\begin{Bmatrix} R_1 \\ R_2 \\ R_4 \\ R_7 \\ R_8 \end{Bmatrix} = \frac{29.5\times10^6}{600}\begin{bmatrix} 22.68 & 5.76 & -15.0 & 0 & -7.68 & -5.76 & 0 & 0 \\ 5.76 & 4.32 & 0 & 0 & -5.76 & -4.32 & 0 & 0 \\ 0 & 0 & 0 & 20.0 & 0 & -20.0 & 0 & 0 \\ 0 & 0 & 0 & 0 & -15.0 & 0 & 15.0 & 0 \\ 0 & 0 & 0 & 0 & 0 & 0 & 0 & 0 \end{bmatrix}\begin{Bmatrix} 0 \\ 0 \\ 27.12\times10^{-3} \\ 0 \\ 5.65\times10^{-3} \\ -22.25\times10^{-3} \\ 0 \\ 0 \end{Bmatrix}$$

求解的结果为

$$\begin{Bmatrix} R_1 \\ R_2 \\ R_4 \\ R_7 \\ R_8 \end{Bmatrix} = \begin{Bmatrix} -15833.0 \\ 3126.0 \\ 21879.0 \\ -4167.0 \\ 0 \end{Bmatrix}\text{lb}$$

包含支座约束力与外加载荷的桁架结构的自由体受力状况如例题 4.1 图 b 所示。

温度的效应

下面将分析热应力问题。因为在局部坐标系下桁架单元就是一个一维单元，因而局部坐标系下的单元温度载荷由下式给出［见式（3.106b）］

$$\boldsymbol{\theta}' = E_e A_e \varepsilon_0 \begin{Bmatrix} -1 \\ 1 \end{Bmatrix} \tag{4.17}$$

其中由于温度改变引起的初应变 ε_0 由下式给出

$$\varepsilon_0 = \alpha \Delta T \tag{4.18}$$

式中，α 为热膨胀系数；ΔT 为单元内的平均温度改变量。需要注意的是，由于制造误差而把杆件强制装入过长或过短位置的装配过程也会导致初应变。

现在我们要在整体坐标系下给出式（4.17）中的载荷向量；因为无论在局部坐标系还是在整体坐标系下，与此载荷相关的势能的大小是相等的，因此有

$$\boldsymbol{q}'^{\mathrm{T}}\boldsymbol{\theta}' = \boldsymbol{q}^{\mathrm{T}}\boldsymbol{\theta} \tag{4.19}$$

其中，$\boldsymbol{\theta}$ 为整体坐标下的载荷向量；把 $\boldsymbol{q}'=\boldsymbol{Lq}$ 代入式（4.19）中，有

$$\boldsymbol{q}^{\mathrm{T}}\boldsymbol{L}^{\mathrm{T}}\boldsymbol{\theta}' = \boldsymbol{q}^{\mathrm{T}}\boldsymbol{\theta} \tag{4.20}$$

比较上式的左右两端，得到

$$\boldsymbol{\theta} = \boldsymbol{L}^{\mathrm{T}} \boldsymbol{\theta}' \tag{4.21}$$

将式（4.5）中的 $\boldsymbol{L}$ 代入，可以写出单元温度载荷的表达式为

$$\boldsymbol{\theta}^e = E_e A_e \varepsilon_0 \begin{pmatrix} -l \\ -m \\ l \\ m \end{pmatrix} \tag{4.22}$$

温度载荷与其他外部载荷一起，以通常的方式组装到节点载荷列阵 $\boldsymbol{F}$ 中；一旦求解有限单元方程组得到位移值，每一桁架单元的应力可由下式计算（见式（3.103））

$$\sigma = E(\varepsilon - \varepsilon_0) \tag{4.23}$$

利用式（4.16），并注意到 $\varepsilon_0 = \alpha \Delta T$，以上单元应力计算式可变为

$$\sigma = \frac{E_e}{l_e}(-l, -m, l, m)\boldsymbol{q} - E_e \alpha \Delta T \tag{4.24}$$

例题 4.2

考虑与例题4.1相同的四杆桁架结构，只是载荷有所不同，取 $E = 29.5 \times 10^6$psi，$\alpha = 1/150\ 000$°F^{-1}。

（a）只有杆2与杆3有50°F的温度升高值（见例题4.2图a），除此以外该结构没有其他任何载荷，使用消元法确定由温度升高引起的节点位移和单元应力。

（b）考虑支座下移的影响，即节点2竖直下移0.12in，另外有两个集中载荷施加在该结构上（见例题4.2图b）。使用罚函数法写出（不用求解）平衡方程组 $\boldsymbol{KQ} = \boldsymbol{F}$，其中，$\boldsymbol{K}$ 和 $\boldsymbol{F}$ 分别为修正的整体刚度矩阵和载荷列阵。

（c）使用程序TRUSS2D求得问题（b）的结果。

解：

（a）桁架结构的整体刚度矩阵已在例题4.1中推导得到，这里仅需组装由于温度升高而引起的载荷列阵，由式（4.22），温度升高导致的单元②和③的温度载荷分别为

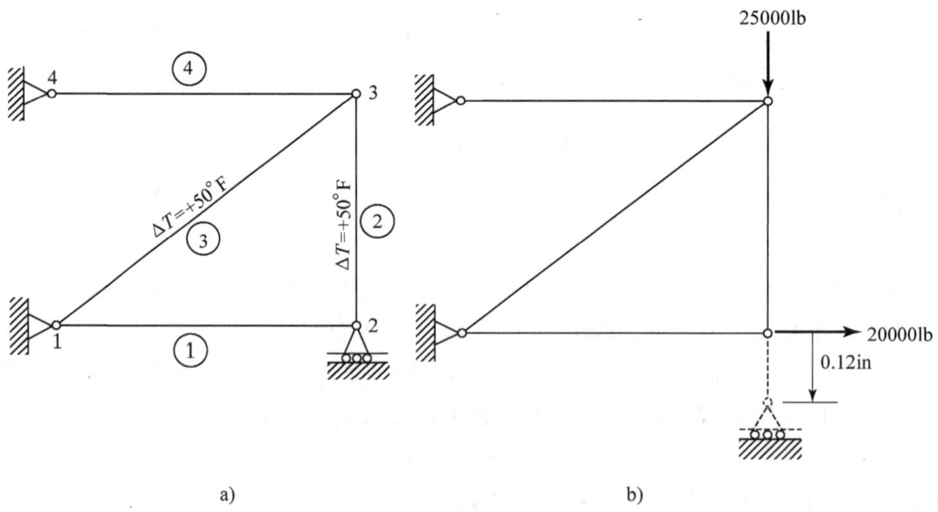

例题 4.2 图

$$\boldsymbol{\theta}^2 = \frac{29.5\times10^6\times50}{150000}\begin{pmatrix}0\\1\\0\\-1\end{pmatrix}\begin{matrix}5\\6\\3\\4\end{matrix}\quad \downarrow \text{整体 dof}$$

以及

$$\boldsymbol{\theta}^3 = \frac{29.5\times10^6\times50}{150000}\begin{pmatrix}-0.8\\-0.6\\0.8\\0.6\end{pmatrix}\begin{matrix}1\\2\\5\\6\end{matrix}$$

将列阵 $\boldsymbol{\theta}^2$ 和 $\boldsymbol{\theta}^3$ 进行叠加得到整体载荷列阵 $\boldsymbol{F}$。使用消元法，可以删去 $\boldsymbol{K}$ 和 $\boldsymbol{F}$ 中与支座自由度相对应的行和列，最后得到的有限元方程组为

$$\frac{29.5\times10^6}{600}\begin{pmatrix}15.0 & 0 & 0\\0 & 22.68 & 5.76\\0 & 5.76 & 24.32\end{pmatrix}\begin{pmatrix}Q_3\\Q_5\\Q_6\end{pmatrix}=\begin{pmatrix}0\\7866.7\\15733.3\end{pmatrix}$$

进行求解得到

$$\begin{pmatrix}Q_3\\Q_5\\Q_6\end{pmatrix}=\begin{pmatrix}0\\0.003951\\0.01222\end{pmatrix}\text{in}$$

单元应力可由式（4.24）计算得到；例如，单元②中的应力可由下式进行计算

$$\sigma_2 = \frac{29.5\times10^6}{30}(0,\ 1,\ 0,\ -1)\begin{pmatrix}0.003951\\0.01222\\0\\0\end{pmatrix}-\frac{29.5\times10^6\times50}{150000}$$

$$=2183\text{psi}$$

完整的应力求解结果为

$$\begin{pmatrix}\sigma_1\\\sigma_2\\\sigma_3\\\sigma_4\end{pmatrix}=\begin{pmatrix}0\\2183\\-3643\\2914\end{pmatrix}\text{psi}$$

（b）支座 2 竖直下移 0.12in，并且施加了两个集中载荷（例题 4.2 图 b）。在处理边界条件的罚函数法当中（见第 3 章），我们知道要在与指定位移值的自由度相对应的结构刚度矩阵对角线元素上加上一个大弹簧常数 C。一般来讲，C 可以取为修正前刚度矩阵的最大对角线元素的 10^4 倍。此外，载荷列阵的对应位置还要加上力 Ca，其中 a 为指定的位移值。在本例当中，对于自由度 4 来说，$a=-0.12$in，因而载荷列阵的第四行上要加上一个大小为 $-0.12C$ 的力。从而，修正后的有限元方程组由下式给出

$$
\frac{29.5 \times 10^6}{600}
\begin{pmatrix}
22.68+C & 5.76 & -15.0 & 0 & -7.68 & -5.76 & 0 & 0 \\
 & 4.32+C & 0 & 0 & -5.76 & -4.32 & 0 & 0 \\
 & & 15.0 & 0 & 0 & 0 & 0 & 0 \\
 & & & 20.0+C & 0 & -20.0 & 0 & 0 \\
 & & & & 22.68 & 5.76 & -15.0 & 0 \\
 & & & & & 24.32 & 0 & 0 \\
 & & & & & & 15.0+C & 0 \\
\text{对称} & & & & & & & C
\end{pmatrix}
\begin{pmatrix}
Q_1 \\ Q_2 \\ Q_3 \\ Q_4 \\ Q_5 \\ Q_6 \\ Q_7 \\ Q_8
\end{pmatrix}
=
\begin{pmatrix}
0 \\ 0 \\ 20\,000 \\ -0.12C \\ 0 \\ -25\,000.0 \\ 0 \\ 0
\end{pmatrix}
$$

（c）显然，（b）中的方程组对于手算来说规模是太大了。在提供的 TRUSS 程序中，根据用户的输入数据，这些方程组可自动生成和求解，程序的输出结果为

$$
\begin{pmatrix}
Q_3 \\ Q_4 \\ Q_5 \\ Q_5
\end{pmatrix}
=
\begin{pmatrix}
0.0271200 \\ -0.1200145 \\ 0.0323242 \\ -0.1272606
\end{pmatrix}
\text{in}
$$

以及

$$
\begin{pmatrix}
\sigma_1 \\ \sigma_2 \\ \sigma_3 \\ \sigma_4
\end{pmatrix}
=
\begin{pmatrix}
20\,000.0 \\ -7\,125.3 \\ -29\,791.7 \\ 23\,833.3
\end{pmatrix}
\text{psi}
$$

4.3   三维桁架问题

三维桁架单元可直观地认为是前面所讨论二维桁架单元的推广，三维桁架单元的局部和整体坐标系如图 4.5 所示。注意到，因为桁架单元是一个简单的二力杆件，在局部坐标系下

$$q_1' = (q_1\boldsymbol{i} + q_2\boldsymbol{j} + q_3\boldsymbol{k}) \cdot (l\boldsymbol{i} + m\boldsymbol{j} + n\boldsymbol{k})$$
$$= lq_1 + mq_2 + nq_3$$
$$q_2' = lq_4 + mq_5 + nq_6$$
$$l = \cos(x', x) \quad m = \cos(x', y) \quad n = \cos(x', z)$$
$$= \frac{x_2 - x_1}{l_e} \qquad = \frac{y_2 - y_1}{l_e} \qquad = \frac{z_2 - z_1}{l_e}$$

a)   b)

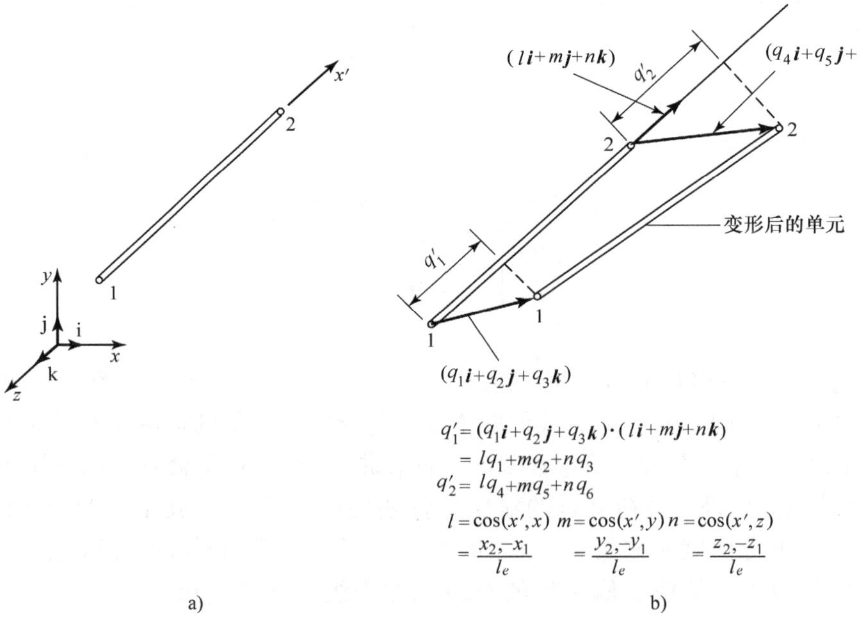

图 4.5   局部和整体坐标系下的一个三维桁架单元

的 x'轴也是沿着单元方向的。从而，局部坐标系下的节点位移列阵为

$$\boldsymbol{q}' = (q_1', q_2')^{\mathrm{T}} \tag{4.25}$$

整体坐标下的节点位移列阵为（见图4.5b）

$$\boldsymbol{q} = (q_1, q_2, q_3, q_4, q_5, q_6)^{\mathrm{T}} \tag{4.26}$$

参照图4.5，局部与整体坐标的转换关系为

$$\boldsymbol{q}' = \boldsymbol{L}\boldsymbol{q} \tag{4.27}$$

其中，变换矩阵 $\boldsymbol{L}$ 由下式给出

$$\boldsymbol{L} = \begin{pmatrix} l & m & n & 0 & 0 & 0 \\ 0 & 0 & 0 & l & m & n \end{pmatrix} \tag{4.28}$$

式中，l、m 和 n 分别是局部坐标 x'轴与整体坐标 x 轴、y 轴和 z 轴的方向余弦。以整体坐标表示的单元刚度矩阵由式（4.12）给出，即

$$\boldsymbol{k} = \frac{E_e A_e}{l_e}\begin{pmatrix} l^2 & lm & ln & -l^2 & -lm & -ln \\ lm & m^2 & mn & -lm & -m^2 & -mn \\ ln & mn & n^2 & -ln & -mn & -n^2 \\ -l^2 & -lm & -ln & l^2 & lm & ln \\ -lm & -m^2 & -mn & lm & m^2 & mn \\ -ln & -mn & -n^2 & ln & mn & n^2 \end{pmatrix} \tag{4.29}$$

l、m 和 n 的计算式分别为

$$l = \frac{x_2 - x_1}{l_e},\quad m = \frac{y_2 - y_1}{l_e},\quad n = \frac{z_2 - z_1}{l_e} \tag{4.30}$$

其中单元长度 l_e 由下式给出

$$l_e = \sqrt{(x_2 - x_1)^2 + (y_2 - y_1)^2 + (z_2 - z_1)^2} \tag{4.31}$$

推导单元应力和温度载荷的表达式留作练习。

4.4 基于带状法和特征顶线法对整体刚度矩阵进行组装

有限元方程组的求解应充分利用整体刚度矩阵的对称性和稀疏性。在第2章中，我们讨论了带状法和特征顶线法这两种方法，在带状法中，每个单元刚度矩阵 $\boldsymbol{k}^e$ 的元素直接置于带状矩阵 $\boldsymbol{S}$ 中。在特征顶线法中，$\boldsymbol{k}^e$ 的元素以带标识指针的矩阵形式进行存储。带状法和特征顶线法组装过程的具体操作将在以下各节中进行讨论。

带状法组装

现在讨论针对二维桁架单元，如何把单元刚度矩阵组装成带状的整体刚度矩阵。考虑一个单元 e，其连接关系如下

单　元	1	2	←局部节点编号
e	i	j	←整体节点编号

与其自由度相关的单元刚度矩阵为

$$\boldsymbol{k}^e = \begin{array}{c} \\ \left(\begin{array}{cccc} k_{11} & k_{12} & k_{13} & k_{14} \\ & k_{22} & k_{23} & k_{24} \\ & & k_{33} & k_{34} \\ \text{对称} & & & k_{44} \end{array}\right) \end{array} \begin{array}{l} \leftarrow \text{整体 dof} \\ 2i-1 \\ 2i \\ 2j-1 \\ 2j \end{array} \quad \text{列号: } 2i-1 \quad 2i \quad 2j-1 \quad 2j \tag{4.32}$$

$\boldsymbol{k}^e$ 的主对角线元素放在 $\boldsymbol{S}$ 的第 1 列，次对角线元素放在第 2 列，以此类推。这样，$\boldsymbol{k}^e$ 和 $\boldsymbol{S}$ 矩阵元素的对应关系为（参见式（2.39））

$$k^e_{\alpha,\beta} \rightarrow S_{p,q-p+1} \tag{4.33}$$

其中，α 和 β 是取值为 1，2，3 和 4 的局部自由度，而 p 和 q 是取值为 $2i-1$，$2i$，$2j-1$ 和 $2j$ 的整体自由度。例如

$$k^e_{1,3} \rightarrow S_{2i-1,2(j-i)+1}$$

及

$$k^e_{4,4} \rightarrow S_{2j,1} \tag{4.34}$$

由于对称性，故只需组装上三角元素，因而，式（4.33）仅适用于 $q \geqslant p$ 情形。下面讨论程序 TRUSS2D 中所给出的组装步骤。

二维桁架结构的半带宽 NBW 的计算式可以很容易地得到。考虑一个桁架单元 e，连接在两个节点之间，不妨设为节点 4 和 6，该单元的自由度为 7、8、11 和 12，从而，该单元在整体刚度矩阵中的各项为

$$\begin{array}{c} 1\ 2\ \cdots 7\ 8\ \cdots 11\ 12\ \cdots N \\ \left(\begin{array}{cccccccc} & & & & & & & \\ & & & & & & & \\ & & \multicolumn{6}{c}{\longleftarrow m \longrightarrow} \\ & & \times & \times & \cdot & \cdot & \times & \times \\ & & & \times & \cdot & \cdot & \times & \times \\ & & & & \cdot & \cdot & \cdot & \cdot \\ \text{对称} & & & & & & \times & \times \\ & & & & & & & \times \\ & & & & & & & \end{array}\right) \end{array} \begin{array}{c} 1 \\ 2 \\ \vdots \\ 7 \\ 8 \\ \vdots \\ 11 \\ 12 \\ \vdots \\ N \end{array} \tag{4.35}$$

我们看到，以上矩阵非零项的展宽 m 为 6，可由相连接的节点号得到：$m=2\ (6-4+1)$；一般来说，连接节点 i 和 j 的单元 e 的相应展宽为

$$m_e = 2(\,|i-j|+1) \tag{4.36}$$

因而，最大展宽或半带宽为

$$\text{NBW} = \max_{1 \leqslant e \leqslant NE} m_e \tag{4.37}$$

在带状法中我们可以看出，为保证计算效率，应尽量使连接各单元的节点编号之差保持为最小。

特征顶线法组装

正如在第 2 章所讨论的那样，特征顶线法组装的第 1 步涉及计算每一对角线位置的顶线高度或列的高度，考虑图 4.6 中所示的连接节点 i 和 j 的单元 e，为不失普遍性，令 i 为较小

的节点号，即 $i<j$，接下来，从标识向量 $\boldsymbol{ID}$ 入手，观察四个自由度 $2i-1$，$2i$，$2j-1$ 和 $2j$；在这四个自由度中的一个由 I 表示所对应的位置上，以前的值被替换为 $ID(I)$ 和 $I-(2i-1)+1$ 两个数中的较大值，准确的描述在图 4.6 的表格中已给出，对所有单元都重复这一过程。现在所有顶线的高度已经确定并存储在向量 $\boldsymbol{ID}$ 中；接着，从位置 $I=2$ 开始，位置 I 的值被替换为 $ID(I)+ID(I-1)$，从而给出了在第 2 章所讨论的指针数。

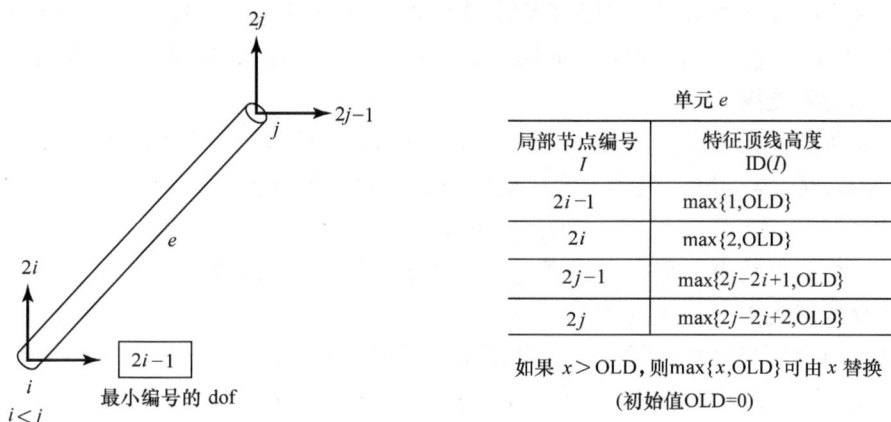

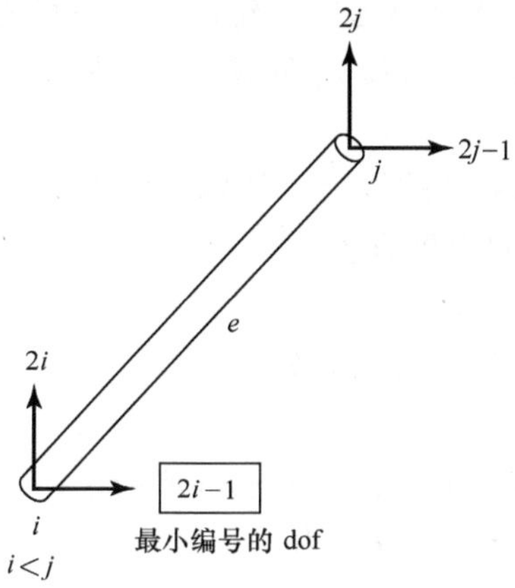

单元 e

局部节点编号 I	特征顶线高度 ID(I)
$2i-1$	max{1,OLD}
$2i$	max{2,OLD}
$2j-1$	max{$2j-2i+1$,OLD}
$2j$	max{$2j-2i+2$,OLD}

如果 $x>$ OLD，则max{x,OLD}可由 x 替换

(初始值OLD=0)

图 4.6 特征顶线高度

下一步将各单元刚度矩阵中的数值组装到列向量 $\boldsymbol{A}$ 中；利用前面讨论的对角线指针，图 4.7 清楚地给出了图 4.6 所示一个单元刚度矩阵在整体矩阵中位置的对应关系，有关细节已经在程序 TRUSSSKY 中实现。其他提供的针对带状法的程序都可类似地修改为适用于特征顶线法的程序。

列向量 $\boldsymbol{A}$ →

列 $2i-1$	列 $2i$	列 $2j-1$	列 $2j$	行
A[ID($2i-1$)]	A[ID($2i$)−1]	A[ID($2j-1$)−($2j-2i$)]	A[ID($2j$)−($2j-2i+1$)]	$2i-1$
	A[ID($2i$)]	A[ID($2j-1$)−($2j-1-2i$)]	A[ID($2j$)−($2j-2i$)]	$2i$
		A[ID($2j-1$)]	A[ID($2j$)−1]	$2j-1$
			A[ID($2j$)]	$2j$

图 4.7 特征顶线法列向量形式中刚度元素的位置

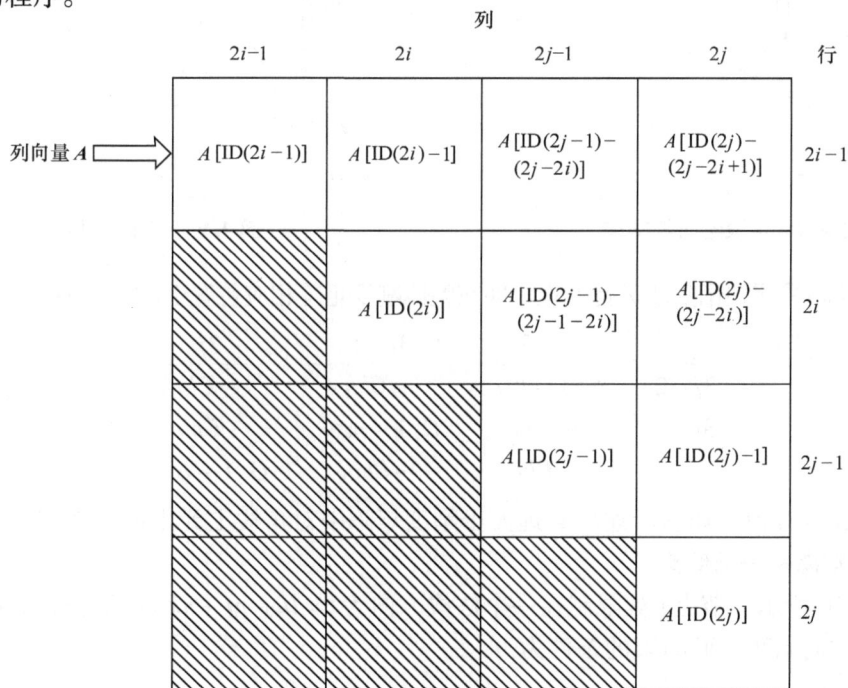

4.5 实际问题的建模与边界条件的施加

为了求解桁架问题，必须施加适当的边界条件。对于一个普通的二维桁架至少需要三个边界条件，比如，可以在一个铰接点上约束 x 和 y 方向位移，在另一个铰接点上固定 y 方向位移。如果这个条件不能满足，则在有限元求解时会出现被零除的错误。在一些情形下，对于斜支撑的问题需要进行特殊处理。利用对称或反对称性可以减小问题规模。具体讨论如下。

二维问题的斜支撑

如图 4.8 所示，在节点 j 上，沿方向 $\boldsymbol{n}=\boldsymbol{i}\cos\theta+\boldsymbol{j}\sin\theta$ 的线上，作用有斜支撑。约束方程为 $Q_{2j-1}=c\cos\theta$，$Q_{2j}=c\sin\theta$，其中 c 为比例常数，由此得到方程

$$-Q_{2j-1}\sin\theta+Q_{2j}\cos\theta=0 \tag{4.38}$$

显然，这是一个多点约束方程，可以通过第 3 章所讨论的方法来处理。

三维问题的斜支撑——线约束

在三维桁架中可能出现该类问题，如图 4.9 所示，节点 j 在方向 $\boldsymbol{t}=l\boldsymbol{i}+m\boldsymbol{j}+n\boldsymbol{k}$ 上受到约束，其中，l，m，n 为方向余弦。线约束的条件为 $\boldsymbol{q}=\alpha\boldsymbol{t}$，等价为

$$\begin{aligned} mq_1&=lq_2\\ nq_2&=mq_3\\ lq_3&=nq_1 \end{aligned} \tag{4.39}$$

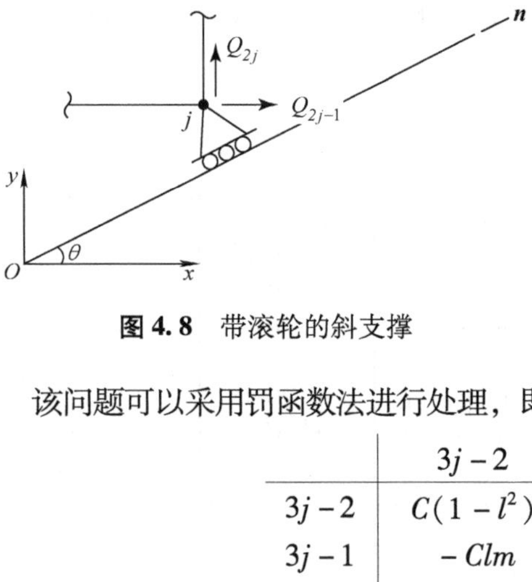

图 4.8 带滚轮的斜支撑

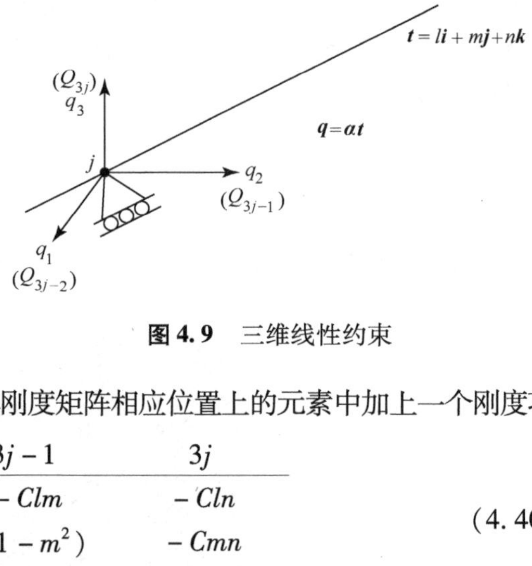

图 4.9 三维线性约束

该问题可以采用罚函数法进行处理，即在整体刚度矩阵相应位置上的元素中加上一个刚度项

	$3j-2$	$3j-1$	$3j$
$3j-2$	$C(1-l^2)$	$-Clm$	$-Cln$
$3j-1$	$-Clm$	$C(1-m^2)$	$-Cmn$
$3j$	$-Cln$	$-Cmn$	$C(1-n^2)$

(4.40)

其中，C 是罚函数值，如前所述，它远大于刚度矩阵中对角线上元素的最大值。

三维斜支撑——面约束

如图 4.10 所示，节点 j 被限制在一个法线方向为 $\boldsymbol{t}=l\boldsymbol{i}+m\boldsymbol{j}+n\boldsymbol{k}$ 的面上进行移动，其中，l，m，n 为方向余弦。面约束的条件为

$$\boldsymbol{q}\cdot\boldsymbol{t}=lq_1+mq_2+nq_3=0 \tag{4.41}$$

其处理方式是根据罚函数方法通过在整体刚度矩阵的适当位置上增加以下刚度项

	$3j-2$	$3j-1$	$3j$
$3j-2$	Cl^2	Clm	Cln
$3j-1$	Clm	Cm^2	$-Cmn$
$3j$	Cln	Cmn	Cn^2

(4.42)

罚函数值 C 在前面已经说明。

对称及反对称

这里将考虑几何关于 y 轴对称，而载荷既有对称、又有反对称的情形。在如图 4.11 所示的 9 杆对称桁架结构上施加载荷，通过将一点处的载荷分成两半，并将两个大小相同、方向相反的一半载荷分别施加在其对称点上，这时可以将载荷分为如图 4.12 所示的对称和反对称两个部分。可以看出，将反对称载荷与对称载荷进行叠加可以获得原有载荷。如果得到两个情形下的解答，则通过叠加原理可以获得联合作用的结果。如果 $u(x,\ y)$ 和 $v(x,\ y)$ 是节点在 x、y 上关于 x 和 y 方向的位移，则对于对称和反对称情形可以得到以下关系

$$\text{对称载荷}\, u(-x,y) = -u(x,y)$$

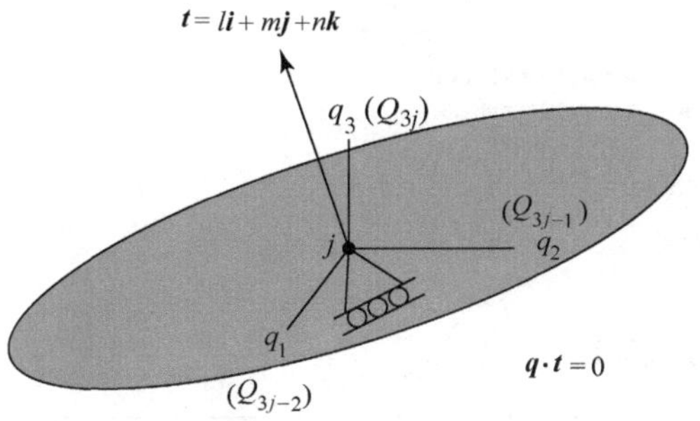

图 4.10 三维面约束

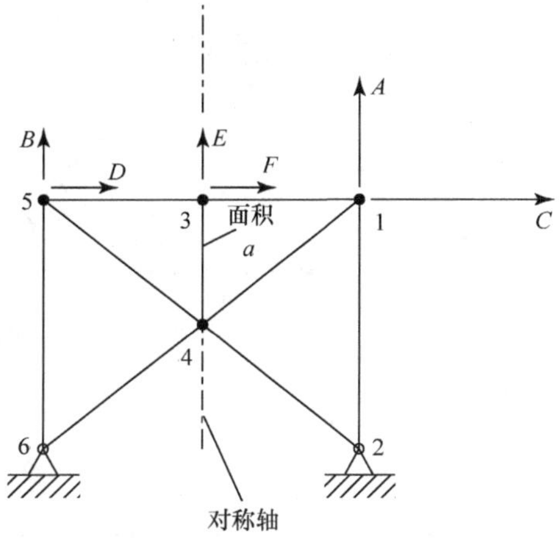

图 4.11 对称几何

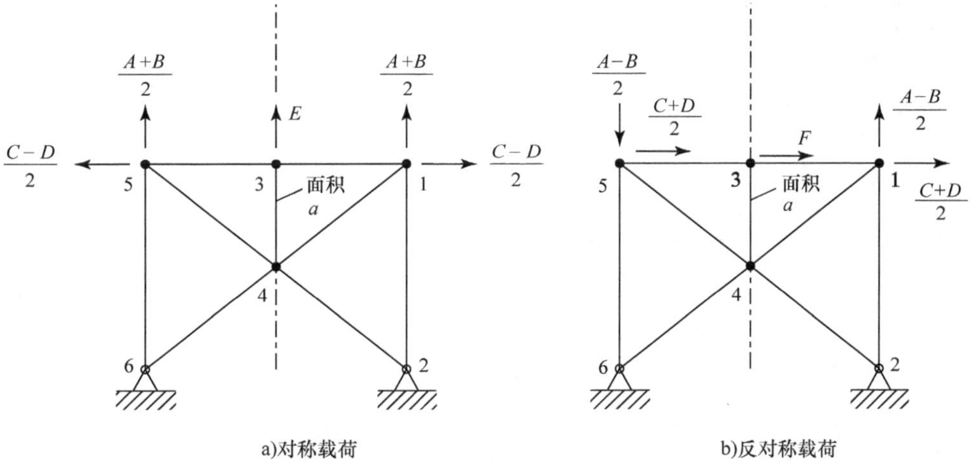

图 4.12 对称和反对称

$$v(-x,y)=v(x,y) \tag{4.43}$$

反对称载荷 $u(-x,y)=u(x,y)$

$$v(-x,y)=-v(x,y) \tag{4.44}$$

如果 $\sigma(x,\ y)$ 是一个应力分量，则

对称载荷 $\sigma(-x,y)=\sigma(x,y)$ (4.45)

反对称载荷 $\sigma(-x,y)=-\sigma(x,y)$ (4.46)

在对称载荷作用下，对称轴上的点只能在 y 方向上移动（x 方向上的位移为零），在反对称载荷作用下，对称轴上的点只能在 x 方向上移动（y 方向上的位移为零）。利用这个特点，只需建立如图 4.13a 和图 4.13b 所示的一半模型，求解图中的右半部分，通过式（4.43）和式（4.44）便可获得另外一半的解。

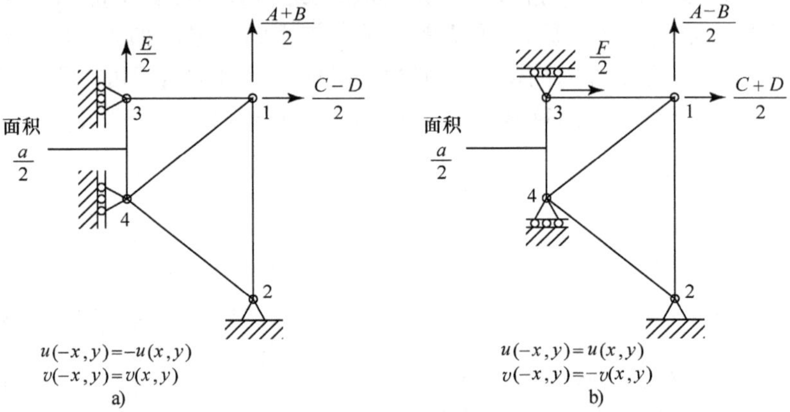

图 4.13 半几何模型

a）对称 b）反对称

输入数据/输出数据

```
INPUT TO TRUSS2D, TRUSSKY
<< 2D TRUSS ANALYSIS USING BAND SOLVER>>
Example 4.1
   NN  NE  NM  NDIM  NEN  NDN
    4   4   1   2     2    2
   ND  NL  NMPC
    5   2   0
   Node#   X    Y
    1      0    0
    2     40    0
    3     40   30
    4      0   30
   Elem#  N1    N2  Mat#   Area   TempRise
    1      1     2   1      1      0
    2      3     2   1      1      0
    3      3     1   1      1      0
    4      4     3   1      1      0
   DOF#  Displacement
    1      0
    2      0
    4      0
    7      0
    8      0
```

（续）

```
DOF#  Load
 3     20000
 6    -25000
MAT#   E          Alpha
 1     2.95E+07  1.20E-05
B1     i     B2   j       B3 (Multi-point constr. B1*Qi+B2*Qj=B3)
```

```
OUTPUT FROM TRUSS2D
Results from Program TRUSS2D
Example 4.1
Node#    X-Displ
    1    1.32411E-06 -2.61375E-07
    2    0.027119968 -1.82939E-06
    3    0.005650704 -0.022247233
    4    3.48501E-07 0
Elem#    Stress
    1    20000
    2    -21874.64737
    3    -5208.921046
    4    4167.136837
DOF#     Reaction
    1    -15832.86316
    2     3125.352627
    4     21874.64737
    7    -4167.136837
    8    0
```

习　题

4.1　考虑如习题4.1图所示的桁架单元，图中给出了两个节点的 x 和 y 坐标，若 $\boldsymbol{q}=(2,\ 0.7,\ 2.5,\ 5)^{\mathrm{T}}\times 10^{-2}\mathrm{in}$，试确定：

（a）载荷列阵 $\boldsymbol{q}'$。

（b）单元应力。

（c）$\boldsymbol{k}$ 矩阵。

（d）单元的应变能。

4.2　如习题4.2图所示的一个桁架单元，局部节点编号为1和2。

（a）求该单元的方向余弦 l 和 m。

（b）在图中标出 x' 轴，q_1，q_2，q_3，q_4，q_1'，q_2'。

（c）如果 $\boldsymbol{q}=(0,\ 0.01,\ -0.025,\ -0.05)^{\mathrm{T}}$，确定 q_1' 和 q_2' 的值。

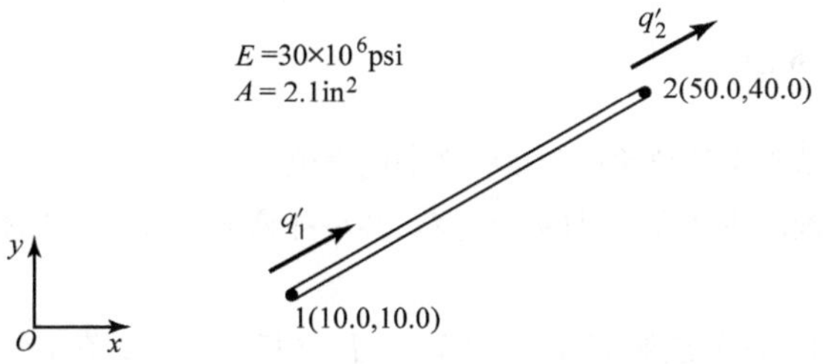

习题 4.1 图

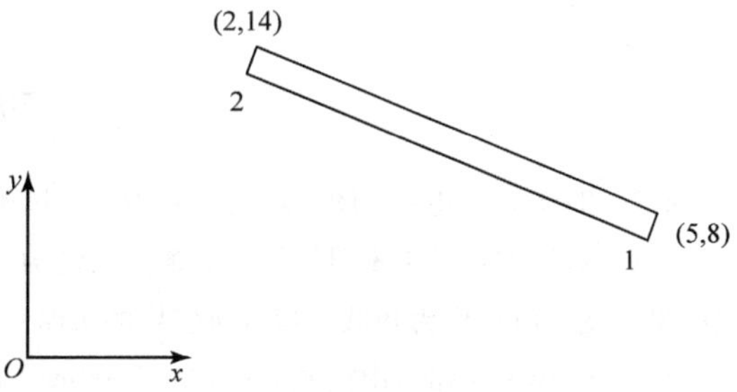

习题 4.2 图

4.3 对于如习题4.3图所示的铰接结构，试确定整体刚度矩阵的刚度值 K_{11}，K_{12} 和 K_{22}。

4.4 如习题4.4图所示的桁架，一水平力 $P=2500\mathrm{lb}$ 施加在节点2的 x 方向上。

（a）写出每个单元的单元刚度矩阵 $\boldsymbol{k}$。

（b）组装 $\boldsymbol{K}$ 矩阵。

（c）利用消元法，求解 $\boldsymbol{Q}$。

（d）确定单元②和③的应力大小。

（e）确定节点2的 y 方向支反力。

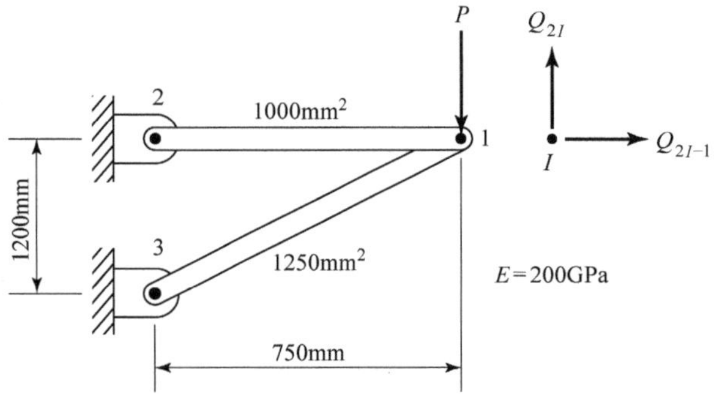

习题4.3图

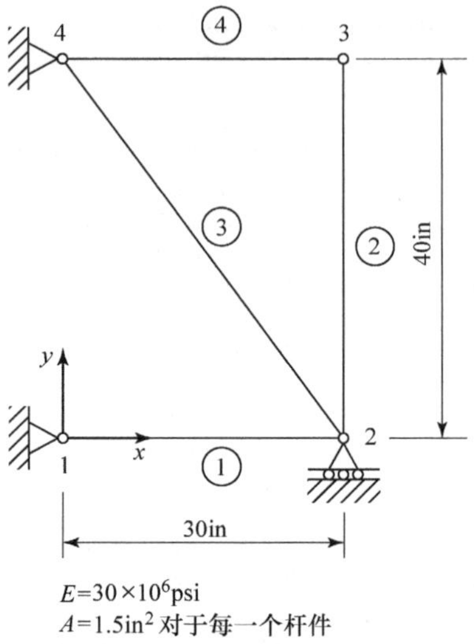

习题4.4图

4.5 对于习题4.4图，试确定由于下列支座的运动引起的各单元应力：在节点2处的支座向下移动0.36in。

4.6 如习题4.6图所示的二杆桁架，试确定节点1的位移值和单元①～③的应力值。

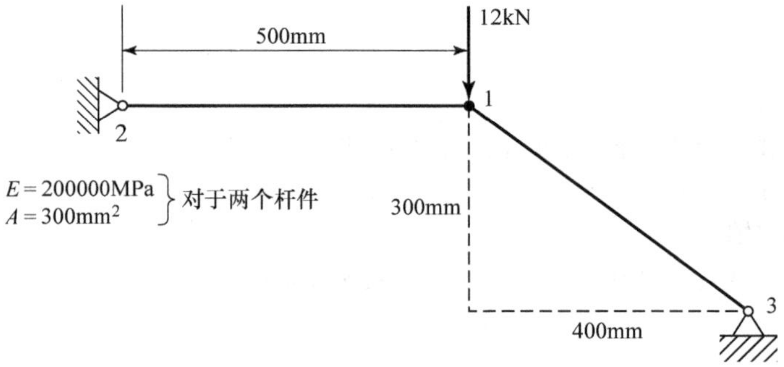

习题4.6图

4.7 对于如习题4.7图所示的三杆桁架，试确定节点1的位移值和单元③的应力值。

4.8 对于如习题4.8图所示的二维桁架结构，试确定带状存储时的半带宽。换一种编号方法并确定相应的半带宽，解释你为降低半带宽所使用的策略。

4.9 一小型铁路桥由横截面积均为 $3000\mathrm{mm}^2$ 的钢制杆件组装而成。一辆火车停在桥上，其载荷施加在桥梁两侧的桁架上，如习题4.9图所示。试估计点 R 处由于载荷作用而沿水平方向移动的距离；同时，

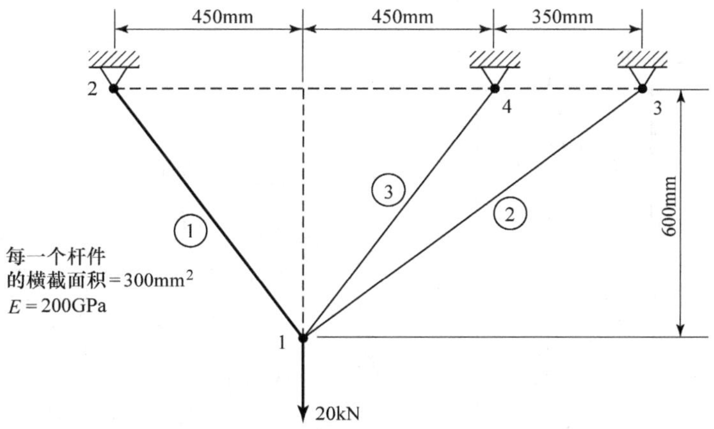

习题 4.7 图

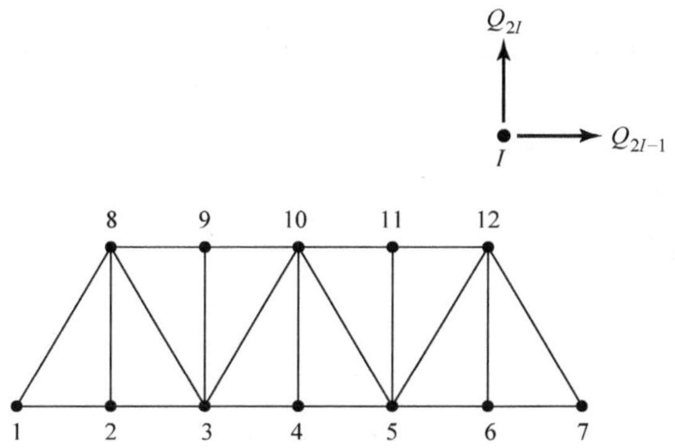

习题 4.8 图

确定各个节点的位移和单元应力。

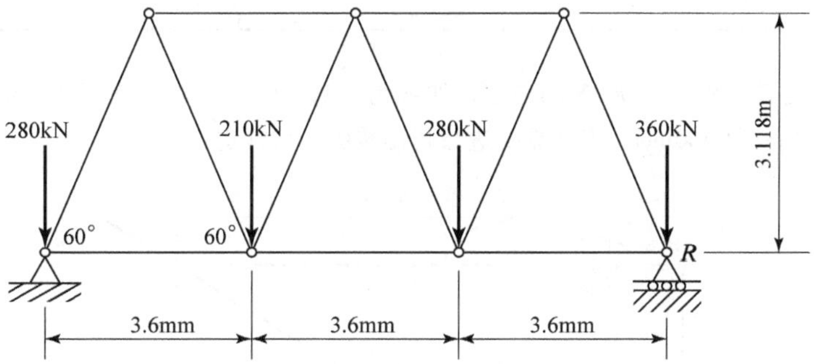

习题 4.9 图

4.10　考虑习题 4.10 图中受有外载的桁架。各个杆的横截面积的数值都标在图中的括号内，单位为 ft^2（平方英尺）。考虑到对称性，建立图示桁架的 1/2 模型，求解位移和单元应力。设 $E=30\times10^6$ psi。

4.11　试确定习题 4.11 图所示桁架在下列情形下的节点位移和单元应力：

（a）单元①、③、⑦和⑧的温度升高 50°F。

（b）由于制造误差，单元⑨和⑩比设计尺寸短了 1/4in，而单元⑥比设计尺寸长了 1/8in，但必须进行强制装配。

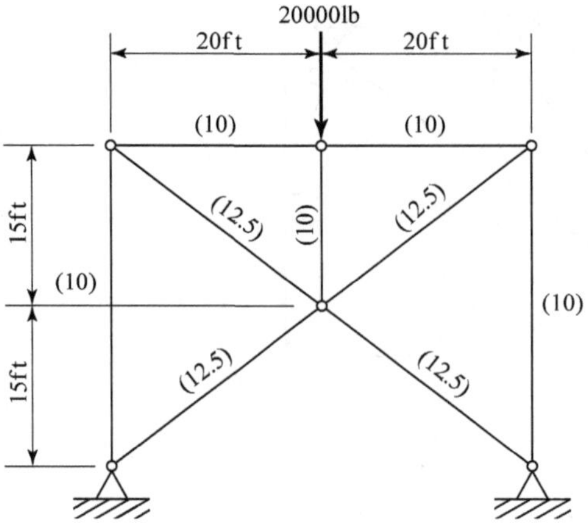

习题 4.10 图

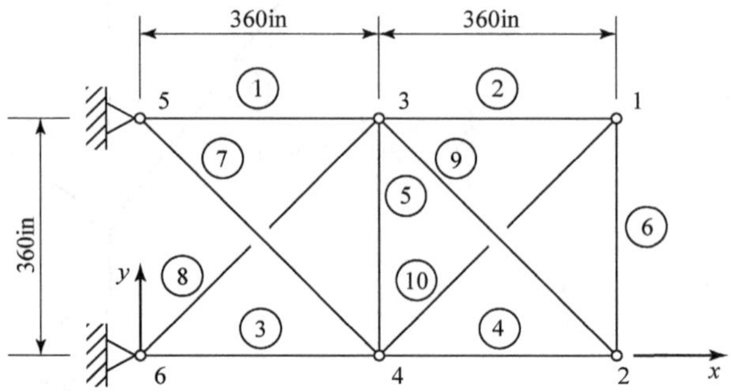

习题 4.11 图

（c）节点 6 处支座下移 0.12in。相关数据：$E=30\times10^6$psi，$\alpha=1/150\ 000$（/℉）。每个单元的横截面积如下：

单　　元	面积/in^2
1，3	25
2，4	12
5	1
6	4
7，8，9	17
10	5

4.12　二杆桁架受有载荷 $P=8000$N 的作用，如习题 4.12 图所示，杆 1-2 长 400mm，杆 1-3 制造后的实际长度是 505mm，而不是 500mm，因此需要进行强制装配。试确定：

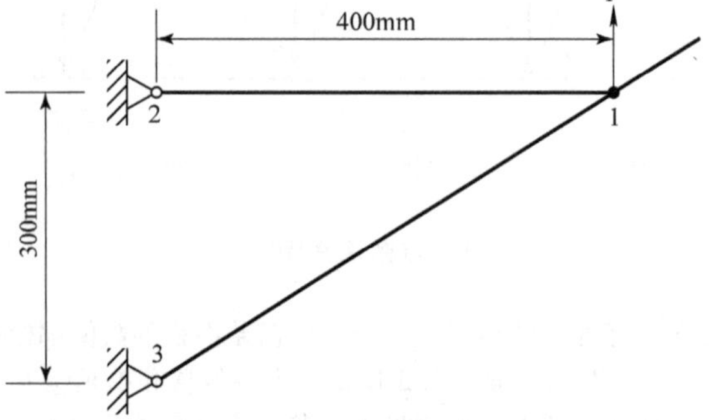

习题 4.12 图

（a）假定当杆 1-3 的制造长度是正确的 500mm 时，计算此时各杆的应力。

（b）由于杆 1-3 的强制装配（还包含载荷 P）而引起的各杆应力。

（提示：把此问题作为初应变问题来处理，并利用书中的温度载荷列阵的表达式。）取：杆的横截面积 $S=750\text{mm}^2$，$E=200\text{GPa}$。

4.13　针对二维桁架单元，已经推导出了单元应力公式（式 4.16）和单元温度载荷（式 4.22），试将这些表达式推广到三维桁架单元。

4.14　确定如习题 4.14 图所示桁架在受有 200kip 载荷作用时的节点位移、杆件的应力和支座处的支反力。

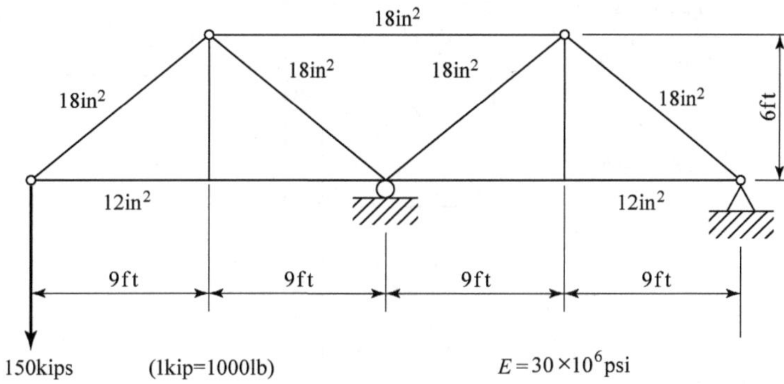

习题 4.14 图

4.15　试确定如习题 4.15 图所示桁架结构各个节点处的位移量，每个杆件的横截面积均为 8in^2。

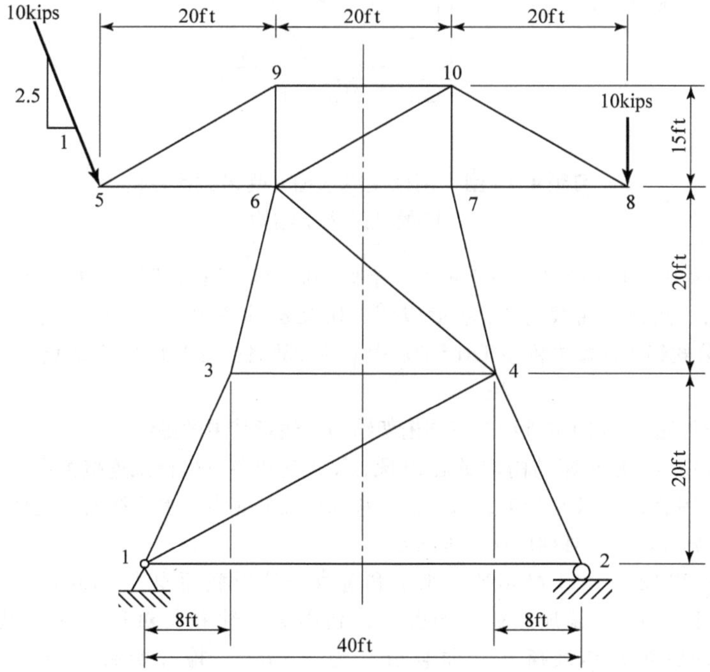

习题 4.15 图

4.16 修改程序 TRUSS2D 以处理三维桁架问题，并用来求解习题 4.16 图中的问题。

$P=5280\text{lb}$
沿 z 方向为
均匀分布

$L=1\times1\times\dfrac{1}{4}$
(面积=0.438in^2)

$L=3\times3\times\dfrac{7}{16}$
(面积=2.43in^2)

$L=6\times6\times\dfrac{3}{4}$
(面积=8.44in^2)

13ft

13ft

11ft

$L=a\times a\times t$

这里所显示的支柱
结构与在四面都具
有相同结构的三维
桁架等价

$L=6\times6\times\dfrac{3}{4}$

9.8ft

9.8ft

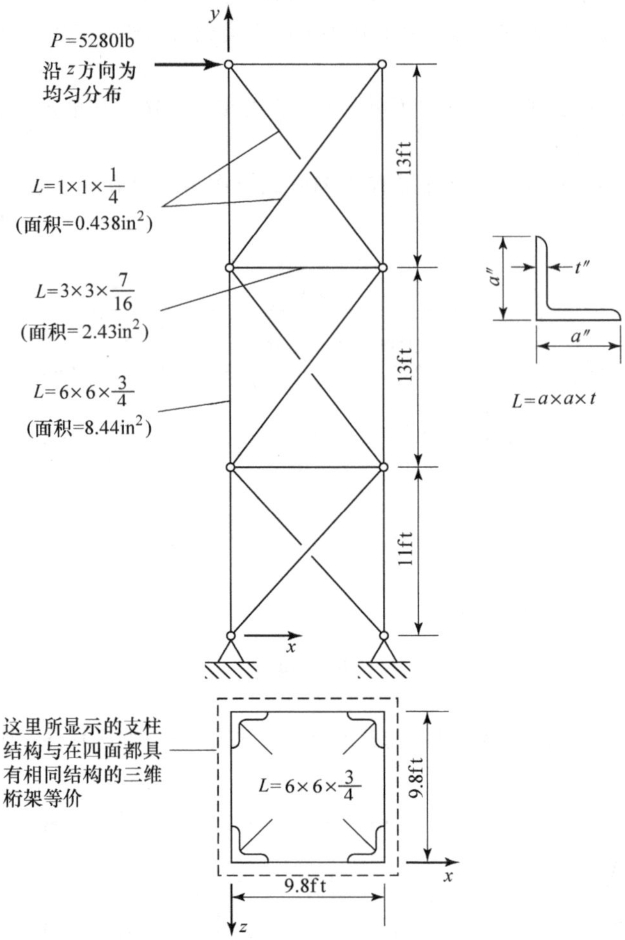

习题 4.16 图 用以支撑水槽并受风载作用的
钢塔的三维桁架结构

4.17 如果习题 4.9 中的每个杆件关于垂直于桁架平面的轴具有相同的惯性矩 $8.4\times10^5\text{mm}^4$，对受压杆进行欧拉屈曲分析，欧拉屈曲载荷 P_{et} 为 $\pi^2 EI/l^2$。如果 σ_{c} 是杆件的压应力，那么屈曲的安全系数为 $P_{\text{et}}/(A\sigma_{\text{c}})$，把以上公式编入计算机程序 TRUSS2D 中，并计算各受压杆的安全系数，同时在输出文件中输出结果。

4.18 （a）分析习题 4.18 图中所示的三维桁架结构，注意其中的虚线。

（b）如果将该二段桁架结构扩展至 10 段，试确定出各点坐标及连接关系。

4.19 如习题 4.19 图所示 K 形桁架，求节点位移和单元的应力。水平杆均为直径 20mm 的铝圆杆，其他杆为边长 25mm 的方杆。利用对称性求解该问题。

4.20 如习题 4.20 图所示 11 杆桁架，水平和垂直杆的横截面积为 200mm^2，其他杆的横截面积为 90mm^2，所有的杆为钢杆。施加载荷如图所示，利用对称性和反对称性求节点位移和单元应力。如果对于杆长为 l 的欧拉临界载荷（屈曲载荷）为 $\pi^2 EI/l^2$，检查所有受压杆在屈曲分析中是否安全。

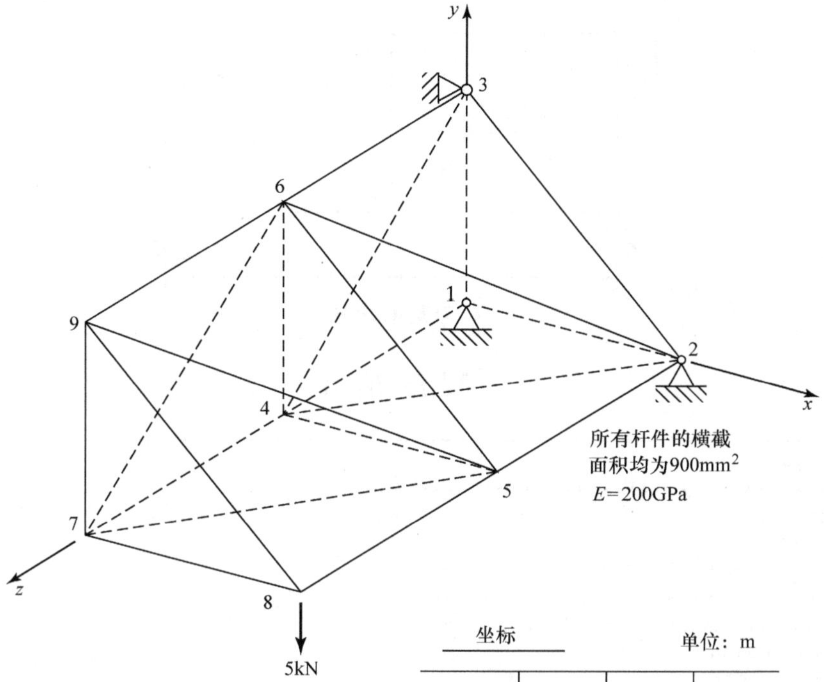

单元的连接关系

1-2	4-5	7-8
1-3	4-6	7-9
2-3	5-6	8-9
1-4	4-7	
2-5	5-8	
3-6	6-9	
2-4	5 -7	
3-4	6-7	
2-6	5-9	

坐标　　　单位：m

节点	x	y	z
1	0	0	0
2	0.25	0	0
3	0	0.25	0
4	0	0	0.5
5	0.25	0	0.5
6	0	0.25	0.5
7	0	0	1.0
8	0.25	0	1.0
9	0	00.25	1.0

习题 4.18 图

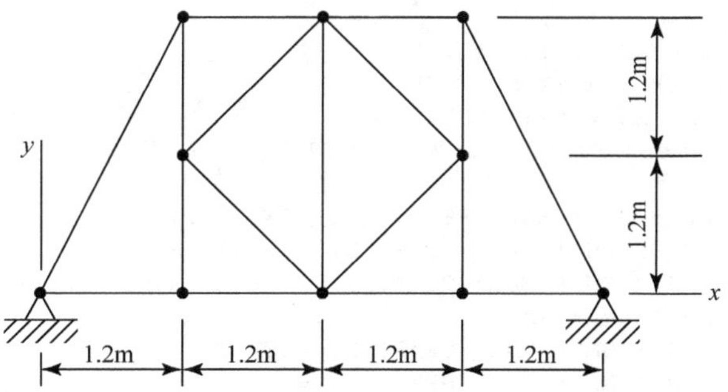

习题 4.19 图

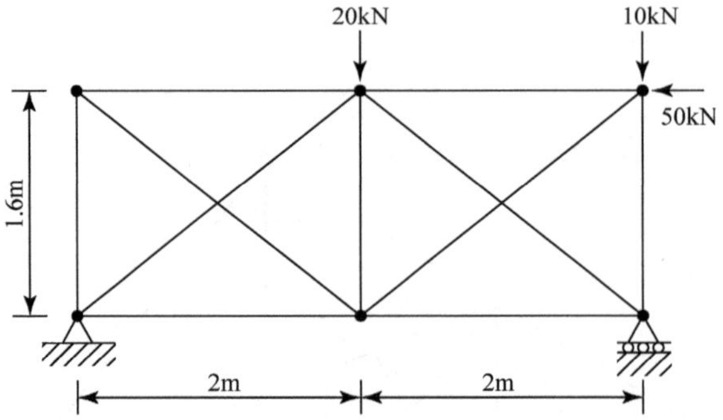

习题 4.20 图

程 序 清 单

```
MAIN PROGRAM
'*****************************************
'* PROGRAM TRUSS2D                       *
'* TWO DIMENSIONAL TRUSSES               *
'* T.R.Chandrupatla and A.D.Belegundu    *
'*****************************************
Private Sub CommandButton1_Click()
   Call InputData
   Call Bandwidth
   Call Stiffness
   Call ModifyForBC
   Call BandSolver
   Call StressCalc
   Call ReactionCalc
   Call Output
End Sub
```

```
ELEMENT STIFFNESS AND ASSEMBLY OF GLOBAL STIFFNESS
Private Sub Stiffness()
     ReDim S(NQ, NBW)
     '----- Global Stiffness Matrix -----
     For N = 1 To NE
        I1 = NOC(N, 1): I2 = NOC(N, 2)
        I3 = MAT(N)
        X21 = X(I2, 1) - X(I1, 1)
        Y21 = X(I2, 2) - X(I1, 2)
        EL = Sqr(X21 * X21 + Y21 * Y21)
        EAL = PM(I3, 1) * AREA(N) / EL
        CS = X21 / EL: SN = Y21 / EL
     '----------- Element Stiffness Matrix SE() -----------
        SE(1, 1) = CS * CS * EAL
        SE(1, 2) = CS * SN * EAL: SE(2, 1) = SE(1, 2)
        SE(1, 3) = -CS * CS * EAL: SE(3, 1) = SE(1, 3)
        SE(1, 4) = -CS * SN * EAL: SE(4, 1) = SE(1, 4)
        SE(2, 2) = SN * SN * EAL
        SE(2, 3) = -CS * SN * EAL: SE(3, 2) = SE(2, 3)
        SE(2, 4) = -SN * SN * EAL: SE(4, 2) = SE(2, 4)
        SE(3, 3) = CS * CS * EAL
        SE(3, 4) = CS * SN * EAL: SE(4, 3) = SE(3, 4)
        SE(4, 4) = SN * SN * EAL
```

（续）

```
      '-------------- Temperature Load TL() ---------------
         EE0 = PM(I3, 2) * DT(N) * PM(I3, 1) * AREA(N)
         TL(1) = -EE0 * CS: TL(2) = -EE0 * SN
         TL(3) = EE0 * CS: TL(4) = EE0 * SN
      '----- Stiffness Assmbly -----
         For II = 1 To NEN
            NRT = NDN * (NOC(N, II) - 1)
            For IT = 1 To NDN
               NR = NRT + IT
               I = NDN * (II - 1) + IT
               For JJ = 1 To NEN
                  NCT = NDN * (NOC(N, JJ) - 1)
                  For JT = 1 To NDN
                     J = NDN * (JJ - 1) + JT
                     NC = NCT + JT - NR + 1
                     If NC > 0 Then
                       S(NR, NC) = S(NR, NC) + SE(I, J)
                     End If
                  Next JT
               Next JJ
               F(NR) = F(NR) + TL(I)
            Next IT
         Next II
      Next N
End Sub
```

```
STRESS CALCULATIONS
Private Sub StressCalc()
      ReDim Stress(NE)
      '----- Stress Calculations
      For I = 1 To NE
          I1 = NOC(I, 1)
          I2 = NOC(I, 2)
          I3 = MAT(I)
          X21 = X(I2, 1) - X(I1, 1): Y21 = X(I2, 2) - X(I1, 2)
          EL = Sqr(X21 * X21 + Y21 * Y21)
          CS = X21 / EL
          SN = Y21 / EL
          J2 = 2 * I1
          J1 = J2 - 1
          K2 = 2 * I2
          K1 = K2 - 1
          DLT = (F(K1) - F(J1)) * CS + (F(K2) - F(J2)) * SN
          Stress(I) = PM(I3, 1) * (DLT / EL - PM(I3, 2) * DT(I))
      Next I
End Sub
```

第 5 章

梁和框架结构

5.1 引言

梁是用来支撑横向载荷的细长结构，如在建筑或桥梁中使用的长的水平构件，用来支撑轴承的轴，这些都属于梁。由刚性连接的梁组成的复杂结构称为框架结构，在汽车、飞机、运动机构以及传力机器中都能找到框架的例子。在这一章里，我们将给出梁的有限元描述，然后再把这一思路加以扩展，使之能够描述和解决二维框架问题。

这里考虑梁的横截面相对于载荷平面是对称的。图 5.1 显示的是一根水平梁，图 5.2 显示了梁的横截面和弯曲应力分布。在小挠度情形下，根据梁的理论有

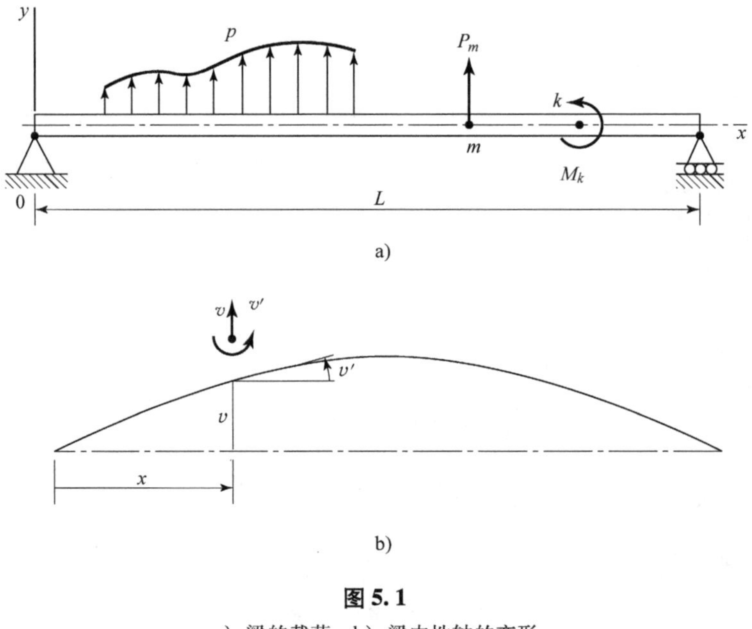

图 5.1

a）梁的载荷　b）梁中性轴的变形

$$\sigma = -\frac{M}{I}y \tag{5.1}$$

$$\varepsilon = \frac{\sigma}{E} \tag{5.2}$$

$$\frac{\mathrm{d}^2 v}{\mathrm{d}x^2} = \frac{M}{EI} \tag{5.3}$$

其中，σ 是正应力；ε 是正应变；M 是截面上的弯矩；v 是中性轴在 x 处的挠度；I 是关于中性轴的横截面惯性矩（z 轴穿过重心）。

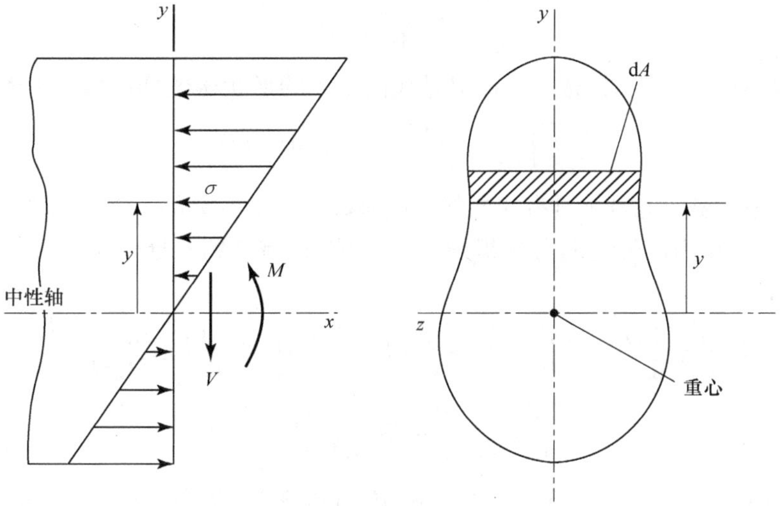

图 5.2　梁的横截面和应力分布

势能方法

在基本长度 dx 内的应变能是

$$dU = \frac{1}{2}\int_A \sigma\varepsilon dA dx = \frac{1}{2}\left(\frac{M^2}{EI^2}\int_A y^2 dA\right)dx$$

注意到 $\int_A y^2 dA$ 是惯性矩 I，所以有

$$dU = \frac{1}{2}\frac{M^2}{EI}dx \tag{5.4}$$

应用式（5.3），梁内的总应变能为

$$U = \frac{1}{2}\int_0^L EI\left(\frac{d^2v}{dx^2}\right)^2 dx \tag{5.5}$$

而梁的势能为

$$\Pi = \frac{1}{2}\int_0^L EI\left(\frac{d^2v}{dx^2}\right)^2 dx - \int_0^L pv dx - \sum_m P_m v_m - \sum_k M_k v'_k \tag{5.6}$$

其中，p 是单位长度的分布载荷；P_m 是点 m 处的点载荷；M_k 是点 k 处的力矩；v_m 是点 m 处的挠度；v'_k是点 k 处的斜率。

伽辽金方法

为得到伽辽金公式，首先研究一个单位长度的平衡问题，由图 5.3 可知

$$\frac{dV}{dx} = p \tag{5.7}$$

$$\frac{dM}{dx} = V \tag{5.8}$$

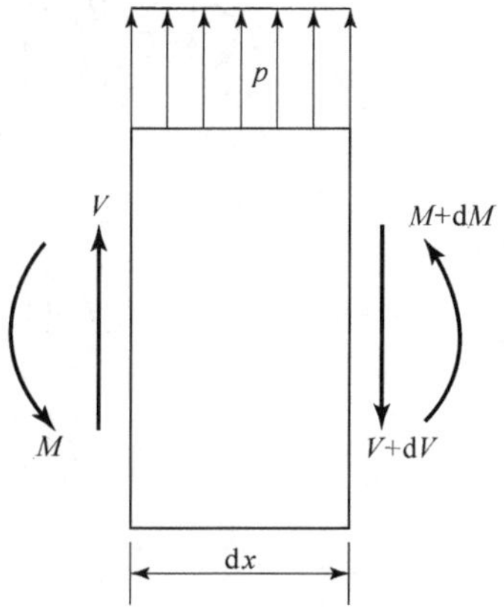

图 5.3　基本长度为 dx 的自由体

联合式（5.3）、式（5.7）和式（5.8），平衡方程可写为

$$\frac{\mathrm{d}^2}{\mathrm{d}x^2}\left(EI\frac{\mathrm{d}^2 v}{\mathrm{d}x^2}\right) - p = 0 \tag{5.9}$$

当采用伽辽金方法进行近似求解时，希望寻找由单元的形状函数构成的近似解 v，并满足

$$\int_0^L \left[\frac{\mathrm{d}}{\mathrm{d}x^2}\left(EI\frac{\mathrm{d}^2 v}{\mathrm{d}x^2}\right) - p\right]\phi\mathrm{d}x = 0 \tag{5.10}$$

其中，ϕ 是一任意函数，它和 v 具有相同的基底函数，注意当 v 为一给定值时，则 ϕ 应等于 0。我们将式（5.10）中的第一项进行分部积分，并将积分区域 0 到 L 分段为：$(0, x_m)$，(x_m, x_k) 和 (x_k, L)，则有

$$\int_0^L EI\frac{\mathrm{d}^2 v}{\mathrm{d}x^2}\frac{\mathrm{d}^2 \phi}{\mathrm{d}x^2}\mathrm{d}x - \int_0^L p\phi\mathrm{d}x + \frac{\mathrm{d}}{\mathrm{d}x}\left(EI\frac{\mathrm{d}^2 v}{\mathrm{d}x^2}\right)\phi\bigg|_0^{x_m} + \frac{\mathrm{d}}{\mathrm{d}x}\left(EI\frac{\mathrm{d}^2 v}{\mathrm{d}x^2}\right)\phi\bigg|_{x_m}^{L} -$$

$$EI\frac{\mathrm{d}^2 v}{\mathrm{d}x^2}\frac{\mathrm{d}\phi}{\mathrm{d}x}\bigg|_0^{x_k} - EI\frac{\mathrm{d}^2 v}{\mathrm{d}x^2}\frac{\mathrm{d}\phi}{\mathrm{d}x}\bigg|_{x_k}^{L} = 0 \tag{5.11}$$

注意到 $EI(\mathrm{d}^2 v/\mathrm{d}x^2)$ 等于式（5.3）中的弯矩 M，$(\mathrm{d}/\mathrm{d}x)[EI(\mathrm{d}^2 v/\mathrm{d}x^2)]$ 等于式（5.8）中的剪切力 V。同样，ϕ 和 M 在支点处为 0，在 x_m 处，剪切力的阶跃为 P_m；在 x_m 处，弯矩的阶跃为 $-M_k$；这样，可以得到

$$\int_0^L EI\frac{\mathrm{d}^2 v}{\mathrm{d}x^2}\frac{\mathrm{d}^2 \phi}{\mathrm{d}x^2}\mathrm{d}x - \int_0^L p\phi\mathrm{d}x - \sum_m P_m\phi_m - \sum_k M_k\phi_k' = 0 \tag{5.12}$$

对于基于伽辽金方法的有限元描述，v 和 ϕ 将由相同的形状函数构成，而式（5.12）就是虚功原理的描述。

5.2   有限元列式

如图 5.4 所示，一根梁被分为几个单元，每个节点有两个自由度；节点 i 处的自由度为 Q_{2i-1} 和 Q_{2i}，自由度 Q_{2i-1} 是横向位移，而 Q_{2i} 是斜率或转角。

图 5.4   有限元离散

用列阵

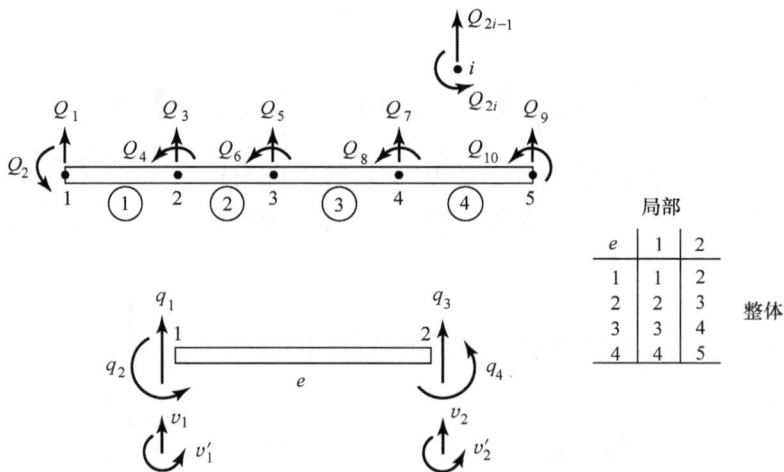

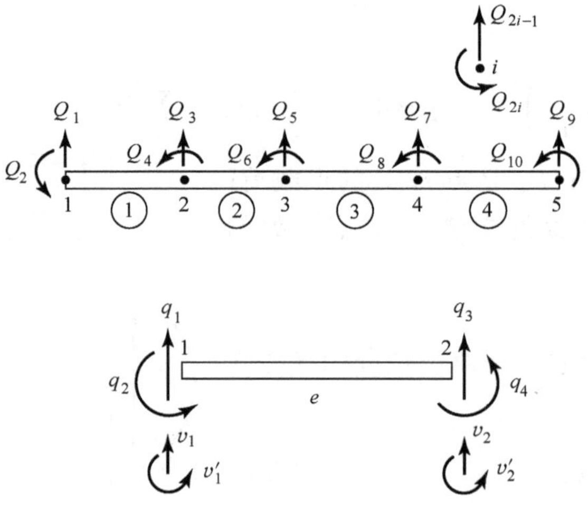

$$\boldsymbol{Q}=(Q_1,Q_2,\cdots,Q_{10})^{\mathrm{T}} \tag{5.13}$$

代表整体位移向量。对单独的一个单元，局部自由度由下式表示

$$\boldsymbol{q}=(q_1,q_2,q_3,q_4)^{\mathrm{T}} \tag{5.14}$$

从图 5.4 的表中可以看出局部位移编号与整体位移编号之间的关系，$\boldsymbol{q}$ 和 $(v_1,\ v_1',\ v_2,\ v'_2)^{\mathrm{T}}$ 是相同的。如图 5.5 所示，一个单元上 v 是由定义在 ξ 上的形状函数插值得到的，ξ 的取值范围是 $[-1,\ 1]$，梁单元的形状函数和前面讨论过的形状函数有所不同。由于涉及节点值和节点斜率，我们需要定义 Hermite 形状函数，该函数可以满足节点值和节点斜率的连续性要求，如下式所示，每个形状函数都具有三次多项式，即

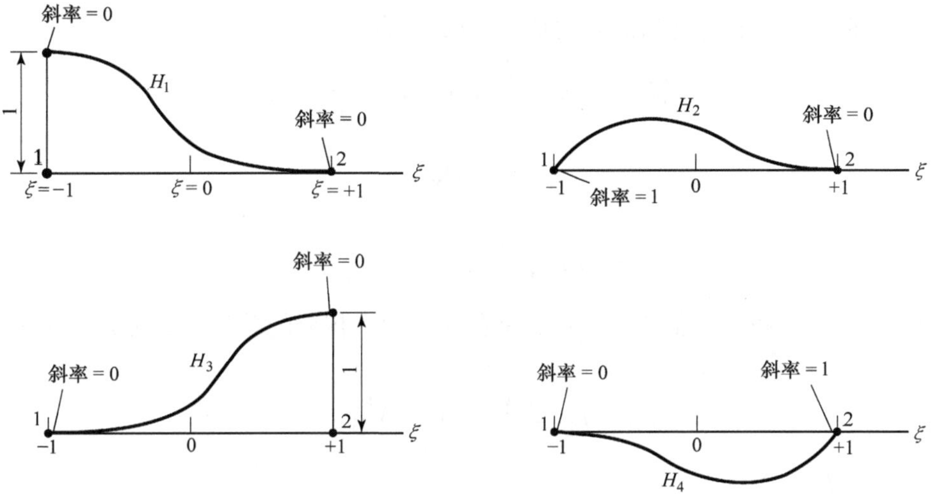

图 5.5 Hermite 形状函数

$$H_i=a_i+b_i\xi+c_i\xi^2+d_i\xi^3 \quad (i=1,2,3,4) \tag{5.15}$$

还必须满足下表中所给的条件

	H_1	H_1'	H_2	H_2'	H_3	H_3'	H_4	H_4'
$\xi=-1$	1	0	0	1	0	0	0	0
$\xi=1$	0	0	0	0	1	0	0	1

我们可以求出形状函数中的各个系数 a_i，b_i，c_i 和 d_i，则有

$$\begin{cases} H_1=\dfrac{1}{4}(1-\xi)^2(2+\xi)\text{或}\dfrac{1}{4}(2-3\xi+\xi^3) \\ H_2=\dfrac{1}{4}(1-\xi)^2(\xi+1)\text{或}\dfrac{1}{4}(1-\xi-\xi^2+\xi^3) \\ H_3=\dfrac{1}{4}(1+\xi)^2(2-\xi)\text{或}\dfrac{1}{4}(2+3\xi-\xi^3) \\ H_4=\dfrac{1}{4}(1+\xi)^2(\xi-1)\text{或}\dfrac{1}{4}(-1-\xi+\xi^2+\xi^3) \end{cases} \tag{5.16}$$

这样，v 就可以用下面含有 Hermite 形状函数的式子来表示

$$v(\xi)=H_1v_1+H_2\left(\frac{\mathrm{d}v}{\mathrm{d}\xi}\right)_1+H_3v_2+H_4\left(\frac{\mathrm{d}v}{\mathrm{d}\xi}\right)_2 \tag{5.17}$$

其坐标变换由下式给出

$$x=\frac{1-\xi}{2}x_1+\frac{1+\xi}{2}x_2=\frac{x_1+x_2}{2}+\frac{x_2-x_1}{2}\xi \tag{5.18}$$

由于 $l_e=x_2-x_1$ 是单元的长度，我们有

$$\mathrm{d}x=\frac{l_e}{2}\mathrm{d}\xi \tag{5.19}$$

由求导的链式法则 $\mathrm{d}v/\mathrm{d}\xi=(\mathrm{d}v/\mathrm{d}x)(\mathrm{d}x/\mathrm{d}\xi)$，可得

$$\frac{\mathrm{d}v}{\mathrm{d}\xi}=\frac{l_e}{2}\frac{\mathrm{d}v}{\mathrm{d}x} \tag{5.20}$$

注意到 $\mathrm{d}v/\mathrm{d}x$ 在节点 1 和 2 处的值分别是 q_2 和 q_4，有

$$v(\xi)=H_1q_1+\frac{l_e}{2}H_2q_2+H_3q_3+\frac{l_e}{2}H_4q_4 \tag{5.21}$$

上式可写成

$$v=\boldsymbol{Hq} \tag{5.22}$$

其中

$$\boldsymbol{H}=\left(H_1,\ \frac{l_e}{2}H_2,\ H_3,\ \frac{l_e}{2}H_4\right) \tag{5.23}$$

在系统的总势能中，我们把整体积分看做是各个单元上积分的总和；单元的应变能可由下式给出

$$U_e=\frac{1}{2}EI\int_e\left(\frac{\mathrm{d}^2v}{\mathrm{d}x^2}\right)^2\mathrm{d}x \tag{5.24}$$

由式（5.20），有

$$\frac{\mathrm{d}v}{\mathrm{d}x}=\frac{2}{l_e}\frac{\mathrm{d}v}{\mathrm{d}\xi},\quad \frac{\mathrm{d}^2v}{\mathrm{d}x^2}=\frac{4}{l_e^2}\frac{\mathrm{d}^2v}{\mathrm{d}\xi^2}$$

代入 $v=\boldsymbol{Hq}$，可以得到

$$\left(\frac{\mathrm{d}^2v}{\mathrm{d}x^2}\right)^2=\boldsymbol{q}^{\mathrm{T}}\frac{16}{l_e^4}\left(\frac{\mathrm{d}^2\boldsymbol{H}}{\mathrm{d}\xi^2}\right)^{\mathrm{T}}\left(\frac{\mathrm{d}^2\boldsymbol{H}}{\mathrm{d}\xi^2}\right)\boldsymbol{q} \tag{5.25}$$

$$\left(\frac{\mathrm{d}^2\boldsymbol{H}}{\mathrm{d}\xi^2}\right)=\left(\frac{3}{2}\xi,\ \frac{-1+3\xi}{2}\frac{l_e}{2},\ -\frac{3}{2}\xi,\ \frac{1+3\xi}{2}\frac{l_e}{2}\right) \tag{5.26}$$

将 $\mathrm{d}x=(l_e/2)\mathrm{d}\xi$、式（5.25）和式（5.26）代入方程（5.24）中，有

$$U_e=\frac{1}{2}\boldsymbol{q}^{\mathrm{T}}\frac{8EI}{l_e^3}\int_{-1}^{+1}\begin{pmatrix}\frac{9}{4}\xi^2 & \frac{3}{8}\xi(-1+3\xi)l_e & -\frac{9}{4}\xi^2 & \frac{3}{8}\xi(1+3\xi)l_e\\ & \left(\frac{-1+3\xi}{4}\right)^2l_e^2 & -\frac{3}{8}\xi(-1+3\xi)l_e & \frac{-1+9\xi^2}{16}l_e^2\\ & \text{对称} & \frac{9}{4}\xi^2 & -\frac{3}{8}\xi(1+3\xi)l_e\\ & & & \left(\frac{1+3\xi}{4}\right)^2l_e^2\end{pmatrix}\mathrm{d}\xi\boldsymbol{q} \tag{5.27}$$

需要对该矩阵中的每一项进行积分，注意到

$$\int_{-1}^{+1}\xi^2\mathrm{d}\xi=\frac{2}{3},\quad \int_{-1}^{+1}\xi\mathrm{d}\xi=0,\quad \int_{-1}^{+1}\mathrm{d}\xi=2$$

这样可以将单元应变能写成

$$U_e = \frac{1}{2}\boldsymbol{q}^{\mathrm{T}}\boldsymbol{k}^e\boldsymbol{q} \tag{5.28}$$

其中，单元刚度矩阵为

$$\boldsymbol{k}^e = \frac{EI}{l_e^3}\begin{pmatrix} 12 & 6l_e & -12 & 6l_e \\ 6l_e & 4l_e^2 & -6l_e & 2l_e^2 \\ -12 & -6l_e & 12 & -6l_e \\ 6l_e & 2l_e^2 & -6l_e & 4l_e^2 \end{pmatrix} \tag{5.29}$$

它是对称的。

在基于 Galerkin 方法的推导中，我们注意到

$$EI\frac{\mathrm{d}^2\phi}{\mathrm{d}x^2}\frac{\mathrm{d}^2v}{\mathrm{d}x^2} = \boldsymbol{\psi}^{\mathrm{T}}EI\frac{16}{l_e^4}\left(\frac{\mathrm{d}^2\boldsymbol{H}}{\mathrm{d}\xi^2}\right)^{\mathrm{T}}\left(\frac{\mathrm{d}^2\boldsymbol{H}}{\mathrm{d}\xi^2}\right)\boldsymbol{q} \tag{5.30}$$

其中

$$\boldsymbol{\psi} = (\psi_1,\ \psi_2,\ \psi_3,\ \psi_4)^{\mathrm{T}} \tag{5.31}$$

是单元上的虚位移列阵，而 $v = \boldsymbol{Hq}$，$\phi = \boldsymbol{H\psi}$。对式（5.30）积分后可以产生与式（5.28）相同的单元刚度，$\boldsymbol{\psi}^{\mathrm{T}}\boldsymbol{k}^e\boldsymbol{q}$ 是单元的内力虚功。

单元刚度矩阵——直接法

这里将阐述通过固体力学基础课程中所学的关系，采用直接刚度理论推导单元刚度（式 5.29）的方法。如图 5.6 所示，对于一端固定长度为 l 的梁，在末端施加集中载荷 P，弯矩 M，其挠度 v 和转角 v' 的关系为（在推导中忽略上标 e）

末端载荷 P
$$v = \frac{Pl^3}{3EI},\quad v' = \frac{Pl^2}{2EI} \tag{5.32}$$

末端弯矩 M
$$v = \frac{Ml^2}{2EI},\quad v' = \frac{Ml}{EI} \tag{5.33}$$

利用这些关系，图 5.7 中，单元节点 2 的相对变形量可以写成

$$q_3 - q_1 - q_2 l = \frac{f_3 l^3}{3EI} + \frac{f_4 l^2}{2EI} \tag{5.34}$$

$$q_4 - q_2 = \frac{f_3 l^2}{2EI} + \frac{f_4 l}{EI} \tag{5.35}$$

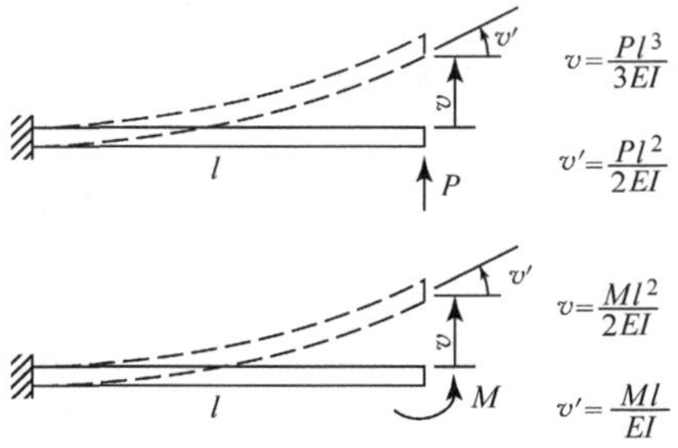

图 5.6 转角-挠度关系

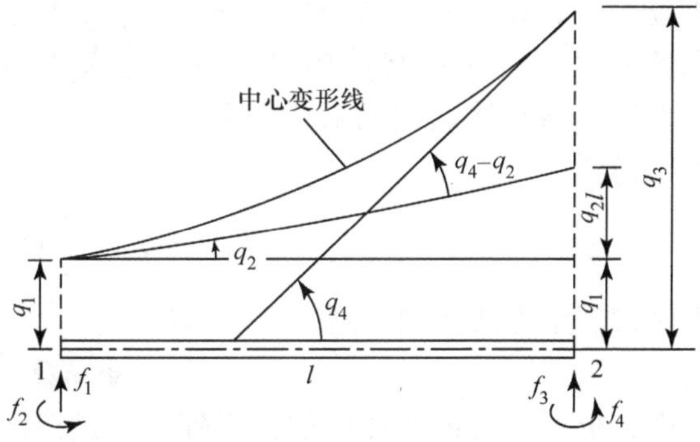

图 5.7 单元变形图

将 2 × 式（5.34）加到（$-l$）× 式（5.35）中，得到

$$\frac{EI}{l^3}(-12q_1-6lq_2+12q_3-6lq_4)=f_3 \tag{5.36}$$

同样的，将 −3 × 式（5.34）加到（$2l$）× 式（5.35），得

$$\frac{EI}{l^2}(6q_1+2lq_2-6q_3+4lq_4)=f_4 \tag{5.37}$$

图 5.7 中单元平衡关系为

$$\begin{aligned} f_1 &= -f_3 \\ f_2 &= -f_4-lf_3 \end{aligned} \tag{5.38}$$

由式（5.36）~式（5.38）得到关系

$$\boldsymbol{k}^e\boldsymbol{q}=\boldsymbol{f} \tag{5.39}$$

$\boldsymbol{k}^e$ 是式（5.29）给定的单元刚度矩阵。

5.3 载荷列阵

首先考虑单元上分布载荷 p 的贡献，假定该分布载荷在整个单元上是均匀的，则

$$\int_{l_e} pv\mathrm{d}x = \left(\frac{pl_e}{2}\int_{-1}^{1}\boldsymbol{H}\mathrm{d}\xi\right)\boldsymbol{q} \tag{5.40}$$

由式（5.16）和式（5.23）来代换以上方程中的 $\boldsymbol{H}$，并进行积分，有

$$\int_{l_e} pv\mathrm{d}x = \boldsymbol{f}^{e\mathrm{T}}\boldsymbol{q} \tag{5.41}$$

其中

$$\boldsymbol{f}^e = \left(\frac{pl_e}{2},\ \frac{pl_e^2}{12},\ \frac{pl_e}{2},\ \frac{-pl_e^2}{12}\right)^{\mathrm{T}} \tag{5.42}$$

该单元上的等效载荷如图 5.8 所示，用伽辽金方法计算式（5.12）中的 $\int_e p\phi\mathrm{d}x$ 可以得到相同的结果。对于线性分布载荷的情况，见习题 5.15。在集中载荷作用处划分相应节点，则集中载荷 P_m 和 M_k 也容易处理。应用势能方法，并考虑局部与整体之间的对应关系，可以得到

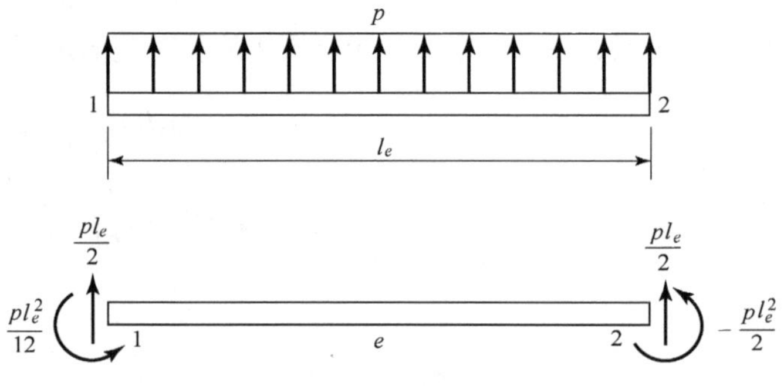

图 5.8 单元上的分布载荷

$$\Pi = \frac{1}{2}\boldsymbol{Q}^{\mathrm{T}}\boldsymbol{K}\boldsymbol{Q}-\boldsymbol{Q}^{\mathrm{T}}\boldsymbol{F} \tag{5.43}$$

若用伽辽金方法，则得到

$$\boldsymbol{\Psi}^{\mathrm{T}}\boldsymbol{K}\boldsymbol{Q}-\boldsymbol{\Psi}^{\mathrm{T}}\boldsymbol{F}=0 \tag{5.44}$$

其中，$\boldsymbol{\Psi}$ 是许可的整体虚位移列阵，它是待定的。

5.4 边界条件的处理

当对应于自由度 r，其位移值被给定为 a 时，可以采用罚函数法进行处理，即将 $\frac{1}{2}C\ (Q_r-a)^2$引入到 Π 中，或在伽辽金方法中，将 $\boldsymbol{\psi}_j C(Q_r-a)$ 加入到左边项中，这时原问题变为无自由度约束的情况。所添加项中的系数 C 代表刚度，同梁的刚度值相比它是一个很大的数，这相当于在 K_{rr} 中增加了刚度 C，在 F_r 中增加了载荷 Ca（见图 5.9）。从式（5.43）和式（5.44）中，都能独立推导出

$$\boldsymbol{KQ}=\boldsymbol{F} \tag{5.45}$$

对这些方程进行求解可以求出节点位移。

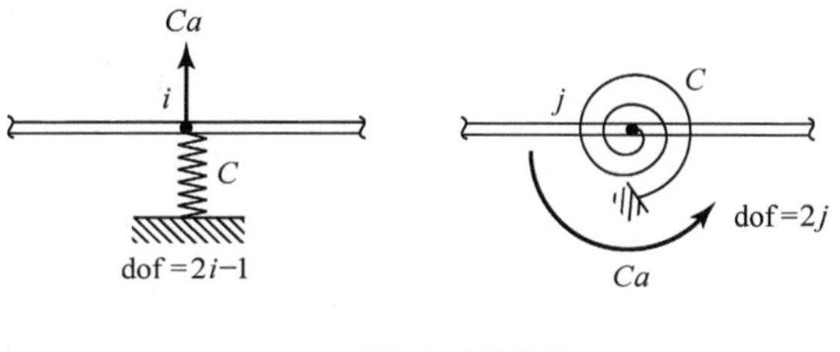

图 5.9 梁的边界条件

被约束自由度处的支座约束力可由式（3.74）和式（3.78）求出。

5.5 剪切力和弯矩

使用计算弯矩和剪切力的方程

$$M=EI\frac{\mathrm{d}^2v}{\mathrm{d}x^2},\ V=\frac{\mathrm{d}M}{\mathrm{d}x}\text{和 } v=\boldsymbol{Hq}$$

可以得到弯矩和剪切力的表达式，即

$$M=\frac{EI}{l_e^2}\left[6\xi q_1+(3\xi-1)l_e q_2-6\xi q_3+(3\xi+1)l_e q_4\right] \tag{5.46}$$

$$V=\frac{6EI}{l_e^3}(2q_1+l_e q_2-2q_3+l_e q_4) \tag{5.47}$$

这些弯矩和剪切力是在等效点载荷情况下得到的；将单元两端的平衡载荷表示为 R_1、R_2、R_3 和 R_4，则有

$$\begin{Bmatrix} R_1 \\ R_2 \\ R_3 \\ R_4 \end{Bmatrix}=\frac{EI}{l_e^3}\begin{bmatrix} 12 & 6l_e & -12 & 6l_e \\ 6l_e & 4l_e^2 & -6l_e & 2l_e^2 \\ -12 & -6l_e & 12 & -6l_e \\ 6l_e & 2l_e^2 & -6l_e & 4l_e^2 \end{bmatrix}\begin{Bmatrix} q_1 \\ q_2 \\ q_3 \\ q_4 \end{Bmatrix}+\begin{Bmatrix} \frac{-pl_e}{2} \\ \frac{-pl_e^2}{12} \\ \frac{-pl_e}{2} \\ \frac{pl_e^2}{12} \end{Bmatrix} \tag{5.48}$$

容易看出上式右边的第一项是 $\boldsymbol{k}^e\boldsymbol{q}$，第二项只是在具有分布载荷的情况下才有的。在介绍矩阵结构的教科书中，前面的方程是直接由单元平衡给出，而方程的左边项由叫做“固定端支反力”的项组成，可以看出：单元两端的剪切力分别为 $V_1=R_1$ 和 $V_2=-R_3$，两端的弯矩为 $M_1=-R_2$和 $M_2=R_4$。

例题 5.1

对于如例题5.1图所示的梁和载荷，计算：（1）在节点2和3处的斜率；（2）在分布载荷中点处的垂直挠度。

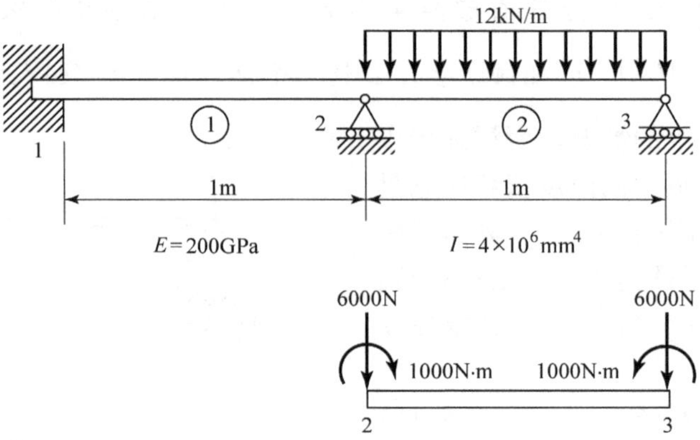

例题 5.1 图

解：对该问题采用3个节点和两个单元。位移 Q_1、Q_2、Q_3 和 Q_5 由于受到约束被置为0，现需要求解的是 Q_4 和 Q_6，由于两个单元的长度和横截面都分别相同，则单元矩阵都由式（5.29）计算，即

$$\frac{EI}{l^3}=\frac{(200\times10^9)(4\times10^{-6})}{1^3}=8\times10^5\text{N/m}$$

$$\boldsymbol{k}^1=\boldsymbol{k}^2=8\times10^5\begin{pmatrix}12 & 6 & -12 & 6\\ 6 & 4 & -6 & 2\\ -12 & -6 & 12 & -6\\ 6 & 2 & -6 & 4\end{pmatrix}$$

$$\begin{matrix}e=1 & \quad & Q_1 & Q_2 & Q_3 & Q_4\\ e=2 & \quad & Q_3 & Q_4 & Q_5 & Q_6\end{matrix}$$

如图5.8所示，由 $pl^2/12$ 可算出对应的载荷为 $F_4=-1000\text{N}\cdot\text{m}$，$F_6=1000\text{N}\cdot\text{m}$。这里我们使用第3章中介绍的消元法，考虑到单元的连接状况，消元后获得的整体刚度矩阵为

$$\boldsymbol{K}=\begin{pmatrix}k_{44}^{(1)}+k_{22}^{(2)} & k_{24}^{(2)}\\ k_{42}^{(2)} & k_{44}^{(2)}\end{pmatrix}=8\times10^5\begin{pmatrix}8 & 2\\ 2 & 4\end{pmatrix}$$

则方程组为

$$8\times10^5\begin{pmatrix}8 & 2\\ 2 & 4\end{pmatrix}\begin{pmatrix}Q_4\\ Q_6\end{pmatrix}=\begin{pmatrix}-1000\\ +1000\end{pmatrix}$$

其解为

$$\begin{pmatrix}Q_4\\ Q_6\end{pmatrix}=\begin{pmatrix}-2.679\times10^{-4}\\ 4.464\times10^{-4}\end{pmatrix}$$

则对于单元②，有 $q_1=0$，$q_2=Q_4$，$q_3=0$，$q_4=Q_6$。采用关系 $v=\boldsymbol{Hq}$，并设定 $\xi=0$，可求出单元中点处的垂直挠度为

$$\begin{aligned} v &= 0 + \frac{l_e}{2}H_2Q_4 + 0 + \frac{l_e}{2}H_4Q_6 \\ &= \left(\frac{1}{2}\right)\left(\frac{1}{4}\right)(-2.679\times10^{-4}) + \left(\frac{1}{2}\right)\left(-\frac{1}{4}\right)(4.464\times10^{-4}) \\ &= -8.93\times10^{-5}\mathrm{m} \\ &= -0.0893\mathrm{mm} \end{aligned}$$

5.6 具有弹性支承的梁

在许多工程应用中，梁都是由弹性构件进行支承的，比如一些轴通常由滚珠、滚柱或轴颈轴承进行支承，一些较大的梁由弹性墙进行支承，还有一大类梁支承在地基上，一般将这类问题称为 Winkler 地基。

单排滚珠轴承可以看做是：在每个轴承处都有一个节点，并将轴承刚度 k_B 添加到单元刚度矩阵中对应垂直自由度的对角位置上（见图 5.10a）；而对于滚柱或轴颈轴承，还要考虑相应的转动（力矩）刚度。

对于较宽的轴颈轴承和 Winkler 地基，我们使用支承介质的单位长度上的刚度 s 来描述（见图 5.10b）。在支承介质所作用的长度范围内，总势能将会多出下面一项

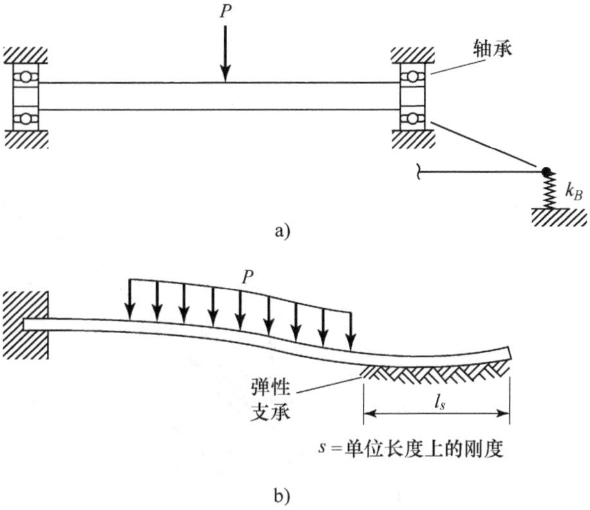

图 5.10 弹性支承

$$\frac{1}{2}\int_0^l sv^2\mathrm{d}x \tag{5.49}$$

在伽辽金方法中，这一项是 $\int_0^l sv\phi\mathrm{d}x$ 。当我们将 $v = \boldsymbol{Hq}$ 代入离散化模型后，上式将变为

$$\frac{1}{2}\sum_e \boldsymbol{q}^{\mathrm{T}} s\int_e \boldsymbol{H}^{\mathrm{T}}\boldsymbol{H}\mathrm{d}x\boldsymbol{q} \tag{5.50}$$

从这一求和公式里，可以看出其中的刚度矩阵项，即

$$\boldsymbol{k}_s^e = s\int_e \boldsymbol{H}^{\mathrm{T}}\boldsymbol{H}\mathrm{d}x = \frac{sl_e}{2}\int_{-1}^{+1}\boldsymbol{H}^{\mathrm{T}}\boldsymbol{H}\mathrm{d}\xi \tag{5.51}$$

对其进行积分，有

$$\boldsymbol{k}_s^e = \frac{sl_e}{420}\begin{pmatrix} 156 & 22l_e & 54 & -13l_e \\ 22l_e & 4l_e^2 & 13l_e & -3l_e^2 \\ 54 & 13l_e & 156 & -22l_e \\ -13l_e & -3l_e^2 & -22l_e & 4l_e^2 \end{pmatrix} \tag{5.52}$$

对于具有弹性地基支承的单元，这一刚度矩阵需要加入到由式（5.29）给出的单元刚

度矩阵中。而矩阵 $\boldsymbol{k}_s^e$ 就是弹性地基的一致刚度矩阵。

5.7 平面框架

这里，我们考虑具有刚性连接的平面结构，除了具有轴向载荷和轴向变形外，这些结构的构件与梁类似；这些单元还具有不同的取向。图 5.11 给出的是一个典型的框架单元，它的每个节点上都具有两个位移和一个转角，节点位移列阵由下式给出

$$\boldsymbol{q}=(q_1,q_2,q_3,q_4,q_5,q_6)^{\mathrm{T}} \tag{5.53}$$

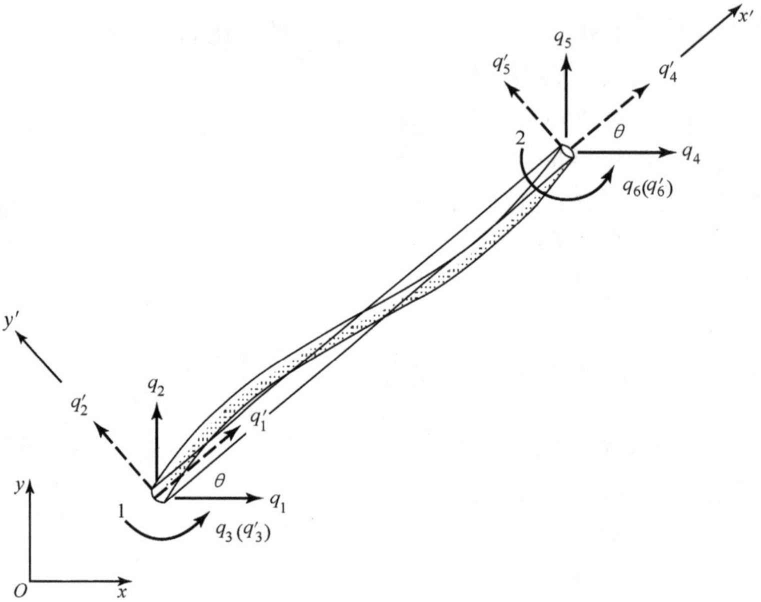

图 5.11 框架单元

同样定义一个局部或物体坐标系 x'、y'，其中 x'轴沿单元的 1-2 方向，具有方向余弦 l、m（其中，$l=\cos\theta$，$m=\sin\theta$），这些值可使用桁架单元中所采用的关系来确定（请参阅图 4.4），将局部坐标系中的节点位移列阵表示为

$$\boldsymbol{q}'=(q_1',q_2',q_3',q_4',q_5',q_6')^{\mathrm{T}} \tag{5.54}$$

注意：有 $q_3'=q_3$，$q_6'=q_6$，它们是单元在节点上的转角。这样可得到局部与整体的位移变换关系

$$\boldsymbol{q}'=\boldsymbol{L}\boldsymbol{q} \tag{5.55}$$

其中

$$\boldsymbol{L}=\begin{pmatrix} l & m & 0 & 0 & 0 & 0\\ -m & l & 0 & 0 & 0 & 0\\ 0 & 0 & 1 & 0 & 0 & 0\\ 0 & 0 & 0 & l & m & 0\\ 0 & 0 & 0 & -m & l & 0\\ 0 & 0 & 0 & 0 & 0 & 1 \end{pmatrix} \tag{5.56}$$

我们注意到：q_2'，q_3'，q_5'和 q_6'对应于梁单元的自由度，而 q_1'和 q_4'则对应于第 3 章中杆单元的位移。在所对应的位置组合这两个刚度矩阵，可以得到如下所示的框架单元的刚度矩阵

$$\boldsymbol{k}'^{e}=\begin{pmatrix}\frac{EA}{l_e} & 0 & 0 & \frac{-EA}{l_e} & 0 & 0\\ 0 & \frac{12EI}{l_e^3} & \frac{6EI}{l_e^2} & 0 & \frac{-12EI}{l_e^3} & \frac{6EI}{l_e^2}\\ 0 & \frac{6EI}{l_e^2} & \frac{4EI}{l_e} & 0 & \frac{-6EI}{l_e^2} & \frac{2EI}{l_e}\\ \frac{-EA}{l_e} & 0 & 0 & \frac{EA}{l_e} & 0 & 0\\ 0 & \frac{-12EI}{l_e^3} & \frac{-6EI}{l_e^2} & 0 & \frac{12EI}{l_e^3} & \frac{-6EI}{l_e^2}\\ 0 & \frac{6EI}{l_e^2} & \frac{2EI}{l_e} & 0 & \frac{-6EI}{l_e^2} & \frac{4EI}{l_e}\end{pmatrix} \tag{5.57}$$

类似于推导第 4 章中的桁架单元，我们知道单元的应变能可由下式给出

$$U_e=\frac{1}{2}\boldsymbol{q}'^{\mathrm{T}}\boldsymbol{k}'^{e}\boldsymbol{q}'=\frac{1}{2}\boldsymbol{q}^{\mathrm{T}}\boldsymbol{L}^{\mathrm{T}}\boldsymbol{k}'^{e}\boldsymbol{L}\boldsymbol{q} \tag{5.58}$$

或采用伽辽金方法，单元的内力虚功是

$$W_e=\boldsymbol{\Psi}'^{\mathrm{T}}\boldsymbol{k}'^{e}\boldsymbol{q}'=\boldsymbol{\Psi}^{\mathrm{T}}\boldsymbol{L}^{\mathrm{T}}\boldsymbol{k}'^{e}\boldsymbol{L}\boldsymbol{q} \tag{5.59}$$

其中，$\boldsymbol{\psi}'$和 $\boldsymbol{\psi}$ 分别是局部和整体坐标系下的节点虚位移；由式（5.58）和式（5.59），可以得到整体坐标系下的单元刚度矩阵为

$$\boldsymbol{k}^{e}=\boldsymbol{L}^{\mathrm{T}}\boldsymbol{k}'^{e}\boldsymbol{L} \tag{5.60}$$

在有限元编程时，可以先计算 k'^{e}，然后按上式进行矩阵乘法的运算。

若在单元上作用有分布载荷，如图 5.12 所示，则有

$$\boldsymbol{k}'^{\mathrm{T}}\boldsymbol{f}'=\boldsymbol{q}^{\mathrm{T}}\boldsymbol{L}^{\mathrm{T}}\boldsymbol{f}' \tag{5.61}$$

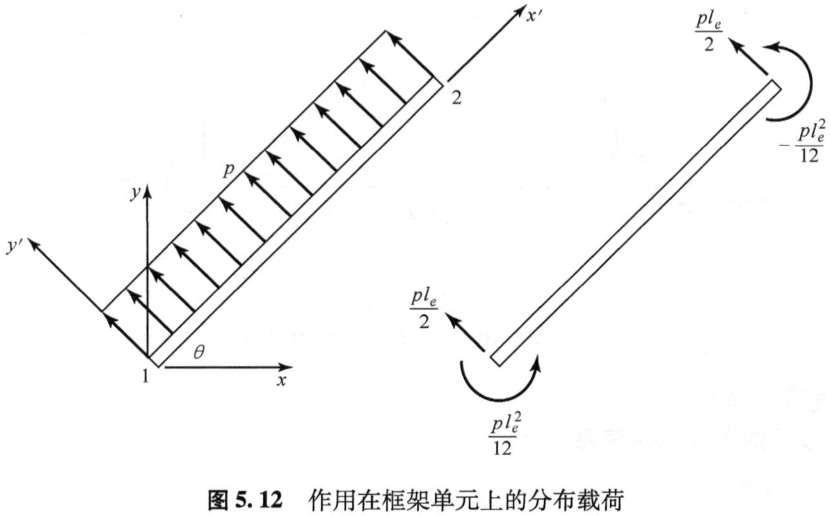

图 5.12 作用在框架单元上的分布载荷

其中

$$f' = \left(0, \frac{pl_e}{2}, \frac{pl_e^2}{12}, 0, \frac{pl_e}{2}, -\frac{pl_e^2}{12}\right)^{\mathrm{T}} \tag{5.62}$$

则由分布载荷 p 而产生的节点载荷就是

$$\boldsymbol{f} = \boldsymbol{L}^{\mathrm{T}}\boldsymbol{f}' \tag{5.63}$$

这样可将 $\boldsymbol{f}$ 的数值叠加到整体载荷列阵中，注意这里正的 p 为沿 y' 方向，即 p' 的正向沿着 $\boldsymbol{z} \times \boldsymbol{x}'$ 的方向。

而集中载荷和力偶可以直接加到整体载荷列阵中，得到了经组合和叠加的刚度矩阵和载荷列阵后，可以建立以下方程

$$\boldsymbol{KQ} = \boldsymbol{F}$$

在能量法或伽辽金方法中，可以应用罚函数项来处理边界条件。

例题 5.2

计算如例题 5.2 图中所示门架结构连接处的位移和转角。

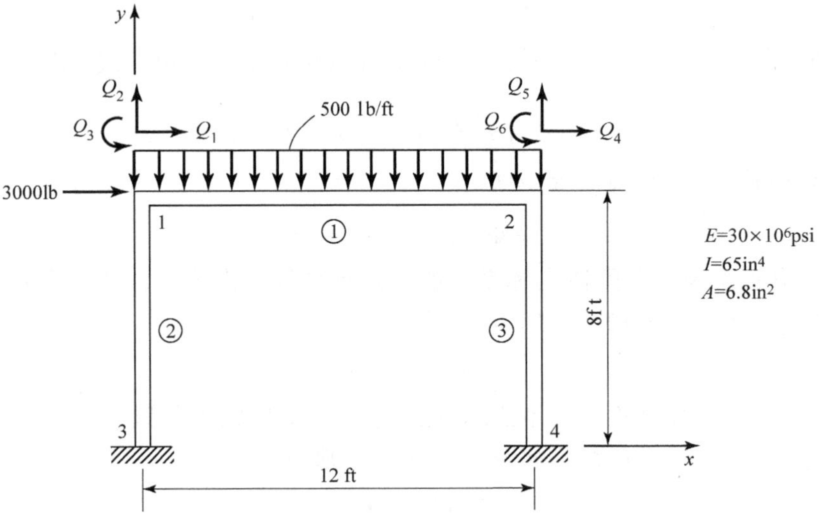

a)

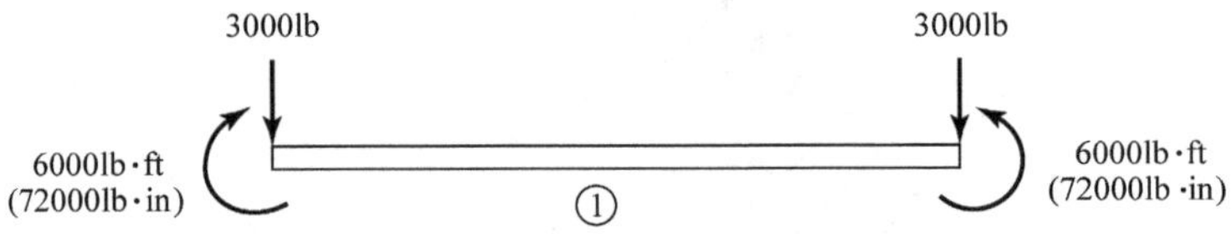

b)

例题 5.2 图

a）门架结构　b）单元 1 的等效载荷

解：求解的步骤如下。

步骤 1. 单元的节点连接信息

节点连接信息如下

单元编号	节 点	
	1	2
1	1	2
2	3	1
3	4	2

步骤 2. 单元的刚度矩阵

单元①：使用式（5.57）中的矩阵，并注意到 $\boldsymbol{k}^1 = \boldsymbol{k}'^1$，有

$$
\boldsymbol{k}^1 = 10^4 \times
\begin{matrix}
Q_1 & Q_2 & Q_3 & Q_4 & Q_5 & Q_6 \\
\begin{pmatrix}
141.7 & 0 & 0 & -141.7 & 0 & 0 \\
0 & 0.784 & 56.4 & 0 & -0.784 & 56.4 \\
0 & 56.4 & 5417 & 0 & -56.4 & 2708 \\
-141.7 & 0 & 0 & 141.7 & 0 & 0 \\
0 & -0.784 & -56.4 & 0 & 0.784 & -56.4 \\
0 & 56.4 & 2708 & 0 & -56.4 & 5417
\end{pmatrix}
\end{matrix}
$$

单元②和③：代换式（5.57）中矩阵 $\boldsymbol{k}'$ 的 E、A、I 和 l_2，可以求得单元②、③的局部单元刚度矩阵为

$$
\boldsymbol{k}'^2 = 10^4 \times
\begin{pmatrix}
212.5 & 0 & 0 & -212.5 & 0 & 0 \\
0 & 2.65 & 127 & 0 & -2.65 & 127 \\
0 & 127 & 8125 & 0 & -127 & 4063 \\
-212.5 & 0 & 0 & 212.5 & 0 & 0 \\
0 & -2.65 & -127 & 0 & 2.65 & -127 \\
0 & 127 & 4063 & 0 & -127 & 8125
\end{pmatrix}
$$

转换矩阵 $\boldsymbol{L}$：注意到对于单元①，有 $\boldsymbol{k}^1 = \boldsymbol{k}'^1$；对于单元②和③（这两个单元的方向由相对于 x 轴和 y 轴的取向来确定），有 $l=0$，$m=1$，那么

$$
\boldsymbol{L} =
\begin{pmatrix}
0 & 1 & 0 & 0 & 0 & 0 \\
-1 & 0 & 0 & 0 & 0 & 0 \\
0 & 0 & 1 & 0 & 0 & 0 \\
0 & 0 & 0 & 0 & 1 & 0 \\
0 & 0 & 0 & -1 & 0 & 0 \\
0 & 0 & 0 & 0 & 0 & 1
\end{pmatrix}
$$

注意到 $\boldsymbol{k}^2 = \boldsymbol{L}^\mathrm{T}\boldsymbol{k}'^2\boldsymbol{L}$ 以及单元③和②所对应的自由度，则有

$$
\begin{aligned}
&e=3 \quad Q_4 \quad Q_5 \quad Q_6 \\
&e=2 \rightarrow Q_1 \quad Q_2 \quad Q_3
\end{aligned}
$$

$$
\boldsymbol{k} = 10^4 \times
\begin{pmatrix}
2.65 & 0 & -127 & -2.65 & 0 & -127 \\
0 & 212.5 & 0 & 0 & -212.5 & 0 \\
-127 & 0 & 8125 & 127 & 0 & 4063 \\
-2.65 & 0 & 127 & 2.65 & 0 & 127 \\
0 & -212.5 & 0 & 0 & 212.5 & 0 \\
-127 & 0 & 4063 & 127 & 0 & 8125
\end{pmatrix}
$$

刚度矩阵 $\boldsymbol{k}^1$ 中的所有元素都处于整体坐标当中；对于单元②和③，前面所示刚度矩阵的阴影部分将被添加到整体刚度矩阵 $\boldsymbol{K}$ 的合适位置，最后得到的整体刚度矩阵为

$$\boldsymbol{K}=10^4\times\begin{pmatrix}144.3 & 0 & 127 & -141.7 & 0 & 0\\ 0 & 213.3 & 56.4 & 0 & -0.784 & 56.4\\ 127 & 56.4 & 13542 & 0 & -56.4 & 2708\\ -141.7 & 0 & 0 & 144.3 & 0 & 127\\ 0 & -0.784 & -56.4 & 0 & 213.3 & -56.4\\ 0 & 56.4 & 2708 & 127 & -56.4 & 13542\end{pmatrix}$$

由例题 5.2 图可知，载荷列阵可以很容易地写出

$$\boldsymbol{F}=\begin{pmatrix}3000\\ -3000\\ -72000\\ 0\\ -3000\\ +72000\end{pmatrix}$$

方程组由下式给出

$$\boldsymbol{KQ}=\boldsymbol{F}$$

求解后，可得

$$\boldsymbol{Q}=\begin{pmatrix}0.092\text{in.}\\ -0.00104\text{in.}\\ -0.00139\text{rad}\\ 0.0901\text{in.}\\ -0.0018\text{in.}\\ -3.88\times10^{-5}\text{rad}\end{pmatrix}$$

5.8 三维框架

三维框架，也叫做空间框架，在分析多层建筑时会经常碰到，在对汽车车体或自行车框架进行建模时也会遇到。图 5.13 给出了一个典型的三维框架，每个节点有 6 个自由度（平面框架只有 3 个自由度），图 5.13 给出了自由度的编号：对节点 J，自由度 $6J-5$、$6J-4$ 和 $6J-3$分别代表 x、y 和 z 方向的平移自由度，而 $6J-2$、$6J-1$ 和 $6J$ 分别代表绕 x、y 和 z 轴的转动自由度；单元在局部和整体坐标系下的位移列阵分别被表示为 $\boldsymbol{q}'$和 $\boldsymbol{q}$，如图 5.14 所示，这些列阵的维数是 12×1。

局部 x'、y'、z'坐标系中的方向由 3 个点来确定，点 1 和 2 是单元的两端；x'轴就像二维框架单元那样，沿着从点 1 到点 2 的连线；点 3 是不位于点 1 和 2 连线上的任意参考点，y'轴位于由点 1、2、3 所定义的平面内，如图 5.14 所示；z'轴是根据 x'、y'、z'轴所构成的右手坐标系来定义的。我们注意到 y'和 z'轴是横截面的主轴，而 $I_{y'}$和 $I_{z'}$是主惯性矩，横截面的属性由 4 个参数来定义：面积 A、惯性矩 $I_{y'}$、$I_{z'}$和 J；G 和 J 的乘积是扭转刚度，其中 G 为剪切模量，对圆形或管状横截面，J 是极惯性矩；对其他形状的横截面，比如工字形截面

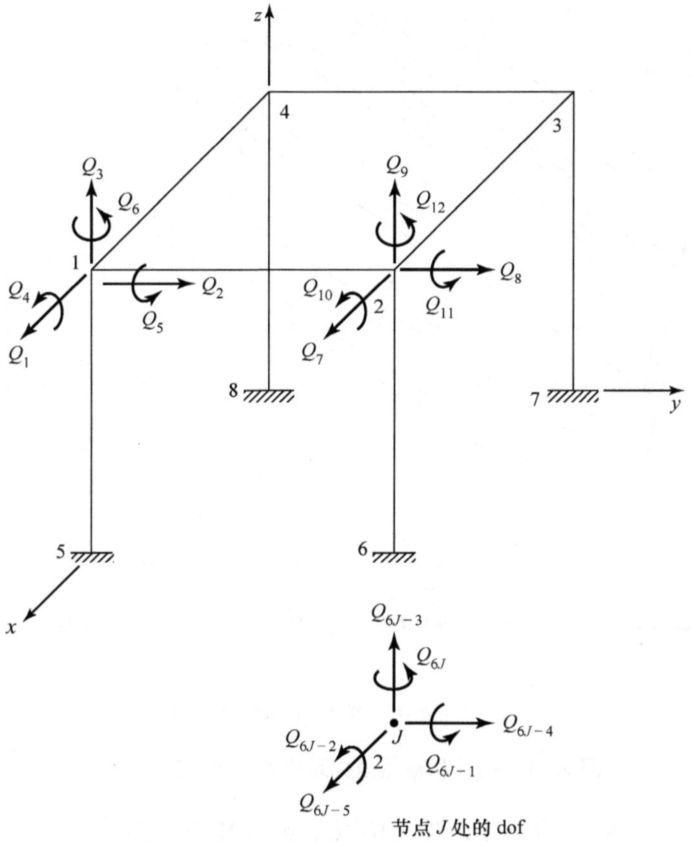

图 5.13 三维框架的自由度编号

扭转刚度的计算可参阅有关材料力学课本。

对式（5.57）进行直接的组合，可得到局部坐标系下的（12 × 12）维的单元刚度矩阵

$$
\boldsymbol{k}' = \begin{pmatrix}
AS & 0 & 0 & 0 & 0 & 0 & -AS & 0 & 0 & 0 & 0 & 0 \\
 & a_{z'} & 0 & 0 & 0 & b_{z'} & 0 & -a_{z'} & 0 & 0 & 0 & b_{z'} \\
 & & a_{y'} & 0 & -b_{y'} & 0 & 0 & 0 & -a_{y'} & 0 & -b_{y'} & 0 \\
 & & & TS & 0 & 0 & 0 & 0 & 0 & -TS & 0 & 0 \\
 & & & & c_{y'} & 0 & 0 & 0 & b_{y'} & 0 & d_{y'} & 0 \\
 & & & & & c_{z'} & 0 & -b_{z'} & 0 & 0 & 0 & d_{z'} \\
 & & & & & & AS & 0 & 0 & 0 & 0 & 0 \\
 & & & & & & & a_{z'} & 0 & 0 & 0 & -b_{z'} \\
 & & & & & & & & c_{y'} & 0 & b_{y'} & 0 \\
 & & & & & & & & & TS & 0 & 0 \\
\text{对称} & & & & & & & & & & c_{y'} & 0 \\
 & & & & & & & & & & & c_{z'}
\end{pmatrix} \tag{5.64}
$$

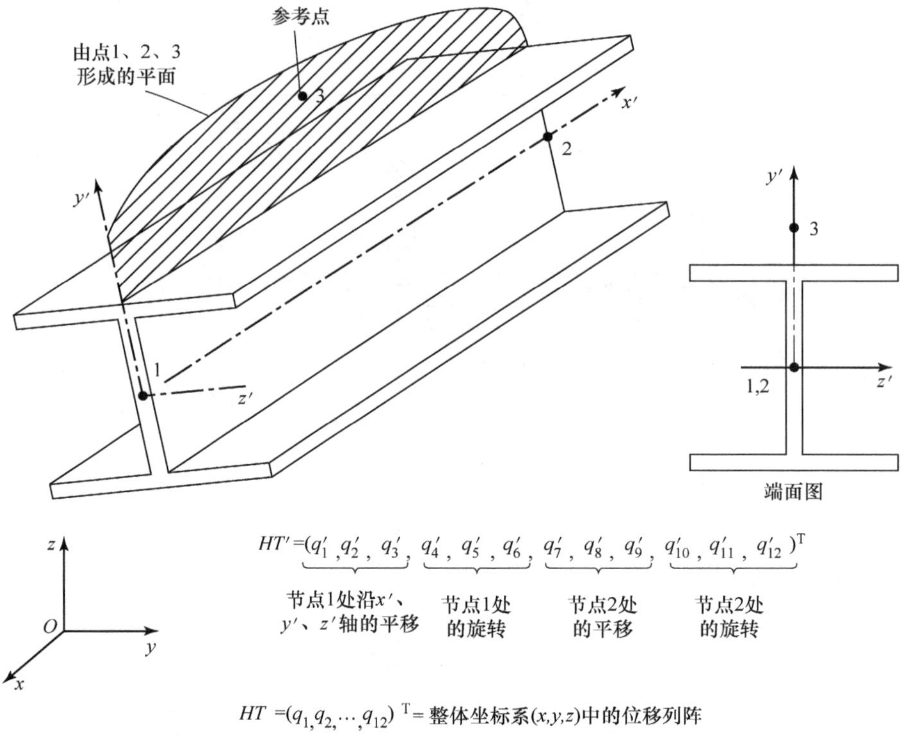

图5.14 局部和整体坐标系中的三维框架梁单元

其中，$AS = EA/l_e$，l_e 为单元的长度；$TS = GJ/l_e$，$a_{z'} = 12EI_{z'}/l_e^3$；$b_{z'} = 6EI_{z'}/l_e^3$；$c_{z'} = 4EI_{z'}/l_e$；$d_{z'} = 2EI_{z'}/l_e$；$a_{y'} = 12EI_{y'}/l_e^3$ 等依此类推。整体与局部的变换矩阵由下式给出

$$\boldsymbol{q}' = \boldsymbol{L}\boldsymbol{q} \tag{5.65}$$

维数为（12×12）的变换矩阵 $\boldsymbol{L}$ 由（3×3）的 $\boldsymbol{\lambda}$ 矩阵组成，即

$$\boldsymbol{L} = \begin{pmatrix} \boldsymbol{\lambda} & & & 0 \\ & \boldsymbol{\lambda} & & \\ & & \boldsymbol{\lambda} & \\ 0 & & & \boldsymbol{\lambda} \end{pmatrix} \tag{5.66}$$

其中，$\boldsymbol{\lambda}$ 是方向余弦矩阵

$$\boldsymbol{\lambda} = \begin{pmatrix} l_1 & m_1 & n_1 \\ l_2 & m_2 & n_2 \\ l_3 & m_3 & n_3 \end{pmatrix} \tag{5.67}$$

这里的 l_1、m_1 和 n_1 分别是 x'轴与整体坐标系中 x、y、z 轴夹角的余弦值；同样，l_2、m_2 和 n_2 分别是 y'轴与 x、y、z 轴夹角的余弦值；l_3、m_3 和 n_3 则对应 z'轴。这些方向余弦和矩阵 $\boldsymbol{\lambda}$ 可由点1、2、3的坐标来获得，即

$$l_1 = \frac{x_2 - x_1}{l_e},\quad m_1 = \frac{y_2 - y_1}{l_e},\quad n_1 = \frac{z_2 - z_1}{l_e}$$

$$l_e = \sqrt{(x_2 - x_1)^2 + (y_2 - y_1)^2 + (z_2 - z_1)^2}$$

这里，用 $\boldsymbol{V}_{x'} = (l_1, m_1, n_1)^{\mathrm{T}}$ 来表示沿 x'轴的单位矢量；同样的，设

$$\boldsymbol{V}_{13}=\left(\frac{x_3-x_1}{l_{13}},\frac{y_3-y_1}{l_{13}},\frac{z_3-z_1}{l_{13}}\right)^{\mathrm{T}}$$

其中，l_{13}是点 1、3 之间的距离。沿 z'轴的单位矢量由下式给出

$$\boldsymbol{V}_{z'}=(l_3,m_3,n_3)^{\mathrm{T}}=\frac{\boldsymbol{V}_{x'}\times\boldsymbol{V}_{13}}{|\boldsymbol{V}_{x'}\times\boldsymbol{V}_{13}|}$$

由于两个矢量的叉积由下面的行列式给出

$$\boldsymbol{u}\times\boldsymbol{v}=\begin{vmatrix}\boldsymbol{i}&\boldsymbol{j}&\boldsymbol{k}\\u_x&u_y&u_z\\v_x&v_y&v_z\end{vmatrix}=\begin{vmatrix}u_yv_z-v_yu_z\\v_xu_z-u_xv_z\\u_xv_y-v_xu_y\end{vmatrix}$$

最后，我们有 y'轴的方向余弦

$$\boldsymbol{V}_{y'}=(l_2,m_2,n_2)^{\mathrm{T}}=\boldsymbol{V}_{z'}\times\boldsymbol{V}_{x'}$$

程序 FRAME3D 完整地给出了以上有关变换矩阵 $\boldsymbol{L}$ 的计算。整体坐标系下的单元刚度矩阵为

$$\boldsymbol{k}=\boldsymbol{L}^{\mathrm{T}}\boldsymbol{k}'\boldsymbol{L}\tag{5.68}$$

其中，$\boldsymbol{k}'$已在式（5.64）中给出。

如果有一分布载荷施加在单元上，其分量为 $w_{y'}$和 $w_{z'}$（力/单位长度），则等效在单元两端的集中载荷为

$$\boldsymbol{f}'=\left(0,\frac{w_{y'}l_e}{2},\frac{w_{z'}l_e}{2},0,\frac{-w_{z'}l_e^2}{12},\frac{wy'l_e^2}{12},0,\frac{w_{y'}l_e}{2},\frac{w_{z'}l_e}{2},0,\frac{w_{z'}l_e^2}{12},\frac{-w_{y'}l_e^2}{12}\right)^{\mathrm{T}}\tag{5.69}$$

通过$\boldsymbol{f}=\boldsymbol{L}^{\mathrm{T}}\boldsymbol{f}'$，可将这些载荷转换为整体坐标系下的分量；通过处理边界条件并求解系统方程 $\boldsymbol{KQ}=\boldsymbol{F}$ 后，我们可由下式计算单元两端所受的力

$$\boldsymbol{R}'=\boldsymbol{k}'\boldsymbol{q}'+\text{固定端支反力}\tag{5.70}$$

其中，固定端支反力是列阵$\boldsymbol{f}'$的负值，且只与受分布载荷作用的单元有关。通过单元两端的力可获得弯矩和剪切力，利用弯矩与剪切力则可求出梁的应力。

例题 5.3

例题 5.3 图是受多种载荷作用下的三维框架，要求采用程序 FRAME3D 求得结构中的最大弯矩，输入和输出文件在 FRAME3D 中给出。从输出中可以得到：单元①的节点 1（第 1 个节点）处有最大值 $M_{y'}=3.680\mathrm{E}+0.5\mathrm{N\cdot m}$，单元③的节点 4 处有最大值 $M_{z'}=-1.413\mathrm{E}+0.5\mathrm{N\cdot m}$。

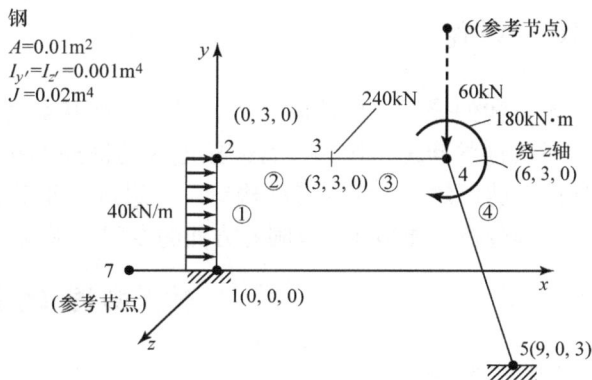

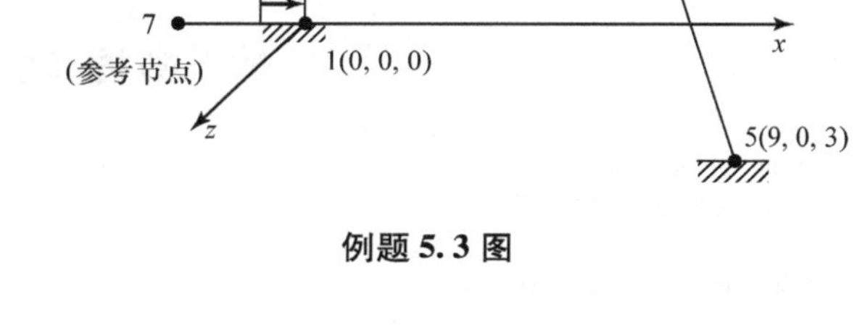

例题 5.3 图

5.9 实际问题的建模与边界条件的施加

前面通过实例对模型的建模方法进行了讨论。这里将展示一些比较少见的情形。图 5.15 为两个有一定间隙的悬臂梁。其解题策略是忽略问题中的间隙，若 $-Q_3>a$ 或者 $Q_3+a<0$，则

在解题时需要考虑 $Q_9 = Q_3 + a$ 的条件，这可以处理成一个多点约束问题。对于一个如图 5.16 所示的平面框架结构，利用叠加原理可以将载荷分解为如图 5.16a 所示的对称和反对称两部分，分别求解图 5.16b 中两个部分的一半模型，则另一半模型的位移和载荷分量可以根据前面章节所讨论过的对称条件获得。

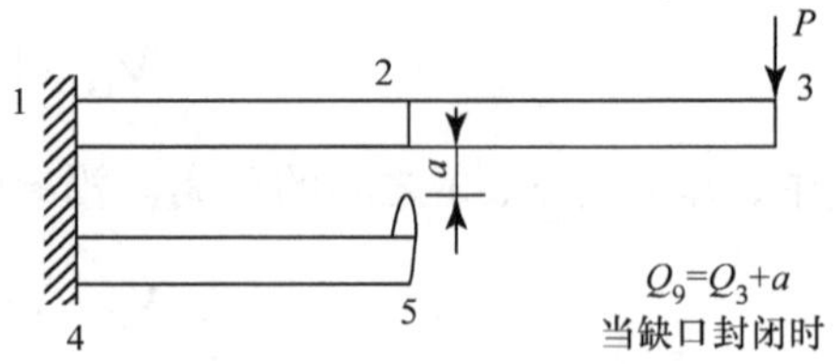

图 5.15　带有间隙的梁

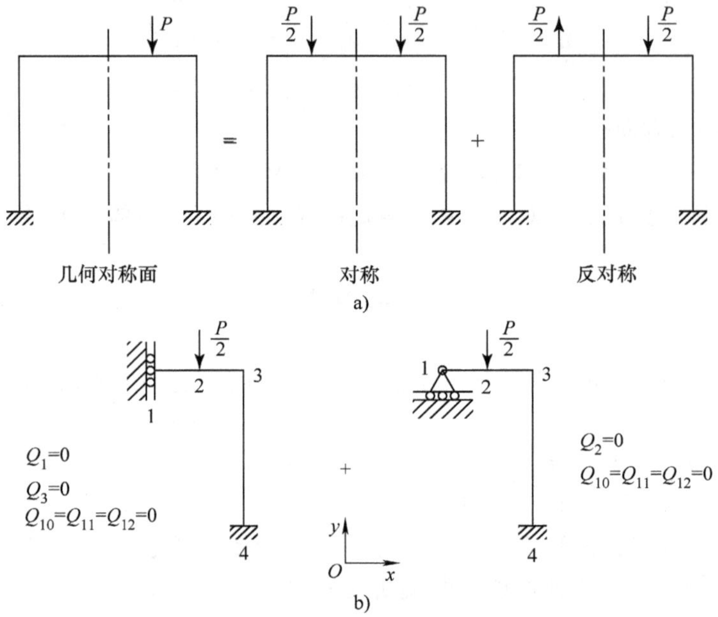

图 5.16　对称平面构架

5.10　讨论

本章我们分析了横截面对称的梁、平面和空间框架构件。在工程应用领域，还有一些更富有挑战性的问题，比如具有铰接连接的框架和机构、横截面不对称的梁、由轴向载荷引起的屈曲、剪切效应、大变形结构等。若想进一步分析和描述这方面问题，读者可参阅固体力学、结构分析、弹塑性和有限元方面的专门出版物。

输入数据/输出数据

```
INPUT TO BEAM
 << BEAM ANALYSIS >>
EXAMPLE 5.1
NN NE NM NDIM NEN NDN
 3  2  1  1   2   2
ND NL   NMPC
 4  4    0
NODE#    X-COORD
 1        0
 2        1000
 3        2000
```

（续）

```
EL#    N1  N2  MAT# Mom_Inertia
 1     1    2   1     4.00E+06
 2     2    3   1     4.00E+06
DOF#   Displ.
 1     0
 2     0
 3     0
 5     0
DOF#   LOAD
 3     -6000
 4     -1.00E+06
 5     -6000
 6     1.00E+06
MAT#   E
 1     200000
B1     i      B2  j  B3  (Multi-point constr. B1*Qi+B2*Qj=B3)
```

```
OUTPUT FROM BEAM
Results from Program BEAM
EXAMPLE 5.1
Node#  Displ.          Rotation
   1    2.00889E-11    6.69614E-09
   2   -1.27232E-10   -0.000267859
   3   -8.03572E-11    0.00044643
DOF#   Reaction
   1   -1285.691327
   2   -428553.0615
   3    8142.829592
   5    5142.861735
```

```
INPUT TO FRAME2D
<<2-D FRAME ANALYSIS >>
EXAMPLE 5.2
NN  NE  NM  NDIM  NEN  NDN
 4   3   1   2     2    3
ND  NL  NMPC
 6   1   0
Node#     X     Y
 1        0     96
 2        144   96
 3        0      0
 4        144    0
Elem#     N1    N2   Mat#   Area    Inertia  Distr_Load
 1        2      1    1      6.8      65     41.6666
 2        3      1    1      6.8      65       0
 3        4      2    1      6.8      65       0
DOF#      Displ.
 7        0
 8        0
```

（续）

```
  9   0
 10   0
 11   0
 12   0
DOF#  Load
 1    3000
MAT#  E
 1    3.00E+07
B1    i     B2 j  B3 (Multi-point constr. B1*Qi+B2*Qj=B3)
```

```
OUTPUT FROM FRAME2D
Results from Program Frame2D
EXAMPLE 5.2
Node#   X-Displ        Y-Displ        Z-Rotation
    1   0.09177        -0.0010358     -0.0013874
    2   0.09012        -0.0017877     -3.88368E-05
    3   4.91667E-10    -1.62547E-09   -4.44102E-08
    4   1.72372E-09    -2.80529E-09   -8.33197E-08
Member End-Forces
Member#      1
2334.2004  -798.8360  -39254.5538
-2334.2004  798.8360  -75777.8342
Member#      2
2201.1592   665.7995981   60138.812
-2201.1592 -665.7995981   3777.950
Member#      3
 3798.831   2334.2004   112828.8
-3798.831  -2334.2004   111254.439
DOF#          Reaction
7            -665.800
8             2201.159
9             60138.812
10           -2334.200
11            3798.831
12            112828.8
```

习　题

5.1　计算如习题5.1图所示的钢制阶梯轴在载荷处的挠度及两端的转角，该阶梯轴在 A 和 B 处有轴承的简单支承。

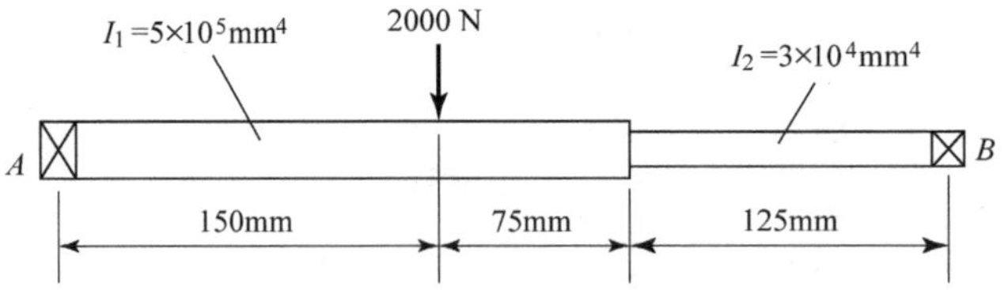

E=200GPa

习题5.1图

5.2　如习题5.2图所示的三跨梁；求解：梁的挠度曲线和支承处的支反力。

5.3　如习题5.3图所示的钢筋混凝土厚楼板，沿 z 轴方向楼板取为单位宽度，求在其自重作用下的中性面挠度曲线。

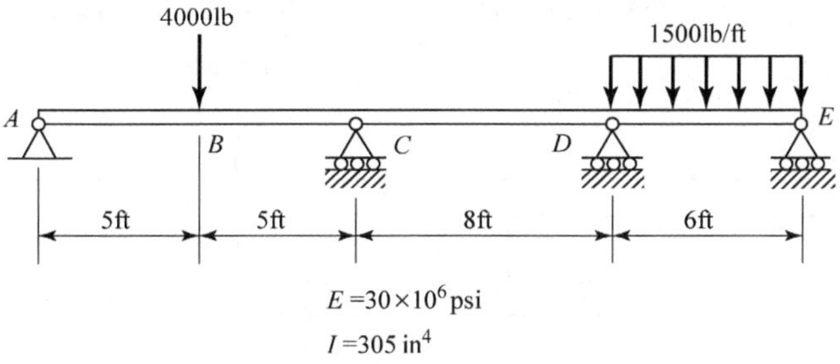

习题 5.2 图

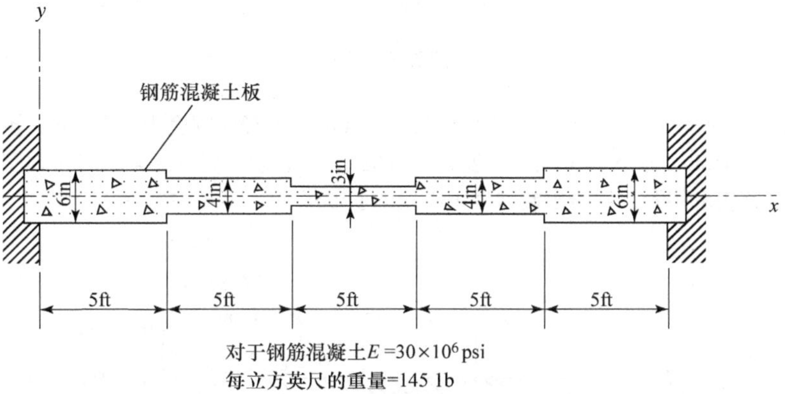

习题 5.3 图

5.4　针对如习题 5.1 图所示的轴，假定 A 和 B 处轴承的径向刚度分别为 20kN/mm 和 12kN/mm，计算载荷处的挠度和两端的转角。

5.5　习题 5.5 图所示的梁 AD 在点 A 为铰支，和细长杆 BE、CF 焊接于点 B 和点 C，在点 D 处施加有载荷 4000 lb。试用梁单元来模拟梁 AD，并求 B、C、D 处的挠度以及杆 BE 和 CF 中的应力。

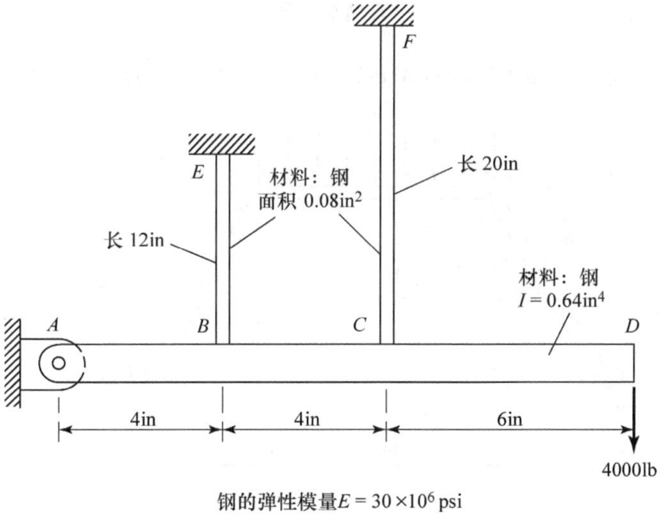

习题 5.5 图

5.6　习题 5.6 图所示的具有 3 个矩形开口的悬臂梁，求梁的挠度，并和无开口梁的结果进行比较。

$E = 30 \times 10^6 \text{psi}$

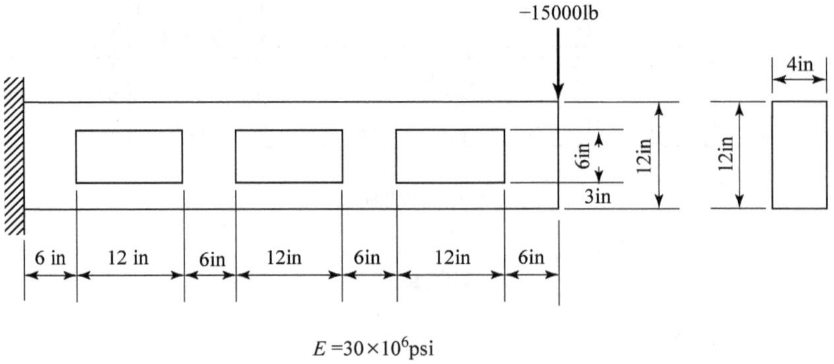

习题 5.6 图

5.7　如习题 5.7 图所示为车床旋转轴的简化截面。轴承 B 的径向刚度为 60N/μm，转动刚度（相对于力矩）为 $8 \times 10^5 \text{N} \cdot \text{m/rad}$；轴承 C 的径向刚度为 20N/μm，其转动刚度可忽略。对于如图所示的 1000N 的载荷，求出点 A 的挠度和转角，并给出旋转轴中心线的变形形状（$1 \mu \text{m} = 10^{-6} \text{m}$）。

车床旋转轴

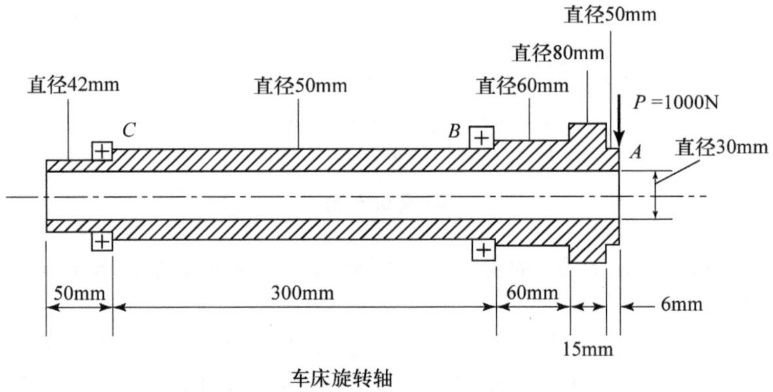

习题 5.7 图

5.8　习题 5.8 图为一框架，使用程序 FRAME2D 计算 BC 中点处的挠度和点 A、D 处的支反力。

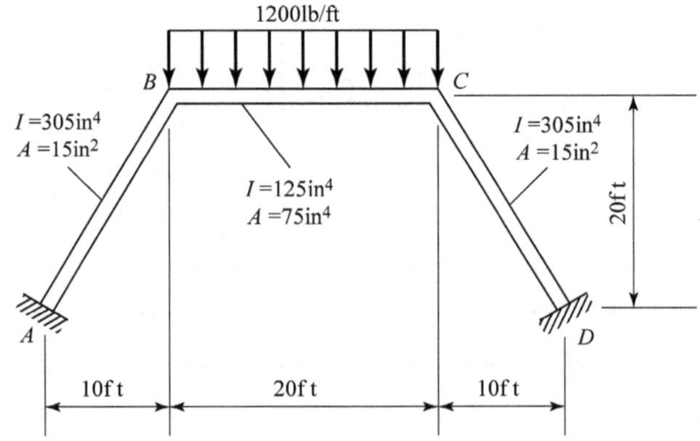

习题 5.8 图

5.9　如习题 5.9 图所示为空心的方形截面，作用有两个载荷，设垂直于横截面的宽度为 1in，计算图示两种载荷情况下的变形。

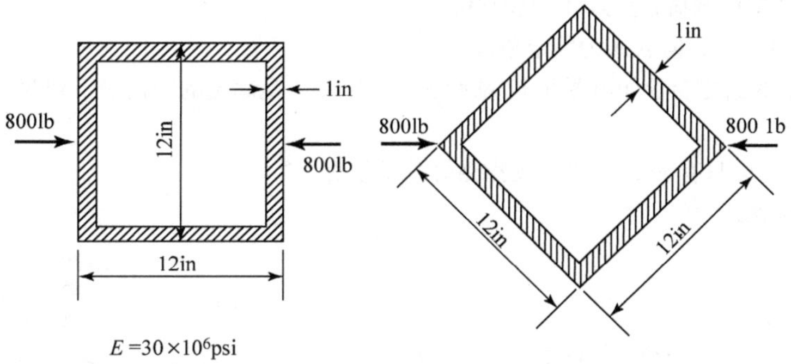

习题 5.9 图

5.10　习题 5.10 图所示，由 5 个单元组成的钢制框架，在自由端施加载荷，每个单元的横截面是一厚度 $t=1\text{cm}$，平均半径 $R=6\text{cm}$ 的环形截面。求：

（a）节点 3 处的位移。

（b）单元内的最大轴向压应力。

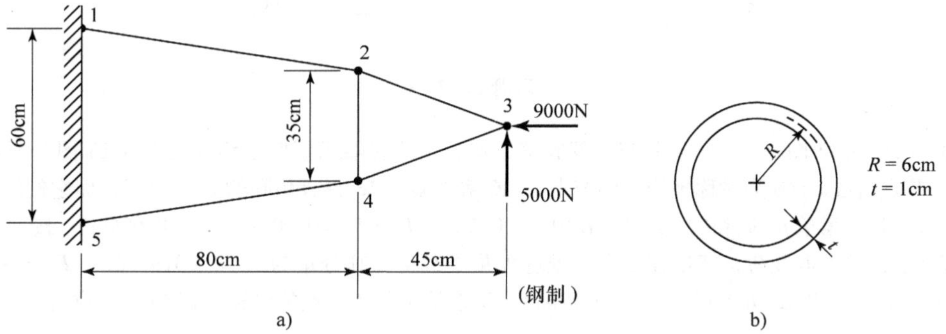

习题 5.10 图

5.11　习题 5.11 图为普通的订书钉，其尺寸已在图中标出，当订书钉被压入纸张时，约需要 120N 的载荷。确定下列情况下订书钉变形后的形状：

（a）载荷均匀地分布在水平部分，且订入时点 A 为铰支条件。

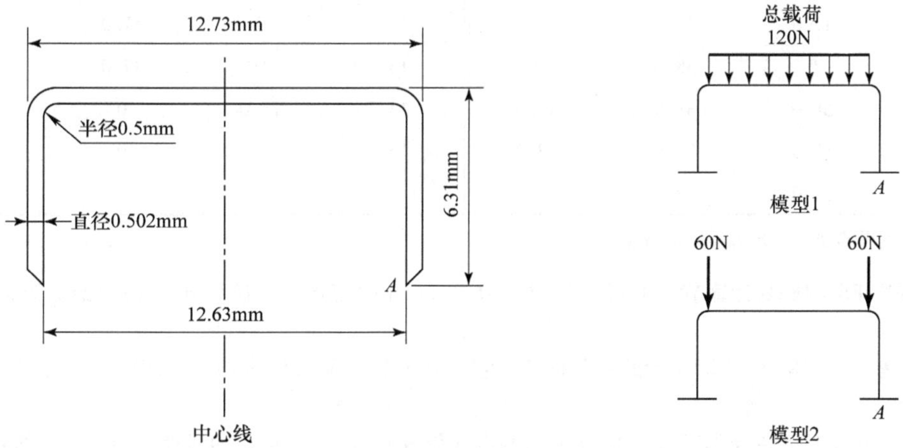

习题 5.11 图

（b）载荷情况同（a），但订入少许后，点 A 为固定条件。

（c）载荷为两个集中载荷，且点 A 为铰支条件。

（d）载荷情况同（c），但点 A 为固定条件。

5.12 一个普通的路灯装置如习题 5.12 图所示。假定点 A 是固定的，比较下列两种情况下该装置变形后的形状。

（a）没有杆 BC（即只有 ACD 构件来支撑路灯）的情况。

（b）有杆 BC 的情况。

直径为 $\frac{1}{4}$in 的杆

$E = 30 \times 10^6$ psi

电灯卡具重 15lb

直径为 1in 的管子，壁厚为 $\frac{1}{8}$in

1ft

1.5ft

8ft

3ft

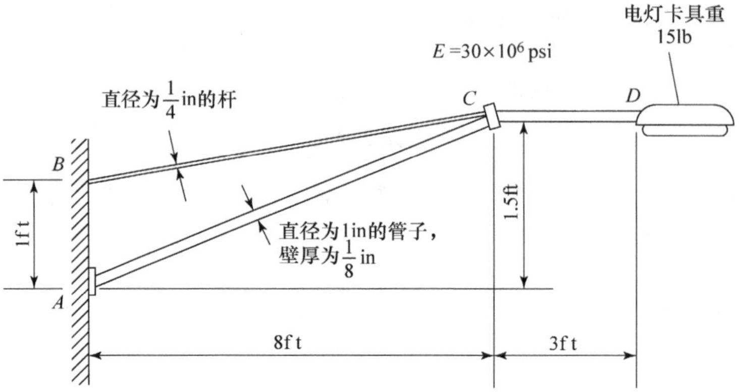

习题 5.12 图

5.13 习题 5.13 图 a 是一个运货车的驾驶室，其简化的有限元框架模型如习题 5.13 图 b 所示。该模型由 28 个节点组成，xOz 为对称平面，则节点 1'-13' 和节点 1-13 具有相同的 x、z 坐标，而它们的 y 坐标相差一个负号。每个梁单元的材料都是钢，其中 $A = 0.2\text{in}^2$，$I_{y'} = I_{z'} = 0.003\text{in}^4$，$J = 0.006\text{in}^4$。按瑞典技术标准的前部冲击试验选取载荷，即仅在节点 1 处施加集中载荷，其分量为 $F_x = -3194.0\text{lb}$，$F_y = -856.0\text{lb}$；在节点 11、11'、12 和 12' 处考虑为固定边界条件。下表给出各个节点的坐标（以 in 为单位）。

节点	x	y	z	节点	x	y	z
1	58.0	38.0	0	9	0	38.0	75.0
2	48.0	38.0	0	10	58.0	17.0	42.0
3	31.0	38.0	0	11	58.0	17.0	0
4	17.0	38.0	22.0	12	0	17.0	0
5	0	38.0	24.0	13	0	17.0	24.0
6	58.0	38.0	42.0	14	18.0	0	72.0
7	48.0	38.0	42.0	15	0	0	37.5
8	36.0	38.0	70.0				

（注意：对节点进行重新编号以使带宽为最小）

使用程序 FRAME3D 计算节点 1、2、6、7、10 和 11 处的变形，并确定出结构中最大弯矩的位置和大小。

5.14 考虑如习题 5.14 图所示的钢制框架，它受到风载和顶部载荷。求解该结构中的弯矩（最大的 $M_{y'}$ 和 $M_{z'}$）。

5.15 一个梁单元承受如习题 5.15 图所示两端载荷值分别为 p_1 和 p_2 的线性分布载荷，给定的等效节点载荷为：

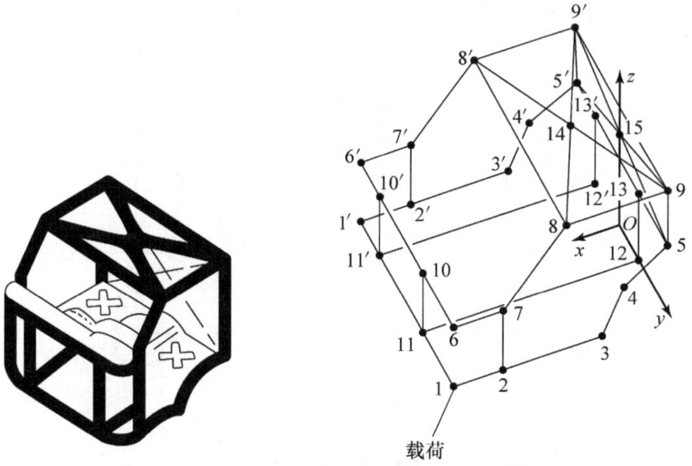

习题 5.13 图

a）运货车结构　b）框架的有限元模型

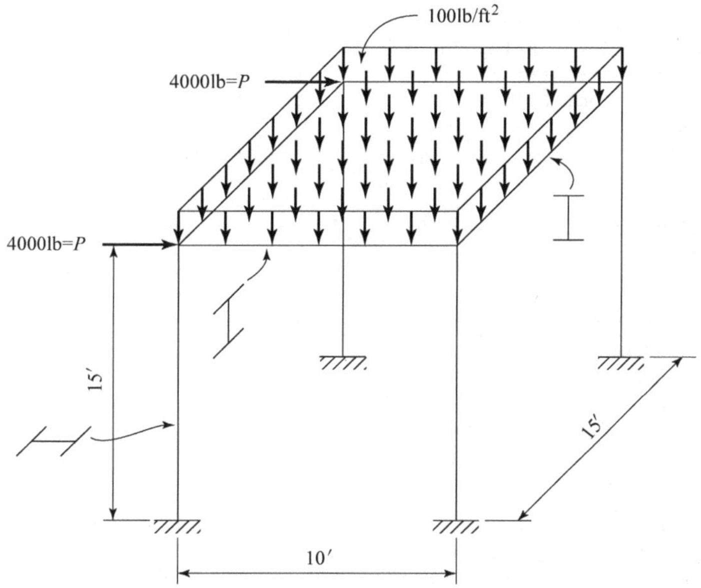

习题 5.14 图

$$\begin{pmatrix} f_1 \\ f_2 \\ f_3 \\ f_4 \end{pmatrix} = \begin{pmatrix} \dfrac{(7p_1 + 3p_2)l}{20} \\ \dfrac{(3p_1 + 2p_2)l^2}{60} \\ \dfrac{(3p_1 + 7p_2)l}{20} \\ \dfrac{-(2p_1 + 3p_2)l^2}{60} \end{pmatrix}$$

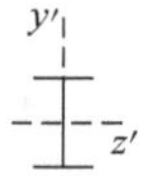

若设定 $p_1=p_2=p$，检查与均匀分布载荷情况下得到结果的一致性。

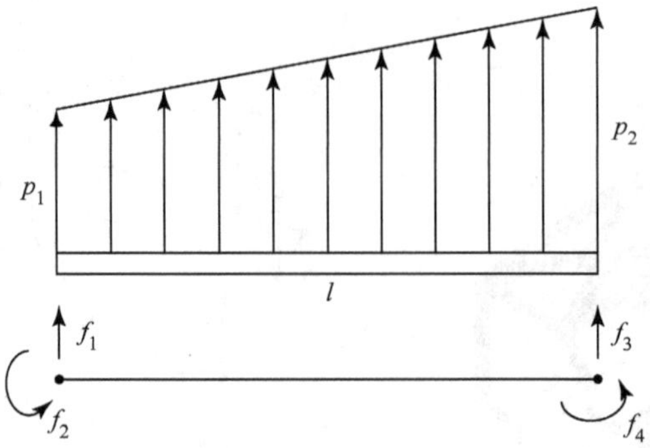

习题 5.15 图

程序清单

```
MAIN PROGRAM BEAM
'***************************************
'*              PROGRAM BEAM           *
'*          Beam Bending Analysis      *
'* T.R.Chandrupatla and A.D.Belegundu *
'***************************************
Private Sub CommandButton1_Click()
     Call InputData
     Call Bandwidth
     Call Stiffness
     Call ModifyForBC
     Call BandSolver
     Call ReactionCalc
     Call Output
End Sub
```

```
ELEMENT STIFFNESS BEAM
Private Sub Stiffness()
     ReDim S(NQ, NBW)
     '----- Global Stiffness Matrix -----
     For N = 1 To NE
         N1 = NOC(N, 1)
         N2 = NOC(N, 2)
         M = MAT(N)
         EL = Abs(X(N1) - X(N2))
         EIL = PM(M, 1) * SMI(N) / EL ^ 3
         SE(1, 1) = 12 * EIL
         SE(1, 2) = EIL * 6 * EL
         SE(1, 3) = -12 * EIL
         SE(1, 4) = EIL * 6 * EL
            SE(2, 1) = SE(1, 2)
            SE(2, 2) = EIL * 4 * EL * EL
            SE(2, 3) = -EIL * 6 * EL
            SE(2, 4) = EIL * 2 * EL * EL
         SE(3, 1) = SE(1, 3)
         SE(3, 2) = SE(2, 3)
         SE(3, 3) = EIL * 12
         SE(3, 4) = -EIL * 6 * EL
            SE(4, 1) = SE(1, 4)
            SE(4, 2) = SE(2, 4)
            SE(4, 3) = SE(3, 4)
            SE(4, 4) = EIL * 4 * EL * EL
'Stiffness assembly routine is common to all programs Truss etc
```

```
MAIN PROGRAM FRAME2D
'********    PROGRAM FRAME2D       ********
'*      2-D   FRAME ANALYSIS BY FEM       *
'*  T.R.Chandrupatla and A.D.Belegundu    *
'*****************************************
Private Sub CommandButton1_Click()
     Call InputData
     Call Bandwidth
     Call Stiffness
     Call AddLoads
     Call ModifyForBC
     Call BandSolver
     Call EndActions
     Call ReactionCalc
     Call Output
End Sub
```

```
ELEMENT STIFFNESS FRAME2D
Private Sub Elstif(N)
     '----- Element Stiffness Matrix -----
     I1 = NOC(N, 1): I2 = NOC(N, 2): M = MAT(N)
     X21 = X(I2, 1) - X(I1, 1)
     Y21 = X(I2, 2) - X(I1, 2)
     EL = Sqr(X21 * X21 + Y21 * Y21)
     EAL = PM(M, 1) * ARIN(N, 1) / EL
     EIZL = PM(M, 1) * ARIN(N, 2) / EL
     For I = 1 To 6
     For J = 1 To 6
       SEP(I, J) = 0!
     Next J: Next I
     SEP(1, 1) = EAL: SEP(1, 4) = -EAL: SEP(4, 4) = EAL
     SEP(2, 2) = 12 * EIZL / EL ^ 2: SEP(2, 3) = 6 * EIZL / EL
     SEP(2, 5) = -SEP(2, 2): SEP(2, 6) = SEP(2, 3)
     SEP(3, 3) = 4 * EIZL
     SEP(3, 5) = -6 * EIZL / EL: SEP(3, 6) = 2 * EIZL
     SEP(5, 5) = 12 * EIZL / EL ^ 2: SEP(5, 6) = -6 * EIZL / EL
     SEP(6, 6) = 4 * EIZL
     For I = 1 To 6
     For J = I To 6
       SEP(J, I) = SEP(I, J)
     Next J: Next I
'CONVERT ELEMENT STIFFNESS MATRIX TO GLOBAL SYSTEM
     DCOS(1, 1) = X21 / EL: DCOS(1, 2) = Y21 / EL: DCOS(1, 3) = 0
     DCOS(2, 1) = -DCOS(1, 2): DCOS(2, 2) = DCOS(1, 1): DCOS(2, 3) = 0
     DCOS(3, 1) = 0: DCOS(3, 2) = 0: DCOS(3, 3) = 1
     For I = 1 To 6
     For J = 1 To 6
       ALAMBDA(I, J) = 0!
     Next J: Next I
     For K = 1 To 2
       IK = 3 * (K - 1)
       For I = 1 To 3
       For J = 1 To 3
         ALAMBDA(I + IK, J + IK) = DCOS(I, J)
       Next J: Next I
     Next K
     If ISTF = 1 Then Exit Sub
```

（续）

```
      For I = 1 To 6
      For J = 1 To 6
        SE(I, J) = 0
        For K = 1 To 6
          SE(I, J) = SE(I, J) + SEP(I, K) * ALAMBDA(K, J)
        Next K
      Next J: Next I
      For I = 1 To 6: For J = 1 To 6: SEP(I, J) = SE(I, J): Next J: Next
      For I = 1 To 6
      For J = 1 To 6
        SE(I, J) = 0
        For K = 1 To 6
          SE(I, J) = SE(I, J) + ALAMBDA(K, I) * SEP(K, J)
        Next K
      Next J: Next I
  End Sub
```

```
UNIFORMLY DISTRIBUTED LOAD TO POINT LOADS
Private Sub AddLoads()
'----- Loads due to uniformly distributed load on element
     For N = 1 To NE
     If Abs(UDL(N)) > 0 Then
       ISTF = 1
       Call Elstif(N)
       I1 = NOC(N, 1): I2 = NOC(N, 2)
       X21 = X(I2, 1) - X(I1, 1)
       Y21 = X(I2, 2) - X(I1, 2)
       EL = Sqr(X21 * X21 + Y21 * Y21)
       ED(1) = 0: ED(4) = 0
       ED(2) = UDL(N) * EL / 2: ED(5) = ED(2)
       ED(3) = UDL(N) * EL ^ 2 / 12: ED(6) = -ED(3)
       For I = 1 To 6
         EDP(I) = 0
         For K = 1 To 6
           EDP(I) = EDP(I) + ALAMBDA(K, I) * ED(K)
         Next K
       Next I
       For I = 1 To 3
         F(3 * I1 - 3 + I) = F(3 * I1 - 3 + I) + EDP(I)
         F(3 * I2 - 3 + I) = F(3 * I2 - 3 + I) + EDP(I + 3)
       Next I
     End If
     Next N
End Sub
```

```
MEMBER END FORCES
Private Sub EndActions()
     ReDim EF(NE, 6)
     '----- Calculating Member End-Forces
     For N = 1 To NE
       ISTF = 1
       Call Elstif(N)
       I1 = NOC(N, 1): I2 = NOC(N, 2)
       X21 = X(I2, 1) - X(I1, 1)
       Y21 = X(I2, 2) - X(I1, 2)
```

（续）

```
        EL = Sqr(X21 * X21 + Y21 * Y21)
        For I = 1 To 3
          ED(I) = F(3 * I1 - 3 + I): ED(I + 3) = F(3 * I2 - 3 + I)
        Next I
        For I = 1 To 6
          EDP(I) = 0
          For K = 1 To 6
            EDP(I) = EDP(I) + ALAMBDA(I, K) * ED(K)
          Next K
        Next I
'----- END FORCES DUE TO DISTRIBUTED LOADS
        If Abs(UDL(N)) > 0 Then
          ED(1) = 0: ED(4) = 0
          ED(2) = -UDL(N) * EL / 2: ED(5) = ED(2)
          ED(3) = -UDL(N) * EL ^ 2 / 12: ED(6) = -ED(3)
        Else
          For K = 1 To 6: ED(K) = 0: Next K
        End If
        For I = 1 To 6
          EF(N, I) = ED(I)
          For K = 1 To 6
            EF(N, I) = EF(N, I) + SEP(I, K) * EDP(K)
          Next K
        Next I
      Next N
End Sub
```

第 6 章

常应变三角形单元与二维问题求解

6.1 引言

本章在推导二维有限元求解列式时，将会按照求解一维问题的步骤进行，位移、面力和分布体力均为位置坐标（x,y）的函数，位移矢量 $\boldsymbol{u}$ 表示如下

$$\boldsymbol{u}=(u,v)^{\mathrm{T}} \tag{6.1}$$

其中，u、v 分别为 $\boldsymbol{u}$ 在 x 和 y 方向上的分量。应力和应变表示如下

$$\boldsymbol{\sigma}=(\sigma_x,\sigma_y,\tau_{xy})^{\mathrm{T}} \tag{6.2}$$

$$\boldsymbol{\varepsilon}=(\varepsilon_x,\varepsilon_y,\gamma_{xy})^{\mathrm{T}} \tag{6.3}$$

对于图 6.1 中描述的二维问题，体力、面力和微元体积表示如下

$$\boldsymbol{f}=(f_x,f_y)^{\mathrm{T}},\ \boldsymbol{T}=(T_x,T_y)^{\mathrm{T}},\ \mathrm{d}V=t\mathrm{d}A \tag{6.4}$$

式（6.4）中，t 是 z 方向上的厚度。体力 $\boldsymbol{f}$ 为单位体积上所受的力，而面力 $\boldsymbol{T}$ 定义为单位面积上所受的力，应变-位移关系表示如下

$$\boldsymbol{\varepsilon}=\left(\frac{\partial u}{\partial x},\frac{\partial v}{\partial y},\frac{\partial u}{\partial y}+\frac{\partial v}{\partial x}\right)^{\mathrm{T}} \tag{6.5}$$

应力和应变之间的关系为［参见式（1.18）和式（1.19）］

$$\boldsymbol{\sigma}=\boldsymbol{D}\boldsymbol{\varepsilon} \tag{6.6}$$

对求解域进行离散的基本思想是将域内任意一点的位移用离散点的位移值来表示。本章首先介绍三角形单元，然后分别应用能量法和伽辽金方法推导出相应的刚度和载荷。

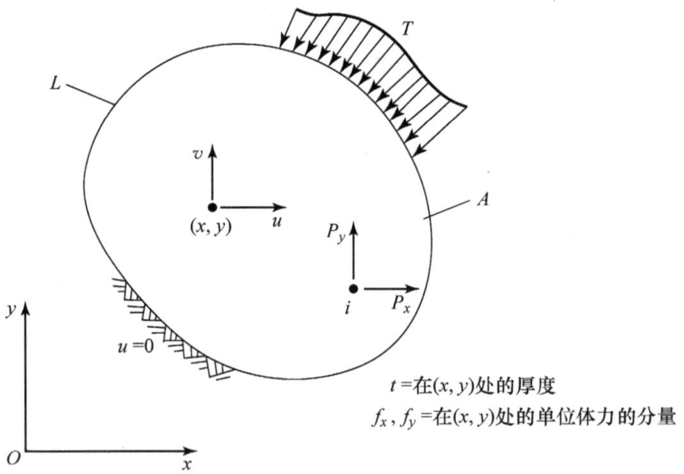

图 6.1 二维问题

6.2 有限元模型

将二维求解域离散为若干个直边三角形，图 6.2 所示的是一种典型的三角形单元划分方式，各三角形的交点称为节点（node），由三个节点和三条边构成的三角形称为单元（element）。除了边缘部分的微小区域外，单元将覆盖整个区域。由于选用直边三角形，造成曲线边界不能完全逼近，存在一些小的未覆盖区域，如果减小单元尺寸或选择具有曲线边界

的单元，这部分未被离散的区域将减小。有限元方法的基本思想是近似地求解连续问题。将连续的求解域离散为单元时所产生的离散误差是造成近似解误差的一个重要原因。对于图6.2中所示的三角形单元划分，节点序号标在各三角形的角上，单元序号用带圆圈的数字表示。

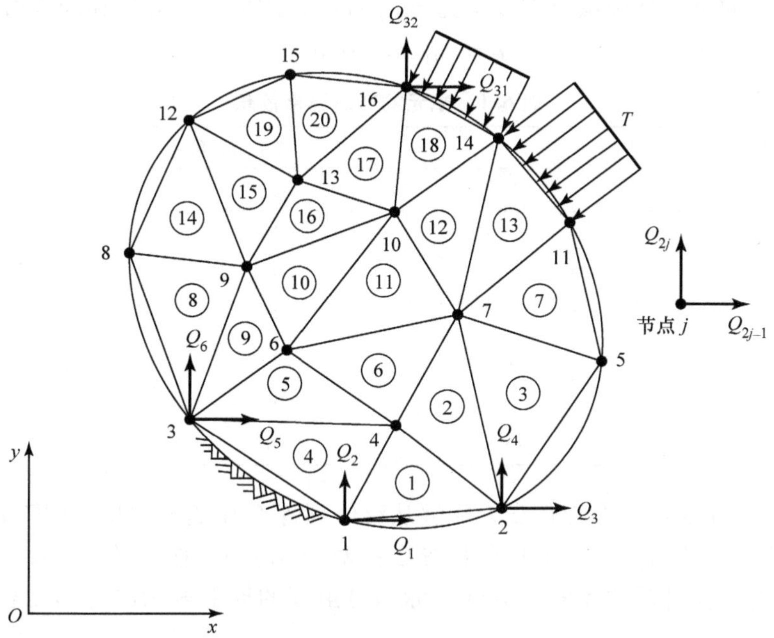

图6.2 有限元离散

在本章所讨论的二维问题中，每个节点有 x 和 y 两个方向上的位移分量，即每个节点有两个自由度。从分析桁架时采用的编码方案可以看出：节点 j 在 x 方向上的位移分量表示为 Q_{2j-1}，在 y 方向上的位移分量表示为 Q_{2j}，将整个位移列阵表示为

$$\boldsymbol{Q}=(Q_1,Q_2,\cdots,Q_N)^{\mathrm{T}} \tag{6.7}$$

其中，N 是自由度的个数。

在进行计算时，通常用节点坐标及单元的节点连接信息来表示单元的离散信息。节点坐标信息存储在一个二维阵列里，其中行数为最大节点数，每一列对应每个节点的一个方向的坐标。如图6.3所示，单独分析一个典型单元，可以获得其单元的节点信息。单元三个节点的局部编号分别指定为1、2和3，相应的整体节点编号如图6.2所示。单元的节点信息通常由一个矩阵表示，矩阵中包含了单元序号和各单元三个节点的编号。表6.1是一种典型的单元节点信息表示方法，为了避免

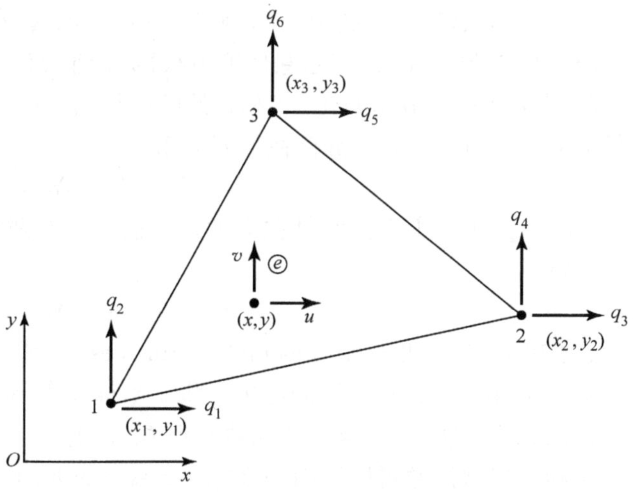

图6.3 三角形单元

三角形面积出现负值，大多数有限元程序采用常规的绕单元逆时针顺序排列节点的方法。然而在本章所给的程序中，对节点的次序并不作特殊的要求。

表6.1建立了局部和整体的节点序号及其自由度之间的对应关系。图6.3中的局部节点j在x方向和y方向上位移分量分别表示为q_{2j-1}和q_{2j}，因此，单元位移列阵可表示为

$$\boldsymbol{q} = (q_1, q_2, \cdots, q_6)^{\mathrm{T}} \tag{6.8}$$

表6.1 单元的节点连接信息

单元编号	3个节点编号		
ⓔ	1	2	3
1	1	2	4
2	4	2	7
⋮	⋮	⋮	⋮
11	6	7	10
⋮	⋮	⋮	⋮
20	13	16	15

注意由表6.1中的单元节点信息，能够从整体列阵$\boldsymbol{Q}$中提取出单元列阵$\boldsymbol{q}$，在有限元程序中常有这种运算。同样，可由表6.1看出：对应节点的坐标（x_1，y_1）、（x_2，y_2）和（x_3，y_3）是具有整体坐标性质的。节点坐标和自由度的局部表示法为单元表征提供了一种简便而清晰的方法。

6.3 常应变三角形单元（CST）

在进行有限元计算时，单元内部各位置的位移需要用单元节点位移来表示。前面已经讨论过，在单元内进行插值运算时，需要引出形状函数的概念。对于常应变三角形单元，其形状函数是线性的。如图6.4所示，三个形状函数N_1、N_2和N_3分别对应于节点1、2和3。形状函数N_1在节点1处的值为1，而在节点2和3处线性减小为0。图6.4a中用阴影表示的平面就是形状函数N_1的值，N_2和N_3分别表示其形状函数在节点2和3处的值为1，而在对边降为0的类似平面。这些形状函数的任何线性组合都代表一种平面。特别地，$N_1+N_2+N_3$代表了一个在节点1、2和3处的值均为1的平面，它与三角形123平行。因此，对于任何的N_1、N_2和N_3，都存在下列关系

$$N_1 + N_2 + N_3 = 1 \tag{6.9}$$

因此N_1、N_2和N_3并非是线性独立的，它们中仅有两个是独立的。形状函数通常用变量ξ和η表示如下

$$N_1 = \xi,\ N_2 = \eta,\ N_3 = 1 - \xi - \eta \tag{6.10}$$

其中，ξ和η是自然坐标（natural coordinates），参见图6.4。请注意它与一维单元（见第3章）的相似处：在一维问题中，将x坐标映射到ξ坐标上，形状函数定义为ξ的函数；在二维问题中，将x、y坐标分别映射到ξ、η坐标上，因此形状函数定义为ξ和η的函数。

实际上形状函数可以用面积坐标（area coordinates）表示。如图6.5所示，三角形中的一点（x,y）将三角形划分为A_1、A_2和A_3三个区域，形状函数可以精确地表示为

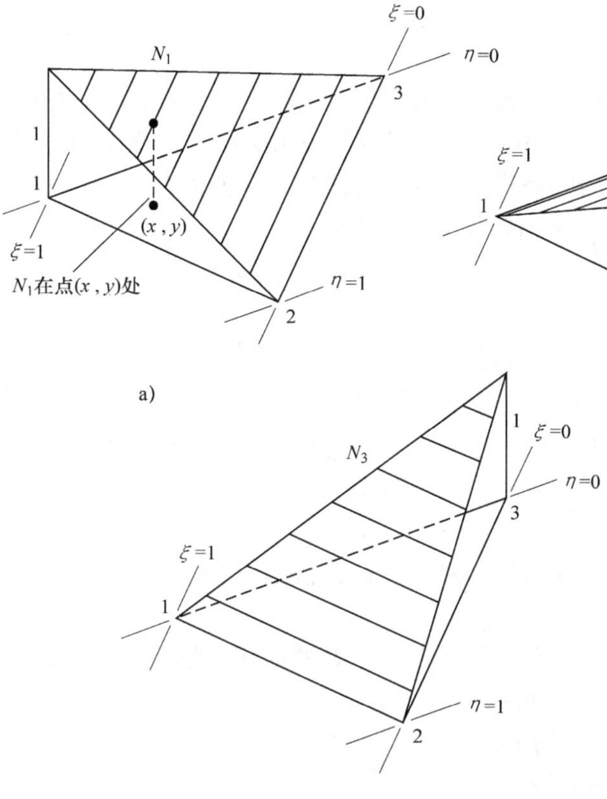

图 6.4 形状函数

$$N_1=\frac{A_1}{A},\ N_2=\frac{A_2}{A},\ N_3=\frac{A_3}{A} \tag{6.11}$$

其中，A 是单元面积。显然，对于三角形内所有点，关系式 $N_1+N_2+N_3=1$ 都成立。

等参表示法

现在，单元内任意一点的位移都可以用形状函数和未知位移场的节点值来表示。由此可得

$$\begin{cases}u=N_1q_1+N_2q_3+N_3q_5\\ v=N_1q_2+N_2q_4+N_3q_6\end{cases} \tag{6.12a}$$

或者，由式（6.10）可得

$$\begin{cases}u=(q_1-q_5)\xi+(q_3-q_5)\eta+q_5\\ v=(q_2-q_6)\xi+(q_4-q_6)\eta+q_6\end{cases} \tag{6.12b}$$

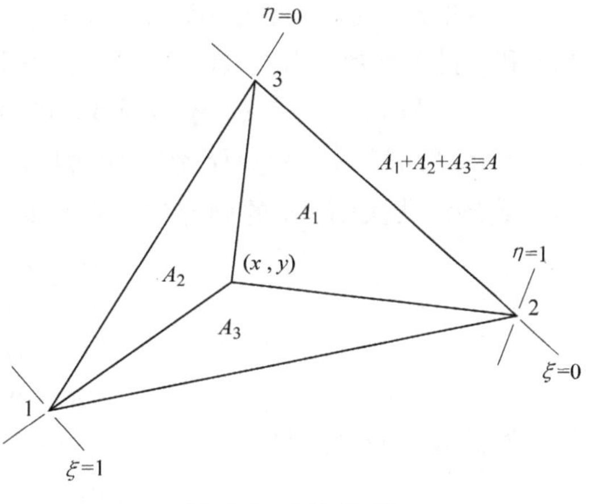

图 6.5 面积坐标

定义形状函数矩阵后，式（6.12a）可以表示为如下的矩阵形式

$$\boldsymbol{N}=\begin{pmatrix}N_1 & 0 & N_2 & 0 & N_3 & 0\\ 0 & N_1 & 0 & N_2 & 0 & N_3\end{pmatrix} \tag{6.13}$$

和

$$\boldsymbol{u} = \boldsymbol{N}\boldsymbol{q} \tag{6.14}$$

对于三角形单元，采用相同的形状函数，可以将 x、y 坐标表示为节点坐标的形式。这就是等参表示法（isoparametric representation）。应用等参表示法可以简化推导过程，这使得在拓展到复杂单元时仍可以采用相同的格式。由此可得坐标的插值关系为

$$\begin{cases} x = N_1x_1 + N_2x_2 + N_3x_3 \\ y = N_1y_1 + N_2y_2 + N_3y_3 \end{cases} \tag{6.15a}$$

或者

$$\begin{cases} x = (x_1 - x_3)\xi + (x_2 - x_3)\eta + x_3 \\ y = (y_1 - y_3)\xi + (y_2 - y_3)\eta + y_3 \end{cases} \tag{6.15b}$$

利用如下表示法：$x_{ij} = x_i - x_j$ 和 $y_{ij} = y_i - y_j$，式（6.15b）可表示为

$$\begin{cases} x = x_{13}\xi + x_{23}\eta + x_3 \\ y = y_{13}\xi + y_{23}\eta + y_3 \end{cases} \tag{6.15c}$$

这个公式将 x、y 坐标和 ξ、η 坐标联系起来。式（6.12）表明 u 和 v 是 ξ 和 η 的函数。

例题 6.1

对于例题 6.1 图中三角形单元，分别求单元内一点 P 的形状函数 N_1、N_2 和 N_3 的值。

解：由等参表示法［式（6.15）］，可得

$$3.85 = 1.5N_1 + 7N_2 + 4N_3 = -2.5\xi + 3\eta + 4$$

$$4.8 = 2N_1 + 3.5N_2 + 7N_3 = -5\xi - 3.5\eta + 7$$

以上两式可化简为

$$2.5\xi - 3\eta = 0.15$$

$$5\xi + 3.5\eta = 2.2$$

求解得 $\xi = 0.3$，$\eta = 0.2$，由此可得

$$N_1 = 0.3, N_2 = 0.2, N_3 = 0.5$$

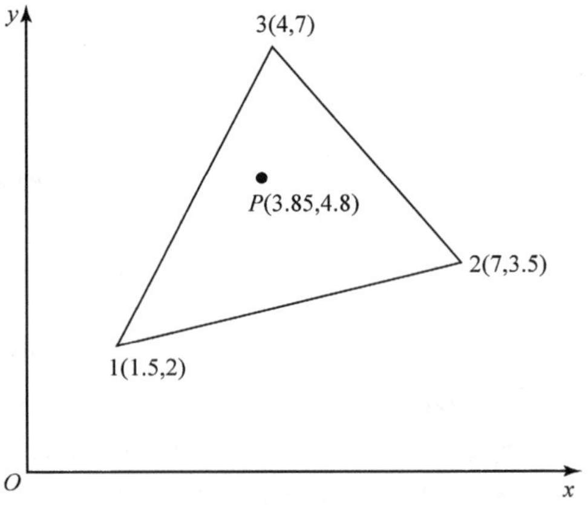

例题 6.1 图

在计算单元应变时，要分别计算 u 和 v 对于整体坐标 x 和 y 的偏导数。由式（6.12）和式（6.15）可以看出，u、v 和 x、y 都是 ξ、η 的函数，即有 $u = u(x(\xi,\eta), y(\xi,\eta))$ 和 $v = v(x(\xi,\eta), y(\xi,\eta))$，应用求偏导数的链式法则，$u$ 的偏导数可表示如下

$$\frac{\partial u}{\partial \xi} = \frac{\partial u}{\partial x}\frac{\partial x}{\partial \xi} + \frac{\partial u}{\partial y}\frac{\partial y}{\partial \xi}$$

$$\frac{\partial u}{\partial \eta} = \frac{\partial u}{\partial x}\frac{\partial x}{\partial \eta} + \frac{\partial u}{\partial y}\frac{\partial y}{\partial \eta}$$

上式可写成矩阵形式，即

$$\begin{Bmatrix} \dfrac{\partial u}{\partial \xi} \\ \dfrac{\partial u}{\partial \eta} \end{Bmatrix} = \begin{bmatrix} \dfrac{\partial x}{\partial \xi} & \dfrac{\partial y}{\partial \xi} \\ \dfrac{\partial x}{\partial \eta} & \dfrac{\partial y}{\partial \eta} \end{bmatrix} \begin{Bmatrix} \dfrac{\partial u}{\partial x} \\ \dfrac{\partial u}{\partial y} \end{Bmatrix} \tag{6.16}$$

将上式中的（2×2）方阵记为雅可比（Jacobian）变换矩阵 $\boldsymbol{J}$

$$J=\begin{pmatrix}\dfrac{\partial x}{\partial \xi} & \dfrac{\partial y}{\partial \xi}\\ \dfrac{\partial x}{\partial \eta} & \dfrac{\partial y}{\partial \eta}\end{pmatrix} \tag{6.17}$$

关于雅可比变换矩阵的一些其他特性将在附录中列出，计算出 x 和 y 的导数，可得

$$J=\begin{pmatrix}x_{13} & y_{13}\\ x_{23} & y_{23}\end{pmatrix} \tag{6.18}$$

同样，由式（6.16）可得

$$\begin{pmatrix}\dfrac{\partial u}{\partial x}\\ \dfrac{\partial u}{\partial y}\end{pmatrix}=J^{-1}\begin{pmatrix}\dfrac{\partial u}{\partial \xi}\\ \dfrac{\partial u}{\partial \eta}\end{pmatrix} \tag{6.19}$$

其中，J^{-1}是 J 的逆矩阵，由下式给出

$$J^{-1}=\frac{1}{\det J}\begin{pmatrix}y_{23} & -y_{13}\\ -x_{23} & x_{13}\end{pmatrix} \tag{6.20}$$

$$\det J=x_{13}y_{23}-x_{23}y_{13} \tag{6.21}$$

由三角形面积的定义可知，$\det J$ 的大小是三角形面积的两倍。假如点 1、2 和 3 是按逆时针方向排序的，$\det J$ 值为正，则有

$$A=\frac{1}{2}\left|\det J\right| \tag{6.22}$$

其中，“$|\ |$”代表数值大小。大多数有限元程序都采用逆时针方向排序，并用 $\det J$ 来求取面积值。

例题 6.2

确定例题 6.1 图中的三角形单元的雅可比变换矩阵 J。

解： 由题意可知

$$J=\begin{pmatrix}x_{13} & y_{13}\\ x_{23} & y_{23}\end{pmatrix}=\begin{pmatrix}-2.5 & -5.0\\ 3.0 & -3.5\end{pmatrix}$$

可得 $\det J=23.75$，它是三角形面积的两倍；假如节点 1、2、3 按照顺时针方向进行排序，$\det J$ 将为负值。

由式（6.19）和式（6.20），可得

$$\begin{pmatrix}\dfrac{\partial u}{\partial x}\\ \dfrac{\partial u}{\partial y}\end{pmatrix}=\frac{1}{\det J}\begin{pmatrix}y_{23}\dfrac{\partial u}{\partial \xi}-y_{13}\dfrac{\partial u}{\partial \eta}\\ -x_{23}\dfrac{\partial u}{\partial \xi}+x_{13}\dfrac{\partial u}{\partial \eta}\end{pmatrix} \tag{6.23a}$$

将 u 替换为 v，可得到类似的表达式

$$\begin{pmatrix}\dfrac{\partial v}{\partial x}\\ \dfrac{\partial v}{\partial y}\end{pmatrix}=\frac{1}{\det J}\begin{pmatrix}y_{23}\dfrac{\partial v}{\partial \xi}-y_{13}\dfrac{\partial v}{\partial \eta}\\ -x_{23}\dfrac{\partial v}{\partial \xi}+x_{13}\dfrac{\partial v}{\partial \eta}\end{pmatrix} \tag{6.23b}$$

由应变-位移关系式（6.5）、式（6.12b）和式（6.23），可得

$$\boldsymbol{\varepsilon} = \begin{pmatrix} \dfrac{\partial u}{\partial x} \\[2mm] \dfrac{\partial v}{\partial y} \\[2mm] \dfrac{\partial u}{\partial y} + \dfrac{\partial v}{\partial x} \end{pmatrix}$$

$$= \frac{1}{\det \boldsymbol{J}} \begin{pmatrix} y_{23}(q_1 - q_5) - y_{13}(q_3 - q_5) \\ -x_{23}(q_2 - q_6) + x_{13}(q_4 - q_6) \\ -x_{23}(q_1 - q_5) + x_{13}(q_3 - q_5) + y_{23}(q_2 - q_6) - y_{13}(q_4 - q_6) \end{pmatrix} \tag{6.24a}$$

由 x_{ij} 和 y_{ij} 的定义，可得 $y_{31} = -y_{13}$，$y_{12} = y_{13} - y_{23}$ 等。因此，上一个式子可写成如下形式

$$\boldsymbol{\varepsilon} = \frac{1}{\det \boldsymbol{J}} \begin{pmatrix} y_{23}q_1 + y_{31}q_3 + y_{12}q_5 \\ x_{32}q_2 + x_{13}q_4 + x_{21}q_6 \\ x_{32}q_1 + y_{23}q_2 + x_{13}q_3 + y_{31}q_4 + x_{21}q_5 + y_{12}q_6 \end{pmatrix} \tag{6.24b}$$

写成矩阵形式为

$$\boldsymbol{\varepsilon} = \boldsymbol{Bq} \tag{6.25}$$

其中，$\boldsymbol{B}$ 是（3×6）的单元应变-位移矩阵，表示三个应变和六个节点位移之间的关系，由下式给出

$$\boldsymbol{B} = \frac{1}{\det \boldsymbol{J}} \begin{pmatrix} y_{23} & 0 & y_{31} & 0 & y_{12} & 0 \\ 0 & x_{32} & 0 & x_{13} & 0 & x_{21} \\ x_{32} & y_{23} & x_{13} & y_{31} & x_{21} & y_{12} \end{pmatrix} \tag{6.26}$$

由此可以看出矩阵 $\boldsymbol{B}$ 中的所有元素都是常数，其中每一个数都是通过节点坐标表示的。

例题 6.3

基于例题 6.3 图所示各三角形单元的节点编号，求单元的应变-节点位移关系矩阵 $\boldsymbol{B}^e$。

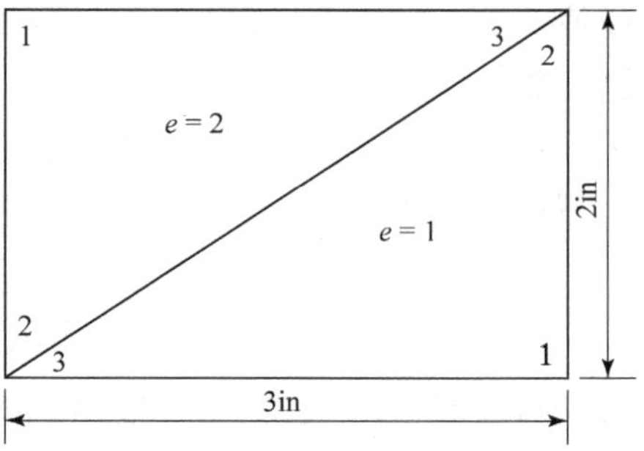

例题 6.3 图

解： 由题意可知

$$\boldsymbol{B}^1 = \frac{1}{\det \boldsymbol{J}} \begin{pmatrix} y_{23} & 0 & y_{31} & 0 & y_{12} & 0 \\ 0 & x_{32} & 0 & x_{13} & 0 & x_{21} \\ x_{32} & y_{23} & x_{13} & y_{31} & x_{21} & y_{12} \end{pmatrix}$$

$$= \frac{1}{6} \begin{pmatrix} 2 & 0 & 0 & 0 & -2 & 0 \\ 0 & -3 & 0 & 3 & 0 & 0 \\ -3 & 2 & 3 & 0 & 0 & -2 \end{pmatrix}$$

其中，$\det \boldsymbol{J}$ 的值为：$x_{13}y_{23} - x_{23}y_{13} = (3)(2) - (3)(0) = 6$。利用各三角形单元给出的节点编号，可以求出 $\boldsymbol{B}^2$

$$\boldsymbol{B}^2 = \frac{1}{6} \begin{pmatrix} -2 & 0 & 0 & 0 & 2 & 0 \\ 0 & 3 & 0 & -3 & 0 & 0 \\ 3 & -2 & -3 & 0 & 0 & 2 \end{pmatrix}$$

势能方法

系统的势能 Π 由下式给出

$$\Pi = \frac{1}{2} \int_A \boldsymbol{\varepsilon}^{\mathrm{T}} \boldsymbol{D} \boldsymbol{\varepsilon} t \mathrm{d}A - \int_A \boldsymbol{u}^{\mathrm{T}} \boldsymbol{f} t \mathrm{d}A - \int_L \boldsymbol{u}^{\mathrm{T}} \boldsymbol{T} t \mathrm{d}l - \sum_i \boldsymbol{u}_i^{\mathrm{T}} \boldsymbol{P}_i \tag{6.27}$$

在式（6.27）的最后一项中，i 表示受集中载荷 $\boldsymbol{P}_i$ 作用的点，其中 $\boldsymbol{P}_i=(P_x,P_y)_i^{\mathrm{T}}$。对 i 遍历求和即可得到所有集中载荷引起的势能。

由图 6.2 中所示的离散模型，可得总势能表达式如下

$$\Pi = \sum_e \frac{1}{2}\int_e \boldsymbol{\varepsilon}^{\mathrm{T}}\boldsymbol{D}\boldsymbol{\varepsilon}t\mathrm{d}A - \sum_e \int_e \boldsymbol{u}^{\mathrm{T}}\boldsymbol{f}t\mathrm{d}A - \int_L \boldsymbol{u}^{\mathrm{T}}\boldsymbol{T}t\mathrm{d}l - \sum_i \boldsymbol{u}_i^{\mathrm{T}}\boldsymbol{P}_i \tag{6.28a}$$

或

$$\Pi = \sum_e U_e - \sum_e \int_e \boldsymbol{u}^{\mathrm{T}}\boldsymbol{f}t\mathrm{d}A - \int_L \boldsymbol{u}^{\mathrm{T}}\boldsymbol{T}t\mathrm{d}l - \sum_i \boldsymbol{u}_i^{\mathrm{T}}\boldsymbol{P}_i \tag{6.28b}$$

其中，$U_e = \frac{1}{2}\int_e \boldsymbol{\varepsilon}^{\mathrm{T}}\boldsymbol{D}\boldsymbol{\varepsilon}t\mathrm{d}A$ 是单元的应变能。

单元刚度

将单元的应变-位移关系式（6.25）代入单元应变能 U_e 的表达式（6.28b）中，可得

$$U_e = \frac{1}{2}\int_e \boldsymbol{\varepsilon}^{\mathrm{T}}\boldsymbol{D}\boldsymbol{\varepsilon}t\mathrm{d}A = \frac{1}{2}\int_e \boldsymbol{q}^{\mathrm{T}}\boldsymbol{B}^{\mathrm{T}}\boldsymbol{D}\boldsymbol{B}\boldsymbol{q}t\mathrm{d}A \tag{6.29a}$$

将单元的厚度 t_e 取为常数，从前面推导可知：$\boldsymbol{D}$ 矩阵和 $\boldsymbol{B}$ 矩阵中的各项也都是常数，因此有

$$U_e = \frac{1}{2}\boldsymbol{q}^{\mathrm{T}}\boldsymbol{B}^{\mathrm{T}}\boldsymbol{D}\boldsymbol{B}t_e\left(\int_e \mathrm{d}A\right)\boldsymbol{q} \tag{6.29b}$$

这里 $\int_e \mathrm{d}A = A_e$，其中，A_e 是单元面积，由此可得

$$U_e = \frac{1}{2}\boldsymbol{q}^{\mathrm{T}}t_eA_e\boldsymbol{B}^{\mathrm{T}}\boldsymbol{D}\boldsymbol{B}\boldsymbol{q} \tag{6.29c}$$

或

$$U_e = \frac{1}{2}\boldsymbol{q}^{\mathrm{T}}\boldsymbol{k}^e\boldsymbol{q} \tag{6.29d}$$

其中，$\boldsymbol{k}^e$ 是单元刚度矩阵，由下式给出

$$\boldsymbol{k}^e = t_eA_e\boldsymbol{B}^{\mathrm{T}}\boldsymbol{D}\boldsymbol{B} \tag{6.30}$$

对于平面应力或平面应变问题，根据第 1 章定义的弹性矩阵 $\boldsymbol{D}$，针对相应的材料选取合适的值，通过式（6.30）在计算机上的乘法运算即可得到单元刚度矩阵，注意由于 $\boldsymbol{D}$ 具有对称性，故 $\boldsymbol{k}^e$ 也具有对称性。利用表 6.1 中所建立的单元节点信息，将单元刚度矩阵 $\boldsymbol{k}^e$ 组装并加入到对应的整体刚度矩阵 $\boldsymbol{K}$ 中，可得

$$U = \sum_e \frac{1}{2}\boldsymbol{q}^{\mathrm{T}}\boldsymbol{k}^e\boldsymbol{q} = \frac{1}{2}\boldsymbol{Q}^{\mathrm{T}}\boldsymbol{K}\boldsymbol{Q} \tag{6.31}$$

整体刚度矩阵 $\boldsymbol{K}$ 具有对称、带状、稀疏的特性，当自由度 i 和 j 未通过一个单元相互连接时，对应的刚度值 K_{ij} 为零。假如自由度 i 和 j 通过一个或多个单元相互连接时，刚度值是所有相关单元值的叠加。对于图 6.2 中的节点排序情况，刚度矩阵的带宽与单元中节点编号的最大差值有关，假设 i_1、i_2 和 i_3 是一个单元 e 的节点编号，单元节点编号的最大差值可由下式算出

$$m_e = \max\{|i_1-i_2|,|i_2-i_3|,|i_3-i_1|\} \tag{6.32a}$$

半带宽可由下式得到

$$\mathrm{NBW} = 2\left(\max_{1\leqslant e\leqslant NE}\{m_e\}+1\right) \tag{6.32b}$$

其中，NE 是单元个数；2 是每个节点的自由度数。

整体刚度矩阵 $\boldsymbol{K}$ 是在当所有的自由度 $\boldsymbol{Q}$ 都是自由的情况下得出的，若要处理边界条件，则需要对刚度矩阵进行相应的修改。

载荷项

首先，考虑总势能表达式（6.28b）中关于体积力的表达式 $\int_e \boldsymbol{u}^{\mathrm{T}}\boldsymbol{f}t\mathrm{d}A$，将其写成分量形式

$$\int_e \boldsymbol{u}^{\mathrm{T}}\boldsymbol{f}t\mathrm{d}A = t_e\int_e (uf_x + vf_y)\,\mathrm{d}A$$

应用式（6.12a）中给出的插值关系式，可得

$$\begin{aligned}\int_e \boldsymbol{u}^{\mathrm{T}}\boldsymbol{f}t\mathrm{d}A = {} & q_1\left(t_e f_x\int_e N_1\mathrm{d}A\right) + q_2\left(t_e f_y\int_e N_1\mathrm{d}A\right) + \\ & q_3\left(t_e f_x\int_e N_2\mathrm{d}A\right) + q_4\left(t_e f_y\int_e N_2\mathrm{d}A\right) + \\ & q_5\left(t_e f_x\int_e N_3\mathrm{d}A\right) + q_6\left(t_e f_y\int_e N_3\mathrm{d}A\right)\end{aligned} \tag{6.33}$$

如图 6.4 所示，由三角形单元形状函数的定义可知，$\int_e N_1\mathrm{d}A$ 表示一个底面积为 A_e，一个顶点上的高度为 1（无量纲）的四面体的体积。这个四面体的体积可由 $\left(\frac{1}{3}\times\text{底面积}\times\text{高}\right)$ 计算而得（参见图 6.6），即

$$\int_e N_i\mathrm{d}A = \frac{1}{3}A_e \tag{6.34}$$

同样地，可得 $\int_e N_2\mathrm{d}A = \int_e N_3\mathrm{d}A = \frac{1}{3}A_e$，因此，式（6.33）可写为

$$\int_e \boldsymbol{u}^{\mathrm{T}}\boldsymbol{f}t\mathrm{d}A = \boldsymbol{q}^{\mathrm{T}}\boldsymbol{f}^e \tag{6.35}$$

其中，$\boldsymbol{f}^e$ 是单元的体力列阵，即

$$\boldsymbol{f}^e = \frac{t_e A_e}{3}(f_x, f_y, f_x, f_y, f_x, f_y)^{\mathrm{T}} \tag{6.36}$$

这些单元节点力都将集成到整体载荷列阵 $\boldsymbol{F}$ 中，在将 $\boldsymbol{f}^e$ 叠加到整体载荷 $\boldsymbol{F}$ 中时，需要再次用到表 6.1 中的单元节点信息，单元的体力列阵 $\boldsymbol{f}^e$ 是（6×1）维的，而整体载荷列阵 $\boldsymbol{F}$ 是 $(N\times 1)$ 维的，这种组装过程已经在第 3 章和第 4 章中进行过讨论，可以表示为

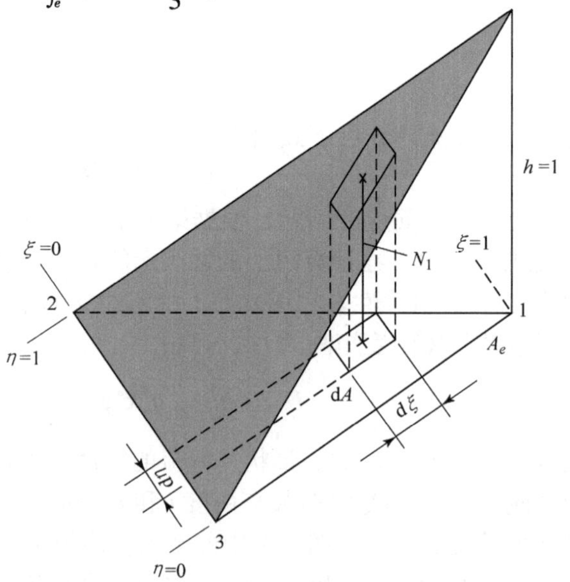

$\int_e N_1\mathrm{d}A = \frac{1}{3}A_e\cdot h = \frac{1}{3}A_e$

或 $\int_e N_1\mathrm{d}A = \int_0^1\int_0^{1-\xi} N_1\det J\,\mathrm{d}\eta\,\mathrm{d}\xi = 2A_e\int_0^1\int_0^{1-\xi}\mathrm{d}\eta\,\mathrm{d}\xi = \frac{1}{3}A_e$

图 6.6　形状函数的积分

$$F \leftarrow \sum_e f^e \tag{6.37}$$

面积力（以下简称面力）定义为作用在物体表面上的分布载荷，通常施加在连接边界节点的单元边界上。作用在单元边界上的面力也将对整体载荷列阵 F 做出贡献，所做贡献的大小由面力表达式 $\int u^T T t \mathrm{d}l$ 来计算。以 $l_{1\text{-}2}$ 边为例，假定面力在 x、y 方向上的分量分别为 T_x、T_y，如图 6.7a 所示，则有

$$\int_L u^T T t \mathrm{d}l = \int_{l_{1\text{-}2}} (uT_x + vT_y) t \mathrm{d}l \tag{6.38}$$

$$l_{1\text{-}2} = \sqrt{(x_2-x_1)^2 + (y_2-y_1)^2}$$
$$c = \frac{y_2-y_1}{l_{1\text{-}2}}, \quad s = \frac{x_1-x_2}{l_{1\text{-}2}}$$
$$T_{x1} = -cp_1, \quad T_{x2} = -cp_2$$
$$T_{y1} = -sp_1, \quad T_{y2} = -sp_2$$

a) b)

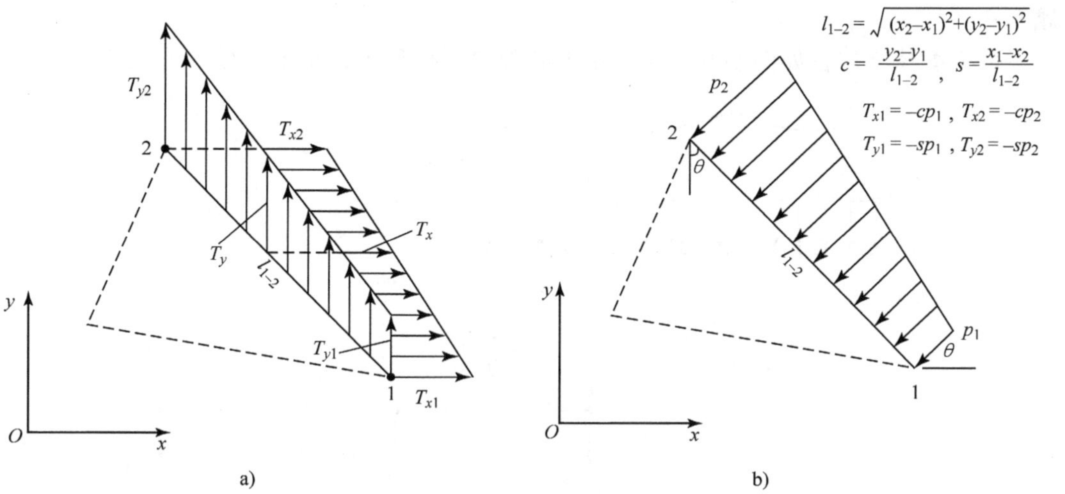

图 6.7 面力载荷

a) 分量分布　b) 法向压力

利用下述插值关系式

$$\begin{cases} u = N_1 q_1 + N_2 q_3 \\ v = N_1 q_2 + N_2 q_4 \\ T_x = N_1 T_{x1} + N_2 T_{x2} \\ T_y = N_1 T_{y1} + N_2 T_{y2} \end{cases} \tag{6.39}$$

以及

$$\int_{l_{1\text{-}2}} N_1^2 \mathrm{d}l = \frac{1}{3} l_{1\text{-}2}, \quad \int_{l_{1\text{-}2}} N_2^2 \mathrm{d}l = \frac{1}{3} l_{1\text{-}2}, \quad \int_{l_{1\text{-}2}} N_1 N_2 \mathrm{d}l = \frac{1}{6} l_{1\text{-}2} \tag{6.40}$$

其中，

$$l_{1\text{-}2} = \sqrt{(x_2 - x_1)^2 + (y_2 - y_1)^2}$$

可推导出

$$\int_{l_{1\text{-}2}} u^T T t \mathrm{d}l = (q_1, q_2, q_3, q_4) T^e \tag{6.41}$$

其中，T^e 由下式给出

$$T^e = \frac{t_e l_{1\text{-}2}}{6} (2T_{x_1} + T_{x_2}, 2T_{y_1} + T_{y_2}, T_{x_1} + 2T_{x_2}, T_{y_1} + 2T_{y_2})^T \tag{6.42}$$

假如 p_1 和 p_2 是施加在直线 1-2 上的法向压力，如图 6.7b 所示，可得

$$T_{x1} = -cp_1,\ T_{x2} = -cp_2,\ T_{y1} = -sp_1,\ T_{y2} = -sp_2$$

其中

$$s = \frac{(x_1 - x_2)}{l_{1\text{-}2}},\ c = \frac{(y_2 - y_1)}{l_{1\text{-}2}}$$

在式（6.42）中，可以同时考虑法向和切向分布载荷。同样在计算整体的载荷列阵 $\boldsymbol{F}$ 时需要考虑分布载荷的贡献。

本书所给出的程序要求载荷以集中载荷分量的形式给出。对于分布载荷，需要事先确定出等效集中载荷的分量，如以下例题所示。

例题 6.4

一面力载荷施加在如例题 6.4 图所示的有限单元模型中，求节点处的等效载荷。

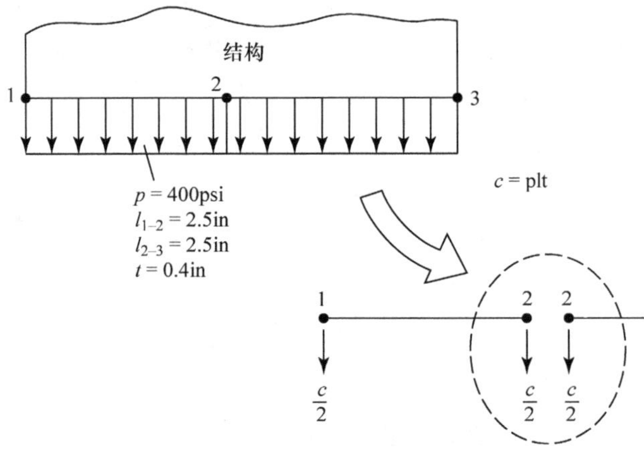

例题 6.4 图

解：对每一条边，即边 1-2 和边 2-3 采用式（6.42）进行计算。定义 $c = (t_e)(l_{edge})(p) = 0.4 \times 2.5 \times 400 = 400$

由例题 6.4 图可得

$(F_{1y}, F_{2y}, F_{3y}) = (200, 400, 200)\text{N}$

如果 y 轴坐标朝上，则这些节点载荷输入时必须为负值。

例题 6.5

如例题 6.5 图所示的二维平面，边 7-8-9 受线性变化的压力载荷作用，试确定节点 7、8、9 的等效集中载荷。

解：先分别考虑两个边界 7-8 和 8-9，然后再进行合并。

对于边界 7-8，有

$p_1 = 1\text{MPa}$，$p_2 = 2\text{MPa}$，$x_1 = 100\text{mm}$，$y_1 = 20\text{mm}$，$x_2 = 85\text{mm}$，$y_2 = 40\text{mm}$，

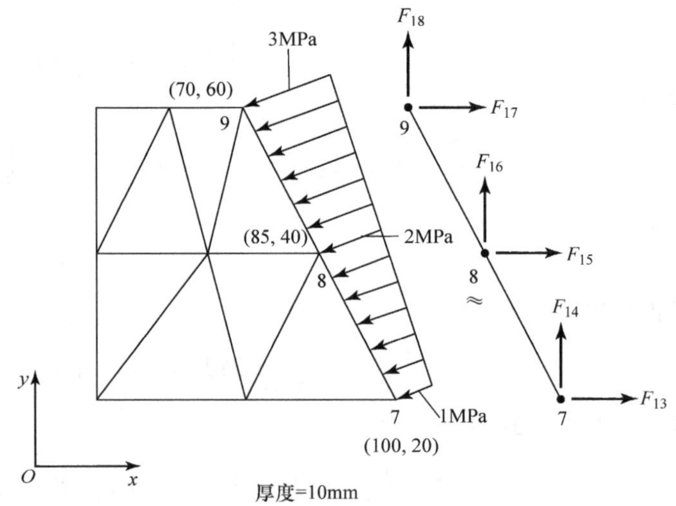

例题 6.5 图

$$l_{1\text{-}2}=\sqrt{(x_1-x_2)^2+(y_1-y_2)^2}=25\text{mm}$$

$$c=\frac{y_2-y_1}{l_{1\text{-}2}}=0.8,s=\frac{x_1-x_2}{l_{1\text{-}2}}=0.6$$

$$T_{x_1}=-p_1c=-0.8,T_{y_1}=-p_1s=-0.6,T_{x_2}=-p_2c=-1.6,T_{y_2}=-p_2s=-1.2$$

$$\boldsymbol{T}^1=\frac{10\times25}{6}(2T_{x_1}+T_{x_2},2T_{y_1}+T_{y_2},T_{x_1}+2T_{x_2},T_{y_1}+2T_{y_2})^{\mathrm{T}}$$

$$=(-133.3,-100,-166.7,-125)^{\mathrm{T}}\text{N}$$

这些载荷分别等效到 F_{13}、F_{14}、F_{15}和 F_{16}中。

对于边界 8-9，有

$$p_1=2\text{MPa},\ p_2=3\text{MPa},\ x_1=85\text{mm},\ y_1=40\text{mm},\ x_2=70\text{mm},\ y_2=60\text{mm}$$

$$l_{1\text{-}2}=\sqrt{(x_1-x_2)^2+(y_1-y_2)^2}=25\text{mm}$$

$$c=\frac{y_2-y_1}{l_{1\text{-}2}}=0.8,s=\frac{x_1-x_2}{l_{1\text{-}2}}=0.6$$

$$T_{x_1}=-p_1c=-1.6,T_{y_1}=-p_1s=-1.2,T_{x_2}=-p_2c=-2.4,T_{y_2}=-p_2s=-1.8$$

$$\boldsymbol{T}^2=\frac{10\times25}{6}(2T_{x_1}+T_{x_2},2T_{y_1}+T_{y_2},T_{x_1}+2T_{x_2},T_{y_1}+2T_{y_2})^{\mathrm{T}}$$

$$=(-233.3,-175,-266.7,-200)^{\mathrm{T}}\text{N}$$

这些载荷分别等效到 F_{15}、F_{16}、F_{17}和 F_{18}中。最后可得到等效集中载荷为

$$(F_{13},F_{14},F_{15},F_{16},F_{17},F_{18})=(-133.3,-100,-400,-300,-266.7,-200)\text{N}$$

选取受到**集中载荷**（也称集中力）作用的点作为节点，集中载荷的表达式就很容易得到。假设 i 为受力 $\boldsymbol{P}_i=(P_x,P_y)^{\mathrm{T}}$ 作用的节点，则有

$$\boldsymbol{u}_i^{\mathrm{T}}\boldsymbol{P}_i=Q_{2i-1}P_x+Q_{2i}P_y \tag{6.43}$$

因此，$\boldsymbol{P}_i$ 在 x 和 y 方向上的分量 P_x 和 P_y 可以直接加到整体的载荷列阵 $\boldsymbol{F}$ 的第（$2i-1$）项和第（$2i$）项中去。

综上所述，体力、面力和集中力对整体的载荷列阵（或称节点力列阵）$\boldsymbol{F}$ 的贡献可以表示为 $\boldsymbol{F}\leftarrow\sum\limits_e(\boldsymbol{f}^e+\boldsymbol{T}^e)+\boldsymbol{P}$ 。

结合应变能和力的表达式，总势能可表达如下

$$\Pi=\frac{1}{2}\boldsymbol{Q}^{\mathrm{T}}\boldsymbol{K}\boldsymbol{Q}-\boldsymbol{Q}^{\mathrm{T}}\boldsymbol{f} \tag{6.44}$$

在处理边界条件时，则需要对刚度矩阵和节点力列阵进行修正。应用第 3 章和第 4 章中的方法，可得

$$\boldsymbol{KQ}=\boldsymbol{F} \tag{6.45}$$

其中，$\boldsymbol{K}$ 和 $\boldsymbol{F}$ 分别是修正后的刚度矩阵和节点力列阵。为了求得位移列阵 $\boldsymbol{Q}$，可以用高斯消元法或其他方法求解方程组。

例题 6.6

如例题 6.6 图所示的常应变三角形单元（CST），单元受体力 $f_x=x^2\text{N/m}^3$ 作用。试确定节点力列阵 $\boldsymbol{f}^e$。取单元厚度为 1m。

外力势为 $-\int_e \boldsymbol{f}^{\mathrm{T}}\boldsymbol{u}\mathrm{d}V$，其中，$\boldsymbol{f}^{\mathrm{T}}=(f_x,\ 0)$。将 $\boldsymbol{u}=\boldsymbol{N}\boldsymbol{q}$ 代入，可得外力势为 $-\boldsymbol{q}^{\mathrm{T}}\boldsymbol{f}^e$，其中，$\boldsymbol{f}^e=\int_e \boldsymbol{N}^{\mathrm{T}}\boldsymbol{f}\mathrm{d}V$，$\boldsymbol{N}$ 由式（6.13）给出。$\boldsymbol{f}^e$的所有 y 方向分量为零，节点1、2、3 处的 x 方向分量分别为

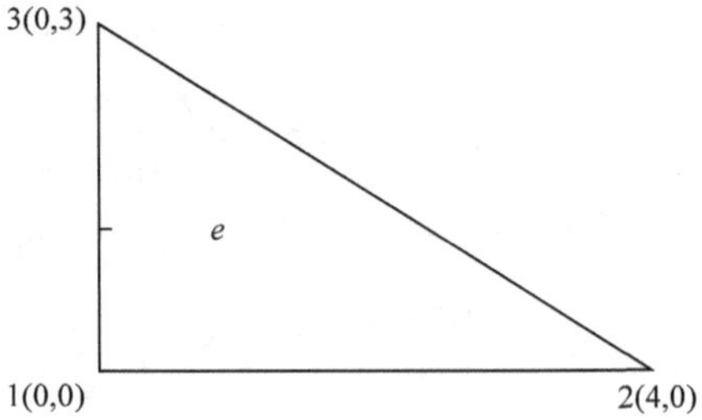

例 6.6 图

$$\int_e \xi f_x \mathrm{d}V,\ \int_e \eta f_x \mathrm{d}V,\ \int_e (1-\xi-\eta)f_x \mathrm{d}V$$

进行下列代换：$f_x=x^2$，$x=\xi x_1+\eta x_2+(1-\xi-\eta)\cdot x_3=4\eta$，$\mathrm{d}V=\det\boldsymbol{J}\mathrm{d}\eta\mathrm{d}\xi$，$\det\boldsymbol{J}=2A_e$，$A_e=6$。对三角形的积分过程如图 6.6 所示，由此可得

$$\int_e \xi f_x \mathrm{d}V=\int_0^1\int_0^{1-\xi}\xi(16\eta^2)(12)\mathrm{d}\eta\mathrm{d}\xi=3.2\mathrm{N}$$

同样，可得其他积分结果为 9.6N 和 3.2N，最后有

$$\boldsymbol{f}^e=(3.2,0,9.6,0,3.2,0)^{\mathrm{T}}\mathrm{N}$$

三角形的积分公式

在上个例题中的第一步进行了三角形中不同项的积分。对于形式为 $\xi^a\eta^b\ (1-\xi-\eta)^c$ 的多项式项，可以得到一般形式的积分为

$$\int_0^1\int_0^{1-\xi}\xi^a\eta^b(1-\xi-\eta)^c\mathrm{d}\xi\mathrm{d}\eta=\frac{a!b!c}{(a+b+c+2)} \tag{6.46}$$

其中，a、b 和 c 是整数⊖，$a!=\mathrm{a}(\mathrm{a}-1)(\mathrm{a}-2)\ \cdots1$，是 a 的阶乘，$0!=1$。

则三角形的积分为

$$\begin{aligned}\int_A f(\xi,\eta)\mathrm{d}A&=\int_0^1\int_0^{1-\xi}f(\xi,\eta)\det\boldsymbol{J}\mathrm{d}\xi\mathrm{d}\eta\\&=2A\int_0^1\int_0^{1-\xi}f(\xi,\eta)\mathrm{d}\xi\mathrm{d}\eta\end{aligned} \tag{6.47}$$

式（6.46）和式（6.47）也可用于其他积分的计算。

伽辽金方法

按照第 1 章中所述的步骤，引入

$$\boldsymbol{\phi}=(\phi_x,\phi_y)^{\mathrm{T}} \tag{6.48}$$

和

$$\boldsymbol{\varepsilon}(\boldsymbol{\phi})=\left(\frac{\partial\phi_x}{\partial x},\frac{\partial\phi_y}{\partial y},\frac{\partial\phi_x}{\partial y}+\frac{\partial\phi_y}{\partial x}\right)^{\mathrm{T}} \tag{6.49}$$

其中，$\boldsymbol{\phi}$ 是一个任意（虚）位移向量，但它是满足边界条件的。其变分形式为

$$\int_A \boldsymbol{\sigma}^{\mathrm{T}}\boldsymbol{\varepsilon}(\boldsymbol{\phi})t\mathrm{d}A-\left(\int_A \boldsymbol{\phi}^{\mathrm{T}}\boldsymbol{f}t\mathrm{d}A+\int_L \boldsymbol{\phi}^{\mathrm{T}}\boldsymbol{T}t\mathrm{d}l+\sum_i \boldsymbol{\phi}_i^{\mathrm{T}}\boldsymbol{P}_i\right)=0 \tag{6.50}$$

其中，第一项代表内力虚功，括弧中的表达式代表外力虚功。在离散区域，上面的公式可写成如下形式

⊖ 该公式对于非负实数 a、b 和 c 也成立。对于一般情形，其积分结果为 $[\Gamma(a+1)\Gamma(b+1)\Gamma(c+1)]/\Gamma(a+b+c+3)$，其中，$\Gamma(x)=\int_0^\infty t^{x-1}\mathrm{e}^{-t}\mathrm{d}t$ 为完全 Γ 函数。对于整数 x，有 $\Gamma(x+1)=x!$。

$$\sum_e \int_e \boldsymbol{\varepsilon}^{\mathrm{T}} \boldsymbol{D} \boldsymbol{\varepsilon}(\boldsymbol{\phi}) t \mathrm{d}A - \left(\sum_e \int_e \boldsymbol{\phi}^{\mathrm{T}} \boldsymbol{f} t \mathrm{d}A + \int_L \boldsymbol{\phi}^{\mathrm{T}} \boldsymbol{T} t \mathrm{d}l + \sum_i \boldsymbol{\phi}_i^{\mathrm{T}} \boldsymbol{P}_i \right) = 0 \tag{6.51}$$

由式（6.12）~式（6.14）中的插值步骤，可以写出表达式

$$\boldsymbol{\phi} = \boldsymbol{N\psi} \tag{6.52}$$

$$\boldsymbol{\varepsilon}(\boldsymbol{\phi}) = \boldsymbol{B\psi} \tag{6.53}$$

其中

$$\boldsymbol{\psi} = (\psi_1, \psi_2, \psi_3, \psi_4, \psi_5, \psi_6)^{\mathrm{T}} \tag{6.54}$$

代表单元 e 的任意节点位移。总的节点位移的变分 $\boldsymbol{\psi}$ 可表示为

$$\boldsymbol{\Psi} = (\Psi_1, \Psi_2, \cdots, \Psi_N)^{\mathrm{T}} \tag{6.55}$$

式（6.51）中的单元内力虚功项可表示为

$$\int_e \boldsymbol{\varepsilon}^{\mathrm{T}} \boldsymbol{D} \boldsymbol{\varepsilon}(\boldsymbol{\phi}) t \mathrm{d}A = \int_e \boldsymbol{q}^{\mathrm{T}} \boldsymbol{B}^{\mathrm{T}} \boldsymbol{DB} \psi t \mathrm{d}A$$

注意到，$\boldsymbol{B}$ 和 $\boldsymbol{D}$ 矩阵中的所有元素都为常数，用 t_e 和 A_e 分别表示单元厚度和面积，则

$$\begin{aligned} \int_e \boldsymbol{\varepsilon}^{\mathrm{T}} \boldsymbol{D} \boldsymbol{\varepsilon}(\boldsymbol{\phi}) t \mathrm{d}A &= \boldsymbol{q}^{\mathrm{T}} \boldsymbol{B}^{\mathrm{T}} \boldsymbol{DB} t_e \int_e \mathrm{d}A \boldsymbol{\psi} \\ &= \boldsymbol{q}^{\mathrm{T}} t_e A_e \boldsymbol{B}^{\mathrm{T}} \boldsymbol{DB\psi} \\ &= \boldsymbol{q}^{\mathrm{T}} \boldsymbol{k}^e \boldsymbol{\psi} \end{aligned} \tag{6.56}$$

其中，$\boldsymbol{k}^e$ 是单元刚度矩阵，为

$$\boldsymbol{k}^e = t_e A_e \boldsymbol{B}^{\mathrm{T}} \boldsymbol{DB} \tag{6.57}$$

由于材料的弹性矩阵 $\boldsymbol{D}$ 具有对称性，因此，单元刚度矩阵也具有对称性。利用表 6.1 中的单元节点信息可将 $\boldsymbol{k}^e$ 的值叠加到整体刚度矩阵中，即

$$\begin{aligned} \sum_e \int_e \boldsymbol{\varepsilon}^{\mathrm{T}} \boldsymbol{D} \boldsymbol{\varepsilon}(\boldsymbol{\phi}) t \mathrm{d}A &= \sum_e \boldsymbol{q}^{\mathrm{T}} \boldsymbol{k}^e \psi = \sum_e \psi^{\mathrm{T}} \boldsymbol{k}^e \boldsymbol{q} \\ &= \psi^{\mathrm{T}} \boldsymbol{KQ} \end{aligned} \tag{6.58}$$

整体刚度矩阵 $\boldsymbol{K}$ 具有对称、带状特性。对外力虚功的处理可以按照势能公式中对载荷项的处理方式来进行，并用 $\boldsymbol{\phi}$ 替换 $\boldsymbol{u}$，可得

$$\int_e \boldsymbol{\phi}^{\mathrm{T}} \boldsymbol{f} t \mathrm{d}A = \boldsymbol{\Psi}^{\mathrm{T}} \boldsymbol{f}^e \tag{6.59}$$

上式也可以根据式（6.33）得到，其中 $\boldsymbol{f}^e$ 由式（6.36）给出。同样，按照式（6.38）和式（6.43）对面力和集中载荷的处理方法，可得到变分形式中的各表达式为

$$\text{内力虚功} = \boldsymbol{\Psi}^{\mathrm{T}} \boldsymbol{KQ} \tag{6.60a}$$

$$\text{外力虚功} = \boldsymbol{\Psi}^{\mathrm{T}} \boldsymbol{F} \tag{6.60b}$$

刚度矩阵和节点力列阵需要将矩阵维数扩大至整体规模（包含所有自由度数），这可以应用第 3 章中所述方法来进行。由伽辽金形式，即式（6.51），再根据 $\boldsymbol{\Psi}$ 的任意性可得

$$\boldsymbol{KQ} = \boldsymbol{F} \tag{6.61}$$

其中，$\boldsymbol{K}$ 和 $\boldsymbol{F}$ 可以根据边界条件进行修正。可以看出：式（6.61）得到的形式与利用势能方法得到的式（6.45）完全相同。

应力计算

对于常应变三角形单元（CST）来说，由于应变为常量，应力也为常量。下面计算每个单元的应力。利用式（6.6）中的应力-应变关系和式（6.25）中的单元应变-位移关系，可得

$$\boldsymbol{\sigma}=\boldsymbol{DBq} \tag{6.62}$$

再次利用表6.1中的单元节点信息，从整体位移列阵 $\boldsymbol{Q}$ 中提取单元的节点位移 $\boldsymbol{q}$。用式(6.62)计算单元应力，为进行插值处理，可将计算得到的应力值作为单元中心的应力值。

应用应力莫尔圆可以计算出主应力的大小和方向，本章末所附程序包含了计算主应力的内容。

下面给出的例题6.7将详细展示有限元分析的具体步骤。但我们还是希望读者能够利用计算机来完成本章后面所附的习题。

例题6.7

例题6.7图为二维平板的问题，其上作用有外载荷，假定平板处于平面应力状态，试确定节点1、2的位移和两个单元的应力。与外载荷相比，体力可以忽略不计。

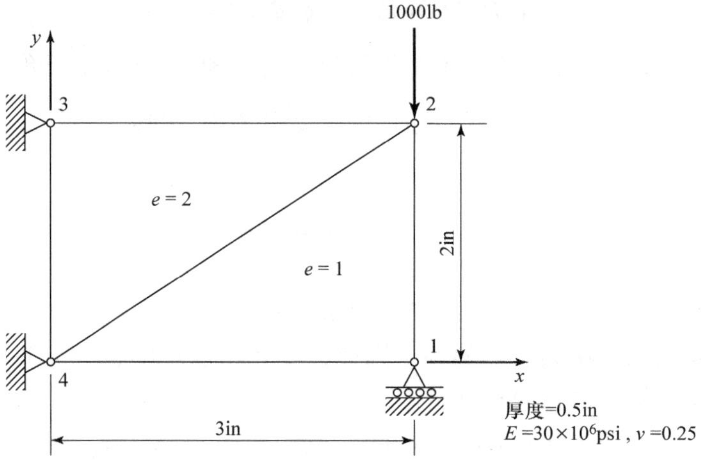

例题6.7图

解：对于平面应力情况，弹性矩阵为

$$\boldsymbol{D}=\frac{E}{1-\nu^2}\begin{pmatrix}1 & \nu & 0\\ \nu & 1 & 0\\ 0 & 0 & \dfrac{1-\nu}{2}\end{pmatrix}=\begin{pmatrix}3.2\times10^7 & 0.8\times10^7 & 0\\ 0.8\times10^7 & 3.2\times10^7 & 0\\ 0 & 0 & 1.2\times10^7\end{pmatrix}$$

运用例题6.3图中的局部对应编号方式，建立如下单元节点信息：

单元编号	节点编号		
	1	2	3
1	1	2	4
2	3	4	2

计算矩阵相乘 $\boldsymbol{DB}^e$，可得

$$\boldsymbol{DB}^1=10^7\begin{pmatrix}1.067 & -0.4 & 0 & 0.4 & -1.067 & 0\\ 0.267 & -1.6 & 0 & 1.6 & -0.267 & 0\\ -0.6 & 0.4 & 0.6 & 0 & 0 & -0.4\end{pmatrix}$$

和

$$DB^2 = 10^7\begin{pmatrix} -1.067 & 0.4 & 0 & -0.4 & 1.067 & 0 \\ -0.267 & 1.6 & 0 & -1.6 & 0.267 & 0 \\ 0.6 & -0.4 & -0.6 & 0 & 0 & 0.4 \end{pmatrix}$$

这两个关系式将在后面计算应力时用上，即 $\boldsymbol{\sigma}^e = \boldsymbol{DB}^e\boldsymbol{q}$。由 $t_eA_e\boldsymbol{B}^{eT}\boldsymbol{DB}^e$ 相乘可得单元刚度矩阵如下

$$\begin{matrix} & 1 & 2 & 3 & 4 & 7 & 8 & \leftarrow \text{整体 dof} \end{matrix}$$

$$\boldsymbol{k}^1 = 10^7\begin{pmatrix} 0.983 & -0.5 & -0.45 & 0.2 & -0.533 & 0.3 \\ & 1.4 & 0.3 & -1.2 & 0.2 & -0.2 \\ & & 0.45 & 0 & 0 & -0.3 \\ & & & 1.2 & -0.2 & 0 \\ & \text{对称} & & & 0.533 & 0 \\ & & & & & 0.2 \end{pmatrix}$$

$$\begin{matrix} & 5 & 6 & 7 & 8 & 3 & 4 & \leftarrow \text{整体 dof} \end{matrix}$$

$$\boldsymbol{k}^2 = 10^7\begin{pmatrix} 0.983 & -0.5 & -0.45 & 0.2 & -0.533 & 0.3 \\ & 1.4 & 0.3 & -1.2 & 0.2 & -0.2 \\ & & 0.45 & 0 & 0 & -0.3 \\ & & & 1.2 & -0.2 & 0 \\ & \text{对称} & & & 0.533 & 0 \\ & & & & & 0.2 \end{pmatrix}$$

在上述单元矩阵的顶部标出了整体自由度。对于该问题，由约束条件可知，Q_2、Q_5、Q_6、Q_7 和 Q_8 都等于零。利用第 3 章中介绍过的消元法，只需要保留自由度 Q_1、Q_3 和 Q_4 就可以求解刚度矩阵。由于忽略了体力，第一个力矢量只有分量 $F_4 = -1000$ lb，则这组方程由以下矩阵形式给出

$$10^7\begin{pmatrix} 0.983 & -0.45 & 0.2 \\ -0.45 & 0.983 & 0 \\ 0.2 & 0 & 1.4 \end{pmatrix}\begin{pmatrix} Q_1 \\ Q_3 \\ Q_4 \end{pmatrix} = \begin{pmatrix} 0 \\ 0 \\ -1000 \end{pmatrix}$$

求解 Q_1、Q_3 和 Q_4，可得

$$Q_1 = 1.913\times10^{-5}\text{in},\quad Q_3 = 0.875\times10^{-5}\text{in},\quad Q_4 = -7.436\times10^{-5}\text{in}$$

对于单元①，单元的节点位移列阵为

$$\boldsymbol{q}^1 = 10^{-5}(1.913, 0, 0.875, -7.436, 0, 0)^{\mathrm{T}}$$

单元应力 $\boldsymbol{\sigma}^1$ 通过式 $\boldsymbol{DB}^1\boldsymbol{q}$ 计算得出，即

$$\boldsymbol{\sigma}^1 = (-93.3, -1138.7, -62.3)^{\mathrm{T}}\text{psi}$$

同样，对于单元②有

$$\boldsymbol{q}^2 = 10^{-5}(0, 0, 0, 0, 0.875, -7.436)^{\mathrm{T}}$$

$$\boldsymbol{\sigma}^2 = (93.4, 23.4, -297.4)^{\mathrm{T}}\text{psi}$$

由于在程序中用到了罚函数法来处理边界条件，由计算机得到的计算结果与上述结果可能会有微小差别。

温度效应

假如已知温度变化的分布情况 $\Delta T(x,y)$，由温度变化引起的应变可看成初始应变 $\boldsymbol{\varepsilon}_0$。

根据固体力学理论，对于平面应力情况，$\boldsymbol{\varepsilon}_0$ 可表示为

$$\boldsymbol{\varepsilon}_0=(\alpha\Delta T,\alpha\Delta T,0)^{\mathrm{T}} \tag{6.63}$$

对于平面应变情况，$\boldsymbol{\varepsilon}_0$ 可表示为

$$\boldsymbol{\varepsilon}_0=(1+\nu)(\alpha\Delta T,\alpha\Delta T,0)^{\mathrm{T}} \tag{6.64}$$

应力和应变具有以下关系

$$\boldsymbol{\sigma}=\boldsymbol{D}(\boldsymbol{\varepsilon}-\boldsymbol{\varepsilon}_0) \tag{6.65}$$

通过计算温度引起的应变所产生的应变能，可以将温度的影响考虑进去。对应的应变能具有如下形式

$$\begin{aligned} U &= \frac{1}{2}\int(\boldsymbol{\varepsilon}-\boldsymbol{\varepsilon}_0)^{\mathrm{T}}\boldsymbol{D}(\boldsymbol{\varepsilon}-\boldsymbol{\varepsilon}_0)t\mathrm{d}A \\ &= \frac{1}{2}\int(\boldsymbol{\varepsilon}^{\mathrm{T}}\boldsymbol{D}\boldsymbol{\varepsilon}-2\boldsymbol{\varepsilon}^{\mathrm{T}}\boldsymbol{D}\boldsymbol{\varepsilon}_0+\boldsymbol{\varepsilon}_0^{\mathrm{T}}\boldsymbol{D}\boldsymbol{\varepsilon}_0)t\mathrm{d}A \end{aligned} \tag{6.66}$$

该展开式的第一项就是前面导出的刚度矩阵，最后一项是个常数，对求极小值没有影响，中间项代表温度载荷，下面详细讨论这一项。基于应变-位移关系式 $\boldsymbol{\varepsilon}=\boldsymbol{B}\boldsymbol{q}$，有

$$\int_A \boldsymbol{\varepsilon}^{\mathrm{T}}\boldsymbol{D}\boldsymbol{\varepsilon}_0 t\mathrm{d}A = \sum_e \boldsymbol{q}^{\mathrm{T}}(\boldsymbol{B}^{\mathrm{T}}\boldsymbol{D}\boldsymbol{\varepsilon}_0)t_eA_e \tag{6.67}$$

若将其中的 $\boldsymbol{\varepsilon}^{\mathrm{T}}$ 代替 $\boldsymbol{\varepsilon}^{\mathrm{T}}(\boldsymbol{\phi})$ 替代，$\boldsymbol{q}^{\mathrm{T}}$ 代替 $\boldsymbol{\Psi}^{\mathrm{T}}$，则该式可直接由伽辽金方法得到。

将单元温度载荷定义为

$$\boldsymbol{\theta}^e=t_eA_e\boldsymbol{B}^{\mathrm{T}}\boldsymbol{D}\boldsymbol{\varepsilon}_0 \tag{6.68}$$

其中

$$\boldsymbol{\theta}^e=(\theta_1,\theta_2,\theta_3,\theta_4,\theta_5,\theta_6)^{\mathrm{T}} \tag{6.69}$$

向量 $\boldsymbol{\varepsilon}_0$ 是式（6.63）或式（6.64）中的应变，它是由单元内的平均温度变化产生的。$\boldsymbol{\theta}^e$ 表示单元节点载荷（由温度变化引起的）对整体载荷的贡献，必须根据节点连接关系叠加到整体的节点力列阵 $\boldsymbol{F}$ 中。

利用式（6.65）可求出一个单元内的应力，其表达式为

$$\boldsymbol{\sigma}=\boldsymbol{D}(\boldsymbol{B}\boldsymbol{q}-\boldsymbol{\varepsilon}_0) \tag{6.70}$$

例题 6.8

如例题 6.5 图所示的二维平板，除例题 6.6 中所给出的边界条件外，考虑平板有一个 80℉的温度增量，材料的线性膨胀系数 $\alpha=7\times10^{-6}$℉$^{-1}$。确定由温度变化引起的附加位移，并计算单元①的应力值。

解：由题意可知 $\alpha=7\times10^{-6}$℉$^{-1}$，$\Delta T=80$℉，故有

$$\boldsymbol{\varepsilon}_0=\begin{pmatrix}\alpha\Delta T\\ \alpha\Delta T\\ 0\end{pmatrix}=10^{-4}\begin{pmatrix}5.6\\ 5.6\\ 0\end{pmatrix}$$

厚度 $t=0.5$，单元面积 A 为 $3\mathrm{in}^2$，则单元温度载荷为

$$\boldsymbol{\theta}^1=tA(\boldsymbol{D}\boldsymbol{B}^1)^{\mathrm{T}}\boldsymbol{\varepsilon}_0$$

其中 $\boldsymbol{D}\boldsymbol{B}^1$ 在例题 6.5 中已计算出。通过计算，可得

$$(\boldsymbol{\theta}^1)^{\mathrm{T}}=(11206,-16800,0,16800,-11206,0)^{\mathrm{T}}$$

与式中 6 个分量对应的自由度分别为 1、2、3、4、7、8。还有

$$(\boldsymbol{\theta}^2)^{\mathrm{T}} = (-11206, 16800, 0, 16800, 11206, 0)^{\mathrm{T}}$$

与上式中 6 个分量对应的自由度分别为 5、6、7、8、3、4。

从前面的方程中提取对应于自由度 1、3 和 4 的节点力列阵，可得

$$\boldsymbol{F}^{\mathrm{T}} = (F_1, F_3, F_4) = (11206, 11206, 16800)$$

求解 $\boldsymbol{KQ} = \boldsymbol{F}$，可得

$$(Q_1, Q_3, Q_4) = (1.862 \times 10^{-3}, 1.992 \times 10^{-3}, 0.934 \times 10^{-3})\,\mathrm{in}$$

由温度变化引起的单元 1 的节点位移为

$$\boldsymbol{q}^1 = (1.862 \times 10^{-3}, 0, 1.992 \times 10^{-4}, 0.934 \times 10^{-3}, 0, 0)^{\mathrm{T}}$$

用式（6.70）计算应力，有

$$\boldsymbol{\sigma}^1 = (\boldsymbol{DB}^1)^{\mathrm{T}}\boldsymbol{q}^1 - \boldsymbol{D\varepsilon}_0$$

代入右边的式子，可得

$$\boldsymbol{\sigma}^1 = 10^4(1.204, -2.484, 0.78)^{\mathrm{T}}\mathrm{psi}$$

注意：上面计算的位移和应力只是由于温度变化引起的。

6.4 建立模型和边界条件

有限元方法可用于计算各种问题的位移和应力；在一些问题中，几何尺寸、载荷和边界条件是事先定义的，如前面介绍的例题 6.5。而在另一些问题中，这些条件开始时并未明确给出。

以图 6.8a 中所示的问题为例，受这种载荷的平板非常普遍，由于只关心物体本身的变形状况，可以有效利用其几何对称性和载荷对称性，如图 6.8b 所示，用 x 和 y 代表对称轴，物体在 x 轴上的点可以沿 x 轴移动，而在 y 方向上受到约束，物体在 y 轴上的点沿着 y 轴移动，在 x 方向上受约束。利用对称性，只对四分之一区域进行建模，采用图示的对称边界条件，即可求解出所需的变形和应力。

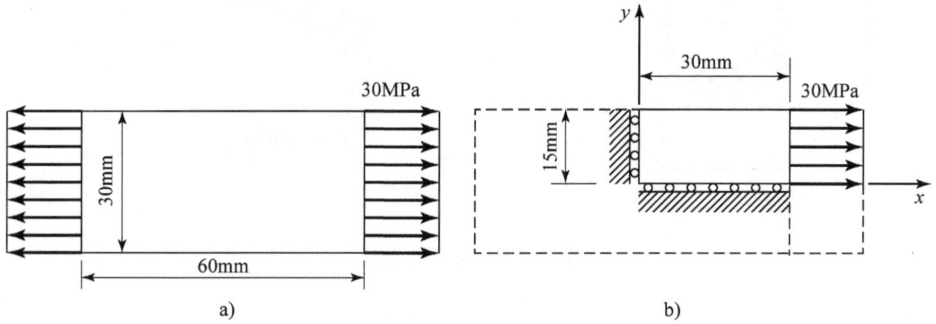

图 6.8 矩形平板

当线性分布载荷关于一个面对称时，可以将它分为如图 6.9 所示的对称-对称和对称-反对称载荷两个部分，对称-对称部分可按前面讨论方式处理，对称-反对称部分采用图中所示的边界条件法进行处理。位移和应力采用叠加原理计算得到。整个变形体需要考虑对称和反对称中的几何变形情况。

另一个例子，如图 6.10a 所示的受内压作用的八角形管道。由于其对称性，只需考虑如

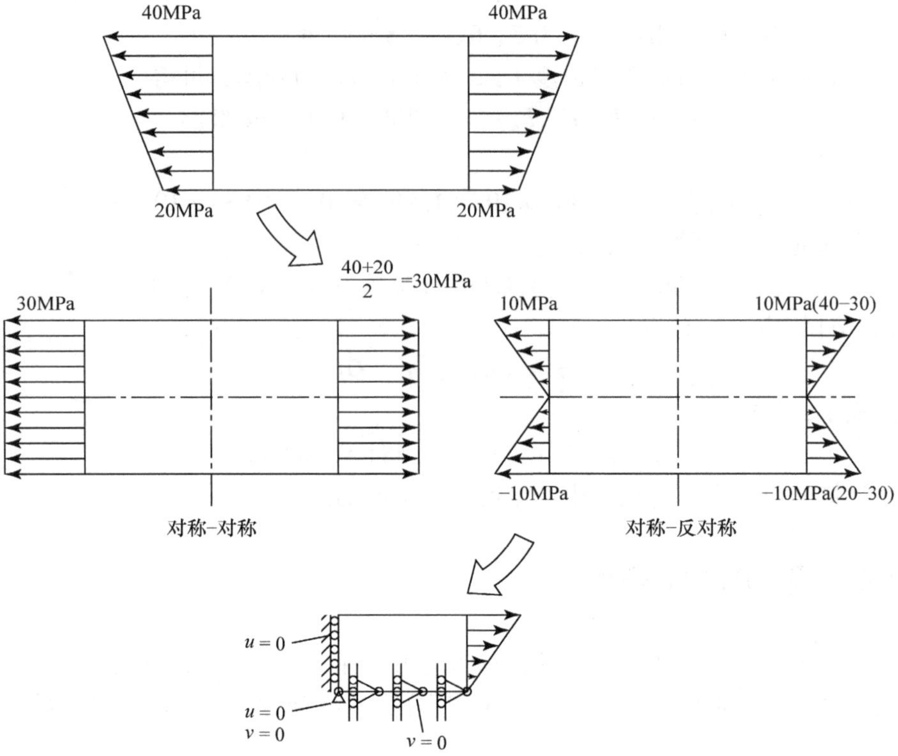

图 6.9 对称-反对称构件

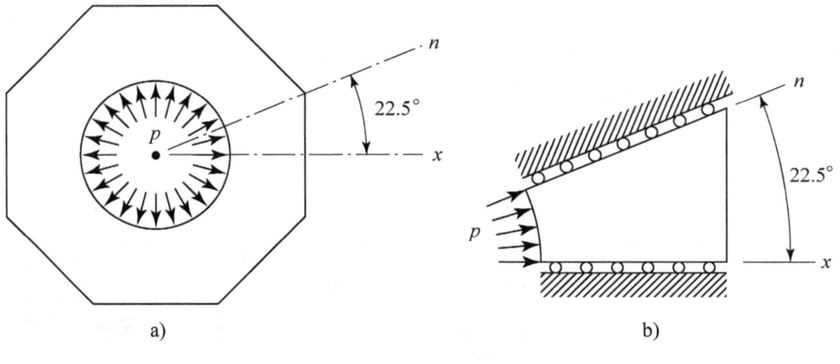

图 6.10 八角形管道

图 6.10b 所示的 22.5°区域就可以了。由边界条件可知，物体沿 x 和 n 轴上的点分别被垂直约束在这两条直线上。注意对于一个受内压或外压作用的圆形管子，由于对称性，圆形管道上的所有点都是沿径向移动，这时，可以沿径向进行任意角度的切割，取出一个部分进行建模，边界条件还是与图 6.10b 一样，可以利用第 3 章介绍的罚函数法进行处理。对于沿 n 方向倾斜的滚动支座，物体的节点受到垂直于 n 方向的约束，其边界条件的引入需要详细讨论，如图 6.11 所示，假设自由度为 Q_{2i-1} 和 Q_{2i} 的节点 i 沿着 n 移动，θ 是 n 和 x 轴的夹角，由此可得

$$Q_{2i-1}\sin\theta - Q_{2i}\cos\theta = 0 \tag{6.71}$$

这种边界条件可以看做多点约束（MPC），第 3 章已经讨论过这种情况。利用第 3 章中的罚函数法，在势能表达式中需增加一项，即

$$\Pi = \frac{1}{2}\boldsymbol{Q}^{\mathrm{T}}\boldsymbol{K}\boldsymbol{Q} - \boldsymbol{Q}^{\mathrm{T}}\boldsymbol{F} + \frac{1}{2}C(Q_{2i-1}\sin\theta - Q_{2i}\cos\theta)^2 \tag{6.72}$$

其中，C 是一个较大的数。

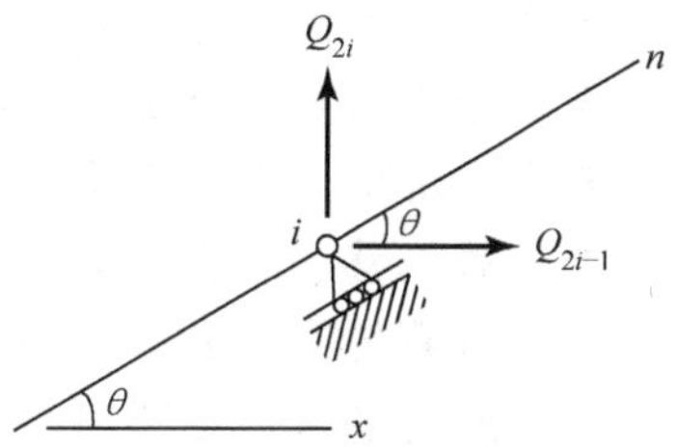

图 6.11 倾斜的滚动支座

式（6.72）中的平方项可写成如下形式

$$\frac{1}{2}C(Q_{2i-1}\sin\theta - Q_{2i}\cos\theta)^2 = \frac{1}{2}(Q_{2i-1}, Q_{2i})\begin{pmatrix} C\sin^2\theta & -C\sin\theta\cos\theta \\ -C\sin\theta\cos\theta & C\cos^2\theta \end{pmatrix}\begin{pmatrix} Q_{2i-1} \\ Q_{2i} \end{pmatrix} \tag{6.73}$$

对于所有在斜面上受约束的节点，都需要将下面 3 项加到整体刚度矩阵中：$C\sin^2\theta$，$-C\sin\theta\cos\theta$和 $C\cos^2\theta$，新的刚度矩阵用于求解节点位移。注意：通过对式（3.85）做以下替换：$\beta_0=0$，$\beta_1=\sin\theta$ 和$\beta_2=-\cos\theta$，可直接得出修正后的刚度矩阵。它们对带状刚度矩阵 $\boldsymbol{S}$ 的贡献是通过分别在位置（$2i-1$，1）、（$2i-1$，2）和（$2i$，1）处加入了 $C\sin^2\theta$，$-C\sin\theta\cos\theta$和 $C\cos^2\theta$ 项来体现的。

单元划分的要点

在将一个区域划分为若干个三角形时，应避免出现较大的特征比，特征比定义为三角形最大与最小的边长尺寸之比值。最佳的单元是那些近似为等边三角形的单元，全部采用这种单元几乎是不可能的，比较好的办法是选择各个内角处于 30°到 120°之间的三角形。

对于存在应力变化非常剧烈的区域，例如缺口和尖角，为了获得较准确的应力变化情况，最好选择较小尺寸的单元对该区域进行划分；特别地，由于常应变三角形单元（CST）内的应力是一个常数，这需要更小尺寸的单元，才能得到较真实的应力分布。即使是采用较粗的网格，也可以通过绘等值线图和外插方法来更好地估计出最大应力。因此，常应变三角形单元的应力通常认为是三角形中心处的值，由单元应力来求节点应力的后处理方法将在第 12 章中进行介绍。

在初步试算时，建议采用较粗的网格划分，可以先来检测数据和结果的合理性；在进行大规模精细计算之前，这个过程通常能对建模的错误进行修正，然后通过在应力变化剧烈的区域增加单元数来得到更准确的结果，这就是收敛过程。在进行有限元网格划分时，通过逐步增加单元数目，可以达到收敛的目的。

6.5 拼片试验与收敛性

当增加单元数量进行多次有限元的求解时（单元划分更为精细），希望其结果收敛于问题的精确解。为保证收敛性所提出的单元试验称为拼片试验。

拼片试验

进行一个拼片试验需要完成以下步骤：

- 定义一组小数目的关联单元，即拼片
- 在拼片中至少有一个节点为内部节点

- 用最少的位移边界条件施加拼片约束以消除刚体位移
- 在边界节点上施加一致的平衡载荷或位移，使得拼片中应力为常数
- 在内部节点上，不施加载荷，不给定位移条件
- 计算位移、应变和应力

如果计算的应力和应变值在精度上与精确值吻合，则此拼片试验通过。

一个成功的拼片试验可用于检查单元的正确性。试验表明单元能够反映常应变或常应力、无应变的刚体运动、与相邻单元的相容性。

图 6.12a、b 描述了给定位移和载荷状态下三角形单元可能的拼片试验，同时在图中给出了边界条件和精确解。准备好数据后运行程序 CST，该计算很容易完成。

$$u = 10^{-4}\left(x + \frac{y}{2}\right)$$
$$v = 10^{-4}\left(\frac{x}{2} + y\right)$$

BC	节点	u	v
	1	0	0
	2	0.005	0.0025
	3	0.0075	0.0075
	4	0.0025	0.0050

$E = 10^6$　　$v = 0.25$

精确解

$u_5 = 0.0035$　　$v_5 = 0.0025$

平面应力　　$\sigma_x = 133.3$
　　　　　　$\sigma_y = 133.3$
　　　　　　$\tau_{xy} = 40$

平面应变　　$\sigma_x = 160$
　　　　　　$\sigma_y = 160$
　　　　　　$\tau_{xy} = 40$

在 2-3 边上分布力为 10
厚度 10
集中载荷 $= \dfrac{50 \times 10 \times 10}{2} = 2500$

精确解

$\sigma_x = 10$
$\sigma_y = 10$
$\tau_{xy} = 0$

a)　　　　　　　　b)

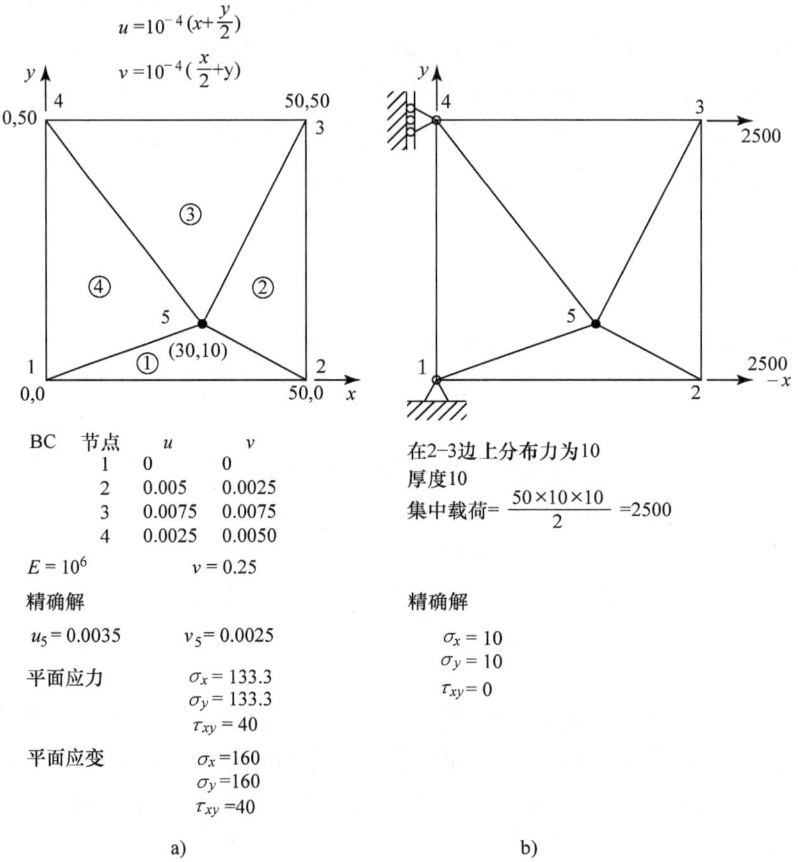

图 6.12 拼片试验
a）位移实验　b）载荷实验

6.6　正交各向异性材料

自然界中存在的某些材料，例如黄晶和重晶石晶体，它们是正交各向异性的；木材被近似认为是正交各向异性的，单向纤维增强复合材料也具有正交各向异性特性，正交各向异性材料具有三个相互正交的弹性对称平面，用 1、2 和 3 表示材料主轴，它们与对称平面正交。例如，图 6.13 是一棵树的横截面，其中，1 是沿木材纤维方向的轴，2 是与年轮相切的轴，

3 是沿径向的轴；在 1、2、3 坐标系中，广义胡克定律可写为 ⊖

$$
\begin{cases}
\varepsilon_1 = \dfrac{1}{E_1}\sigma_1 - \dfrac{\nu_{21}}{E_2}\sigma_2 - \dfrac{\nu_{31}}{E_3}\sigma_3, & \gamma_{23} = \dfrac{1}{G_{23}}\tau_{23} \\
\varepsilon_2 = -\dfrac{\nu_{12}}{E_1}\sigma_1 + \dfrac{1}{E_2}\sigma_2 - \dfrac{\nu_{32}}{E_3}\sigma_3, & \gamma_{13} = \dfrac{1}{G_{13}}\tau_{13} \\
\varepsilon_3 = -\dfrac{\nu_{13}}{E_1}\sigma_1 - \dfrac{\nu_{23}}{E_2}\sigma_2 + \dfrac{1}{E_3}\sigma_3, & \gamma_{12} = \dfrac{1}{G_{12}}\tau_{12}
\end{cases}
\quad (6.74)
$$

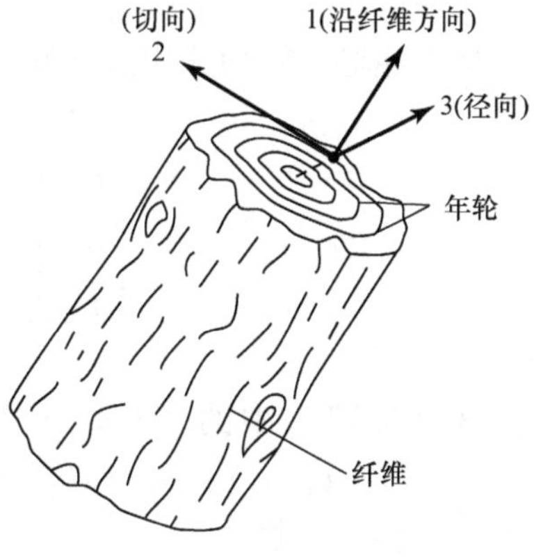

图 6.13 正交各向异性材料：木材

其中，E_1、E_2 和 E_3 是沿着材料主轴的弹性模量；ν_{12}是反映当在 1 轴方向作用拉力时，沿 2 轴方向收缩的泊松比；ν_{21}是反映当在 2 轴方向作用拉力时，沿 1 轴方向收缩的泊松比，其他依此类推；G_{23}、G_{13}和 G_{12}是剪切模量，分别反映主方向 2 和 3、1 和 3、1 和 2 之间的夹角变化。由式（6.74）的对称性，可得

$$
E_1\nu_{21} = E_2\nu_{12}, \quad E_2\nu_{32} = E_3\nu_{23}, \quad E_3\nu_{13} = E_1\nu_{31} \quad (6.75)
$$

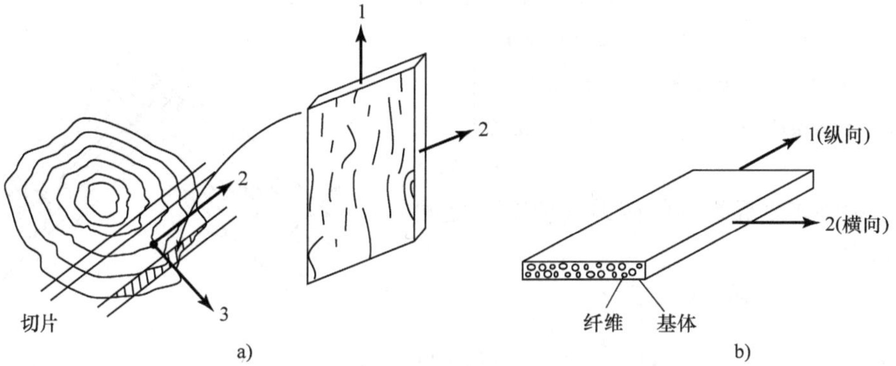

图 6.14 平面应力正交各向异性材料
a）木板 b）单向复合材料

因此，存在 9 个独立材料常数，本章仅讨论平面应力问题，即考虑一个位于 1、2 平面内的薄片，如图 6.14a、b 所示。图 6.14a 表示如何从树中选取一薄片；图 6.14b 表示单向复合材料可作为平面应力正交各向异性问题来进行建模。在实际的复合材料设计中，多层单向复合材料按照不同纤维取向堆积起来形成叠层，而一个单层复合材料被视为构成多层结构的一个基本构件。在单向复合材料内，沿纤维方向的弹性模量比横向的要大，即 $E_1 < E_2$，轴 1 通常定义为纵向轴，而轴 2 定义为横向轴。对于平面应力情况，通常假定所有应力和位移沿厚度方向是均匀的，因此它们仅是轴 1 和轴 2 的函数，同时载荷被限制在轴 1 和轴 2 构成的平面内。

若忽略 z 方向的应力，由式（6.74）可得

⊖ S. G. Lekhnitskii, Anisotropic Plates, Gordon and Breach Science Publishers, New York, 1968 (translated by S. W. Tsai and T. Cheron).

$$\varepsilon_1=\frac{1}{E_1}\sigma_1-\frac{\nu_{21}}{E_2}\sigma_2,\ \varepsilon_2=-\frac{\nu_{12}}{E_1}\sigma_1+\frac{1}{E_2}\sigma_2,\ \gamma_{12}=\frac{1}{G_{12}}\tau_{12} \tag{6.76}$$

将上述等式转换为用应变来表示应力的形式，即

$$\begin{pmatrix}\sigma_1\\ \sigma_2\\ \tau_{12}\end{pmatrix}=\begin{pmatrix}\dfrac{E_1}{1-\nu_{12}\nu_{21}} & \dfrac{E_1\nu_{21}}{1-\nu_{12}\nu_{21}} & 0\\ \dfrac{E_2\nu_{12}}{1-\nu_{12}\nu_{21}} & \dfrac{E_2}{1-\nu_{12}\nu_{21}} & 0\\ 0 & 0 & G_{12}\end{pmatrix}\begin{pmatrix}\varepsilon_1\\ \varepsilon_2\\ \gamma_{12}\end{pmatrix} \tag{6.77}$$

表达式（6.77）中的（3×3）系数矩阵可以用 $\boldsymbol{D}^m$ 来表示，其上标代表材料轴，因此，$D_{11}^m=E_1/(1-\nu_{12}\nu_{21})$，$D_{33}^m=G_{12}$，以此类推。由于 $E_1\nu_{21}=E_2\nu_{12}$，则 $\boldsymbol{D}^m$ 具有对称性，其中包括了4个独立常数。

当一个正交各向异性平板受与其材料轴平行的载荷作用时，仅会产生正应变，而无切向应变。当其所受载荷与其材料轴不平行时，会同时产生正应变和切向应变。为了分析一般情况，考虑如图6.15所示的一种正交各向异性材料，其材料轴取向为与 x、y 整体坐标系的交角为 θ，θ 是从 x 轴沿逆时针方向到1轴所成的角度，变换矩阵 $\boldsymbol{T}$ 为

$$\boldsymbol{T}=\begin{pmatrix}\cos^2\theta & \sin^2\theta & 2\sin\theta\cos\theta\\ \sin^2\theta & \cos^2\theta & -2\sin\theta\cos\theta\\ -\sin\theta\cos\theta & \sin\theta\cos\theta & \cos^2\theta-\sin^2\theta\end{pmatrix} \tag{6.78}$$

材料坐标系和整体坐标系中的应力（应变）之间的变换关系为

$$\begin{pmatrix}\sigma_1\\ \sigma_2\\ \tau_{12}\end{pmatrix}=\boldsymbol{T}\begin{pmatrix}\sigma_x\\ \sigma_y\\ \tau_{xy}\end{pmatrix},\quad \begin{pmatrix}\varepsilon_1\\ \varepsilon_2\\ \dfrac{1}{2}\gamma_{12}\end{pmatrix}=\boldsymbol{T}\begin{pmatrix}\varepsilon_x\\ \varepsilon_y\\ \dfrac{1}{2}\gamma_{xy}\end{pmatrix} \tag{6.79}$$

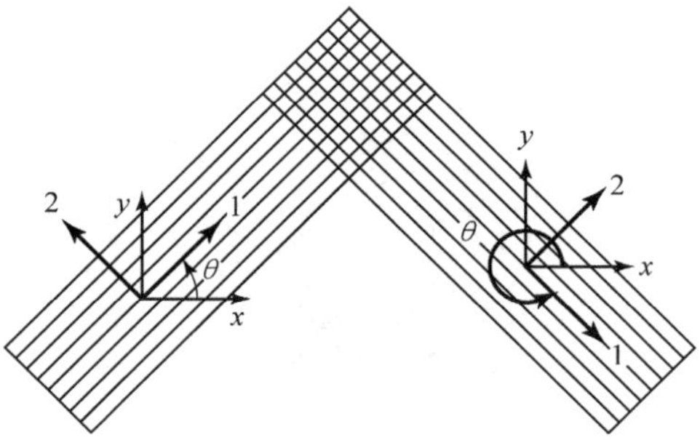

图6.15 相对于整体坐标轴的材料轴取向；θ 是从 x 轴沿逆时针方向到1轴所成的角度

注意：$\theta=330°$ 相当于 $\theta=-30°$。

我们所需要的最重要的关系是 $\boldsymbol{D}$ 矩阵，它表示在整体坐标系中应力和应变之间的关系，即

$$\begin{pmatrix}\sigma_x\\ \sigma_y\\ \tau_{xy}\end{pmatrix}=\begin{pmatrix}D_{11} & D_{12} & D_{13}\\ D_{12} & D_{22} & D_{23}\\ D_{13} & D_{23} & D_{33}\end{pmatrix}\begin{pmatrix}\varepsilon_x\\ \varepsilon_y\\ \gamma_{xy}\end{pmatrix} \tag{6.80}$$

有关文献给出 $\boldsymbol{D}$ 矩阵和 $\boldsymbol{D}^m$ 矩阵之间的关系如下 ⊖

$$D_{11}=D_{11}^m\cos^4\theta+2(D_{12}^m+2D_{33}^m)\sin^2\theta\cos^2\theta+D_{22}^m\sin^4\theta$$
$$D_{12}=(D_{11}^m+D_{22}^m-4D_{33}^m)\sin^2\theta\cos^2\theta+D_{12}^m(\sin^4\theta+\cos^4\theta)$$
$$D_{13}=(D_{11}^m-D_{12}^m-2D_{33}^m)\sin\theta\cos^3\theta+(D_{12}^m-D_{22}^m+2D_{33}^m)\sin^3\theta\cos\theta$$
$$D_{22}=D_{11}^m\sin^4\theta+2(D_{12}^m+2D_{33}^m)\sin^2\theta\cos^2\theta+D_{22}^m\cos^4\theta$$

⊖ B. D. Agarwal and L. J. Broutman, Analysis and Performance of Fiber Composites, John Wiley & Sons, Inc. New York, 1980.

$$D_{23} = (D_{11}^m - D_{12}^m - 2D_{33}^m)\sin^3\theta\cos\theta + (D_{12}^m - D_{22}^m + 2D_{33}^m)\sin\theta\cos^3\theta$$

$$D_{33} = (D_{11}^m + D_{22}^m - 2D_{12}^m - 2D_{33}^m)\sin^2\theta\cos^2\theta + D_{33}^m(\sin^4\theta + \cos^4\theta) \quad (6.81)$$

在有限元程序 CST2 中，可以直接计算式（6.81），即用式（6.81）中给出的式子代替原有的各向同性 $\boldsymbol{D}$ 矩阵，尽管角度 θ 在不同有限单元内的值会有差别，但都假定它在一个单元内为常数，材料可以通过 θ 角的变化以最有效的方式来抵抗外加载荷；在整体坐标系中求解方程获得应力值后，再通过式（6.79）来计算在材料坐标系中的应力值，然后利用适当的破坏理论确定其安全系数。

温度效应

前面已经阐述过如何计算各向同性材料的温度应变，其应力-应变关系为 $\boldsymbol{\sigma} = \boldsymbol{D}(\varepsilon - \varepsilon^0)$；同样的方法也适用于处理正交各向异性材料。在材料坐标系中，温度增量 ΔT 会导致正应变。但不会导致切向应变。因此，有 $\boldsymbol{\varepsilon}_1^0 = \alpha_1 \Delta T$ 和 $\boldsymbol{\varepsilon}_2^0 = \alpha_2 \Delta T$，利用式（6.78）中的 $\boldsymbol{T}$ 矩阵，可对热膨胀系数进行变换

$$\begin{pmatrix} \alpha_x \\ \alpha_y \\ \frac{1}{2}\alpha_{xy} \end{pmatrix} = \boldsymbol{T} \begin{pmatrix} \alpha_1 \\ \alpha_2 \\ 0 \end{pmatrix} \quad (6.82)$$

初始应变向量可按下式进行计算

$$\begin{pmatrix} \boldsymbol{\varepsilon}_x^0 \\ \boldsymbol{\varepsilon}_y^0 \\ \boldsymbol{\gamma}_{xy}^0 \end{pmatrix} = \begin{pmatrix} \alpha_x & \Delta T \\ \alpha_y & \Delta T \\ \alpha_{xy} & \Delta T \end{pmatrix} \quad (6.83)$$

一些正交各向异性材料，如木材、单向复合材料，其典型的弹性常数值已在表 6.2 中列出。单向复合材料是由嵌入基体的纤维所构成，在表 6.2 中，这种基体是环氧树脂，其 $E \approx 0.5 \times 10^6$psi，$\nu = 0.3$。

表 6.2 一些典型正交各向异性材料的特性

材料	$E_1/10^6$psi	E_1/E_2	ν_{12}	E_1/G_{12}	$\alpha_1/10^{-6}$℉$^{-1}$	$\alpha_2/10^{-6}$℉$^{-1}$
轻木	0.125	20.0	0.30	29.0	—	—
松木	1.423	23.8	0.24	13.3	—	—
胶合板	1.707	2.0	0.07	17.1	—	—
环氧化硼	33.00	1.571	0.23	4.714	3.20	11.0
环氧玻璃	7.50	4.412	0.25	9.375	3.50	11.0
石墨片 (Thornel 300)	23.06	14.587	0.38	24.844	0.025	11.2
克弗拉-49	12.04	14.820	0.34	39.500	−1.28 ~ −1.22	19.4

例题 6.9

本题将详细阐述如何利用程序 CST 以及第 12 章中的前后处理程序去分析具体的问题。

考虑如例题 6.9 图 a 所示的问题，需要确定平板上的最大 y 方向应力的位置和大小。

首先需要应用网格生成程序 MESHGEN 将求解域作一个分块映射，并给出进行离散的子区域数目。在第 12 章中将给出程序 MESHGEN 的详细解释。这里，重点是利用该程序生成 CST 的输入数据文件。应用例题 6.9 图 b 中的子区域排列图，将所有区域划分为 36 个节点、

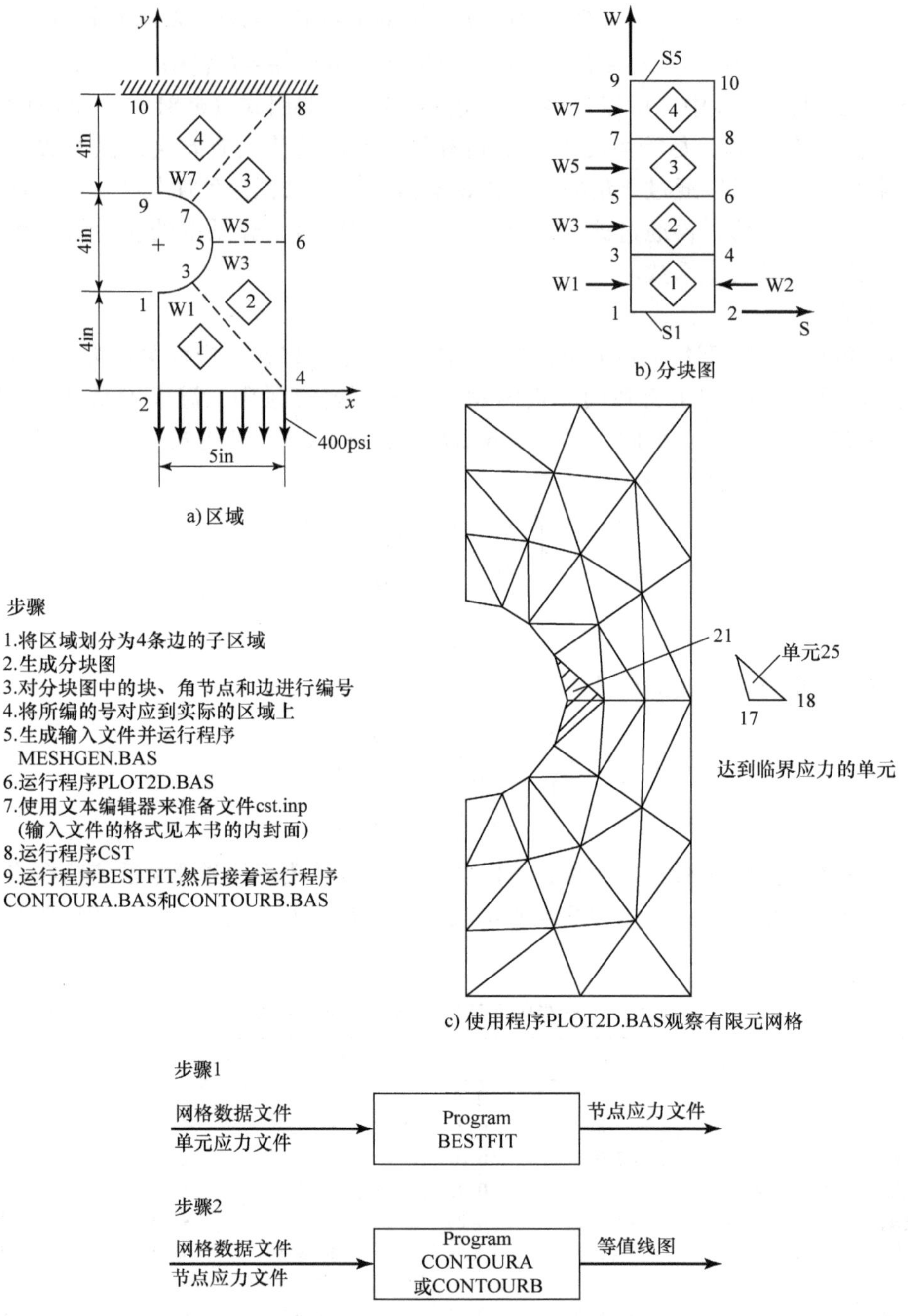

d) 使用程序BESTFIT和CONTOUR绘制等值线图

例题 6.9 图

48 个单元的网格，如例题 6.9 图 c 所示。在运行 MESHGEN 程序后，利用程序 PLOT2D 来对网格图进行显示，然后利用文本编辑器来给出边界条件、载荷和材料特性。MESHGEN 的输入文件列在后面，它采用该文件进行运行；对 MESHGEN 的输出文件可利用任意一个文本编辑器进行编辑，所作的修改变化和文字增加，已在 CST 输入文件中用粗体字标出，它遵循 MESHGEN 输入文件的格式。注意输入文件的格式在本书的扉页中已给出了说明，得到的数据文件再输入到程序 CST 中。再简单归总一下程序执行的次序，为：MESHGEN、PLOT2D、文本编辑器和 CST。

从输出结果可知，最大 y 方向的应力为 1768.0psi，出现在如例题图 6.9c 所示的阴影区域。

读者若按上述步骤进行操作，可以很容易地解决一些较复杂问题。还可以利用程序 BESTFIT、CONTOURA 或 CONTOURB 来获得节点应力及等值线图，这将在第 12 章中进行讨论。例题 6.9 图 d 给出了完成这些操作的流程。同样，对于单元中的应力，被认为是位于单元中心处的值，将其进行外推来获得最大应力（这种外推过程可参见例题 7.4 图 c 或例题 8.3 图 b）。

输入数据/输出数据

```
INPUT TO MESHGEN FOR EXAMPLE 6.9
MESH GENERATION
EXAMPLE 6.9
Number of Nodes per Element <3 or 4>
  3
BLOCK DATA                NS=#S-Spans
NS   NW  NSJ              NW=#W-Spans
1     4   0               NSJ=#PairsOfEdgesMerged
SPAN DATA
S-Span#   #Div (for each S-Span/ Single division = 1)
1         3
W-Span#   #Div (for each W-Span/ Single division = 1)
1         2
2         2
3         2
4         2
BLOCK MATERIAL DATA
Block#   Material  (Void => 0 Block# = 0 completes this data)
0
BLOCK CORNER DATA
Corner#   X-Coord   Y-Coord   (Corner# = 0 completes this data)
1         0         4
2         0         0
3         1.4142    4.5858
4         5         0
5         2         6
6         5         6
7         1.4142    7.4142
8         5         12
9         0         8
10        0         12
0
MID POINT DATA FOR CURVED OR GRADED SIDES
S-Side#   X-Coord   Y-Coord   (Sider# = 0 completes this data)
0
W-Side#   X-Coord   Y-Coord   (Sider# = 0 completes this data)
1         0.7654    4.1522
3         1.8478    5.2346
5         1.8478    4.7654
7         0.7654    7.8478
0
MERGING SIDES (Node1 is the lower number)
Pair#   Sid1Nod1   Sid1Nod2   Sid2Nod1   Sid2Nod2
```

（续）

```
OUTPUT FROM MESHGEN FOR EXAMPLE 6.9 (Edit as indicated)
Program MESHGEN - CHANDRUPATLA & BELEGUNDU
EXAMPLE 6.9
NN   NE   NM   NDIM   NEN   NDN
36   48   1    2      3     2
ND  NL   NMPC
0    0    0     <= Edit in the correct values
Nod#    X-Coord   Y-Coord
1       0         4
2       0         2.6666667
3       0         1.3333333
...     ...       ...
35      0         10.666667
36      0         12
Elem#   Node1   Node2   Node3   Mat#   Th    TempRise
1        1       2       5       1     0.4   0 <= Edit Mat#, Thickness,
2        6       5       2       1     0.4   0    TempRise as applicable
3        2       3       6       1     0.4   0
...     ...     ...     ...     ...    ...   ...
...     ...     ...     ...     ...    ...   ...
46       35      34      30      1     0.4   0
47       31      32      36      1     0.4   0
48       36      35      31      1     0.4   0
DOF#    Displ.
55      0        <= Add specified displacements
56      0
63      0
64      0
71      0
72      0
DOF#    Load
8       -200      <= Add applied component loads
16      -400
24      -200
MAT#     E       Nu    Alpha
1        30e6    0.3   0          <= Add material# and properties
B1       i       B2    j          B3<== Multipoint constr. <B1*Qi+B2*Qj=B3>
```

```
INPUT TO CST
2D STRESS ANALYSIS USING CST
EXAMPLE 6.7
NN   NE   NM   NDIM   NEN   NDN
4     2    1    2      3     2
ND   NL   NMPC
5     1    0
Node#    X    Y
1        3    0
2        3    2
3        0    2
4        0    0
Elem#    N1   N2   N3  Mat#   Thickness   TempRise
1         4    1    2   1      0.5          0
2         3    4    2   1      0.5          0
DOF#   Displacement
2        0
5        0
6        0
7        0
8        0
DOF#   Load
```

（续）

```
4       -1000
MAT#    E       Nu   Alpha
1       3.00E+07  0.25  1.20E-05
B1      i       B2   j     B3  (Multi-point constr.B1*Qi+B2*Qj=B3)
```

```
OUTPUT FROM CST
Program CST - Plane Stress Analysis
EXAMPLE 6.7
Node#   X-Displ          Y-Displ
1       1.90756E-05      -5.86181E-09
2       8.73255E-06      -7.416E-05
3       1.92157E-09      -1.18396E-09
4       -1.92157E-09     -9.70898E-11
Elem#   SX          SY          Txy         S1          S2           Angle X to S1
1       -93.12      -1135.59    -62.08      -89.44      -1139.28     -3.40
2       93.12       23.26       -296.61     356.85      -240.47      -41.64
```

```
DOF#    Reaction
2       820.6532
5       -269.0202
6       165.7542
7       269.0202
8       13.5926
```

习 题

6.1 习题6.1图表示一个三角形单元的节点坐标，在三角形内P点处，x坐标值为3.5，$N_1=0.25$。求点P处的N_2、N_3和y坐标值。

6.2 对于如习题6.2图所示的三角形单元，确定从整体坐标（x,y）到局部坐标（ξ,η）变换的Jacobian矩阵，并求三角形的面积。

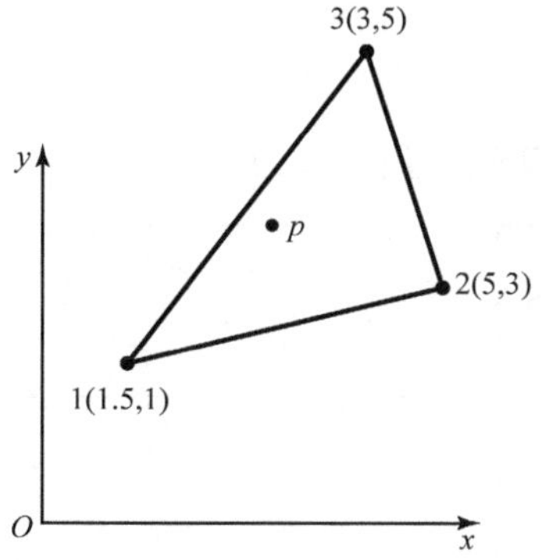

习题6.1图

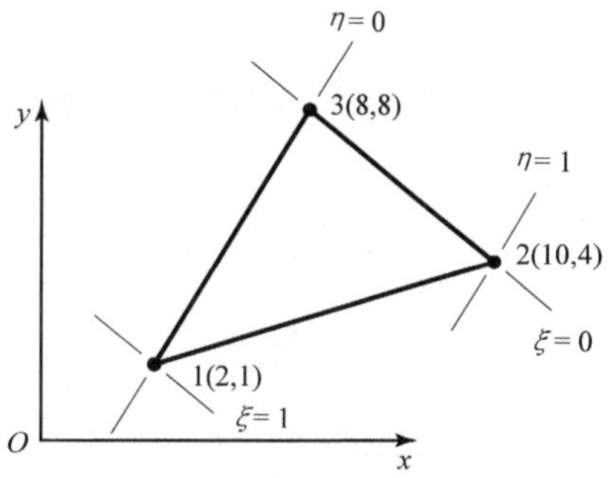

习题6.2图

6.3 在习题6.3图所示的三角形内点P处，形状函数N_1、N_2分别等于0.2和0.3，求点P的x和y坐标值。

6.4 用面积坐标求习题6.1中的形状函数［提示：三角形1-2-3的面积$=0.5\ (x_{13}y_{23}-x_{23}y_{13})$］。

6.5 对于习题6.5图中所示的三角形单元，确定其应变位移矩阵$\boldsymbol{B}$，并计算单元的应变ε_x、ε_y和γ_{xy}。

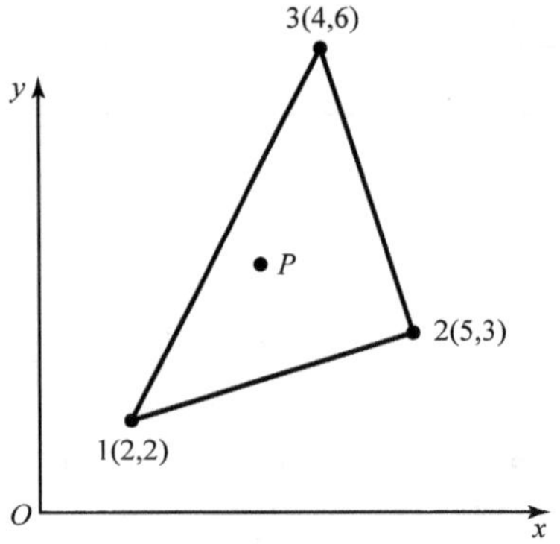

习题 6.3 图

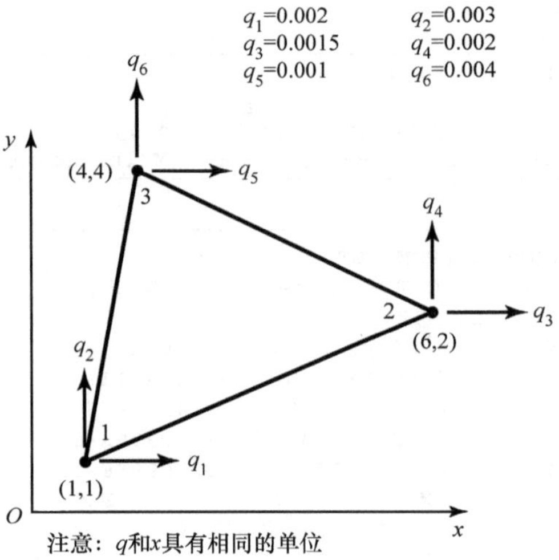

习题 6.5 图

6.6 习题 6.6 图为一个由 10 个常应变三角形（CST）单元构成的二维区域。

（a）确定带宽 NBW（也称为“半带宽”）。

（b）如果施加多点约束条件 $Q_2 = Q_{20}$（2 和 20 分别是与节点 2 的 x 坐标和节点 10 的 y 坐标相对应的自由度），此时 NBW 又为多少？

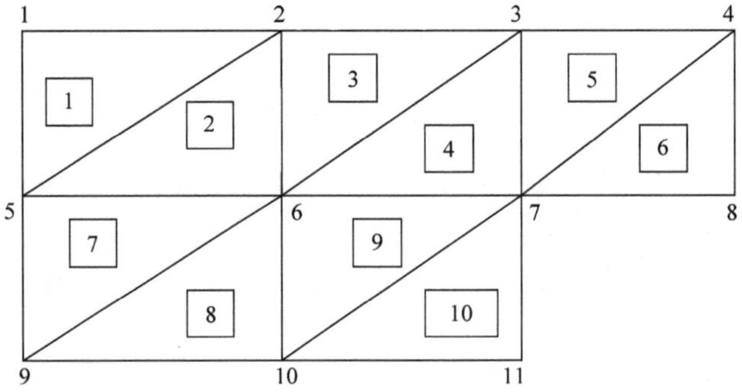

习题 6.6 图

6.7 指出习题 6.7 图中由常应变三角形（CST）单元组成的有限元模型中存在的错误。

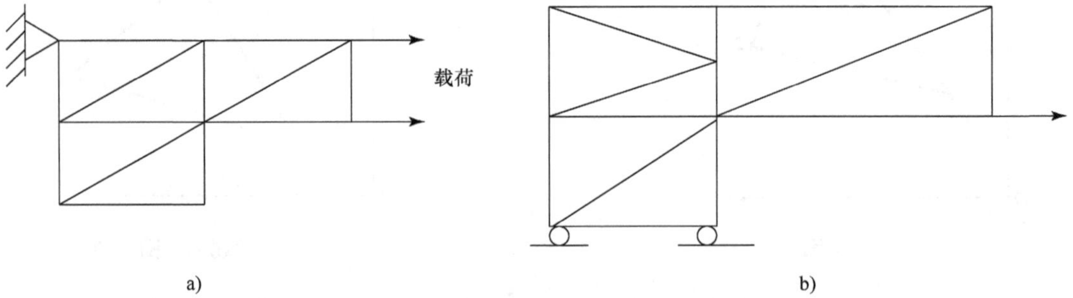

习题 6.7 图

6.8 考虑如习题 6.8 图所示的平面应力/平面应变有限单元模型，回答以下问题：（a）判断该模型是否正确？进行说明。（b）该回答是否依赖于进行网格划分的单元类型？

6.9 对于一个二维三角形单元，在 $\sigma = \boldsymbol{DBq}$ 中的应力位移矩阵（$\boldsymbol{DB}$）给定为

$$\boldsymbol{DB} = \begin{pmatrix} 2700 & 2100 & -1400 & 1100 & -4300 & 900 \\ 5600 & 3900 & 4000 & 2500 & -1400 & 1000 \\ 1900 & 2300 & -3800 & 1600 & 2100 & 4300 \end{pmatrix} \text{N/mm}^3$$

若线性膨胀系数为 $9.8 \times 10^{-6}/℃$，单元的温度升高值为150℃，单元体积为 30mm^3，求单元的等效温度载荷 θ。

6.10 如习题6.10图所示，一个两单元的构件承受的体积力为 $\boldsymbol{f} = (f_x, f_y)^{\mathrm{T}} = (x, 0)^{\mathrm{T}}$。利用式（6.33）计算（8×1）整体载荷矢量 $\boldsymbol{F}$。同时，采用式（6.36）计算和比较在重心处 f_x 和 f_y 的值。

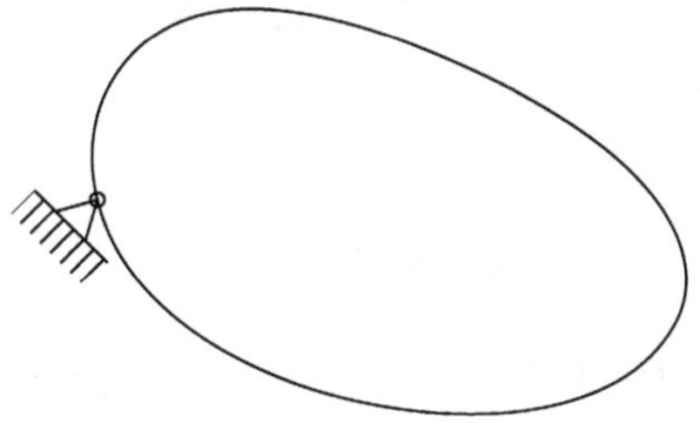

习题 6.8 图

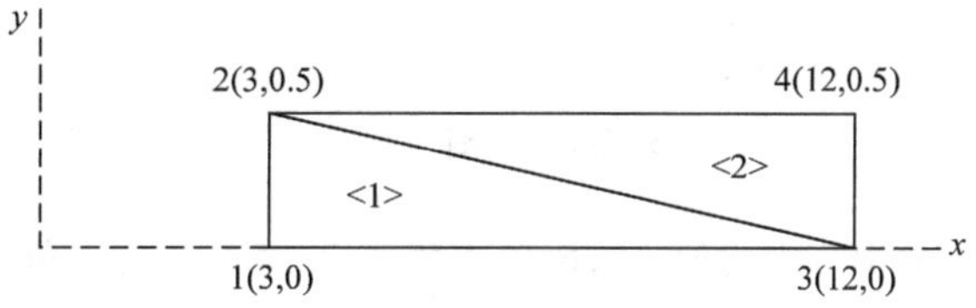

习题 6.10 图

6.11 如习题6.11图所示的结构，只采用一个单元进行建模，求载荷作用点处的挠度。如果采用多个三角形单元对其进行建模，试对那些接近载荷作用点处的单元应力结果进行分析和讨论。

6.12 将一个二维区域离散为若干三角形单元，节点编号如习题6.12图所示，确定该模型刚度矩阵的带宽，如何才能减小带宽？

6.13 习题6.13图是一个由4个常应变三角形（CST）单元组成的模型，在 y 方向上受体积力作用，其大小为 $f = y^2\text{N/m}^3$，组装该模型的整体载荷列阵 $\boldsymbol{F}_{18\times1}$。

6.14 如习题6.14图所示，内边界受到压力 $p = 1.0\text{MPa}$ 的作用，计算内边界三个节点1、2、3对应的载荷列阵 $\boldsymbol{F}_{6\times1}$。

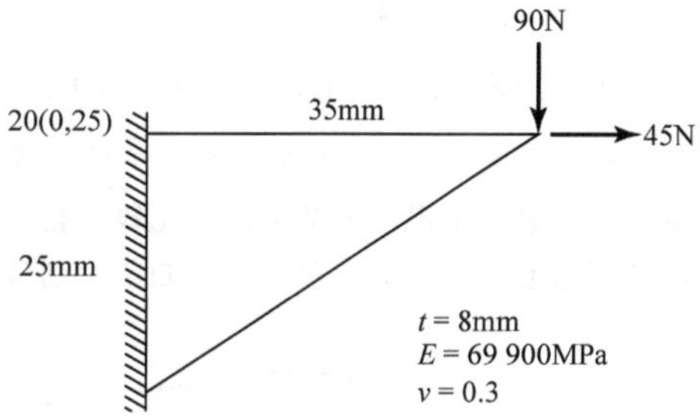

习题 6.11 图

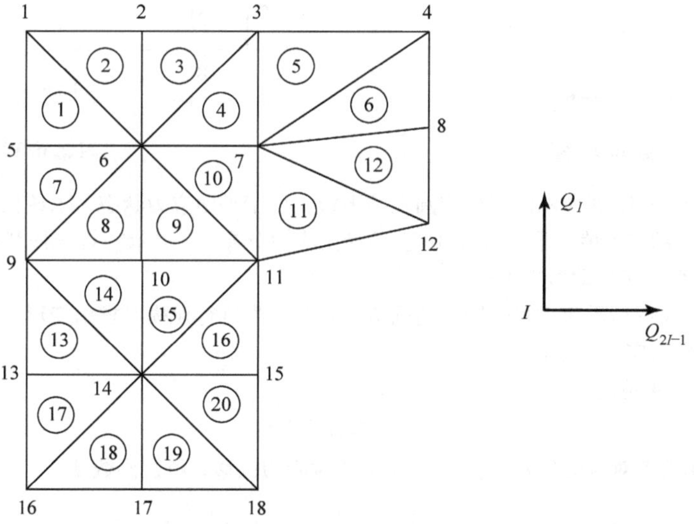

习题 6.12 图

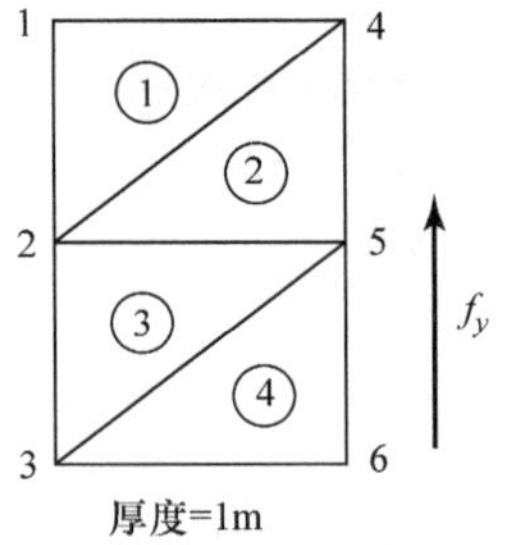

坐标，m

节点	x	y
1	0	3
2	0	2
3	0	1
4	2.25	3
5	2.25	2
6	2.25	1

习题 6.13 图

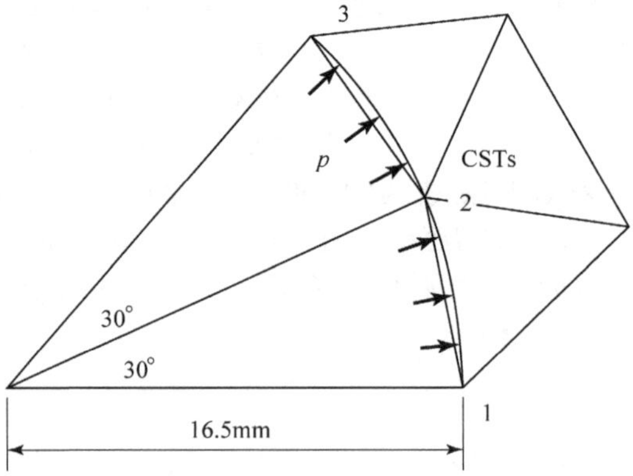

习题 6.14 图

6.15 考虑如习题 6.15 图所示的一个三节点三角形单元，如何将转动惯量的积分 $I = \int_e y^2 \mathrm{d}A$ 表示为如下形式

$$I = \boldsymbol{y}_e^{\mathrm{T}} \boldsymbol{R} \boldsymbol{y}_e$$

其中，$\boldsymbol{y}_e = (y_1, y_2, y_3)^{\mathrm{T}}$ 是由三个节点的 y 坐标值所构成的一个列阵，$\boldsymbol{R}$ 是一个 3×3 矩阵。（提示：用形状函数 N_i 对 y 进行插值。）

6.16 计算积分 $I = \int_e N_1 N_2 N_3 \mathrm{d}A$，其中，$N_i$ 分别是三节点常应变三角形（CST）单元对应的线性形状函数。

6.17 采用三种不同的网格划分方式，求解习题 6.17 图所示的平面应力问题，将计算得出的变形和应力结果与用梁理论得出的结果进行比较。尝试将模型划分成 2×2，3×3 和 4×8 的尺寸，并且每个长方形由两个三角形单元组成。对于更高的单元划分可以采用 MESHGEN 程序。

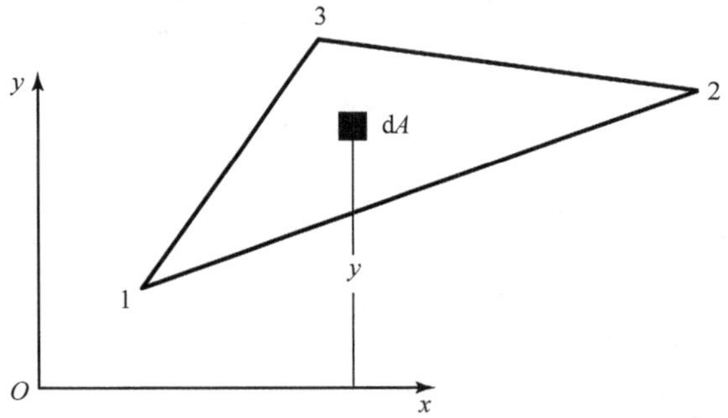

习题 6.15 图

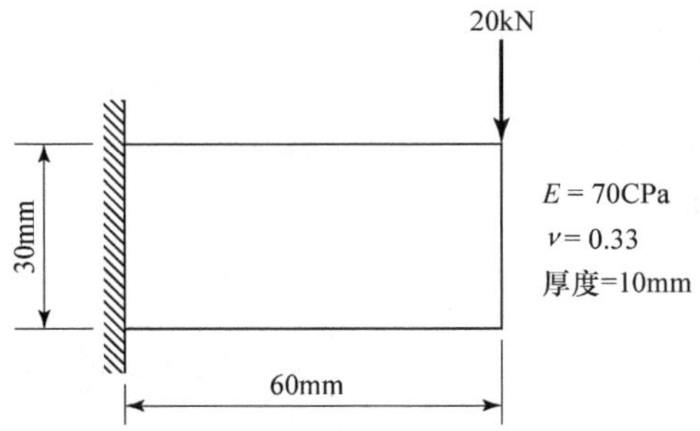

习题 6.17 图

6.18 假定如习题 6.18 图所示的一块带圆孔的平板，处于平面应力状态，求该孔变形后的形状，并利用与直线 AB 相邻单元的应力值，求沿直线 AB 上的最大应力分布。（提示：对于任意的板厚，这个问题的结果都是相同的，因此，可以取板厚 $t = 1\mathrm{in}$）

6.19 如习题 6.19 图所示为中央带圆孔的圆盘，对其一半进行建模，求出变形后的最大最小尺寸，并绘出沿直线 AB 上的最大应力分布。

6.20 考虑多点约束情况

$$3Q_5 - 2Q_9 = 0.1$$

其中，Q_5 为自由度 5 对应的位移，Q_9 为自由度 9 对应的位移。将罚函数项

$$\frac{1}{2}C(3Q_5 - 2Q_9 - 0.1)^2 \text{ 写成} \frac{1}{2}(Q_5, Q_9)\boldsymbol{k}\begin{pmatrix} Q_5 \\ Q_9 \end{pmatrix} - (Q_5, Q_9)\boldsymbol{f}$$

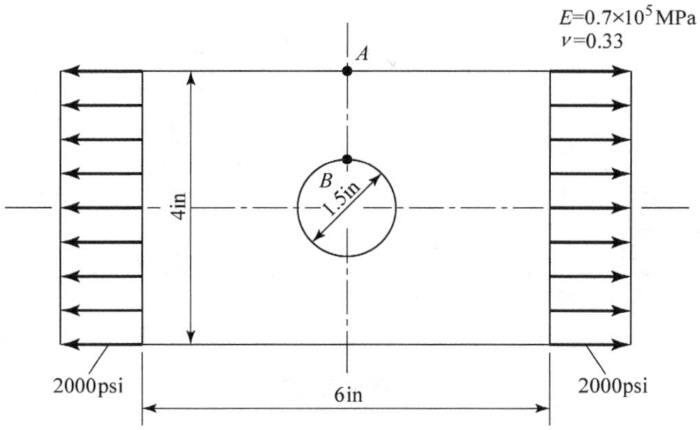

习题 6.18 图

的形式，求其中的附加刚度 k 和附加力 f。在以下空格中填入相应的内容，以说明在计算程序中如何利用带状刚度矩阵 S，求出这些附加项

$$S(5,1) = S(5,1) + \underline{\hspace{2cm}}$$
$$S(9,1) = S(9,1) + \underline{\hspace{2cm}}$$
$$S(5,\underline{\hspace{1cm}}) = S(5,\underline{\hspace{1cm}}) + \underline{\hspace{2cm}}$$
$$F(5) = F(5) + \underline{\hspace{2cm}}$$
$$F(9) = F(9) + \underline{\hspace{2cm}}$$

6.21　取习题 6.21 图中八角形管道的 22.5° 区域建立有限元模型，求出这部分变形后的形状，并给出平面内的最大剪切应力分布。（提示：对直线 CD 上的所有点，运用式（6.73）中的刚度修正方法。同时，平面内的最大剪切应力 $=(\sigma_1 - \sigma_2)/2$，其中，σ_1 和 σ_2 是主应力，假设该问题为平面应变状态）

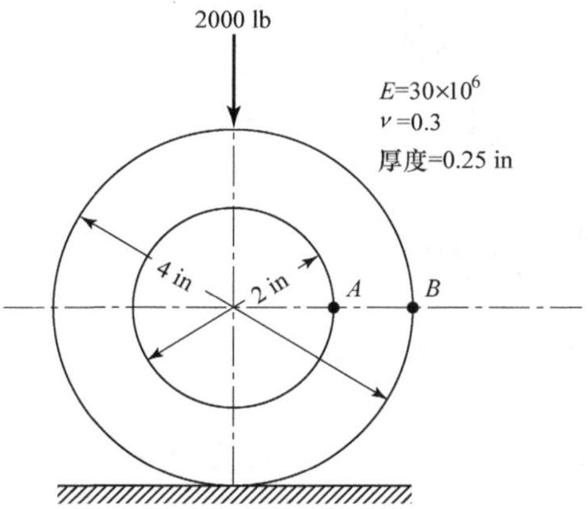

习题 6.19 图

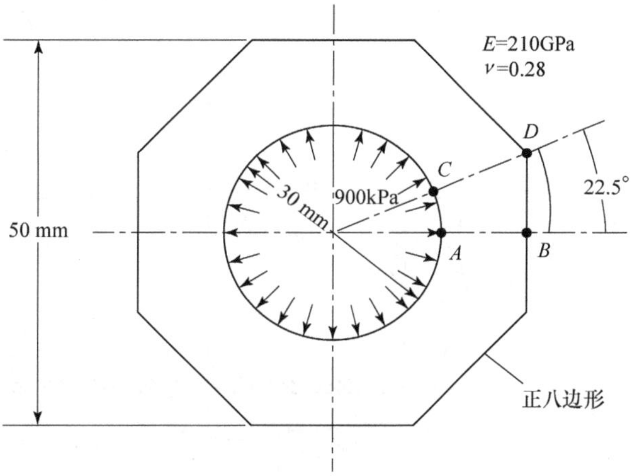

习题 6.21 图

6.22　求如习题 6.22 图所示结构中的最大主应力和最大剪切应力的位置和大小。

6.23　如习题 6.23 图所示的扭矩臂是一个汽车零件，它被固定在左螺栓孔处。求最大的冯·米泽斯应力 σ_{VM} 的位置和大小，其中，σ_{VM} 由下式给出

$$\sigma_{VM} = \sqrt{\sigma_x^2 - \sigma_x \sigma_y + \sigma_y^2 + 3t_{xy}^2}$$

6.24　一个很大钢件的表面受 100 lb/in 的线载荷作用，假设为平面应变情况，考虑如习题 6.24 图所示的封闭区域，求钢件表面的变形情况和钢件内的应力分布情况。（提示：在载荷作用的区域附近采用尺寸较小的单元，并假定 10 in 外的变形可以忽略不计）

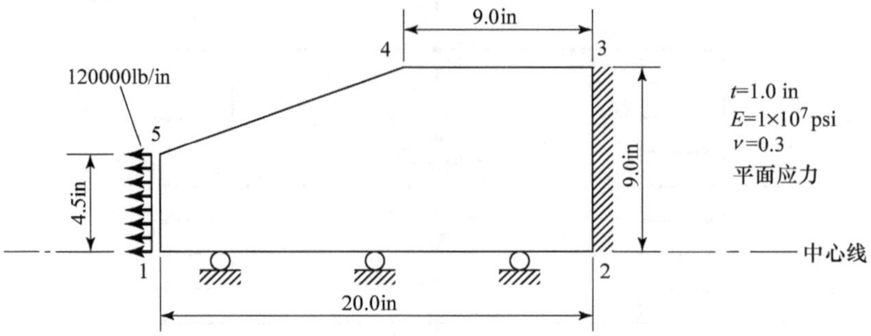

习题 6.22 图

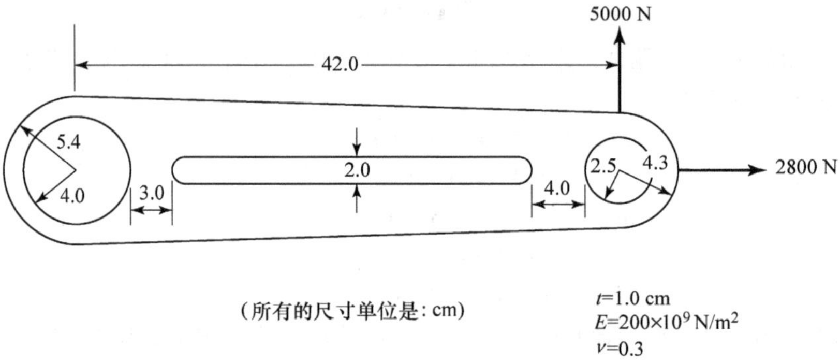

习题 6.23 图

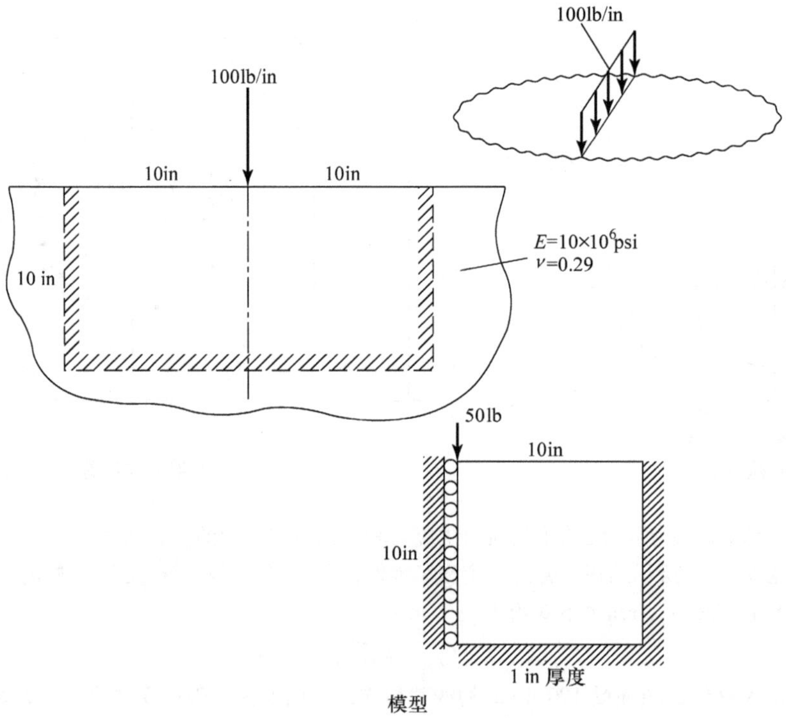

习题 6.24 图

6.25　将习题6.24中的载荷换成施加在1/4in宽的区域上的分布载荷，其大小为400lb/in²，如习题6.25图所示。建立该问题的有限元模型，并求钢件表面的变形情况和钢件内的应力分布情况。（提示：假定10in外的变形可以忽略不计）

6.26　如习题6.26图所示，在室温条件下，一个尺寸为$\frac{1}{2}$in×5in的铜块恰好能装配进一段钢件的槽中；随后整个装配零件的温度将升高100°F，假设在温度变化过程中，材料特性始终为常数，且两者表面固定而无相对运动，求变形后的形状和应力分布情况。

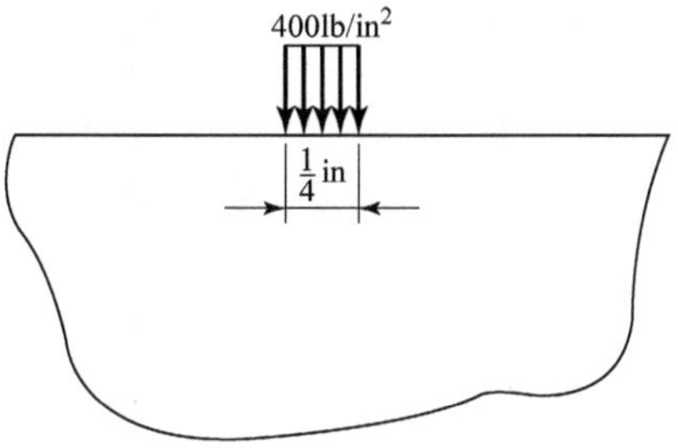

习题6.25图

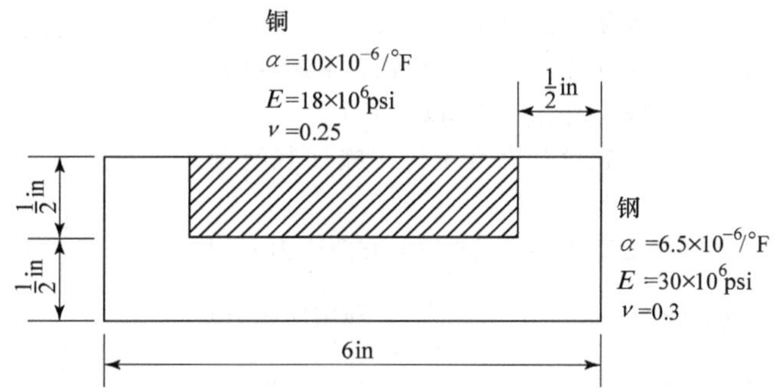

习题6.26图

6.27　如习题6.27图所示有一铜制槽环，在受到两个大小都为P和一个大小为R的载荷的作用下，宽度为3mm的右缺口恰好闭合。求载荷P的大小和变形后的形状。（提示：求出当$P=100$时缺口的挠度，然后乘以一定的比例系数。其中，R是支座约束力）

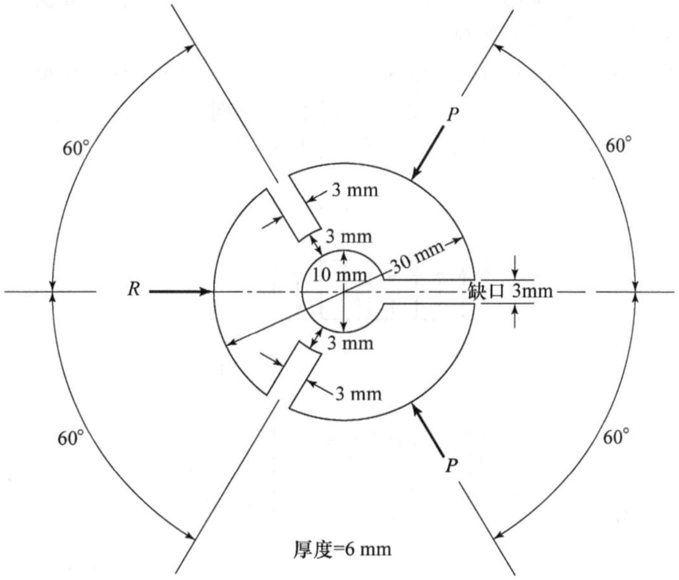

习题6.27图

6.28　如习题6.28图所示，一个钛合金零件（A）被压进到另一个钛合金工件（B）中；分别求出两个零件变形后最大的冯·米泽斯应力所在的位置（在简图上标出）和大小（从CST输出文件中查看结果），并绘制两个零件的冯·米泽斯应力等值线图。相关数据如下：$E=101\text{GPa}$，$\nu=0.34$。

要求：(a) 总共划分的单元数不超过100个；(b) 对两部分分别进行网格划分，注意节点和单元序号不要重复；(c) 为$L_{\text{interface}}$选择一个值，并对交界面上两部分重合的节点施加多点约束（MPCs），由于真实的接触面长度事先未知，对 $L_{interface}$ 进行“试选”是为了进行接触面的“试错”计算，将那些有分离趋势的节点，通过对其施加多点约束而分离；(d) 利用其对称性对一半进行建模；假设两部分无相对滑动，基座固定，两零件均处于平面应变状态。

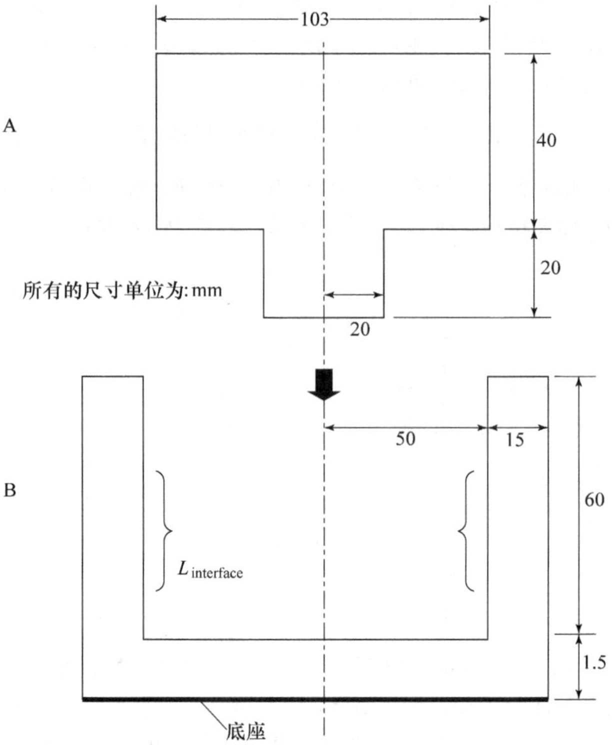

习题 6.28 图

6.29 如习题 6.29 图所示有一块矩形平板，其边缘存在长为 a 的裂纹，板的两端承受拉应力 σ_0 作用。利用对称性，取矩形的一半建立有限元模型，完成以下工作：

(a) 求裂纹的张角 θ（在施加载荷前，$\theta=0$）。

(b) 沿直线 A-O，画出 y 方向应力 σ_y 与 x 的曲线图；假设 $\sigma_y=\dfrac{K_I}{\sqrt{2\pi x}}$，利用回归方法估计出 K_I。将计算结果与计算无限大平板的结果进行比较，其中无限大平板是利用关系式 $\sigma_y=1.2\sigma_0\sqrt{\pi a}$ 进行计算的。

(c) 增加裂缝尖端处的网格细化数目，重新求解 (b) 中的问题。

6.30 利用习题 6.17 图中平板的几何结构来考虑一个平面应力问题。假设平板材料为石墨-环氧树脂，其纤维取向与水平面成夹角 θ，在 $\theta=0°$、30°、45°、60° 和 90° 几种情况下，求平板变形后的形状，应力 σ_x、σ_y，以及应力 σ_1、σ_2 的值。石墨-环氧树脂的材料性能见表 6.1。（提示：解题时需要适当修改 CST 程序，以便利用式 (6.81) 中定义的 $\boldsymbol{D}$ 矩阵）

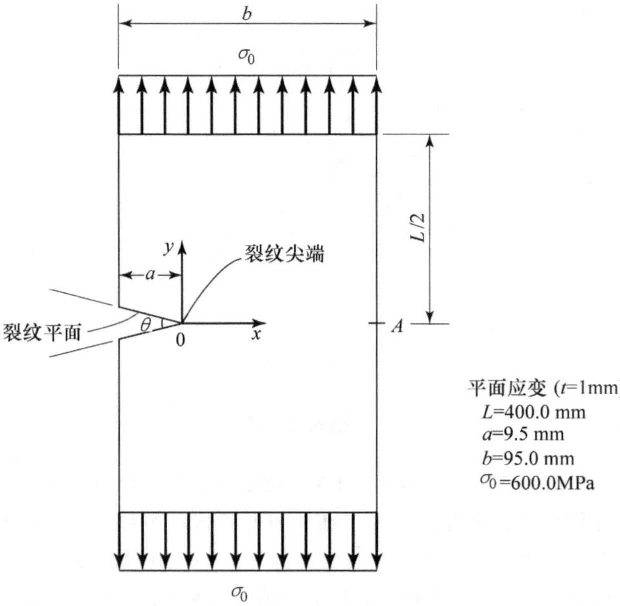

习题 6.29 图

6.31　假定习题 6.18 中的带圆孔的平板由松木制成；针对 $\theta=0°$、30°、45°、60°和 90°几种情况，求解下列问题

（a）孔变形后的形状。

（b）沿直线 AB 的应力分布和应力集中系数 K_t，并绘制 K_t-θ 曲线图。

6.32　如习题 6.32 图所示的平面应变结构，图中给出了简单的网格划分。该结构和载荷都是关于 y 轴对称。给出该网格下所有边界条件和等效节点载荷。准备程序 CST 的输入数据。

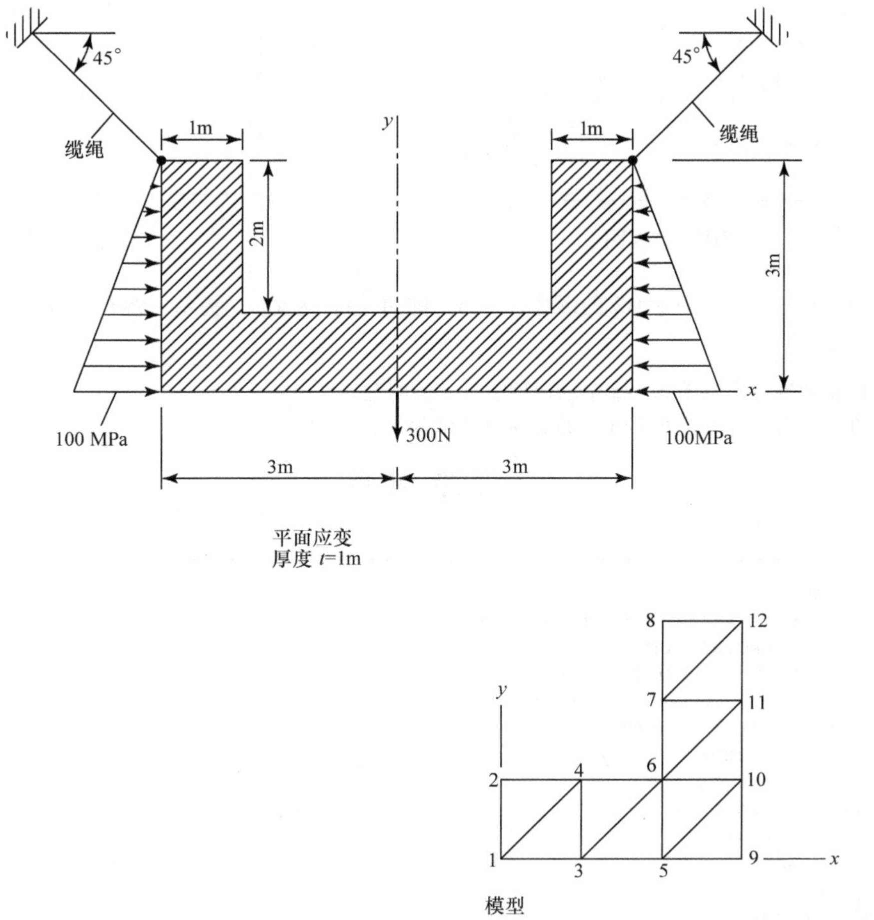

习题 6.32 图

6.33　利用 MATLAB 重做例题 6.7。给出单元 $\boldsymbol{J}$，$\boldsymbol{B}$，$\boldsymbol{k}$ 和整体 $\boldsymbol{K}$ 等所有矩阵。显示进行边界条件修改后的 $\boldsymbol{K}$ 和位移应力计算。（提示：MATLAB 的操作：$\boldsymbol{K}$([1:4][7:8],[1:4][7:8]) = $\boldsymbol{K}$([1:4][7:8],[1:4][7:8]) + $\boldsymbol{k}$，将单元 124 中的 6×6 [$\boldsymbol{k}$] 引入整体阵 $\boldsymbol{K}$ 中的 1、2、3、4、7、8 的行和列。同理，$\boldsymbol{K}_1$ = $\boldsymbol{K}$([1 4:5],[1 4:5]) 由 [$\boldsymbol{K}$] 中 1、4、5 行/列中生成新矩阵 [$\boldsymbol{K}_1$]。

6.34　习题 6.34 图为采用常应变三角形单元（CST）进行网格划分的模型，包含有六节点四个单元，利用平面应力假设求解问题，其中厚度为 1，$E=1$，$\nu=0.3$，热膨胀系数 $\alpha=0.1/℃$。画出半对称模型的边界条件。写出相应的 MATLAB 代码，求解并比较采用 CST 程序计算得到的位移和冯·米泽斯应力结果。采用适当的放大系数画出变形形状。

6.35　对于习题 6.35 图中的常应变三角形单元（CST），推导行向量 $\boldsymbol{S}$ 的表达式，其中，$\varepsilon_x=\partial u/\partial x=\boldsymbol{Sq}$，即确定与 x 方向正应变与节点位移向量 $\boldsymbol{q}$ 相关的矩阵 $\boldsymbol{S}$。

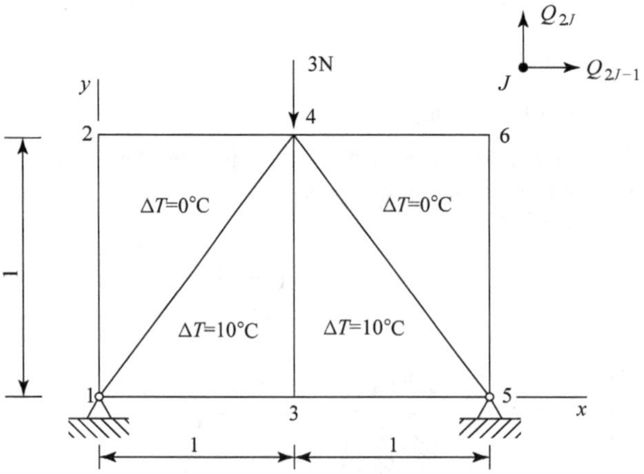

习题 6.34 图

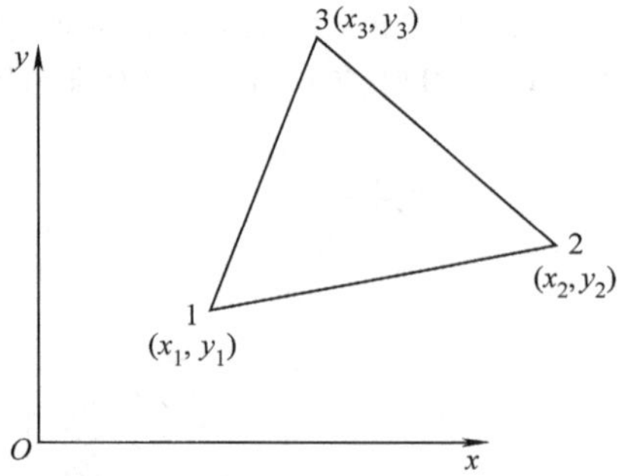

习题 6.35 图

6.36 解释积分 $\int_e u^2 \mathrm{d}A$ 中 $\boldsymbol{q}^{\mathrm{T}}\boldsymbol{W}\boldsymbol{q}$ 的形式，给出矩阵 $\boldsymbol{W}$ 的表达式。（提示：将 $u=\boldsymbol{N}\boldsymbol{q}$ 代入，并且 $\mathrm{d}A=\det\boldsymbol{J}\mathrm{d}\xi\mathrm{d}\eta$，$\det\boldsymbol{J}=2A_e$）。

6.37 准备数据并求解图 6.12a 中的位移拼片试验问题。

6.38 准备数据并求解图 6.12b 中的载荷拼片试验问题。

程 序 清 单

```
MAIN PROGRAM
'****************************************
'*             PROGRAM CST              *
'*       CONSTANT STRAIN TRIANGLE       *
'*  T.R.Chandrupatla and A.D.Belegundu  *
'****************************************
Private Sub CommandButton1_Click()
     Call InputData
     Call Bandwidth
     Call Stiffness
     Call ModifyForBC
     Call BandSolver
     Call StressCalc
     Call ReactionCalc
     Call Output
End Sub
```

```
ELEMENT STIFFNESS AND GLOBAL STIFFNESS
Private Sub Stiffness()
     ReDim S(NQ, NBW)
     '----- Global Stiffness Matrix -----
     For N = 1 To NE
     Call DbMat(N, 1)
     '--- Element Stiffness
        For I = 1 To 6
           For J = 1 To 6
```

（续）

```
                C = 0
                For K = 1 To 3
                    C = C + 0.5 * Abs(DJ) * B(K, I) * DB(K, J) * TH(N)
                Next K
                SE(I, J) = C
            Next J
        Next I
     '--- Temperature Load Vector
        AL = PM(MAT(N), 3)
        C = AL * DT(N): If LC = 2 Then C = C * (1 + PNU)
        For I = 1 To 6
            TL(I) = 0.5 * C * TH(N) * Abs(DJ) * (DB(1, I) + DB(2, I))
        Next I
        For II = 1 To NEN
            NRT = NDN * (NOC(N, II) - 1)
            For IT = 1 To NDN
                NR = NRT + IT
                I = NDN * (II - 1) + IT
                For JJ = 1 To NEN
                    NCT = NDN * (NOC(N, JJ) - 1)
                    For JT = 1 To NDN
                        J = NDN * (JJ - 1) + JT
                        NC = NCT + JT - NR + 1
                        If NC > 0 Then
                            S(NR, NC) = S(NR, NC) + SE(I, J)
                        End If
                    Next JT
                Next JJ
                F(NR) = F(NR) + TL(I)
            Next IT
        Next II
    Next N
End Sub
```

D MATRIX, B MATRIX, AND DB MATRIX

```
Private Sub DbMat(N, ISTR)
     '----- D(), B() and DB() matrices
     '--- First the D-Matrix
     M = MAT(N): E = PM(M, 1): PNU = PM(M, 2): AL = PM(M, 3)
     '--- D() Matrix
     If LC = 1 Then
        '--- Plane Stress
        C1 = E / (1 - PNU ^ 2): C2 = C1 * PNU
     Else
        '--- Plane Strain
        C = E / ((1 + PNU) * (1 - 2 * PNU))
        C1 = C * (1 - PNU): C2 = C * PNU
     End If
     C3 = 0.5 * E / (1 + PNU)
     D(1, 1) = C1: D(1, 2) = C2: D(1, 3) = 0
     D(2, 1) = C2: D(2, 2) = C1: D(2, 3) = 0
     D(3, 1) = 0: D(3, 2) = 0: D(3, 3) = C3
     '--- Strain-Displacement Matrix B()
     I1 = NOC(N, 1): I2 = NOC(N, 2): I3 = NOC(N, 3)
     X1 = X(I1, 1): Y1 = X(I1, 2)
     X2 = X(I2, 1): Y2 = X(I2, 2)
```

（续）

```
      X3 = X(I3, 1): Y3 = X(I3, 2)
      X21 = X2 - X1: X32 = X3 - X2: X13 = X1 - X3
      Y12 = Y1 - Y2: Y23 = Y2 - Y3: Y31 = Y3 - Y1
      DJ = X13 * Y23 - X32 * Y31 'DJ is determinant of Jacobian
      '--- Definition of B() Matrix
      B(1, 1) = Y23 / DJ: B(2, 1) = 0: B(3, 1) = X32 / DJ
      B(1, 2) = 0: B(2, 2) = X32 / DJ: B(3, 2) = Y23 / DJ
      B(1, 3) = Y31 / DJ: B(2, 3) = 0: B(3, 3) = X13 / DJ
      B(1, 4) = 0: B(2, 4) = X13 / DJ: B(3, 4) = Y31 / DJ
      B(1, 5) = Y12 / DJ: B(2, 5) = 0: B(3, 5) = X21 / DJ
      B(1, 6) = 0: B(2, 6) = X21 / DJ: B(3, 6) = Y12 / DJ
      '--- DB Matrix DB = D*B
      For I = 1 To 3
         For J = 1 To 6
           C = 0
           For K = 1 To 3
               C = C + D(I, K) * B(K, J)
             Next K
             DB(I, J) = C
          Next J
      Next I
      If ISTR = 2 Then
      '----- Stress Evaluation
      Q(1) = F(2 * I1 - 1): Q(2) = F(2 * I1)
      Q(3) = F(2 * I2 - 1): Q(4) = F(2 * I2)
      Q(5) = F(2 * I3 - 1): Q(6) = F(2 * I3)
      C1 = AL * DT(N): If LC = 2 Then C1 = C1 * (1 + PNU)
      For I = 1 To 3
             C = 0
             For K = 1 To 6
                    C = C + DB(I, K) * Q(K)
             Next K
             STR(I) = C - C1 * (D(I, 1) + D(I, 2))
      Next I
      End If
 End Sub
```

```
STRESS CALCULATIONS
Private Sub StressCalc()
     ReDim Stress(NE, 3), PrinStress(NE, 3), PltStress(NE)
     '----- Stress Calculations
     For N = 1 To NE
        Call DbMat(N, 2)
     '--- Principal Stress Calculations
        If STR(3) = 0 Then
           S1 = STR(1): S2 = STR(2): ANG = 0
           If S2 > S1 Then
              S1 = STR(2): S2 = STR(1): ANG = 90
           End If
        Else
           C = 0.5 * (STR(1) + STR(2))
           R = Sqr(0.25 * (STR(1) - STR(2)) ^ 2 + (STR(3)) ^ 2)
           S1 = C + R: S2 = C - R
           If C > STR(1) Then
```

（续）

```
            ANG = 57.2957795 * Atn(STR(3) / (S1 - STR(1)))
            If STR(3) > 0 Then ANG = 90 - ANG
            If STR(3) < 0 Then ANG = -90 - ANG
         Else
            ANG = 57.29577951 * Atn(STR(3) / (STR(1) - S2))
         End If
      End If
      Stress(N, 1) = STR(1)
      Stress(N, 2) = STR(2)
      Stress(N, 3) = STR(3)
      PrinStress(N, 1) = S1
      PrinStress(N, 2) = S2
      PrinStress(N, 3) = ANG
      '--- ANG is angle in degrees from X to S1
      If IPL = 2 Then PltStress(N) = 0.5 * (S1 - S2)
      If IPL = 3 Then
         S3 = 0: If LC = 2 Then S3 = PNU * (S1 + S2)
         C = (S1 - S2) ^ 2 + (S2 - S3) ^ 2 + (S3 - S1) ^ 2
         PltStress(N) = Sqr(0.5 * C)
      End If
   Next N
End Sub
```

第 7 章
轴对称问题

7.1 引言

三维空间中的轴对称体或旋转体，如果承受轴对称载荷，则可以简化为二维问题。如图 7.1所示，由于整个对象关于 z 轴对称，所有的变形和应力都与旋转角 θ 无关，因此，这样的问题就可以看做是 rOz 平面，即旋转面内的二维问题（见图 7.1b），若在 z 轴方向上作用有重力，也可以加以考虑。对于飞轮这样的旋转体，也可以在体积力项中引入离心力。现在讨论轴对称问题的有限元列式。

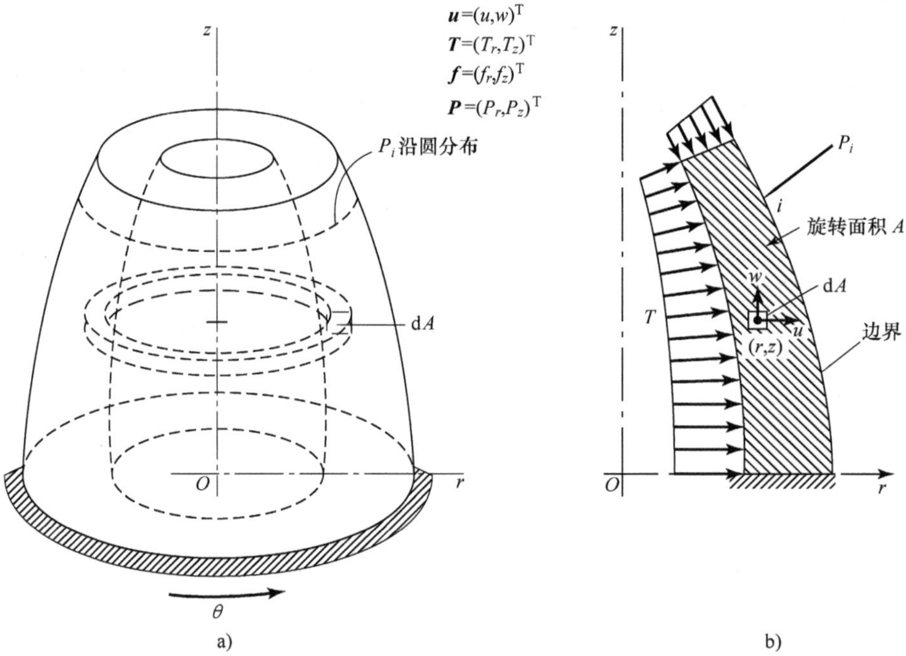

图 7.1 轴对称问题

7.2 轴对称列式

考虑如图 7.2 所示的单元体积，势能可以写成

$$\Pi = \frac{1}{2}\int_0^{2\pi}\int_A \boldsymbol{\sigma}^{\mathrm{T}}\boldsymbol{\varepsilon} r\mathrm{d}A\mathrm{d}\theta - \int_0^{2\pi}\int_A \boldsymbol{u}^{\mathrm{T}}\boldsymbol{f} r\mathrm{d}A\mathrm{d}\theta - \int_0^{2\pi}\int_L \boldsymbol{u}^{\mathrm{T}}\boldsymbol{T} r\mathrm{d}l\mathrm{d}\theta - \sum_i \boldsymbol{u}_i^{\mathrm{T}}\boldsymbol{P}_i \tag{7.1}$$

式中，$r\mathrm{d}l\mathrm{d}\theta$ 是单元表面积；$\boldsymbol{P}_i$ 是点载荷，它实际上代表绕一个圆圈的线载荷，见图 7.1。

在上述积分式中，所有变量都与 θ 无关，因此，式（7.1）可以写为

$$\Pi = 2\pi\left(\frac{1}{2}\int_A \boldsymbol{\sigma}^{\mathrm{T}}\boldsymbol{\varepsilon} r\mathrm{d}A - \int_A \boldsymbol{u}^{\mathrm{T}}\boldsymbol{f} r\mathrm{d}A - \int_L u^{\mathrm{T}}\boldsymbol{T} r\mathrm{d}l\right) - \sum_i \boldsymbol{u}_i^{\mathrm{T}}P_i \tag{7.2}$$

其中

$$\boldsymbol{u} = (u, w)^{\mathrm{T}} \tag{7.3}$$

$$\boldsymbol{f} = (f_r, f_z)^{\mathrm{T}} \tag{7.4}$$

$$\boldsymbol{T} = (T_r, T_z)^{\mathrm{T}} \tag{7.5}$$

从图 7.3 中，可以写出应变 $\boldsymbol{\varepsilon}$ 和位移 $\boldsymbol{u}$ 的关系，即

$$\begin{aligned}\boldsymbol{\varepsilon} &= (\varepsilon_r, \varepsilon_z, \gamma_{rz}, \varepsilon_\theta)^{\mathrm{T}} \\ &= \left(\frac{\partial u}{\partial r}, \frac{\partial w}{\partial z}, \frac{\partial u}{\partial z} + \frac{\partial w}{\partial r}, \frac{u}{r}\right)^{\mathrm{T}}\end{aligned} \tag{7.6}$$

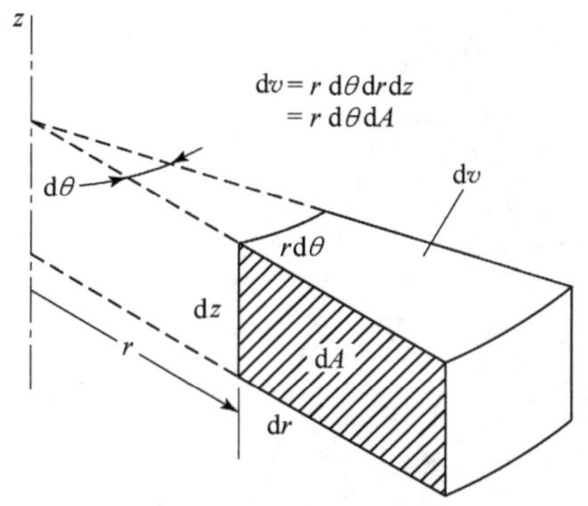

图 7.2 微小体元

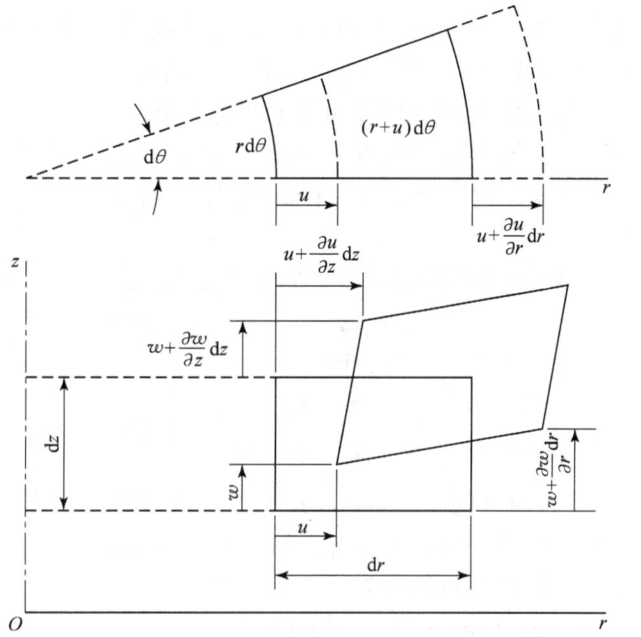

图 7.3 微小体元的变形

对应的应力张量可以定义为

$$\boldsymbol{\sigma} = (\sigma_r, \sigma_z, \tau_{rz}, \sigma_\theta)^{\mathrm{T}} \tag{7.7}$$

应力-应变关系可以按常规的表达式给出，即

$$\boldsymbol{\sigma} = \boldsymbol{D}\boldsymbol{\varepsilon} \tag{7.8}$$

式中，（4×4）的矩阵 $\boldsymbol{D}$ 可以根据第 1 章的三维矩阵按适当的形式写出，即

$$\boldsymbol{D} = \frac{E(1-\nu)}{(1+\nu)(1-2\nu)}\begin{pmatrix} 1 & \frac{\nu}{1-\nu} & 0 & \frac{\nu}{1-\nu} \\ \frac{\nu}{1-\nu} & 1 & 0 & \frac{\nu}{1-\nu} \\ 0 & 0 & \frac{1-2\nu}{2(1-\nu)} & 0 \\ \frac{\nu}{1-\nu} & \frac{\nu}{1-\nu} & 0 & 1 \end{pmatrix} \tag{7.9}$$

采用伽辽金方法，有

$$2\pi \int_A \sigma^T \varepsilon(\phi) r dA - \left(2\pi \int_A \phi^T f r dA + 2\pi \int_L \phi^T T r dl + \sum \phi_i^T P_i\right) = 0 \tag{7.10}$$

式中

$$\phi = (\phi_r, \phi_z)^T \tag{7.11}$$

$$\varepsilon(\phi) = \left(\frac{\partial \phi_r}{\partial r}, \frac{\partial \phi_z}{\partial z}, \frac{\partial \phi_r}{\partial z} + \frac{\partial \phi_z}{\partial r}, \frac{\phi_r}{r}\right)^T \tag{7.12}$$

7.3 有限元建模 轴对称三角形单元

由旋转面定义的二维区域被划分成若干个三角形单元（见图7.4），虽然每个单元看上去完全是一个在 rOz 平面上的区域，但实际上它们都代表了由这样的三角形绕 z 轴旋转得到的环状回转体，典型的单元如图7.5所示。

单元的节点连接关系和节点坐标与第6.3节讨论的常应变三角形单元（CST）相同，需要注意的是这里用 r 和 z 坐标分别代替了 x 和 y。

基于三个形状函数 N_1、N_2 和 N_3，定义

$$u = Nq \tag{7.13}$$

式中的 u 见式（7.3），而

$$N = \begin{pmatrix} N_1 & 0 & N_2 & 0 & N_3 & 0 \\ 0 & N_1 & 0 & N_2 & 0 & N_3 \end{pmatrix} \tag{7.14}$$

$$q = (q_1, q_2, q_3, q_4, q_5, q_6)^T \tag{7.15}$$

若我们取 $N_1 = \xi$，$N_2 = \eta$，$N_3 = 1 - \xi - \eta$，则式（7.13）可表示为

$$\begin{cases} u = \xi q_1 + \eta q_3 + (1 - \xi - \eta) q_5 \\ w = \xi q_2 + \eta q_4 + (1 - \xi - \eta) q_6 \end{cases} \tag{7.16}$$

利用等参表达，有

$$\begin{cases} r = \xi r_1 + \eta r_2 + (1 - \xi - \eta) r_3 \\ z = \xi z_1 + \eta z_2 + (1 - \xi - \eta) z_3 \end{cases} \tag{7.17}$$

由微分链式法则，可以给出

$$\begin{pmatrix} \dfrac{\partial u}{\partial \xi} \\ \dfrac{\partial u}{\partial \eta} \end{pmatrix} = J \begin{pmatrix} \dfrac{\partial u}{\partial r} \\ \dfrac{\partial u}{\partial z} \end{pmatrix} \tag{7.18}$$

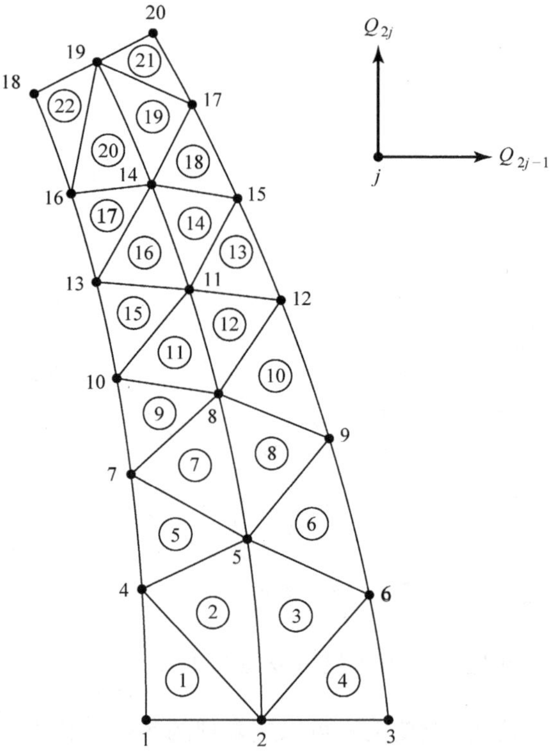

和

$$\begin{pmatrix} \dfrac{\partial w}{\partial \xi} \\ \dfrac{\partial w}{\partial \eta} \end{pmatrix} = J \begin{pmatrix} \dfrac{\partial w}{\partial r} \\ \dfrac{\partial w}{\partial z} \end{pmatrix} \tag{7.19}$$

图7.4 三角形单元离散

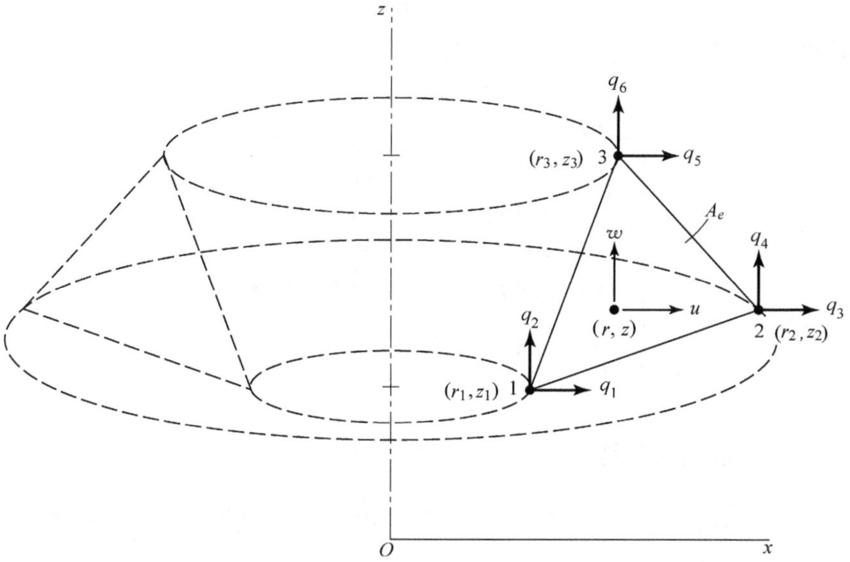

图 7.5 轴对称三角形单元

式中雅可比矩阵为

$$\boldsymbol{J}=\begin{pmatrix} r_{13} & z_{13} \\ r_{23} & z_{23} \end{pmatrix} \tag{7.20}$$

在上面定义 $\boldsymbol{J}$ 矩阵时，采用了标记 $r_{ij}=r_i-r_j$ 和 $z_{ij}=z_i-z_j$，则矩阵 $\boldsymbol{J}$ 的行列式为

$$\det\boldsymbol{J}=r_{13}z_{23}-r_{23}z_{13} \tag{7.21}$$

由前面可知 $|\det\boldsymbol{J}|=2A_e$，即矩阵 $\boldsymbol{J}$ 行列式的绝对值等于三角形单元面积的两倍，式（7.18）和式（7.19）的逆形式分别为

$$\begin{pmatrix} \dfrac{\partial u}{\partial r} \\ \dfrac{\partial u}{\partial z} \end{pmatrix}=\boldsymbol{J}^{-1}\begin{pmatrix} \dfrac{\partial u}{\partial \xi} \\ \dfrac{\partial u}{\partial \eta} \end{pmatrix} \quad 和 \quad \begin{pmatrix} \dfrac{\partial w}{\partial r} \\ \dfrac{\partial w}{\partial z} \end{pmatrix}=\boldsymbol{J}^{-1}\begin{pmatrix} \dfrac{\partial w}{\partial \xi} \\ \dfrac{\partial w}{\partial \eta} \end{pmatrix} \tag{7.22}$$

式中

$$\boldsymbol{J}^{-1}=\frac{1}{\det\boldsymbol{J}}\begin{pmatrix} z_{23} & -z_{13} \\ -r_{23} & r_{13} \end{pmatrix} \tag{7.23}$$

将这些转换关系代入到应变-位移关系式（7.6）中，并结合式（7.16），可以得到

$$\boldsymbol{\varepsilon}=\begin{pmatrix} \dfrac{z_{23}(q_1-q_5)-z_{13}(q_3-q_5)}{\det\boldsymbol{J}} \\ \dfrac{-r_{23}(q_2-q_6)+r_{13}(q_4-q_6)}{\det\boldsymbol{J}} \\ \dfrac{-r_{23}(q_1-q_5)+r_{13}(q_3-q_5)+z_{23}(q_2-q_6)-z_{13}(q_4-q_6)}{\det\boldsymbol{J}} \\ \dfrac{N_1q_1+N_2q_3+N_3q_5}{r} \end{pmatrix}$$

这也可以用矩阵形式给出

$$\boldsymbol{\varepsilon} = \boldsymbol{B}\boldsymbol{q} \tag{7.24}$$

式中，单元应变-位移矩阵是（4×6）维，即

$$\boldsymbol{B} = \begin{pmatrix} \dfrac{z_{23}}{\det\boldsymbol{J}} & 0 & \dfrac{z_{31}}{\det\boldsymbol{J}} & 0 & \dfrac{z_{12}}{\det\boldsymbol{J}} & 0 \\ 0 & \dfrac{r_{32}}{\det\boldsymbol{J}} & 0 & \dfrac{r_{13}}{\det\boldsymbol{J}} & 0 & \dfrac{r_{21}}{\det\boldsymbol{J}} \\ \dfrac{r_{32}}{\det\boldsymbol{J}} & \dfrac{z_{23}}{\det\boldsymbol{J}} & \dfrac{r_{13}}{\det\boldsymbol{J}} & \dfrac{z_{31}}{\det\boldsymbol{J}} & \dfrac{r_{21}}{\det\boldsymbol{J}} & \dfrac{z_{12}}{\det\boldsymbol{J}} \\ \dfrac{N_1}{r} & 0 & \dfrac{N_2}{r} & 0 & \dfrac{N_3}{r} & 0 \end{pmatrix} \tag{7.25}$$

势能方法

在离散域内，可以给出势能

$$\Pi = \sum_e \left[\frac{1}{2}\left(2\pi\int_e \boldsymbol{\varepsilon}^{\mathrm{T}}\boldsymbol{D}\boldsymbol{\varepsilon}r\mathrm{d}A\right) - 2\pi\int_e \boldsymbol{u}^{\mathrm{T}}\boldsymbol{f}r\mathrm{d}A - 2\pi\int_e \boldsymbol{u}^{\mathrm{T}}\boldsymbol{T}r\mathrm{d}l \right] - \sum \boldsymbol{u}_i^{\mathrm{T}}\boldsymbol{P}_i \tag{7.26}$$

单元应变能 U_e 是上式的第一项，可以写为

$$U_e = \frac{1}{2}\boldsymbol{q}^{\mathrm{T}}\left(2\pi\int_e \boldsymbol{B}^{\mathrm{T}}\boldsymbol{D}\boldsymbol{B}r\mathrm{d}A\right)\boldsymbol{q} \tag{7.27}$$

式中，圆括弧内的部分是单元刚度矩阵，即

$$\boldsymbol{k}^e = 2\pi\int_e \boldsymbol{B}^{\mathrm{T}}\boldsymbol{D}\boldsymbol{B}r\mathrm{d}A \tag{7.28}$$

$\boldsymbol{B}$ 矩阵的第四行带有 N_i/r 项。另外，以上这个积分式中还含有 r。作为一种近似，可以在三角形中心处计算 $\boldsymbol{B}$ 和 r，而且将其作为整个三角形的代表值。在三角形重心处，有

$$N_1 = N_2 = N_3 = \frac{1}{3} \tag{7.29}$$

及

$$\bar{r} = \frac{r_1 + r_2 + r_3}{3}$$

式中，$\bar{r}$ 是单元中心位置的半径；$\bar{B}$ 是在三角形中心处的应变-位移矩阵，为此可以推导出

$$\boldsymbol{k}^e = 2\pi\bar{r}\bar{\boldsymbol{B}}^{\mathrm{T}}\boldsymbol{D}\bar{\boldsymbol{B}}\int_e \mathrm{d}A$$

或

$$\boldsymbol{k}^e = 2\pi\bar{r}A_e\bar{\boldsymbol{B}}^{\mathrm{T}}\boldsymbol{D}\bar{\boldsymbol{B}} \tag{7.30}$$

需要注意的是，这里的 $2\pi\bar{r}A_e$ 是图7.5中圆环单元的体积，而 A_e 为

$$A_e = \frac{1}{2}|\det\boldsymbol{J}| \tag{7.31}$$

下面我们也使用这种重心或中点方法来计算体积力和面力[㊀]。需要注意的是，为了得到更好的计算结果，靠近对称轴的单元要划分得更密一些。另外一种方法就是在下面的方程中引入 $r = N_1r_1 + N_2r_2 + N_3r_3$，然后进行精细积分，关于数值积分中的精细方法，详见

㊀ 见 O. C. Zienkiewicz, The Finite Element Method, 3rd. New York: McGraw-Hill, 1983。

第 8 章。

体积力

首先，我们考虑体积力项 $2\pi\int_e \boldsymbol{u}^{\mathrm{T}}\boldsymbol{f}r\mathrm{d}A$，有

$$2\pi\int_e \boldsymbol{u}^{\mathrm{T}}\boldsymbol{f}r\mathrm{d}A = 2\pi\int_e (uf_r + wf_z)r\mathrm{d}A$$

$$= 2\pi\int_e [(N_1q_1 + N_2q_3 + N_3q_5)f_r + (N_1q_2 + N_2q_4 + N_3q_6)f_z]r\mathrm{d}A$$

然后，在三角形中心处进行近似处理，有

$$2\pi\int_e \boldsymbol{u}^{\mathrm{T}}\boldsymbol{f}r\mathrm{d}A = \boldsymbol{q}^{\mathrm{T}}\boldsymbol{f}^e \tag{7.32}$$

式中，单元体积力列阵 $\boldsymbol{f}^e$ 为

$$\boldsymbol{f}^e = \frac{2\pi\bar{r}A_e}{3}(\bar{f}_r, \bar{f}_z, \bar{f}_r, \bar{f}_z, \bar{f}_r, \bar{f}_z)^{\mathrm{T}} \tag{7.33}$$

$\boldsymbol{f}$ 项上的横线表示是三角形中心上的值。当体积力是主要载荷时，为了得到更准确的结果，可以用 $r = N_1r_1 + N_2r_2 + N_3r_3$ 代替式（7.32），然后进行积分以得到节点载荷。

旋转的飞轮

考虑一个例子，一个飞轮绕 z 轴旋转，将飞轮看成为处于静态条件，则需要施加等效的单位体积径向离心力（惯性力）$\rho r\omega^2$，这里 ρ 是密度（单位体积的质量），ω 是角速度（rad/s）。另外，假如重力作用的方向是 z 轴的负方向，则有

$$\boldsymbol{f} = (f_r, f_z)^{\mathrm{T}} = (\rho r\omega^2, -\rho g)^{\mathrm{T}} \tag{7.34}$$

及

$$\bar{f}_r = \rho\bar{r}\omega^2, \quad \bar{f}_z = -\rho g \tag{7.35}$$

如果网格比较稀疏的话，我们需要使用关系 $r = N_1r_1 + N_2r_2 + N_3r_3$ 来进行积分以获得更好的结果。

面力载荷

对于图 7.6 中的均布载荷，有分量 T_r 和 T_z，在节点 1 和 2 的连接边界上，我们有

$$2\pi\int_e \boldsymbol{u}^{\mathrm{T}}\boldsymbol{T}r\mathrm{d}l = \boldsymbol{q}^{\mathrm{T}}\boldsymbol{T}^e \tag{7.36}$$

其中

$$\boldsymbol{q} = (q_1, q_2, q_3, q_4)^{\mathrm{T}} \tag{7.37}$$

$$\boldsymbol{T}^e = 2\pi l_{1\text{-}2}(aT_r, aT_z, bT_r, bT_z)^{\mathrm{T}} \tag{7.38}$$

$$a = \frac{2r_1 + r_2}{6}, \quad b = \frac{r_1 + 2r_2}{6} \tag{7.39}$$

$$l_{1\text{-}2} = \sqrt{(r_2 - r_1)^2 + (z_2 - z_1)^2} \tag{7.40}$$

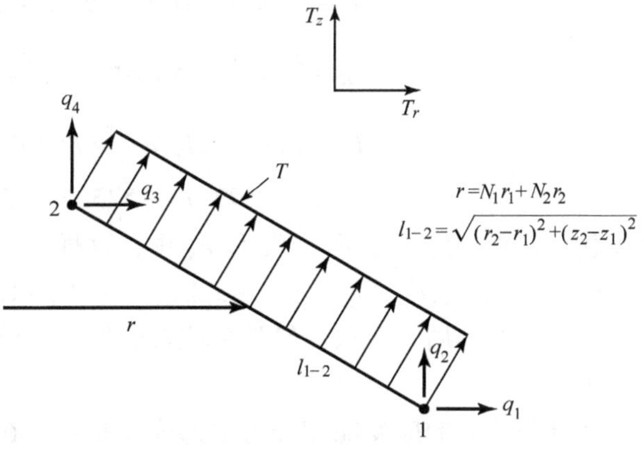

图 7.6 面力载荷

在上面的推导中，r 用 $N_1r_1 + N_2r_2$ 表示，然后再进行积分。当线 1-2 与 z 轴平行时，我们有 $r_1 = r_2$，所以 $a = b = 0.5r_1$。对于线性分布面力，参见习题 7.13。

例题 7.1

例题7.1图中有一轴对称体，在锥面上作用有线性面力载荷，试确定节点2、4和6上的等效节点载荷。

解：将线性分布的面力载荷以均布载荷的形式平均分配到边界6-4和4-2上，关于线性分布载荷更精确的处理方式，详见习题7.13。下面，我们分别处理两个边界6-4和4-2，然后再进行合并。

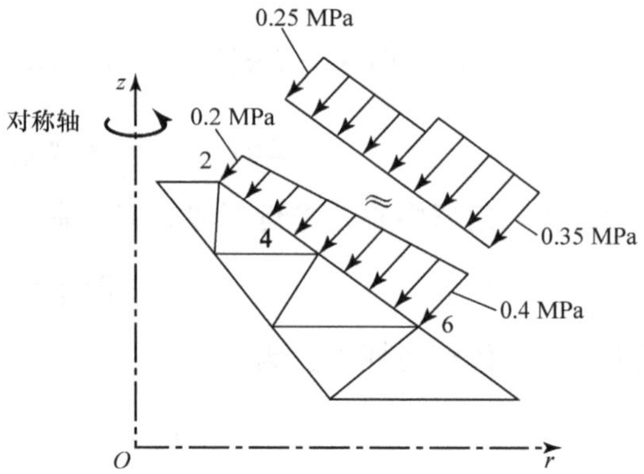

例题 7.1 图

对于边界6-4

$$p=0.35\text{MPa},\ r_1=60\text{mm},\ z_1=40\text{mm},$$
$$r_2=40\text{mm},\ z_2=55\text{mm}$$
$$l_{1\text{-}2}=\sqrt{(r_1-r_2)^2+(z_1-z_2)^2}=25\text{mm}$$
$$c=\frac{z_2-z_1}{l_{1\text{-}2}}=0.6,\ s=\frac{r_1-r_2}{l_{1\text{-}2}}=0.8$$
$$T_r=-pc=-0.21,\ T_z=-ps=-0.28$$
$$a=\frac{2r_1+r_2}{6}=26.67,\ b=\frac{r_1+2r_2}{6}=23.33$$
$$\boldsymbol{T}^1=2\pi l_{1\text{-}2}(aT_r,aT_z,bT_r,b_z)^{\mathrm{T}}$$
$$=(-879.65,-1172.9,-769.69,-1026.25)^{\mathrm{T}}\text{N}$$

这些载荷分别加到 F_{11}、F_{12}、F_7 和 F_8 中。

对于边界4-2

$$p=0.25\text{MPa},\ r_1=40\text{mm},\ z_1=55\text{mm},\ r_2=20\text{mm},\ z_2=70\text{mm}$$
$$l_{1\text{-}2}=\sqrt{(r_1-r_2)^2+(z_1-z_2)^2}=25\text{mm}$$
$$c=\frac{z_2-z_1}{l_{1\text{-}2}}=0.6,\ s=\frac{r_1-r_2}{l_{1\text{-}2}}=0.8$$
$$T_r=-pc=-0.15,\ T_z=-ps=-0.2$$
$$a=\frac{2r_1+r_2}{6}=16.67,\ b=\frac{r_1+2r_2}{6}=13.33$$
$$\boldsymbol{T}^1=2\pi l_{1\text{-}2}(aT_r,aT_z,bT_r,bT_z)^{\mathrm{T}}$$
$$=(-392.7,-523.6,-314.16,-418.88)^{\mathrm{T}}\text{N}$$

这些载荷分别加到 F_7、F_8、F_3 和 F_4 中，这样

$$(F_3,F_4,F_7,F_8,F_{11},F_{12})=(-314.2,-418.9,-1162.4,-1695.5,-879.7,-1172.9)\ \text{N}$$

将分布在圆周上的载荷等效到旋转面的一个节点上，并按该点的位置，将其叠加到载荷列阵中。

将全部单元的应变能和外力项都叠加起来，在对总体势能进行最小化的过程中处理边界条件，则可以得到

$$\boldsymbol{KQ}=\boldsymbol{F} \tag{7.41}$$

在这里，需要注意，轴对称边界条件仅需施加到例题7.1图所示的旋转面上。

伽辽金方法

在伽辽金列式中，一个单元内的变量（位移）ϕ 可以表示为

$$\boldsymbol{\phi} = N\psi \tag{7.42}$$

其中

$$\boldsymbol{\psi} = (\psi_1, \psi_2, \cdots, \psi_6)^{\mathrm{T}} \tag{7.43}$$

相应的应变为

$$\boldsymbol{\varepsilon}(\boldsymbol{\phi}) = \boldsymbol{B\psi} \tag{7.44}$$

整体的变量列阵可以写为

$$\boldsymbol{\Psi} = (\Psi_1, \Psi_2, \Psi_3, \cdots, \Psi_N)^{\mathrm{T}} \tag{7.45}$$

现在将插值的位移引入到伽辽金变分方程式（7.10）中，这样，内部虚功的第一项则可以给出

$$\begin{aligned} \text{内部虚功} &= 2\pi\int_A \boldsymbol{\sigma}^{\mathrm{T}}\boldsymbol{\varepsilon}(\boldsymbol{\phi})\, r\mathrm{d}A \\ &= \sum_e 2\pi\int_e \boldsymbol{q}^{\mathrm{T}}\boldsymbol{B}^{\mathrm{T}}\boldsymbol{DB}\psi r\mathrm{d}A \\ &= \sum_e \boldsymbol{q}^{\mathrm{T}}\boldsymbol{k}^e\boldsymbol{\psi} \end{aligned} \tag{7.46}$$

其中，单元刚度矩阵 $\boldsymbol{k}^e$ 为

$$\boldsymbol{k}^e = 2\pi\bar{r}A_e\overline{\boldsymbol{B}}^{\mathrm{T}}\boldsymbol{D}\overline{\boldsymbol{B}} \tag{7.47}$$

注意到 $\boldsymbol{k}^e$ 是对称的，利用单元的连接关系，内部虚功原理可以表达为下面的形式

$$\begin{aligned} \text{内部虚功} &= \sum_e \boldsymbol{q}^{\mathrm{T}}\boldsymbol{k}^e\boldsymbol{\psi} = \sum\psi^{\mathrm{T}}\boldsymbol{k}^e\boldsymbol{q} \\ &= \boldsymbol{\Psi}^{\mathrm{T}}\boldsymbol{KQ} \end{aligned} \tag{7.48}$$

式中，$\boldsymbol{K}$ 是整体刚度矩阵。式（7.10）中的外部虚功项包括体积力、面力载荷和集中载荷，通过用 $\boldsymbol{\psi}$ 来代替 $\boldsymbol{q}$，它也可以采用最小势能原理中的相同方法来进行处理，即将全部单元的所有外力进行叠加，可以写出

$$\text{外部虚功} = \boldsymbol{\Psi}^{\mathrm{T}}\boldsymbol{F} \tag{7.49}$$

对于边界条件的处理，可采用第 3 章所讨论的方法，对刚度矩阵 $\boldsymbol{K}$ 和载荷列阵 $\boldsymbol{F}$ 进行修改后，可得到与式（7.41）相同的表达式。

为介绍求解过程，下面的例题将给出详细的计算步骤。希望读者使用所提供的程序 AXISYM 来完成本章后面所提供的习题。

例题 7.2

在例题 7.2 图中，有一个外径为 120mm、内径为 80mm 的长圆筒，在整体长度范围内与一个孔进行紧密配合；同时，圆筒内部承受了 2MPa 的压力。采用图中所截取 10mm 长度上的两个单元来计算圆筒内壁上的位移。

解： 先给出单元和节点信息

单　元	连接节点		
	1	2	3
1	1	2	3
2	2	3	4

节　点	坐　标	
	r	z
1	40	10
2	40	0
3	60	0
4	60	10

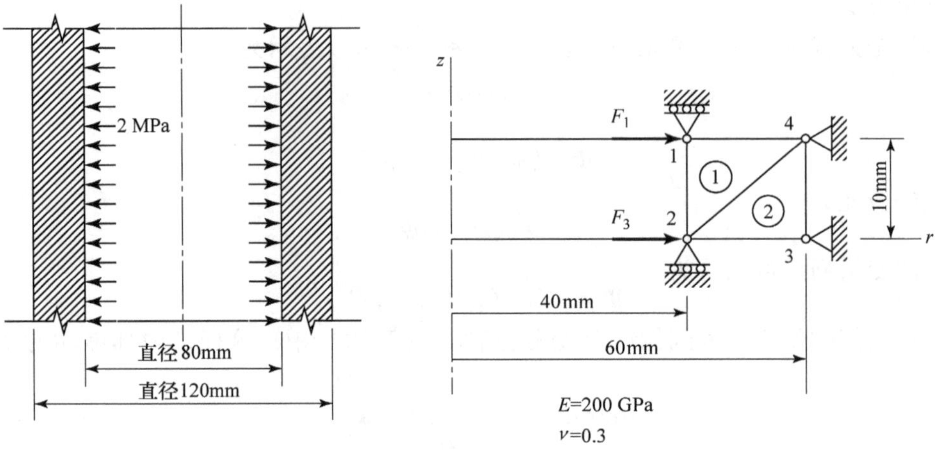

例题7.2图

所采用的单位：长度为mm，力为N，应力和弹性模量为MPa，这些单位是量纲一致的。取弹性模量为$E=200\ 000\text{MPa}$，泊松比$\nu=0.3$，所以有

$$\boldsymbol{D}=\begin{pmatrix}2.69\times10^5 & 1.15\times10^5 & 0 & 1.15\times10^5\\1.15\times10^5 & 2.69\times10^5 & 0 & 1.15\times10^5\\0 & 0 & 0.77\times10^5 & 0\\1.15\times10^5 & 1.15\times10^5 & 0 & 2.69\times10^5\end{pmatrix}$$

对于这两个单元，有$\det \boldsymbol{J}=200\text{mm}^2$，$A_e=100\text{mm}^2$。从式（7.38）可知，力$F_1$和$F_3$为

$$F_1=F_3=\frac{2\pi r_1 l_e p_i}{2}=\frac{2\pi(40)(10)(2)}{2}=2514\text{N}$$

$\boldsymbol{B}$矩阵为单元的应变-节点位移关系；对于单元①来说，$\bar{r}=\frac{1}{3}(40+40+60)=46.67\text{mm}$，所以

$$\overline{\boldsymbol{B}}^1=\begin{pmatrix}-0.05 & 0 & 0 & 0 & 0.05 & 0\\0 & 0.1 & 0 & -0.1 & 0 & 0\\0.1 & -0.05 & -0.1 & 0 & 0 & 0.05\\0.0071 & 0 & 0.0071 & 0 & 0.0071 & 0\end{pmatrix}$$

对于单元②来说，$\bar{r}=\frac{1}{3}(40+60+60)=53.33\text{mm}$，所以

$$\overline{\boldsymbol{B}}^2=\begin{pmatrix}-0.05 & 0 & 0.05 & 0 & 0 & 0\\0 & 0 & 0 & -0.1 & 0 & 0.1\\0 & -0.05 & -0.1 & 0.05 & 0.1 & 0\\0.00625 & 0 & 0.00625 & 0 & 0.00625 & 0\end{pmatrix}$$

单元的应力-位移矩阵可以用$\boldsymbol{D}$和$\boldsymbol{B}$这两个矩阵的乘积来得到，即

$$\boldsymbol{D}\overline{\boldsymbol{B}}^1=10^4\begin{pmatrix}-1.26 & 1.15 & 0.082 & -1.15 & 1.43 & 0\\-0.49 & 2.69 & 0.082 & -2.69 & 0.657 & 0.1\\0.77 & -0.385 & -0.77 & 0 & 0 & 0.385\\-0.384 & 1.15 & 0.191 & -1.15 & 0.766 & 0\end{pmatrix}$$

$$
D\overline{B}^2 = 10^4 \begin{pmatrix} -1.27 & 0 & 1.42 & -1.15 & 0.072 & 1.15 \\ -0.503 & 0 & 0.647 & -2.69 & 0.072 & 2.69 \\ 0 & -0.385 & -0.77 & 0.385 & 0.77 & 0 \\ -0.407 & 0 & 0.743 & -1.15 & 0.168 & 1.15 \end{pmatrix}
$$

每个单元的刚度矩阵通过 $2\pi \bar{r} A_e \overline{B}^T D\overline{B}$ 来求得，即

$$
\begin{array}{l} \text{整体 dof}\rightarrow \quad 1 \quad 2 \quad 3 \quad 4 \quad 7 \quad 8 \end{array}
$$

$$
k^1 = 10^7 \begin{pmatrix} 4.03 & -2.58 & -2.34 & 1.45 & -1.932 & 1.13 \\ & 8.45 & 1.37 & -7.89 & 1.93 & -0.565 \\ & & 2.30 & -0.24 & 0.16 & -1.13 \\ & & & 7.89 & -1.93 & 0 \\ & \text{对称} & & & 2.25 & 0 \\ & & & & & 0.565 \end{pmatrix}
$$

$$
\begin{array}{l} \text{整体 dof}\rightarrow \quad 3 \quad 4 \quad 5 \quad 6 \quad 7 \quad 8 \end{array}
$$

$$
k^2 = 10^7 \begin{pmatrix} 2.05 & 0 & -2.22 & 1.69 & -0.085 & -1.69 \\ & 0.645 & 1.29 & -0.645 & -1.29 & 0 \\ & & 5.11 & -3.46 & -2.42 & 2.17 \\ & & & 9.66 & 1.05 & -9.01 \\ & \text{对称} & & & 2.62 & 0.241 \\ & & & & & 9.01 \end{pmatrix}
$$

在针对自由度 1 和 3 进行总体矩阵组装时，可以采用消元法（即划去有关的行和列），于是可得

$$
10^7 \begin{pmatrix} 4.03 & -2.34 \\ -2.34 & 4.35 \end{pmatrix} \begin{pmatrix} Q_1 \\ Q_2 \end{pmatrix} = \begin{pmatrix} 2514 \\ 2514 \end{pmatrix}
$$

其结果为

$$
Q_1 = 0.014 \times 10^{-2} \text{mm}
$$

$$
Q_3 = 0.0133 \times 10^{-2} \text{mm}
$$

应力计算

从上面计算出的节点位移结果，可以找到某一个单元相关节点的位移值，然后用式（7.8）中的应力-应变关系和式（7.24）中的应变-位移关系，可以得到单元应力

$$
\sigma = D\overline{B}q \tag{7.50}
$$

式中的 $\overline{B}$，在式（7.25）中已经给出，就是 B 矩阵在三角形单元中心处的值。我们也注意到 σ_θ 是主应力，另外两个主应力 σ_1 和 σ_2 分别对应 σ_r 和 σ_z，切应力 τ_{rz} 可以通过应力莫尔圆来得到。

例题 7.3

计算例题 7.2 中的单元应力。

解：我们首先需要得到每个单元的 $\sigma^{eT} = (\sigma_r, \sigma_z, \tau_{rz}, \sigma_\theta)^e$，从例题 7.2 中的单元连接关系中可以得出

$$
q^1 = (0.0140, 0, 0.0133, 0, 0, 0)^T \times 10^{-2}
$$

$$
q^2 = (0.0133, 0, 0, 0, 0, 0)^T \times 10^{-2}
$$

将矩阵 DB^e 和列阵 q 相乘，我们可以得出

$$\boldsymbol{\sigma}^e = \boldsymbol{D}\overline{\boldsymbol{B}}^e\boldsymbol{q}$$

$$\boldsymbol{\sigma}^1 = (-166, -58.2, 5.4, -28.4)^{\mathrm{T}} \times 10^{-2}\mathrm{MPa}$$

$$\boldsymbol{\sigma}^2 = (-169.3, -66.9, 0, -54.1)^{\mathrm{T}} \times 10^{-2}\mathrm{MPa}$$

温度效应

均匀增加的温度 ΔT 所产生的初始正应变 $\boldsymbol{\varepsilon}_0$ 为

$$\boldsymbol{\varepsilon}_0 = (\alpha\Delta T, \alpha\Delta T, 0, \alpha\Delta T)^{\mathrm{T}} \tag{7.51}$$

则应力为

$$\boldsymbol{\sigma} = \boldsymbol{D}(\boldsymbol{\varepsilon} - \boldsymbol{\varepsilon}_0) \tag{7.52}$$

式中，$\boldsymbol{\varepsilon}$ 为总应变。

将上述应力和应变带入应变能中，势能 Π 将会产生一个附加项 $-\boldsymbol{\varepsilon}^{\mathrm{T}}\boldsymbol{D}\boldsymbol{\varepsilon}_0$，用式（7.24）中的单元应变-位移关系，可以得到

$$2\pi\int_A \boldsymbol{\varepsilon}^{\mathrm{T}}\boldsymbol{D}\boldsymbol{\varepsilon}_0 r\mathrm{d}A = \sum_e \boldsymbol{q}^{\mathrm{T}}(2\pi\bar{r}A_e\overline{\boldsymbol{B}}^{\mathrm{T}}\boldsymbol{D}\,\overline{\boldsymbol{\varepsilon}}_0 \tag{7.53}$$

用伽辽金方法来考虑温度效应是非常简单的，将式（7.53）中的 ε 用 $\boldsymbol{\varepsilon}^{\mathrm{T}}(\boldsymbol{\phi})$ 来代替即可。式（7.53）中括弧内的项实际上给出了节点载荷大小。矢量 $\overline{\varepsilon}_0$ 是三角形中心处的初始应变，代表着单元升高的平均温度，这一项可以表示为

$$\boldsymbol{\theta}^e = 2\pi\bar{r}A_e\,\overline{\boldsymbol{B}}^{\mathrm{T}}\boldsymbol{D}\,\overline{\boldsymbol{\varepsilon}}_0 \tag{7.54}$$

而

$$\boldsymbol{\theta}^e = (\theta_1, \theta_2, \theta_3, \theta_4, \theta_5, \theta_6)^{\mathrm{T}} \tag{7.55}$$

7.4 实际问题的建模和边界条件的施加

已经看到，轴对称问题可以简化为旋转面内的二维问题，边界条件也需要加在这个平面内。由于与 θ 无关，所以限制了物体的转动，而轴对称也意味着沿 z 轴上的点在径向的自由度将被固定。下面，让我们来考虑一些典型问题的建模。

承受内压的圆柱体

图7.7显示的是一个长为 L、内部承受压力的中空圆柱体管子。管子的一端被固定在墙上，这里，只需要在长度为 L、宽度为 r_i 与 r_0 之间的矩形区域内进行建模，固定端节点的 r 和 z 方向自由度都将被固定，因此，在刚度矩阵和外力列阵中，与这些节点相对应的部分需要做出修正。

无限长圆柱

图7.8是承受外压的无限长圆柱体的建模。在长度方向上，各截面的尺寸保持不变。这种平面应变的条件是通过考虑单位长度，并且使得两端截面内的节点在 z 方向被固定来进行建模的。

刚性轴的压装配合

图7.9是长度为 L、内半径为 r_i 的圆环与一半径为 $r_i+\delta$ 的刚性轴进行压装配合的建模。这个结构关于中面是对称的，该中面应在 z 方向被固定。当我们考虑圆环内部节点有给定径向位移 δ 这样的边界条件时，则在刚度矩阵中就要加入一个大的刚度系数 C，同时在外力列阵中的相应位置要加入一个力 $C\delta$。解方程可得节点位移，然后再求得应力值。

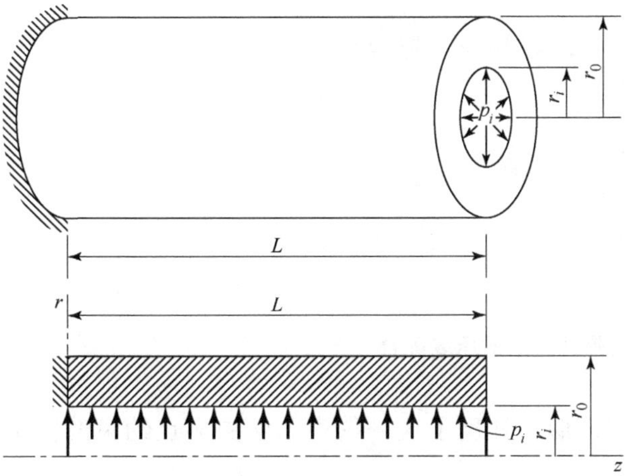

图 7.7 承受内压的空心圆管

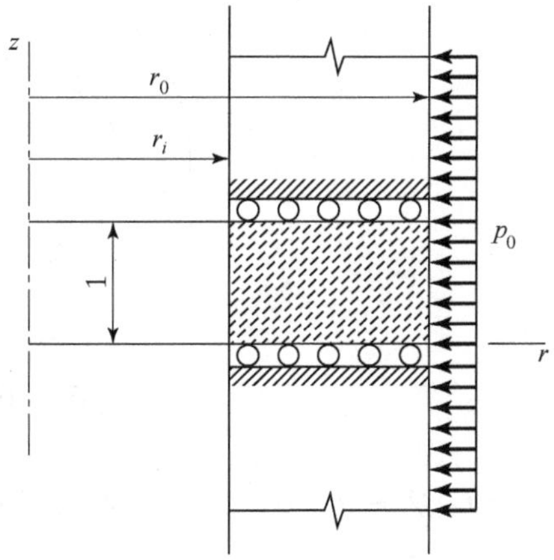

图 7.8 承受外压的无限长圆柱体

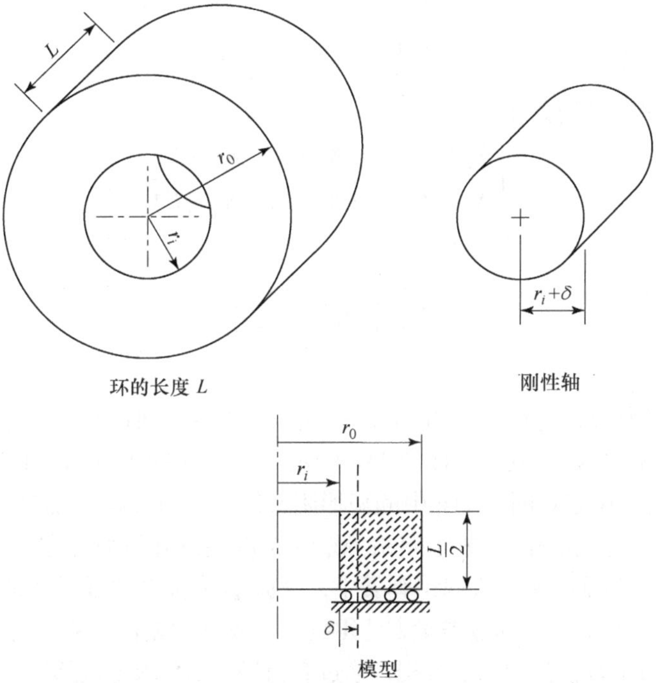

图 7.9 刚性轴的压装配合

弹性轴的压装配合

当弹性套压入弹性轴上，其接触边界条件将引出一些新的问题。将上面介绍的图 7.9 中的刚性轴改为弹性轴，再来考虑一下这个问题，如图 7.10 所示。解决这种问题的方法之一，是在接触边界上定义成对的接触点，在每一成对的接触点中，一个是轴套上的节点，而另一个则是弹性轴上的点。假如 Q_i 和 Q_j 分别是该两点在径向的位移，则它们需要满足多点约束关系

$$Q_j - Q_i = \delta \tag{7.56}$$

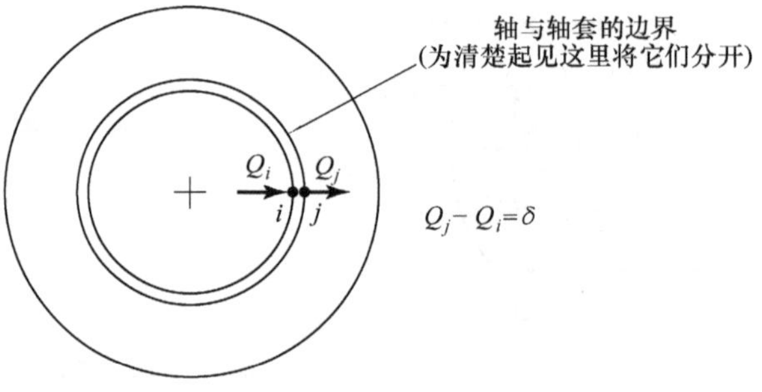

图 7.10 弹性轴与弹性轴套的压装配合

将$\frac{1}{2}C(Q_i - Q_j - \delta)^2$这一项增加到势能中，就近似地处理了这一约束。解决多点约束的罚函数法在第3章中已有详细的讨论，需要注意的是，C是一个很大的数，将该项展开，有

$$\frac{1}{2}C(Q_j - Q_i - \delta)^2 = \frac{1}{2}CQ_i^2 + \frac{1}{2}CQ_j^2 - \frac{1}{2}C(Q_iQ_j + Q_jQ_i) + CQ_i\delta - CQ_j\delta + \frac{1}{2}C\delta^2 \tag{7.57}$$

这就意味着，需要作如下的修正

$$\begin{pmatrix} K_{ii} & K_{ij} \\ K_{ji} & K_{jj} \end{pmatrix} \rightarrow \begin{pmatrix} K_{ii} + C & K_{ij} - C \\ K_{ji} - C & K_{jj} + C \end{pmatrix} \tag{7.58}$$

及

$$\begin{pmatrix} F_i \\ F_j \end{pmatrix} \rightarrow \begin{pmatrix} F_i - C\delta \\ F_j + C\delta \end{pmatrix} \tag{7.59}$$

盘形弹簧

盘形弹簧，也称为盘形（贝氏 Belleville）垫圈，是一个圆锥形的盘状弹簧；载荷加在上面的圆周上，下面的圆周被约束，如图 7.11a 所示，当沿轴向施加载荷时，支撑边向外移动，这是一个轴对称问题，只需对图 7.11c 中的矩形阴影区域进行建模。轴对称载荷 P 施加在上角处，底部的支撑角在 z 方向的位移被固定住；载荷-挠度关系和应力分布可以通过在面内划分单元用计算机程序进行求解而得到。在盘形弹簧中，载荷-挠度关系曲线是非线形的（见图 7.11b），刚度与几何形状有关，我们可以通过增量方法得到一个较好的近似结果，首先从给定的结构几何坐标中得到刚度矩阵 $\boldsymbol{K}(\boldsymbol{x})$，基于以下方程，通过载荷增量 $\Delta\boldsymbol{F}$ 求得位移增量 $\Delta\boldsymbol{Q}$

$$\boldsymbol{K}(\boldsymbol{x})\Delta\boldsymbol{Q} = \Delta\boldsymbol{F} \tag{7.60}$$

基于所得到的位移列阵 $\Delta\boldsymbol{Q}$，将其转换为各个节点的位移分量 $\Delta\boldsymbol{u}$ 和 $\Delta\boldsymbol{w}$，然后叠加到几何坐标 $\boldsymbol{x}$ 中，来更新其下一状态的几何坐标，即

$$\boldsymbol{x} \leftarrow \boldsymbol{x} + \Delta\boldsymbol{u} \tag{7.61}$$

然后根据新的几何坐标来重新生成 $\boldsymbol{K}$，得到新的式（7.60），重复这种过程，直到达到最大载荷。

这个例子说明了几何非线性的增量方法。

热应力问题

如图 7.12a 所示，一个钢套插入刚性隔离墙中。钢套和墙孔属于紧密配合，然后温度升

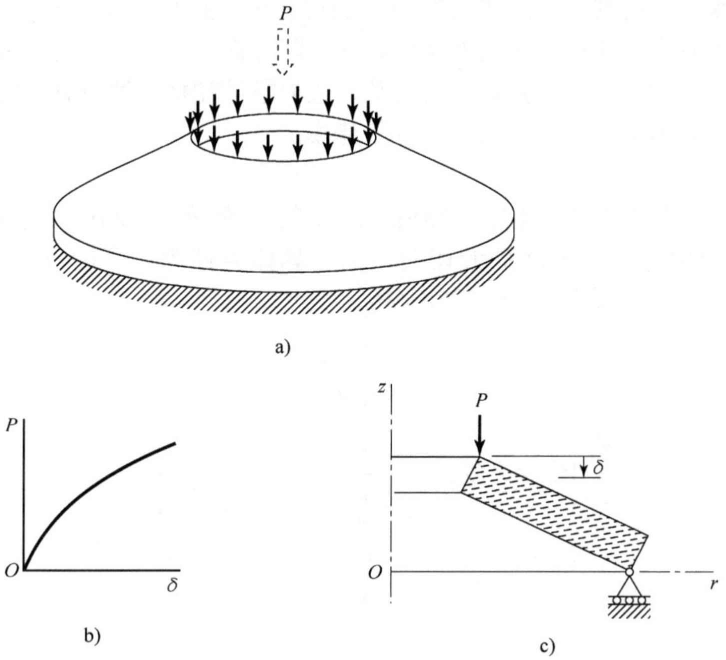

图 7.11 盘形弹簧

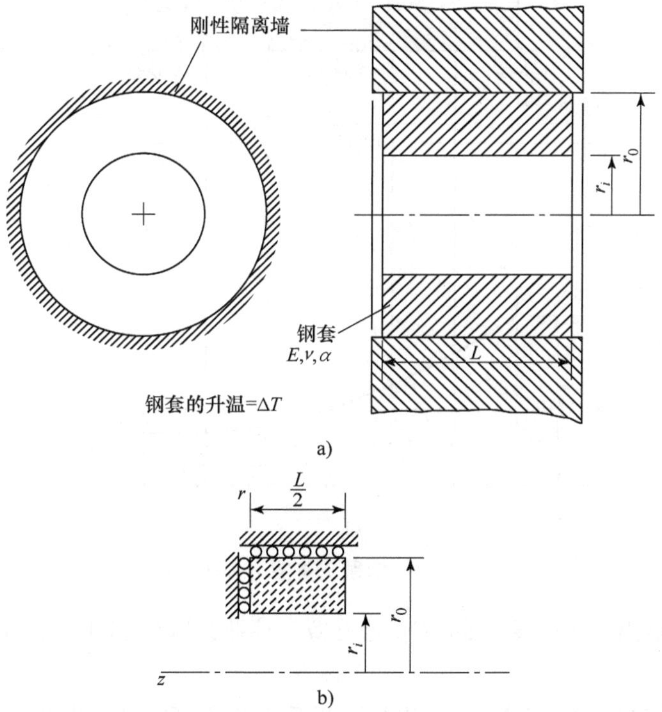

图 7.12 热应力问题

高 ΔT，因为受到了墙体的约束，钢套内的应力增加。现在考虑长为 $L/2$、宽度为 r_i 与 r_0 之间的矩形区域（见图 7.12b）。外径上的所有点在径向的自由度被约束，钢套端部的点在轴向的自由度被约束。载荷列阵通过式（7.55）进行修正，然后求解有限元方程。

我们讨论了工程中从简单到复杂的实例，在实际生活中，每个问题都有其特殊性，都会面临一些具有挑战性的困难。只要我们对受载、边界条件和材料性质有了清晰了解，就会比较容易地、一步一步地对一个复杂的问题进行建模。

例题 7.4

一个钢性盘（飞轮）转速为 3000rpm，飞轮的外径是 24in，孔直径为 6in（见例题7.4 图 a）；求解飞轮受到的最大切向应力。具体条件为：厚度 = 1in，弹性模量 $E = 30\times10^6$psi，泊松比 =0.3，密度 =0.283lb/in^3。

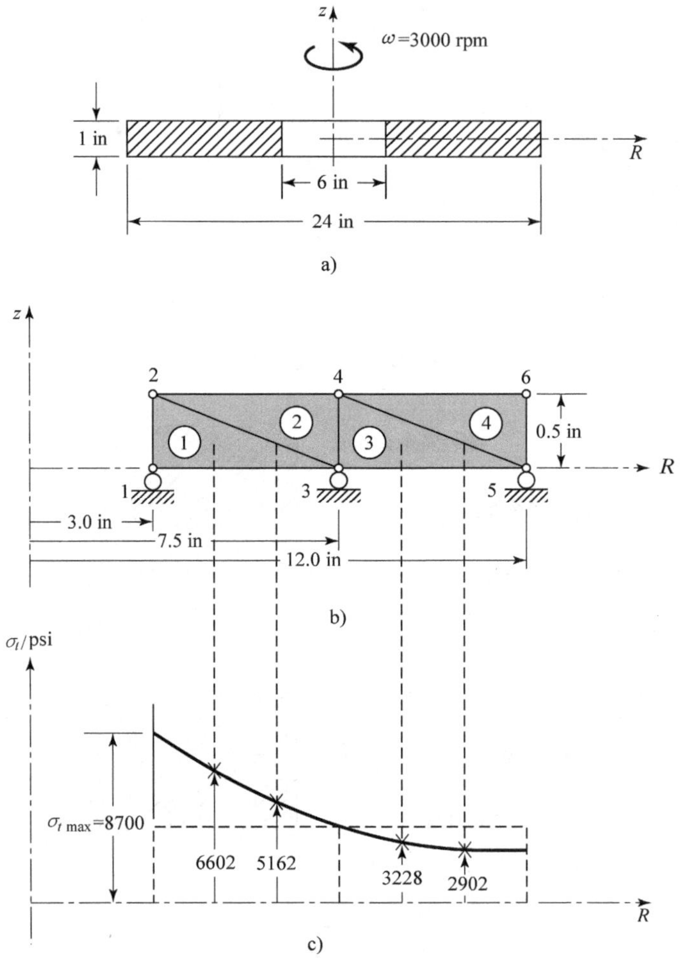

例题 7.4 图

例题7.4 图 b 给出了4 个单元的有限元模型，载荷列阵依据式（7.34）进行计算，忽略重力作用，结果为

$$\boldsymbol{F} = (3449,0,9580,0,23\ 380,0,38\ 711,0,32\ 580,0,18\ 780,0)^{\mathrm{T}}\mathrm{lb}$$

将以上数据输入到程序 AXISYM 中进行分析，就可以得到计算结果。

计算机程序输出 4 个单元中的每一个单元的切向应力，将这些值作为三角形单元中心处的应力值，然后将其插值（见例题7.4 图 c），可以求得最大切向应力为 8700psi，出现在内部边界上。

输入数据/输出数据

```
INPUT TO AXISYM
<< AXISYMMETRIC STRESS ANALYSIS USING TRIANGULAR ELEMENT >>
EXAMPLE 7.4
NN     NE     NM     NDIM    NEN     NDN
6      4      1      2       3       2
ND     NL     NMPC
3      6      0
Node# X       Y
1      3      0
2      3      0.5
3      7.5    0
4      7.5    0.5
5      12     0
6      12     0.5
Elem# N1      N2     N3      Mat#    TempRise
1      1      3      2       1       0
2      2      3      4       1       0
3      4      3      5       1       0
4      4      5      6       1       0
DOF#  Displacement
2      0
6      0
10     0
DOF#  Load
1      3449
3      9580
5      23380
7      38711
9      32580
11     18780
MAT#  E       Nu     Alpha
1      3.00E+07      0.3     1.20E-05
B1     i      B2     j       B3      (Multi-point constr. B1*Qi+B2*Qj=B3)
```

```
OUTPUT FROM AXISYM
Program AXISYM - Triangular Element
EXAMPLE 7.4
Node# R-Displ          Z-Displ
1      0.000900314      3.18925E-12
2      0.000898978     -4.27574E-05
3      0.00090119      -2.55875E-12
4      0.000902908     -2.65201E-05
5      0.000919789     -6.30495E-13
6      0.0009178       -1.93142E-05
Elem# SR           SZ        Trz       ST         S1         S2        Ang R@s1
1      1989.953     12.044   -30.814   6601.670   1990.433    11.564   -0.892
2      1716.377    472.221    81.294   5161.707   1721.666   466.932    3.723
3       994.991   -324.390    39.660   3227.721    996.182  -325.582    1.720
4       970.838      3.047   -27.421   2902.162    971.615     2.270   -1.622
DOF#  Reaction
2      -548.3645
6       439.9560
10      108.4085
```

习　　题

7.1　一个轴对称模型的单元节点坐标和位移如习题7.1图所示。

(a) 通过程序AXISYM，求出切向应力（环向应力）。

(b) 求出三个主应力 σ_1、σ_2 和 σ_3。

(c) 求出单元的Von Mises应力。

坐标和位移的单位为in，弹性模量 $E=20\times10^6$psi，泊松比 $\nu=0.3$。

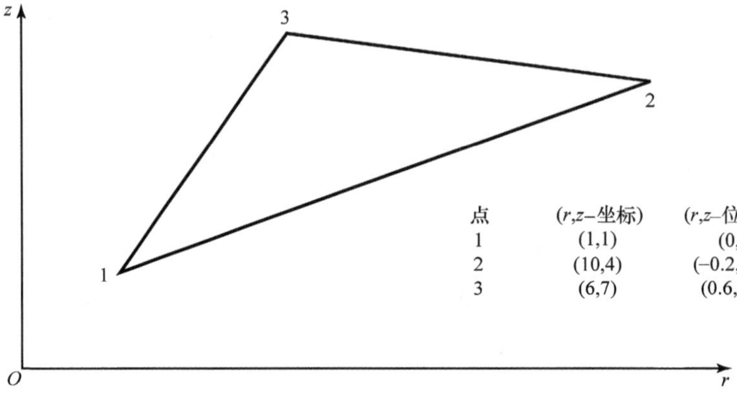

点	(r,z–坐标)	(r,z–位移)
1	(1,1)	(0,0)
2	(10,4)	(−0.2,−0.1)
3	(6,7)	(0.6,0.8)

习题7.1图

7.2　如习题7.2图所示有一承受内压（1MPa）的开口圆筒，请求出其变形和主应力分布。

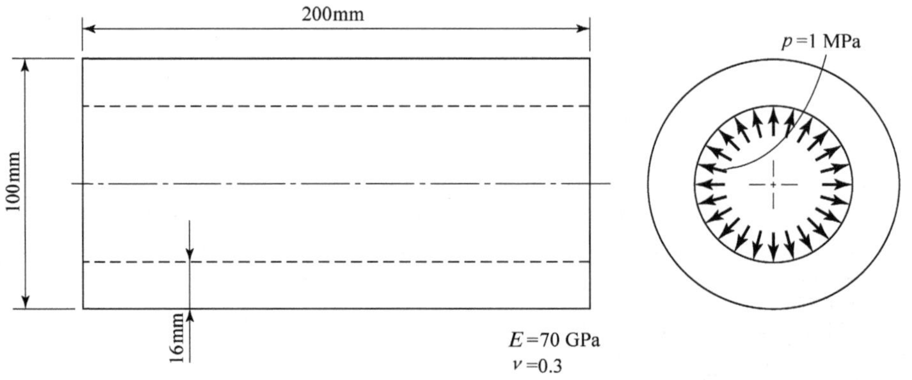

习题7.2图

7.3　求解如习题7.3图所示的闭口圆筒在承受内压的情况下的变形和应力分布。

7.4　求解如习题7.4图所示承受内压的无限长圆筒变形后的直径以及径向的主应力分布。

7.5　内径为3in的轴套被压入一个直径为3.01in的刚性轴，如习题7.5图所示。求解：

(a) 过盈配合后的轴套外径。

(b) 轴套中的应力分布，并通过对相邻单元的径向应力插值来估算接触压力。

7.6　如果轴的材料与刚性套相同（都为钢），再求解习题7.5。

7.7　如习题7.7图所示有一钢制飞轮以3000rpm的速度旋转，求解其变形和应力分布。

7.8　如习题7.8图所示是一圆形的油压支承垫，用于支撑受到强大压力的滑块，在压力作用下，油从轴承垫的中心小孔被注入缝隙内，容油腔和间隙中的油压分布如图所示，求解支承垫的变形和应力分布（注：忽略注油孔的尺寸）

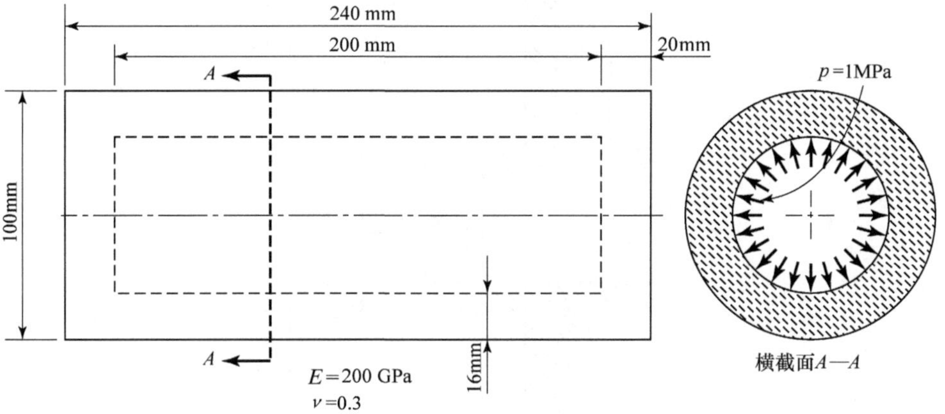

习题 7.3 图

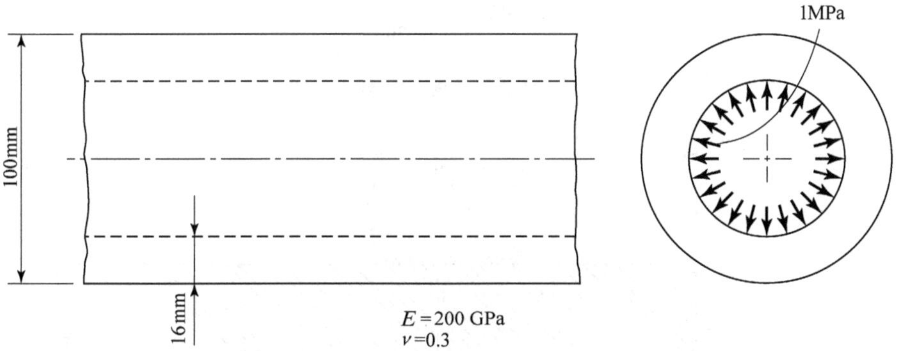

习题 7.4 图

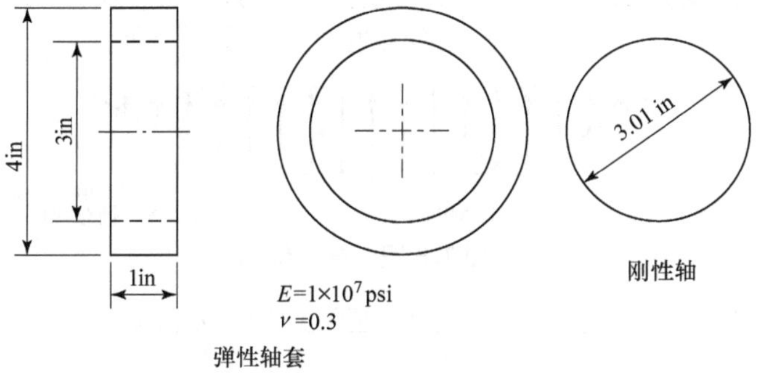

习题 7.5 图

7.9　盘形弹簧的形状像一个锥形的盘子，对于习题 7.9 图中的盘形弹簧，确定将弹簧压平所需要的轴向载荷。用本章介绍的增量求解方法进行求解，并画出当弹簧被压平时的载荷-变形曲线。

7.10　如习题 7.10 图所示，在室温下，将铝管与刚性孔进行紧密滑动配合。如果铝管的温度升高 40℃，求解铝管的变形和应力分布。

7.11　如习题 7.11 图所示的钢制水箱被螺栓固定在直径为 5m 的圆环上，加入水是 3m 高，求出水箱的变形和应力分布（注：压力 $=\rho gh$，密度 $\rho=1\times10^6 \mathrm{g/m^3}$，$g=9.8\mathrm{m/s^2}$）

7.12　针对习题 7.12 图中的轴对称压力载荷，确定出等效节点载荷 F_1、F_2、F_3、F_4、F_7 和 F_8。

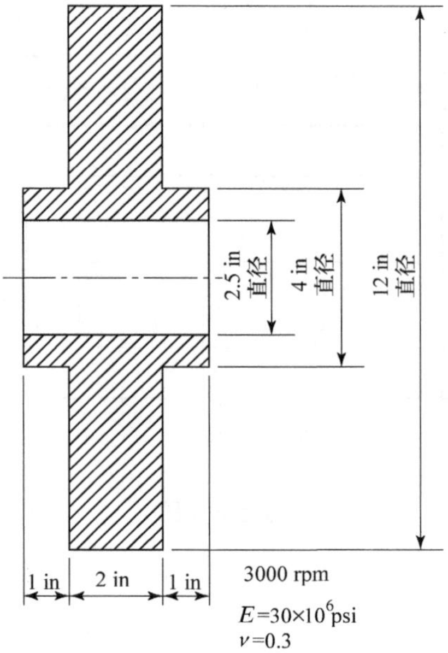

习题 7.7 图 飞轮

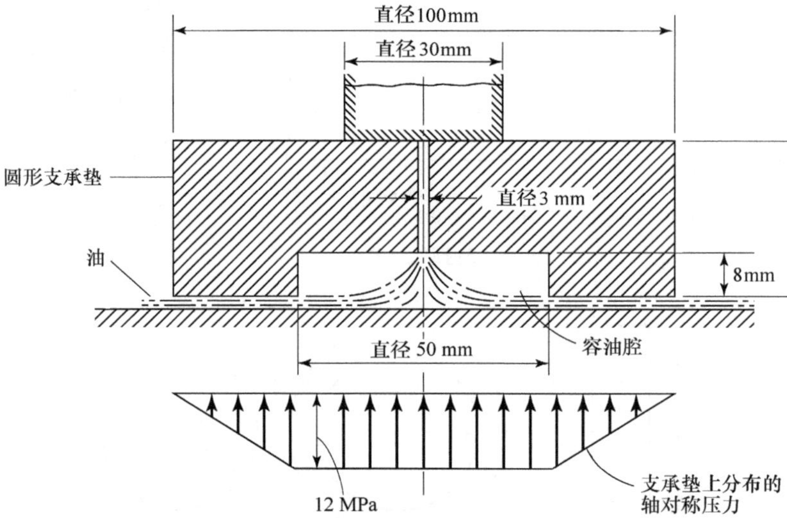

习题 7.8 图 静压轴承

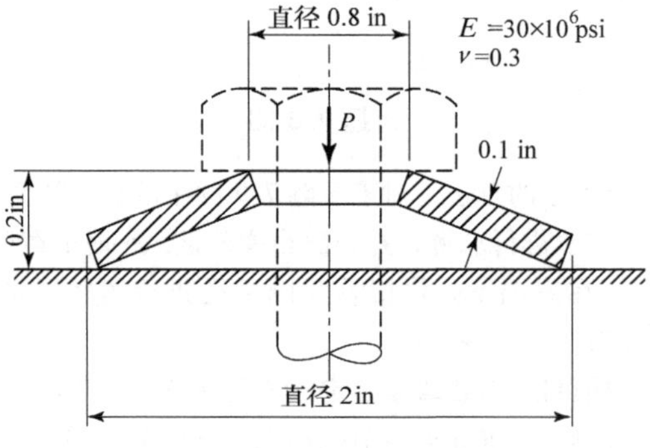

习题 7.9 图 盘形弹簧

铝管
$\Delta T=40^{\circ}\mathrm{C}$
$\alpha=23\times10^{-6}/^{\circ}\mathrm{C}$
$E=70\,\mathrm{GPa}$
$\nu=0.33$

直径30mm　直径50mm

40mm　40mm

习题 7.10 图

直径 8m

25mm　25mm

钢制水箱

水

3 m

4 m

75 mm

75mm

支座

直径5m

$E=200\mathrm{GPa}$
$\nu=0.3$

习题 7.11 图　水箱

0.4 MPa

z

25mm

4　2

0.4 MPa

3　1

25mm　27.5mm

r

F_8　F_4

F_7　F_3

4　2

$\approx$

F_2

1　F_1

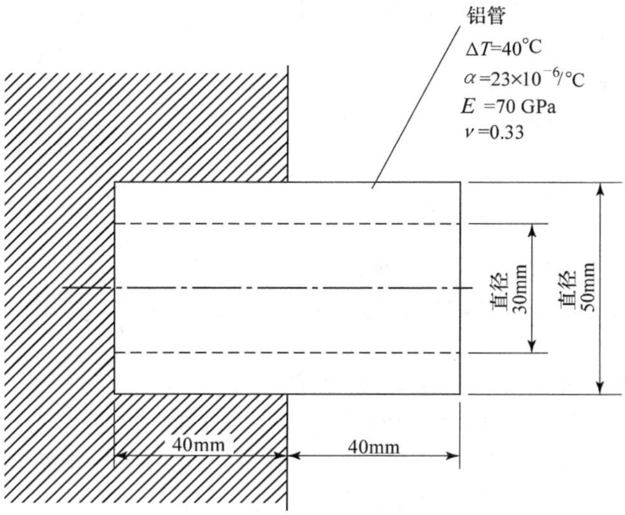

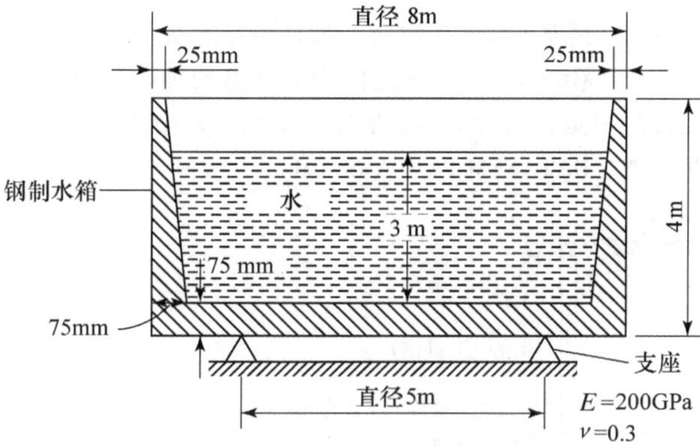

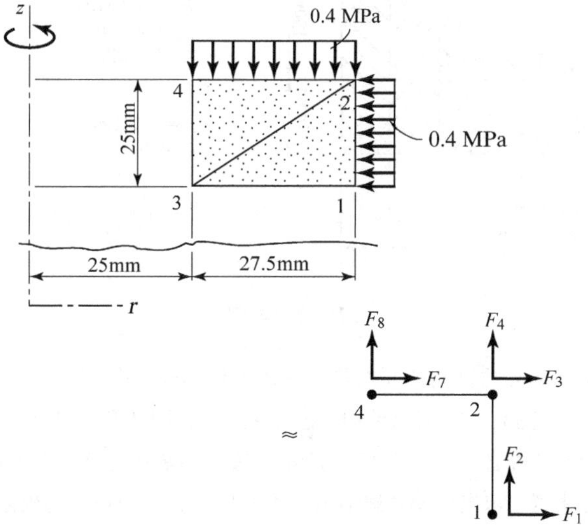

习题 7.12 图

7.13 如习题7.13图所示，在轴对称的锥形面上有线性分布的面载荷，完成下列工作：

（a）证明等效节点载荷列阵 $\boldsymbol{T}$ 为

$$\boldsymbol{T}=(aT_{r1}+bT_{r2},\ aT_{z1}+bT_{z2},\ bT_{r1}+cT_{r2},\ bT_{z1}+cT_{z2})^{\mathrm{T}}$$

式中

$$a=\frac{2\pi l}{12}(3r_1+r_2),\ b=\frac{2\pi l}{12}(r_1+r_2),\ c=\frac{2\pi l}{12}(r_1+3r_2)。$$

（b）求解例题7.1（见例题7.1图），比较一下（a）中的等效处理方法得到的载荷列阵与分段均布载荷得到结果的差别。

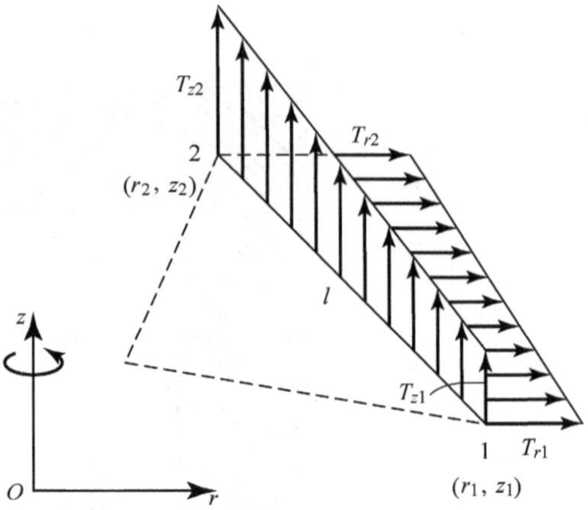

习题7.13图

7.14 一个杯状的钢制凹模块与一个紧缩环进行紧密滑动配合，如习题7.14图a所示。在冲头上施加载荷使毛坯在凹模中成形为一个杯状的零件。如习题7.14图b所示的那样，用凹模块上承受线性变化的压力来模拟这个工艺过程（采用习题7.13的结果来处理分布载荷），试确定在以下条件下，凹模块中的最大主应力及其出现的位置。

（a）凹模块外面没有紧缩环。

（b）凹模块外面有紧缩环，但紧缩环和凹模块之间没有相互滑动。

（c）凹模块外面有紧缩环，但紧缩环和凹模块之间为无摩擦的轴向滑动。（提示：需要在凹模块和紧缩环之间的接触面上建立重合的节点，假设 I 和 J 是界面上的一对节点，那么多点约束关系就是 $Q_{2I-1}-Q_{2J-1}=0$，可以用程序MESHGEN、DATAFEM以及AXISYM）

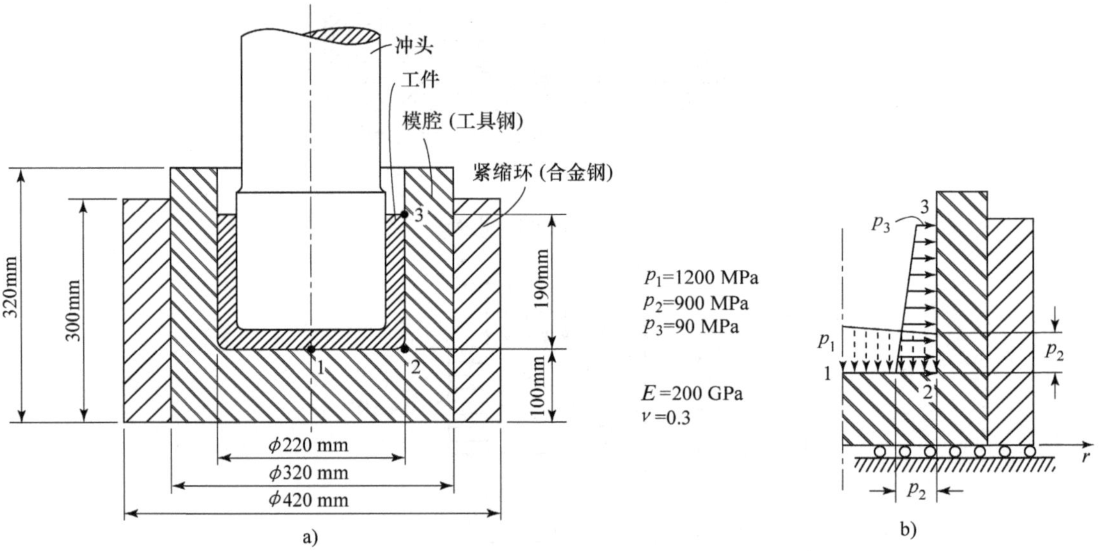

习题7.14图

7.15 先将一个外径为90mm的钢制圆环加热到高出室温200℃的状态，然后正好套进一个室温下直径为40mm的钢轴（见习题7.15图），求出该装配恢复到室温时，圆环和钢轴上的最大应力。

7.16 一套注射器和活塞的配合如习题7.16图所示，假设终端孔的直径为4mm，并且在实验条件下是封闭的，对该玻璃注射器进行建模，求出玻璃注射器的变形和应力，并与玻璃的极限拉伸强度进行对比。

7.17 如习题7.17图所示，长度为30mm的钢套（间隙=0）被紧密配合在一个圆柱直径为50mm的实心铜轴上。钢套的外部直径为80mm。若轴温升高30℃，采用轴对称法分析问题，完成：

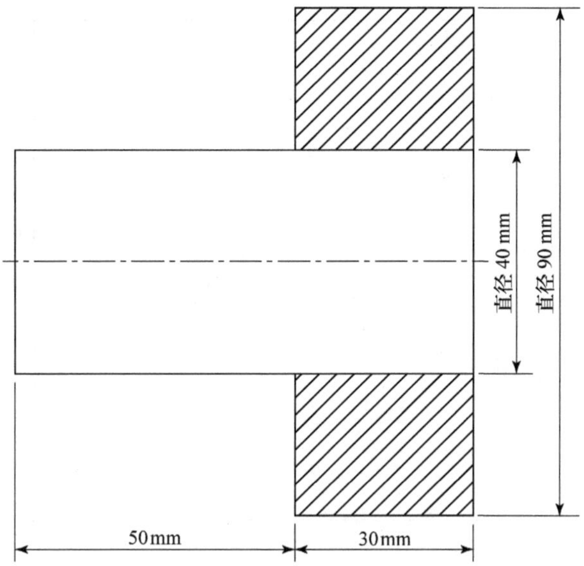

习题 7.15 图

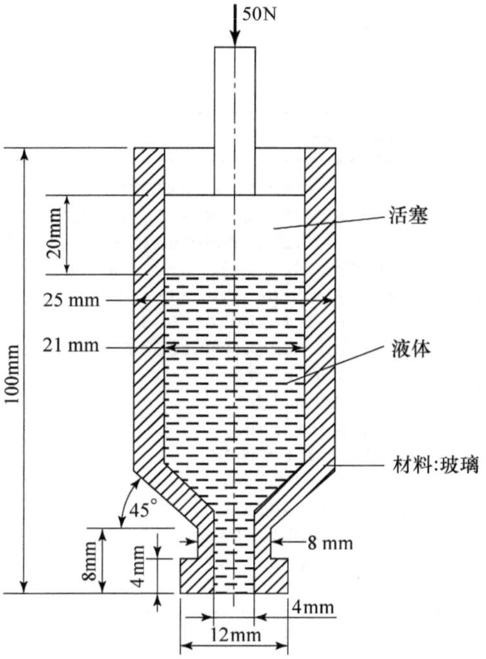

习题 7.16 图

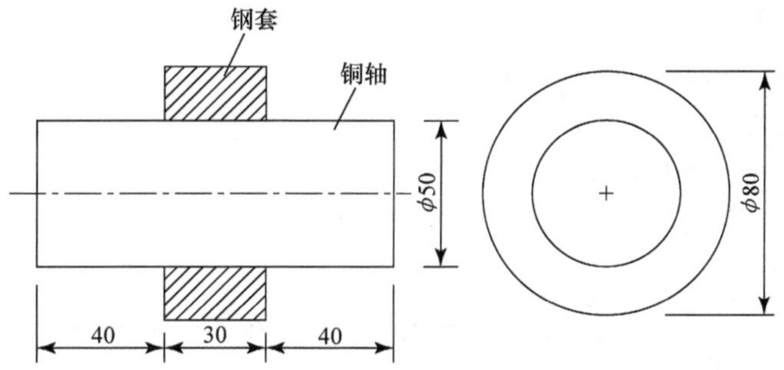

习题 7.17 图

（a）仅采用少量单元的简单网格划分，计算旋转面积。

（b）在钢套-轴的接触面上相同位置的节点上采用不同节点编号，标出所有节点编号。

（c）写出问题的所有边界条件。

用 AXISM 程序求解此问题。

7.18　如习题 7.18 图所示，三节点三角形轴对称单元以常角速度 ω rad/s 绕 z 轴旋转。试确定由惯性体积力所产生的 6×1 单元载荷矢量 f，并给出它与 ω 以及材料密度 ρ 的关系。

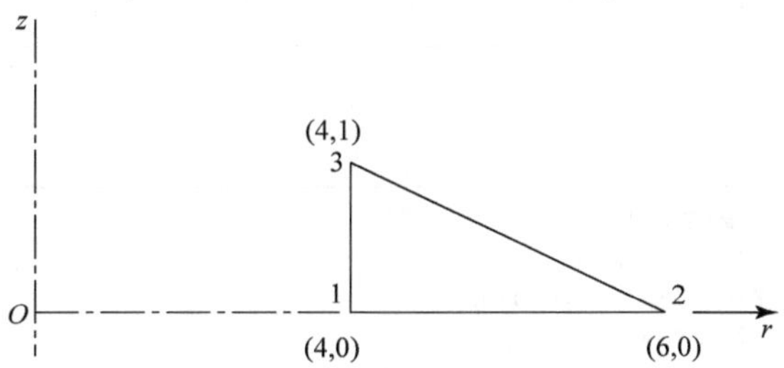

习题 7.18 图

程 序 清 单

```
MAIN PROGRAM
'*****************************************
'*          PROGRAM  AXISYM              *
'*    AXISYMMETRIC STRESS ANALYSIS       *
'*          WITH TEMPERATURE             *
'*  T.R.Chandrupatla and A.D.Belegundu  *
'*****************************************
Const PI = 3.14159265358979
Private Sub CommandButton1_Click()
    Call InputData
    Call Bandwidth
    Call Stiffness
    Call ModifyForBC
    Call BandSolver
    Call StressCalc
    Call ReactionCalc
    Call Output
End Sub
```

```
STIFFNESS
Private Sub Stiffness()
     ReDim S(NQ, NBW)
     '----- Global Stiffness Matrix -----
     For N = 1 To NE
     Call DbMat(N, 1, RBAR)
         '--- Element Stiffness
         For I = 1 To 6
            For J = 1 To 6
                C = 0
                For K = 1 To 4
                    C = C + Abs(DJ) * B(K, I) * DB(K, J) * PI * RBAR
                Next K
                SE(I, J) = C
            Next J
         Next I
     '--- Temperature Load Vector
         AL = PM(MAT(N), 3)
         C = AL * DT(N) * PI * RBAR * Abs(DJ)
         For I = 1 To 6
             TL(I) = C * (DB(1, I) + DB(2, I) + DB(4, I))
         Next I
      '--- <<<Stiffness assembly same as other programs>>>
End Sub
```

```
D MATRIX, B MATRIX, DB MATRIX
Private Sub DbMat(N, ISTR, RBAR)
      '----- D(), B() AND DB() matrices
      '--- First the D-Matrix
```

(续)

```
      M = MAT(N): E = PM(M, 1): PNU = PM(M, 2): AL = PM(M, 3)
      C1 = E * (1 - PNU) / ((1 + PNU) * (1 - 2 * PNU))
      C2 = PNU / (1 - PNU)
      For I = 1 To 4: For J = 1 To 4: D(I, J) = 0: Next J: Next I
      D(1, 1) = C1: D(1, 2) = C1 * C2: D(1, 4) = C1 * C2
      D(2, 1) = D(1, 2): D(2, 2) = C1: D(2, 4) = C1 * C2
      D(3, 3) = 0.5 * E / (1 + PNU)
      D(4, 1) = D(1, 4): D(4, 2) = D(2, 4): D(4, 4) = C1
      '--- Strain-Displacement Matrix B()
      I1 = NOC(N, 1): I2 = NOC(N, 2): I3 = NOC(N, 3)
      R1 = X(I1, 1): Z1 = X(I1, 2)
      R2 = X(I2, 1): Z2 = X(I2, 2)
      R3 = X(I3, 1): Z3 = X(I3, 2)
      R21 = R2 - R1: R32 = R3 - R2: R13 = R1 - R3
      Z12 = Z1 - Z2: Z23 = Z2 - Z3: Z31 = Z3 - Z1
      DJ = R13 * Z23 - R32 * Z31   'Determinant of Jacobian
      RBAR = (R1 + R2 + R3) / 3
      '--- Definition of B() Matrix
      B(1, 1) = Z23 / DJ: B(2, 1) = 0
      B(3, 1) = R32 / DJ: B(4, 1) = 1 / (3 * RBAR)
      B(1, 2) = 0: B(2, 2) = R32 / DJ: B(3, 2) = Z23 / DJ: B(4, 2) = 0
      B(1, 3) = Z31 / DJ: B(2, 3) = 0: B(3, 3) = R13 / DJ
      B(4, 3) = 1 / (3 * RBAR)
      B(1, 4) = 0: B(2, 4) = R13 / DJ: B(3, 4) = Z31 / DJ: B(4, 4) = 0
      B(1, 5) = Z12 / DJ: B(2, 5) = 0: B(3, 5) = R21 / DJ
      B(4, 5) = 1 / (3 * RBAR)
      B(1, 6) = 0: B(2, 6) = R21 / DJ: B(3, 6) = Z12 / DJ: B(4, 6) = 0
      '--- DB Matrix DB = D*B
      For I = 1 To 4
          For J = 1 To 6
              DB(I, J) = 0
              For K = 1 To 4
                  DB(I, J) = DB(I, J) + D(I, K) * B(K, J)
              Next K
          Next J
     Next I
     If ISTR = 2 Then
        '----- Stress Evaluation -----
        Q(1) = F(2 * I1 - 1): Q(2) = F(2 * I1)
        Q(3) = F(2 * I2 - 1): Q(4) = F(2 * I2)
        Q(5) = F(2 * I3 - 1): Q(6) = F(2 * I3)
        C1 = AL * DT(N)
        For I = 1 To 4
           C = 0
           For K = 1 To 6
              C = C + DB(I, K) * Q(K)
           Next K
           STR(I) = C - C1 * (D(I, 1) + D(I, 2) + D(I, 4))
        Next I
      End If
End Sub
```

第8章 二维等参元与数值积分

8.1 引言

在第6章和第7章中，我们已经就常应变三角形单元的应力分析进行了讨论。在本章中，我们将讨论应用四节点单元和更高阶等参单元来进行应力分析的情况，这些单元已经有效地应用于各种各样的二维和三维问题中。首先，我们将详细讲述二维四节点四边形单元，然后再讨论与四节点四边形单元基本步骤相同的高阶单元。高阶单元特别适用于分析倒角、孔边等处附近的应力状况。由于可以用较简单和通用的方式来推导形状函数，并用数值积分的方法来计算单元刚度矩阵，因此，我们将用一种统一的方式来处理各种各样的等参单元。

8.2 四节点四边形单元

考虑如图8.1所示的一般四节点单元，节点编号按逆时针方向为1、2、3和4，(x_i, y_i)是节点i的坐标，列阵$\boldsymbol{q}=(q_1, q_2, \cdots, q_8)^{\mathrm{T}}$表示单元的节点位移，单元内部一点$P(x,y)$的位移用$\boldsymbol{u}=(u(x,y), \ v(x,y))^{\mathrm{T}}$来表示。

形状函数

按照前几章所介绍的步骤，首先讨论规则的基准单元的形状函数（见图8.2），在$O\xi\eta$坐标系（或自然坐标系）中定义形状为正方形的基准单元。定义Lagrange形状函数N_i，在节点i处，N_i为1，在其他节点处N_i为零（$i=1, 2, 3, 4$），即，

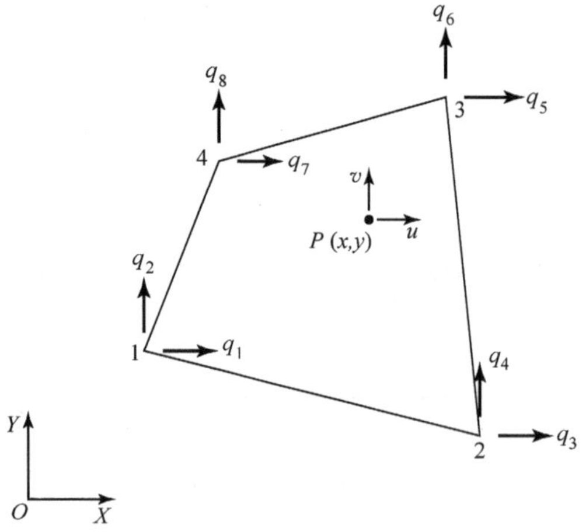

图8.1 四节点四边形单元

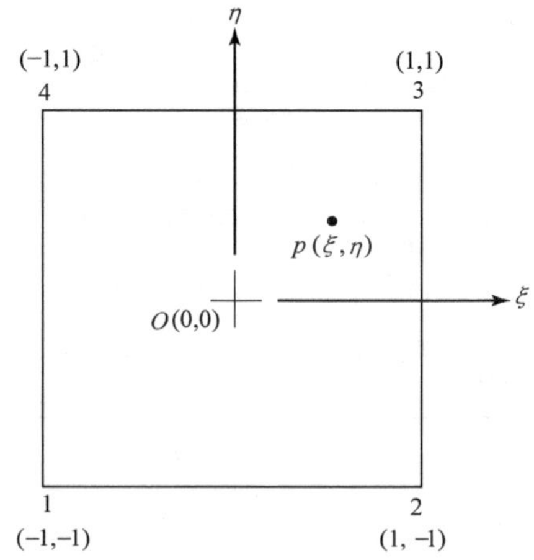

图8.2 ξ-η坐标系下的四边形单元（基准单元）

$$N_1 = \begin{cases} 1 & \text{在节点 1 处} \\ 0 & \text{在节点 2、3、4 处} \end{cases} \tag{8.1}$$

这相当于沿着 $\xi = +1$ 和 $\eta = +1$ 两条边上，有 $N_1 = 0$（见图 8.2）。因此，N_1 应具有以下形式

$$N_1 = c(1-\xi)(1-\eta) \tag{8.2}$$

其中，c 为常数，它由节点 1 处 $N_1 = 1$ 这一条件来决定。由于节点 1 的坐标为 $\xi = -1$，$\eta = -1$，则有

$$1 = c(2)(2) \tag{8.3}$$

可得 $c = \dfrac{1}{4}$，故

$$N_1 = \frac{1}{4}(1-\xi)(1-\eta) \tag{8.4}$$

所有的四个形状函数可以写为

$$\begin{aligned} N_1 &= \frac{1}{4}(1-\xi)(1-\eta) \\ N_2 &= \frac{1}{4}(1+\xi)(1-\eta) \\ N_3 &= \frac{1}{4}(1+\xi)(1+\eta) \\ N_4 &= \frac{1}{4}(1-\xi)(1+\eta) \end{aligned} \tag{8.5}$$

在实际编程中，方程（8.5）可以统一写成

$$N_i = \frac{1}{4}(1+\xi\xi_i)(1+\eta\eta_i) \tag{8.6}$$

其中，(ξ_i, η_i) 为节点 i 的坐标。

基于单元节点值，我们可以描述单元的位移场。因此，若用 $\boldsymbol{u} = (u, v)^{\mathrm{T}}$ 表示位于点 (ξ, η) 处的位移分量，用 (8×1) 维的 $\boldsymbol{q}$ 表示单元节点的位移列阵，则

$$\begin{aligned} u &= N_1 q_1 + N_2 q_3 + N_3 q_5 + N_4 q_7 \\ v &= N_1 q_2 + N_2 q_4 + N_3 q_6 + N_4 q_8 \end{aligned} \tag{8.7a}$$

写成矩阵形式

$$\boldsymbol{u} = \boldsymbol{N}\boldsymbol{q} \tag{8.7b}$$

其中

$$\boldsymbol{N} = \begin{pmatrix} N_1 & 0 & N_2 & 0 & N_3 & 0 & N_4 & 0 \\ 0 & N_1 & 0 & N_2 & 0 & N_3 & 0 & N_4 \end{pmatrix} \tag{8.8}$$

在等参变换中，基于节点的几何坐标，我们使用相同的形状函数 N_i 来插值单元内任意一点的几何坐标，则

$$\begin{cases} x = N_1 x_1 + N_2 x_2 + N_3 x_3 + N_4 x_4 \\ y = N_1 y_1 + N_2 y_2 + N_3 y_3 + N_4 y_4 \end{cases} \tag{8.9}$$

下面我们需要用 $O\xi\eta$ 坐标系中的导数来表示 Oxy 坐标系中的函数导数；具体做法为：将方程（8.9）中的函数写成一般表达式 $f = f(x, y)$，它是 ξ 和 η 的隐式函数，即

$f=f(x(\xi,\eta),\ y(\xi,\eta))$，由求导数的链式法则，有

$$\begin{cases}\dfrac{\partial f}{\partial \xi}=\dfrac{\partial f}{\partial x}\dfrac{\partial x}{\partial \xi}+\dfrac{\partial f}{\partial y}\dfrac{\partial y}{\partial \xi}\\[2ex]\dfrac{\partial f}{\partial \eta}=\dfrac{\partial f}{\partial x}\dfrac{\partial x}{\partial \eta}+\dfrac{\partial f}{\partial y}\dfrac{\partial y}{\partial \eta}\end{cases}\tag{8.10}$$

或写成

$$\begin{pmatrix}\dfrac{\partial f}{\partial \xi}\\[2ex]\dfrac{\partial f}{\partial \eta}\end{pmatrix}=\boldsymbol{J}\begin{pmatrix}\dfrac{\partial f}{\partial x}\\[2ex]\dfrac{\partial f}{\partial y}\end{pmatrix}\tag{8.11}$$

其中，$\boldsymbol{J}$ 是 Jacobian 矩阵

$$\boldsymbol{J}=\begin{pmatrix}\dfrac{\partial x}{\partial \xi} & \dfrac{\partial y}{\partial \xi}\\[2ex]\dfrac{\partial x}{\partial \eta} & \dfrac{\partial y}{\partial \eta}\end{pmatrix}\tag{8.12}$$

根据式（8.5）和式（8.9），有

$$\boldsymbol{J}=\frac{1}{4}\left[\begin{array}{c|c}-(1-\eta)x_1+(1-\eta)x_2+(1+\eta)x_3-(1+\eta)x_4 & -(1-\eta)y_1+(1-\eta)y_2+(1+\eta)y_3-(1+\eta)y_4\\ -(1-\xi)x_1-(1+\xi)x_2+(1+\xi)x_3+(1-\xi)x_4 & -(1-\xi)y_1-(1+\xi)y_2+(1+\xi)y_3+(1-\xi)y_4\end{array}\right]\tag{8.13a}$$

$$=\begin{pmatrix}J_{11} & J_{12}\\ J_{21} & J_{22}\end{pmatrix}\tag{8.13b}$$

将式（8.11）写成逆形式，有

$$\begin{pmatrix}\dfrac{\partial f}{\partial x}\\[2ex]\dfrac{\partial f}{\partial y}\end{pmatrix}=\boldsymbol{J}^{-1}\begin{pmatrix}\dfrac{\partial f}{\partial \xi}\\[2ex]\dfrac{\partial f}{\partial \eta}\end{pmatrix}\tag{8.14a}$$

或

$$\begin{pmatrix}\dfrac{\partial f}{\partial x}\\[2ex]\dfrac{\partial f}{\partial y}\end{pmatrix}=\frac{1}{\det\boldsymbol{J}}\begin{pmatrix}J_{22} & -J_{12}\\ -J_{21} & J_{11}\end{pmatrix}\begin{pmatrix}\dfrac{\partial f}{\partial \xi}\\[2ex]\dfrac{\partial f}{\partial \eta}\end{pmatrix}\tag{8.14b}$$

在单元刚度矩阵的推导中将用到以上表达式。

还需要另一个关系式，就是

$$\mathrm{d}x\mathrm{d}y=\det\boldsymbol{J}\mathrm{d}\xi\mathrm{d}\eta\tag{8.15}$$

很多微积分课本中均有该结果的证明，见附录。

单元刚度矩阵

可以根据应变能来推导四边形单元的刚度矩阵，应变能为

$$U=\int_V\frac{1}{2}\boldsymbol{\sigma}^{\mathrm{T}}\boldsymbol{\varepsilon}\mathrm{d}V\tag{8.16}$$

或

$$U = \sum_e t_e \int_e \frac{1}{2}\boldsymbol{\sigma}^{\mathrm{T}}\boldsymbol{\varepsilon}\mathrm{d}A \tag{8.17}$$

其中，t_e 是单元 e 的厚度。

应变-位移关系为

$$\boldsymbol{\varepsilon} = \begin{pmatrix} \varepsilon_x \\ \varepsilon_y \\ \gamma_{xy} \end{pmatrix} = \begin{pmatrix} \dfrac{\partial u}{\partial x} \\ \dfrac{\partial v}{\partial y} \\ \dfrac{\partial u}{\partial y} + \dfrac{\partial v}{\partial x} \end{pmatrix} \tag{8.18}$$

在方程（8.14b）中，设 $f \equiv u$，有

$$\begin{pmatrix} \dfrac{\partial u}{\partial x} \\ \dfrac{\partial u}{\partial y} \end{pmatrix} = \frac{1}{\det \boldsymbol{J}} \begin{pmatrix} J_{22} & -J_{12} \\ -J_{21} & J_{11} \end{pmatrix} \begin{pmatrix} \dfrac{\partial u}{\partial \xi} \\ \dfrac{\partial u}{\partial \eta} \end{pmatrix} \tag{8.19a}$$

类似地

$$\begin{pmatrix} \dfrac{\partial v}{\partial x} \\ \dfrac{\partial v}{\partial y} \end{pmatrix} = \frac{1}{\det \boldsymbol{J}} \begin{pmatrix} J_{22} & -J_{12} \\ -J_{21} & J_{11} \end{pmatrix} \begin{pmatrix} \dfrac{\partial v}{\partial \xi} \\ \dfrac{\partial v}{\partial \eta} \end{pmatrix} \tag{8.19b}$$

根据式（8.18）、式（8.19a）和式（8.19b），有

$$\boldsymbol{\varepsilon} = \boldsymbol{A} \begin{pmatrix} \dfrac{\partial u}{\partial \xi} \\ \dfrac{\partial u}{\partial \eta} \\ \dfrac{\partial v}{\partial \xi} \\ \dfrac{\partial v}{\partial \eta} \end{pmatrix} \tag{8.20}$$

其中，$\boldsymbol{A}$ 为

$$\boldsymbol{A} = \frac{1}{\det \boldsymbol{J}} \begin{pmatrix} J_{22} & -J_{12} & 0 & 0 \\ 0 & 0 & -J_{21} & J_{11} \\ -J_{21} & J_{11} & J_{22} & -J_{12} \end{pmatrix} \tag{8.21}$$

现在，根据插值函数式（8.7a），有

$$\begin{pmatrix} \dfrac{\partial u}{\partial \xi} \\ \dfrac{\partial u}{\partial \eta} \\ \dfrac{\partial v}{\partial \xi} \\ \dfrac{\partial v}{\partial \eta} \end{pmatrix} = \boldsymbol{G}\boldsymbol{q} \tag{8.22}$$

其中

$$G=\frac{1}{4}\begin{pmatrix} -(1-\eta) & 0 & (1-\eta) & 0 & (1+\eta) & 0 & -(1+\eta) & 0 \\ -(1-\xi) & 0 & -(1+\xi) & 0 & (1+\xi) & 0 & (1-\xi) & 0 \\ 0 & -(1-\eta) & 0 & (1-\eta) & 0 & (1+\eta) & 0 & -(1+\eta) \\ 0 & -(1-\xi) & 0 & -(1+\xi) & 0 & (1+\xi) & 0 & (1-\xi) \end{pmatrix} \tag{8.23}$$

由式（8.20）和式（8.22）可得

$$\boldsymbol{\varepsilon}=\boldsymbol{B}\boldsymbol{q} \tag{8.24}$$

其中

$$\boldsymbol{B}=\boldsymbol{A}\boldsymbol{G} \tag{8.25}$$

上面得到的关系 $\boldsymbol{\varepsilon}=\boldsymbol{B}\boldsymbol{q}$ 就是我们所期望的结果，即单元应变用节点位移来表示。而应力为

$$\boldsymbol{\sigma}=\boldsymbol{D}\boldsymbol{B}\boldsymbol{q} \tag{8.26}$$

其中，$\boldsymbol{D}$ 是（3×3）的材料常数矩阵。则方程（8.17）中的应变能为

$$U = \sum_e \frac{1}{2}\boldsymbol{q}^{\mathrm{T}}\left(t_e\int_{-1}^{1}\int_{-1}^{1}\boldsymbol{B}^{\mathrm{T}}\boldsymbol{D}\boldsymbol{B}\det\boldsymbol{J}\mathrm{d}\xi\mathrm{d}\eta\right)\boldsymbol{q} \tag{8.27a}$$

$$= \sum_e \frac{1}{2}\boldsymbol{q}^{\mathrm{T}}\boldsymbol{k}^e\boldsymbol{q} \tag{8.27b}$$

其中

$$\boldsymbol{k}^e = t_e\int_{-1}^{1}\int_{-1}^{1}\boldsymbol{B}^{\mathrm{T}}\boldsymbol{D}\boldsymbol{B}\det\boldsymbol{J}\mathrm{d}\xi\mathrm{d}\eta \tag{8.28}$$

是维数为（8×8）的单元刚度矩阵。

注意在式（8.28）的积分中，矩阵 $\boldsymbol{B}$ 和雅可比矩阵的行列式 $|\boldsymbol{J}|$ 是关于 ξ 和 η 的函数，所以必须采用数值方法进行积分，此方法将在后面进行讨论。

单元的载荷列阵

体力　体力是指分布在单位体积上的力，它对整体载荷列阵 $\boldsymbol{F}$ 有直接的影响。体力的影响可以由势能表达式（8.29）中带有体力的项来确定，即

$$\int_V \boldsymbol{u}^{\mathrm{T}}\boldsymbol{f}\mathrm{d}V \tag{8.29}$$

利用 $\boldsymbol{u}=\boldsymbol{N}\boldsymbol{q}$，并在单元中将体力 $\boldsymbol{f}=(f_x,f_y)^{\mathrm{T}}$ 作为常数处理，则有

$$\int_V \boldsymbol{u}^{\mathrm{T}}\boldsymbol{f}\mathrm{d}V = \sum_e \boldsymbol{q}^{\mathrm{T}}\boldsymbol{f}^e \tag{8.30}$$

其中维数为（8×1）的单元体力列阵为

$$\boldsymbol{f}^e = t_e\left(\int_{-1}^{1}\int_{-1}^{1}\boldsymbol{N}^{\mathrm{T}}\det\boldsymbol{J}\mathrm{d}\xi\mathrm{d}\eta\right)\begin{pmatrix} f_x \\ f_y \end{pmatrix} \tag{8.31}$$

就像前面计算单元刚度矩阵那样，上面的计算也是通过数值积分来完成的。

面力　假设在四边形单元的 2-3 边上施加一常值面力（单位面积上的力）。沿该条边，有 $\xi=1$，如果用式（8.5）所给出的形状函数，则有 $N_1=N_4=0$，$N_2=(1-\eta)/2$ 及 $N_3=(1+\eta)/2$。注意，形状函数沿着这些边为线性函数，根据势能函数，容易推导出单元的面力列阵为

$$\boldsymbol{T}^e=\frac{t_e l_{2\text{-}3}}{2}(0,0,T_x,T_y,T_x,T_y,0,0)^{\mathrm{T}} \tag{8.32}$$

其中，$l_{2\text{-}3}$为2-3边的长度。对于变化的分布载荷（非常数），可以利用形状函数按上面的过程来计算出位于节点2和3上的力分量，即T_x和T_y，一般都要使用数值积分来进行。

最后，对于**集中载荷**，可以采用通常的方法进行处理，即在所作用的位置处划分节点，这样可以将其作为节点载荷，直接添加到整体载荷列阵中。

8.3 数值积分

考虑以下一维积分的数值计算问题

$$I = \int_{-1}^{1} f(\xi)\,\mathrm{d}\xi \tag{8.33}$$

下面将给出计算I的高斯积分方法，它是有限元计算中最有用的一种方法，很容易将该积分方法推广到二维和三维情形。

考虑一个n点逼近，有

$$I = \int_{-1}^{1} f(\xi)\,\mathrm{d}\xi \approx w_1 f(\xi_1) + w_2 f(\xi_2) + \cdots + w_n f(\xi_n) \tag{8.34}$$

其中，w_1，w_2，…，w_n是权系数，ξ_1，ξ_2，…，ξ_n是采样点或高斯点。高斯积分的思想是选择n个高斯点和n个权系数，使式（8.34）为尽可能高阶的多项式$f(\xi)$计算出精确结果。也就是说，若该n点积分公式对于直至可能高阶的所有多项式都是精确的，即使f不是一个多项式，该积分公式也能得到较好的结果。为直观了解该方法，下面分别讨论一点和两点高斯积分。

一点高斯积分　当$n=1$时，式（8.34）变为

$$\int_{-1}^{1} f(\xi)\,\mathrm{d}\xi \approx w_1 f(\xi_1) \tag{8.35}$$

由于存在w_1和ξ_1这两个参数，我们设定当$f(\xi)$为1阶多项式时，式（8.35）应为精确积分；那么，设$f(\xi)=a_0+a_1\xi$，则要求

$$误差 = \int_{-1}^{1} (a_0 + a_1\xi)\,\mathrm{d}\xi - w_1 f(\xi_1) \approx 0 \tag{8.36a}$$

$$误差 = 2a_0 - w_1(a_0 + a_1\xi_1) = 0 \tag{8.36b}$$

或

$$误差 = a_0(2 - w_1) - w_1 a_1 \xi_1 = 0 \tag{8.36c}$$

由式（8.36c）可以看出，如果

$$w_1 = 2,\ \xi_1 = 0 \tag{8.37}$$

则误差为零。

那么对任意的f，有

$$I = \int_{-1}^{1} f(\xi)\,\mathrm{d}\xi \approx 2f(0) \tag{8.38}$$

这和图8.3所示的中点积分方法类似。

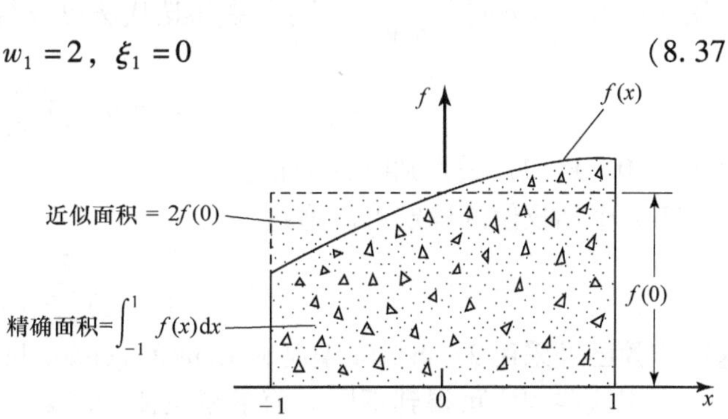

图8.3　一点高斯积分

两点积分　当$n=2$时，式（8.34）变为

$$\int_{-1}^{1} f(\xi)\,\mathrm{d}\xi \approx w_1 f(\xi_1) + w_2 f(\xi_2) \tag{8.39}$$

需要选取 w_1、w_2、ξ_1 和 ξ_2 这四个参数。因此，我们期望式（8.39）对于三次多项式是精确的。因此，选择 $f(\xi) = a_0 + a_1\xi + a_2\xi^2 + a_3\xi^3$，则

$$\text{误差} = \left[\int_{-1}^{1} (a_0 + a_1\xi + a_2\xi^2 + a_3\xi^3)\,\mathrm{d}\xi\right] - [w_1 f(\xi_1) + w_2 f(\xi_2)] \tag{8.40}$$

当误差为零时，则要求

$$\begin{cases} w_1 + w_2 = 2 \\ w_1\xi_1 + w_2\xi_2 = 0 \\ w_1\xi_1^2 + w_2\xi_2^2 = \dfrac{2}{3} \\ w_1\xi_1^3 + w_2\xi_2^3 = 0 \end{cases} \tag{8.41}$$

这些非线性方程有唯一解

$$w_1 = w_2 = 1, -\xi_1 = \xi_2 = 1/\sqrt{3} = 0.577\ 350\ 269\ 1\cdots \tag{8.42}$$

从以上解中，我们得出以下结论，当 f 是一个不高于（$2n-1$）阶的多项式时，n 点高斯积分将得到精确解。通过令勒让德（Legendre）多项式 $P_k(x)$ 为零，可以很容易求解出高斯-勒让德（Gauss-Legendre）点。以下给出一些 Legendre 多项式以及零点值的位置

$$P_1(x) = x \quad \text{当 } x = 0 \text{ 时}$$

$$P_2(x) = \frac{1}{2}(3x^2 - 1) \quad \text{当 } x = \pm\frac{1}{\sqrt{3}} \text{ 时}$$

$$P_3(x) = \frac{1}{2}(5x^3 - 3x) \quad \text{当 } x = 0,\ x = \pm\sqrt{\frac{3}{5}} \text{ 时}$$

$$\vdots$$

勒让德多项式可归纳为

$$\begin{aligned} &P_0(x) = 1 \\ &P_1(x) = x \\ &(j+1)P_{j+1}(x) = (2j+1)xP_j(x) - jP_{j-1}(x)\,(j = 1\cdots n-1) \end{aligned} \tag{8.43}$$

同时可给出其导数 $P_n'(x) = \mathrm{d}P_n(x)/\mathrm{d}x$

$$(x^2 - 1)P_n'(x) = n[xP_n(x) - P_{n-1}(x)] \tag{8.44}$$

利用初始值 $x_0 = \cos\left(\dfrac{(k-1/4)\pi}{n+1/2}\right)$ 和牛顿迭代法可以得到第 k 个置零位置。

$$x_{i+1} = x_i - \frac{f(x_i)}{f'(x_i)} \tag{8.45}$$

对于 $i = 0$，1，2，…直到收敛为止。

第 k 个加权值的确定可以通过

$$w_k = \frac{2}{(1 - x_k^2)[P_n'(x_k)]^2} \tag{8.46}$$

这些步骤已经采用 JavaScript 编制成 GaussLegender. html 程序和 Excel 的 GaussLegendre. xls 程序。利用这些程序可得到不同 n 值下零点值的高斯点值和加权系数值。

另一个 JavaScript 程序 GLInteg. html 可用于计算单变量函数在一个区间内的积分，它包

含在可下载文件中。

表 8.1 给出了从 $n=1$ 到 $n=6$ 的高斯积分中的 ω_i 和 ξ_i 值，注意高斯点关于原点对称，且对称位置的点有相同的权系数。表 8.1 中给出了较多的数字位数，这可以用于更精确的计算。(如在程序中将采用双精度)

表 8.1　高斯积分点的位置和权系数

$$\int_{-1}^{1} f(\xi)\,\mathrm{d}\xi \approx \sum_{i=1}^{n} w_i f(\xi_i)$$

积分点的数量	位　置	权　值
1	0.0	2.0
2	$\pm 1/\sqrt{3} = \pm 0.5773502692$	1.0
3	±0.7745966692	0.5555555556
	0.0	0.8888888889
4	±0.8611363116	0.3478548451
	±0.3399810436	0.6521451549
5	±0.9061798459	0.2369268851
	±0.5384693101	0.4786286705
	0.0	0.5688888889
6	±0.9324695142	0.1713244924
	±0.6612093865	0.3607615730
	±0.2386191861	0.4679139346

例题 8.1

用一点和两点高斯积分计算

$$I = \int_{-1}^{1}\left[3\mathrm{e}^{x} + x^{2} + \frac{1}{(x+2)}\right]\mathrm{d}x$$

解： 当 $n=1$ 时，有 $\omega_1=2$ 和 $x_1=0$，则

$$\begin{aligned} I &\approx 2f(0) \\ &= 7.0 \end{aligned}$$

当 $n=2$ 时，有 $\omega_1=\omega_2=1$，$x_1=-0.577\,35\cdots$，$x_2=+0.57735$，计算出 $I\approx 8.785$。

将其与精确解比较

$$I_{\text{exact}} = 8.8165$$

可以采用 JavaScript 程序 GLInteg.html 检查积分结果。

二维高斯积分

将高斯积分扩展到二维，有

$$I = \int_{-1}^{1}\int_{-1}^{1} f(\xi,\eta)\,\mathrm{d}\xi\mathrm{d}\eta \tag{8.47}$$

利用前面的结果，则

$$\begin{aligned} I &\approx \int_{-1}^{1}\left[\sum_{i=1}^{n}\omega_i f(\xi_i,\eta)\right]\mathrm{d}\eta \\ &\approx \sum_{j=1}^{n} w_j\left[\sum_{i=1}^{n} w_i f(\xi_i,\eta j)\right] \end{aligned}$$

或

$$I \approx \sum_{i=1}^{n} \sum_{j=1}^{n} w_i w_j f(\xi_i, \eta_j) \tag{8.48}$$

刚度矩阵的积分

为说明式（8.48）的应用，考虑一个四边形单元，它的刚度矩阵

$$\boldsymbol{k}^e = t_e \int_{-1}^{1} \int_{-1}^{1} \boldsymbol{B}^{\mathrm{T}} \boldsymbol{D} \boldsymbol{B} \det \boldsymbol{J} \mathrm{d}\xi \mathrm{d}\eta$$

其中，$\boldsymbol{B}$ 和 $|\boldsymbol{J}|$ 是 ξ 和 η 的函数。注意，该式实际上是对（8×8）矩阵进行积分，然而利用矩阵 $\boldsymbol{k}^e$ 的对称性，对主对角线下的元素不必进行积分。

令 ϕ 表示被积函数第 i 行第 j 列的元素，则

$$\phi(\xi, \eta) = t_e (\boldsymbol{B}^{\mathrm{T}} \boldsymbol{D} \boldsymbol{B} \det \boldsymbol{J})_{ij} \tag{8.49}$$

那么，如果采用 2×2 阶的高斯积分，有

$$k_{ij} \approx w_1^2 \phi(\xi_1, \eta_1) + w_1 w_2 \phi(\xi_1, \eta_2) + w_2 w_1 \phi(\xi_2, \eta_1) + w_2^2 \phi(\xi_2, \eta_2) \tag{8.50a}$$

其中，$w_1 = w_2 = 1.0$，$\xi_1 = \eta_1 = -0.57735\cdots$，$\xi_2 = \eta_2 = +0.57735\cdots$以上两点积分中的高斯积分点如图 8.4 所示。也可以用 1、2、3 和 4 表示高斯点，则式（8.50a）中的 k_{ij} 也可写成

$$k_{ij} = \sum_{IP=1}^{4} W_{IP} \phi_{IP} \tag{8.50b}$$

其中，ϕ_{IP} 是 ϕ 的值，W_{IP} 是积分点 IP 的权系数。注意 $W_{IP} = (1)(1) = 1$，式（8.50b）有时更容易在程序上实施。在本章后面所附的程序 QUAD 中，可以很容易地实现以上积分过程。

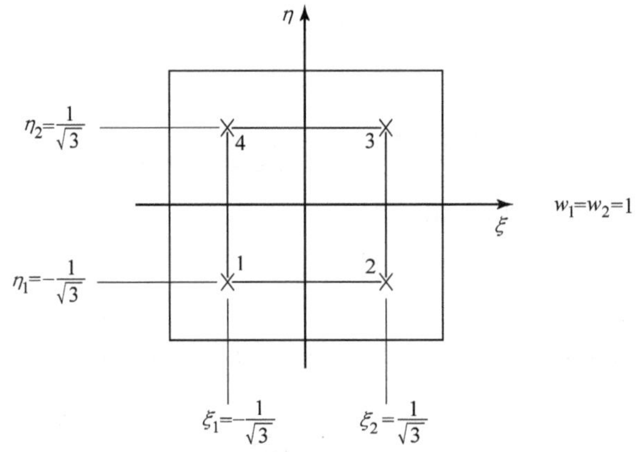

$$\int_{-1}^{1} \int_{-1}^{1} f(\xi, \eta) \, \mathrm{d}\xi \mathrm{d}\eta \approx w_1^2 f(\xi_1, \eta_1) + w_2 w_1 f(\xi_2, \eta_1) + w_2^2 f(\xi_2, \eta_2) + w_1 w_2 f(\xi_1, \eta_2)$$

图 8.4 二维问题中的 2×2 阶高斯积分

三维积分的计算与此类似。但是对于三角形单元，权系数和高斯点与二维问题不同，在本章的后面将进行讨论。

应力计算

不像常应变三角形单元那样，四边形单元的应力 $\boldsymbol{\sigma} = \boldsymbol{D} \boldsymbol{B} \boldsymbol{q}$ 在单元内不是常数，它们是 ξ 和 η 的函数，而且在单元内是连续变化的。实际上，我们是在高斯点计算单元应力的，而正是在这些点上对 $\boldsymbol{k}^e$ 进行数值积分，因此，在这些点上得到的应力值其精度是很高的。对于 2×2 阶高斯积分的四边形单元，可以给出四组这样的应力值。为减少数据量，也可以在每个单元中只计算一个点的应力值，即在点 $\xi = 0$ 和 $\eta = 0$ 处。程序 QUAD 正是采用这种

方法。

例题 8.2

如例题 8.2 图所示矩形单元，假设为平面应力状态，取 $E = 30\times10^6$psi，$\nu = 0.3$，$\boldsymbol{q} = (0, 0, 0.002, 0.003, 0.006, 0.0032, 0, 0)^{\mathrm{T}}$in，计算 $\xi=0$、$\eta=0$ 处的 $\boldsymbol{J}$，$\boldsymbol{B}$ 和 $\boldsymbol{\sigma}$。

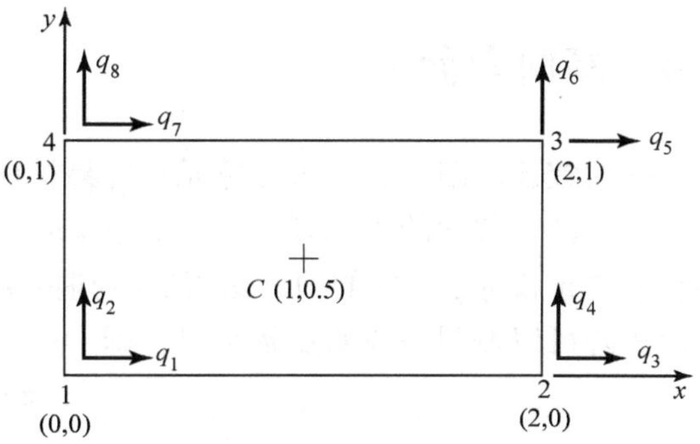

例题 8.2 图

解：由式（8.13a），有

$$\boldsymbol{J} = \frac{1}{4}\left(\begin{array}{c|c} 2(1-\eta)+2(1+\eta) & (1+\eta)-(1+\eta) \\ -2(1+\xi)+2(1+\xi) & (1+\xi)+(1-\xi) \end{array}\right)$$

$$= \begin{pmatrix} 1 & 0 \\ 0 & \frac{1}{2} \end{pmatrix}$$

对该矩形单元，$\boldsymbol{J}$ 是常数矩阵，由式（8.21），有

$$\boldsymbol{A} = \frac{1}{(1/2)}\begin{pmatrix} \frac{1}{2} & 0 & 0 & 0 \\ 0 & 0 & 0 & 1 \\ 0 & 1 & \frac{1}{2} & 0 \end{pmatrix}$$

在 $\xi=\eta=0$ 处，计算式（8.23）中的 $\boldsymbol{G}$，利用 $\boldsymbol{B}=\boldsymbol{QG}$，得

$$\boldsymbol{B}^0 = \begin{pmatrix} -\frac{1}{4} & 0 & \frac{1}{4} & 0 & \frac{1}{4} & 0 & -\frac{1}{4} & 0 \\ 0 & -\frac{1}{2} & 0 & -\frac{1}{2} & 0 & \frac{1}{2} & 0 & \frac{1}{2} \\ -\frac{1}{2} & -\frac{1}{4} & -\frac{1}{2} & \frac{1}{4} & \frac{1}{2} & \frac{1}{4} & \frac{1}{2} & -\frac{1}{4} \end{pmatrix}$$

通过矩阵相乘得到 $\xi=\eta=0$ 处的应力

$$\boldsymbol{\sigma}^0 = \boldsymbol{DB}^0\boldsymbol{q}$$

代入所给数据，有

$$\boldsymbol{D} = \frac{30\times10^6}{(1-0.09)}\begin{pmatrix} 1 & 0.3 & 0 \\ 0.03 & 1 & 0 \\ 0 & 0 & 0.035 \end{pmatrix}$$

则

$$\boldsymbol{\sigma}^0 = (66920, 23080, 40960)^{\mathrm{T}}\text{psi}$$

退化的四边形单元　在一些情况下，不可避免地要用到如图 8.5 所示的由四边形单元退化而成的三角形单元，在这些单元中可以使用数值积分，但是误差要高于矩形单元；在一般的有限元程序中都允许使用这些单元。

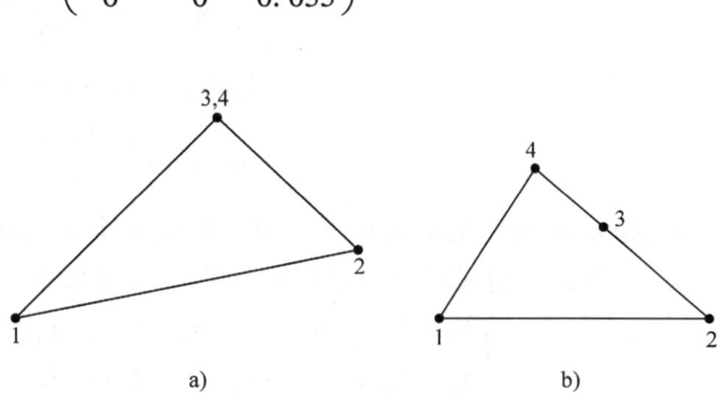

图 8.5　退化的四边形单元

8.4　高阶单元

前面叙述的四节点四边形单元很容易扩展到其他高阶的等参单元。在四节点四边形单元中，形状函数包含的项次有1、ξ、η 和 $\xi\eta$，但在后面将要讨论的单元却大不相同，单元中还包含 $\xi^2\eta$ 和 $\eta^2\xi$ 这样的项，这可以得到更精确的解。式（8.51）中给出了形状函数，单元刚度矩阵可以按照一般的步骤给出，即

$$\boldsymbol{u}=\boldsymbol{N}\boldsymbol{q} \tag{8.51a}$$

$$\boldsymbol{\varepsilon}=\boldsymbol{B}\boldsymbol{q} \tag{8.51b}$$

$$\boldsymbol{k}^e = t_e\int_{-1}^{1}\int_{-1}^{1}\boldsymbol{B}^{\mathrm{T}}\boldsymbol{D}\boldsymbol{B}\det\boldsymbol{J}\mathrm{d}\xi\mathrm{d}\eta \tag{8.51c}$$

其中，$\boldsymbol{k}^e$ 用高斯积分进行计算。

九节点四边形单元

九节点四边形单元在有限元应用中非常有效，该单元的节点编号如图8.6a所示，相应的基准四边形单元如图8.6b所示。形状函数的求取过程如下。

首先，仅考虑 ξ 轴，如图8.6c所示，在该轴上所对应的坐标为 $\xi=-1$、0、$+1$ 的节点编号依次为1、2、3；在这些点上定义如下一般形状函数 L_1、L_2 和 L_3

$$L_i(\xi)=\begin{cases}1 & 在节点\ i\ 处\\ 0 & 在另外两个节点\end{cases} \tag{8.52}$$

现在考虑形状函数 L_1，由于在 $\xi=0$ 和 $\xi=+1$ 处，有 $L_1=0$，因此 L_1 的形式为 $L_1=c\xi(1-\xi)$；而在 $\xi=-1$ 处有 $L_1=1$，可以求得常数 $c=-\dfrac{1}{2}$，则 $L_1(\xi)=-\xi(1-\xi)/2$；L_2 和 L_3 可以用类似的方法求得。这样我们就有

$$\begin{cases}L_1(\xi)=-\dfrac{\xi(1-\xi)}{2}\\ L_2(\xi)=(1+\xi)(1-\xi)\\ L_3(\xi)=\dfrac{\xi(1+\xi)}{2}\end{cases} \tag{8.53a}$$

类似地，沿 η 轴（见图8.6c）可以定义一般形状函数

$$\begin{cases}L_1(\eta)=-\dfrac{\eta(1-\eta)}{2}\\ L_2(\eta)=(1+\eta)(1-\eta)\\ L_3(\eta)=\dfrac{\eta(1+\eta)}{2}\end{cases} \tag{8.53b}$$

由图8.6b所示的基准单元，可以看出每个节点的坐标都是 $\xi=-1$、0或$+1$ 和 $\eta=-1$、0或$+1$。因此，通过相乘可以得到如下形状函数 N_1，N_2，…，N_9

$$\begin{cases}N_1=L_1(\xi)L_1(\eta),\ N_5=L_2(\xi)L_1(\eta),\ N_2=L_3(\xi)L_1(\eta)\\ N_8=L_1(\xi)L_2(\eta),\ N_9=L_2(\xi)L_2(\eta),\ N_6=L_3(\xi)L_2(\eta)\\ N_4=L_1(\xi)L_3(\eta),\ N_7=L_2(\xi)L_3(\eta),\ N_3=L_3(\xi)L_3(\eta)\end{cases} \tag{8.54}$$

根据 L_i 的构建方式，容易证明 N_i 在节点 i 处等于1，在其他节点处为0。

在这部分中应该注意到，利用形状函数 $\boldsymbol{N}$ 中的高阶项可以使位移场 $\boldsymbol{u}=\boldsymbol{Nq}$ 有高阶插值函数。另外，由于 $x=\sum_i N_i x_i$ 和 $y=\sum_i N_i y_i$，故可以用高阶项来定义几何插值函数，因此如果需要的话，可以使用曲边单元。然而，也可以定义亚参单元，即通过利用九节点单元的形状函数来插值位移函数，而仅使用四节点四边形单元的形状函数来进行几何坐标插值。

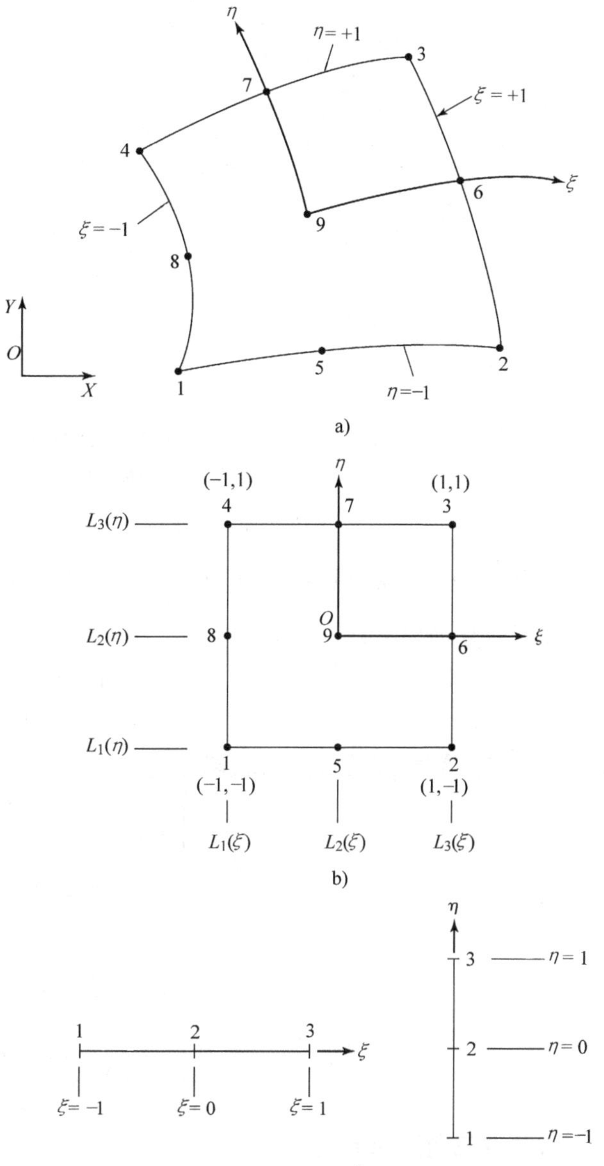

图 8.6 九节点四边形单元

a) 在 x，y 坐标系中 b) 在 ξ，η 坐标系中

c) 一般形状函数的定义

八节点四边形单元

该单元属于 Serendipity 单元族，它由8个位于单元边界上的节点组成（见图 8.7a）。我们的任务是要定义形状函数 N_i，使得在节点 i 处，有 $N_i=1$，在其他节点处 N_i 为0。在定义 N_i 时，参考如图 8.7b 所示的基准单元，首先定义 N_1 至 N_4；对 N_1，在节点1处，有 $N_1=1$，而在其他节点处 N_1 为零，那么沿着直线 $\xi=+1$、$\eta=+1$ 和 $\xi+\eta=-1$（见图 8.7a）N_1 应为零，因此

$$N_1=c(1-\xi)(1-\eta)(1+\xi+\eta) \tag{8.55}$$

在节点1处，有 $\xi=\eta=-1$，$N_1=1$，所以 $c=-\frac{1}{4}$；通过这样的方式，可以得到

$$\begin{cases} N_1=-\dfrac{(1-\xi)(1-\eta)(1+\xi+\eta)}{4} \\ N_2=-\dfrac{(1+\xi)(1-\eta)(1-\xi+\eta)}{4} \\ N_3=-\dfrac{(1+\xi)(1+\eta)(1-\xi-\eta)}{4} \\ N_4=-\dfrac{(1-\xi)(1+\eta)(1+\xi-\eta)}{4} \end{cases} \tag{8.56}$$

下面基于中间节点来定义 N_5，N_6，N_7 和 N_8。先考虑 N_5，我们知道，沿直线 $\xi=+1$、$\eta=+1$ 和 $\xi=-1$，它应为零，故有

$$N_5=c(1-\xi)(1-\eta)(1+\xi) \tag{8.57a}$$

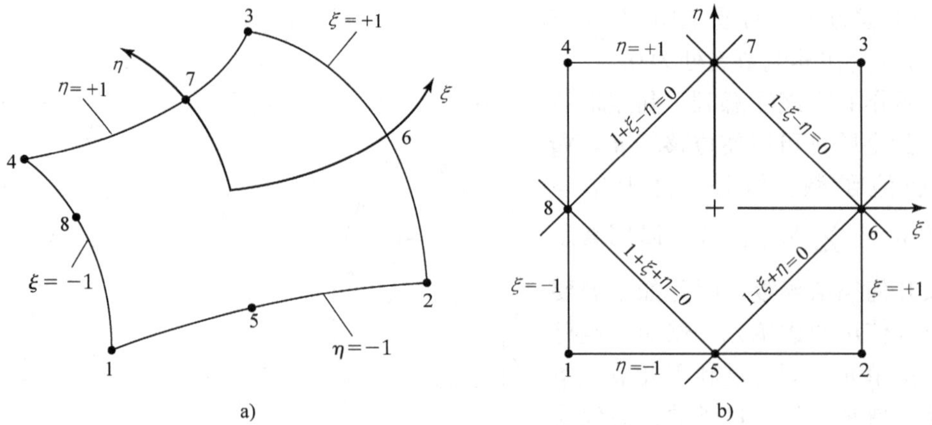

图 8.7 八节点四边形单元

a）在 x，y 坐标系中 b）在 ξ，η 坐标系中

$$=c(1-\xi^2)(1-\eta) \tag{8.57b}$$

式（8.57）中的常数 c 可以由在节点 5 处有 $N_5=1$，即在 $\xi=0$，$\eta=-1$ 处有 $N_5=1$ 这些条件来确定，从而得 $c=\dfrac{1}{2}$，则

$$N_5=\frac{(1-\xi^2)(1-\eta)}{2} \tag{8.57c}$$

同样可得到所有中间节点的形状函数为

$$\begin{cases} N_5=\dfrac{(1-\xi^2)(1-\eta)}{2} \\ N_6=\dfrac{(1+\xi)(1-\eta^2)}{2} \\ N_7=\dfrac{(1-\xi^2)(1+\eta)}{2} \\ N_8=\dfrac{(1-\xi)(1-\eta^2)}{2} \end{cases} \tag{8.58}$$

六节点三角形单元

六节点三角形单元如图 8.8a、b 所示。根据图 8.8 中的基准单元，可以将形状函数写为

$$\begin{cases} N_1=\xi(2\xi-1)\text{，} & N_4=4\xi\eta \\ N_2=\eta(2\eta-1)\text{，} & N_5=4\zeta\eta \\ N_3=\zeta(2\zeta-1)\text{，} & N_6=4\xi\zeta \end{cases} \tag{8.59}$$

其中，$\zeta=1-\xi-\eta$。由于形状函数中含有 ξ^2 和 η^2 等项，则该单元也称为二次三角形单元。该等参单元的表达式为

$$\begin{cases} \boldsymbol{u}=\boldsymbol{Nq} \\ x=\sum N_i x_i\text{，} \quad y=\sum N_i y_i \end{cases} \tag{8.60}$$

需要用数值积分方法计算的单元刚度阵为

$$\boldsymbol{k}^e = t_e\int_A \boldsymbol{B}^{\mathrm{T}}\boldsymbol{DB}\det\boldsymbol{J}\mathrm{d}\xi\mathrm{d}\eta \tag{8.61}$$

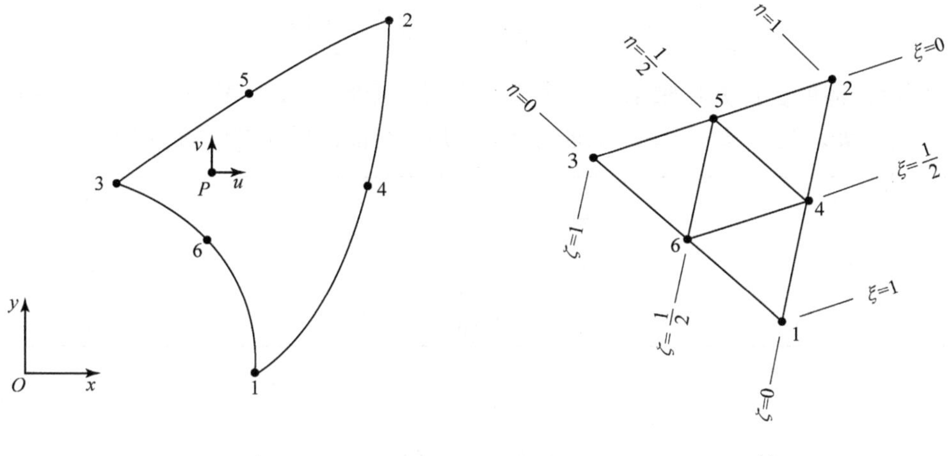

图 8.8 六节点三角形单元

三角形积分——对称点

三角形区域的高斯积分点不同于前面提到的四边形区域的高斯点。最简单的是 1 点高斯积分方法，取在三角形的质心，其权系数 $w_1=\frac{1}{2}$，且 $\xi_1=\eta_1=\zeta_1=\frac{1}{3}$，则方程（8.61）变为

$$\boldsymbol{k}^e \approx \frac{1}{2} t_e \overline{\boldsymbol{B}}^{\mathrm{T}} \overline{\boldsymbol{D}}\, \overline{\boldsymbol{B}} \det \overline{\boldsymbol{J}} \tag{8.62}$$

其中，$\overline{\boldsymbol{B}}$ 和 $\overline{\boldsymbol{J}}$ 是在高斯点进行计算，其他的权系数和高斯点见表 8.2。表 8.2 中的高斯点在三角形内是对称分布的，由三角形的对称性，高斯点是成组出现的，重复数可以是1、3 或6。例如，对于重复数为 3 的高斯积分，若一个高斯点的 ξ、η 和 ζ 坐标是$\left(\frac{2}{3},\frac{1}{6},\frac{1}{6}\right)$，那么另外两个高斯点的位置就是$\left(\frac{1}{6},\frac{2}{3},\frac{1}{6}\right)$和$\left(\frac{1}{6},\frac{1}{6},\frac{2}{3}\right)$。正如在第 6 章所述，需要注意的是有关系 $\zeta=1-\xi-\eta$；若对于重复数为 6 的积分，则在表中（ξ, η, ζ）隐含的积分点是全部（ξ, η, ζ），（ξ, ζ, η），（η, ξ, ζ），（η, ζ, ξ），（ζ, ξ, η），（ζ, η, ξ）6 种可能的坐标排列。当两个坐标相等时表示为 3 个点，当所有坐标相等时，它就是等于一个点（重心点）。

表 8.2 三角形区域的高斯积分公式

$$\int_0^1 \int_0^{1-\xi} f(\xi,\eta)\,\mathrm{d}\eta\,\mathrm{d}\xi \approx \sum_{i=1}^{n} w_i f(\xi_i,\eta_i)$$

积分点的数量 n	数值 w_i	重复数	ξ_i	η_i	ζ_i
1	1/2	1	1/3	1/3	1/3
3	1/6	3	2/3	1/6	1/6
3	1/6	3	1/2	1/2	0
4	−(9/32)	1	1/3	1/3	1/3
5	25/96	3	3/5	1/5	1/5
6	1/12	6	0.6590276223	0.2319333685	0.1090390090

三角形积分——退化的四边形

考虑如图 8.5a 所示退化的四边形单元，三角形 1-2-3 可定义为四边形 1-2-3-1，即将两个节点粘合在一起。与四点积分自然相似，在此给出一般多项式积分形式［见式（6.46）］的证明

$$\int_0^1\int_0^{1-\xi}\xi^a\eta^b(1-\xi-\eta)^c\mathrm{d}\xi\mathrm{d}\eta=\frac{a!b!c!}{(a+b+c+2)}$$

如图 8.9 所示，将单位正方形映射为一个主三角形，形状函数为 $N_1=(1-u)(1-\nu)$，$N_2=u(1-\nu)$，$N_3=u\nu$，$N_4=(1-u)\nu$，即通过定义三角形与前面所述的四边形进行相应映射。

节　点　j	ξ_j	η_j
1	0	0
2	1	0
3	0	1
4	0	1

则

$$\xi=\sum_{j=1}^4 N_j\xi_j=u(1-\nu)$$

$$\eta=\sum_{j=1}^4 N_j\eta_j=\nu$$

$$1-\xi-\eta=1-u(1-\nu)-\nu=(1-u)(1-\nu)$$

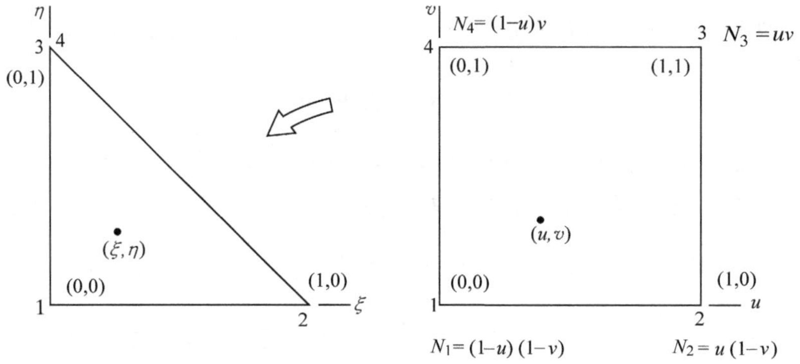

a) 主三角形　　b) 单位正方形

图 8.9　三角形单元的映射

雅可比矩阵的转化矩阵为

$$\boldsymbol{J}=\begin{pmatrix}\dfrac{\partial\xi}{\partial u} & \dfrac{\partial\eta}{\partial u}\\ \dfrac{\partial\xi}{\partial\nu} & \dfrac{\partial\eta}{\partial\nu}\end{pmatrix}=\begin{pmatrix}1-\nu & 0\\ -u & 1\end{pmatrix}$$

$$\det\boldsymbol{J}=1-\nu$$

$$I=\int_0^1\int_0^{1-\xi}\xi^a\eta^b(1-\xi-\eta)^c\mathrm{d}\xi\mathrm{d}\eta=\int_0^1\int_0^1\xi^a\eta^b(1-\xi-\eta)^c\det\boldsymbol{J}\mathrm{d}u\mathrm{d}v$$

引入 ξ、η 和 $\det\boldsymbol{J}$ 的表达式，积分式变为

$$I=\int_0^1\int_0^1 u^a(1-v)^a\nu^b(1-u)^c(1-\nu)^c(1-\nu)\mathrm{d}u\mathrm{d}v$$

$$=\int_0^1 u^a(1-u)^c\mathrm{d}u\int_0^1\nu^b(1-\nu)^{a+c+1}\mathrm{d}\nu$$

由完全 beta 积分形式得

$$I=\frac{\Gamma(a+1)\Gamma(c+1)}{\Gamma(a+c+2)}\frac{\Gamma(b+1)\Gamma(a+c+2)}{\Gamma(a+b+c+3)}$$

忽略公共项，注意到对于积分 x，有 $\Gamma(x+1)=x!$，得到式（6.46）中的右式。根据第6章的式（6.46）定义了 Γ 函数和阶乘。

这个推导表明：对于一般多项式而言将三角形定义为退化的四边形是合理的，它保证了其他函数的数值积分也可以控制在计算误差之内。

关于中间节点的说明 前面讨论了高阶等参单元，需要特别注意中间节点的位置。中间节点的位置应尽可能靠近边的中点，该节点的位置不应该超出 $\frac{1}{4}<\frac{s}{l}<\frac{3}{4}$ 的范围，如图8.10所示。这个条件可以保证行列式 $|\boldsymbol{J}|$ 在单元内无零值。

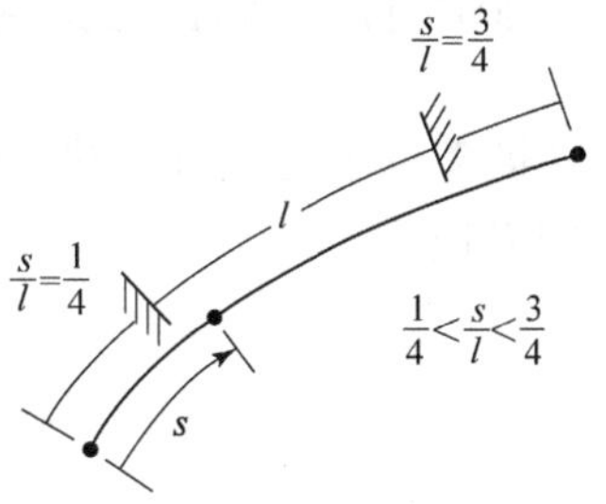

图8.10 对中间节点位置的限制

温度影响 利用式（6.63）和式（6.64）中定义的温度应变，按照第6章中的推导过程，可以计算出节点的温度载荷为

$$\boldsymbol{\theta}^e = t_e\int_A\int \boldsymbol{B}^{\mathrm{T}}\boldsymbol{D}\boldsymbol{\varepsilon}_0\mathrm{d}A = t_e\int_{-1}^{1}\int_{-1}^{1}\boldsymbol{B}^{\mathrm{T}}\boldsymbol{D}\boldsymbol{\varepsilon}_0\,|\det\boldsymbol{J}|\,\mathrm{d}\xi\mathrm{d}\eta \tag{8.63}$$

可以采用数值积分对该式进行计算。

8.5 轴对称问题中的四节点四边形单元

轴对称问题中四节点四边形单元的刚度矩阵的推导步骤与前面介绍过的四边形单元类似。用 Orz 坐标代替 Oxy 坐标，主要的区别在于几何矩阵 $\boldsymbol{B}$ 的推导，该矩阵有4个与单元节点位移有关的应变分量，写成分块形式，有

$$\boldsymbol{\varepsilon}=\begin{pmatrix}\varepsilon_r\\ \varepsilon_z\\ \gamma_{rz}\\ \varepsilon_\theta\end{pmatrix}=\begin{pmatrix}\bar{\boldsymbol{\varepsilon}}\\ \varepsilon_\theta\end{pmatrix} \tag{8.64}$$

其中，$\bar{\boldsymbol{\varepsilon}}=(\varepsilon_r,\varepsilon_z,\gamma_{rz})^{\mathrm{T}}$。

在关系 $\boldsymbol{\varepsilon}=\boldsymbol{B}\boldsymbol{q}$ 中，将矩阵 $\boldsymbol{B}$ 也写成分块形式，有 $\boldsymbol{B}=\begin{pmatrix}\boldsymbol{B}_1\\ \boldsymbol{B}_2\end{pmatrix}$，其中，$\boldsymbol{B}_1$ 是与 $\bar{\boldsymbol{\varepsilon}}$ 和 $\boldsymbol{q}$ 有关的 3×8 的矩阵，有

$$\bar{\boldsymbol{\varepsilon}}=\boldsymbol{B}_1\boldsymbol{q} \tag{8.65}$$

$\boldsymbol{B}_2$ 是与 ε_θ 和 $\boldsymbol{q}$ 有关的 1×8 的行阵，有

$$\varepsilon_\theta=\boldsymbol{B}_2\boldsymbol{q} \tag{8.66}$$

注意这里用 Orz 坐标代替了 Oxy 坐标，显然 $\boldsymbol{B}_1$ 和四节点四边形单元的相应矩阵是一样的［见式（8.24）］，同为 3×8 的矩阵。由于 $\varepsilon_\theta=u/r$，以及 $u=N_1q_1+N_2q_2+N_3q_3+N_4q_4$，则 $\boldsymbol{B}_2$ 可以写成

$$\boldsymbol{B}_2=\left(\frac{N_1}{r},0,\frac{N_2}{r},0,\frac{N_3}{r},0,\frac{N_4}{r},0\right) \tag{8.67}$$

考虑了以上的这些变化，然后通过数值积分来计算单元刚度阵

$$\boldsymbol{k}^e = 2\pi\int_{-1}^{1}\int_{-1}^{1} r\boldsymbol{B}^{\mathrm{T}}\boldsymbol{D}\boldsymbol{B}\det \boldsymbol{J}\mathrm{d}\xi\mathrm{d}\eta \tag{8.68}$$

类似于轴对称三角形单元，式（8.31）和式（8.32）中的载荷项也应该乘一个系数 2π。

以上所介绍的轴对称四边形单元已在程序 AXIQUAD 中得到实现。

8.6 四边形单元的共轭梯度法

在第2章中已经讲过共轭梯度法的思想。这里采用位移、载荷和刚度等符号来重新写出相应的方程，为

$$\begin{cases} \boldsymbol{g}_0 = \boldsymbol{K}\boldsymbol{Q}_0 - \boldsymbol{F}, \boldsymbol{d}_0 = -\boldsymbol{g}_0 \\ \alpha_k = \dfrac{\boldsymbol{g}_k^{\mathrm{T}}\boldsymbol{g}_k}{\boldsymbol{d}_k^{\mathrm{T}}\boldsymbol{K}\boldsymbol{d}_k} \\ \boldsymbol{Q}_{k+1} = \boldsymbol{Q}_k + \alpha_k\boldsymbol{d}_k \\ \boldsymbol{g}_{k+1} = \boldsymbol{g}_k + \alpha_k\boldsymbol{K}\boldsymbol{d}_k \\ \beta_k = \dfrac{\boldsymbol{g}_{k+1}^{\mathrm{T}}\boldsymbol{g}_{k+1}}{\boldsymbol{g}_k^{\mathrm{T}}\boldsymbol{g}_k} \\ \boldsymbol{d}_{k+1} = -\boldsymbol{g}_{k+1} + \beta_k\boldsymbol{d}_k \end{cases} \tag{8.69}$$

其中，$k=0$，1，2，…当 $\boldsymbol{g}_k^{\mathrm{T}}\boldsymbol{g}_k$ 达到一个很小的值时，就停止迭代。

基于上述方法，下面叙述有限元分析的实现步骤。实现过程中主要的不同在于首先需要生成每一个单元刚度阵然后存储在一个三维数组中，在进行迭代时，直接从该数组中调用单元刚度阵而不用重新计算。初始位移设为 $\boldsymbol{Q}_0=\boldsymbol{0}$，在计算 $\boldsymbol{g}_0$ 的过程中，根据边界条件对载荷项进行修正，通过计算 $\sum_e \boldsymbol{k}\boldsymbol{d}_k^e$ 得到的单元刚度矩阵值来直接计算 $\boldsymbol{k}\boldsymbol{d}_k^e$ 项。在程序QUADCG中，使用了共轭梯度法。

8.7 关于收敛性的主要结论

等参单元的关键包括：在 $O\xi\eta$ 坐标系下定义基准单元、对位移和几何进行插值的形状函数以及数值积分。各种各样的单元都可以以统一的方式来进行构造。尽管本章只进行了应力分析方面的介绍，但这些单元也可以很容易地推广到非结构问题。

如前面讨论，对于应力集中区域需要划分小尺寸的单元，由于该区域内 $\boldsymbol{u}$ 关于 x 或 y 的求导值较高。实际上，相邻单元间的“应力跳跃”是衡量结果精确性的指标。当单元尺寸 h 趋近于0时是否可以获得精确解是我们自然所关注的问题，第6章中的拼片试验也可以用于高阶单元收敛性的评判中。关于拼片试验中 h-收敛的基本准则概括如下：

（1）相容性　边界条件可以防止结构的刚体位移。对于二维，不允许产生 x 和 y 方向的平移及面内转动。进一步，由于能量函数涉及一阶求导，要求位移连续性（C^0 连续）必须存在。特别地，在单元边界上位移必须连续。对于四节点四边形单元，在任何边上形状函数为线性函数，例如，沿着如图8.2所示的边1-2，有 $\eta=-1$，在式（8.5）中 N_i 对于 ξ 全为

线性，使得式（8.7）中 u、v 关于 ξ 也是线性的。因此，沿着边1-2的位移 u 可表达为形如 $u=a+b\xi$ 的线性关系，所涉及的两个参数由 q_1 和 q_3 唯一确定，并满足单元边界间的兼容性准则。一般而言，当在边界上有三个节点时，沿着该边界的二次形状函数是连续的，但当在公共边界上有四个节点时，沿着边界上的二次函数则是不兼容的。

（2）完备性　形状函数必须满足在所用的坐标系下的完备性要求。特别地，对于一维问题，函数 $u=a+bx$ 是完备的，对于二维问题，线性多项式 $u=a+bx+cy$ 和二次函数 $u=a+bx+cy+dx^2+exy+fy^2$ 是完备的。然而，对于二次函数 $u=a+bx+cy+exy$ 则是不完备的。

读者应该注意到前面关于网格划分误差以及力求将误差减少至零的讨论。理论上讲，网格划分产生的误差与建模中的边界条件和载荷状态无关，例如，结构上的支撑可以选择为铰接、固定或弹簧连接。有时进行一些实验也是很有必要的，也可以采用上限或下限法的分析来指导工程分析。在实际工程中，开始建模时，就应该考虑到学术方面及有关的法规，这一点非常重要。

例题 8.3

用具有四节点四边形单元的程序 QUAD 来求解例题 6.9（参见例题 6.9 图）的问题。载荷、边界条件和节点位置与例题 6.9 图相同，唯一不同的是该模型使用 24 个四边形单元，而例题 6.9 图中使用了 48 个常应变三角形（CST）单元。另外利用程序 MESHGEN 来生成如例题 8.3 图 a 所示的单元，并且用一个文本文件来定义载荷、边界条件和材料属性。

用程序 QUAD 输出的应力，对应于基准单元自然坐标系中的位置（0，0），针对这一现状，对单元 13、14 和 15，采用外插方法以获得板的半圆孔边界附近的 y 方向最大应力，如例题 8.3 图 b 所示。

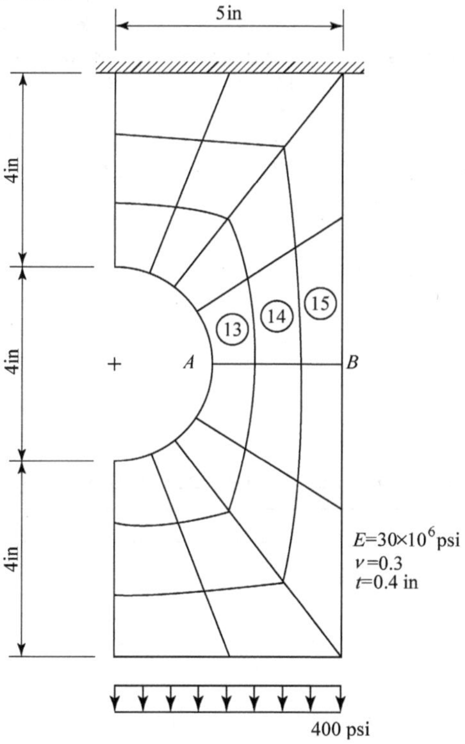

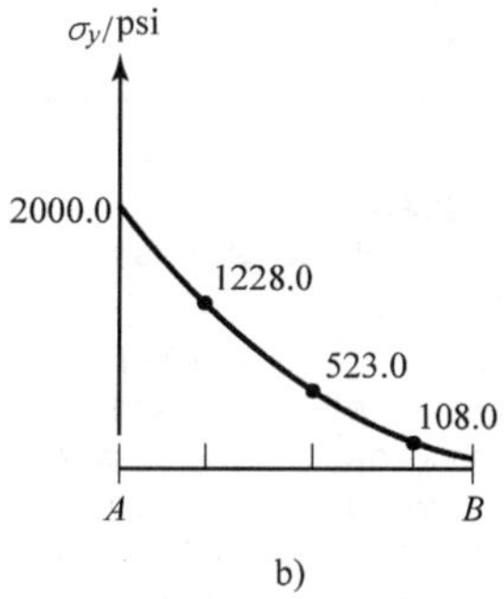

例题 8.3 图

有关收敛性方面的参考文献

1. Irons, B. M., "Engineering application of numerical integration in stiffness method." *AIAA Journal* 14: 2035–2037 (1966).
2. Oden, J. T., "A general theory of finite elements." *International Journal for Numerical Methods in Engineering* 1: 205–221 and 247–259 (1969).
3. Strang, W.G. and G. Fix, *An analysis of the finite element method,* Prentice Hall, Englewood Cliffs, NJ (1973).
4. Tong, P. and T. H. H. Pian, "On the convergence of a finite element method in solving linear elastic problems." *International Journal of Solids and Structures* 3: 865–879 (1967).

输入数据/输出数据

```
INPUT TO QUAD
<< 2D STRESS ANALYSIS USING QUAD >>
EXAMPLE 8.4
NN     NE     NM      NDIM    NEN     NDN
9      4      1       2       4       2
ND     NL     NMPC
6      1      0
Node#  X      Y
1      0      0
2      0      15
3      0      30
4      30     0
5      30     15
6      30     30
7      60     0
8      60     15
9      60     30
Elem#  N1     N2      N3      N4      Material#     Thickness     TempRise
1      1      4       5       2       1             10            0
2      2      5       6       3       1             10            0
3      4      7       8       5       1             10            0
4      5      8       9       6       1             10            0
DOF#   Displ.
1      0
2      0
3      0
4      0
5      0
6      0
DOF#   Load
18     -10000
MAT#   E       Nu      Alpha
1      7.00E+04        0.33    1.20E-05
B1     i      B2      j       B3      (Multi-point constr. B1*Qi+B2*Qj=B3)
```

```
OUTPUT FROM QUAD
Program Quad - Plane Stress Analysis
EXAMPLE 8.4
Node#  X-Displ        Y-Displ
1      -8.89837E-07   -2.83351E-07
2      1.77363E-08    1.50706E-07
3      8.72101E-07    -3.07839E-07
4      -0.088095167   -0.131050922
5      -0.001282636   -0.123052776
```

（续）

```
6      0.087963341     -0.126964356
7      -0.116924591    -0.365192248
8      0.000352218     -0.370143531
9      0.125124584     -0.386856887
Elem# Iteg1 Iteg2 Iteg3 Iteg4 <== vonMises Stresses
1      213.3629   160.2804   53.7790    141.1354
2      136.9611    48.5291  159.9454    208.3194
3      93.7355     58.8159   38.02357    91.4752
4      92.3071     69.3212   94.1831    120.1013
```

INPUT TO AXIQUAD

```
<< AXISYMMETRIC STRESS ANALYSIS USING AXIQUAD ELEMENT >>
EXAMPLE 6.4
NN     NE     NM      NDIM     NEN     NDN
6      2      1       2        4       2
ND     NL     NMPC
3      6      0
Node#  X      Y
1      3      0
2      3      0.5
3      7.5    0
4      7.5    0.5
5      12     0
6      12     0.5
Elem#  N1     N2      N3       N4      Material#     TempRise
1      1      3       4        2       1       0
2      3      5       6        4       1       0
DOF#   Displ.
2      0
6      0
10     0
DOF#   Load
1      3449
3      9580
5      23380
7      38711
9      32580
11     18780
MAT#   E              Nu       Alpha
1      3.00E+07       0.3      1.20E-05
B1     i      B2      j        B3  (Multi-point constr. B1*Qi+B2*Qj=B3)
```

OUTPUT FROM AXIQUAD

```
Program AxiQuad - Stress Analysis
EXAMPLE 6.4
Node#  R-Displ        Z-Displ
1      0.000829703    9.02758E-12
2      0.000828915    -5.42961E-05
3      0.000885462    -1.43252E-11
4      0.000887988    -2.52897E-05
5      0.000903563    5.29761E-12
6      0.000898857    -1.61269E-05
Elem#   Iteg1         Iteg2      Iteg3      Iteg4 <== vonMises Stresses
1       6271.290      3959.454   3964.174   6270.092
2       3094.231      2391.461   2390.800   3100.338
```

习　　题

8.1　有一个四节点四边形单元，每个节点的坐标（x，y）如习题8.1图所示，单元位移列阵 $\boldsymbol{q}$ 为

$$\boldsymbol{q} = (1, 0, 0.15, 0, 0.2, 0.35, 0, 0.08)^{\mathrm{T}}$$

求解：

（1）在基准单元中，点 P 的坐标为 $\xi = 1$，$\eta = 1$，求出该点在 Oxy 坐标系下的坐标。

（2）该点 P 的位移 u、v。

8.2　利用2×2阶高斯积分计算

$$\int_A\int (x^2 + xy^2)\,\mathrm{d}x\mathrm{d}y$$

其中，积分区域 A 见习题8.1图。

8.3　判断以下叙述是否正确：

（1）沿一个四节点四边形单元的边界，其形状函数是线性的。

（2）对四节点、八节点和九节点四边形等参单元，基准单元中的点 $\xi = 0$、$\eta = 0$ 与 Oxy 坐标系中单元的质心是一致的。

（3）单元内最大应力是高斯点上的应力。

（4）用两点高斯积分可以精确计算三次多项式的积分。

8.4　利用程序 QUAD 和四节点四边形单元求解习题6.17。（注意，根据2×2的网格划分方式输入数据）

8.5　习题8.5图为对称涵洞模型的一半，其顶部的路面作用有均布载荷5000N/m²。用程序 MESHGEN（在第12章中介绍）生成四节点四边形单元的网格，用程序 QUAD 确定最大主应力的位置和大小。首先试着用6个左右的单元划分网格，然后再采用18个左右的单元进行计算，最后比较两者的结果。

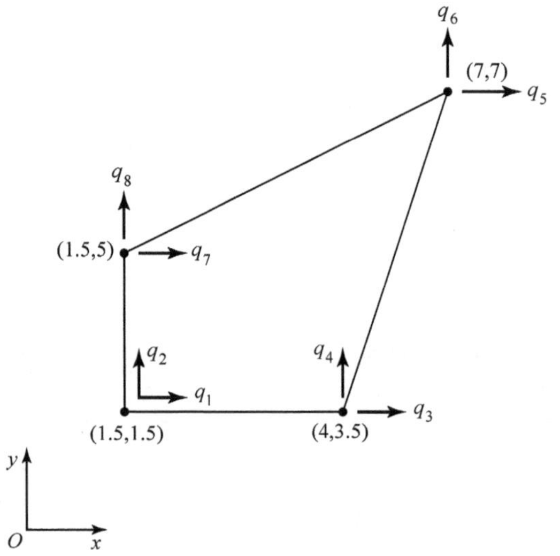

习题8.1图

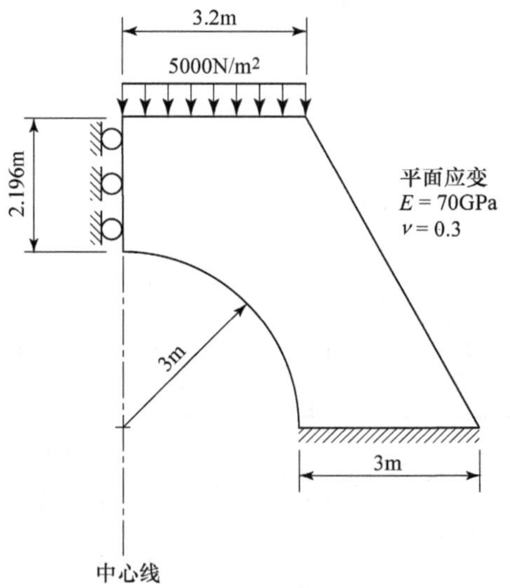

习题8.5图

8.6　用程序 QUAD 中的四节点四边形单元求解习题6.18，并将计算结果与由常应变三角形（CST）单元计算出的结果进行比较。注意使用尺寸相当的单元。

8.7　用程序 QUAD 中的四节点四边形单元求解习题6.19。

8.8　用程序 QUAD 中的四节点四边形单元求解习题6.22。

8.9　AXIQUAD 是采用四节点四边形单元进行轴对称应力分析的程序，用该程序求解例题7.2，并进

行结果比较。（提示：矩阵 $\boldsymbol{B}$ 的前三行和式（8.25）的平面应力问题相同，最后一行可以通过 $\varepsilon_\theta = u/r$ 求得）

8.10　该问题将主要涉及第12章所介绍程序 MESHGEN 中的一个概念，一个八节点区域如习题 8.10 图 a 所示，相应的基准单元或分块如习题 8.10 图 b 所示，把该区域分成 $3\times3=9$ 个大小相等的小块，用虚线表示。试确定出全部 16 个节点的 x、y 坐标，并在习题 8.10 图 a 中划分出这 9 个子域。可采用式（8.56）和式（8.58）所给的形状函数。

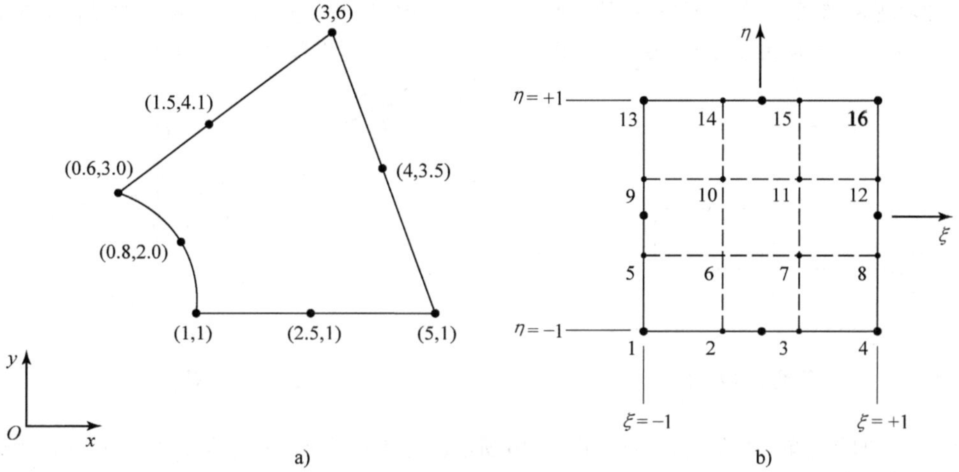

习题 8.10 图

8.11　编写八节点四边形单元的程序，用 3 个单元来分析如习题 8.11 图所示的悬臂梁，计算 x 方向的应力和中心线的挠度，与以下模型的计算结果进行比较。

（a）采用 6 个常应变三角形（CST）单元的模型。

（b）梁的理论解。

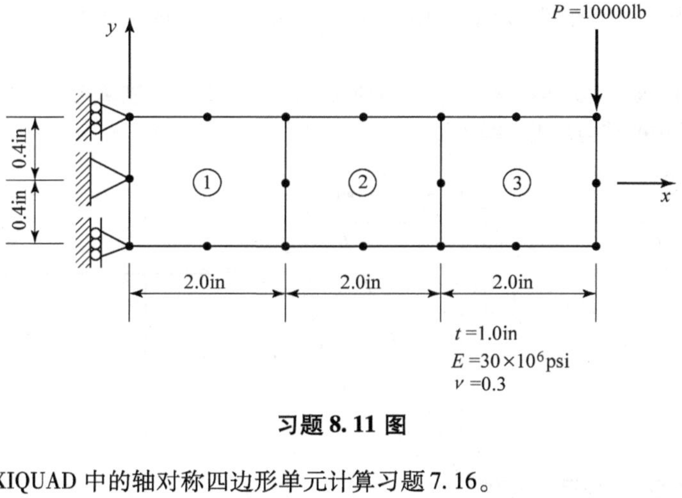

习题 8.11 图

8.12　用程序 AXIQUAD 中的轴对称四边形单元计算习题 7.16。

8.13　简要回答以下问题：

（a）“高阶单元”的具体含义？（高阶中的“高”是相对什么而言的？）

（b）对于各向同性材料有几个独立材料参数？

（c）对于平面应力/应变的二维单元采用 6 节点的六边形单元，k 和 B 的矩阵维数大小各是多少？

（d）简述有限元分析中收敛性的含义。通过网上资源搜索并了解 h-收敛和 p-收敛。

8.14 指出如习题8.14图所示4个四边形单元模型的错误，并给出改正模型的建议。

8.15 简要回答以下问题并做出判断：

（a）四节点四边形单元中的应力是常数吗？

（b）四节点四边形单元边上的形状函数是线性的吗？

（c）为什么需要进行数值积分？

（d）对于四节点四边形单元在计算矩阵时一般采用几个积分点？

（e）如习题8.15图所示一个结构中的节点 $k_{structure}$ 与一个固定节点 j 为刚性连接，假设在小变形下，写出形如 $\beta_1 Q_{kx} + \beta_2 Q_{ky} = \beta_0$ 相应的边界条件（约束方程）。（提示：可以参考第3章中的讨论）

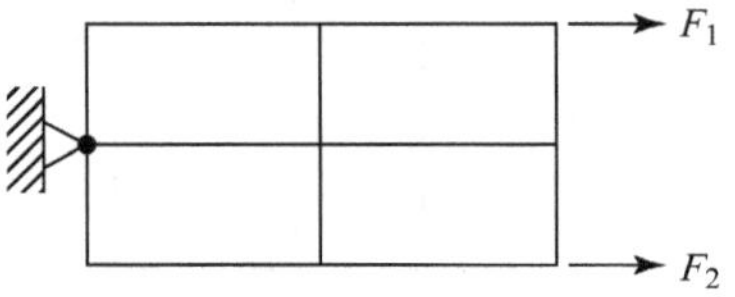

习题8.14图

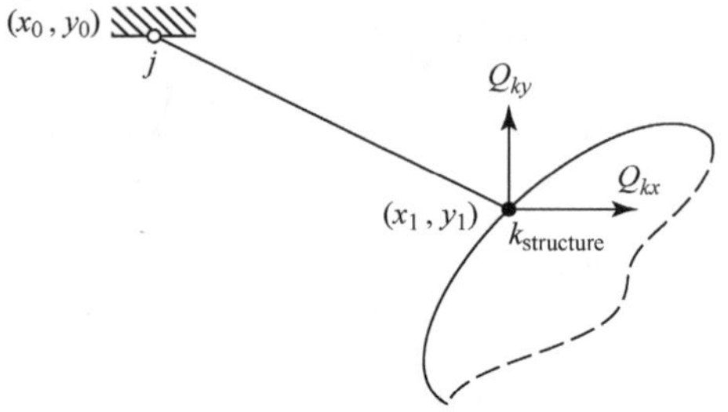

习题8.15图

8.16 一个四节点单元变形后的形状如图8.16所示，请确定应变 ε_x，ε_y 和 γ_{xy} 关于 x，y 的表达式。

8.17 单元势能关于局部位移 q_1 和 q_2 的表达式如下：

$$\Pi_e = 4q_1^2 - 5q_1 q_2 + 8q_2^2 + 7q_1$$

写出单元刚度矩阵 $\boldsymbol{k}$ 和单元节点力 $\boldsymbol{f}$ 的表达式。

8.18 简要回答以下问题并做出判断：

（a）二维正交异性材料有几个独立材料参数？

（b）简述“建模误差”和“网格划分误差”。

（c）平面弹性问题中八节点四边形单元相比于四节点四边形单元的主要优点是单元边可以为曲线，请对此进行评论。

（d）单元承受静水压力，$\sigma_x = \sigma_y = \sigma_z = \sigma_0$，且所有剪切应力为零，该单元的冯·米泽斯应力为多少？

（e）习题8.18图中的结构是否有刚体位移？

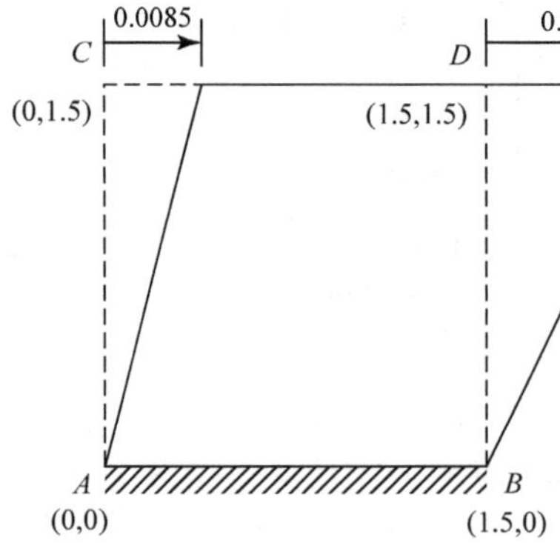

习题8.16图

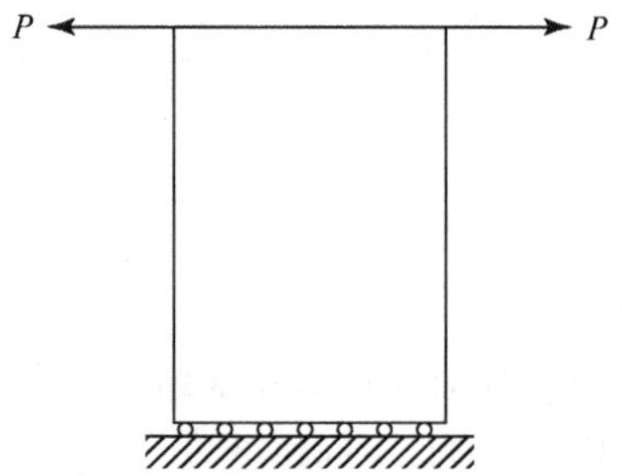

习题8.18图

8.19 如习题8.19图所示的平面应力问题，采用粗略有限元网格划分。请给出网格的所有边界条件和载荷。（类似于截面边界条件和载荷的输入数据）

8. 20　对于如习题 8. 20 图所示的梁问题，判断网格 A 或 B，哪一种网格划分更合理？

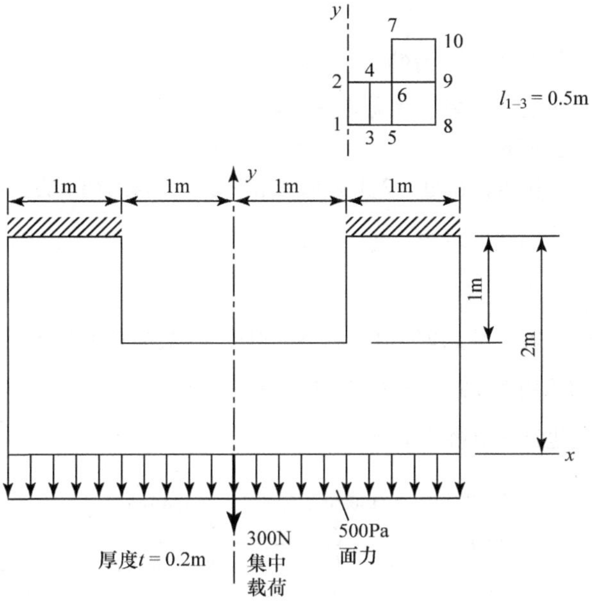

习题 8. 19 图

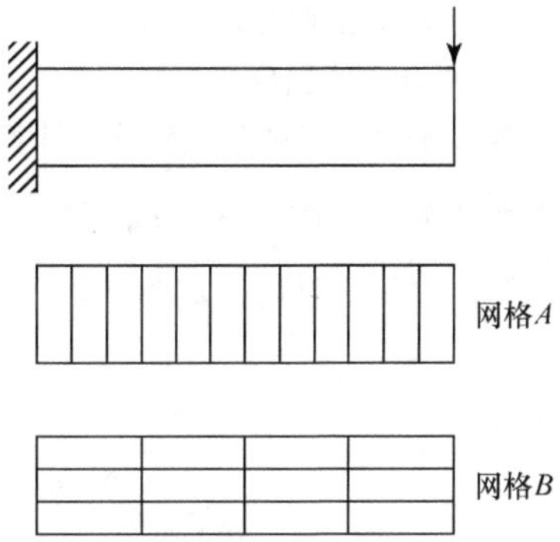

习题 8. 20 图

8. 21　如习题 8. 21 图所示的平面应力问题，该简单模型中包含了 1-4-3-2 和 6-5-4-1 两个单元。载荷包括沿着对称轴上的集中载荷 P 和在右侧边界上的对称分布载荷。对于半对称模型，采用 QUAD 程序，给出输入数据格式中的所有边界条件和等效集中载荷。

8. 22　如习题 8. 22 图所示的平面应力问题，将对称部分划分为 4 个矩形单元。标出节点和单元编号，给出输入 QUAD 程序数据格式中的所有边界条件和载荷。

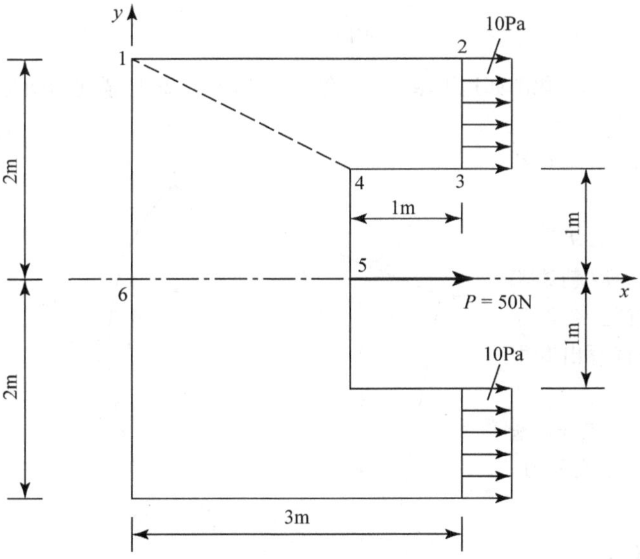

厚度1m

习题 8. 21 图

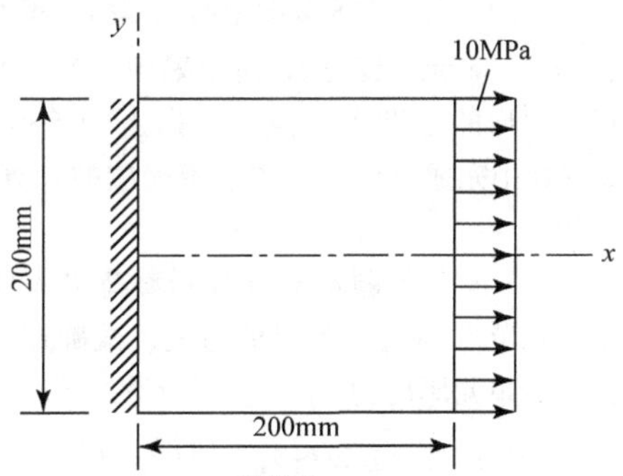

厚度20mm

习题 8. 22 图

8.23 考虑节点1、2、3、4按逆时针（CCW）排列的四边形单元，其坐标分别为（0，0），（3，0），（3，1）和（0，1），单元厚度 $t_e=1$，计算积分

$$I=\int_{节点1}^{节点2}N_1\mathrm{d}S+\int_{节点2}^{节点3}N_1\mathrm{d}S$$

采用一点高斯-勒让德二次积分（即一点数值积分）计算。注意 $\mathrm{d}S=t_e\mathrm{d}l$。

8.24 若体积力 $\boldsymbol{f}=(f_x,f_y)^{\mathrm{T}}\mathrm{lb/in^3}$，试重新做例题8.3。

8.25 一个四节点四边形单元，如习题8.25图所示，在边1-2上施加三角形载荷。采用如下方法推导节点1和2的等效节点力：

（a）一点数值积分。

（b）两点数值积分。

8.26 采用一点和三点积分，计算在节点1(0，0)、节点2(1，0)和节点3(0，1)处的CST单元（三节点三角形单元）上的 $\int(\xi^2+\xi\eta)\mathrm{d}A$，并将结果与采用多项式三角形积分形式的精确解对比。

8.27 对于如习题8.27图所示平面应力问题进行载荷拼片实验。

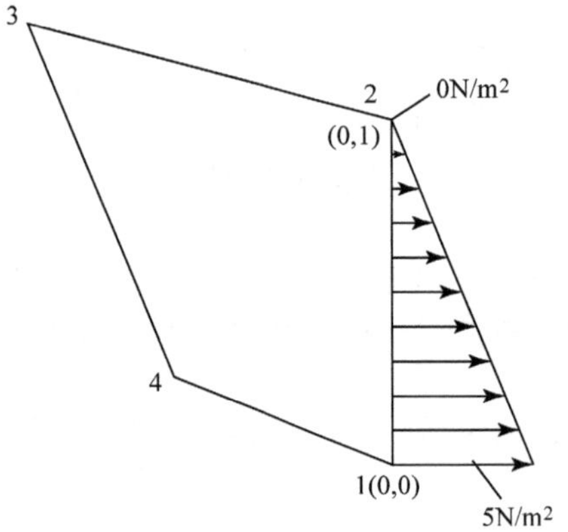

习题8.25图

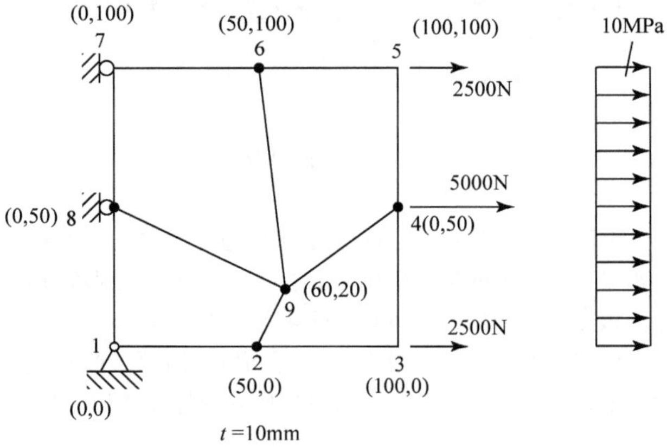

习题8.27图

8.28 采用5-1-2-5，5-2-3-5，5-3-4-5和5-4-1-5退化的四边形单元，对第6章中图6.12a所描述的问题进行位移拼片试验。

8.29 采用习题8.28中的退化四边形单元，对第6章中图6.12b所描述的问题进行载荷拼片实验。

8.30 若例题8.2图中的单元的体积力为 $\boldsymbol{f}=(f_x,f_y)^{\mathrm{T}}=(x,0)^{\mathrm{T}}$。单元厚度为 t，确定采用（2×2）的高斯-勒让德积分求出的在四个节点 x 方向上的等效点载荷。在程序QUAD中完成该计算，或采用相应的计算机语言写出专用代码。

8.31 如习题8.31图所示载荷 $T_x=1\mathrm{N/m^2}$ 和 $T_y=0$ 施加在八节点四边形单元的边上，试确定等效节点载荷力。其中，单元厚度为1m。

提示：对于边2-6-3，$\xi=1(\mathrm{d}\xi=0)$，$\mathrm{d}S=\sqrt{(\mathrm{d}x)^2+(\mathrm{d}y)^2}=[\sqrt{(\mathrm{d}x/\mathrm{d}\eta)^2+(\mathrm{d}y/\mathrm{d}\eta)^2}]\mathrm{d}\eta$。采用两点数值积分。

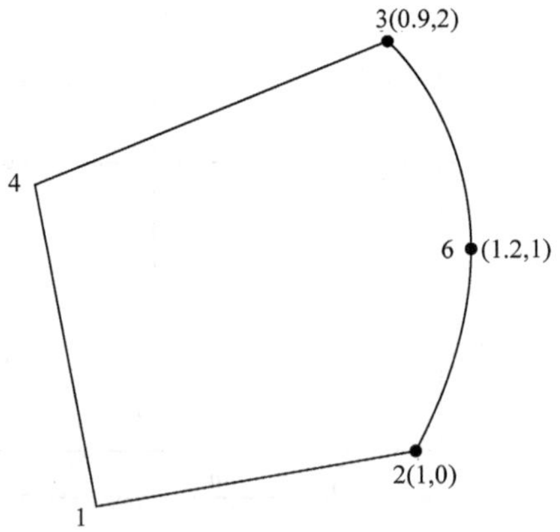

习题8.31图

程序清单

```
MAIN PROGRAM
'*************** PROGRAM QUAD **************
'*     2-D STRESS ANALYSIS USING 4-NODE    *
'* QUADRILATERAL ELEMENTS WITH TEMPERATURE *
'*    T.R.Chandrupatla and A.D.Belegundu   *
'*******************************************
Private Sub CommandButton1_Click()
     Call InputData
     Call Bandwidth
     Call Stiffness
     Call ModifyForBC
     Call BandSolver
     Call StressCalc
     Call ReactionCalc
     Call Output
End Sub
```

```
GLOBAL STIFFNESS
Private Sub Stiffness()
     ReDim S(NQ, NBW)
     '----- Global Stiffness Matrix -----
     For N = 1 To NE
     Call IntegPoints
     Call DMatrix(N)
     Call ElemStiffness(N)
     '----- <<< Stiffness Assembly same as other programs >>>
End Sub
```

```
INTEGRATION POINTS
Private Sub IntegPoints()
'------- Integration Points XNI() --------
     C = 0.57735026919
     XNI(1, 1) = -C: XNI(1, 2) = -C
     XNI(2, 1) = C: XNI(2, 2) = -C
     XNI(3, 1) = C: XNI(3, 2) = C
     XNI(4, 1) = -C: XNI(4, 2) = C
End Sub
```

```
D MATRIX
Private Sub DMatrix(N)
'-----        D() Matrix     -----
     '--- Material Properties
     MATN = MAT(N)
     E = PM(MATN, 1): PNU = PM(MATN, 2)
     AL = PM(MATN, 3)
     '--- D() Matrix
```

（续）

```
      If LC = 1 Then
         '--- Plane Stress
         C1 = E / (1 - PNU ^ 2): C2 = C1 * PNU
      Else
         '--- Plane Strain
         C = E / ((1 + PNU) * (1 - 2 * PNU))
         C1 = C * (1 - PNU): C2 = C * PNU
      End If
      C3 = 0.5 * E / (1 + PNU)
      D(1, 1) = C1: D(1, 2) = C2: D(1, 3) = 0
      D(2, 1) = C2: D(2, 2) = C1: D(2, 3) = 0
      D(3, 1) = 0: D(3, 2) = 0: D(3, 3) = C3
End Sub
```

```
ELEMENT STIFFNESS
Private Sub ElemStiffness(N)
'--------    Element Stiffness and Temperature Load -----
      For I = 1 To 8
      For J = 1 To 8: SE(I, J) = 0: Next J: TL(I) = 0: Next I
      DTE = DT(N)
      '--- Weight Factor is ONE
      '--- Loop on Integration Points
      For IP = 1 To 4
         '--- Get DB Matrix at Integration Point IP
         Call DbMat(N, 1, IP)
         '--- Element Stiffness Matrix      SE
         For I = 1 To 8
            For J = 1 To 8
               C = 0
               For K = 1 To 3
                  C = C + B(K, I) * DB(K, J) * DJ * TH(N)
                  Next K
                  SE(I, J) = SE(I, J) + C
            Next J
         Next I
         '--- Determine Temperature Load TL
         AL = PM(MAT(N), 3)
         C = AL * DTE: If LC = 2 Then C = (1 + PNU) * C
         For I = 1 To 8
            TL(I) = TL(I) + TH(N) * DJ * C * (DB(1, I) + DB(2, I))
         Next I
      Next IP
End Sub
```

```
STRESS CALCULATIONS
Private Sub StressCalc()
      ReDim vonMisesStress(NE, 4), maxShearStress(NE, 4)
      '----- Stress Calculations
      For N = 1 To NE
         Call DMatrix(N)
         For IP = 1 To 4
```

（续）

```
        '--- Get DB Matrix with Stress calculation
        '--- Von Mises Stress at Integration Point

        Call DbMat(N, 2, IP)
        C = 0: If LC = 2 Then C = PNU * (STR(1) + STR(2))
        C1 = (STR(1) - STR(2))^2 + (STR(2) - C)^2 + (C - STR(1))^2
        SV = Sqr(0.5 * C1 + 3 * STR(3) ^ 2)
        '--- Maximum Shear Stress R
        R = Sqr(0.25 * (STR(1) - STR(2))^2 + (STR(3))^2)
        maxShearStress(N, IP) = R
        vonMisesStress(N, IP) = SV
      Next IP
   Next N
End Sub
```

```
Private Sub DbMat(N, ISTR, IP)
'-------      DB()    MATRIX ------
     XI = XNI(IP, 1): ETA = XNI(IP, 2)
     '--- Nodal Coordinates
     THICK = TH(N)
     N1 = NOC(N, 1): N2 = NOC(N, 2)
     N3 = NOC(N, 3): N4 = NOC(N, 4)
     X1 = X(N1, 1): Y1 = X(N1, 2)
     X2 = X(N2, 1): Y2 = X(N2, 2)
     X3 = X(N3, 1): Y3 = X(N3, 2)
     X4 = X(N4, 1): Y4 = X(N4, 2)
     '--- Formation of Jacobian   TJ
     TJ11 = ((1 - ETA) * (X2 - X1) + (1 + ETA) * (X3 - X4)) / 4
     TJ12 = ((1 - ETA) * (Y2 - Y1) + (1 + ETA) * (Y3 - Y4)) / 4
     TJ21 = ((1 - XI) * (X4 - X1) + (1 + XI) * (X3 - X2)) / 4
     TJ22 = ((1 - XI) * (Y4 - Y1) + (1 + XI) * (Y3 - Y2)) / 4
     '--- Determinant of the JACOBIAN
     DJ = TJ11 * TJ22 - TJ12 * TJ21
     '--- A(3,4) Matrix relates Strains to
     '--- Local Derivatives of u
     A(1, 1) = TJ22 / DJ: A(2, 1) = 0: A(3, 1) = -TJ21 / DJ
     A(1, 2) = -TJ12 / DJ: A(2, 2) = 0: A(3, 2) = TJ11 / DJ
     A(1, 3) = 0: A(2, 3) = -TJ21 / DJ: A(3, 3) = TJ22 / DJ
     A(1, 4) = 0: A(2, 4) = TJ11 / DJ: A(3, 4) = -TJ12 / DJ
     '--- G(4,8) Matrix relates Local Derivatives of u
     '--- to Local Nodal Displacements q(8)
     For I = 1 To 4: For J = 1 To 8
     G(I, J) = 0: Next J: Next I
     G(1, 1) = -(1 - ETA) / 4: G(2, 1) = -(1 - XI) / 4
     G(3, 2) = -(1 - ETA) / 4: G(4, 2) = -(1 - XI) / 4
     G(1, 3) = (1 - ETA) / 4: G(2, 3) = -(1 + XI) / 4
     G(3, 4) = (1 - ETA) / 4: G(4, 4) = -(1 + XI) / 4
     G(1, 5) = (1 + ETA) / 4: G(2, 5) = (1 + XI) / 4
     G(3, 6) = (1 + ETA) / 4: G(4, 6) = (1 + XI) / 4
     G(1, 7) = -(1 + ETA) / 4: G(2, 7) = (1 - XI) / 4
     G(3, 8) = -(1 + ETA) / 4: G(4, 8) = (1 - XI) / 4
```

（续）

```
      '--- B(3,8) Matrix Relates Strains to q
      For I = 1 To 3
         For J = 1 To 8
            C = 0
            For K = 1 To 4
               C = C + A(I, K) * G(K, J)
            Next K
            B(I, J) = C
         Next J
      Next I
      '--- DB(3,8) Matrix relates Stresses to q(8)
      For I = 1 To 3
         For J = 1 To 8
            C = 0
            For K = 1 To 3
               C = C + D(I, K) * B(K, J)
            Next K:
            DB(I, J) = C
         Next J
      Next I
      If ISTR = 2 Then
            '--- Stress Evaluation
            For I = 1 To NEN
               IIN = NDN * (NOC(N, I) - 1)
               II = NDN * (I - 1)
               For J = 1 To NDN
                  Q(II + J) = F(IIN + J)
               Next J
            Next I
            AL = PM(MAT(N), 3)
            C1 = AL * DT(N): If LC = 2 Then C1 = C1 * (1 + PNU)
            For I = 1 To 3
               C = 0
               For K = 1 To 8
                  C = C + DB(I, K) * Q(K)
               Next K
               STR(I) = C - C1 * (D(I, 1) + D(I, 2))
            Next I
      End If
   End Sub
```

第 9 章

应力分析中的三维问题

9.1 引言

大多数工程问题都是三维的。到目前为止，我们已经学习了对简化模型进行有限元分析的方法，其中，采用杆单元、常应变三角形单元、轴对称单元和梁单元等都可以给出合理的结果。在这一章中，我们将推导处理三维应力问题的有限元公式，详细分析四节点四面体单元，也将讨论建模方法和长方体单元。此外，还将对有限元分析中的波前法进行介绍。

回顾第 1 章所给出的位移表达式，有

$$\boldsymbol{u} = (u, v, w)^{\mathrm{T}} \tag{9.1}$$

式中，u、v 和 w 分别是沿 x、y 和 z 方向的位移。应力、应变分别为

$$\boldsymbol{\sigma} = (\sigma_x, \sigma_y, \sigma_z, \tau_{yz}, \tau_{xz}, \tau_{xy})^{\mathrm{T}} \tag{9.2}$$

$$\boldsymbol{\varepsilon} = (\varepsilon_x, \varepsilon_y, \varepsilon_z, \gamma_{yz}, \gamma_{xz}, \gamma_{xy})^{\mathrm{T}} \tag{9.3}$$

应力-应变关系为

$$\boldsymbol{\sigma} = \boldsymbol{D}\boldsymbol{\varepsilon} \tag{9.4}$$

式中，$\boldsymbol{D}$ 是一个维数为（6×6）的对称矩阵。对于各向同性材料，$\boldsymbol{D}$ 由式（1.15）给出。

应变-位移关系为

$$\boldsymbol{\varepsilon} = \left(\frac{\partial u}{\partial x}, \frac{\partial v}{\partial y}, \frac{\partial w}{\partial z}, \frac{\partial v}{\partial z} + \frac{\partial w}{\partial y}, \frac{\partial u}{\partial z} + \frac{\partial w}{\partial x}, \frac{\partial u}{\partial y} + \frac{\partial v}{\partial x}\right)^{\mathrm{T}} \tag{9.5}$$

体积力和面力矢量分别为

$$\boldsymbol{f} = (f_x, f_y, f_z)^{\mathrm{T}} \tag{9.6}$$

$$\boldsymbol{T} = (T_x, T_y, T_z)^{\mathrm{T}} \tag{9.7}$$

三维问题的总势能和伽辽金虚功形式见第 1 章。

9.2 有限元分析列式

将一个体划分为四节点的四面体单元，每个节点赋予一个编号及 x、y 和 z 的坐标值；一个典型的单元ⓔ如图 9.1 所示，所定义的单元节点编码见表 9.1。

对于每个局部节点 i，它的三个自由度表示为 q_{3i-2}、q_{3i-1} 和 q_{3i}，而与其对应的整体节点 I，表示为 Q_{3I-2}、Q_{3I-1} 和 Q_{3I}。因此，单元和整体位移列阵分别为

$$\boldsymbol{q} = (q_1, q_2, q_3, \cdots, q_{12})^{\mathrm{T}} \tag{9.8}$$

$$\boldsymbol{Q} = (Q_1, Q_2, Q_3, \cdots, Q_N)^{\mathrm{T}} \tag{9.9}$$

每个节点有三个自由度，上式中 N 是结构中自由度的总数。我们可以定义四个拉格朗日形式的形状函数 N_1、N_2、N_3 和 N_4，其中，形状函数 N_i 在节点 i 的值为 1，在其他三个节点处

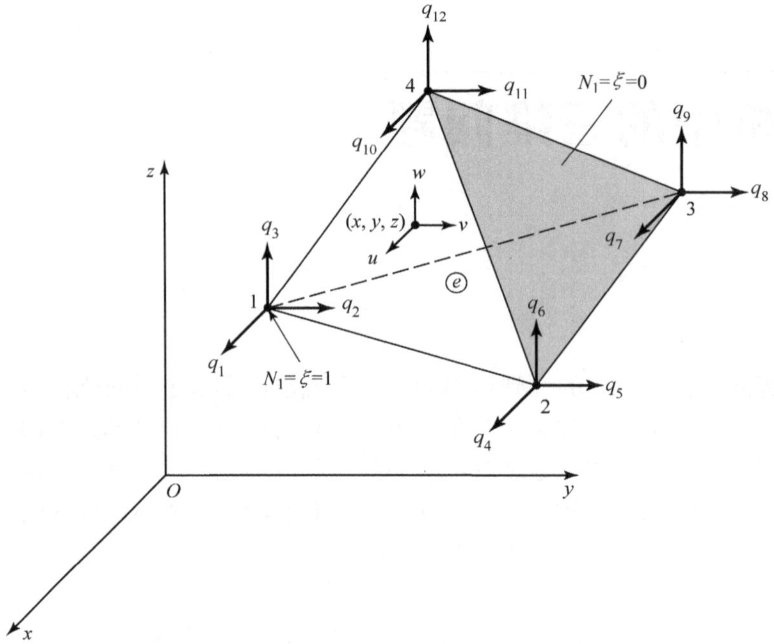

图 9.1 四面体单元

表 9.1 单元的节点信息

单 元 编 号	节 点			
	1	2	3	4
ⓔ	I	J	K	L

为零。例如，N_1 在节点 2、3、4 处为零，在节点 1 处线性地增加到 1。应用图 9.2 所示的基准单元，可以定义形状函数为

$$N_1 = \xi, N_2 = \eta, N_3 = \zeta, N_4 = 1 - \xi - \eta - \zeta \qquad (9.10)$$

这样在位置 $\boldsymbol{x}$ 处，位移 u、v 和 w 可以通过未知的节点位移表达成

$$\boldsymbol{u} = \boldsymbol{Nq} \qquad (9.11)$$

其中

$$\boldsymbol{N} = \begin{pmatrix} N_1 & 0 & 0 & N_2 & 0 & 0 & N_3 & 0 & 0 & N_4 & 0 & 0 \\ 0 & N_1 & 0 & 0 & N_2 & 0 & 0 & N_3 & 0 & 0 & N_4 & 0 \\ 0 & 0 & N_1 & 0 & 0 & N_2 & 0 & 0 & N_3 & 0 & 0 & N_4 \end{pmatrix}$$

$$(9.12)$$

容易看出，式（9.10）给出的形状函数可以用来定义用于位移 u、v 和 w 插值点的坐标 x、y 和 z。这就是几何位置的等参变换，即

$$\begin{cases} x = N_1 x_1 + N_2 x_2 + N_3 x_3 + N_4 x_4 \\ y = N_1 y_1 + N_2 y_2 + N_3 y_3 + N_4 y_4 \\ z = N_1 z_1 + N_2 z_2 + N_3 z_3 + N_4 z_4 \end{cases} \qquad (9.13)$$

$N_1 = \xi$
$N_2 = \eta$
$N_3 = \zeta$
$N_4 = 1 - \xi - \eta$

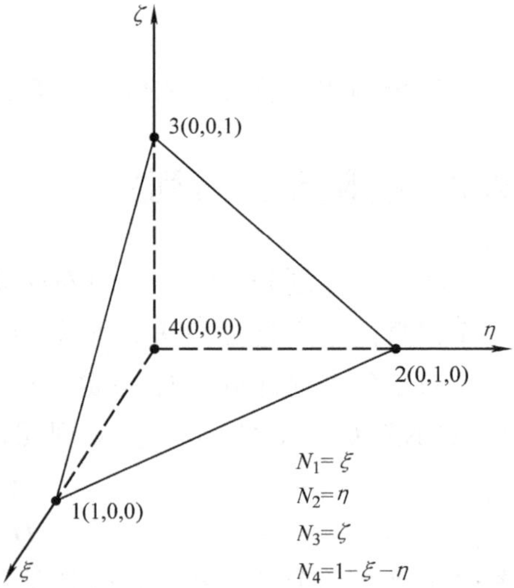

图 9.2 基准单元

将式 (9.10) 中的 N_i 代入, 使用记号 $x_{ij} = x_i - x_j$, $y_{ij} = y_i - y_j$, $z_{ij} = z_i - z_j$, 则有

$$
\begin{cases}
x = x_4 + x_{14}\xi + x_{24}\eta + x_{34}\zeta \\
y = y_4 + y_{14}\xi + y_{24}\eta + y_{34}\zeta \\
z = z_4 + z_{14}\xi + z_{24}\eta + z_{34}\zeta
\end{cases}
\tag{9.14}
$$

若对 u 应用偏导数的链式法则, 有

$$
\begin{pmatrix} \dfrac{\partial u}{\partial \xi} \\[2mm] \dfrac{\partial u}{\partial \eta} \\[2mm] \dfrac{\partial u}{\partial \zeta} \end{pmatrix} = \boldsymbol{J} \begin{pmatrix} \dfrac{\partial u}{\partial x} \\[2mm] \dfrac{\partial u}{\partial y} \\[2mm] \dfrac{\partial u}{\partial z} \end{pmatrix}
\tag{9.15}
$$

因此, 上述关系式给出了关于 ξ、η 和 ζ 的偏导数与关于 x、y 和 z 的偏导数之间的联系, 其中的雅可比变换为

$$
\boldsymbol{J} = \begin{pmatrix} \dfrac{\partial x}{\partial \xi} & \dfrac{\partial y}{\partial \xi} & \dfrac{\partial z}{\partial \xi} \\[2mm] \dfrac{\partial x}{\partial \eta} & \dfrac{\partial y}{\partial \eta} & \dfrac{\partial z}{\partial \eta} \\[2mm] \dfrac{\partial x}{\partial \zeta} & \dfrac{\partial y}{\partial \zeta} & \dfrac{\partial z}{\partial \zeta} \end{pmatrix} = \begin{pmatrix} x_{14} & y_{14} & z_{14} \\ x_{24} & y_{24} & z_{24} \\ x_{34} & y_{34} & z_{34} \end{pmatrix}
\tag{9.16}
$$

在这里, 注意到

$$
\det \boldsymbol{J} = x_{14}(y_{24}z_{34} - y_{34}z_{24}) + y_{14}(z_{24}x_{34} - z_{34}x_{24}) + z_{14}(x_{24}y_{34} - x_{34}y_{24})
\tag{9.17}
$$

单元的体积为

$$
V_e = \left| \int_0^1 \int_0^{1-\xi} \int_0^{1-\xi-\eta} \det \boldsymbol{J} \, \mathrm{d}\xi \mathrm{d}\eta \mathrm{d}\zeta \right|
\tag{9.18}
$$

由于 $\det \boldsymbol{J}$ 为常量, 因此

$$
V_e = |\det \boldsymbol{J}| \int_0^1 \int_0^{1-\xi} \int_0^{1-\xi-\eta} \mathrm{d}\xi \mathrm{d}\eta \mathrm{d}\zeta
\tag{9.19}
$$

使用多项式的积分公式

$$
\int_0^1 \int_0^{1-\xi} \int_0^{1-\xi-\eta} \xi^m \eta^n \zeta^p (1 - \xi - \eta - \xi)^q \mathrm{d}\xi \mathrm{d}\eta \mathrm{d}\zeta = \frac{m!n!p!q!}{(m + n + p + q + 3)!}
\tag{9.20}
$$

则有

$$
V_e = \frac{1}{6} |\det \boldsymbol{J}|
\tag{9.21}
$$

与式 (9.15) 对应的互逆关系为

$$
\begin{pmatrix} \dfrac{\partial u}{\partial x} \\[2mm] \dfrac{\partial u}{\partial y} \\[2mm] \dfrac{\partial u}{\partial z} \end{pmatrix} = \boldsymbol{A} \begin{pmatrix} \dfrac{\partial u}{\partial \xi} \\[2mm] \dfrac{\partial u}{\partial \eta} \\[2mm] \dfrac{\partial u}{\partial \zeta} \end{pmatrix}
\tag{9.22}
$$

式中, $\boldsymbol{A}$ 是式 (9.16) 中雅可比矩阵 $\boldsymbol{J}$ 的逆矩阵, 即

$$A = J^{-1} = \frac{1}{\det J}\begin{pmatrix} y_{24}z_{34} - y_{34}z_{24} & y_{34}z_{14} - y_{14}z_{34} & y_{14}z_{24} - y_{24}z_{14} \\ z_{24}x_{34} - z_{34}x_{24} & z_{34}x_{14} - z_{14}x_{34} & z_{14}x_{24} - z_{24}x_{14} \\ x_{24}y_{34} - x_{34}y_{24} & x_{34}y_{14} - x_{14}y_{34} & x_{14}y_{24} - x_{24}y_{14} \end{pmatrix} \tag{9.23}$$

利用这样几个关系：式（9.5）中的应力-位移关系，式（9.22）中关于 x、y 和 z 与 ξ、η 和 ζ 的导数之间的转换关系，以及式（9.11）中所设定的位移场 $\boldsymbol{u} = \boldsymbol{Nq}$，则有

$$\boldsymbol{\varepsilon} = \boldsymbol{Bq} \tag{9.24}$$

式中，$\boldsymbol{B}$ 是一个维数为（6×12）的矩阵，即

$$\boldsymbol{B} = \begin{pmatrix} A_{11} & 0 & 0 & A_{12} & 0 & 0 & A_{13} & 0 & 0 & -\tilde{A}_1 & 0 & 0 \\ 0 & A_{21} & 0 & 0 & A_{22} & 0 & 0 & A_{23} & 0 & 0 & -\tilde{A}_2 & 0 \\ 0 & 0 & A_{31} & 0 & 0 & A_{32} & 0 & 0 & A_{33} & 0 & 0 & -\tilde{A}_3 \\ 0 & A_{31} & A_{21} & 0 & A_{32} & A_{22} & 0 & A_{33} & A_{23} & 0 & -\tilde{A}_3 & -\tilde{A}_2 \\ A_{31} & 0 & A_{11} & A_{32} & 0 & A_{12} & A_{33} & 0 & A_{13} & -\tilde{A}_3 & 0 & -\tilde{A}_1 \\ A_{21} & A_{11} & 0 & A_{22} & A_{12} & 0 & A_{23} & A_{13} & 0 & -\tilde{A}_2 & -\tilde{A}_1 & 0 \end{pmatrix} \tag{9.25}$$

这里 $\tilde{A}_1 = A_{11} + A_{12} + A_{13}$，$\tilde{A}_2 = A_{21} + A_{22} + A_{23}$，$\tilde{A}_3 = A_{31} + A_{32} + A_{33}$，$\boldsymbol{B}$ 的所有项均为常数。因此，当得到节点位移后，式（9.24）将给出常数应变。

单元刚度矩阵

在总势能中，单元的应变能为

$$\begin{aligned} U_e &= \frac{1}{2}\int_e \boldsymbol{\varepsilon}^{\mathrm{T}}\boldsymbol{D\varepsilon}\mathrm{d}V \\ &= \frac{1}{2}\boldsymbol{q}^{\mathrm{T}}\boldsymbol{B}^{\mathrm{T}}\boldsymbol{DBq}\int_e \mathrm{d}V \\ &= \frac{1}{2}\boldsymbol{q}^{\mathrm{T}}V_e\boldsymbol{B}^{\mathrm{T}}\boldsymbol{DBq} \\ &= \frac{1}{2}\boldsymbol{q}^{\mathrm{T}}\boldsymbol{k}^e\boldsymbol{q} \end{aligned} \tag{9.26}$$

式中，单元刚度矩阵 $\boldsymbol{k}^e$ 为

$$\boldsymbol{k}^e = V_e\boldsymbol{B}^{\mathrm{T}}\boldsymbol{DB} \tag{9.27}$$

其中，V_e 为单元体积，其值为 $1/6\,|\det \boldsymbol{J}|$。根据伽辽金方法，单元的内部虚功是

$$\int_e \boldsymbol{\sigma}^{\mathrm{T}}\boldsymbol{\varepsilon}(\phi)\mathrm{d}V = \boldsymbol{\psi}^{\mathrm{T}}V_e\boldsymbol{B}^{\mathrm{T}}\boldsymbol{DBq} \tag{9.28}$$

它也可以给出与式（9.27）相同的单元刚度矩阵。

载荷项

与体积力相关的势能项是

$$\int_e \boldsymbol{u}^{\mathrm{T}}\boldsymbol{f}\mathrm{d}V = \boldsymbol{q}^{\mathrm{T}}\iiint \boldsymbol{N}^{\mathrm{T}}\boldsymbol{f}\det \boldsymbol{J}\mathrm{d}\xi\mathrm{d}\eta\mathrm{d}\zeta = \boldsymbol{q}^{\mathrm{T}}\boldsymbol{f}^e \tag{9.29}$$

利用式（9.20）的积分公式，有

$$\boldsymbol{f}^e = \frac{V_e}{4}(f_x, f_y, f_z, f_x, f_y, f_z, \cdots, f_z)^{\mathrm{T}} \tag{9.30}$$

对于式（9.30），单元的体积力列阵 $\boldsymbol{f}^e$ 是（12×1）维的。注意到 $V_e f_x$ 是体积力在 x 方向上的分量，它被分布到自由度 q_1、q_4、q_7 和 q_{10} 上。

现在，我们来考察在边界表面上作用有均布力的情况，四面体单元的边界面是一个三角形，不失一般性，设 A_e 是载荷作用的边界面，它的局部节点为 1、2 和 3，则

$$\int_{A_e} \boldsymbol{u}^{\mathrm{T}} \boldsymbol{T} \mathrm{d}A = \boldsymbol{q}^{\mathrm{T}} \int_{A_e} \boldsymbol{N}^{\mathrm{T}} \boldsymbol{T} \mathrm{d}A = \boldsymbol{q}^{\mathrm{T}} \boldsymbol{T}^e \tag{9.31}$$

因此，得到的单元载荷列阵为

$$\boldsymbol{T}^e = \frac{A_e}{3}(T_x, T_y, T_z, T_x, T_y, T_z, T_x, T_y, T_z, 0, 0, 0) \tag{9.32}$$

利用单元的节点连接关系，可以把单元的刚度矩阵和载荷列阵组装到整体中去。对于集中力，则可以将它直接加到载荷列阵的对应位置上；对于边界条件，可以采用惩罚函数或其他方法进行处理。采用势能方法和伽辽金法都可以得到以下方程组

$$\boldsymbol{KQ} = \boldsymbol{F} \tag{9.33}$$

9.3 应力的计算

对以上方程进行求解后，可以得到单元节点位移 $\boldsymbol{q}$。由于 $\boldsymbol{\sigma} = \boldsymbol{D\varepsilon}$，$\boldsymbol{\varepsilon} = \boldsymbol{Bq}$，因此单元的应力为

$$\boldsymbol{\sigma} = \boldsymbol{DBq} \tag{9.34}$$

由式（9.35）的关系式可以计算出三个主应力，对于维数为（3×3）的应力张量，它的三个不变量是

$$\begin{cases} I_1 = \sigma_x + \sigma_y + \sigma_z \\ I_2 = \sigma_x\sigma_y + \sigma_y\sigma_z + \sigma_x\sigma_z - \tau_{yz}^2 - \tau_{xz}^2 - \tau_{xy}^2 \\ I_3 = \sigma_x\sigma_y\sigma_z + 2\tau_{yz}\tau_{xz}\tau_{xy} - \sigma_x\tau_{yz}^2 - \sigma_y\tau_{xz}^2 - \sigma_z\tau_{xy}^2 \end{cases} \tag{9.35}$$

定义

$$\begin{cases} a = \dfrac{I_1^2}{3} - I_2 \\ b = -2\left(\dfrac{I_1}{3}\right)^3 + \dfrac{I_1 I_2}{3} - I_3 \\ c = 2\sqrt{\dfrac{a}{3}} \\ \theta = \dfrac{1}{3}\arccos\left(-\dfrac{3b}{ac}\right) \end{cases} \tag{9.36}$$

则主应力为

$$\begin{cases} \sigma_1 = \dfrac{I_1}{3} + c\cos\theta \\ \sigma_2 = \dfrac{I_1}{3} + c\cos\left(\theta + \dfrac{2\pi}{3}\right) \\ \sigma_3 = \dfrac{I_1}{3} + c\cos\left(\theta + \dfrac{4\pi}{3}\right) \end{cases} \tag{9.37}$$

通过求解以下方程获得主应力 σ_k 的方向为 $(\nu_{kx}, \nu_{ky}, \nu_{kz})^{\mathrm{T}}$。

$$\begin{pmatrix} \sigma_x-\sigma_k & \tau_{xy} & \tau_{xz} \\ \tau_{xy} & \sigma_y-\sigma_k & \tau_{yz} \\ \tau_{xz} & \tau_{yz} & \sigma_z-\sigma_k \end{pmatrix}\begin{pmatrix} \nu_{kx} \\ \nu_{ky} \\ \nu_{kz} \end{pmatrix}=0 \tag{9.38}$$

注意到在式（9.38）中 3×3 矩阵是奇异阵。因此，这三个方程不是相互独立的。如果三个主应力值不相同，采用前两个方程可以通过设定 $\nu_{kz}=1$ 求解 ν_{kx} 和 ν_{ky}，并利用式 $\boldsymbol{\nu}_k^{\mathrm{T}}\boldsymbol{\nu}_k=1$ 使得矢量 $\boldsymbol{\nu}_k$ 正则化而获得。尤其是要注意当两个特征值相同时的情况。

9.4 网格划分

类似于采用三角形单元来填充一个二维区域的方法，对于复杂的三维区域，也可以由四面体单元进行有效的填充，若进行人工数据准备，这将是一项冗长而乏味的事情。为了克服这一困难，对于简单的区域，容易将它们划分成八节点六面体单元。图 9.3 所示为一个基准立方体，可以将它划分成 5 个四面体，如图 9.4 所示，其节点编码见表 9.2。

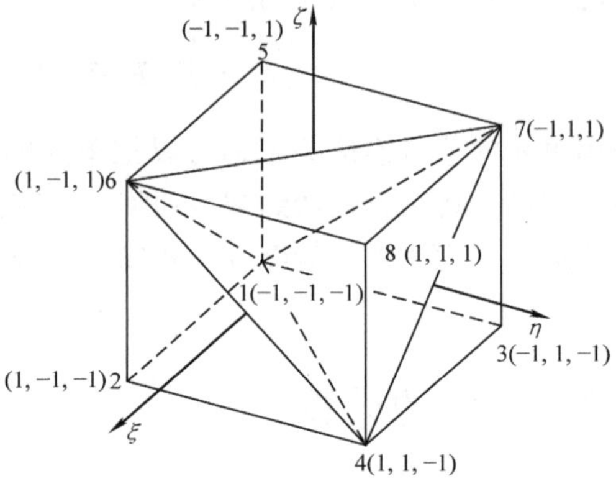

图 9.3 用于四面体单元划分的基准立方体

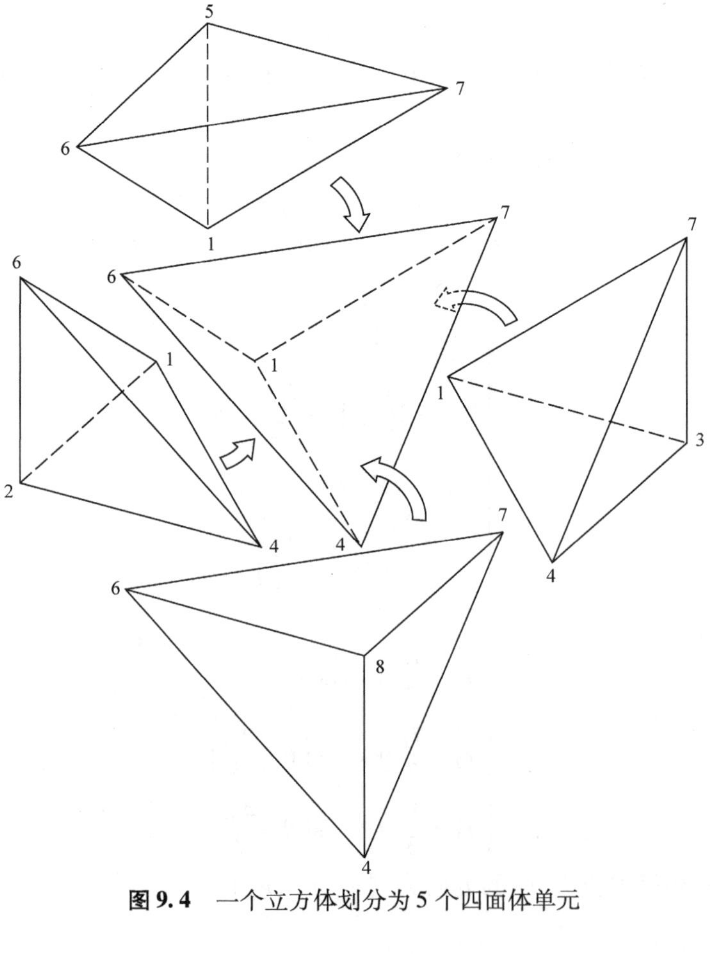

图 9.4 一个立方体划分为 5 个四面体单元

表 9.2 5 个四面体单元

单元编号	节点			
	1	2	3	4
①	1	4	2	6
②	1	4	3	7
③	6	7	5	1
④	6	7	8	4
⑤	1	4	6	7

在该划分中，前四个四面体单元的体积相等，单元⑤的体积为其他单元的两倍。在这种情况下，需要小心匹配相邻块体的单元棱边。

一个基准立方体也可以划分成 6 个具有相同体积的单元，表 9.3 给出了典型的划分单元的情况。如图 9.5 所示，给出了对立方体的一半所划分单元的情况，对于表 9.3 所示的划分单元，可以看出该立方体另一半的单元重复了相同的划分。

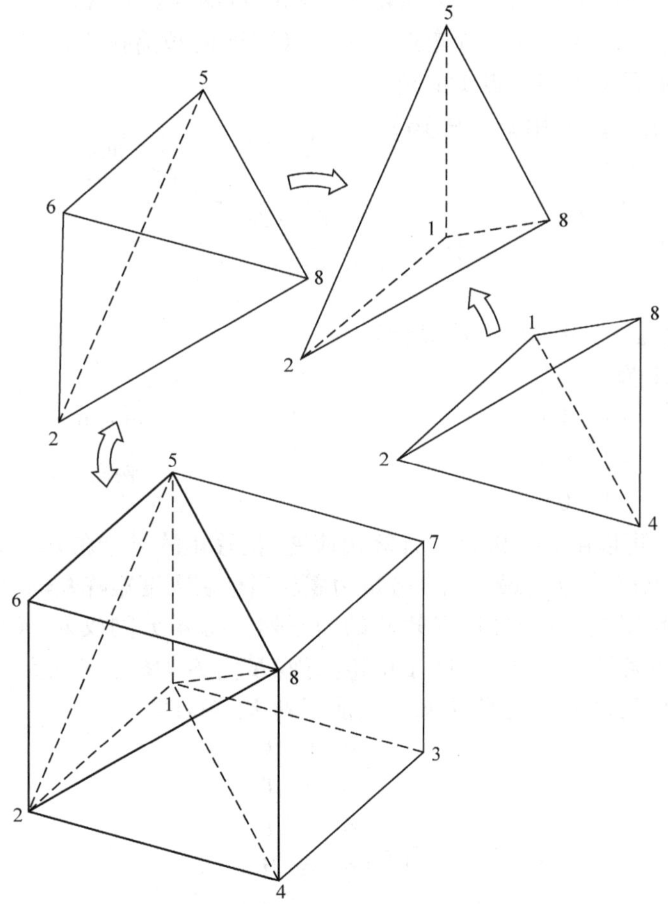

图 9.5 一个立方体划分为 6 个四面体单元

表9.3 6个四面体单元

单元编号	节点			
	1	2	3	4
①	1	2	4	8
②	1	2	8	5
③	2	8	5	6
④	1	3	4	7
⑤	1	7	8	5
⑥	1	8	4	7

通过式（9.24）计算 $\boldsymbol{B}$ 时需要用到 $\det\boldsymbol{J}$，在计算单元体积 V_e 时需要用到 $|\det\boldsymbol{J}|$，这些计算要求我们应针对任意的单元节点编号次序都可以进行。在实体单元中，这种要求应适用于四节点四面体，该单元的每一个节点与其余三个节点相连。但一些商业软件可能仍然要求以某种顺序进行节点编号，以保持一致性。

在可下载的程序包中已给出了本章所涉及的程序 TETRA。

例题 9.1

例题9.1图为一个四节点四面体，所给出坐标的量纲为英寸（in），材料为钢，$E=30\times10^6$psi，$\nu=0.3$。节点2、3和4为固定点，一个1000lb的载荷作用在节点1上，如例题9.1图所示，使用单个单元来求出节点1的位移。

解： 基于节点坐标，采用式（9.16）可计算出雅可比矩阵 $\boldsymbol{J}$ 为

$$\boldsymbol{J}=\begin{pmatrix}0&1&1\\0&0&1\\1&0&1\end{pmatrix}$$

其中，$\det\boldsymbol{J}=1$。利用式（9.23），计算雅可比矩阵的逆矩阵 $\boldsymbol{A}$ 为

$$\boldsymbol{A}=\begin{pmatrix}0&-1&1\\1&-1&0\\0&1&0\end{pmatrix}$$

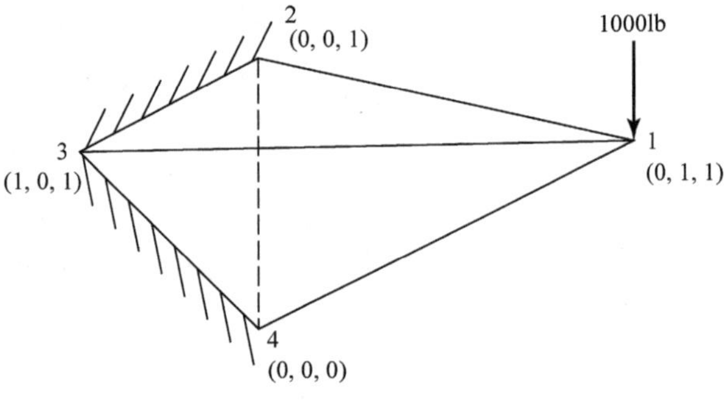

例题9.1图

根据矩阵 $\boldsymbol{A}$ 的元素，可以由式（9.25）计算出应变-位移矩阵 $\boldsymbol{B}$。在 $\boldsymbol{Bq}$ 的乘积中，只有前三列乘上了 $\boldsymbol{q}$ 的前三个分量，$\boldsymbol{q}$ 的最后六个分量为零。当组装刚度矩阵 $\boldsymbol{k}=V_e\boldsymbol{B}^{\mathrm{T}}\boldsymbol{DB}$ 时，可以针对位移边界条件使用删除法，仅需处理 $\boldsymbol{B}$ 矩阵的前三列。将 $\boldsymbol{B}$ 分割成 $\boldsymbol{B}=(\boldsymbol{B}_1,\boldsymbol{B}_2)$，$\boldsymbol{B}_1$ 表示前三列，处理位移边界条件后的（3×3）的刚度矩阵 $\boldsymbol{K}$ 为 $\boldsymbol{B}_1^{\mathrm{T}}\boldsymbol{DB}_1$，单元的体积 V_e 为1/6。

由式（9.25）所定义的 $\boldsymbol{B}$ 矩阵可知，其前三列 $\boldsymbol{B}_1$ 矩阵为

$$\boldsymbol{B}_1=\begin{pmatrix}0&0&0\\0&1&0\\0&0&0\\0&0&1\\0&0&0\\1&0&0\end{pmatrix}$$

由第 1 章的式（1.15）求出应力-应变关系矩阵 $\boldsymbol{D}$ 为

$$\boldsymbol{D} = 10^7 \begin{pmatrix} 4.038 & 1.731 & 1.731 & 0 & 0 & 0 \\ 1.731 & 4.038 & 1.731 & 0 & 0 & 0 \\ 1.731 & 1.731 & 4.038 & 0 & 0 & 0 \\ 0 & 0 & 0 & 1.154 & 0 & 0 \\ 0 & 0 & 0 & 0 & 1.154 & 0 \\ 0 & 0 & 0 & 0 & 0 & 1.154 \end{pmatrix}$$

修正刚度矩阵后为

$$\boldsymbol{K} = V_e \boldsymbol{B}_1^{\mathrm{T}} \boldsymbol{D} \boldsymbol{B}_1 = 10^6 \begin{pmatrix} 1.923 & 0 & 0 \\ 0 & 6.731 & 0 \\ 0 & 0 & 1.923 \end{pmatrix}$$

载荷列阵是 $\boldsymbol{F} = (0,0,-1000)^{\mathrm{T}}$。求解方程 $\boldsymbol{KQ} = \boldsymbol{F}$，得到 $\boldsymbol{Q} = (0,0,-0.00052)^{\mathrm{T}}$。

值得注意的是：这是采用一个单元的情况，对于该问题的几何状况，则处理位移边界条件后的刚度矩阵恰是一个对角矩阵。

9.5 六面体单元和高阶单元

在六面体单元中，单元节点编码的定义必须按照相互一致的节点编号顺序进行。对于一个八节点六面体单元或块体单元，可以将其映像为一个具有 2 个单位边长，且关于 ξ、η 和 ζ 坐标对称的立方体，如图 9.6 所示。它在二维条件下的对应单元是第 8 章中讨论过的四节点四边形单元。

就基准立方体单元而言，拉格朗日形式的形状函数可以写成

$$N_i = \frac{1}{8}(1 + \xi_i\xi)(1 + \eta_i\eta)(1 + \zeta_i\zeta) \quad (i = 1, 2, \cdots, 8) \tag{9.39}$$

式中，(ξ_i, η_i, ζ_i) 表示在 (ξ, η, ζ) 坐标系中单元的节点 i 的坐标，单元节点的位移用列阵表示为

$$\boldsymbol{q} = (q_1, q_2, \cdots, q_{24})^{\mathrm{T}} \tag{9.40}$$

基于节点的位移值，可以使用形状函数 N_i 来定义单元内任意一点的位移为

$$\begin{cases} u = N_1 q_1 + N_2 q_4 + \cdots + N_8 q_{22} \\ v = N_1 q_2 + N_2 q_5 + \cdots + N_8 q_{23} \\ w = N_1 q_3 + N_2 q_6 + \cdots + N_8 q_{24} \end{cases} \tag{9.41}$$

同时，也有

$$\begin{cases} x = N_1 x_1 + N_2 x_2 + \cdots + N_8 x_8 \\ y = N_1 y_1 + N_2 y_2 + \cdots + N_8 y_8 \\ z = N_1 z_1 + N_2 z_2 + \cdots + N_8 z_8 \end{cases} \tag{9.42}$$

按照第 8 章中四边形单元构建的步骤，可以得到如下形式的应变

$$\boldsymbol{\varepsilon} = \boldsymbol{Bq} \tag{9.43}$$

单元刚度矩阵为

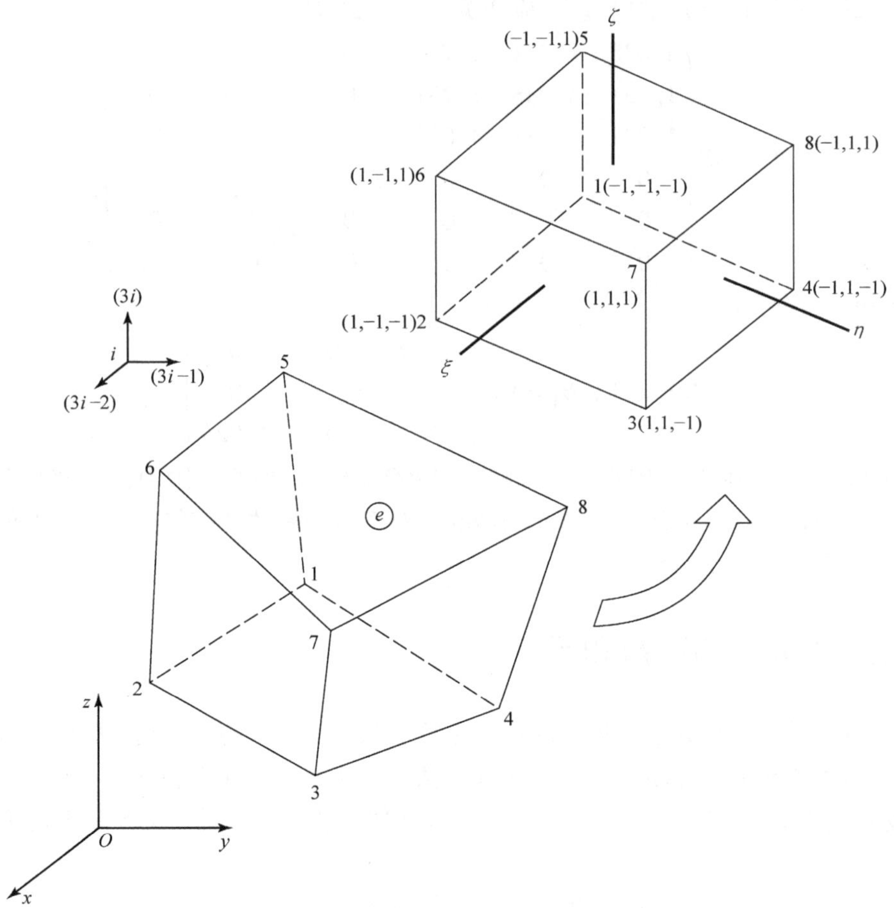

图 9.6　六面体单元

$$k^e = \int_{-1}^{+1}\int_{-1}^{+1}\int_{-1}^{+1} \boldsymbol{B}^{\mathrm{T}}\boldsymbol{D}\boldsymbol{B}\,|\det\boldsymbol{J}|\,\mathrm{d}\xi\mathrm{d}\eta\mathrm{d}\zeta \tag{9.44}$$

这里，我们应用了关系 $\mathrm{d}V = |\det\boldsymbol{J}|\mathrm{d}\xi\mathrm{d}\eta\mathrm{d}\zeta$，而 $\boldsymbol{J}$ 是（3×3）的雅可比矩阵。式（9.44）的计算可以采用高斯积分通过数值方法来完成。

对于高阶单元，例如，10 节点四面体单元或者 20 节点和 27 节点六面体单元，可以利用第 8 章所讨论的思路进行推导，也可以采用与第 8 章中四边形单元十分类似的方法来处理温度效应。本书可下载的程序包中包含了程序 HEXAFRON。

9.6　问题的建模

在求解一个问题时，首先是从一个粗略的稀疏网格模型开始，所需要的数据是节点坐标、单元节点编码、材料性能、约束条件和节点载荷。在如图 9.7 所示的三维悬臂梁中，其几何条件和载荷条件要求构造一个三维模型，对该模型，我们定义 4 个八棱角六面体，并给出单元和节点编码。首先，建立靠近悬臂梁根部附近的第一个六面体模型，它是一个节点编码为 2-1-5-6-3-4-8-7 的六面体单元，对于接下来的每一个六面体，在当前组每个编号上加上4可以生成新的节点编码，应用式（9.38）的形状函数来定义几何关系，可以生成节点坐标，这方面的内容将在第12章中讨论。另一方面，三维悬臂梁的每一个六面体也可以利用四面体单元进行建模。对于图9.6中重复的六面体单元，表9.3给出了每个单元划分成6个四面体单元的信息。

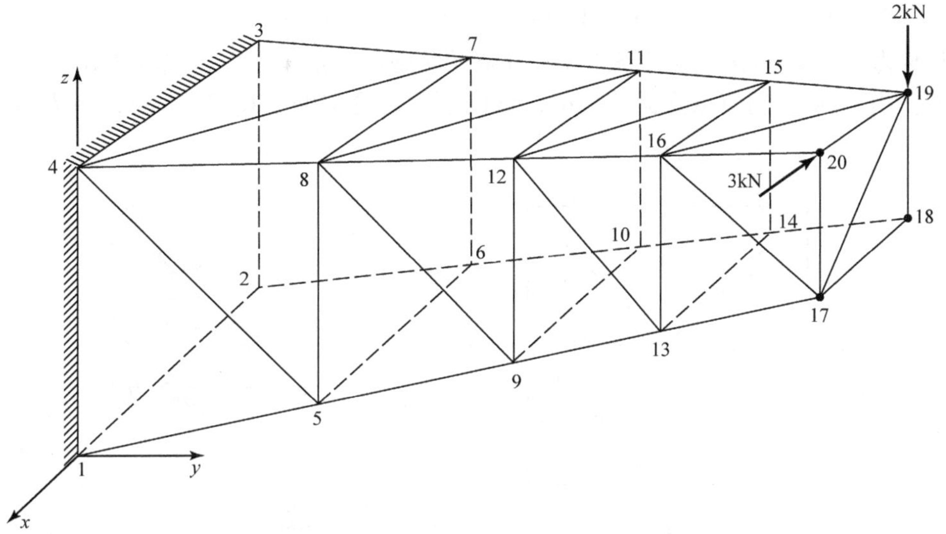

图9.7 三维弹性体

边界条件的考虑与一维和二维问题中的处理步骤相同。然而，为了给出一个关于约束的一般性概念及其讨论在有限元分析中的相关问题，我们给出参考图9.8，一个被完全约束的点是一个点约束，其处理方法是添加一个大的刚度系数 C 到对应于节点 I 的自由度的对角线位置上；当节点受到约束而沿一条直线运动时，比如方向余弦为（l，m，n）的 $\boldsymbol{t}$，则应令 $\boldsymbol{u}\times\boldsymbol{t}=\boldsymbol{0}$ 构建惩罚项，即当节点被约束而作直线运动时，则需要增加如下的刚度附加项

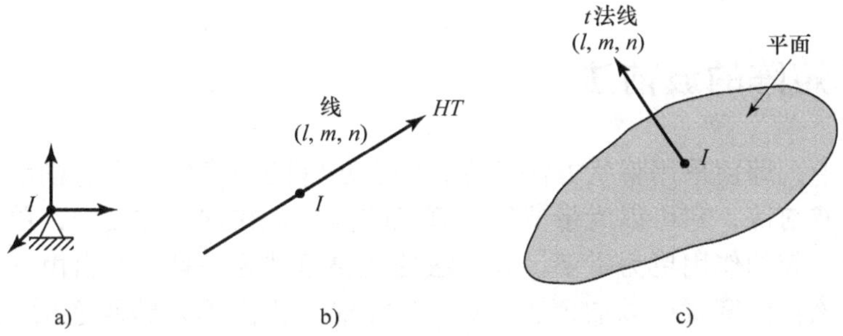

图9.8 节点约束

a）点约束 b）线约束 c）面约束

$$
\begin{matrix} & 3I-2 & 3I-1 & 3I \\ \begin{matrix}3I-2\\3I-1\\3I\end{matrix} & \multicolumn{3}{l}{\begin{pmatrix} C(1-l^2) & -Clm & -Cln \\ & C(1-m^2) & -Cmn \\ \text{对称} & & C(1-n^2) \end{pmatrix}} \end{matrix}
$$

当一个节点被限制在一个法线方向为 $\boldsymbol{t}$ 的平面上时，如图9.8c所示，则应令 $\boldsymbol{u}\cdot\boldsymbol{t}=0$ 来

构建惩罚项，它要求以下的附加项被加到刚度矩阵中

$$\begin{array}{c} \\ 3I-2 \\ 3I-1 \\ 3I \end{array}\begin{array}{c} \begin{array}{ccc} 3I-2 & 3I-1 & 3I \end{array} \\ \begin{pmatrix} Cl^2 & Clm & Cln \\ & Cm^2 & Cmn \\ \text{对称} & & Cn^2 \end{pmatrix} \end{array}$$

图9.9为一个金字塔形金属部件及其有限元模型。在这里，可以发现A和B处的节点是线约束的，沿C和D的节点是面约束的，该问题的讨论有助于我们掌握三维问题的建模。

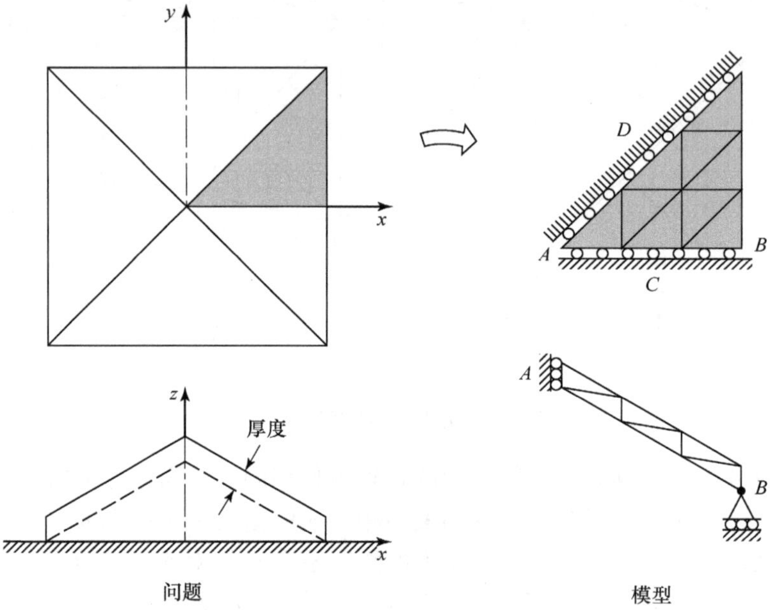

图9.9 具有金字塔形表面的金属部件

9.7 有限元矩阵的波前法

在三维问题中，即使采用带状方法处理，刚度矩阵的规模仍然会急剧增大。一种可选的直接方法，称为**波前法**，它可以大量节省计算机的内存。在这种方法中，单元编码顺序与节点编码顺序相比，起的作用更为重要。波前法的主要原理为一旦一个自由度在行和列中的刚度值组装完毕，该自由度就可以被消去；Irons[⊖]发现，若按单元编码递增的顺序进行组装，当一个节点最后一次出现时，它的全部自由度可以被消去。在图9.10的示例中，节点1、2、3和4最后一次出现在单元①中，当单元①组装完毕后，所有与这些节点相应的自由度马上就可以被消去。一旦自由度被消去，则直到回代求解前，它所对应的方程都是不需涉及的。以逆过程的次序，该方程可以写到外部设备中用于回代求解，例如存储在磁带或硬盘上。在组装一个单元时，当前矩阵的大小将增大，而当某些自由度被消去后，矩阵的大小将

⊖ Bruce M. Irons, "A frontal solution program for finite element analysis", International Journal for Numerical Methods in Engineering Vol. 2: 5-32 (1970).

缩小。当前矩阵大小的变化就像一个手风琴的拉压动作，通过运行针对修正后单元节点编码矩阵的波前预处理程序，可以确定出所需的最大分块尺寸。

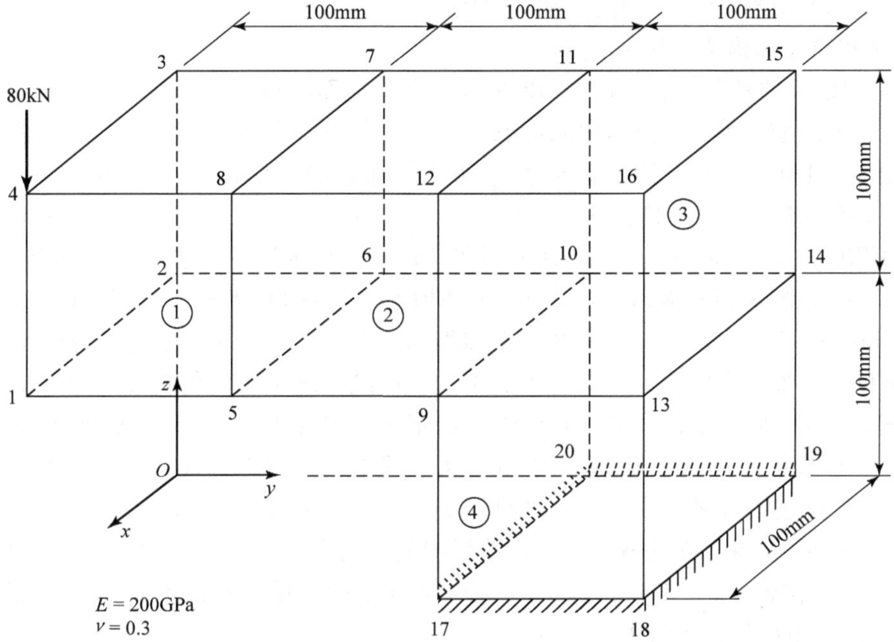

单元编号	节点								波前数	
	1	2	3	4	5	6	7	8	组装后	消元后
1	−1	−2	−3	−4	5	6	7	8	8	4
2	−5	−6	−7	−8	9	10	11	12	8	4
3	9	10	−11	−12	13	14	−15	−16	8	4
4	−9	−10	−14	−13	−17	−20	−19	−18	8	0

分块尺寸＝8×每个节点的自由度

图 9.10 波前法的例子

单元节点编码和波前预处理过程

第一步是确定一个节点的最后出现状况。若采用单元编码递减的顺序进行处理，问题简化为寻找该节点的首次出现编号。在首先出现节点的单元中，对节点编码序列的节点编码添加上一个负号。图 9.10 的表中显示了以六面体单元为例的节点编码的修改，对所有节点编码完成这样的操作后，可以着手确定分块尺寸。我们首先根据节点的编号计算出波前数，在组装第一个单元时，节点波前数为 8，这时消去与 4 个节点对应的自由度，节点波前数缩减为 4。在组装单元②时加入了 4 个新的节点，因此节点波前数增加到 8；正如图 9.10 的表中所见，最大节点波前数为 8，它对应着 24 个自由度，所需要的分块尺寸 IBL 为 24×24，利用带宽存储方法，该问题的最大矩阵维数是 60×36（通过带宽计算方法可以证实这一点）。在程序中，波前预处理过程使用一个简单的算法来计算出这个分块尺寸。在实际的程序中，为处理多点约束问题需要进行较小的修改，这方面的内容将在后面给予讨论。首先，定义刚度矩阵 S(IBL,IBL)。同时，定义一个索引序列 INDX(IBL)，将其初始化为 INDX(I) = I，其中I的取值范围从1到IBL，还要定义全局自由度序列ISBL(IBL)，将其全部初始化为零，而且IEBL()等于每个单元的自由度数，将波前数NFRON和准备消去的变量数NTOGO初始化为零。在该初始化设置下，开始进行单元组装。

单元组装和给定自由度的引入

考虑一个要组装的新单元，此时NFRON取某个值，而所有需要消去的变量已经被消去，即NTOGO等于零。使用单元节点编码来考虑一个单元中每个节点的自由度，如考虑一个单元的第j个自由度为IDF，其相应的节点号为i。如果自由度IDF已经位于集合中，在NFRON位置上对ISBL(INDX(L))进行首次搜索，其中，L=1~NFRON。如果IDF已经位于L=K的集合中，则令IEBL(j)=INDX(K)。如果IDF不在集合中，则按如下方法找出下一个开启位置：令K=NFRON+1，ISBL(INDX(K))=IDF和IEBL(j)=INDX(K)，NFRON以1递增（即NFRON = NFRON+1)；如果节点i在单元节点编码中为负值，则该自由度即将被消去，必须转移到NTOGO内；如果IDF是一个具有给定值的自由度，一个大的惩罚数CNST被加入到位置S(INDX(K),INDX(K))中，而CNST与这一给定值的乘积将被加到整体载荷列阵的位置F(IDF)上；如果K>NTOGO，则执行浮点运算，即位于INDX(NTOGO+1)内的数值与INDX(K)内的数值进行交换，同时NTOGO增加1。当对所有单元的自由度搜寻完毕时，IEBL()将占有S()的位置，在这些位置上，单元刚度得到组装，利用IEBL()，单元刚度矩阵SE()被添加到S()位置上。INDX(I)的I=1~NTOGO中的变量准备被消去。组装过程中用到的各种序列之间的相互关系如图9.11所示。

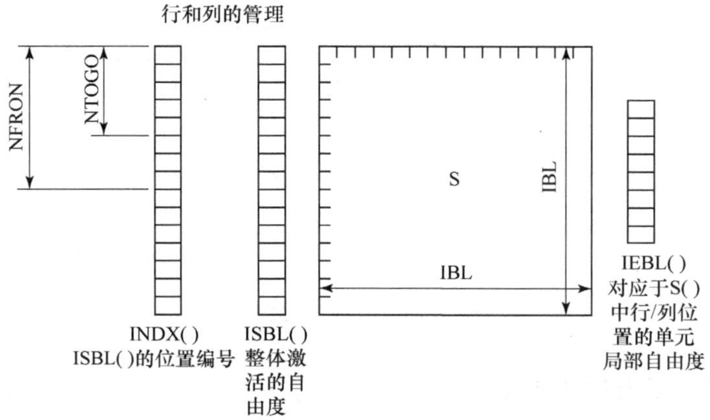

图9.11 波前法的刚度组装

组装后自由度的消去

通过对位于INDX(2)到INDX(NFRON)的当前方程进行约化处理，用来消去位于INDX(1)位置上的变量，记下方程INDX(1)相应的刚度值和自由度位置，并写到磁盘中。在BASIC程序中，这些数据被记录为一个随机存取文件。此时，INDX(1)是打开的，只需进行几个整数交换运算，从而简化了消去过程。首先，将INDX(NTOGO)处的值与在INDX(1)处的值进行交换；然后，将INDX(NTOGO)处的值与在INDX(NFRON)处的值相互交换。NTOGO和NFRON都分别减去1，重复进行以完成从INDX(2)到INDX(NFRON)的约化。对于每个单元，都需将该过程不断进行直到NTOGO等于零或NFRON等于1为止。

回代

回代是一个直接计算的过程。在最后一个方程中，有一个刚度值、一个变量和右边项，该变量很容易确定出；而倒数第二个方程有两个刚度值、两个变量和右边项，因为其中一个变量已经求出，因此可以计算出另一个变量；依此类推。如果必要，回代甚至可以独立进行。

多点约束的引入

将每个约束视为一个二自由度单元，容易处理 $\beta_1 Q_1 + \beta_2 Q_2 = \beta_0$ 类型的多点约束。用第一个单元对角刚度矩阵值来确定惩罚参数 CNST，等效单元刚度矩阵和多点约束条件的右边分别为

$$\mathrm{CNST}\begin{pmatrix} \beta_1^2 & \beta_1\beta_2 \\ \beta_1\beta_2 & \beta_2^2 \end{pmatrix} \text{和 CNST}\begin{pmatrix} \beta_1\beta_0 \\ \beta_2\beta_0 \end{pmatrix}$$

在这个边界条件的处理中，这些刚度矩阵首先被引入到 S( ) 中，然后引入常规单元矩阵。相同的过程被引入到程序 PREFRONT 中，该程序使用自由度而不是节点编码，并给出所需要的分块大小，而组装和消去的操作类似于前面讨论的过程。

例题 9.2

用程序 HEXAFRON 分析图 9.10 所示的 L 形梁。输入和输出数据及其程序列表如下。

输入数据/输出数据

```
INPUT TO HEXA
3-D ANALYSIS USING HEXAHEDRAL ELEMENT
EXAMPLE STRUCTURE IN FIG. 9.10
NN    NE     NM     NDIM   NEN    NDN
20    4      1      3      8      3
ND    NL     NMPC
12    1      0
Node# X      Y      Z
1     100    0      100
2     0      0      100
3     0      0      200
4     100    0      200
5     100    100    100
6     0      100    100
7     0      100    200
8     100    100    200
9     100    200    100
10    0      200    100
11    0      200    200
12    100    200    200
13    100    300    100
14    0      300    100
15    0      300    200
16    100    300    200
17    100    200    0
18    100    300    0
19    0      300    0
20    0      200    0
Elem# N1     N2     N3     N4     N5     N6     N7     N8     MAT#   Temp_Ch
1     1      2      3      4      5      6      7      8      1      0
2     5      6      7      8      9      10     11     12     1      0
3     9      10     11     12     13     14     15     16     1      0
4     9      10     14     13     17     20     19     18     1      0
```

（续）

```
DOF#  Displ.
49    0
50    0
51    0
52    0
53    0
54    0
55    0
56    0
57    0
58    0
59    0
60    0
DOF#  Load
12    -80000
MAT#  E         Nu        Alpha
1     2.00E+05            0.3       0.00E+00
B1    i         B2        j         B3 (Multi-point constr. B1*Qi+B2*Qj=B3)
```

```
OUTPUT FROM HEXA
Program HexaFront - 3D Stress Analysis
EXAMPLE STRUCTURE IN FIG. 9.10
Node#      X-Displ           Y-Displ            Z-Displ
1        -0.021568703      -0.003789445       -0.409828806
2        -0.025306207      -0.003307915       -0.33229407
3         0.057350356      -0.178955652       -0.326759294
4         0.057756218      -0.184485091       -0.427797766
5        -0.006825272      -0.010486851       -0.223092587
6        -0.010749555      -0.01168289        -0.167106482
7         0.049096429      -0.172496827       -0.167070616
8         0.042790517      -0.173762353       -0.21737743
9         0.013642693      -0.033666087       -0.047867013
10       -6.02951E-05      -0.032557668       -0.029338382
11        0.032541239      -0.14954021        -0.037397392
12        0.027861532      -0.148035354       -0.063003081
13        0.003657825      -0.038341794        0.029087101
14        0.011885798      -0.041411438        0.039684492
15        0.026633192      -0.138416599        0.055798691
16        0.02060568       -0.134943716        0.03958274
17        2.89951E-15      -1.8921E-15        -1.23346E-14
18       -1.60149E-15       1.95027E-15        5.24369E-15
19        1.65966E-15       9.67455E-16        8.93813E-15
20       -2.95768E-15      -1.02562E-15       -8.93813E-15
vonMises Stresses in Elements
Elem# 1       vonMises Stresses at 8 Integration Points
  23.359      15.984       18.545             40.582
  29.929      17.910       14.849             43.396
Elem# 2       vonMises Stresses at 8 Integration Points
  31.416      26.193       35.722             28.272
  61.174      38.615       35.948             51.608
Elem# 3       vonMises Stresses at 8 Integration Points
  45.462      52.393       34.486             32.530
  30.872      41.090       26.155             21.852
Elem# 4       vonMises Stresses at 8 Integration Points
  58.590      46.398       48.482             41.407
  51.148      38.853       49.391             38.936
```

习　题

9.1　求出如习题 9.1 图所示的悬臂钢梁在角点处的挠度。

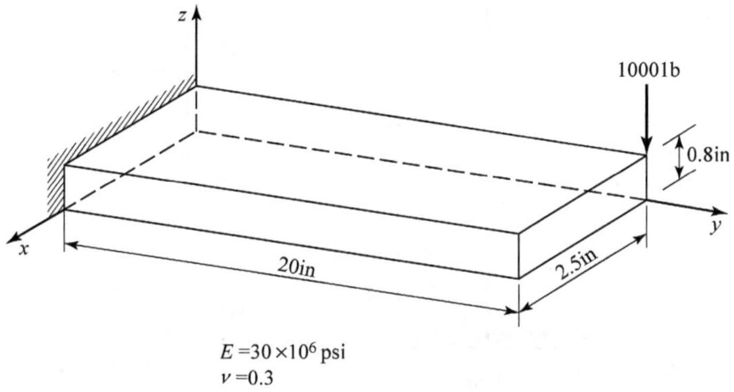

习题 9.1 图

9.2　如习题 9.2 图所示，有一个用于机床结构的空心铸铁部件，一端固支，另一端承受载荷。求出载荷作用点处的挠度值和结构的最大主应力，并与没有开口的结构进行比较。

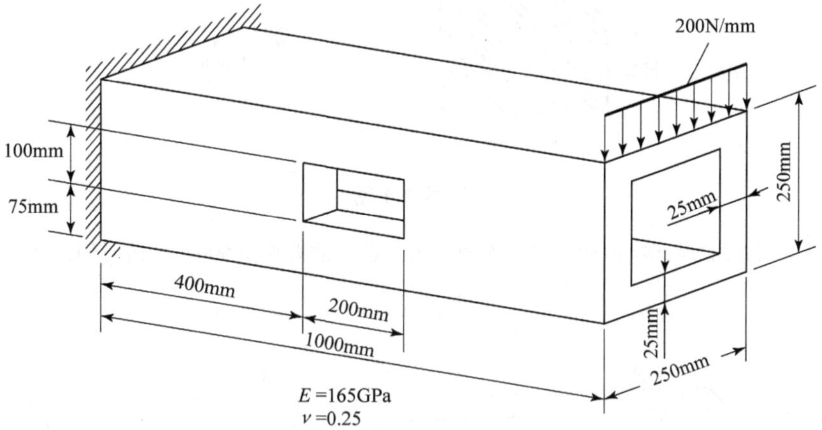

习题 9.2 图

9.3　一个用于力测量的 S 形的块体，承载情况如习题 9.3 图所示，求出该物体被压缩的变形量。取 $E=70000\mathrm{N/mm^2}$，$\nu=0.3$。

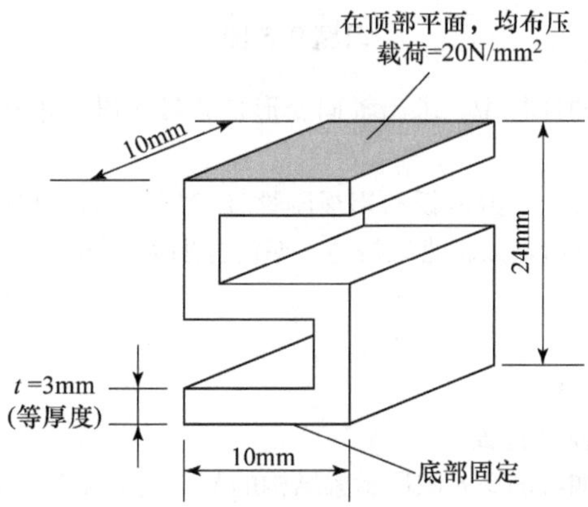

习题 9.3 图

9.4 一承受液压载荷的装置如习题9.4图所示。画出其变形后的形状，同时求出最大主应力的大小和位置。

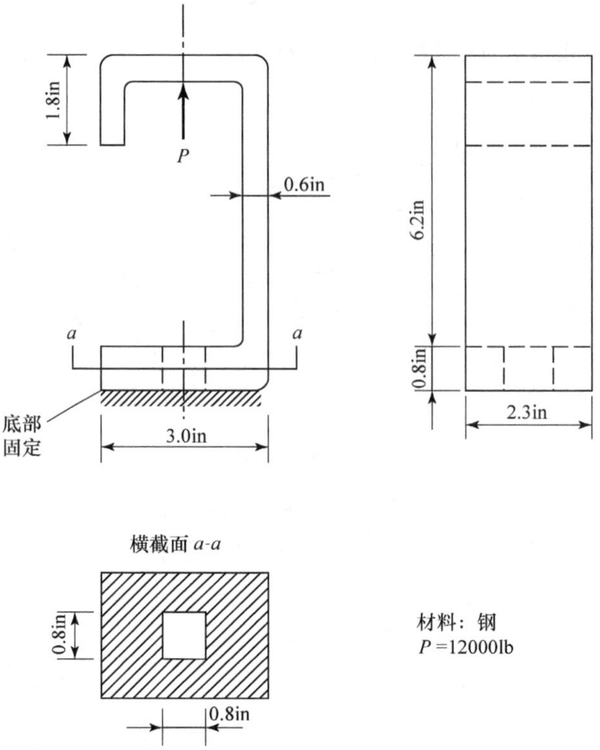

习题 9.4 图

9.5 汽车制动踏板的局部模型如习题9.5图所示，求出踏板承受500N载荷时的挠度。

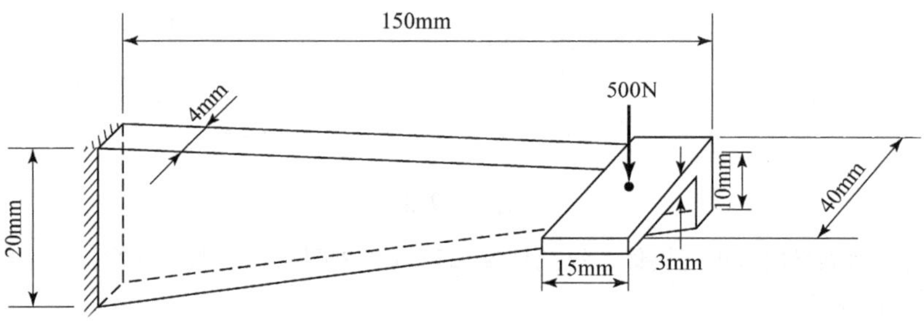

习题 9.5 图

9.6 在如习题9.6图所示的连杆中，求出轴向变形量和最大冯·米泽斯（Von Mises）应力的位置与大小。

9.7 如习题9.7图所示，有一个由钢板和铝板刚性连接组成的悬伸梁，铝板的厚度为常数，其值为10mm。由于制造缺陷，钢板在自由端为斜直线棱边，厚度分别为9mm和10mm。根据图示状况，假设温度提高60℃，求解下列问题：

（a）变形后的形状。

（b）最大垂直变形量及其位置。

（c）最大 Von Mises 应力值及其位置。

9.8 采用六面体单元求解如习题9.8图所示梁结构的节点变形和单元应力。画出图中阴影部分的变形面（采用MATLAB画图）。

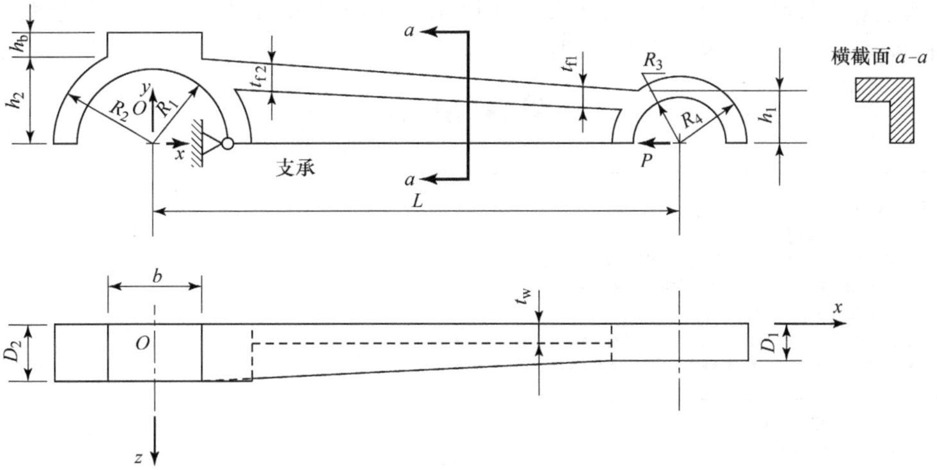

$\frac{1}{4}$对称模型：xOz面和xOy面为对称面尺寸(mm)

$R_1=20$	$R_2=26$	$R_3=12$	$R_4=18$	$L=140$
$t_{f1}=4$	$t_{f2}=6$	$t_w=5$	$h_b=7$	
$h_1=14$	$h_2=23$	$D_1=10$	$D_2=15$	$b=12.1$

$P=30000\text{N}$（压力）

材料：钢

习题 9.6 图

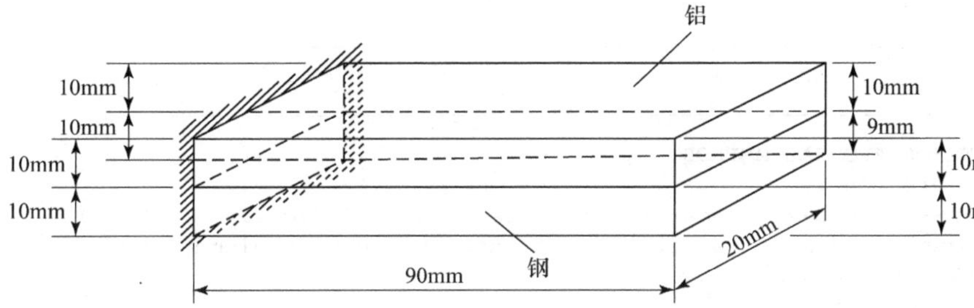

$\Delta T=60°\text{C}$

习题 9.7 图

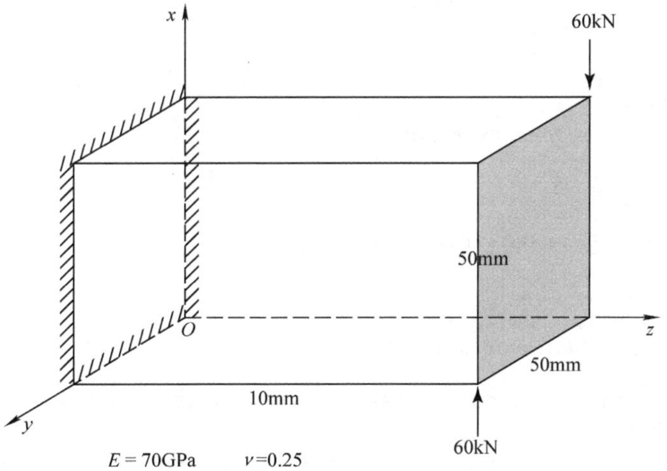

$E=70\text{GPa}$　　$\nu=0.25$

习题 9.8 图

9.9 测量用于紧固高为10mm、直径为25mm的平面六角头螺栓的常用扳手尺寸，考虑紧固力施加时的边界条件和载荷力，用三维建模求解其变形和应力。

程 序 清 单

```
MAIN PROGRAM
'*****     PROGRAM HEXAFNT              *****
'*  3-D STRESS ANALYSIS USING 8-NODE        *
'*  ISOPARAMETRIC HEXAHEDRAL ELEMENT        *
'*     USING FRONTAL SOLVER                 *
'*  T.R.Chandrupatla and A.D.Belegundu      *
'*******************************************
Private Sub CommandButton1_Click()
     Call InputData
     Call PreFront
     RecordLen = Len(Adat)
     '--- Scratch file for writing
     Open "SCRATCH.DAT" For Random As #3 Len = RecordLen
     Call Stiffness
     Call BackSub
     Close #3
     Kill "SCRATCH.DAT"
     Call StressCalc
     Call ReactionCalc
     Call Output
End Sub
```

```
PREPARATION FOR FRONTAL METHOD
Private Sub PreFront()
        '----- Mark Last Appearance of Node / Make it negative in NOC()
        ' Last appearance is first appearance for reverse element order
        NEDF = NEN * NDN
        For I = 1 To NN
           II = 0
           For J = NE To 1 Step -1
              For K = 1 To NEN
                 If I = NOC(J, K) Then
                     II = 1
                     Exit For
                 End If
              Next K
              If II = 1 Then Exit For
           Next J
           NOC(J, K) = -I
        Next I
        '===== Block Size Determination
        NQ = NN * NDN
        ReDim IDE(NQ)
        For I = 1 To NQ: IDE(I) = 0: Next I
        For I = 1 To NMPC: For J = 1 To 2: IDE(MPC(I, J)) = 1
        Next J: Next I
        IFRON = 0: For I = 1 To NQ: IFRON = IFRON + IDE(I): Next I
        IBL = IFRON
```

（续）

```
        For N = 1 To NE
           INEG = 0
           For I = 1 To NEN
              I1 = NOC(N, I): IA = NDN * (Abs(I1) - 1)
              For J = 1 To NDN
                 IA = IA + 1
                 If IDE(IA) = 0 Then
                     IFRON = IFRON + 1: IDE(IA) = 1
                 End If
              Next J
              If I1 < 0 Then INEG = INEG + 1
           Next I
           If IBL < IFRON Then IBL = IFRON
           IFRON = IFRON - NDN * INEG
        Next N
        Erase IDE
        ReDim ISBL(IBL), S(IBL, IBL), IEBL(NEDF), INDX(IBL)
        NFRON = 0: NTOGO = 0: NDCNT = 0
        For I = 1 To IBL: INDX(I) = I: Next I
End Sub
```

```
STIFFNESS MATRIX
Private Sub Stiffness()
     '----- Global Stiffness Matrix -----
     Call IntegPoints
     For N = 1 To NE
        Call DMatrix(N)
        Call ElemStiffness(N)
        If N = 1 Then
           CNST = 0
           For I = 1 To NEDF: CNST = CNST + SE(I, I): Next I
           CNST = 100000000000# * CNST
           Call MpcFron
        End If
        '----- Account for temperature loads QT()
        For I = 1 To NEN
           IL = 3 * (I - 1): IG = 3 * (Abs(NOC(N, I)) - 1)
           For J = 1 To 3
              IL = IL + 1: IG = IG + 1
              F(IG) = F(IG) + QT(IL)
           Next J
        Next I
        '----- Frontal assembly and Forward Elimination
        Call Front(N)
     Next N
End Sub
```

(续)

```
STRESS CALCULATIONS
Private Sub StressCalc()
     ReDim vonMisesStress(NE, 8)
     '----- Stress Calculations
     For N = 1 To NE
        Call DMatrix(N)
        For IP = 1 To 8
        '--- Von Mises Stress at Integration Points
        '--- Get DB Matrix with Stress calculation
           Call DbMat(N, 2, IP)
           '--- Calculation of Von Mises Stress at IP
           SIV1 = STR(1) + STR(2) + STR(3)
           SIV2 = STR(1) * STR(2) + STR(2) * STR(3) + STR(3) * STR(1)
           SIV2 = SIV2 - STR(4) ^ 2 - STR(5) ^ 2 - STR(6) ^ 2
           vonMisesStress(N, IP) = Sqr(SIV1 * SIV1 - 3 * SIV2)
        Next IP
     Next N
End Sub
```

```
INTEGRATION POINTS
Private Sub IntegPoints()
'------- Integration Points XNI() --------
     C = 0.57735026919
     XI(1, 1) = -1: XI(2, 1) = -1: XI(3, 1) = -1
     XI(1, 2) = 1: XI(2, 2) = -1: XI(3, 2) = -1
     XI(1, 3) = 1: XI(2, 3) = 1: XI(3, 3) = -1
     XI(1, 4) = -1: XI(2, 4) = 1: XI(3, 4) = -1
     XI(1, 5) = -1: XI(2, 5) = -1: XI(3, 5) = 1
     XI(1, 6) = 1: XI(2, 6) = -1: XI(3, 6) = 1
     XI(1, 7) = 1: XI(2, 7) = 1: XI(3, 7) = 1
     XI(1, 8) = -1: XI(2, 8) = 1: XI(3, 8) = 1
     For I = 1 To 8
        XNI(1, I) = C * XI(1, I)
        XNI(2, I) = C * XI(2, I)
        XNI(3, I) = C * XI(3, I)
     Next I
End Sub
```

```
DB MATRIX
Private Sub DMatrix(N)
     '--- D() Matrix relating Stresses to Strains
     M = MAT(N)
     E = PM(M, 1): PNU = PM(M, 2): AL = PM(M, 3)
     C1 = E / ((1 + PNU) * (1 - 2 * PNU))
     C2 = 0.5 * E / (1 + PNU)
     For I = 1 To 6: For J = 1 To 6: D(I, J) = 0: Next J: Next I
     D(1, 1) = C1 * (1 - PNU): D(1, 2) = C1 * PNU: D(1, 3) = D(1, 2)
     D(2, 1) = D(1, 2): D(2, 2) = D(1, 1): D(2, 3) = D(1, 2)
     D(3, 1) = D(1, 3): D(3, 2) = D(2, 3): D(3, 3) = D(1, 1)
     D(4, 4) = C2: D(5, 5) = C2: D(6, 6) = C2
End Sub
```

```
ELEMENT STIFFNESS
Private Sub ElemStiffness(N)
'-------- Element Stiffness -----
     For I = 1 To 24: For J = 1 To 24
     SE(I, J) = 0: Next J: QT(I) = 0: Next I
     DTE = DT(N)
     '--- Weight Factor is ONE
     '--- Loop on Integration Points
     For IP = 1 To 8
        '--- Get DB Matrix at Integration Point IP
        Call DbMat(N, 1, IP)
        '--- Element Stiffness Matrix SE
        For I = 1 To 24
           For J = 1 To 24
              For K = 1 To 6
                 SE(I, J) = SE(I, J) + B(K, I) * DB(K, J) * DJ
              Next K
           Next J
        Next I
        '--- Determine Temperature Load QT()
        C = PM(MAT(N), 3) * DTE
        For I = 1 To 24
           DSum = DB(1, I) + DB(2, I) + DB(3, I)
           QT(I) = QT(I) + C * Abs(DJ) * DSum / 6
        Next I
     Next IP
End Sub
```

```
DB MATRIX
Private Sub DbMat(N, ISTR, IP)
'------- DB() MATRIX ------
     '--- Gradient of Shape Functions - The GN() Matrix
     For I = 1 To 3
        For J = 1 To 8
           C = 1
           For K = 1 To 3
              If K <> I Then
                 C = C * (1 + XI(K, J) * XNI(K, IP))
              End If
           Next K
           GN(I, J) = 0.125 * XI(I, J) * C
        Next J
     Next I
     '--- Formation of Jacobian TJ
     For I = 1 To 3
        For J = 1 To 3
           TJ(I, J) = 0
           For K = 1 To 8
              KN = Abs(NOC(N, K))
              TJ(I, J) = TJ(I, J) + GN(I, K) * X(KN, J)
```

（续）

```
      Next K
    Next J
  Next I
  '--- Determinant of the JACOBIAN
  DJ1 = TJ(1, 1) * (TJ(2, 2) * TJ(3, 3) - TJ(3, 2) * TJ(2, 3))
  DJ2 = TJ(1, 2) * (TJ(2, 3) * TJ(3, 1) - TJ(3, 3) * TJ(2, 1))
  DJ3 = TJ(1, 3) * (TJ(2, 1) * TJ(3, 2) - TJ(3, 1) * TJ(2, 2))
  DJ = DJ1 + DJ2 + DJ3
  '--- Inverse of the Jacobian AJ()
  AJ(1, 1) = (TJ(2, 2) * TJ(3, 3) - TJ(2, 3) * TJ(3, 2)) / DJ
  AJ(1, 2) = (TJ(3, 2) * TJ(1, 3) - TJ(3, 3) * TJ(1, 2)) / DJ
  AJ(1, 3) = (TJ(1, 2) * TJ(2, 3) - TJ(1, 3) * TJ(2, 2)) / DJ
  AJ(2, 1) = (TJ(2, 3) * TJ(3, 1) - TJ(2, 1) * TJ(3, 3)) / DJ
  AJ(2, 2) = (TJ(1, 1) * TJ(3, 3) - TJ(1, 3) * TJ(3, 1)) / DJ
  AJ(2, 3) = (TJ(1, 3) * TJ(2, 1) - TJ(1, 1) * TJ(2, 3)) / DJ
  AJ(3, 1) = (TJ(2, 1) * TJ(3, 2) - TJ(2, 2) * TJ(3, 1)) / DJ
  AJ(3, 2) = (TJ(1, 2) * TJ(3, 1) - TJ(1, 1) * TJ(3, 2)) / DJ
  AJ(3, 3) = (TJ(1, 1) * TJ(2, 2) - TJ(1, 2) * TJ(2, 1)) / DJ
  '--- H() Matrix relates local derivatives of u to local
  '  displacements q
  For I = 1 To 9
    For J = 1 To 24
      H(I, J) = 0
    Next J
  Next I
  For I = 1 To 3
    For J = 1 To 3
      IR = 3 * (I - 1) + J
      For K = 1 To 8
        IC = 3 * (K - 1) + I
        H(IR, IC) = GN(J, K)
      Next K
    Next J
  Next I
  '--- G() Matrix relates strains to local derivatives of u
  For I = 1 To 6
    For J = 1 To 9
      G(I, J) = 0
    Next J
  Next I
  G(1, 1) = AJ(1, 1): G(1, 2) = AJ(1, 2): G(1, 3) = AJ(1, 3)
  G(2, 4) = AJ(2, 1): G(2, 5) = AJ(2, 2): G(2, 6) = AJ(2, 3)
  G(3, 7) = AJ(3, 1): G(3, 8) = AJ(3, 2): G(3, 9) = AJ(3, 3)
  G(4, 4) = AJ(3, 1): G(4, 5) = AJ(3, 2): G(4, 6) = AJ(3, 3)
  G(4, 7) = AJ(2, 1): G(4, 8) = AJ(2, 2): G(4, 9) = AJ(2, 3)
  G(5, 1) = AJ(3, 1): G(5, 2) = AJ(3, 2): G(5, 3) = AJ(3, 3)
  G(5, 7) = AJ(1, 1): G(5, 8) = AJ(1, 2): G(5, 9) = AJ(1, 3)
  G(6, 1) = AJ(2, 1): G(6, 2) = AJ(2, 2): G(6, 3) = AJ(2, 3)
  G(6, 4) = AJ(1, 1): G(6, 5) = AJ(1, 2): G(6, 6) = AJ(1, 3)
  '--- B() Matrix relates strains to q
  For I = 1 To 6
```

（续）

```
        For J = 1 To 24
           B(I, J) = 0
           For K = 1 To 9
              B(I, J) = B(I, J) + G(I, K) * H(K, J)
           Next K
        Next J
     Next I
     '--- DB() Matrix relates stresses to q
     For I = 1 To 6
        For J = 1 To 24
           DB(I, J) = 0
           For K = 1 To 6
              DB(I, J) = DB(I, J) + D(I, K) * B(K, J)
           Next K
        Next J
     Next
     If ISTR = 1 Then Exit Sub
           '--- Element Nodal Displacements stored in QT()
           For I = 1 To 8
              IIN = 3 * (Abs(NOC(N, I)) - 1)
              II = 3 * (I - 1)
              For J = 1 To 3
                  QT(II + J) = F(IIN + J)
              Next J
           Next I
           '--- Stress Calculation STR = DB * Q
           CAL = PM(MAT(N), 3) * DT(N)
           For I = 1 To 6
              STR(I) = 0
              For J = 1 To 24
                  STR(I) = STR(I) + DB(I, J) * QT(J)
              Next J
              STR(I) = STR(I) - CAL * (D(I, 1) + D(I, 2) + D(I, 3))
           Next I
End Sub
```

MULTIPOINT CONSTRAINT HANDLING

```
Private Sub MpcFron()
    '----- Modifications for Multipoint Constraints by Penalty Method
       For I = 1 To NMPC
          I1 = MPC(I, 1)
          IFL = 0
          For J = 1 To NFRON
             J1 = INDX(J)
             If I1 = ISBL(J1) Then
                 IFL = 1: Exit For
             End If
          Next J
          If IFL = 0 Then
             NFRON = NFRON + 1: J1 = INDX(NFRON): ISBL(J1) = I1
```

（续）

```
            End If
            I2 = MPC(I, 2)
            IFL = 0
            For K = 1 To NFRON
               K1 = INDX(K)
               If K1 = ISBL(K1) Then
                      IFL = 1: Exit For
               End If
            Next K
            If IFL = 0 Then
               NFRON = NFRON + 1: K1 = INDX(NFRON): ISBL(K1) = I2
            End If
            '----- Stiffness Modification
            S(J1, J1) = S(J1, J1) + CNST * BT(I, 1) ^ 2
            S(K1, K1) = S(K1, K1) + CNST * BT(I, 2) ^ 2
            S(J1, K1) = S(J1, K1) + CNST * BT(I, 1) * BT(I, 2)
            S(K1, J1) = S(J1, K1)
            '----- Force Modification
            F(I1) = F(I1) + CNST * BT(I, 3) * BT(I, 1)
            F(I2) = F(I2) + CNST * BT(I, 3) * BT(I, 2)
         Next I
End Sub
```

```
FRONTAL REDUCTION - WRITE TO DISK
Private Sub Front(N)
'----- Frontal Method Assembly and Elimination -----
'---------------- Assembly of Element N --------------------
         For I = 1 To NEN
            I1 = NOC(N, I): IA = Abs(I1): IS1 = Sgn(I1)
            IDF = NDN * (IA - 1): IE1 = NDN * (I - 1)
            For J = 1 To NDN
               IDF = IDF + 1: IE1 = IE1 + 1: IFL = 0
               If NFRON > NTOGO Then
                  For II = NTOGO + 1 To NFRON
                     IX = INDX(II)
                     If IDF = ISBL(IX) Then
                        IFL = 1: Exit For
                     End If
                  Next II
               End If
               If IFL = 0 Then
                  NFRON = NFRON + 1: II = NFRON: IX = INDX(II)
               End If
               ISBL(IX) = IDF: IEBL(IE1) = IX
               If IS1 = -1 Then
                  NTOGO = NTOGO + 1
                  ITEMP = INDX(NTOGO)
                  INDX(NTOGO) = INDX(II)
                  INDX(II) = ITEMP
               End If
```

（续）

```
         Next J
      Next I
      For I = 1 To NEDF
         I1 = IEBL(I)
         For J = 1 To NEDF
            J1 = IEBL(J)
            S(I1, J1) = S(I1, J1) + SE(I, J)
         Next J
      Next I
'------------------------------------------------------------------
   If NDCNT < ND Then
'----- Modification for displacement BCs / Penalty Approach -----
      For I = 1 To NTOGO
         I1 = INDX(I)
         IG = ISBL(I1)
            For J = 1 To ND
               If IG = NU(J) Then
                  S(I1, I1) = S(I1, I1) + CNST
                  F(IG) = F(IG) + CNST * U(J)
                  NDCNT = NDCNT + 1       'Counter for check
                  Exit For
               End If
            Next J
         Next I
      End If
'------------  Elimination of completed variables  ---------------
      NTG1 = NTOGO
      For II = 1 To NTG1
         IPV = INDX(1): IPG = ISBL(IPV)
         Pivot = S(IPV, IPV)
      '----- Write separator "0" and PIVOT value to disk -----
         Adat.VarNum = 0
         Adat.Coeff = Pivot
         ICOUNT = ICOUNT + 1
         Put #3, ICOUNT, Adat
         S(IPV, IPV) = 0
         For I = 2 To NFRON
            I1 = INDX(I): IG = ISBL(I1)
            If S(I1, IPV) <> 0 Then
               C = S(I1, IPV) / Pivot: S(I1, IPV) = 0
               For J = 2 To NFRON
                  J1 = INDX(J)
                  If S(IPV, J1) <> 0 Then
                     S(I1, J1) = S(I1, J1) - C * S(IPV, J1)
                  End If
               Next J
               F(IG) = F(IG) - C * F(IPG)
            End If
         Next I
         For J = 2 To NFRON
      '----- Write Variable# and Reduced Coeff/PIVOT to disk -----
         J1 = INDX(J)
         If S(IPV, J1) <> 0 Then
            ICOUNT = ICOUNT + 1: IBA = ISBL(J1)
```

（续）

```
                Adat.VarNum = IBA
                Adat.Coeff = S(IPV, J1) / Pivot
                Put #3, ICOUNT, Adat
                S(IPV, J1) = 0
             End If
          Next J
          ICOUNT = ICOUNT + 1
     '----- Write Eliminated Variable# and RHS/PIVOT to disk -----
          Adat.VarNum = IPG
          Adat.Coeff = F(IPG) / Pivot
          F(IPG) = 0
          Put #3, ICOUNT, Adat
     '----- (NTOGO) into (1); (NFRON) into (NTOGO)
     '----- IPV into (NFRON) and reduce front & NTOGO sizes by 1
          If NTOGO > 1 Then
             INDX(1) = INDX(NTOGO)
          End If
          INDX(NTOGO) = INDX(NFRON): INDX(NFRON) = IPV
          NFRON = NFRON - 1: NTOGO = NTOGO - 1
     Next II
End Sub
```

```
BACKSUBSTITUTION
Private Sub BackSub()
        '===== Backsubstitution
        Do While ICOUNT > 0
           Get #3, ICOUNT, Adat
           ICOUNT = ICOUNT - 1
           N1 = Adat.VarNum
           F(N1) = Adat.Coeff
           Do
              Get #3, ICOUNT, Adat
              ICOUNT = ICOUNT - 1
              N2 = Adat.VarNum
              If N2 = 0 Then Exit Do
              F(N1) = F(N1) - Adat.Coeff * F(N2)
           Loop
          Loop

End Sub
```

第 10 章

标量场问题

10.1 引言

在前面的章节里，需求解问题的未知量往往是由一个矢量场中的分量来描述，如在一个二维的平板中，其未知量为矢量场 $\boldsymbol{u}(x,y)$，其中 $\boldsymbol{u}$ 是一个（2×1）的位移矢量。另一方面，在自然界中，还存在一些标量场问题，如温度、压力和流动势，比如在二维的稳态热传导中，温度场 $T(x,y)$ 就是我们需要求解的未知量。

本章我们将讨论解决这类问题的有限元方法，首先在 10.2 节中，将考虑一维和二维稳态热传导问题以及散热片的温度场分布；在 10.3 节中，将讨论实体轴的扭转问题；与流体流动、渗流、电磁场、管道流有关的标量场问题将在 10.4 节中讨论。

标量场问题的显著特征是它们存在于工程和物理领域几乎所有的分支中，其中大部分问题都可以作为一般亥姆霍兹（Helmholtz）方程的特殊形式，即

$$\frac{\partial}{\partial x}\left(k_x\frac{\partial\phi}{\partial x}\right)+\frac{\partial}{\partial y}\left(k_y\frac{\partial\phi}{\partial y}\right)+\frac{\partial}{\partial z}\left(k_z\frac{\partial\phi}{\partial z}\right)+\lambda\phi+Q=0 \tag{10.1}$$

用 ϕ 及其导数描述的边界条件。在方程（10.1）中，$\phi=\phi(x,y,z)$ 是需要求解的场变量。表 10.1 列出了一些用方程（10.1）描述的工程问题。比如，若给定 $\phi=T$，$k_x=k_y=k$，$\lambda=0$ 并且只考虑随 x 和 y 变化，可以得到方程 $k\dfrac{\partial^2T}{\partial x^2}+k\dfrac{\partial^2T}{\partial y^2}+Q=0$，它描述了温度 T 的热传导问题，其中，k 为热传导率，Q 为热源或吸热体。数学上我们一般可以针对方程（10.1）采用有限元方法来进行处理，而特殊问题则可以通过定义合适的变量来解决。这里将详细讨论热传导和扭转问题，这些问题相当重要，这可以给我们提供一个了解物理问题和如何针对模型的需要来处理不同边界条件的机会。一旦理解了这些过程，就可以毫无困难地扩展到其他工程领域。在其他章，都采用能量法和伽辽金方法来推导单元矩阵。本章仅采用伽辽金方法，这是由于该原理对于场问题的推导更具有一般性。

表 10.1　工程标量场问题实例

问题	方程	场变量	参数	边界条件
热传导	$k\left(\dfrac{\partial^2T}{\partial x^2}+\dfrac{\partial^2T}{\partial y^2}\right)+Q=0$	温度，T	热导率，k	$T=T_0$，$-k\dfrac{\partial T}{\partial n}=q_0$ $-k\dfrac{\partial T}{\partial n}=h(T-T_\infty)$
扭转	$\left(\dfrac{\partial^2\theta}{\partial x^2}+\dfrac{\partial^2\theta}{\partial y^2}\right)+2=0$	应力函数，θ		$\theta=0$
位势流	$\left(\dfrac{\partial^2\psi}{\partial x^2}+\dfrac{\partial^2\psi}{\partial y^2}\right)=0$	流函数，ψ		$\psi=\psi_0$

（续）

问题	方程	场变量	参数	边界条件
渗流及地下水流动	$k\left(\frac{\partial^2\phi}{\partial x^2}+\frac{\partial^2\phi}{\partial y^2}\right)+Q=0$	水力势，ϕ	水力渗透系数，k	$\phi=\phi_0$ $\frac{\partial\phi}{\partial n}=0$ $\phi=y$
电动势	$\varepsilon\left(\frac{\partial^2 u}{\partial x^2}+\frac{\partial^2 u}{\partial y^2}\right)=-\rho$	电动势，u	介电常数，ε	$u=u_0$，$\frac{\partial u}{\partial n}=0$
管道流动	$\left(\frac{\partial^2 W}{\partial X^2}+\frac{\partial^2 W}{\partial Y^2}\right)+1=0$	无量纲速度，W		$W=0$
声学	$\left(\frac{\partial^2 p}{\partial x^2}+\frac{\partial^2 p}{\partial y^2}\right)+k^2p=0$	压力，p （复数）	波数， $k^2=\omega^2/c^2$	$p=p_0$， $\frac{1}{ik\rho c}\frac{\partial p}{\partial n}=\nu_0$

10.2 稳态热传导问题

我们现在讨论求解稳态热传导问题的有限元方法。传热发生于单体中存在温度差或者单体和周围介质之间存在温度差的情况，热将以传导、对流和辐射的方式进行传递，这里仅对传导和对流的方式进行讨论。

热流在冬天将通过温暖房屋的墙进行传递，该情况可以作为热传导的一个例子。传导的过程通过 Fourier 定律来表达。在一个热力学性质为各向同性的介质中，二维传热问题的 Fourier 定律可以写为

$$q_x=-k\frac{\partial T}{\partial x},q_y=-k\frac{\partial T}{\partial y} \tag{10.2}$$

其中，$T=T(x,y)$ 为介质的温度场；q_x 和 q_y 是热通量的分量，单位为 $\mathrm{W/m^2}$；k 为热导率，单位为 W/(m · ℃)；$\frac{\partial T}{\partial x}$和$\frac{\partial T}{\partial y}$分别是沿 x 和 y 方向的温度梯度。热通量的总量 $\boldsymbol{q}=q_x i+q_y j$ 和等温线成直角（见图 10.1）。注意单位换算：1W = 1J/s = 1N · m/s。式（10.2）中的负号意味着热是沿温度下降的方向传递的，热导率 k 是材料的特性参数。

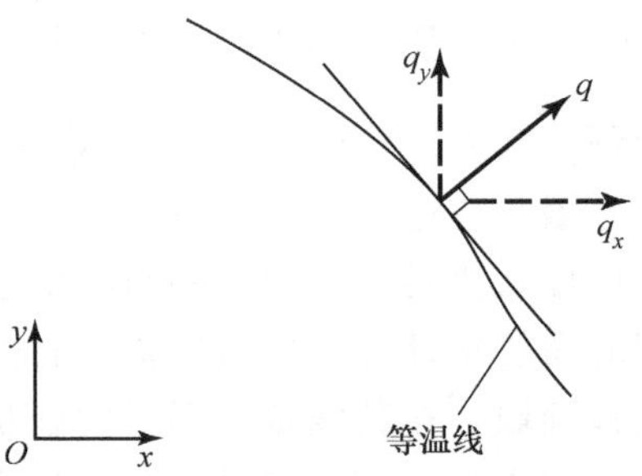

图 10.1 二维问题的热通量表达

在对流形式的热传递过程中，温差将导致流体和固体表面之间的能量传递，有自由或自然的对流现象存在，例如，当壶里的水沸腾时，由于较热的水上升，而温度较低的水下降，这样将产生循环模式。还有受迫对流的形式，例如，由风扇导致的流体流动；相应的控制方程为如下形式

$$q=h(T_s-T_\infty) \tag{10.3}$$

其中，q 为对流热通量单位为 $\mathrm{W/m^2}$；h 是表面传热系数单位为 W/($\mathrm{m^2}$ · ℃)；T_s 和 T_∞ 分别是表面温度和流体的温度。表面传热系数 h 反映了热流动交换的特性，它取决于不同的因

素，例如是否为自然对流还是受迫对流，是层流还是湍流，还取决于流体的种类以及流体的几何性质。

另外，除了传导和对流外，热的传递还可以通过热辐射的方式进行，辐射热通量与绝对温度的四次方成正比，这将使问题变为非线性，在此暂不讨论这种情况。

一维热传导

现在来考虑一维的稳态热传导问题，目的是确定出温度的分布。对于一维的稳态问题，温度梯度仅沿着一个坐标轴存在，且在每一点上的温度均不随时间变化，许多工程问题都属于这类问题。

控制方程 考虑一个平面墙内的热传导问题，其中具有均布的热源（见图10.2）。设A为面积，它的法线为热流方向，而Q($\mathrm{W/m^3}$）为每单位体积生成的内热。一个常见的产生热源的例子就是一根通电导线，其通过的电流为I，电阻为R，体积为V，则产生的单位热量为$Q=I^2R/V$，所取出的一个分析区域如图10.2所示。由于在单位时间内，进入该区域的热量（热通量×面积）加上内部产生的热量应等于流出该区域的热量，则有

$$qA+QA\mathrm{d}x=\left(q+\frac{\mathrm{d}q}{\mathrm{d}x}\mathrm{d}x\right)A \tag{10.4}$$

两边同时消去qA后，有

$$Q=\frac{\mathrm{d}q}{\mathrm{d}x} \tag{10.5}$$

将Fourier定律

$$q=-k\frac{\mathrm{d}T}{\mathrm{d}x} \tag{10.6}$$

代入式（10.5）中，有

$$\frac{\mathrm{d}}{\mathrm{d}x}\left(k\frac{\mathrm{d}T}{\mathrm{d}x}\right)+Q=0 \tag{10.7}$$

通常情况下，当Q为正值时称之为热源，即产生热量，为负值时则称之为吸热体，即消耗热量。在这里，仅将Q简单地作为热源来考虑。一般来说，式（10.7）中的k是x的函数，式（10.7）需要满足合适的边界条件才能求解。

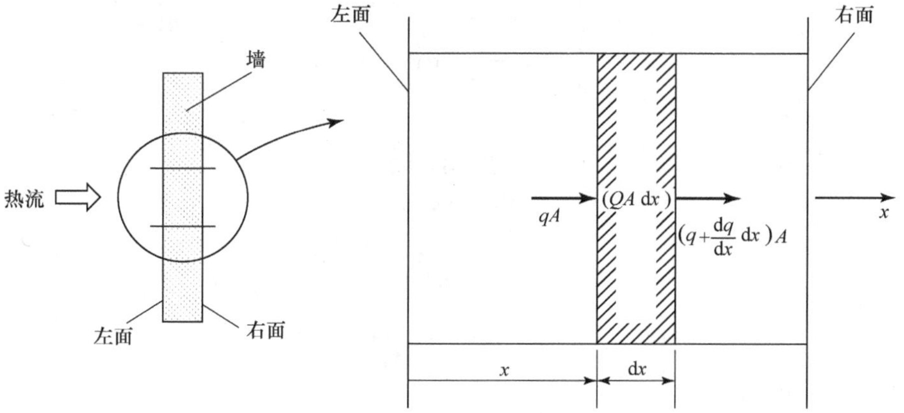

图10.2 一维热传导问题

边界条件 边界条件主要有三类：给定温度、给定热流量（或者绝热）和对流。例如，考虑一个容器的壁，该容器盛有温度为 T_0 的液体，温度为 T_∞ 的气流从其外围通过，使该容器壁的边界温度保持为 T_L（见图 10.3a），这个问题的边界条件是

$$T\big|_{x=0} = T_0 \tag{10.8}$$

$$q\big|_{x=L} = h(T_L - T_\infty) \tag{10.9}$$

考虑另一个例子，如图 10.3b 所示的墙，其内表面绝热，而外表面为对流；因此，边界条件为

$$q\big|_{x=0} = 0, q\big|_{x=L} = h(T_L - T_\infty) \tag{10.10}$$

我们将在以下章节中讨论各种不同情况的边界条件。

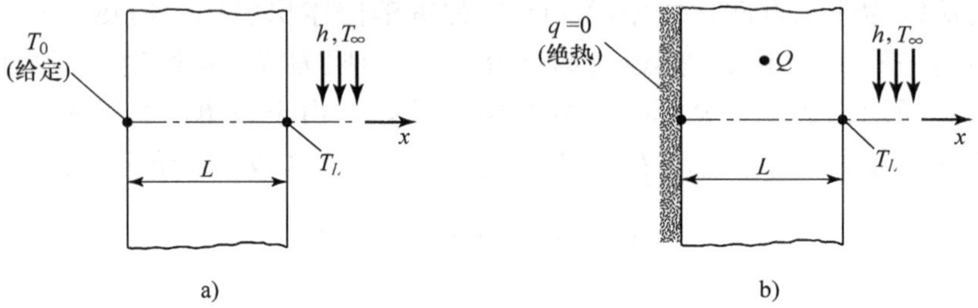

图 10.3 一维热传导问题的边界条件

一维单元 下面考虑具有线性形状函数的 2 节点单元，也可以按第 3 章中的方法将其扩展到 3 节点二次单元。采用有限元方法，将问题沿着 x 方向进行离散化，如图 10.4a 所示，节点上的未知温度用列阵 $\boldsymbol{T}$ 来表示（在节点 1 处，有 $T_1 = T_0$），若采用基准单元ⓔ(见图 10.4b)，它的节点号为 1 和 2，温度场将由形状函数 N_1、N_2 近似表示为

$$\begin{aligned} T(\xi) &= N_1 T_1 + N_2 T_2 \\ &= \boldsymbol{N}\boldsymbol{T}^e \end{aligned} \tag{10.11}$$

其中，$N_1 = (1-\xi)/2$，$N_2 = (1+\xi)/2$，$\xi \in (-1,1)$，$\boldsymbol{N} = (N_1, N_2)$，且 $\boldsymbol{T}^e = (T_1, T_2)^{\mathrm{T}}$ 注意以下关系

$$\begin{cases} \xi = \dfrac{2}{x_2 - x_1}(x - x_1) - 1 \\ \mathrm{d}\xi = \dfrac{2}{x_2 - x_1}\mathrm{d}x \end{cases} \tag{10.12}$$

则有

$$\begin{aligned} \frac{\mathrm{d}T}{\mathrm{d}x} &= \frac{\mathrm{d}T}{\mathrm{d}\xi}\frac{\mathrm{d}\xi}{\mathrm{d}x} \\ &= \frac{2}{x_2 - x_1}\frac{\mathrm{d}\boldsymbol{N}}{\mathrm{d}\xi}\boldsymbol{T}^e \\ &= \frac{1}{x_2 - x_1}(-1, 1)\boldsymbol{T}^e \end{aligned} \tag{10.13a}$$

或

$$\frac{\mathrm{d}T}{\mathrm{d}x} = \boldsymbol{B}_T \boldsymbol{T}^e \tag{10.13b}$$

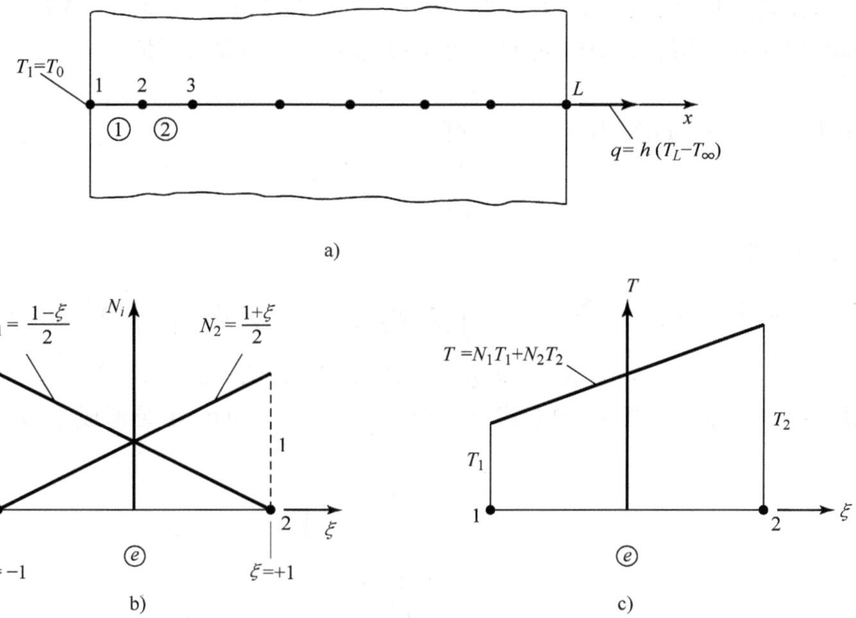

图 10.4 对温度场进行线性插值的有限元模型和形状函数

其中

$$\boldsymbol{B}_T=\frac{1}{x_2-x_1}(-1,1) \tag{10.14}$$

求解热传导问题的伽辽金方法 下面将由伽辽金方法推导出单元矩阵，问题的提法为

$$\frac{\mathrm{d}}{\mathrm{d}x}\left(k\frac{\mathrm{d}T}{\mathrm{d}x}\right)+Q=0$$
$$T\big|_{x=0}=T_0,q\big|_{x=L}=h(T_L-T_\infty) \tag{10.15}$$

若想得到一个近似解 T，则由伽辽金方法，需要对构成 T 的每一个基底函数 ϕ 求解方程

$$\int_0^L\phi\left[\frac{\mathrm{d}}{\mathrm{d}x}\left(k\frac{\mathrm{d}T}{\mathrm{d}x}\right)+Q\right]\mathrm{d}x=0 \tag{10.16}$$

其边界条件为 $\phi(0)=0$，则 ϕ 被认为是满足边界条件的一个虚温度变化。因此，当给定温度值时，则有 $\phi=0$，对式（10.16）的第一项进行分部积分，有

$$\phi k\frac{\mathrm{d}T}{\mathrm{d}x}\bigg|_0^L-\int_0^L k\frac{\mathrm{d}\phi}{\mathrm{d}x}\frac{\mathrm{d}T}{\mathrm{d}x}\mathrm{d}x+\int_0^L\phi Q\mathrm{d}x=0 \tag{10.17}$$

则

$$\phi k\frac{\mathrm{d}T}{\mathrm{d}x}\bigg|_0^L=\phi(L)k(L)\frac{\mathrm{d}T}{\mathrm{d}x}(L)-\phi(0)k(0)\frac{\mathrm{d}T}{\mathrm{d}x}(0) \tag{10.18a}$$

由于 $\phi(0)=0$ 及 $q=-k(L)[\mathrm{d}T(L)]/\mathrm{d}x=h(T_L-T_\infty)$，则

$$\phi k\frac{\mathrm{d}T}{\mathrm{d}x}\bigg|_0^L=-\phi(L)h(T_L-T_\infty) \tag{10.18b}$$

因此，式（10.17）变为

$$-\phi(L)h(T_L-T_\infty)-\int_0^L k\frac{\mathrm{d}\phi}{\mathrm{d}x}\frac{\mathrm{d}T}{\mathrm{d}x}\mathrm{d}x+\int_0^L\phi Q\mathrm{d}x=0 \tag{10.19}$$

现在我们采用在式（10.11）~式（10.14）中所定义的等参变换关系 $T=\boldsymbol{N}\boldsymbol{T}^e$ 等；将一个整体虚温度列阵记为 $\boldsymbol{\psi}=(\psi_1,\psi_2,\cdots,\psi_L)^{\mathrm{T}}$，每个单元中的试函数被插值为

$$\phi=\boldsymbol{N}\boldsymbol{\psi} \tag{10.20}$$

类似于式（10.13b）中的 $\mathrm{d}T/\mathrm{d}x=\boldsymbol{B}_T\boldsymbol{T}^e$，有

$$\frac{\mathrm{d}\phi}{\mathrm{d}x}=\boldsymbol{B}_T\boldsymbol{\psi} \tag{10.21}$$

这样式（10.19）变为

$$-\psi_L h(T_L-T_\infty)-\sum_e \psi^{\mathrm{T}}\left(\frac{k_e l_e}{2}\int_{-1}^{1}\boldsymbol{B}_T^{\mathrm{T}}\boldsymbol{B}_T\mathrm{d}\xi\right)\boldsymbol{T}^e+\sum_e \psi^{\mathrm{T}}\frac{Q_e l_e}{2}\int_{-1}^{1}\boldsymbol{N}^{\mathrm{T}}\mathrm{d}\xi=0 \tag{10.22}$$

$$-\psi_L hT_L+\psi_L hT_\infty-\boldsymbol{\psi}^{\mathrm{T}}\boldsymbol{K}_T\boldsymbol{T}+\boldsymbol{\psi}^{\mathrm{T}}\boldsymbol{R}=0 \tag{10.23}$$

这些方程对所有满足 $\psi_1=0$ 的 $\boldsymbol{\psi}$ 均应成立。由单元矩阵 $\boldsymbol{k}_T$ 和 $\boldsymbol{r}_Q$ 组装形成整体矩阵 $\boldsymbol{K}_T$ 和 $\boldsymbol{R}$，而

$$\boldsymbol{k}_T=\frac{k_e}{l_e}\begin{pmatrix}1 & -1\\ -1 & 1\end{pmatrix} \tag{10.24}$$

$$\boldsymbol{r}_Q=\frac{Q_e l_e}{2}\begin{pmatrix}1\\ 1\end{pmatrix} \tag{10.25}$$

按顺序将 $\boldsymbol{\psi}$ 选择为（0，1，0，…，0）^{T}，（0，0，1，…，0）^{T}，…，（0，0，0，…，1）^{T}，并且 $T_1=T_0$，则方程（10.23）变为

$$\begin{pmatrix}K_{22} & K_{23} & \cdots & K_{2L}\\ K_{32} & K_{33} & \cdots & K_{3L}\\ \vdots & \vdots & & \vdots\\ K_{L2} & K_{L3} & \cdots & (K_{LL}+h)\end{pmatrix}\begin{pmatrix}T_2\\ T_3\\ \vdots\\ T_L\end{pmatrix}=\begin{pmatrix}R_2\\ R_3\\ \vdots\\ (R_L+hT_\infty)\end{pmatrix}-\begin{pmatrix}K_{21}T_0\\ K_{31}T_0\\ \vdots\\ K_{L1}T_0\end{pmatrix} \tag{10.26}$$

由此可以解出 T_2，T_3，…，T_L；值得注意的是：采用伽辽金方法得到方程后，用消元方法能够自动地处理在节点 1 处的给定温度条件 $T=T_0$；而且，还可以将伽辽金方法与罚函数法结合起来处理 $T_1=T_0$，相应的公式如下

$$\begin{pmatrix}(K_{11}+C) & K_{12} & \cdots & K_{1L}\\ K_{21} & K_{22} & \cdots & K_{2L}\\ \vdots & \vdots & & \vdots\\ K_{L1} & K_{L2} & \cdots & (K_{LL}+h)\end{pmatrix}\begin{pmatrix}T_1\\ T_2\\ \vdots\\ T_L\end{pmatrix}=\begin{pmatrix}R_1+CT_0\\ R_2\\ \vdots\\ R_L+hT_\infty\end{pmatrix} \tag{10.27}$$

例题 10.1

一个复合墙体由三种不同的材料组成，如例题 10.1 图 a 所示，外表面温度为 $T_0=20$℃，对流发生在内表面上，内表面的温度为 $T_\infty=800$℃，取 $h=25\mathrm{W}/(\mathrm{m}^2\cdot℃)$，求墙体内的温度分布。

解：对墙体采用三个单元，其有限元模型如例题 10.1 图 b 所示。单元热传导矩阵为

$$\boldsymbol{k}_T^{(1)}=\frac{20}{0.3}\begin{pmatrix}1 & -1\\ -1 & 1\end{pmatrix},\boldsymbol{k}_T^{(2)}=\frac{30}{0.15}\begin{pmatrix}1 & -1\\ -1 & 1\end{pmatrix}$$

$$\boldsymbol{k}_T^{(3)}=\frac{50}{0.15}\begin{pmatrix}1 & -1\\ -1 & 1\end{pmatrix}$$

整体矩阵 $\boldsymbol{K}=\sum\boldsymbol{k}_T$，由以上矩阵进行组装，得到

$$\boldsymbol{K} = 66.7 \begin{pmatrix} 1 & -1 & 0 & 0 \\ -1 & 4 & -3 & 0 \\ 0 & -3 & 8 & -5 \\ 0 & 0 & -5 & 5 \end{pmatrix}$$

由于对流发生在节点 1 上，将常数 $h = 25$ 加到矩阵 $\boldsymbol{K}$ 中元素（1，1）的位置上，结果为

$$\boldsymbol{K} = 66.7 \begin{pmatrix} 1.375 & -1 & 0 & 0 \\ -1 & 4 & -3 & 0 \\ 0 & -3 & 8 & -5 \\ 0 & 0 & -5 & 5 \end{pmatrix}$$

$k_1 = 20\text{W/(m·℃)}$
$k_2 = 30\text{W/(m·℃)}$
$k_3 = 50\text{W/(m·℃)}$
$h = 25\text{W/(m}^2\text{·℃)}$
$T_\infty = 800℃$

例题 10.1 图

由于该问题没有热源，则只在热载荷列阵 $\boldsymbol{R}$ 中的第一行有 hT_∞，即

$$\boldsymbol{R} = (25 \times 800, 0, 0, 0)^\mathrm{T}$$

给定的温度边界条件为 $T_4 = 20℃$，采用罚函数法进行处理，基于下式选择 C

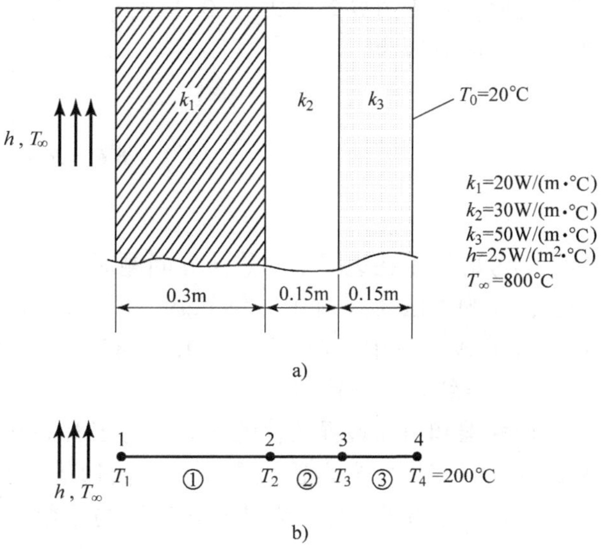

$$C = \max |\boldsymbol{K}_{ij}| \times 10^4$$
$$= 66.7 \times 8 \times 10^4$$

将 C 加入到矩阵 $\boldsymbol{K}$ 中元素（4，4）的位置上，将 CT_4 加入到 $\boldsymbol{R}$ 的第四行上，则所得到的方程为

$$66.7 \begin{pmatrix} 1.375 & -1 & 0 & 0 \\ -1 & 4 & -3 & 0 \\ 0 & -3 & 8 & -5 \\ 0 & 0 & -5 & 80005 \end{pmatrix} \begin{pmatrix} T_1 \\ T_2 \\ T_3 \\ T_4 \end{pmatrix} = \begin{pmatrix} 25 \times 800 \\ 0 \\ 0 \\ 10672 \times 10^4 \end{pmatrix}$$

求解结果为

$$\boldsymbol{T} = (304.6, 119.0, 57.1, 20.0)^\mathrm{T}℃$$

讨论 边界条件 $T_4 = 20℃$ 也可以由消元法来处理，即将矩阵 $\boldsymbol{K}$ 的第四行和第四列删去，得到的方程如下

$$66.7 \begin{pmatrix} 1.375 & -1 & 0 \\ -1 & 4 & -3 \\ 0 & -3 & 8 \end{pmatrix} \begin{pmatrix} T_1 \\ T_2 \\ T_3 \end{pmatrix} = \begin{pmatrix} 25 \times 800 \\ 0 \\ 0 + 6670 \end{pmatrix}$$

求解的结果为

$$(T_1, T_2, T_3)^\mathrm{T} = (304.6, 119.0, 57.1)^\mathrm{T}℃$$

热通量边界条件 对于一些具体的物理问题，需要用以下边界条件来进行描述

$$q = q_0 \quad \text{在 } x = 0 \text{ 处} \tag{10.28}$$

其中，q_0 为边界上的热通量。若 $q_0 = 0$，则表面将是完全绝热状态。例如，当一个电加热器或加热片的一面与墙体接触，而另一面完全隔离时，则会产生 q_0 为非零的情况。还应注意，热通量 q_0 具有符号约定：当热流流出物体时，q_0 为正值；而当热流流进物体时，它将为负

值。因此，对于边界条件式（10.28），可以通过将（$-q_0$）项加到热载荷列阵中来进行处理，得到的方程为

$$\boldsymbol{KT} = \boldsymbol{R} + \begin{pmatrix} -q_0 \\ 0 \\ \vdots \\ 0 \end{pmatrix} \tag{10.29}$$

当我们考虑发生在边界上的热传导问题时，式（10.29）中有关热通量的符号约定也是清楚的；设 n 为外法线（对于一维问题，$n = +x$ 或 $-x$），若问题中的热量向着 $+n$ 方向，则 $q = -k\partial T/\partial n$，其中，若 $\partial T/\partial n < 0$，则有 $q > 0$；由于热量是流出物体的，则有边界条件 $q = q_0$，与符号约定是一致的。

对强迫和自然边界条件的讨论 对于有些问题，边界条件是 $T = T_0$，它是基于场变量本身，因此我们称之为强迫边界条件。而边界条件 $q\big|_{x=0} = q_0$，或等价地写成 $-k\mathrm{d}T/\mathrm{d}x_{x=0} = q_0$，叫做自然边界条件，它涉及场变量的导数。另外，从式（10.29）中可以看出，齐次自然边界条件 $q = q_0 = 0$ 的处理并不需要对单元矩阵做任何修改，在一般意义上，这些条件将自动得到满足。

例题 10.2

一个热源以 4000W/m^3 速率在大平板中产生热量，其热导率为 $k = 0.8$W/(m·℃)，板厚为 25cm，板的外表面暴露在 30℃的周围空气中，表面传热系数为 20W/(m^2·℃)，求板中温度场的分布。

解：这是一个关于板中心线的轴对称问题，采用两单元有限元模型，如例题 10.2 图所示，由于左端为对称线，没有热量流动，因而为绝热边界条件（$q = 0$），注意到 $k/l = 0.8/0.0625 = 12.8$，有

$$\boldsymbol{K} = \begin{pmatrix} 12.8 & -12.8 & 0 \\ -12.8 & 25.6 & -12.8 \\ 0 & -12.8 & (12.8+20) \end{pmatrix}$$

热载荷列阵由热源（见式（10.25））和热对流来生成，有

$$\boldsymbol{R} = (125, 250, 125 + 20 \times 30)^{\mathrm{T}}$$

求解方程 $\boldsymbol{KT} = \boldsymbol{R}$，有结果

$$(T_1, T_2, T_3) = (94.0, 84.3, 55.0)℃$$

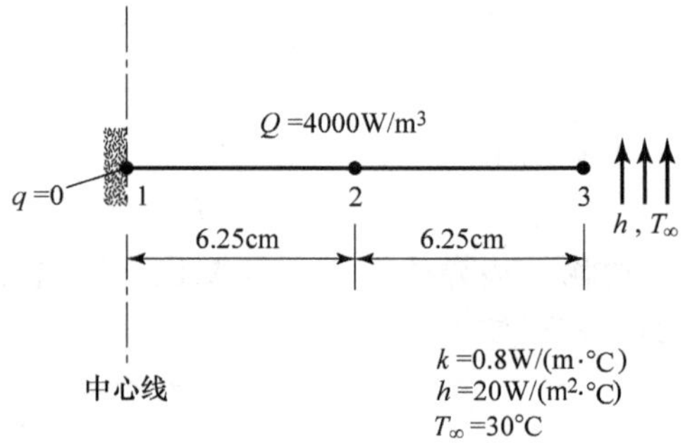

例题 10.2 图

总结一维热传导问题，可以看出，上面采用伽辽金方法所推导的单元矩阵，实际上，也完全可以采用能量方法来推导，即使下列泛函取极小值

$$\Pi_T = \int_0^L \frac{1}{2}k\left(\frac{\mathrm{d}T}{\mathrm{d}x}\right)^2 \mathrm{d}x - \int_0^L QT\mathrm{d}x + \frac{1}{2}h(T_L - T_\infty)^2 \tag{10.30}$$

一维散热片中的热传导问题

散热片具有平直表面，它位于一个结构上用以增加散热速率。一个熟悉的例子是摩托车发动机上的散热片，它位于气缸盖上，通过对流来加快热量散发。这里通过有限元方法来分析矩形薄散热片中的热传递问题，它不同于前面所讨论的在物体内同时存在热传导和热对流

的问题（见图 10.5）。

考虑如图 10.6 所示的一个矩形薄散热片，沿宽度和厚度方向的温度梯度可忽略不计，因此该问题可处理成一维问题。由带热源的热传导方程，可以给出该问题的控制方程，即

$$\frac{\mathrm{d}}{\mathrm{d}x}\left(k\,\frac{\mathrm{d}T}{\mathrm{d}x}\right)+Q=0$$

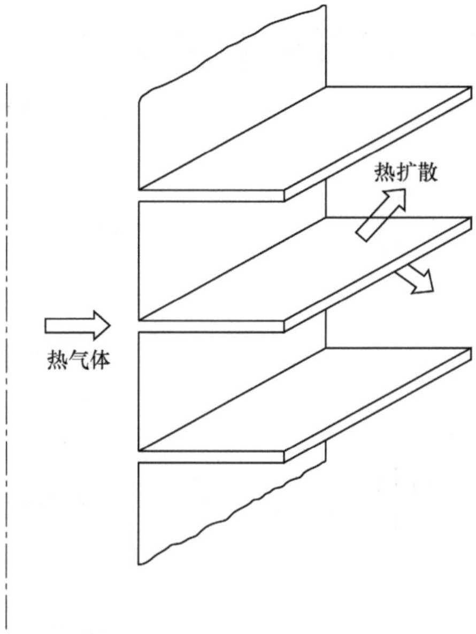

图 10.5 矩形薄散热片列阵

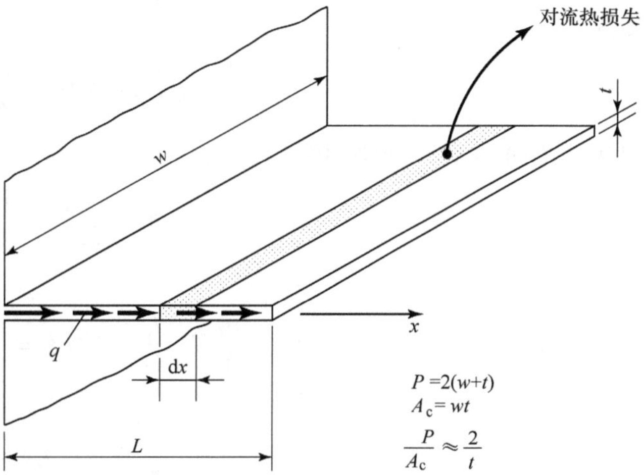

图 10.6 矩形薄散热片的热流

散热片中的对流热损失可看成为一个负热源

$$Q=-\frac{(P\mathrm{d}x)h(T-T_\infty)}{A_\mathrm{c}\mathrm{d}x}=-\frac{Ph}{A_\mathrm{c}}(T-T_\infty)\tag{10.31}$$

其中，P 是薄散热片的周长；A_c 是横截面积。因此，控制方程为

$$\frac{\mathrm{d}}{\mathrm{d}x}\left(k\,\frac{\mathrm{d}T}{\mathrm{d}x}\right)-\frac{Ph}{A_\mathrm{c}}(T-T_\infty)=0\tag{10.32}$$

我们主要是分析薄散热片的底端保持为恒温 T_0 而前端为绝热的情况（前端热损失不计），这时的边界条件为

$$在\ x=0\ 处有\ T=T_0\tag{10.33a}$$

$$在\ x=L\ 处有\ q=0\tag{10.33b}$$

基于伽辽金方法的有限元分析 下面将推导用于求解方程（10.32）和边界条件（10.33）的单元矩阵和热载荷列阵。由于伽辽金方法不需要建立用于最小化的泛函，它显得非常简单和方便，单元矩阵可以直接由微分方程进行推导；设 $\phi(x)$ 为满足 $\phi(0)=0$ 的任意函数，它将作为 T 的基底函数，伽辽金方法要求

$$\int_0^L \phi\left[\frac{\mathrm{d}}{\mathrm{d}x}\left(k\,\frac{\mathrm{d}T}{\mathrm{d}x}\right)-\frac{Ph}{A_\mathrm{c}}(T-T_\infty)\right]\mathrm{d}x=0\tag{10.34}$$

对第一项进行分部积分，有

$$\phi k\frac{\mathrm{d}T}{\mathrm{d}x}\bigg|_0^L-\int_0^L k\frac{\mathrm{d}\phi}{\mathrm{d}x}\frac{\mathrm{d}T}{\mathrm{d}x}\mathrm{d}x-\frac{Ph}{A_c}\int_0^L\phi T\mathrm{d}x+\frac{Ph}{A_c}T_\infty\int_0^L\phi\mathrm{d}x=0 \tag{10.35}$$

利用 $\phi(0)=0$，$k(L)[\mathrm{d}T(L)/\mathrm{d}x]=0$，以及等参关系

$$\mathrm{d}x=\frac{l_e}{2}\mathrm{d}\xi,T=\boldsymbol{N}\boldsymbol{T}^e,\phi=\boldsymbol{N}\boldsymbol{\psi},\frac{\mathrm{d}T}{\mathrm{d}x}=\boldsymbol{B}_T\boldsymbol{T}^e,\frac{\mathrm{d}\phi}{\mathrm{d}x}=\boldsymbol{B}_T\boldsymbol{\psi}$$

可以得到

$$-\sum_e\boldsymbol{\psi}^{\mathrm{T}}\left[\frac{k_el_e}{2}\int_{-1}^1\boldsymbol{B}_T^{\mathrm{T}}\boldsymbol{B}_T\mathrm{d}\xi\right]\boldsymbol{T}^e-\frac{Ph}{A_c}\sum_e\boldsymbol{\psi}^{\mathrm{T}}\frac{l_e}{2}\int_{-1}^1\boldsymbol{N}^{\mathrm{T}}\boldsymbol{N}\mathrm{d}\xi\boldsymbol{T}^e+\frac{PhT_\infty}{A_c}\sum_e\boldsymbol{\psi}^{\mathrm{T}}\frac{l_e}{2}\int_{-1}^1\boldsymbol{N}^{\mathrm{T}}\mathrm{d}\xi=0 \tag{10.36}$$

定义

$$\boldsymbol{h}_T=\frac{Ph}{A_c}\frac{l_e}{2}\int_{-1}^1\boldsymbol{N}^{\mathrm{T}}\boldsymbol{N}\mathrm{d}\xi=\frac{Ph}{A_c}\frac{l_e}{6}\begin{pmatrix}2&1\\1&2\end{pmatrix} \tag{10.37a}$$

又因为 $P/A_c\approx2/t$（见图10.6），则

$$\boldsymbol{h}_T\approx\frac{hl_e}{3t}\begin{pmatrix}2&1\\1&2\end{pmatrix} \tag{10.37b}$$

又

$$\boldsymbol{r}_\infty=\frac{Ph}{A_c}T_\infty\frac{l_e}{2}\int_{-1}^1\boldsymbol{N}^{\mathrm{T}}\mathrm{d}\xi=\frac{PhT_\infty}{A_c}\frac{l_e}{2}\begin{pmatrix}1\\1\end{pmatrix} \tag{10.38a}$$

或

$$\boldsymbol{r}_\infty\approx\frac{hT_\infty l_e}{t}\begin{pmatrix}1\\1\end{pmatrix} \tag{10.38b}$$

方程（10.36）化简为

$$-\sum_e\boldsymbol{\psi}^{\mathrm{T}}(\boldsymbol{k}_T+\boldsymbol{h}_T)\boldsymbol{T}^e+\sum_e\boldsymbol{\psi}^{\mathrm{T}}\boldsymbol{r}_\infty=0 \tag{10.39}$$

或

$$-\boldsymbol{\Psi}^{\mathrm{T}}(\boldsymbol{K}_T+\boldsymbol{H}_T)\boldsymbol{T}+\boldsymbol{\Psi}^{\mathrm{T}}\boldsymbol{R}_\infty=0$$

该方程应对所有满足 $\Psi_1=0$ 的 $\boldsymbol{\Psi}$ 都成立。

记 $K_{ij}=(K_T+H_T)_{ij}$，得到

$$\begin{pmatrix}K_{22}&K_{23}&\cdots&K_{2L}\\K_{32}&K_{33}&\cdots&K_{3L}\\\vdots&\vdots&&\vdots\\K_{L2}&K_{L3}&\cdots&K_{LL}\end{pmatrix}\begin{pmatrix}T_2\\T_3\\\vdots\\T_L\end{pmatrix}=\begin{pmatrix}\boldsymbol{R}_\infty\end{pmatrix}-\begin{pmatrix}K_{21}T_0\\K_{31}T_0\\\vdots\\K_{L1}T_0\end{pmatrix} \tag{10.40}$$

由此可以解出 $\boldsymbol{T}$，该方程结合消元法可以处理边界条件 $T=T_0$，前面所讨论的其他形式的热传导边界条件，同样也可以在散热片问题中考虑。

例题10.3

一个金属散热片，热导率 $k=360\mathrm{W/(m\cdot℃)}$，板厚0.1cm，长10cm，它从一个温度为235℃的平面墙体上伸出，求散热片的温度分布以及散热片向空气中所散发的热量。设空气的温度为20℃，$h=9\mathrm{W/(m^2\cdot℃)}$，散热片的宽度取为1m。

解： 假设散热片的前端为绝热，采用 3 个单元进行有限元建模，见例题 10.3 图。根据前面所给出的矩阵进行 $\boldsymbol{K}_T$、$\boldsymbol{H}_T$ 和 $\boldsymbol{R}_\infty$ 的组装，由方程（10.40）得到

$$\left(\frac{360}{3.33\times10^{-2}}\begin{pmatrix}2&-1&0\\-1&2&-1\\0&-1&1\end{pmatrix}+\frac{9\times3.33\times10^{-2}}{3\times10^{-3}}\begin{pmatrix}4&1&0\\1&4&1\\0&1&2\end{pmatrix}\right)\begin{pmatrix}T_2\\T_3\\T_4\end{pmatrix}$$

$$=\frac{9\times20\times3.33\times10^{-2}}{10^{-3}}\begin{pmatrix}2\\2\\1\end{pmatrix}-\begin{pmatrix}-10711\times235\\0\\0\end{pmatrix}$$

求解结果为

$$(T_2,T_3,T_4)=(209.8,195.2,190.5)℃$$

散热片总的热量损失为

$$H=\sum_e H_e$$

每个单元中的热量损失为

$$H_e=h(T_{\text{av}}-T_\infty)A_S$$

其中，$A_s=2\times(1\times0.0333)\,\text{m}^2$，$T_{\text{av}}$ 为单元内的平均温度，最后，得到

$$H_{\text{loss}}=334.3\text{W/m}$$

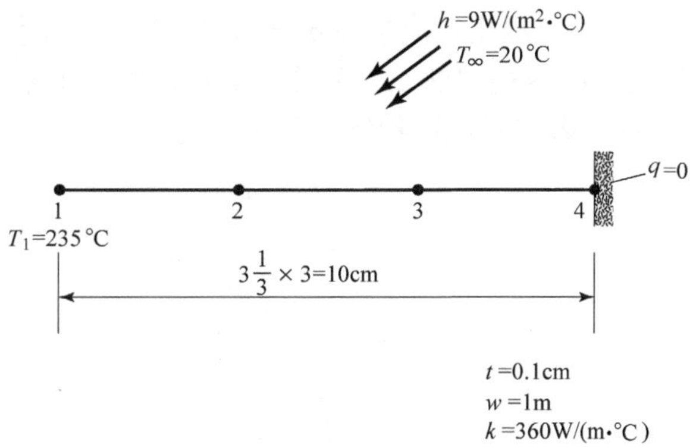

例题 10.3 图

二维稳态热传导

这里我们要讨论一个长尺寸等截面棱柱中的温度分布问题 $T(x, y)$，该问题在两个方向上的热传导效应将非常重要，比如横截面为矩形的烟囱，如图 10.7 所示。这类问题的温度分布一旦确定，热流量就可以由傅里叶定律得到。

微分方程　考虑物体内的一个微元体，如图 10.8 所示。微元体在 z 方向具有等厚度 τ，热源为 $Q(\text{W/m}^3)$，由于进入到微元体的热量（=热流量×面积）加上热源所产生的热量应等于所散发的热量，如图 10.8 所示，我们有

$$q_x\text{d}y\tau+q_y\text{d}x\tau+Q\text{d}x\text{d}y\tau=\left(q_x+\frac{\partial q_x}{\partial x}\text{d}x\right)\text{d}y\tau+\left(q_y+\frac{\partial q_y}{\partial y}\text{d}y\right)\text{d}x\tau \tag{10.41}$$

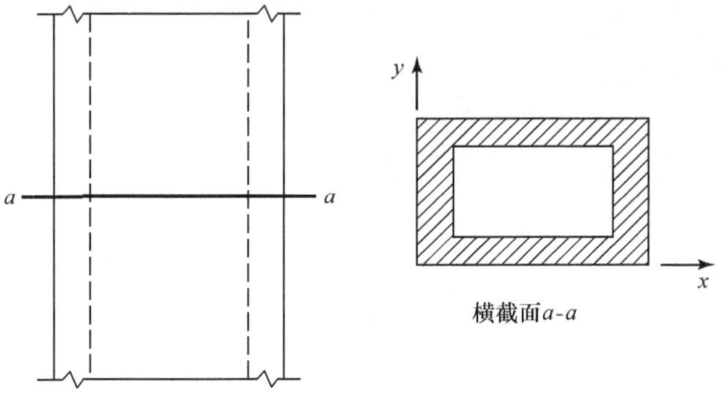

图 10.7　烟囱的二维热传导模型

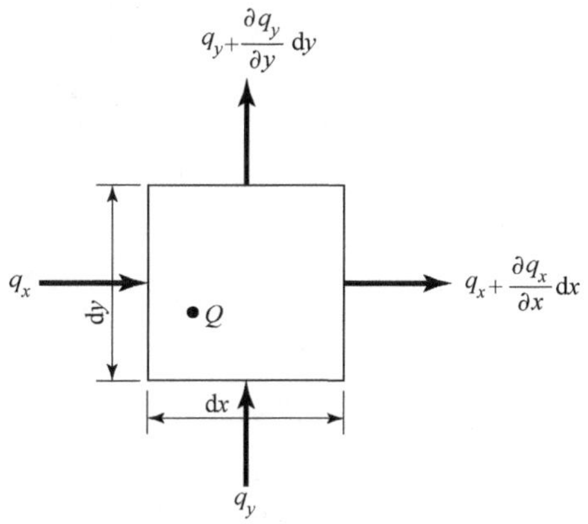

图 10.8　热传导的微元体

经过简化，有

$$\frac{\partial q_x}{\partial x}+\frac{\partial q_y}{\partial y}-Q=0 \tag{10.42}$$

将 $q_x=-k\partial T/\partial x$ 和 $q_y=-k\partial T/\partial y$ 代入方程（10.42）中，得到**热扩散方程**

$$\frac{\partial}{\partial x}\left(k\frac{\partial T}{\partial x}\right)+\frac{\partial}{\partial y}\left(k\frac{\partial T}{\partial y}\right)+Q=0 \tag{10.43}$$

注意到该偏微分方程是亥姆霍兹方程（10.1）的一种特殊形式。

边界条件 控制方程（10.43），必须在给定的边界条件下才能进行求解。边界条件有三种类型，如图10.9所示：1）在 S_T 上给定温度 $T=T_0$；2）在 S_q 上给定热通量 $q_n=q_0$；3）在S_c 上给定对流条件 $q_n=h(T-T_\infty)$。物体内部由 A 表示，边界由 $S=S_T+S_q+S_c$ 表示，而且，q_n 为边界法线上的热流量。这里对于 q_0 所采用的符号约定为：若热量流出物体，则 $q_0>0$，若热量流进物体，则 $q_0<0$。

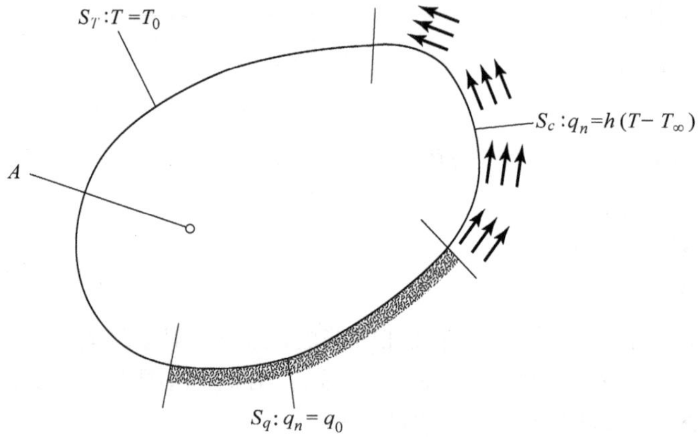

图10.9 二维热传导的边界条件

三角形单元 如图10.10所示，采用三角形单元来求解热传导问题，若要扩展到四边形单元或其他等参数元，可以按应力分析中所讨论的方法来进行类似的处理。

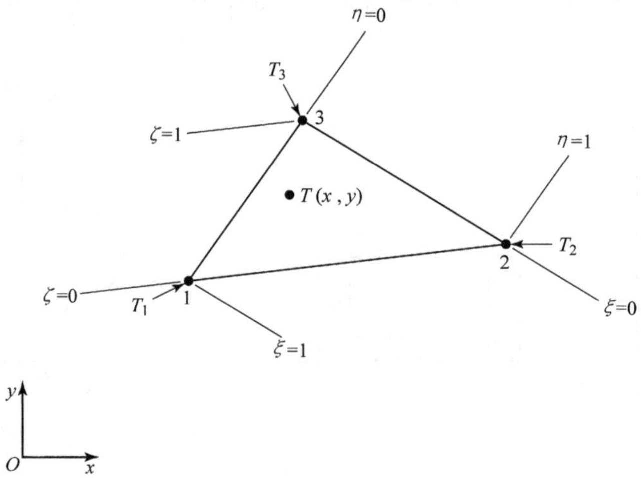

图10.10 标量场问题的线性三角形单元

考虑一个平面物体（x，y），垂直于该平面有一个恒定的长度，一个单元内部的温度场可以表示为

$$T = N_1 T_1 + N_2 T_2 + N_3 T_3$$

或

$$\boldsymbol{T} = \boldsymbol{N}\boldsymbol{T}^e \tag{10.44}$$

其中，$\boldsymbol{N} = (\xi, \eta, 1-\xi-\eta)$ 是单元形状函数；$\boldsymbol{T} = (T_1, T_2, T_3)^{\mathrm{T}}$。参考第5章的内容，同样有

$$\begin{cases} x = N_1 x_1 + N_2 x_2 + N_3 x_3 \\ y = N_1 y_1 + N_2 y_2 + N_3 y_3 \end{cases} \tag{10.45}$$

进一步，采用微分链式法则，有

$$\begin{cases} \dfrac{\partial T}{\partial \xi} = \dfrac{\partial T}{\partial x}\dfrac{\partial x}{\partial \xi} + \dfrac{\partial T}{\partial y}\dfrac{\partial y}{\partial \xi} \\[2ex] \dfrac{\partial T}{\partial \eta} = \dfrac{\partial T}{\partial x}\dfrac{\partial x}{\partial \eta} + \dfrac{\partial T}{\partial y}\dfrac{\partial y}{\partial \eta} \end{cases} \tag{10.46}$$

或写成

$$\begin{pmatrix} \dfrac{\partial T}{\partial \xi} \\[2ex] \dfrac{\partial T}{\partial \eta} \end{pmatrix} = \boldsymbol{J} \begin{pmatrix} \dfrac{\partial T}{\partial x} \\[2ex] \dfrac{\partial T}{\partial y} \end{pmatrix} \tag{10.47}$$

在式（10.47）中，$\boldsymbol{J}$ 是雅可比矩阵，为

$$\boldsymbol{J} = \begin{pmatrix} x_{13} & y_{13} \\ x_{23} & y_{23} \end{pmatrix} \tag{10.48}$$

其中，$x_{ij} = x_i - x_j$；$y_{ij} = y_i - y_j$；$|\det \boldsymbol{J}| = 2A_e$，其中 A_e 为三角形的面积。由方程（10.47）可以得到

$$\begin{pmatrix} \dfrac{\partial T}{\partial x} \\[2ex] \dfrac{\partial T}{\partial y} \end{pmatrix} = \boldsymbol{J}^{-1} \begin{pmatrix} \dfrac{\partial T}{\partial \xi} \\[2ex] \dfrac{\partial T}{\partial \eta} \end{pmatrix} \tag{10.49a}$$

$$= \frac{1}{\det \boldsymbol{J}} \begin{pmatrix} y_{23} & -y_{13} \\ -x_{23} & x_{13} \end{pmatrix} \begin{pmatrix} 1 & 0 & -1 \\ 0 & 1 & -1 \end{pmatrix} \boldsymbol{T}^e \tag{10.49b}$$

将其写成

$$\begin{pmatrix} \dfrac{\partial T}{\partial x} \\[2ex] \dfrac{\partial T}{\partial y} \end{pmatrix} = \boldsymbol{B}_T \boldsymbol{T}^e \tag{10.50}$$

其中

$$\boldsymbol{B}_T = \frac{1}{\det \boldsymbol{J}} \begin{pmatrix} y_{23} & -y_{13} & (y_{13} - y_{23}) \\ -x_{23} & x_{13} & (x_{23} - x_{13}) \end{pmatrix} \tag{10.51a}$$

$$= \frac{1}{\det \boldsymbol{J}} \begin{pmatrix} y_{23} & y_{31} & y_{12} \\ x_{32} & x_{13} & x_{21} \end{pmatrix} \tag{10.51b}$$

伽辽金方法㊀ 考虑热传导问题

$$\frac{\partial}{\partial x}\left(k\frac{\partial T}{\partial x}\right)+\frac{\partial}{\partial y}\left(k\frac{\partial T}{\partial y}\right)+Q=0 \tag{10.52}$$

边界条件为

$$\text{在 } S_T \text{ 上有 } T=T_0,\text{在 } S_q \text{ 上有 } q_n=q_0,\text{在 } S_c \text{ 上有 } q_n=h(T-T_\infty) \tag{10.53}$$

在伽辽金方法中，我们需要寻找一个近似解 T 使得关系

$$\int_A\int\phi\left[\frac{\partial}{\partial x}\left(k\frac{\partial T}{\partial x}\right)+\frac{\partial}{\partial y}\left(k\frac{\partial T}{\partial y}\right)\right]\mathrm{d}A+\int_A\int\phi Q\mathrm{d}A=0 \tag{10.54}$$

对在 S_T 上满足 $\phi=0$ 的试函数 $\phi(x, y)$ 都成立，该函数为组成 T 的基底函数。注意到

$$\phi\frac{\partial}{\partial x}\left(k\frac{\partial T}{\partial x}\right)=\frac{\partial}{\partial x}\left(\phi k\frac{\partial T}{\partial x}\right)-k\frac{\partial\phi}{\partial x}\frac{\partial T}{\partial x}$$

则由方程（10.54）可得

$$\int_A\int\left\{\left[\frac{\partial}{\partial x}\left(\phi k\frac{\partial T}{\partial x}\right)+\frac{\partial}{\partial y}\left(\phi k\frac{\partial T}{\partial y}\right)\right]-\left[k\frac{\partial\phi}{\partial x}\frac{\partial T}{\partial x}+k\frac{\partial\phi}{\partial y}\frac{\partial T}{\partial y}\right]\right\}\mathrm{d}A+\int_A\int\phi Q\mathrm{d}A=0 \tag{10.55}$$

引入记号 $q_x=-k\partial T/\partial x$ 和 $q_y=-k\partial T/\partial y$ 并应用散度定理，方程（10.55）中的第一项可变为

$$-\int_A\int\left[\frac{\partial}{\partial x}(\phi q_x)+\frac{\partial}{\partial y}(\phi q_y)\right]\mathrm{d}A=-\int_S\phi[q_xn_x+q_yn_y]\mathrm{d}S$$

$$=-\int_S\phi q_n\mathrm{d}S \tag{10.56}$$

其中，n_x 和 n_y 为边界法向 $\boldsymbol{n}$ 的方向余弦，$q_n=q_xn_x+q_yn_y=\boldsymbol{q}\cdot\boldsymbol{n}$ 为沿单位外法线的法向热流量，将由边界条件来确定。由于 $S=S_T+S_q+S_c$，在 S_T 上有 $\phi=0$，在 S_q 上有 $q_n=q_0$，以及在 S_c 上有 $q_n=h(T-T_\infty)$，则方程（10.55）化简为

$$-\int_{S_q}\phi q_0\mathrm{d}S-\int_{S_c}\phi h(T-T_\infty)\mathrm{d}S-\int_A\int\left(k\frac{\partial\phi}{\partial x}\frac{\partial T}{\partial x}+k\frac{\partial\phi}{\partial y}\frac{\partial T}{\partial y}\right)\mathrm{d}A+\int_A\int\phi Q\mathrm{d}A=0 \tag{10.57}$$

这里，我们引入由式（10.47）~式（10.55）表达的三角形单元的等参关系，如 $\boldsymbol{T}=\boldsymbol{N}\boldsymbol{T}^e$。进一步，将整体虚温度列阵表示为 $\boldsymbol{\psi}$，它的维数等于有限元模型中节点的数量，每个单元内的虚温度分布可以插值为

$$\phi=\boldsymbol{N\psi} \tag{10.58a}$$

另外，像 $(\partial T/\partial x,\partial T/\partial y)^{\mathrm{T}}=\boldsymbol{B}_T\boldsymbol{T}^e$ 那样，我们可以写出

$$\left(\frac{\partial\phi}{\partial x},\frac{\partial\phi}{\partial y}\right)^{\mathrm{T}}=\boldsymbol{B}_T\boldsymbol{\psi} \tag{10.58b}$$

现在考虑方程（10.57）中的第一项

$$\int_{S_q}\phi q_0\mathrm{d}S=\sum_e\boldsymbol{\psi}^{\mathrm{T}}q_0\int_{S_q^e}\boldsymbol{N}^{\mathrm{T}}\mathrm{d}S \tag{10.59}$$

若边2-3位于边界上（见图10.11），则有 $\boldsymbol{N}=(0,\eta,1-\eta)\,\mathrm{d}S=l_{2\text{-}3}\mathrm{d}\eta$，所以

㊀ 泛函方法为对以下函数求极小值

$$\pi_T=\frac{1}{2}\int\int_A\left[k\left(\frac{\partial T}{\partial x}\right)^2+k\left(\frac{\partial T}{\partial y}\right)^2-2QT\right]\mathrm{d}A+\int_{S_q}q_0T\mathrm{d}S+\int_{S_c}\frac{1}{2}h(T-T_\infty)^2\mathrm{d}S$$

$$\int_{S_q} \phi q_0 \mathrm{d}S = \sum_e \boldsymbol{\psi}^{\mathrm{T}} q_0 l_{2-3} \int_0^1 \boldsymbol{N}^{\mathrm{T}} \mathrm{d}\eta \tag{10.60a}$$

$$= \sum_e \boldsymbol{\psi}^{\mathrm{T}} \boldsymbol{r}_q \tag{10.60b}$$

其中

$$\boldsymbol{r}_q = \frac{q_0 l_{2-3}}{2}(0,1,1)^{\mathrm{T}} \tag{10.61}$$

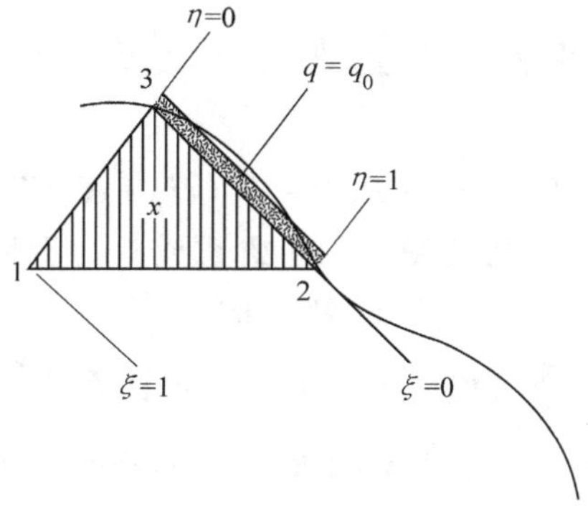

图 10.11 在三角形单元的 2-3 边上给定热通量边界条件

接着，考虑

$$\int_{S_c} \phi h(T - T_\infty)\mathrm{d}S = \int_{S_c} \phi h T \mathrm{d}S - \int_{S_c} \phi h T_\infty \mathrm{d}S \tag{10.62a}$$

如果边 2-3 是单元的对流边界，则

$$\int_{S_c} \phi h(T - T_\infty)\mathrm{d}S = \sum_e \boldsymbol{\psi}^{\mathrm{T}}\left(h l_{2-3}\int_0^1 \boldsymbol{N}^{\mathrm{T}}\boldsymbol{N}\mathrm{d}\eta\right)\boldsymbol{T}^e - \sum_e \boldsymbol{\psi}^{\mathrm{T}} h T_\infty l_{2-3}\int_0^1 \boldsymbol{N}^{\mathrm{T}}\mathrm{d}\eta = \sum_e \boldsymbol{\psi}^{\mathrm{T}}\boldsymbol{h}_T\boldsymbol{T}^e - \sum_e \boldsymbol{\psi}^{\mathrm{T}}\boldsymbol{r}_\infty \tag{10.62b}$$

将 $\boldsymbol{N} = (0,\eta,1-\eta)$ 代入，有

$$\boldsymbol{h}_T = \frac{h l_{2-3}}{6}\begin{pmatrix} 0 & 0 & 0 \\ 0 & 2 & 1 \\ 0 & 1 & 2 \end{pmatrix} \tag{10.63}$$

$$\boldsymbol{r}_\infty = \frac{h T_\infty l_{2-3}}{2}(0,1,1)^{\mathrm{T}} \tag{10.64}$$

接着

$$\int_A\int k\left(\frac{\partial\phi}{\partial x}\frac{\partial T}{\partial x} + \frac{\partial\phi}{\partial y}\frac{\partial T}{\partial y}\right)\mathrm{d}A = \int_A\int k\left(\frac{\partial\phi}{\partial x},\frac{\partial\phi}{\partial y}\right)\begin{pmatrix}\dfrac{\partial T}{\partial x} \\ \dfrac{\partial T}{\partial y}\end{pmatrix}\mathrm{d}A \tag{10.65a}$$

$$= \sum_e \boldsymbol{\psi}^{\mathrm{T}}\left(k_e\int_e \boldsymbol{B}_T^{\mathrm{T}}\boldsymbol{B}_T\mathrm{d}A\right)\boldsymbol{T}^e \tag{10.65b}$$

$$= \sum_e \boldsymbol{\psi}^{\mathrm{T}}\boldsymbol{k}_T\boldsymbol{T}^e \tag{10.65c}$$

其中

$$\boldsymbol{k}_T = k_e A_e \boldsymbol{B}_T^{\mathrm{T}}\boldsymbol{B}_T \tag{10.66}$$

最后，若在单元内部 $Q=Q_e$ 为常量，则

$$\iint_A \phi Q \mathrm{d}A = \sum_e \boldsymbol{\psi}^{\mathrm{T}} Q_e \int_e \mathbf{N} \mathrm{d}A = \sum_e \boldsymbol{\psi}^{\mathrm{T}} \boldsymbol{r}_Q$$

其中

$$\boldsymbol{r}_Q = \frac{Q_e A_e}{3}(1,1,1)^{\mathrm{T}} \tag{10.67}$$

单元内部 Q 的分布将在本章后面的习题中进行讨论。于是，方程（10.57）具有以下形式

$$-\sum_e \boldsymbol{\psi}^{\mathrm{T}} \boldsymbol{r}_q - \sum_e \boldsymbol{\psi}^{\mathrm{T}} \boldsymbol{h}_T \boldsymbol{T}^e + \sum_e \boldsymbol{\psi}^{\mathrm{T}} \boldsymbol{r}_\infty - \sum_e \boldsymbol{\psi}^{\mathrm{T}} \boldsymbol{k}_T \boldsymbol{T}^e + \sum_e \boldsymbol{\psi}^{\mathrm{T}} \boldsymbol{r}_Q = 0 \tag{10.68}$$

或

$$\boldsymbol{\Psi}^{\mathrm{T}}(\boldsymbol{R}_\infty - \boldsymbol{R}_q + \boldsymbol{R}_Q) - \boldsymbol{\Psi}^{\mathrm{T}}(\boldsymbol{H}_T + \boldsymbol{K}_T)\boldsymbol{T} = 0 \tag{10.69}$$

该方程将对每个在 S_T 边界节点上满足 $\boldsymbol{\Psi}=0$ 的 $\boldsymbol{\Psi}$ 都成立。于是我们得到

$$\boldsymbol{K}^E \boldsymbol{T}^E = \boldsymbol{R}^E \tag{10.70}$$

其中，$\boldsymbol{K} = \sum_e (\boldsymbol{k}_T + \boldsymbol{h}_T)$，$\boldsymbol{R} = \sum_e (\boldsymbol{r}_\infty - \boldsymbol{r}_q + \boldsymbol{r}_Q)$，上标 E 表示，这里具体针对在 S_T 上通过消元法处理边界条件 $T=T_0$ 时，需要对 $\boldsymbol{K}$ 和 $\boldsymbol{R}$ 进行的修改。另外，罚函数法也可以用来处理边界条件 $T=T_0$。

例题 10.4

一个具有矩形横断面的长条，热导率为 1.5W/(m·℃)，给定边界条件如例题 10.4 图 a 所示。两个对边保持 180℃ 的恒温条件，该长条的一边为绝热，另一边为对流条件，其 $T_\infty=25$℃，$h=50\mathrm{W}/(\mathrm{m}^2\cdot℃)$，求温度场分布。

解：如例题 10.4 图 b 所示，所采用的有限元模型为 5 个节点、3 个单元，沿水平轴对称。注意：对称线上由于没有热量流动，因而为绝热边界条件。

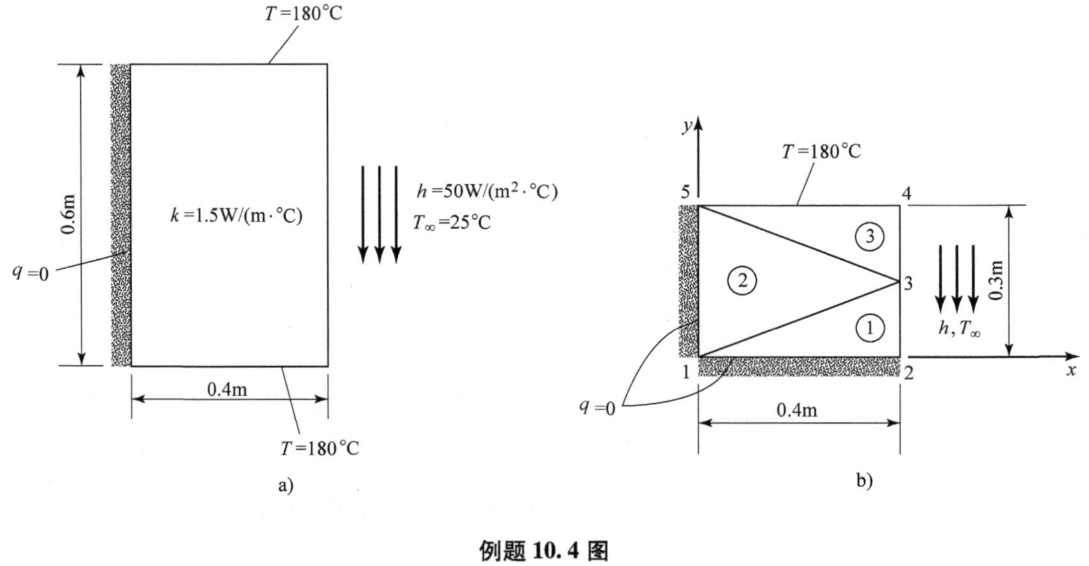

例题 10.4 图

单元矩阵的计算如下。单元的连接关系见下表。

单　元	1	2	3	←局部节点
①	1	2	3	↑
②	5	1	3	整体节点
③	5	4	3	↓

我们有

$$\boldsymbol{B}_T=\frac{1}{\det\boldsymbol{J}}\begin{pmatrix} y_{23} & y_{31} & y_{12} \\ x_{32} & x_{13} & x_{21}\end{pmatrix}$$

对于每个单元，有

$$\boldsymbol{B}_T^{(1)}=\frac{1}{0.06}\begin{pmatrix} -0.15 & 0.15 & 0 \\ 0 & -0.4 & 0.4\end{pmatrix}$$

$$\boldsymbol{B}_T^{(2)}=\frac{1}{0.12}\begin{pmatrix} -0.15 & -0.15 & 0.3 \\ 0.4 & -0.4 & 0\end{pmatrix}$$

$$\boldsymbol{B}_T^{(3)}=\frac{-1}{0.06}\begin{pmatrix} 0.15 & -0.15 & 0 \\ 0 & -0.4 & 0.4\end{pmatrix}$$

因此，计算 $\boldsymbol{k}_T=kA_e\boldsymbol{B}_T^{\mathrm{T}}\boldsymbol{B}_T$，有

$$\boldsymbol{k}_T^{(1)}=(1.5)(0.03)\boldsymbol{B}_T^{(1)\mathrm{T}}\boldsymbol{B}_T^{(1)}$$

$$\begin{matrix} & 1 & 2 & 3 \end{matrix}$$

$$=\begin{pmatrix} 0.28125 & -0.28125 & 0 \\ -0.28125 & 2.28125 & -2.0 \\ 0 & -2.0 & 2.0\end{pmatrix}$$

$$\begin{matrix} & 5 & 1 & 3 \end{matrix}$$

$$\boldsymbol{k}_T^{(2)}=\begin{pmatrix} 1.14 & -0.86 & -0.28125 \\ -0.86 & 1.14 & -0.28125 \\ -0.28125 & -0.28125 & 0.5625\end{pmatrix}$$

$$\begin{matrix} & 5 & 4 & 3 \end{matrix}$$

$$\boldsymbol{k}_T^{(3)}=\begin{pmatrix} 0.28125 & -0.28125 & 0 \\ -0.28125 & 2.28125 & -2.0 \\ 0 & -2.0 & 2.0\end{pmatrix}$$

下面计算带有对流边的单元矩阵 $\boldsymbol{h}_T$，由于单元 1 和单元 3 都有对流边 2-3（局部节点号），则采用计算公式

$$\boldsymbol{h}_T=\frac{hl_{2-3}}{6}\begin{pmatrix} 0 & 0 & 0 \\ 0 & 2 & 1 \\ 0 & 1 & 2\end{pmatrix}$$

得到结果

$$\begin{matrix} & 1 & 2 & 3 & & & 5 & 4 & 3 \end{matrix}$$

$$\boldsymbol{h}_T^{(1)}=\begin{pmatrix} 0 & 0 & 0 \\ 0 & 2.5 & 1.25 \\ 0 & 1.25 & 2.5\end{pmatrix},\ \boldsymbol{h}_T^{(2)}=\begin{pmatrix} 0 & 0 & 0 \\ 0 & 2.5 & 1.25 \\ 0 & 1.25 & 2.5\end{pmatrix}$$

现在组装 $\boldsymbol{K}=\sum(\boldsymbol{k}_T+\boldsymbol{h}_T)$，采用消元法来处理在节点 4 和 5 上的边界条件 $T=180℃$，即删去所对应的行和列，但第 4 行和第 5 行还将在后面用于修改 $\boldsymbol{R}$ 列阵，得到的矩阵为

$$\boldsymbol{K}=\begin{array}{c} \begin{matrix} \quad 1 & \qquad 2 & \qquad 3 \end{matrix} \\ \begin{pmatrix} 1.42125 & -0.28125 & -0.28125 \\ -0.28125 & 4.78125 & -0.75 \\ -0.28125 & -0.75 & 9.5625 \end{pmatrix} \end{array}$$

现在根据单元的热传导贡献来计算热载荷列阵 $\boldsymbol{R}$，并进行组装，计算公式为

$$\boldsymbol{r}_\infty=\frac{hT_\infty l_{2-3}}{2}(0,1,1)$$

单元的具体贡献

$$\boldsymbol{r}_\infty^{(1)}=\frac{(50)(25)(0.15)}{2}\overset{\begin{matrix}1 & 2 & 3\end{matrix}}{(0,\ 1,\ 1)}$$

以及

$$\boldsymbol{r}_\infty^{(3)}=\frac{(50)(25)(0.15)}{2}\overset{\begin{matrix}5 & 4 & 3\end{matrix}}{(0,\ 1,\ 1)}$$

因此，有

$$\boldsymbol{R}=93.75\overset{\begin{matrix}1 & 2 & 3\end{matrix}}{(0,\ 1,\ 2)}^{\mathrm{T}}$$

采用消元法，根据式（3.70）对 $\boldsymbol{R}$ 进行修改，求解方程 $\boldsymbol{KT}=\boldsymbol{R}$，得到以下结果

$$(T_1,T_2,T_3)=(124.5,34.0,45.4)℃$$

注意：沿着连接节点 2 和 4 的连线，由于节点 4 保持 180℃的温度，而节点 2 处的表面传热系数 h 比较大，节点 2 的温度会接近于周边的环境温度 $T_\infty=25℃$，因此，在该连线上存在一个较大的温度变化梯度，这意味着在 2-4 连线上应使用较多的节点，这样所建立的有限元模型才能较好地描述较大的温度变化梯度。而事实上，若仅采用两个节点（其对边采用了三个节点），这将得到一个不准确的温度分布结果。并且，这里采用的三单元模型所得到的热流量也是不精确的（见计算机程序的输出结果），因此，有必要采用更精细的计算模型。

同样还应注意到：一旦得到温度场的分布，就可以进行热应力分析，见第 5 章中的论述。

二维散热片

在图 10.12a 中，一个薄板从一根连接管道中接收热量并且通过对流散发到周围介质（空气）中，假设在 z 方向的温度梯度可以忽略不计，因此，可将该问题看成二维情况。我们希望得到板中的温度场分布 $T(x,y)$，这里的薄板实际上就是散热片，考虑一个微小面元 $\mathrm{d}A$，则散热片两个侧面的对流热损失为 $2h(T-T_\infty)\mathrm{d}A$，将这个热损失作为单位体积的负热源，即 $Q=-2h(T-T_\infty)/t$，其中 t 为板厚。由方程（10.43）可以导出二维散热片的微分方程为

$$\frac{\partial}{\partial x}\left(k\frac{\partial T}{\partial x}\right)+\frac{\partial}{\partial y}\left(k\frac{\partial T}{\partial y}\right)-C(T-T_\infty)+Q=0 \qquad (10.71)$$

其中，$C=-2h/t$。另外一个二维散热片的例子是电子封装，图 10.12b 表示一块薄板，在其下表面由于电子芯片或其他线路产生一个热源，在薄板的上表面连接有针状的散热脚，用于

散发薄板的热量。由图中可看出，这个薄板可看做二维散热片，且在散热脚的地方存在较高的表面传热系数。实际上这些系数与散热片的大小和材料有关。芯片表面上的最高温度是我们分析的重点。通过代换相关的变量，可以得到式（10.66）的热传导矩阵 $\boldsymbol{k}$ 以及式（10.67）中右端项的热载荷列阵 $\boldsymbol{r}_Q$ 分别为

$$+\frac{CA_e}{12}\begin{pmatrix}2 & 1 & 1\\1 & 2 & 1\\1 & 1 & 2\end{pmatrix}\text{及}+CT_\infty\frac{A_e}{3}\begin{pmatrix}1\\1\\1\end{pmatrix} \tag{10.72}$$

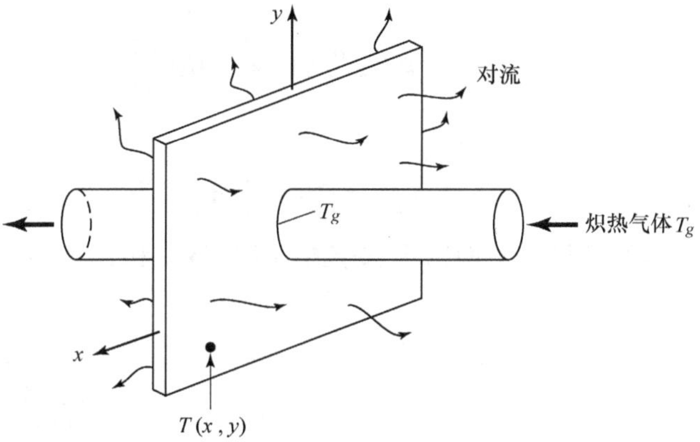

a)

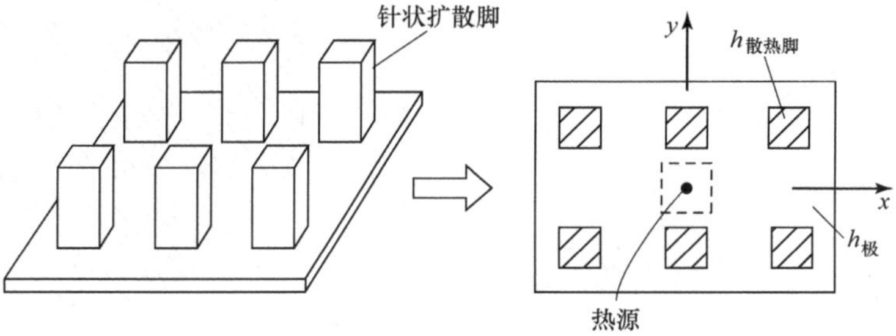

b)

图 10.12 二维散热片

程序 HEAT2D 的前处理

通常使用程序 MESHGEN 来生成 HEAT2D 的输入数据文件，即按照常规的方式来生成网格，将给定位置的温度处理成“被约束的自由度”，将节点热源处理成“载荷”，将单元热源处理成“单元特征”（如果没有该条件，则置为零），将热导率作为“材料性质”。剩下的事情就是处理沿着边缘的热通量和对流边界条件。对于这种问题，可以按照本章后面例题 10.4 所提供的数据格式，简单地编辑和修改已生成的数据文件。值得注意的是：在热传导问题中，每一个节点只有一个自由度。

10.3 扭转

考虑一个具有任意形状横截面的等截面柱，如图 10.13 所示，受到一个扭矩作用。需要

求出剪应力 τ_{xz}、τ_{yz}以及单位长度的扭转角 α（见图10.14）。可以看出，对于这样具有相同横截面的问题，可以将其转化为求解以下二维问题

$$\frac{\partial^2\theta}{\partial x^2}+\frac{\partial^2\theta}{\partial y^2}+2=0 \quad (\text{在} A \text{中}) \tag{10.73}$$

$$\theta=0 \quad (\text{在} S \text{上}) \tag{10.74}$$

其中，A 为横截面的内部区域；S 为边界。还可以发现式（10.73）是亥姆霍兹方程（10.1）的一种特殊情况，式（10.74）中的 θ 称为**应力函数**，这是由于一旦得到函数 θ，则剪应力可由下式求得

$$\tau_{xz}=G\alpha\frac{\partial\theta}{\partial y},\tau_{yz}=-G\alpha\frac{\partial\theta}{\partial x} \tag{10.75}$$

而 α 由下式求出

$$M=2G\alpha\int_A\int\theta\mathrm{d}A \tag{10.76}$$

其中，G 为材料的剪切模量。下面给出求解式（10.73）和式（10.74）的有限元方法。

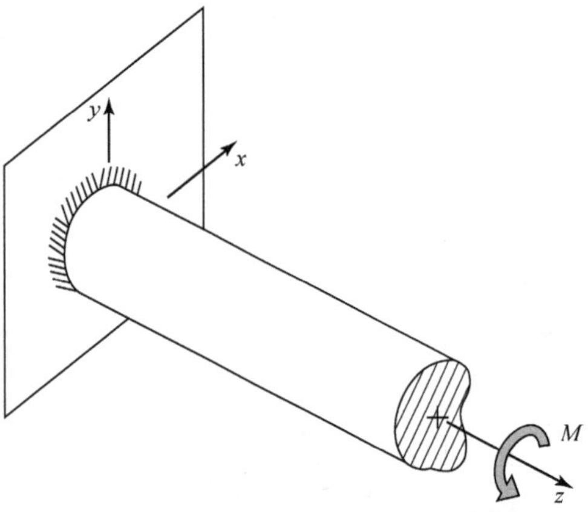

图10.13 具有任意横截面的柱体受扭矩的作用

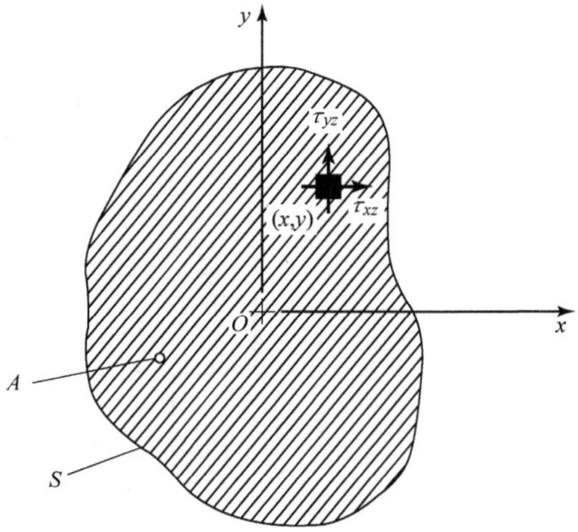

图10.14 扭转情形下的剪切应力

三角形单元

对一个三角形单元的应力函数 θ 进行插值，有

$$\theta=\boldsymbol{N}\boldsymbol{\theta}^e \tag{10.77}$$

其中，$\boldsymbol{N}=(\xi,\eta,1-\xi-\eta)$ 为通常的形状函数，$\boldsymbol{\theta}^e=(\theta_1,\theta_2,\theta_3)^{\mathrm{T}}$ 为 θ 函数的节点值。进一步，我们由第6章的相关内容，有等参元的转换关系

$$x=N_1x_1+N_2x_2+N_3x_3$$

$$y=N_1y_1+N_2y_2+N_3y_3$$

$$\begin{pmatrix}\dfrac{\partial\theta}{\partial\xi}\\ \dfrac{\partial\theta}{\partial\eta}\end{pmatrix}=\begin{pmatrix}\dfrac{\partial x}{\partial\xi} & \dfrac{\partial y}{\partial\xi}\\ \dfrac{\partial x}{\partial\eta} & \dfrac{\partial y}{\partial\eta}\end{pmatrix}\begin{pmatrix}\dfrac{\partial\theta}{\partial x}\\ \dfrac{\partial\theta}{\partial y}\end{pmatrix} \tag{10.78}$$

或

$$\left(\frac{\partial\theta}{\partial\xi},\frac{\partial\theta}{\partial\eta}\right)^{\mathrm{T}}=\boldsymbol{J}\left(\frac{\partial\theta}{\partial x},\frac{\partial\theta}{\partial y}\right)^{\mathrm{T}}$$

其中，Jacobian 矩阵为

$$\boldsymbol{J}=\begin{pmatrix}x_{13} & y_{13}\\ x_{23} & y_{23}\end{pmatrix} \tag{10.79}$$

式中，$x_{ij}=x_i-x_j$；$y_{ij}=y_i-y_j$；$|\det\boldsymbol{J}|=2A_e$。由前面的方程可以得到

$$\left(\frac{\partial\theta}{\partial x},\frac{\partial\theta}{\partial y}\right)^{\mathrm{T}}=\boldsymbol{B\theta}^e \tag{10.80a}$$

$$(-\tau_{yz},\tau_{xz})^{\mathrm{T}}=G\alpha\boldsymbol{B\theta}^e \tag{10.80b}$$

其中

$$\boldsymbol{B}=\frac{1}{\det\boldsymbol{J}}\begin{pmatrix}y_{23} & y_{31} & y_{12}\\ x_{32} & x_{13} & x_{21}\end{pmatrix} \tag{10.81}$$

相同的处理方法也可以用于处理前一节所述的热传导问题，这也表明：采用有限元方法可以类似处理所有的场问题。

伽辽金方法 ㊀

可以采用伽辽金方法处理如式（10.73）和式（10.74）所示的问题，即求取近似解 θ 使得

$$\iint_A\phi\left(\frac{\partial^2\theta}{\partial x^2}+\frac{\partial^2\theta}{\partial y^2}+2\right)\mathrm{d}A=0 \tag{10.82}$$

对所有的 $\phi(x,y)$ 都成立，而 $\phi(x,y)$ 为构成 θ 的基底函数，并且在 S 上有 $\phi=0$。由于

$$\phi\frac{\partial^2\theta}{\partial x^2}=\frac{\partial}{\partial x}\left(\phi\frac{\partial\theta}{\partial x}\right)-\frac{\partial\phi}{\partial x}\frac{\partial\theta}{\partial x}$$

则

$$\iint_A\left[\frac{\partial}{\partial x}\left(\phi\frac{\partial\theta}{\partial x}\right)+\frac{\partial}{\partial y}\left(\phi\frac{\partial\theta}{\partial y}\right)\right]\mathrm{d}A-\iint_A\left(\frac{\partial\phi}{\partial x}\frac{\partial\theta}{\partial x}+\frac{\partial\phi}{\partial y}\frac{\partial\theta}{\partial y}\right)\mathrm{d}A+\iint_A 2\phi\mathrm{d}A=0 \tag{10.83}$$

使用散度定理，以上方程的第一项可以变为

$$\iint_A\left[\frac{\partial}{\partial x}\left(\phi\frac{\partial\theta}{\partial x}\right)+\frac{\partial}{\partial y}\left(\phi\frac{\partial\theta}{\partial y}\right)\right]\mathrm{d}A=\int_S\phi\left(\frac{\partial\theta}{\partial x}n_x+\frac{\partial\phi}{\partial y}n_y\right)\mathrm{d}S=0 \tag{10.84}$$

由于有边界条件 $\phi=0$（在 S 上），才使得上式的右端项为零，则式（10.83）变为

$$\iint_A\left[\frac{\partial\phi}{\partial x}\frac{\partial\theta}{\partial x}+\frac{\partial\phi}{\partial y}\frac{\partial\theta}{\partial y}\right]\mathrm{d}A-\int_A 2\phi\mathrm{d}A=0 \tag{10.85}$$

这里，我们在式（10.77）~式（10.81）中引入等参关系 $\theta=\boldsymbol{N\theta}^e$ 等，将整体的虚应力函数列阵记为 $\boldsymbol{\psi}$，其维数等于有限元模型中节点的个数，每个单元的虚应力函数可以插值为

$$\phi=\boldsymbol{N\psi} \tag{10.86}$$

㊀ 泛函方法为对以下函数求极小值。

$$\pi=G\alpha^2\iint_A\left\{\frac{1}{2}\left[\left(\frac{\partial\theta}{\partial x}\right)^2+\left(\frac{\partial\theta}{\partial y}\right)^2\right]-2\theta\right\}\mathrm{d}A$$

而且，有

$$\left(\frac{\partial \phi}{\partial x},\frac{\partial \phi}{\partial y}\right)^{\mathrm{T}}=\boldsymbol{B\psi} \tag{10.87}$$

将上式代入式（10.85）中，并注意有

$$\left(\frac{\partial \phi}{\partial x}\frac{\partial \theta}{\partial x}+\frac{\partial \phi}{\partial y}\frac{\partial \theta}{\partial y}\right)=\left(\frac{\partial \phi}{\partial x},\frac{\partial \phi}{\partial y}\right)\begin{pmatrix}\dfrac{\partial \theta}{\partial x}\\ \dfrac{\partial \theta}{\partial y}\end{pmatrix}$$

可以得到

$$\sum_e \boldsymbol{\psi}^{\mathrm{T}}\boldsymbol{k}\boldsymbol{\theta}^e-\sum_e \boldsymbol{\psi}^{\mathrm{T}}\boldsymbol{f}=0 \tag{10.88}$$

其中

$$\boldsymbol{k}=A_e\boldsymbol{B}^{\mathrm{T}}\boldsymbol{B} \tag{10.89}$$

$$\boldsymbol{f}=\frac{2A_e}{3}(1,1,1)^{\mathrm{T}} \tag{10.90}$$

式（10.88）可以写成

$$\boldsymbol{\psi}^{\mathrm{T}}(\boldsymbol{K\theta}-\boldsymbol{F})=0 \tag{10.91}$$

该方程对所有在边界节点 i 上满足 $\psi_i=0$ 的函数 $\boldsymbol{\psi}$ 都恒成立，因此有

$$\boldsymbol{K\theta}=\boldsymbol{F} \tag{10.92}$$

其中，矩阵 $\boldsymbol{K}$ 和列阵 $\boldsymbol{F}$ 中所对应于边界节点的行和列都将被划去。

例题 10.5

如例题 10.5 图 a 所示有一矩形横截面的柱，求基于 M 和 G 表示的单位长度的扭转角。

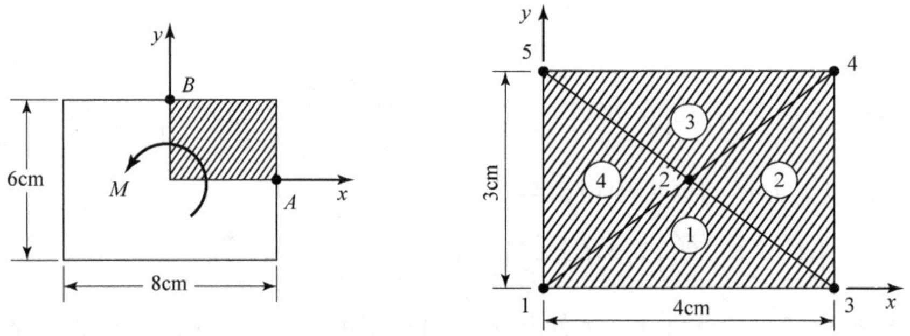

a)　　b)

例题 10.5 图

解： 横截面的四分之一有限元模型如例题 10.5 图 b 所示，单元的连接关系如下表。

单　元	节　点		
	1	2	3
①	1	3	2
②	3	4	2
③	4	5	2
④	5	1	2

使用关系

$$\boldsymbol{B}=\frac{1}{\det \boldsymbol{J}}\begin{pmatrix} y_{23} & y_{31} & y_{12} \\ x_{32} & x_{13} & x_{21} \end{pmatrix}$$

和

$$\boldsymbol{k}=A_e\boldsymbol{B}^{\mathrm{T}}\boldsymbol{B}$$

有

$$\begin{matrix} 1 & \quad 2 & \quad 3 \end{matrix}$$

$$\boldsymbol{B}^{(1)}=\frac{1}{6}\begin{pmatrix} -1.5 & 1.5 & 0 \\ -2 & -2 & 4 \end{pmatrix},\ \boldsymbol{k}^{(1)}=\frac{1}{2}\begin{pmatrix} 1.042 & 0.292 & -1.333 \\ & 1.042 & -1.333 \\ \text{对称} & & 2.667 \end{pmatrix}$$

同理，有

$$\begin{matrix} 3 & \quad 4 & \quad 2 \end{matrix}$$

$$\boldsymbol{k}^{(2)}=\frac{1}{2}\begin{pmatrix} 1.042 & -0.292 & -0.75 \\ & 1.042 & -0.75 \\ \text{对称} & & 1.5 \end{pmatrix}$$

$$\begin{matrix} 4 & \quad 5 & \quad 2 \end{matrix}$$

$$\boldsymbol{k}^{(3)}=\frac{1}{2}\begin{pmatrix} 1.042 & 0.292 & -1.333 \\ & 1.042 & -1.333 \\ \text{对称} & & 2.667 \end{pmatrix}$$

$$\begin{matrix} 5 & \quad 1 & \quad 2 \end{matrix}$$

$$\boldsymbol{k}^{(4)}=\frac{1}{2}\begin{pmatrix} 1.042 & -0.292 & -0.75 \\ & 1.042 & -0.75 \\ \text{对称} & & 1.5 \end{pmatrix}$$

同样，每一个单元的载荷列阵为 $\boldsymbol{f}=(2A_e/3)(1,1,1)^{\mathrm{T}}$，即

$$\boldsymbol{f}^{(i)}=\begin{pmatrix} 2 \\ 2 \\ 2 \end{pmatrix}\quad (i=1,2,3,4)$$

组装 $\boldsymbol{K}$ 和 $\boldsymbol{F}$，并注意边界条件为

$$\theta_3=\theta_4=\theta_5=0$$

我们只对自由度 1 和自由度 2 感兴趣，因此，所得到的有限元方程为

$$\frac{1}{2}\begin{pmatrix} 2.084 & -2.083 \\ -2.083 & 8.334 \end{pmatrix}\begin{pmatrix} \theta_1 \\ \theta_2 \end{pmatrix}=\begin{pmatrix} 4 \\ 8 \end{pmatrix}$$

求解该方程，有

$$(\theta_1,\theta_2)=(7.676,3.838)$$

考虑方程

$$M=2G\alpha\int_A\int\theta\mathrm{d}A$$

使用 $\theta=\boldsymbol{N\theta}^e$，并注意有 $\int_e \boldsymbol{N}\mathrm{d}A=(A_e/3)(1,1,1)$，我们有

$$M = 2G\alpha\left[\sum_e \frac{A_e}{3}(\theta_1^e + \theta_2^e + \theta_3^e)\right] \times 4$$

上式中乘以4是因为所采用的有限元模型仅为整个矩形横截面的1/4，因此，单位长度的扭转角为

$$\alpha = 0.004\frac{M}{G}$$

若给定M和G的数值，我们就可以求出α值，而每个单元上的剪切应力可以由式（10.80b）进行计算。

10.4 位势流、渗流、电磁场以及管道中的流动问题

我们已经详细地讨论了稳态热传导和扭转问题，下面将就工程中经常出现的其他一些场问题进行讨论。由于它们的控制方程都是一般亥姆霍兹型方程的特殊情况，如像本章的引言所讨论的那样，这些场问题的求解过程与热传导和扭转问题都相同。事实上，计算机程序HEAT2D也可以用来求解本节所涉及的问题。

位势流

考虑绕一个圆柱体的不可压缩、非黏性流体的稳态无旋流动问题，如图10.15a所示，设入流速度为u_0，需要求出圆柱体附近的流速，该问题的方程为

$$\frac{\partial^2\psi}{\partial x^2} + \frac{\partial^2\psi}{\partial y^2} = 0 \tag{10.93}$$

其中，ψ为在z方向的每米长度上的函数（单位为m^3/s），ψ的值沿着流线为一个常数，流线是指正切于流速的线。按此定义，横跨流线之间则没有流动，两条相邻流线之间的流动可以认为是通过一根管子的流动。

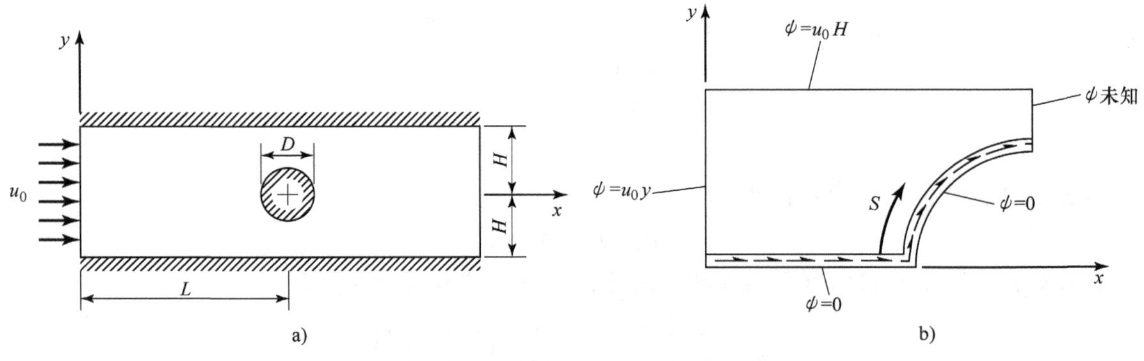

图 10.15

a）理想流体绕过一个圆柱体的流动 b）有限元模型的边界条件

一旦获得流函数$\psi=\psi(x,y)$，则沿x方向和y方向的速度分量u和v分别由下式求出

$$u = \frac{\partial\psi}{\partial y}, v = \frac{-\partial\psi}{\partial x} \tag{10.94}$$

因此，流函数ψ有点类似于扭转问题中的应力函数。而两条流线A和B之间区域的流动差

Q 为

$$Q=\psi_B-\psi_A \tag{10.95}$$

为利用问题的对称性和展示相应的边界条件，对图 10.15a 中的模型取其 1/4，如图 10.15b 所示。首先应注意到该问题中的速度仅为 ψ 的导数，因此，需要选择一个 ψ 的参考值或基值，可以取 x 轴上的所有节点的值为 $\psi=0$，而沿 y 轴，取 $u=u_0$ 或 $\partial\psi/\partial y=u_0$，对其积分，可以得到边界条件 $\psi=u_0y$，即对于沿 y 轴的每一个节点 i，有 $\psi=u_0y_i$，在 $y=H$ 的边界上的所有节点，有 $\psi=u_0H$。在圆柱表面上，流体流向圆柱体的速度为零，即 $\partial\psi/\partial s=0$（见图 10.15b），对其进行积分，并考虑到圆柱体底部的 $\psi=0$，则在沿圆柱体表面所有的节点上有 $\psi=0$。因此，正如期望的那样，固定边界条件就是固定的流线。

渗流

在一定条件下，地面排水或大坝渗流中的水流动可以用拉普拉斯（Laplace）方程来描述，即

$$\frac{\partial}{\partial x}\left(k_x\frac{\partial\phi}{\partial x}\right)+\frac{\partial}{\partial y}\left(k_y\frac{\partial\phi}{\partial y}\right)=0 \tag{10.96}$$

其中，$\phi=\phi(x,y)$ 是水力势（或水头）；k_x 和 k_y 分别为 x 和 y 方向的水力渗透系数，流速分量可以通过 Darcy 定律求得，即 $v_x=-k_x(\partial\phi/\partial x)$，$v_y=-k_y(\partial\phi/\partial y)$。方程（10.96）与热传导方程类似，$\phi$ 为常数的对应线称为等势面，流体的流动将穿过等势面。方程（10.96）还可以包含一个源头或落差 Q（见表 10.1），代表单位体积的排流量，用来求解水泵从一个蓄水层中抽排水这类问题。

方程（10.96）的边界条件如图 10.16 所示，这是一个土质大坝的渗水问题，下面将对图中阴影部分区域进行建模分析。沿着大坝的左边和右边，有边界条件

$$\phi=\text{常数} \tag{10.97}$$

它的不渗透的底部为自然边界条件，即 $\partial\phi/\partial n=0$，其中 n 为外法线，渗流边界上的 ϕ 为未知量，它不影响单元矩阵。该渗流区的顶端为渗流线（自由表面），有 $\partial\phi/\partial n=0$，其 ϕ 的值等于 y 的坐标值

$$\phi=y \tag{10.98a}$$

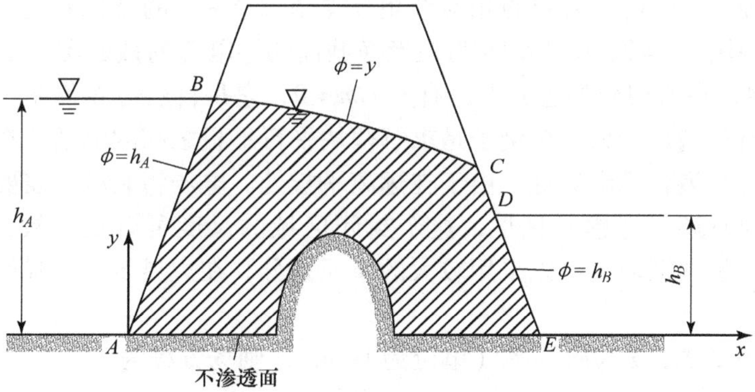

图 10.16 一个土质大坝中的渗流

由于该边界的位置为未知，因此在有限元分析的求解中需要采用迭代方法来处理该边界条件。首先假设在一个位置上有一条渗透线，并在该线上的节点 i 上有强加边界条件 $\phi=y_i$，

然后在 $\phi=\phi_i$ 下进行求解并检查误差（$\tilde{\phi}_i-y_i$），针对该误差，调整节点的位置并获得新的渗透线，重复该过程直到误差为足够小。图 10.16 中的 *CD* 部分也是渗流的表面，如果在这一表面无蒸发，则有以下边界条件

$$\phi=\bar{y} \tag{10.98b}$$

其中，$\bar{y}$ 是该表面的位置坐标。

电场及磁场问题

在电气工程中，存在几类二维和三维涉及标量和矢量的场问题，这里仅讨论二维标量场问题（见图 10.17）。在具有介电常数为 ε（单位为 F/m）和体积电荷密度为 ρ（单位为 C/m^3）的各向同性电介质中，电动势 u（单位为 V）必须满足以下方程

$$\varepsilon\left(\frac{\partial^2 u}{\partial x^2}+\frac{\partial^2 u}{\partial y^2}\right)=-\rho \tag{10.99}$$

其中，在 S_1 上有 $u=a$；在 S_2 上有 $u=b$。不失一般性，这里假定为单位厚度。

对于系统的场能量，使其取最小值，可以推导出有限元分析列式，该能量为

$$\Pi=\frac{1}{2}\iint_A\varepsilon\left[\left(\frac{\partial u}{\partial x}\right)^2+\left(\frac{\partial u}{\partial y}\right)^2\right]\mathrm{d}x\mathrm{d}y-\int_A\rho u\mathrm{d}A \tag{10.100}$$

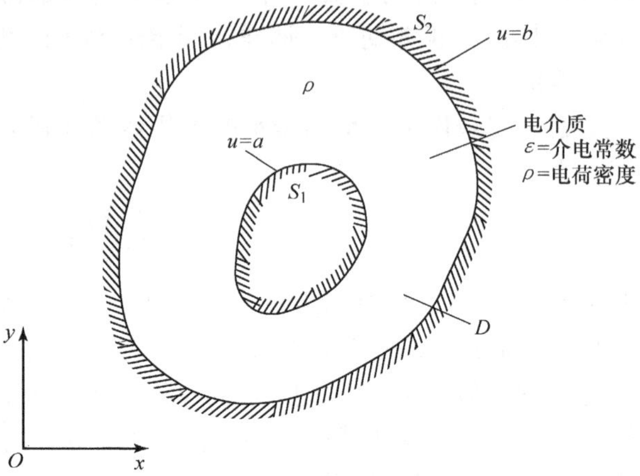

图 10.17　电动势问题

若采用伽辽金方法，则需要寻找一个近似解 u，使其满足

$$\iint_A\varepsilon\left(\frac{\partial u}{\partial x}\frac{\partial\phi}{\partial x}+\frac{\partial u}{\partial y}\frac{\partial\phi}{\partial y}\right)\mathrm{d}x\mathrm{d}y-\int_A\rho\phi\mathrm{d}A=0 \tag{10.101}$$

该方程应对每一个用于构造 u 的基底函数 ϕ 都成立，而基底函数 ϕ 应在边界 S_1 和 S_2 上满足条件 $\phi=0$。在推导方程（10.101）时，需要采用分部积分法。

不同材料的介电常数 ε 一般是基于相对介电常数 ε_R 和真空介电常数 ε_0（$=8.854\times10^{-12}$F/m）来进行定义的，即 $\varepsilon=\varepsilon_R\varepsilon_0$。橡胶的相对介电常数在 2.5 ~ 3 的范围；对于同轴电缆问题，则方程（10.99）中的 $\rho=0$；图 10.18 为矩形横截面同轴电缆的截面图，由于对称，这里仅考虑横截面的 1/4，在所切割的边界上，有 $\partial u/\partial n=0$，它是自然边界条件，在势能方法和伽辽金方法中它将自动满足。另一个例子是求解两块平行平板之间的电场分布，如图 10.19 所示，这里的电场将扩展到无限远处。由于在远离平板处。电场将衰减，需要定义一个任意大的封闭区域 D，同时还要考虑对称性，这个封闭区域的尺度可以是平板区域的 5 ~ 10 倍。当然，对于远离平板的区域，可以采用较大的单元划分，在边界 S 上，我们应特别设定条件 $u=0$。

若 u 为磁场势函数，μ 为磁导率（单位为 H/m），则场方程为

$$\mu\left(\frac{\partial^2 u}{\partial x^2}+\frac{\partial^2 u}{\partial y^2}\right)=0 \tag{10.102}$$

其中，u 为标量磁力势（A），磁导率 μ 也是基于相对磁导率 μ_R 和真空磁导率 μ_0（$=-4\pi\times10^{-7}$H/m）进行定义的，即 $\mu=\mu_R\mu_0$，纯铁的 μ_R 大约为 4000，铝和铜的 μ_R 大约为 1。

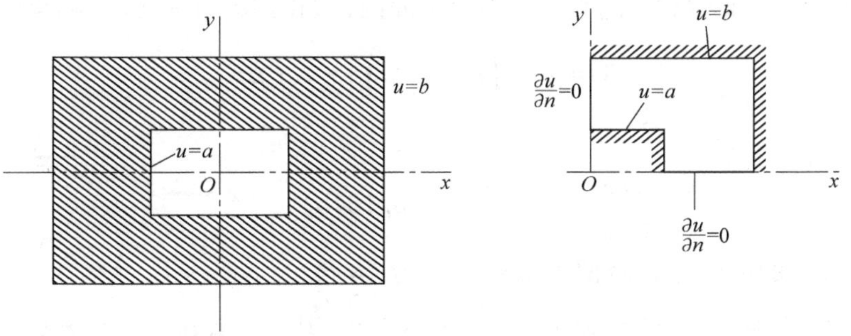

图 10.18 矩形同轴电缆

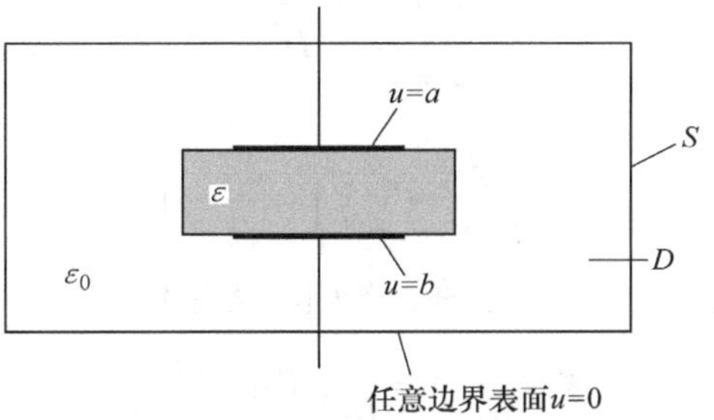

图 10.19 由电介质所分隔的平行板条

考虑一个电机问题的典型应用，如图 10.20 所示。导体内无电流流动，在铁心表面上有 $u=a$ 和 $u=b$，而在任意边界上有 $u=c$（在与间隙相对较远的边界上，有 $u=0$）。

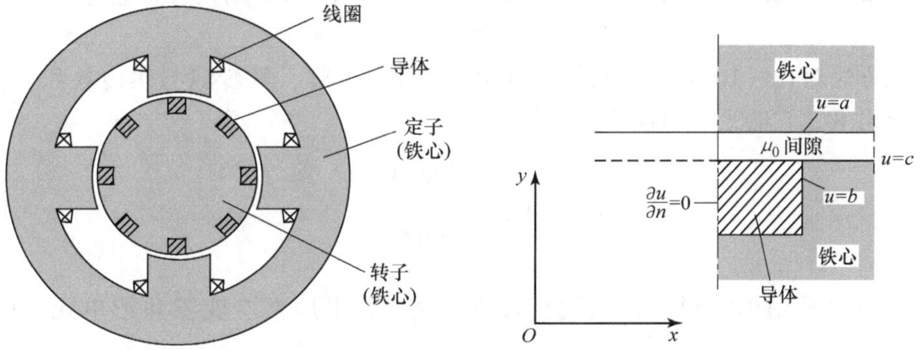

图 10.20 一个简单电机的模型

上面的处理方法可以很容易扩展到处理轴对称的同轴电缆问题，而三维问题的处理也可以采用第 9 章所介绍的方法来进行。

管道中的流动问题

流体在一个长直均匀管道中的压力变化可以由以下方程来描述

$$\Delta p = 2f\rho v_m^2 \frac{L}{D_h} \tag{10.103}$$

其中，f 为流动摩擦因数；ρ 为密度；v_m 是流体的平均速度；L 为管道的长度；水流直径 $D_h=(4\times\text{面积})/\text{圆周长}$。用于确定流动摩擦因数 f 的有限元模型将在下面讨论。这里将考虑具有一般横截面形状管道的层流情形。

设流动方向为 z，而横截面的平面位于 xOy 面内，如图 10.21 所示，流体的力平衡关系为

$$0 = pA - \left(p + \frac{dp}{dz}\Delta z\right)A - \tau_w P\Delta z \tag{10.104a}$$

或

$$-\frac{dp}{dz} = \frac{4\tau}{D_h} \tag{10.104b}$$

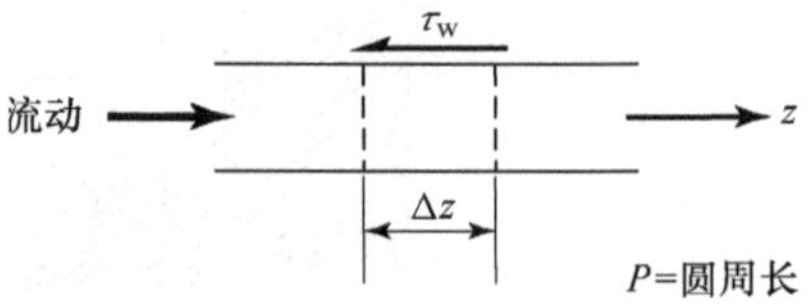

图 10.21 管道内流体的力平衡

式中，τ_w 为管壁上的剪应力；摩擦因数被定义为 $f = \tau_w/(\rho v_m^2/2)$；雷诺数被定义为 $Re = v_m D_h/v$，其中的 $v = \mu/\rho$ 是运动黏性，μ 代表绝对黏性。因此，由以上方程，有

$$-\frac{dp}{dz} = \frac{2\mu v_m fRe}{D_h^2} \tag{10.105}$$

动量矩方程为

$$\mu\left(\frac{\partial^2 w}{\partial x^2} + \frac{\partial^2 w}{\partial y^2}\right) - \frac{dp}{dz} = 0 \tag{10.106}$$

其中，$w = w(x, y)$ 是流体在 z 方向的流速，若引入无量纲量

$$X = \frac{x}{D_h}, Y = \frac{y}{D_h}, W = \frac{w}{2v_m fRe} \tag{10.107}$$

则由式（10.105）~ 式（10.107）可得

$$\frac{\partial^2 W}{\partial X^2} + \frac{\partial^2 W}{\partial Y^2} + 1 = 0 \tag{10.108}$$

由于与管道壁所接触的流体的流速为零，即在边界上有 $w = 0$，则在边界上有

$$W = 0 \tag{10.109}$$

采用有限元方法对式（10.108）和式（10.109）进行求解，其步骤与热传导和扭转问题相同。一旦求出 W，它的平均值由下式计算

$$W_m = \frac{\int_A W dA}{\int_A dA} \tag{10.110}$$

积分 $\int_A W dA$ 可以采用单元形状函数进行计算，例如，采用常应变三角形单元（CST），有 $\int_A W dA = \sum_e [A_e(w_1 + w_2 + w_3)/3]$，得到了 W_m 后，采用式（10.107），即

$$W_m = \frac{w_m}{2v_m fRe} = \frac{v_m}{2v_m fRe} \tag{10.111}$$

可求出

$$f = \frac{1/(2W_m)}{Re} \tag{10.112}$$

这里的目标是要确定出常数 $1/(2W_m)$，它与横截面形状有关。在准备输入数据来求解式（10.108）和式（10.109）时，应注意节点坐标是以无量纲的形式给出的，见式（10.107）。

声学

利用出现在声学中的亥姆霍兹方程可以对非常有趣的物理现象进行建模。考察线性声学

中的波动方程

$$\nabla^2 p - \frac{1}{c^2}\frac{\partial^2 p}{\partial t^2} = 0 \tag{10.113}$$

其中，p 是一个标量，叫做压力函数，为位置和时间的函数，它代表相对于周围环境压力的变化量；c = 介质中的声波速度。在许多情况下，声学扰动及其响应与时间是正弦变化的（即简谐的），则可以将 p 表达为

$$p(x,t) = p_{\text{amp}}(x)\cos(\omega t - \phi) \tag{10.114}$$

其中，p_{amp} 是幅值或峰值压力；ω 是圆频率（rad/s）；ϕ 为相位。将式（10.114）代入式（10.113）中，有亥姆霍兹方程

$$\nabla^2 p_{\text{amp}} + k^2 p_{\text{amp}} = 0 \quad (\text{在 } V \text{ 中}) \tag{10.115}$$

其中，$k = \omega/c$ 叫做波数；V 为声学空间。通过求解式（10.115）中的压力幅值，可以得到式（10.114）中的压力函数。

利用复数可以很好地处理声学问题中的幅值与相位。请注意以下几个复数概念：首先，一个复数可以表示成 $a + \mathrm{i}b$，其中，a 为实部，b 为虚部，$\mathrm{i} = \sqrt{-1}$ 是虚数单位；其次，$\mathrm{e}^{-\mathrm{i}\phi} = \cos\phi - \mathrm{i}\sin\phi$；这样可以将式（10.114）中的 p 写成

$$p = Re\{P_{\text{amp}}\mathrm{e}^{-\mathrm{i}(\omega t - \phi)}\} = Re\{p_{\text{amp}}\mathrm{e}^{\mathrm{i}\phi}\mathrm{e}^{-\mathrm{i}\omega t}\} = Re\{\hat{p}\mathrm{e}^{-\mathrm{i}\omega t}\} \tag{10.116}$$

其中，Re 表示复数的实部，式（10.116）中的 $\hat{p} = p_{\text{amp}}(\cos\phi + \mathrm{i}\sin\phi)$；例如，假设有

$$\hat{p} = 3 - 4\mathrm{i}$$

则可以得到 $p_{\text{amp}} = \sqrt{(3^2 + 4^2)} = 5$ 以及 $\phi = \arctan(-4/3) = -53.1° = -0.927\text{rad}$，压力的结果为 $p = 5\cos(\omega t + 0.927)$。

将 $p = Re\{\hat{p}\mathrm{e}^{-\mathrm{i}\omega t}\}$ 代到波动方程中，则用复数表示的压力项 $\hat{p}$ 也满足亥姆霍兹方程

$$\nabla^2\hat{p} + k^2\hat{p} = 0(\text{在 } V \text{ 中}) \tag{10.117}$$

边界条件

一个与流体交互作用的振动表面或静止表面 S 都对边界条件有重要的影响，这在求解方程（10.117）时必须进行考虑。几种常见类型的边界条件如下：

（1）给定压力　在 S_1 上，有 $\hat{p} = \hat{p}_0$；例如，$p = 0$，这就是当声波碰到大气（周边环境）时所产生的压力释放条件。

（2）给定法向速度　在 S_2 上，有 $v_n = v_{n0}$，其中，$v_n = \boldsymbol{v}\cdot\boldsymbol{n}$；该条件的含义是：波速在固体表面（不能穿透）上的法向分量必须与该表面本身的法向速度相同。注意在一点的速度可以表示成为一个复数量，就像式（10.116）一样，为 $v = Re\{\hat{v}\mathrm{e}^{-\mathrm{i}\omega t}\}$；则边界条件可以写成 $\hat{v}_n = \hat{v}_{n0}$（在 S_2 上），该条件可以等价地表示为

$$\frac{1}{\mathrm{i}k\rho c}\nabla\hat{p}\cdot\boldsymbol{n} = \hat{v}_{n0} \tag{10.118a}$$

若表面是静止的，则该条件为

$$\frac{\partial\hat{p}}{\partial n} = \nabla\hat{p}\cdot\boldsymbol{n} = 0 \tag{10.118b}$$

（3）涉及 p 和 $\frac{\partial p}{\partial n}$ 的“混合”边界条件，这是当表面为多孔状态时所出现的边界条件，声阻抗 Z 将给定，其中，$\hat{p} = Z(\omega)\hat{v}_n$，$\hat{v}_n$ 是向内的法向速度。

最后，对于一个开放区域（即无封闭表面）的声学问题，需要其压力场在远离声源的地方满足 Sommerfeld 条件。对于这类问题的处理，边界元方法的应用更为普遍。下面，我们将重点讨论具有不可穿透表面的腔体声学问题（在封闭区域内），这时仅考虑在边界条件（1）和条件（2）下求解方程（10.117）。

一维声学问题

在一维空间，式（10.117）简化为

$$\frac{\mathrm{d}^2\hat{p}}{\mathrm{d}x^2}+k^2\hat{p}=0 \tag{10.119}$$

假定问题是一个管道，在左端（$x=0$ 处）有一个活塞在振动空气，其右端（$x=L$ 处）为刚性壁。因此，边界条件为

$$\left.\frac{\mathrm{d}\hat{p}}{\mathrm{d}x}\right|_{x=L}=0 \text{ 及} \left.\frac{\mathrm{d}\hat{p}}{\mathrm{d}x}\right|_{x=0}=\mathrm{i}k\rho c v_0 \tag{10.120}$$

采用 Galerkin 方法求解该问题，则方程

$$\int_0^L \phi\left(\frac{\mathrm{d}^2\hat{p}}{\mathrm{d}x^2}+k^2\hat{p}\right)\mathrm{d}x = 0$$

对于每一个待求压力场 $\phi(x)$ 都成立。若在某一点给定有压力值 $\hat{p}$，则在该点处 ϕ 必须等于零，不过在这里没有压力边界条件；接下来按照薄散热片一维热传导问题的相同过程（见式（10.33）和式（10.121））来进行处理，采用伽辽金方法可以得到以下方程

$$\phi(L)\frac{\mathrm{d}\hat{p}}{\mathrm{d}x}(L)-\phi(0)\frac{\mathrm{d}\hat{p}}{\mathrm{d}x}(0)-\int_0^L \frac{\mathrm{d}\hat{p}}{\mathrm{d}x}\frac{\mathrm{d}\phi}{\mathrm{d}x}\mathrm{d}x+k^2\int_0^L \phi\hat{p}\,\mathrm{d}x = 0 \tag{10.121}$$

若采用通常的具有线性形状函数的二节点单元，有

$$\phi=\boldsymbol{N}\boldsymbol{\psi},\ \hat{p}=\boldsymbol{N}\hat{\boldsymbol{p}},\ \frac{\mathrm{d}\hat{p}}{\mathrm{d}x}=\boldsymbol{B}\hat{\boldsymbol{p}},\ \frac{\mathrm{d}\phi}{\mathrm{d}x}=\boldsymbol{B}\boldsymbol{\psi}$$

其中，$\boldsymbol{\psi}=(\psi_1,\psi_2)^{\mathrm{T}}$ 为一个单元两端点处的待定压力值。和前面相同，有 $\boldsymbol{N}=(N_1,N_2)$，$\boldsymbol{B}=\frac{1}{x_2-x_1}(-1,1)$，节点压力列阵 $\hat{\boldsymbol{p}}=(\hat{p}_1,\hat{p}_2)^{\mathrm{T}}$，采用这些表达式，我们有

$$\int_{l_e}\frac{\mathrm{d}\hat{p}}{\mathrm{d}x}\frac{\mathrm{d}\phi}{\mathrm{d}x}\mathrm{d}x = \hat{\boldsymbol{p}}^{\mathrm{T}}\boldsymbol{k}\boldsymbol{\psi},\ \int_{l_e}\phi\hat{p}\,\mathrm{d}x = \hat{\boldsymbol{p}}^{\mathrm{T}}\boldsymbol{m}\boldsymbol{\psi}$$

其中，$\boldsymbol{k}$ 和 $\boldsymbol{m}$ 分别为声学刚度矩阵和质量矩阵，即

$$\boldsymbol{k}=\frac{1}{l_e}\begin{pmatrix}1 & -1\\ -1 & 1\end{pmatrix},\boldsymbol{m}=\frac{l_e}{6}\begin{pmatrix}2 & 1\\ 1 & 2\end{pmatrix} \tag{10.122}$$

对整个管道的长度进行积分就是单元矩阵的组装过程，则得到

$$\int_0^L \frac{\mathrm{d}\hat{p}}{\mathrm{d}x}\frac{\mathrm{d}\phi}{\mathrm{d}x}\mathrm{d}x = \boldsymbol{\psi}^{\mathrm{T}}\boldsymbol{K}\hat{\boldsymbol{P}},\ \int_0^L \hat{p}\phi\,\mathrm{d}x = \boldsymbol{\psi}^{\mathrm{T}}\boldsymbol{M}\hat{\boldsymbol{P}} \tag{10.123}$$

其中，$\hat{\boldsymbol{p}}$ 和 $\boldsymbol{\psi}$ 是具有（$N\times1$）维的整体节点列阵，N 为模型的节点数；将式（10.120）代入式（10.121）变为

$$\phi(L)\frac{\mathrm{d}\hat{p}}{\mathrm{d}x}(L)-\phi(0)\frac{\mathrm{d}\hat{p}}{\mathrm{d}x}(0) = -\phi(0)\mathrm{i}k\rho c v_0$$

记 $\boldsymbol{F}=-\mathrm{i}k\rho c v_0(1,0,0,0,\cdots,0)^{\mathrm{T}}$，并注意 $\phi(0)\equiv\boldsymbol{\psi}_1$，有 $-\phi(0)\mathrm{i}k\rho c v_0=\boldsymbol{\psi}^{\mathrm{T}}\boldsymbol{F}$，将该式和式（10.120）代入式（10.121）中，注意 $\boldsymbol{\psi}$ 是任意的，则

$$K\hat{P} - k^2 M\hat{P} = F \tag{10.124}$$

求解方程（10.124），有 $\hat{P} = (K - k^2 M)^{-1} F$。先求出系统的模态（后面将作解释），然后再求解出 $\hat{P}$，这样处理的效率较高，物理意义也较明确。

一维轴振动

众所周知，在动力学系统中，如果受迫力的函数 F 与该系统的自然频率合拍，则会产生共振现象。就这里所讨论的管道中的声学问题而言，若活塞以一定的频率振动管道中的空气，则固定端所反射的空气将与所开始下一冲程的活塞面相遇，那么，后续的响应将加强活塞面上的压力，这些波的形状叫做特征向量或模态，所对应的值 $k_n^2 = \omega_n^2/c^2$ 为特征值，$\omega_n/(2\pi)$ 为第 n 阶共振频率，单位为每秒循环次数（cps）或赫兹（Hz）。模态和频率的求解本身就是有趣的课题，对于较大规模的有限元模型，一般采用"振型叠加法"可以更有效地求解方程（10.121）。在求解特征值问题时，先设定 $F=0$，这实际上是管道的两端为完全刚性的情形，这一自由振动问题相当于对一个质量弹簧系统给予一个小的挠动，再观察它的自然振动。这里所获得的特征值问题可以表达为

$$K\hat{P}^n = k_n^2 M\hat{P}^n \tag{10.125}$$

在式（10.125）中，$\lambda_n = k_n^2$ 为第 n 阶特征值，其中的一组解 $\hat{P}=0$ 叫做"平庸"解，没有意义。我们感兴趣的是求解满足方程（10.125）的非零压力，这需要求解方程 $\det(K - k_n^2 M)=0$。第 11 章将给出求解特征值问题的方法，下面在例题 10.6 中，将简单地应用 Jacobi 求解器来给出结果。

例题 10.6

考虑一个两端刚硬的管子，长度为 6m，如例题 10.6 图 a 所示，管子中的流体为空气，因此 $c=343\text{m/s}$，求相应的模态和自然频率，并与解析解进行比较。

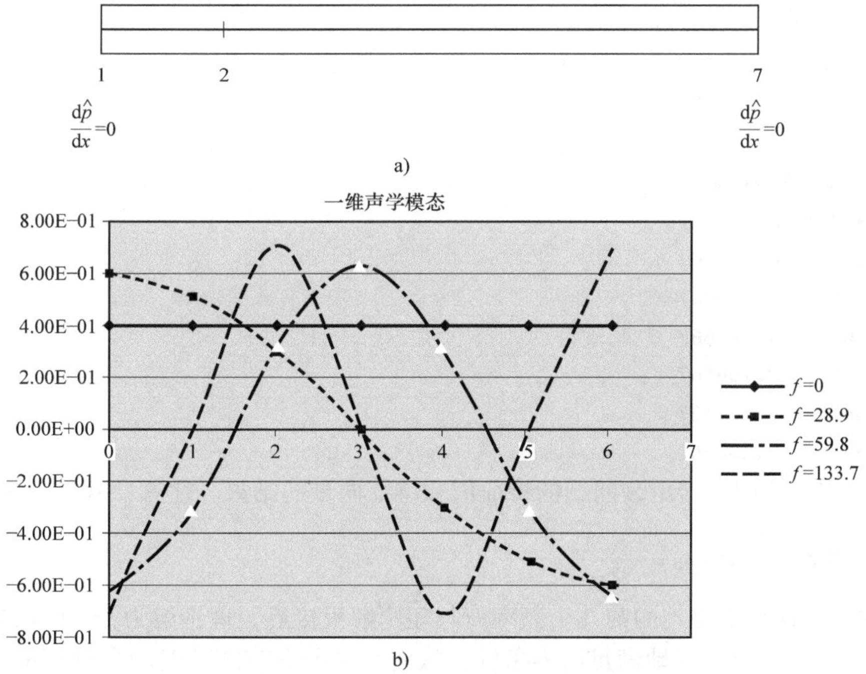

例题 10.6 图

采用6个单元的模型，即

$$
\boldsymbol{K}=\begin{pmatrix} 1 & -1 & & & & & \\ -1 & 2 & -1 & & & & \\ & -1 & 2 & -1 & & & \\ & & -1 & 2 & -1 & & \\ & & & -1 & 2 & -1 & \\ & & & & -1 & 2 & -1 \\ & & & & & -1 & 1 \end{pmatrix},\ \boldsymbol{M}=\frac{1}{6}\begin{pmatrix} 2 & 1 & & & & & \\ 1 & 4 & 1 & & & & \\ & 1 & 4 & 1 & & & \\ & & 1 & 4 & 1 & & \\ & & & 1 & 4 & 1 & \\ & & & & 1 & 4 & 1 \\ & & & & & 1 & 2 \end{pmatrix}
$$

它们的带状形式为

$$
\boldsymbol{K}_{\text{banded}}=\begin{pmatrix} 1 & -1 \\ 2 & -1 \\ 2 & -1 \\ 2 & -1 \\ 2 & -1 \\ 2 & -1 \\ 1 & 0 \end{pmatrix},\ \boldsymbol{M}_{\text{banded}}=\frac{1}{6}\begin{pmatrix} 2 & 1 \\ 4 & 1 \\ 4 & 1 \\ 4 & 1 \\ 4 & 1 \\ 4 & 1 \\ 2 & 0 \end{pmatrix}
$$

程序 Jacobi 将使用以下输入数据文件：

```
Banded Stiffness and Mass for one-dimensional Acoustic Vibrations
Number of dof     Bandwidth
 7                2

Banded Stiffness Matrix
 1       -1
 2       -1
 2       -1
 2       -1
 2       -1
 2        1
 1        0


Banded Mass Matrix
 0.333333    0.166667
 0.666667    0.166667
 0.666667    0.166667
 0.666667    0.166667
 0.666667    0.166667
 0.666667    0.166667
 0.333333    0.166667
```

解：例题10.6图b给出该问题的特征值和特征向量的结果。注意：这里频率 f 以 cps 的形式由特征值给出，即 $\text{cps}=\dfrac{c\sqrt{\lambda_n}}{2\pi}$。

可以看出，计算所得到的前几个频率值与理论解很接近，理论解为 $f_n=mc/(2L)$ $(m=1,2,\cdots)$，高阶单元可以很好地满足边界条件，从而获得具有较高精度的高阶频率值。采用有限元方法得到的各阶自然频率列在下表中（单位为 cps），还与理论解进行了比较。

有限元结果	28.9	59.8	94.6	133.7
理论解	28.6	57.2	85.8	114.3

二维声学问题

这里所考虑的二维问题的方程为

$$\frac{\partial^2 \hat{p}}{\partial x^2}+\frac{\partial^2 \hat{p}}{\partial y^2}+k^2\hat{p}=0 \quad (\text{在 } A \text{ 中}) \tag{10.126}$$

边界条件为

$$\hat{p}=\hat{p}_0 \quad (\text{在 } S_1 \text{ 上})$$

及

$$\frac{1}{\mathrm{i}k\rho c}\nabla\hat{p}\cdot\boldsymbol{n}=\hat{\nu}_{n0} \quad (\text{在 } S_2 \text{ 上}) \tag{10.127}$$

采用伽辽金变分方法，有以下方程

$$\int_A \phi\left(\frac{\partial^2 \hat{p}}{\partial x^2}+\frac{\partial^2 \hat{p}}{\partial y^2}+k^2\hat{p}\right)\mathrm{d}A = 0 \tag{10.128}$$

该方程对每一个 ϕ 都应成立，并且在边界 S_1 上，有条件 $\phi=0$。按照前面章节所讨论过的热传导问题的处理方法，采用三节点三角形单元，读者可以容易地得到以下方程

$$(\boldsymbol{K}-k^2\boldsymbol{M})\hat{\boldsymbol{P}}=\boldsymbol{F} \tag{10.129}$$

其中，$\boldsymbol{K}$ 和 $\boldsymbol{M}$ 是由以下单元矩阵装配得到的，

$$\boldsymbol{k}=A_e\boldsymbol{B}^{\mathrm{T}}\boldsymbol{B}$$

而

$$\boldsymbol{B}=\frac{1}{2A_e}\begin{pmatrix} y_{23} & y_{31} & y_{12} \\ x_{32} & x_{13} & x_{21}\end{pmatrix},\boldsymbol{m}=\frac{A_e}{12}\begin{pmatrix}2 & 1 & 1\\ 1 & 2 & 1\\ 1 & 1 & 2\end{pmatrix}$$

$$\boldsymbol{F} = -\mathrm{i}k\rho c\int_{S_2}\hat{\nu}_{n0}\boldsymbol{N}\mathrm{d}S \tag{10.130}$$

$\boldsymbol{F}$ 的计算过程与第 5 章中计算面力作用的外载荷列阵相似。像一维情形那样，通过设定 $\boldsymbol{F}=0$ 来求解声学模态，也就是求解特征值问题。

10.5 小结

可以看出，所有的场问题都源自于亥姆霍兹方程，本章所强调的是这些问题的物理实质，而不是具体考虑某一变量和参数的一般方程。在对不同的工程问题进行建模时，这种分析问题的方法更有利于我们正确地给出合理的边界条件。

输入数据/输出数据

```
INPUT TO HEAT1D
PROGRAM HEAT1D << 1D HEAT ANALYSIS
Example 10.1
NE          #B.C.s      #Nodal Heat Sources
3           2           0
```

（续）

```
ELEM#     Thermal Conductivity
1         20
2         30
3         50
NODE#     Coordinate
1         0
2         0.3
3         0.45
4         0.6
NODE#     BC-TYP followed by T0(if TEMP) or q0(if FLUX) or H and Tinf(if CONV)
1         CONV
25        800
4         TEMP
20
NODE#     HEAT SOURCE
```

```
OUTPUT FROM HEAT1D
Results from Program HEAT1D
Example 10.1
Node#   Temperature
1       304.7634
2       119.0496
3       57.1451
4       20.0023
```

```
INPUT TO HEAT2D
PROGRAM HEAT2D << 2D Heat Analysis
Example 10.4
NN    NE    NM    NDIM  NEN   NDN
5     3     1     2     3     1
ND    NL    NMPC
2     0     0
Node# X     Y
1     0     0
2     0.4   0
3     0.4   0.15
4     0.4   0.3
5     0     0.3
Elem# N1    N2    N3    Mat#  Elem_Heat_source
1     1     2     3     1     0
2     1     3     5     1     0
3     4     3     5     1     0
DOF#  Displacement (Specified Temperature)
4    180
5    180
DOF# Load (Nodal Heat Source)
MAT# Thermal Conductivity
1    1.5
No. of edges with Specified Heat flux FOLLOWED BY two edges & q0 (positive if out)
0
No. of Edges with Convection FOLLOWED BY edge(2 nodes) & h & Tinf
2
2    3        50       25
3    4        50       25
```

（续）

```
OUTPUT FROM HEAT2D
Program Heat2D - Heat Flow Analysis
Example 10.4
Node#   Temperature
1       124.4960
2        34.0451
3        45.3514
4       179.9998
5       179.0000
Conduction Heat Flow per Unit Area in Each Element
Elem#   Qx= -K*DT/Dx     Qy= -K*DT/Dy
1       339.1909         -113.0636
2       400.8621         -277.5199
3       0.00051          -1346.4840
```

习 题

10.1 考虑一堵砖墙（见习题10.1图），厚度$L=30\text{cm}$，$k=0.7\text{W/(m}\cdot℃)$，内表面温度40℃，外表面露在-10℃的冷空气中，外表面传热系数为$h=50\text{W/(m}^2\cdot℃)$，求解稳态下墙内的温度分布和通过墙体的热通量，要求采用具有两个单元的模型，用手工进行计算。假定这是一个一维热流问题，准备好输入数据，采用程序HEAT1D进行处理。

10.2 热流以$q_0=-300\text{W/m}^2$的速率进入一块大的平板，如习题10.2图所示，板厚为100mm，板的外表面保持15℃的温度，使用两个单元来求解节点温度，热导率$k=1.0\text{W/(m}\cdot℃)$。

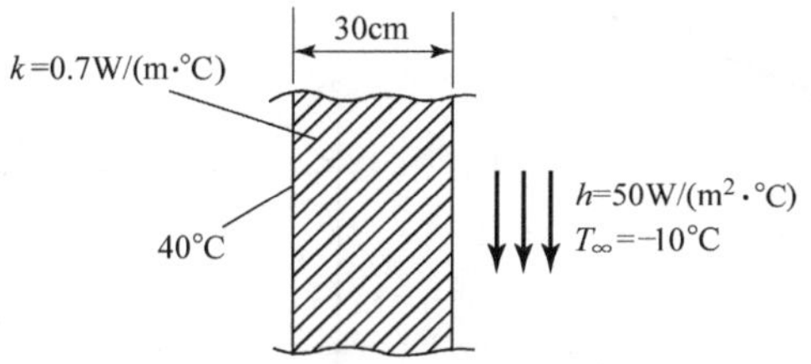

习题10.1图

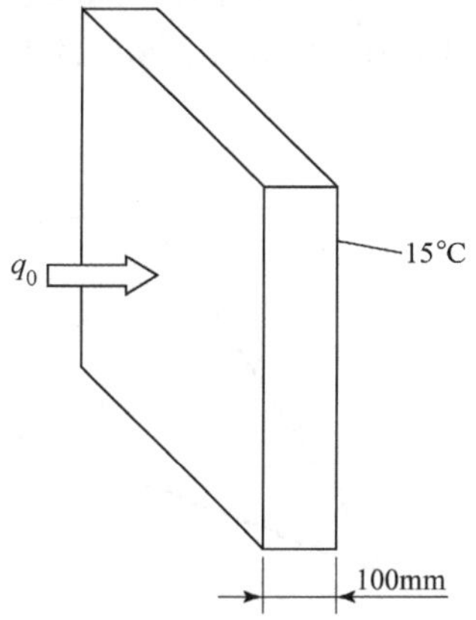

习题10.2图

10.3 如习题10.3图所示，加热条的外表面为绝热，内部与一个4cm厚的不锈钢板相连，其热导率$k=16.6\text{W/(m}\cdot℃)$，板的另一面暴露在20℃的周围环境中，加热条提供的热量为300W/m^2，求与加热条相接触表面的温度。

10.4 考虑一个直径为0.3in，长度为6in的针状散热杆（见习题10.4图），其根部温度为147℉，环境温度为80℉，$h=5\text{BTU/(ft}^2\cdot\text{h}\cdot℉)$；取$k=25.5\text{BTU/(ft}\cdot\text{h}\cdot℉)$。假设散热杆的前端为绝热，采用单元模型求解温度分布和散热杆的热量损失（用手工计算）。

10.5 前面对于矩形散热片，采用伽辽金方法对其进行推导，假设散热片前端为绝热，这里考虑前端产生热对流的情况并进行推导。对于这类边界条件，参考习题10.4。

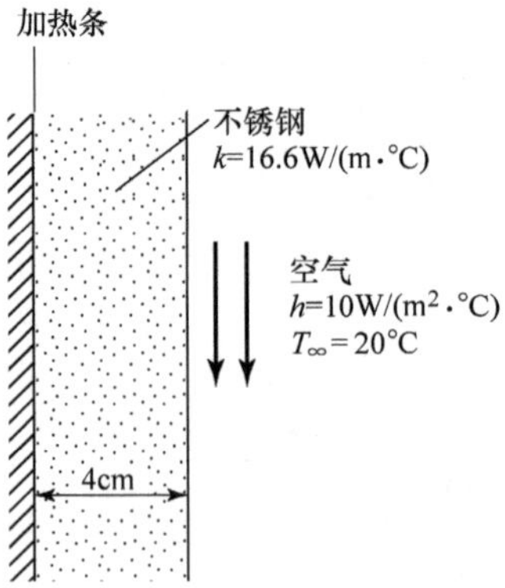

习题 10.3 图

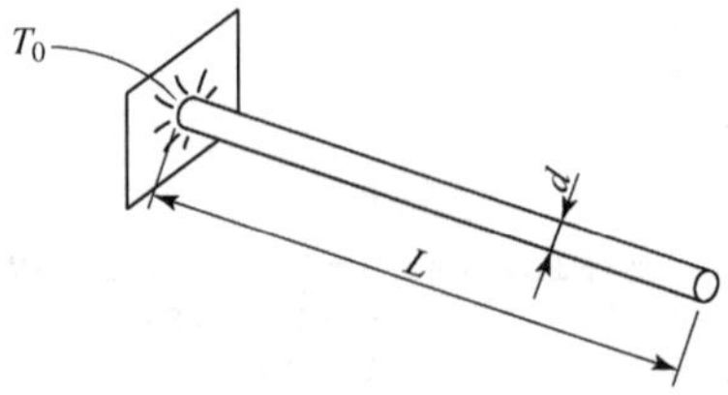

习题 10.4 图

10.6 如习题10.6图所示，一点 P 位于三角形内，假定温度为线性分布，求点 P 的温度值，各点的坐标见下表。

点	x 坐标	y 坐标
1	1	1
2	8	3
3	14	12
P	10	06

节点1、2、3的温度分别为120℃、150℃、90℃

10.7 考虑如习题10.7图所示的用于处理热传导问题的网格，试确定出半带宽NBW。

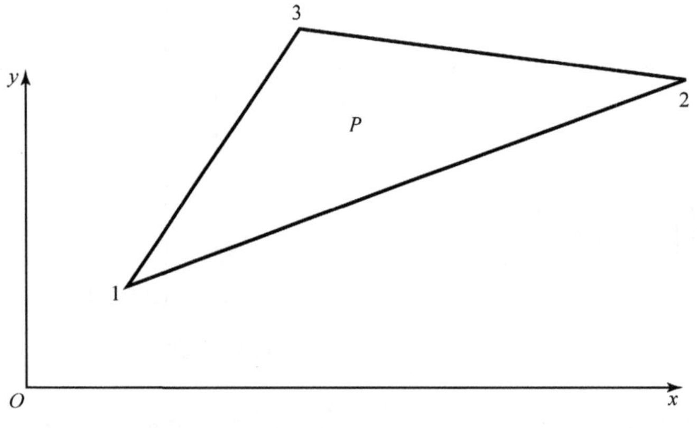

习题 10.6 图

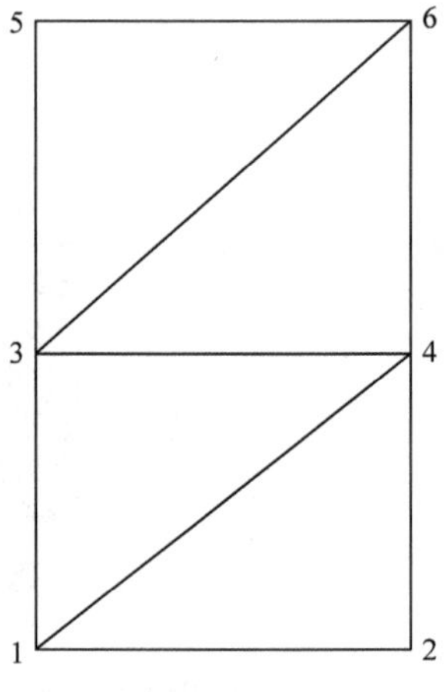

习题 10.7 图

10.8 对于一个热传导问题，采用Galerkin方法给出的方程为

$$(\psi_1,\psi_2)\left\{\begin{pmatrix}6 & -2\\ -2 & 4\end{pmatrix}\begin{pmatrix}T_1\\ T_2\end{pmatrix}-\begin{pmatrix}10\\ 20\end{pmatrix}\right\}=0$$

a）若 $T_1=30$℃，求温度 T_2。

b）若 $T_1-T_2=20$℃，求温度（T_1，T_2）。

10.9 设有一个三节点三角形单元，其热源向量为线性分布，$\boldsymbol{Q}^e=(Q_1,Q_2,Q_3)^{\mathrm{T}}$ 为节点值。

（a）推导热载荷列阵 $\boldsymbol{r}_Q$ 的表达式，当 Q 为一个常数或 $Q_1=Q_2=Q_3$ 时，考虑一下所推导的表达式是否能退化为式（10.67）。

（b）当一个大小为 Q_0 的点热源位于单元（ξ_0，η_0）处时，推导单元的热载荷列阵 $\boldsymbol{r}_Q$。

10.10　一根长钢管的内半径为 $r_1=3\text{cm}$，外半径为 $r_2=5\text{cm}$，$k=15\text{W/(m·℃)}$，如习题 10.10 图所示，以 $q_0=-150\,000\text{W/m}^2$ 的速率（负号表示热流流向物体）对钢管内表面进行加热，钢管外表面与流体之间有热的对流，其中，$T_\infty=150℃$，$h=450\text{W/(m}^2\text{·℃)}$。试采用习题 10.10 图 b 所示的 8 个单元 9 个节点的有限元模型，完成以下工作：

（a）确定模型的边界条件。

（b）采用程序 HEAT2D 分别计算内外表面的温度 T_1 和 T_2。

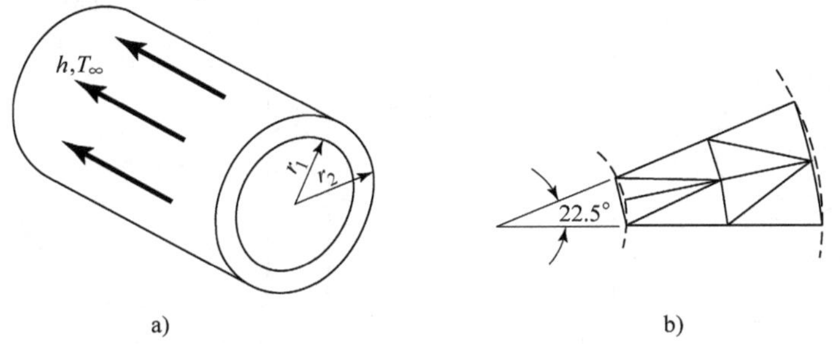

习题 10.10 图

10.11　采用约 100 个更细的网格求解例题 10.4 中的问题，用程序 CONTOUR 来观察计算结果的等温线，画出温度随 x 与 y 的变化关系，同时计算流入和流出板内的热量，该热量差是否为零？为什么？

10.12　对于习题 10.10，假设钢管在室温 $T=25℃$ 下为无应力状态，采用程序 AXISYM 计算钢管的热应力，取 $E=200\,000\text{MPa}$，$\nu=0.3$。

10.13　习题 10.13 图所示为砖结构的烟囱，高为 6m，内表面的温度为均匀的 150℃，外表面的温度保持在均匀的 25℃，采用 1/4 对称模型和前处理程序 MESHGEN（按程序中的说明对文本进行适当地修改）求解通过烟囱墙体的总热流速率。砖的热导率为 0.72W/(m·℃)（对于不同材料的热导率，参见 F. W. Schmidt et al. Introduction to Thermal Sciences，2nd ed，John Wiley & Sons，Inc.，New York，1993.）

10.14　一个 1m×1m 的耐火砖柱体支撑着一个大的工业炉（见习题 10.14 图），在稳态状况下，该方柱的三个面保持温度为 400K，而另一面暴露在气流中，条件为 $T_\infty=200\text{K}$，$h=20\text{W/(m}^2\text{·K)}$。使用程序 HEAT2D，计算该方柱的温度分布，以及单位长度方柱对于气流的热流速率。取 $k=1\text{W/(m·K)}$。

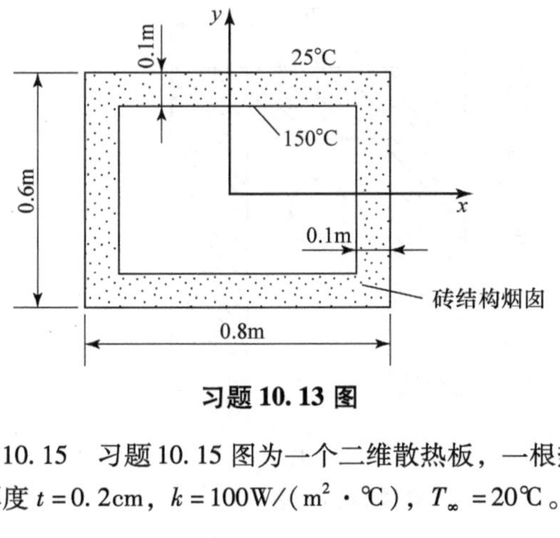

习题 10.13 图

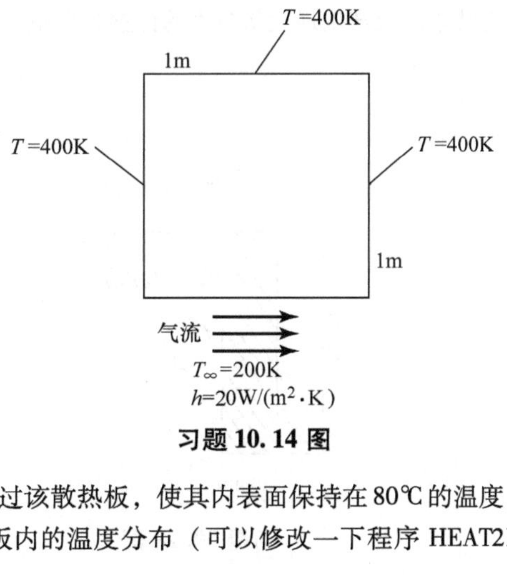

习题 10.14 图

10.15　习题 10.15 图为一个二维散热板，一根热管通过该散热板，使其内表面保持在 80℃ 的温度，板的厚度 $t=0.2\text{cm}$，$k=100\text{W/(m}^2\text{·℃)}$，$T_\infty=20℃$。计算板内的温度分布（可以修改一下程序 HEAT2D 来计算式（10.72）中的矩阵）。

10.16 习题 10.16 图所示，为一个具有轴对称形状的热扩散器，它接受来自于一个所安装的固态装置的常值热流 $q_1=400\,000\text{W/m}^2$，该热扩散器的另一端由一个等温管保持在 $T=0℃$，其侧面是绝热的，热扩散器的热导率 $k=200\text{W/(m}\cdot℃)$，其偏微分方程为

$$\frac{1}{r}\frac{\partial}{\partial r}\left(r\frac{\partial T}{\partial r}\right)+\frac{\partial^2 T}{\partial z^2}=0$$

试推导出轴对称单元，计算热扩散器的温度分布和等温管的流出热量。可参考第 7 章中关于轴对称单元的详细推导。

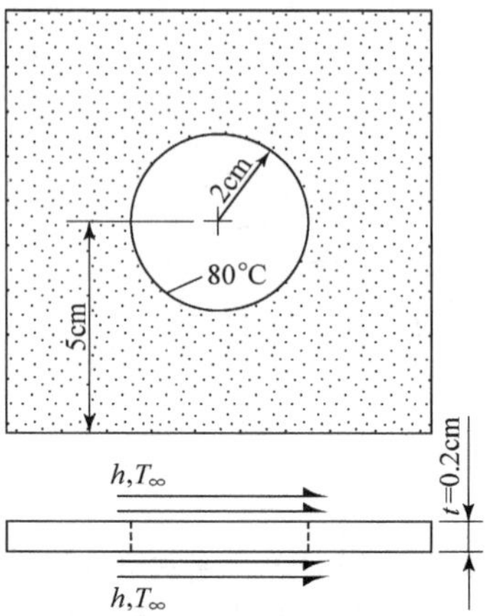

习题 10.15 图

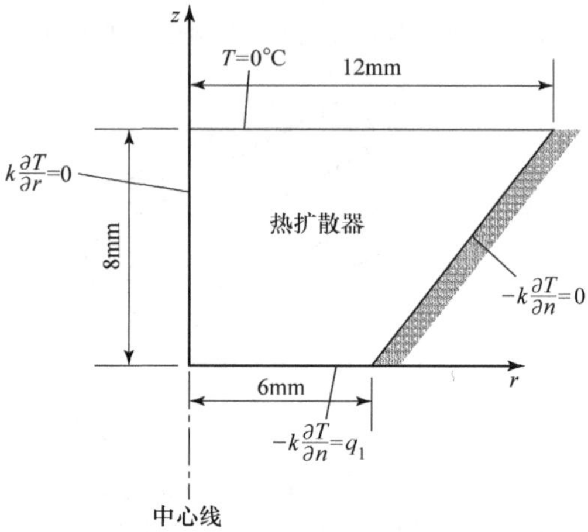

习题 10.16 图

10.17 推导用于热传导的四节点四边形单元，并求解习题 10.11 中的问题。可参考第 8 章中有关四边形单元的详细推导，并与三节点三角形单元进行比较。

10.18 一根 L 形的梁如习题 10.18 图所示，它在建筑物中用于支撑楼板，受到一个扭矩 T in · lb 的作用，使用程序 TORSION，进行以下计算：

（a）单位长度的扭转角 α。

（b）每一个单元对承受总扭矩的贡献。

将结果表达为扭矩 T 和剪切模量 G 的关系，并进一步细化单元来验证你的结果。

10.19 习题 10.19 图所示钢梁的横截面受到一个扭矩 $T=5000\text{in}\cdot\text{lb}$ 的作用，采用程序 TORSION 来计算其扭转角以及产生最大切应力的位置和大小。

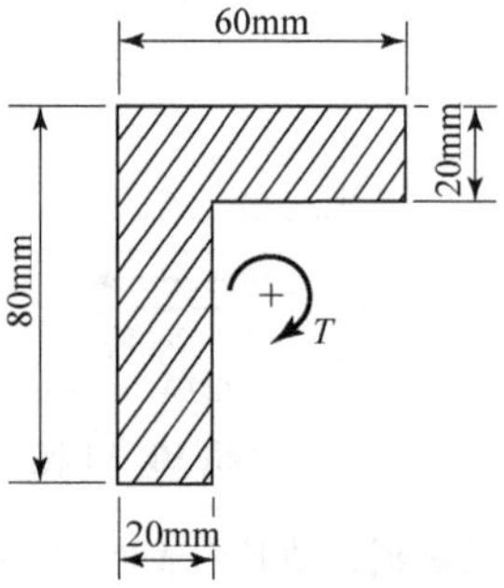

习题 10.18 图

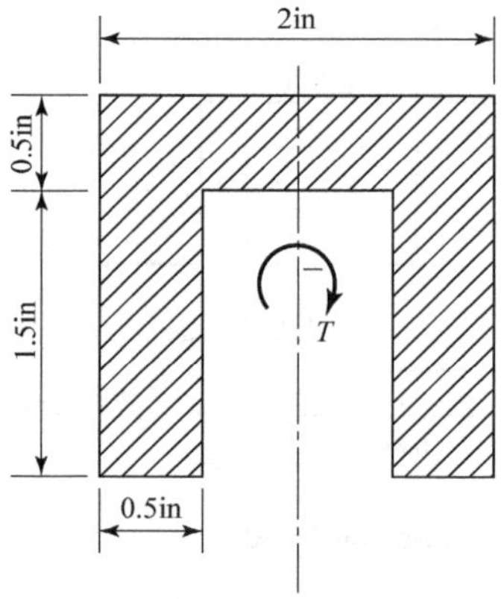

习题 10.19 图

10.20　对于本章的图 10.15a，设 $u_0 = 1\mathrm{m/s}$，$L = 5\mathrm{m}$，$D = 1.5\mathrm{m}$，$H = 2.0\mathrm{m}$，分别采用粗网格和精细网格（在圆柱附近采用较小的单元）计算速度场，特别是需要求解流动的最大速度，对该问题与相类似的应力集中问题进行比较和讨论。

10.21　求解并画出文氏流量计（锥形管）中流体的流线（见习题 10.21 图），流体的流入速度为 100cm/s，同时画出在腰部的截面 a-a 上的速度分布。

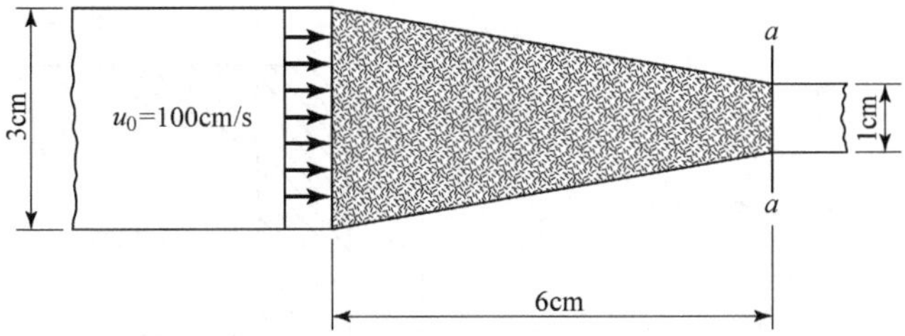

习题 10.21 图

10.22　习题 10.22 图所示的大坝坐落于一个均匀的各向同性的土质上，并且具有不可渗透的边界，大坝的蓄水高度为 5m，水面无落差。求出并画出等势线，确定出大坝单位宽度的渗水量，取水力渗透系数 $k = 30\mathrm{m/d}$。

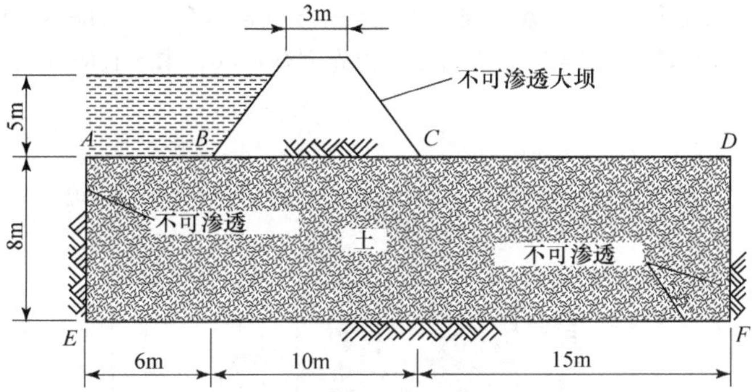

习题 10.22 图

10.23　一个大坝的横截面如习题 10.23 图所示，$k = 0.003\mathrm{ft/min}$，试计算：

（a）渗透线。

（b）大坝每 100ft 的渗透量。

（c）渗透面的长度 a。

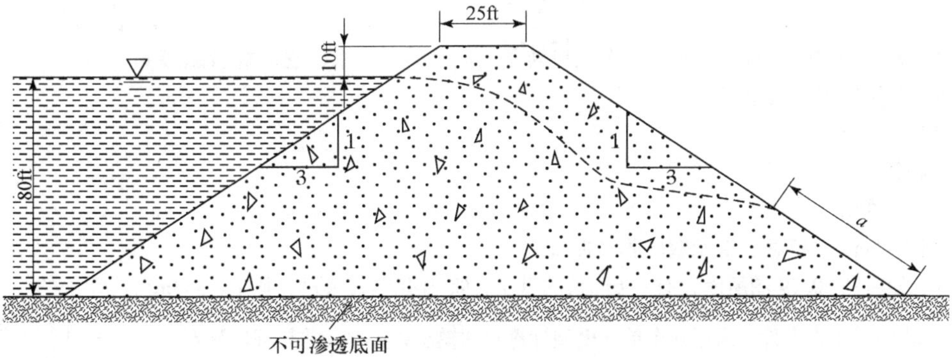

习题 10.23 图

10.24 横截面为三角形的管道如习题10.24图所示，流动摩擦系数f与雷诺数Re的关系为$f=C/Re$，采用三角形单元求出常数C，进一步使用更精细的有限元模型来验证已得到的结果，并与具有相同周长的方形管道的计算结果C进行比较。

10.25 一个矩形同轴电缆的横截面如习题10.25图所示，在绝缘体（$\varepsilon_R=3$）的内表面上施加一个100V的电压，若在外表面上，其电压为零，求环形空间中的电场分布。

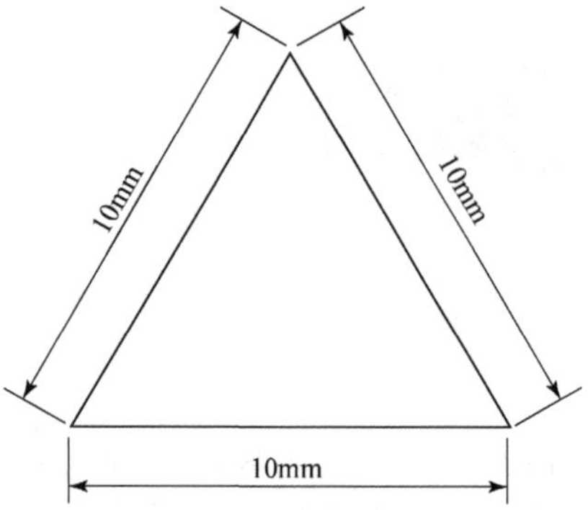

习题10.24图

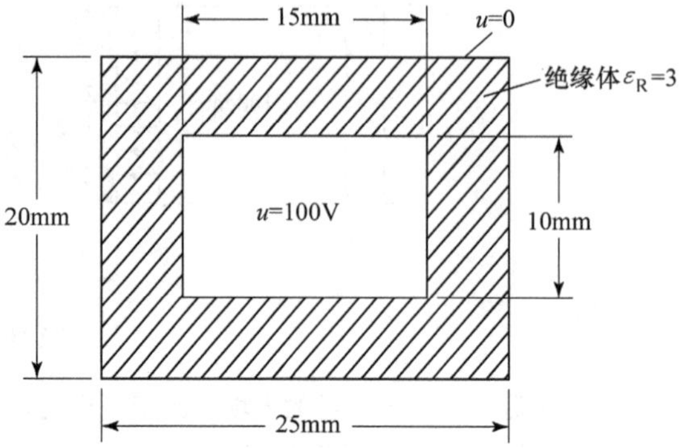

习题10.25图

10.26 如习题10.26图所示，一对条带被一个绝缘介质（$\varepsilon_R=5.4$）所隔开，该条带被一个2m×1m具有封闭空间的假想盒子所包围（$\varepsilon_R=1$），设盒子的边界上有$u=0$，求解它的电压场分布（在远离条带的区域可使用较大的单元）。

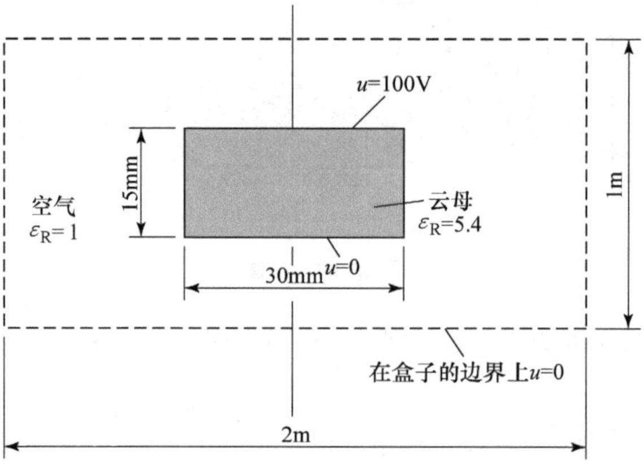

习题10.26图

10.27 如习题10.27图所示，有一个电机转子的简化模型，求出它的标量磁势u。

10.28 采用以下方案重做例10.6。

（a）12个单元。

（b）24个单元。

（c）48个单元。

画出频率（cps）相对于单元数的收敛曲线。

10.29 如习题10.29图所示，有一6m长的管子，管内有空气流动，则$c=343\text{m/s}$，管子的一端为刚性连接，另一端为零压力条件，采用6个单元模型计算它的模态和频率，并与解析解$f_n=\left(m+\dfrac{1}{2}\right)\dfrac{c}{2L}$进行比较。

10.30 基于式（10.128）的Galerkin变分表达式来推导方程（10.130）中的单元矩阵。

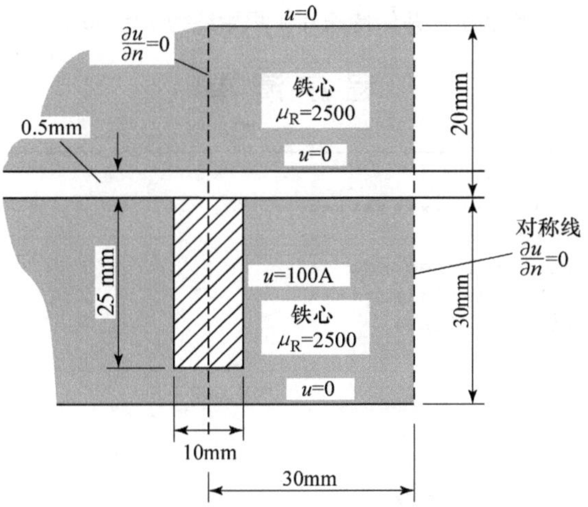

习题 10.27 图

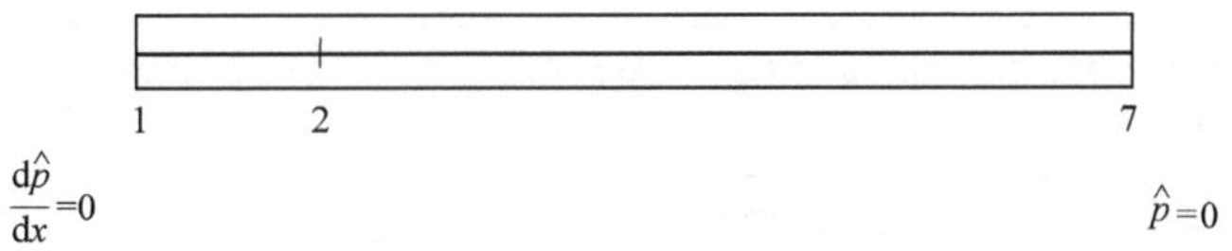

习题 10.29 图

10.31 对方程（10.129）所表达的二维特征值问题进行求解，对如习题 10.31 图所示的矩形腔体前四阶模态进行计算，腔体的尺寸为 L_x，L_y，L_z =（20m，10m，0.1m）。画出模态的图形，并与解析解的自然频率进行比较（取 $c=343\text{m/s}$），在建模时可分别考虑采用粗网格和细网格，解析解的结果为

$$f_{l,m,n}=\frac{c}{2}\sqrt{\left(\frac{l}{L_x}\right)^2+\left(\frac{m}{L_y}\right)^2+\left(\frac{n}{L_z}\right)^2}\quad \text{cps}\quad (l,m,n=0,1,2,\cdots)$$

10.32 一个单翅片与平面基座相连以便使固定在平面基座下的计算机芯片散热。芯片所产生的热源为 8W，将其视为基座的均匀热流密度，求（见习题 10.32 图）基座的最大温度。采用以下参数：

翅片体积（w^2L）$=125\text{mm}^3$，

比较分析 $w=2\text{mm}$ 和 $w=5\text{mm}$ 时的结果，

$h_{\text{base}}=100\text{W/(m}^2\cdot℃)$，$h_{\text{fin}}=200\text{W/(m}^2\cdot℃)$，$T_\infty=25℃$。

材料：铝合金，热导率：$k=210\text{W/(m}\cdot℃)$

习题 10.31 图

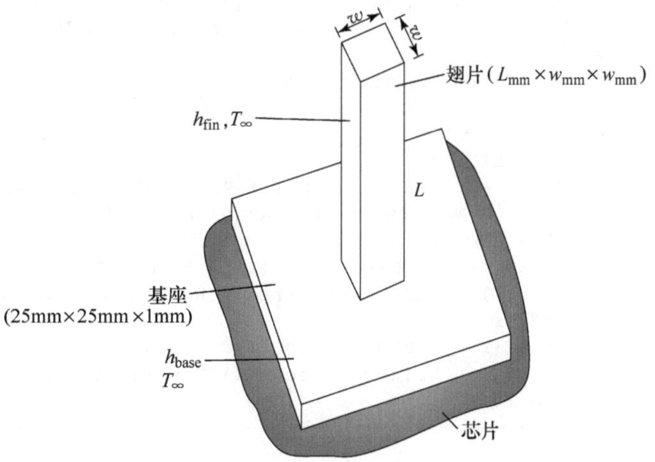

习题 10.32 图

10.33 重做习题10.32，用5个翅片并保持翅片体积始终为125mm^3。其中，$w=2$mm。

程序清单

```
MAIN PROGRAM HEAT1D
'***************************************
'*            PROGRAM HEAT1D           *
'* T.R.Chandrupatla and A.D.Belegundu  *
'***************************************
Private Sub CommandButton1_Click()
     Call InputData
     Call Stiffness
     Call ModifyForBC
     Call BandSolver
     Call Output
End Sub
```

```
HEAT1D - INPUT FROM SHEET1 FOR EXCEL (from file for C, FORTRAN, MATLAB)
Private Sub InputData()
    NE = Val(Worksheets(1).Range("A4"))
    NBC = Val(Worksheets(1).Range("B4"))
    NQ = Val(Worksheets(1).Range("C4"))
    NN = NE + 1
    '--- NBW is half the bandwidth Elements 1-2,2-3,3-4,...
    NBW = 2
    ReDim X(NN), S(NN, NBW), TC(NE), F(NN), V(NBC), H(NBC), NB(NBC)
    ReDim BC(NBC)
    LI = 0
    '----- Elem# Thermal Conductivity -----
     For I = 1 To NE
        LI = LI + 1
        N = Val(Worksheets(1).Range("A5").Offset(LI, 0))
        TC(N) = Val(Worksheets(1).Range("A5").Offset(LI, 1))
     Next I
    '----- Coordinates -----
    LI = LI + 1
    For I = 1 To NN
        LI = LI + 1
        N = Val(Worksheets(1).Range("A5").Offset(LI, 0))
        X(N) = Val(Worksheets(1).Range("A5").Offset(LI, 1))
    Next I
    '----- Boundary Conditions -----
    LI = LI + 1
    For I = 1 To NBC
        LI = LI + 1
        NB(I) = Val(Worksheets(1).Range("A5").Offset(LI, 0))
        BC(I) = Worksheets(1).Range("A5").Offset(LI, 1)
        LI = LI + 1
        If BC(I) = "TEMP" Or BC(I) = "temp" Then
           V(I) = Val(Worksheets(1).Range("A5").Offset(LI, 0))
        End If
        If BC(I) = "FLUX" Or BC(I) = "flux" Then
           V(I) = Val(Worksheets(1).Range("A5").Offset(LI, 0))
        End If
```

(续)

```
        If BC(I) = "CONV" Or BC(I) = "conv" Then
            H(I) = Val(Worksheets(1).Range("A5").Offset(LI, 0))
            V(I) = Val(Worksheets(1).Range("A5").Offset(LI, 1))
        End If
    Next I
    '----- Calculate and Input Nodal Heat Source Vector -----
    LI = LI + 1
    For I = 1 To NN: F(I) = 0: Next I
    If NQ > 0 Then
        For I = 1 To NQ
            LI = LI + 1
            N = Val(Worksheets(1).Range("A7").Offset(LI, 0))
            F(N) = Val(Worksheets(1).Range("A7").Offset(LI, 1))
        Next I
    End If
End Sub
```

```
STIFFNESS - HEAT1D
Private Sub Stiffness()
     ReDim S(NN, NBW)
     '----- Stiffness Matrix -----
     For J = 1 To NBW
     For I = 1 To NN: S(I, J) = 0: Next I: Next J
     For I = 1 To NE
     I1 = I: I2 = I + 1
     ELL = Abs(X(I2) - X(I1))
     EKL = TC(I) / ELL
     S(I1, 1) = S(I1, 1) + EKL
     S(I2, 1) = S(I2, 1) + EKL
     S(I1, 2) = S(I1, 2) - EKL: Next I
End Sub
```

```
HEAT1D-MODIFICATION FOR BC
Private Sub ModifyForBC()
     '----- Decide Penalty Parameter CNST -----
     AMAX = 0
     For I = 1 To NN
        If S(I, 1) > AMAX Then AMAX = S(I, 1)
     Next I
     CNST = AMAX * 10000
     For I = 1 To NBC
        N = NB(I)
        If BC(I) = "CONV" Or BC(I) = "conv" Then
           S(N, 1) = S(N, 1) + H(I)
           F(N) = F(N) + H(I) * V(I)
        ElseIf BC(I) = "HFLUX" Or BC(I) = "hflux" Then
           F(N) = F(N) - V(I)
        Else
           S(N, 1) = S(N, 1) + CNST
           F(N) = F(N) + CNST * V(I)
        End If
     Next I
End Sub
```

```
MAIN PROGRAM HEAT2D
'**************************************
'*            PROGRAM HEAT2D          *
'*   HEAT 2-D WITH 3-NODED TRIANGLES  *
'* T.R.Chandrupatla and A.D.Belegundu *
'**************************************
Private Sub CommandButton1_Click()
     Call InputData
     Call Bandwidth
     Call Stiffness
     Call ModifyForBC
     Call BandSolver
     Call HeatFlowCalc
     Call Output
End Sub
```

```
HEAT2D - INPUT FROM SHEET1 EXCEL (from file for C, FORTRAN, MATLAB)
Private Sub InputData()
     Dim msg As String
     msg = " 1) No Plot Data" & Chr(13)
     msg = msg + " 2) Create Data File Containing Nodal TempS" & Chr(13)
     msg = msg + "  Choose 1 or 2"
     IPL = InputBox(msg, "Plot Choice", 1)        '--- default is no data
     NN = Val(Worksheets(1).Range("A4"))
     NE = Val(Worksheets(1).Range("B4"))
     NM = Val(Worksheets(1).Range("C4"))
     NDIM = Val(Worksheets(1).Range("D4"))
     NEN = Val(Worksheets(1).Range("E4"))
     NDN = Val(Worksheets(1).Range("F4"))
     ND = Val(Worksheets(1).Range("A6"))
     NL = Val(Worksheets(1).Range("B6"))
     NMPC = Val(Worksheets(1).Range("C6"))
     NPR = 1 'One Material Property Thermal Conductivity
     NMPC = 0
     '--- ND = NO. OF SPECIFIED TEMPERATURES
     '--- NL = NO. OF NODAL HEAT SOURCES
     'NOTE!! NPR =1 (THERMAL CONDUCTIVITY) AND NMPC = 0 FOR THIS PROGRAM
     '--- EHS(I) = ELEMENT HEAT SOURCE, I = 1,...,NE
     ReDim X(NN, 2), NOC(NE, 3), MAT(NE), PM(NM, NPR), F(NN)
     ReDim NU(ND), U(ND), EHS(NE)
     '============= READ DATA      ===============
      LI = 0
     '----- Coordinates -----
     For I = 1 To NN
        LI = LI + 1
        N = Val(Worksheets(1).Range("A7").Offset(LI, 0))
        For J = 1 To NDIM
          X(N, J) = Val(Worksheets(1).Range("A7").Offset(LI, J))
        Next J
     Next I
      LI = LI + 1
```

（续）

```
'----- Connectivity, Material#, Element Heat Source
For I = 1 To NE
     LI = LI + 1
     N = Val(Worksheets(1).Range("A7").Offset(LI, 0))
   For J = 1 To NEN
     NOC(N, J) = Val(Worksheets(1).Range("A7").Offset(LI, J))
   Next J
     MAT(N) = Val(Worksheets(1).Range("A7").Offset(LI, NEN + 1))
     EHS(N) = Val(Worksheets(1).Range("A7").Offset(LI, NEN + 2))
 Next I
 '----- Temperature BC -----
 LI = LI + 1
 For I = 1 To ND
    LI = LI + 1
    NU(I) = Val(Worksheets(1).Range("A7").Offset(LI, 0))
    U(I) = Val(Worksheets(1).Range("A7").Offset(LI, 1))
 Next I
 '----- Nodal Heat Sources -----
 LI = LI + 1
 For I = 1 To NL
    LI = LI + 1
    N = Val(Worksheets(1).Range("A7").Offset(LI, 0))
    F(N) = Val(Worksheets(1).Range("A7").Offset(LI, 1))
 Next I
 LI = LI + 1
 '----- Thermal Conductivity of Material -----
 For I = 1 To NM
    LI = LI + 1
    N = Val(Worksheets(1).Range("A7").Offset(LI, 0))
    For J = 1 To NPR
        PM(N, J) = Val(Worksheets(1).Range("A7").Offset(LI, J))
    Next J
 Next I
 'No. of edges with Specified Heat flux
 'FOLLOWED BY two edges & q0 (positive if out)
 LI = LI + 1
 LI = LI + 1
 NHF = Val(Worksheets(1).Range("A7").Offset(LI, 0))
 If NHF > 0 Then
    ReDim NFLUX(NHF, 2), FLUX(NHF)
    For I = 1 To NHF
        LI = LI + 1
        NFLUX(I, 1) = Val(Worksheets(1).Range("A7").Offset(LI, 0))
        NFLUX(I, 2) = Val(Worksheets(1).Range("A7").Offset(LI, 1))
        FLUX(I) = Val(Worksheets(1).Range("A7").Offset(LI, 2))
    Next I
 End If
 'No. of Edges with Convection FOLLOWED BY edge(2 nodes) &
 'h & Tinf
 LI = LI + 1
 LI = LI + 1
 NCV = Val(Worksheets(1).Range("A7").Offset(LI, 0))
 If NCV > 0 Then
    ReDim NCONV(NCV, 2), H(NCV), TINF(NCV)
```

（续）

```
      For I = 1 To NCV
         LI = LI + 1
         NCONV(I, 1) = Val(Worksheets(1).Range("A7").Offset(LI, 0))
         NCONV(I, 2) = Val(Worksheets(1).Range("A7").Offset(LI, 1))
         H(I) = Val(Worksheets(1).Range("A7").Offset(LI, 2))
         TINF(I) = Val(Worksheets(1).Range("A7").Offset(LI, 3))
      Next I
   End If
End Sub
```

```
STIFFNESS - HEAT2D
Private Sub Stiffness()
     '----- Initialization of Conductivity Matrix and Heat Rate Vector
     ReDim S(NN, NBW)
     For I = 1 To NN
        For J = 1 To NBW
           S(I, J) = 0
        Next J
     Next I
     If NHF > 0 Then
        For I = 1 To NHF
           N1 = NFLUX(I, 1): N2 = NFLUX(I, 2)
           V = FLUX(I)
           ELEN = Sqr((X(N1, 1)-X(N2, 1))^2 + (X(N1, 2)-X(N2, 2))^2)
           F(N1) = F(N1) - ELEN * V /2
           F(N2) = F(N2) - ELEN * V / 2
        Next I
     End If
     If NCV > 0 Then
        For I = 1 To NCV
           N1 = NCONV(I, 1): N2 = NCONV(I, 2)
           ELEN = Sqr((X(N1, 1)-X(N2, 1))^2 + (X(N1, 2)-X(N2, 2))2)
           F(N1) = F(N1) + ELEN * H(I) * TINF(I) / 2
           F(N2) = F(N2) + ELEN * H(I) * TINF(I) / 2
           S(N1, 1) = S(N1, 1) + H(I) * ELEN / 3
           S(N2, 1) = S(N2, 1) + H(I) * ELEN / 3
           If N1 >= N2 Then
            N3 = N1: N1 = N2: N2 = N3
           End If
           S(N1, N2 - N1 + 1) = S(N1, N2 - N1 + 1) + H(I) * ELEN / 6
        Next I
     End If
     '----- Conductivity Matrix
     ReDim BT(2, 3)
        For I = 1 To NE
           I1 = NOC(I, 1): I2 = NOC(I, 2): I3 = NOC(I, 3)
           X32 = X(I3, 1) - X(I2, 1): X13 = X(I1, 1) - X(I3, 1)
           X21 = X(I2, 1) - X(I1, 1)
           Y23 = X(I2, 2) - X(I3, 2): Y31 = X(I3, 2) - X(I1, 2)
           Y12 = X(I1, 2) - X(I2, 2)
           DETJ = X13 * Y23 - X32 * Y31
           AREA = 0.5 * Abs(DETJ)
```

（续）

```
            '--- Element Heat Sources
            If EHS(I) <> 0 Then
               C = EHS(I) * AREA / 3
               F(I1) = F(I1) + C: F(I2) = F(I2) + C: F(I3) = F(I3) + C
            End If
            BT(1, 1) = Y23: BT(1, 2) = Y31: BT(1, 3) = Y12
            BT(2, 1) = X32: BT(2, 2) = X13: BT(2, 3) = X21
            For II = 1 To 3
               For JJ = 1 To 2
                  BT(JJ, II) = BT(JJ, II) / DETJ
               Next JJ
            Next II
            For II = 1 To 3
               For JJ = 1 To 3
                  II1 = NOC(I, II): II2 = NOC(I, JJ)
                  If II1 <= II2 Then
                     Sum = 0
                     For J = 1 To 2
                        Sum = Sum + BT(J, II) * BT(J, JJ)
                     Next J
                     IC = II2 - II1 + 1
                     S(II1, IC) = S(II1, IC) + Sum * AREA * PM(MAT(I), 1)
                  End If
               Next JJ
            Next II
      Next I
End Sub
```

```
HEAT FLOW CALCULATIONS
Private Sub HeatFlowCalc()
      ReDim Q(NE, 2)
      For I = 1 To NE
         I1 = NOC(I, 1): I2 = NOC(I, 2): I3 = NOC(I, 3)
         X32 = X(I3, 1) - X(I2, 1): X13 = X(I1, 1) - X(I3, 1)
         X21 = X(I2, 1) - X(I1, 1)
         Y23 = X(I2, 2) - X(I3, 2): Y31 = X(I3, 2) - X(I1, 2)
         Y12 = X(I1, 2) - X(I2, 2)
         DETJ = X13 * Y23 - X32 * Y31
         BT(1, 1) = Y23: BT(1, 2) = Y31: BT(1, 3) = Y12
         BT(2, 1) = X32: BT(2, 2) = X13: BT(2, 3) = X21
         For II = 1 To 3
            For JJ = 1 To 2
               BT(JJ, II) = BT(JJ, II) / DETJ
            Next JJ
         Next II
         QX = BT(1, 1) * F(I1) + BT(1, 2) * F(I2) + BT(1, 3) * F(I3)
         QX = -QX * PM(MAT(I), 1)
         QY = BT(2, 1) * F(I1) + BT(2, 2) * F(I2) + BT(2, 3) * F(I3)
         QY = -QY * PM(MAT(I), 1)
         Q(I, 1) = QX
         Q(I, 2) = QY
      Next I
End Sub
```

第 11 章

动力学分析

11.1 引言

从第 3 章至第 9 章，我们讨论了结构的静力分析。静力分析即意味着载荷为缓慢加载时的工况，若载荷为突然加载或者按一定规律变化时，就不能忽略由此引起的质量和加速度效应。对于固体结构，如某工程结构在产生弹性变形后又突然释放外载，则该结构将会在其平衡位置附近发生振动；这种由所存储的应变能引起的周期性运动叫做自由振动，每单位时间内的循环次数叫做频率，离开平衡位置的最大位移叫做振幅。在实际结构中，由于阻尼的存在，振动将会随时间而衰减；而在简化模型中一般会忽略阻尼，这种忽略阻尼后的振动模型对于研究结构的动力学特性可提供非常重要的信息。本章将针对结构的无阻尼自由振动进行有限元分析。

11.2 基本公式

定义拉格朗日算符为

$$L = T - \Pi \tag{11.1}$$

其中，T 为动能；Π 为势能。

哈密尔顿（Hamilton）**原理** 对于任意时间间隔 t_1 到 t_2，结构的运动状态将使得以下泛函取极值

$$I = \int_{t_1}^{t_2} L\mathrm{d}t \tag{11.2}$$

如果 L 可以表述为下一般变量的函数（q_1，q_2，…，q_n，$\dot{q}_1$，$\dot{q}_2$，…，$\dot{q}_n$），其中，$\dot{q}_i = \mathrm{d}q_i/\mathrm{d}t$，则运动方程可以用下式表示

$$\frac{\mathrm{d}}{\mathrm{d}t}\left(\frac{\partial L}{\partial \dot{q}_i}\right) - \frac{\partial L}{\partial q_i} = 0 \quad (i = 1, \cdots, n) \tag{11.3}$$

为举例说明该原理，现在考虑用弹簧连接的两个质量块，在这个例题之后再考虑具有分布质量的问题。

例题 11.1

考虑如例题 11.1 图所示的弹簧-质量系统，动能 T 和势能 Π 分别用下式表示

$$T = \frac{1}{2}m_1\dot{x}_1^2 + \frac{1}{2}m_2\dot{x}_2^2$$

$$\Pi = \frac{1}{2}k_1x_1^2 + \frac{1}{2}k_2(x_2 - x_1)^2$$

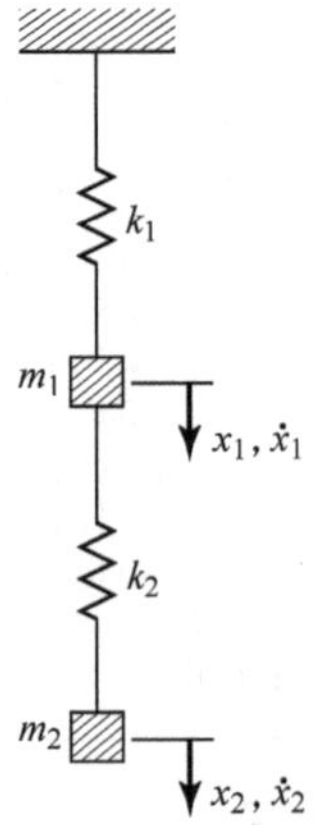

例题 11.1 图

令 $L=T-\Pi$，可以得到运动方程

$$\frac{\mathrm{d}}{\mathrm{d}t}\left(\frac{\partial L}{\partial \dot{x}_1}\right)-\frac{\partial L}{\partial x_1}=m_1\ddot{x}_1+k_1x_1-k_2(x_2-x_1)=0$$

$$\frac{\mathrm{d}}{\mathrm{d}t}\left(\frac{\partial L}{\partial \dot{x}_2}\right)-\frac{\partial L}{\partial x_2}=m_2\ddot{x}_2+k_2(x_2-x_1)=0$$

可以写成以下矩阵形式

$$\begin{pmatrix} m_1 & 0 \\ 0 & m_2 \end{pmatrix}\begin{pmatrix} \ddot{x}_1 \\ \ddot{x}_2 \end{pmatrix}+\begin{pmatrix} (k_1+k_2) & -k_2 \\ -k_2 & k_2 \end{pmatrix}\begin{pmatrix} x_1 \\ x_2 \end{pmatrix}=\mathbf{0}$$

即

$$\boldsymbol{M}\ddot{\boldsymbol{x}}+\boldsymbol{K}\boldsymbol{x}=\mathbf{0} \tag{11.4}$$

其中，$\boldsymbol{M}$ 是质量矩阵；$\boldsymbol{K}$ 是刚度矩阵；$\ddot{\boldsymbol{x}}$ 和 $\boldsymbol{x}$ 分别表示加速度和位移向量。

具有分布质量的连续体系统

现在考虑一具有分布质量的连续体系统（见图 11.1）。其势能表达式已经在第 1 章中给出，动能由下式给出

$$T=\frac{1}{2}\int_V \dot{\boldsymbol{u}}^{\mathrm{T}}\dot{\boldsymbol{u}}\rho \mathrm{d}V \tag{11.5}$$

其中，ρ 是材料的密度（单位体积的质量），而

$$\dot{\boldsymbol{u}}=(\dot{u},\dot{v},\dot{w})^{\mathrm{T}} \tag{11.6}$$

是位于点 $\boldsymbol{x}$ 的速度向量，其分量为 $\dot{u}$、$\dot{v}$和 $\dot{w}$。在有限元分析中，整个连续体被离散成单元，在每个单元中，通过形状函数矩阵 $\boldsymbol{N}$，将位移场 $\boldsymbol{u}$ 用节点位移 $\boldsymbol{q}$ 来表示，即

$$\boldsymbol{u}=\boldsymbol{N}\boldsymbol{q} \tag{11.7}$$

在动力学分析中，单元节点位移列阵 $\boldsymbol{q}$ 随时间而变化，而矩阵 $\boldsymbol{N}$ 是定义在基准单元上的形状函数（只与其空间形状有关），所以，速度向量可以由下式给出

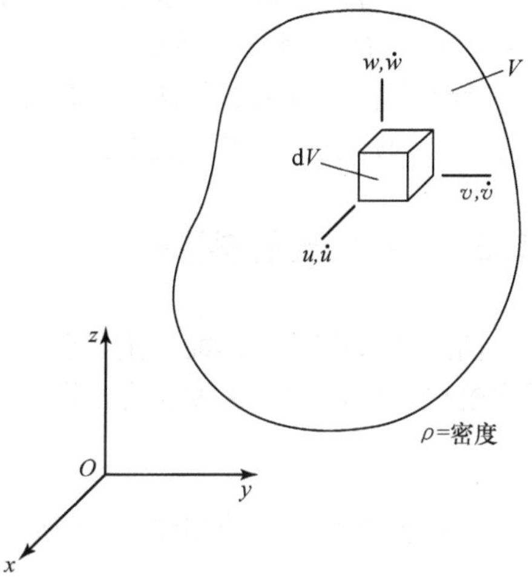

图 11.1 具有分布质量的连续体系统

$$\dot{\boldsymbol{u}}=\boldsymbol{N}\dot{\boldsymbol{q}} \tag{11.8}$$

将方程（11.8）代入方程（11.5），单元 e 的动能 T_e 为

$$T_e=\frac{1}{2}\dot{\boldsymbol{q}}^{\mathrm{T}}\left(\int_e \rho \boldsymbol{N}^{\mathrm{T}}\boldsymbol{N}\mathrm{d}V\right)\dot{\boldsymbol{q}} \tag{11.9}$$

括号内的表达式是单元的质量矩阵

$$\boldsymbol{m}^e=\int_e \rho \boldsymbol{N}^{\mathrm{T}}\boldsymbol{N}\mathrm{d}V \tag{11.10}$$

该质量矩阵采用了相同的形状函数矩阵，因此称之为**一致性质量矩阵**。不同单元的质量矩阵将在下一节中介绍，对所有单元求和，可以求得整个连续体系统的动能

$$T=\sum_e T_e=\sum_e \frac{1}{2}\dot{\boldsymbol{q}}^{\mathrm{T}}\boldsymbol{m}^e\dot{\boldsymbol{q}}=\frac{1}{2}\dot{\boldsymbol{Q}}^{\mathrm{T}}\boldsymbol{M}\dot{\boldsymbol{Q}} \tag{11.11}$$

而势能由下式给出

$$\Pi = \frac{1}{2}\boldsymbol{Q}^{\mathrm{T}}\boldsymbol{K}\boldsymbol{Q} - \boldsymbol{Q}^{\mathrm{T}}\boldsymbol{F} \tag{11.12}$$

应用拉格朗日算符 $L = T - \Pi$，可得整个系统的运动方程

$$\boldsymbol{M}\ddot{\boldsymbol{Q}} + \boldsymbol{K}\boldsymbol{Q} = \boldsymbol{F} \tag{11.13}$$

对于自由振动，则力向量 $\boldsymbol{F}$ 为零，有

$$\boldsymbol{M}\ddot{\boldsymbol{Q}} + \boldsymbol{K}\boldsymbol{Q} = \boldsymbol{0} \tag{11.14}$$

在稳态条件下，振动从平衡状态开始，则设定

$$\boldsymbol{Q} = \boldsymbol{U}\sin\omega t \tag{11.15}$$

其中，$\boldsymbol{U}$ 是节点的振幅，ω（单位为 rad/s）是圆频率（$=2\pi f$，f 的单位为转/s 或 Hz）。将式（11.15）代入式（11.14）中，有

$$\boldsymbol{K}\boldsymbol{U} = \omega^2\boldsymbol{M}\boldsymbol{U} \tag{11.16}$$

于是变为广义特征值问题

$$\boldsymbol{K}\boldsymbol{U} = \lambda\boldsymbol{M}\boldsymbol{U} \tag{11.17}$$

其中，$\boldsymbol{U}$ 是特征向量，表示对应于特征值 λ 的振动模态；特征值 λ 等于圆频率的平方，频率 f（每秒循环次数）由公式 $f = \omega/(2\pi)$ 求得。

上述方程也可以通过达朗伯尔原理和虚功方程获得，将伽辽金法应用于推导弹性体的运动方程，同样也可以得出这组方程。

11.3 单元质量矩阵

前述章节中已经详细讨论了各种单元的形状函数，在此直接给出这些单元的质量矩阵，假定这些单元的材料密度 ρ 为常数，由方程（11.10），有

$$\boldsymbol{m}^e = \rho\int_e \boldsymbol{N}^{\mathrm{T}}\boldsymbol{N}\mathrm{d}V \tag{11.18}$$

一维杆单元 对于如图 11.2 所示的杆单元，有

$$\begin{aligned}\boldsymbol{q}^{\mathrm{T}} &= (q_1, q_2)\\ \boldsymbol{N} &= (N_1, N_2)\end{aligned} \tag{11.19}$$

其中

$$N_1 = \frac{1-\xi}{2},\ N_2 = \frac{1+\xi}{2}$$

$$\boldsymbol{m}^e = \rho\int_e \boldsymbol{N}^{\mathrm{T}}\boldsymbol{N}A\mathrm{d}x = \frac{\rho A_e l_e}{2}\int_{-1}^{1}\boldsymbol{N}^{\mathrm{T}}\boldsymbol{N}\mathrm{d}\xi$$

在计算出 $\boldsymbol{N}^{\mathrm{T}}\boldsymbol{N}$ 的每一个积分项后，可以得到

$$\boldsymbol{m}^e = \frac{\rho A_e l_e}{6}\begin{pmatrix}2 & 1\\ 1 & 2\end{pmatrix} \tag{11.20}$$

桁架单元 对于如图 11.3 所示的桁架单元，有

$$\begin{aligned}\boldsymbol{u}^{\mathrm{T}} &= (u, \nu)\\ q^{\mathrm{T}} &= (q_1, q_2, q_3, q_4)\\ \boldsymbol{N} &= \begin{pmatrix}N_1 & 0 & N_2 & 0\\ 0 & N_1 & 0 & N_2\end{pmatrix}\end{aligned} \tag{11.21}$$

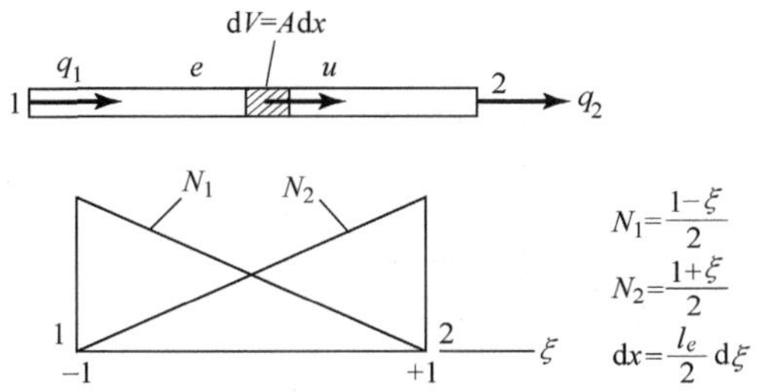

图 11.2 杆单元

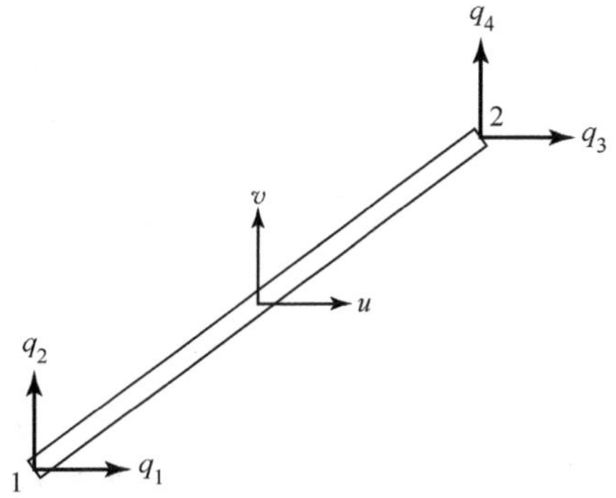

图 11.3 桁架单元

其中

$$N_1=\frac{1-\xi}{2},\ N_2=\frac{1+\xi}{2}$$

而 ξ 的取值范围是 [−1, 1]。由此得到

$$\boldsymbol{m}^e=\frac{\rho A_e l_e}{6}\begin{pmatrix}2&0&1&0\\0&2&0&1\\1&0&2&0\\0&1&0&2\end{pmatrix}\tag{11.22}$$

常应变三角形单元（CST）对处于平面应力和平面应变条件下的常应变三角形单元（见图 11.4），由第 6 章，其相关的表达式为

$$\begin{cases}\boldsymbol{u}^{\mathrm{T}}=(u,v)\\\boldsymbol{q}^{\mathrm{T}}=(q_1,q_2,\cdots,q_6)\\\boldsymbol{N}=\begin{pmatrix}N_1&0&N_2&0&N_3&0\\0&N_1&0&N_2&0&N_3\end{pmatrix}\end{cases}\tag{11.23}$$

单元质量矩阵由下式给出

$$\boldsymbol{m}^e=\rho t_e\int_e\boldsymbol{N}^{\mathrm{T}}\boldsymbol{N}\mathrm{d}A$$

注意 $\int_e N_1^2\mathrm{d}A=\frac{1}{6}A_e,\int_e N_1N_2\mathrm{d}A=\frac{1}{12}A_e$ 等，可以得到

$$\boldsymbol{m}^e=\frac{\rho t_e A_e}{12}\begin{pmatrix}2&0&1&0&1&0\\&2&0&1&0&1\\&&2&0&1&0\\&&&2&0&1\\&&&&2&0\\\text{对称}&&&&&2\end{pmatrix}\tag{11.24}$$

轴对称三角形单元 对于轴对称三角形单元，有

$$\boldsymbol{u}^{\mathrm{T}}=(u,w)$$

其中，u 和 w 分别表示径向和轴向位移。列阵 $\boldsymbol{q}$ 和 $\boldsymbol{N}$ 与式（11.23）中三角形单元的对应列阵类似，可以得到

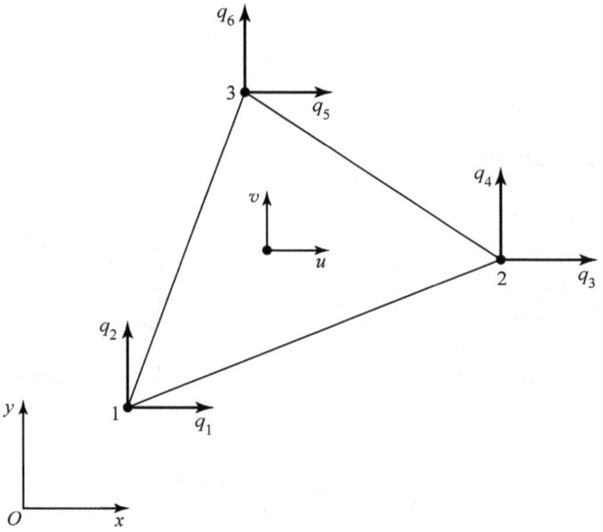

图 11.4 常应变三角形（CST）单元

$$\boldsymbol{m}^e = \int_e \rho \boldsymbol{N}^{\mathrm{T}} \boldsymbol{N} \mathrm{d}V = \int_e \rho \boldsymbol{N}^{\mathrm{T}} \boldsymbol{N} 2\pi r \mathrm{d}A \tag{11.25}$$

由于 $r = N_1 r_1 + N_2 r_2 + N_3 r_3$，则

$$\boldsymbol{m}^e = 2\pi\rho \int_e (N_1 r_1 + N_2 r_2 + N_3 r_3) \boldsymbol{N}^{\mathrm{T}} \boldsymbol{N} \mathrm{d}A$$

注意到

$$\int_e N_1^3 \mathrm{d}A = \frac{2A_e}{20},\ \int_e N_1^2 N_2 \mathrm{d}A = \frac{2A_e}{60},\ \int_e N_1 N_2 N_3 \mathrm{d}A = \frac{2A_e}{120},\ \text{等}$$

则有

$$\boldsymbol{m}_e = \frac{\pi\rho A_e}{10} \begin{pmatrix} \frac{4}{3}r_1 + 2\bar{r} & 0 & 2\bar{r} - \frac{r_3}{3} & 0 & 2\bar{r} - \frac{r_2}{3} & 0 \\ & \frac{4}{3}r_1 + 2\bar{r} & 0 & 2\bar{r} - \frac{r_3}{3} & 0 & 2\bar{r} - \frac{r_2}{3} \\ & & \frac{4}{3}r_2 + 2\bar{r} & 0 & 2\bar{r} - \frac{r_1}{3} & 0 \\ & & & \frac{4}{3}r_2 + 2\bar{r} & 0 & 2\bar{r} - \frac{r_1}{3} \\ & \text{对称} & & & \frac{4}{3}r_3 + 2\bar{r} & 0 \\ & & & & & \frac{4}{3}r_3 + 2\bar{r} \end{pmatrix} \tag{11.26}$$

其中

$$\bar{r} = \frac{r_1 + r_2 + r_3}{3} \tag{11.27}$$

四边形单元 对处于平面应力和平面应变条件下的四边形单元，有

$$\begin{cases} \boldsymbol{u}^{\mathrm{T}} = (u, v) \\ \boldsymbol{q}^{\mathrm{T}} = (q_1, q_2, \cdots, q_8) \\ \boldsymbol{N} = \begin{pmatrix} N_1 & 0 & N_2 & 0 & N_3 & 0 & N_4 & 0 \\ 0 & N_1 & 0 & N_2 & 0 & N_3 & 0 & N_4 \end{pmatrix} \end{cases} \tag{11.28}$$

质量矩阵由下式给出

$$\boldsymbol{m}^e = \rho t_e \int_{-1}^{1}\int_{-1}^{1} \boldsymbol{N}^{\mathrm{T}}\boldsymbol{N} \det \boldsymbol{J} \mathrm{d}\xi \mathrm{d}\eta \tag{11.29}$$

该积分需要通过数值积分进行计算。

梁单元 对于如图 11.5 所示的梁单元，可以用第 5 章给出的 Hermite 形状函数，有

$$\begin{cases} v = \boldsymbol{H}\boldsymbol{q} \\ \boldsymbol{m}^e = \int_{-1}^{1} \boldsymbol{H}^{\mathrm{T}}\boldsymbol{H}\rho A_e \dfrac{l_e}{2} \mathrm{d}\xi \end{cases} \tag{11.30}$$

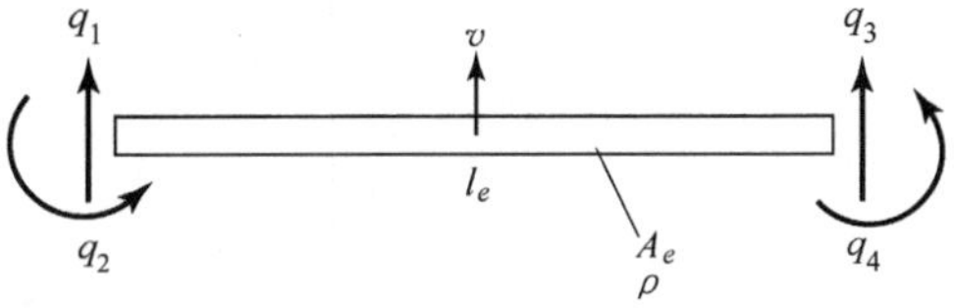

图 11.5 梁单元

积分后，有

$$\boldsymbol{m}^e = \frac{\rho A_e l_e}{420} \begin{pmatrix} 156 & 22l_e & 54 & -13l_e \\ & 4l_e^2 & 13l_e & -3l_e^2 \\ \text{对称} & & 156 & -22l_e \\ & & & 4l_e^2 \end{pmatrix} \tag{11.31}$$

框架单元 参见图 5.11 所示的杆梁框架单元，在物体的局部坐标系统 $Ox'y'$ 中，质量矩阵可以看做杆单元和梁单元的组合，因此在原坐标系中的质量矩阵可由下式给出

$$\boldsymbol{m}^{e'} = \begin{pmatrix} 2a & 0 & 0 & a & 0 & 0 \\ & 156b & 22l_e^2 b & 0 & 54b & -13l_e b \\ & & 4l_e^2 b & 0 & 13l_e b & -3l_e^2 b \\ & & & 2a & 0 & 0 \\ \text{对称} & & & & 156b & -22l_e b \\ & & & & & 4l_e^2 b \end{pmatrix} \tag{11.32}$$

其中

$$a = \frac{\rho A_e l_e}{6}, \ b = \frac{\rho A_e l_e}{420}$$

应用式（5.48）给出的变换矩阵 $\boldsymbol{L}$，可得到在整体坐标系下的质量矩阵 $\boldsymbol{m}^e$ 为

$$\boldsymbol{m}^e = \boldsymbol{L}^{\mathrm{T}}\boldsymbol{m}^{e'}\boldsymbol{L} \tag{11.33}$$

四面体单元 对于第 9 章中给出的四面体单元，有

$$\begin{aligned} &\boldsymbol{u}^{\mathrm{T}} = (u, v, w) \\ &\boldsymbol{N} = \begin{pmatrix} N_1 & 0 & 0 & N_2 & 0 & 0 & N_3 & 0 & 0 & N_4 & 0 & 0 \\ 0 & N_1 & 0 & 0 & N_2 & 0 & 0 & N_3 & 0 & 0 & N_4 & 0 \\ 0 & 0 & N_1 & 0 & 0 & N_2 & 0 & 0 & N_3 & 0 & 0 & N_4 \end{pmatrix} \end{aligned} \tag{11.34}$$

单元质量矩阵为

$$
\boldsymbol{m}^{e}=\frac{\rho V_{e}}{20}\begin{pmatrix}
2 & 0 & 0 & 1 & 0 & 0 & 1 & 0 & 0 & 1 & 0 & 0 \\
 & 2 & 0 & 0 & 1 & 0 & 0 & 1 & 0 & 0 & 1 & 0 \\
 & & 2 & 0 & 0 & 1 & 0 & 0 & 1 & 0 & 0 & 1 \\
 & & & 2 & 0 & 0 & 1 & 0 & 0 & 1 & 0 & 0 \\
 & & & & 2 & 0 & 0 & 1 & 0 & 0 & 1 & 0 \\
\text{对称} & & & & & 2 & 0 & 0 & 1 & 0 & 0 & 1 \\
 & & & & & & 2 & 0 & 0 & 1 & 0 & 0 \\
 & & & & & & & 2 & 0 & 0 & 1 & 0 \\
 & & & & & & & & 2 & 0 & 0 & 1 \\
 & & & & & & & & & 2 & 0 & 0 \\
 & & & & & & & & & & 2 & 0 \\
 & & & & & & & & & & & 2
\end{pmatrix} \tag{11.35}
$$

集中质量矩阵 一致性质量矩阵已在前面给出，在实际工程中也采用集中质量矩阵，此时整个单元质量在每个方向上的影响被均等地分配到单元的节点上，单元质量仅与平移自由度有关。对于桁架单元，集中质量矩阵由下式给出

$$
\boldsymbol{m}^{e}=\frac{\rho A_{e}l_{e}}{2}\begin{pmatrix}
1 & 0 & 0 & 0 \\
 & 1 & 0 & 0 \\
 & & 1 & 0 \\
\text{对称} & & & 1
\end{pmatrix} \tag{11.36}
$$

对于梁单元，集中质量矩阵为

$$
\boldsymbol{m}^{e}=\frac{\rho A_{e}l_{e}}{2}\begin{pmatrix}
1 & 0 & 0 & 0 \\
 & 0 & 0 & 0 \\
 & & 1 & 0 \\
\text{对称} & & & 0
\end{pmatrix} \tag{11.37}
$$

一致性质量矩阵对于弯曲单元（如梁单元）有较高的计算精度，集中质量矩阵则因为只有对角线元素而更容易处理；采用集中质量方法计算所得固有频率比精确值要低。在本书中，将讨论应用一致性质量矩阵来计算特征值与特征向量，所提供的计算程序也适用于集中质量矩阵情况。

11.4 特征值与特征向量的求解

求解自由振动的一般问题就是求解特征值 $\lambda(=\omega^2)$ 以及与特征值对应的、表示振动模态的特征向量 $\boldsymbol{U}$，该特征值用以表示振动的频率。这里将式（11.17）重写如下

$$
\boldsymbol{KU}=\lambda\boldsymbol{MU} \tag{11.38}
$$

这里的 $\boldsymbol{K}$ 和 $\boldsymbol{M}$ 都是对称矩阵，对于消除了刚体位移的系统，矩阵 $\boldsymbol{K}$ 还是正定的。

特征向量的特性

对于维数为 n、正定且对称的刚度矩阵，一定有 n 个实数特征值，同时也存在与之对应的 n 个特征向量，它们满足式（11.38）。将特征值按升序排列，有

$$
0\leqslant\lambda_1\leqslant\lambda_2\leqslant\cdots\leqslant\lambda_n \tag{11.39}
$$

如果 $\boldsymbol{U}_1$，$\boldsymbol{U}_2$，$\cdots$，$\boldsymbol{U}_n$是对应的特征向量，则有

$$\boldsymbol{KU}_i=\lambda_i\boldsymbol{MU}_i \tag{11.40}$$

特征向量具有同时正交于质量矩阵和刚度矩阵的特性，即有

$$\boldsymbol{U}_i^{\mathrm{T}}\boldsymbol{MU}_j=0 \quad (i\neq j) \tag{11.41a}$$

$$\boldsymbol{U}_i^{\mathrm{T}}\boldsymbol{KU}_j=0 \quad (i\neq j) \tag{11.41b}$$

特征向量的长度一般要经过归一化处理，即要求

$$\boldsymbol{U}_i^{\mathrm{T}}\boldsymbol{MU}_i=1 \tag{11.42a}$$

经归一化处理后的特征向量，将使得

$$\boldsymbol{U}_i^{\mathrm{T}}\boldsymbol{KU}_i=\lambda_i \tag{11.42b}$$

许多计算程序也采用其他的归一化处理方法；对特征向量的长度也将进行一些设定，一般可以将其最大的分量设定为某一个值，如可以设定为单位 1。

求解特征值—特征向量

特征值—特征向量的求解有以下三类方法。

（1）特征多项式技术。

（2）向量迭代法。

（3）矩阵变换法。

特征多项式 由式（11.38），有

$$(\boldsymbol{K}-\lambda\boldsymbol{M})\boldsymbol{U}=\boldsymbol{0} \tag{11.43}$$

要使特征向量有非零解，必须有

$$\det(\boldsymbol{K}-\lambda\boldsymbol{M})=\boldsymbol{0} \tag{11.44}$$

这是含有 λ 的特征多项式。

例题 11.2

求解如例题 11.2 图 a 所示的阶梯杆的特征值与特征向量。

解：针对自由度 Q_2、Q_3 进行刚度矩阵值和质量矩阵的组装，可以得到特征值问题

$$E\begin{pmatrix}\left(\dfrac{A_1}{L_1}+\dfrac{A_2}{L_2}\right) & -\dfrac{A_2}{L_2}\\ -\dfrac{A_2}{L_2} & \dfrac{A_2}{L_2}\end{pmatrix}\begin{pmatrix}U_2\\U_3\end{pmatrix}=\lambda\,\frac{\rho}{6}\begin{pmatrix}2(A_1L_1+A_2L_2) & A_2L_2\\ A_2L_2 & 2A_2L_2\end{pmatrix}\begin{pmatrix}U_2\\U_3\end{pmatrix}$$

注意，此时的材料密度为

$$\rho=\frac{f}{g}=\frac{0.283}{32.2\times 12}\mathrm{lbs^2/in^4}=7.324\times 10^{-4}\mathrm{lbs^2/in^4}$$

将参数代入特征值方程后，有

$$30\times 10^6\begin{pmatrix}0.2 & -0.1\\ -0.1 & 0.1\end{pmatrix}\begin{pmatrix}U_2\\U_3\end{pmatrix}=\lambda\times 1.22\times 10^{-4}\begin{pmatrix}25 & 2.5\\ 2.5 & 5\end{pmatrix}\begin{pmatrix}U_2\\U_3\end{pmatrix}$$

其特征方程为

$$\det\begin{pmatrix}(6\times 10^6-30.5\times 10^{-4}\lambda) & (-3\times 10^6-3.05\times 10^{-4}\lambda)\\ (-3\times 10^6-3.05\times 10^{-4}\lambda) & (3\times 10^6-6.1\times 10^{-4}\lambda)\end{pmatrix}=0$$

简化后，有

$$1.77\times 10^{-6}\lambda^2-1.465\times 10^4\lambda+9\times 10^{12}=0$$

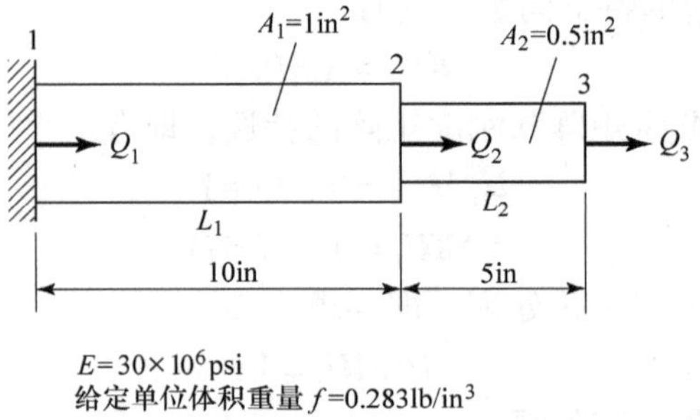

$A_1 = 1\,\text{in}^2$ $A_2 = 0.5\,\text{in}^2$

$E = 30 \times 10^6\,\text{psi}$

给定单位体积重量 $f = 0.283\,\text{lb/in}^3$

a)

第1阶模态

第2阶模态

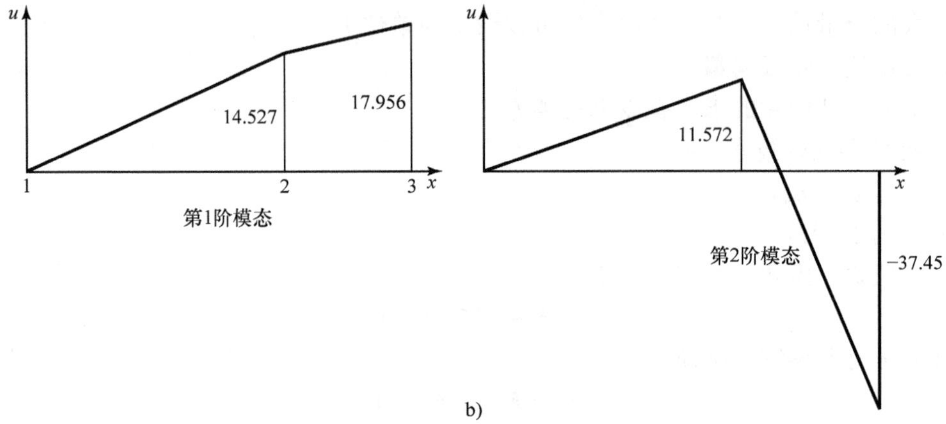

b)

例题 11.2 图

求得特征值为

$$\lambda_1 = 6.684 \times 10^8$$
$$\lambda_2 = 7.61 \times 10^9$$

注意：$\lambda = \omega^2$，其中 ω 是圆频率，$\omega = 2\pi f$，f 是以赫兹（Hz）为单位的频率。

则计算的频率为

$$f_1 = 4115\,\text{Hz}$$
$$f_2 = 13\,884\,\text{Hz}$$

对应于 λ_1 的特征向量可由下式给出

$$(\boldsymbol{K} - \lambda_1 \boldsymbol{M})\boldsymbol{U}_1 = \boldsymbol{0}$$

即

$$10^6 \begin{pmatrix} 3.96 & -3.204 \\ -3.204 & 2.592 \end{pmatrix} \begin{pmatrix} U_2 \\ U_3 \end{pmatrix}_1 = \boldsymbol{0}$$

这两个方程是非独立的，因为矩阵的行列式为零，由方程得关系式

$$3.96 U_2 = 3.204 U_3$$

因此

$$\boldsymbol{U}_1^{\mathrm{T}} = (U_2, 1.236 U_2)$$

做归一化处理，设

$$U_1^{\mathrm{T}}MU_1 = 1$$

将 U_1 代入后，可以得到

$$U_1^{\mathrm{T}} = (14.527, 17.956)$$

对应于第二个特征值的特征向量也可按类似方法求出

$$U_2^{\mathrm{T}} = (11.572, -37.45)$$

振动模态见例题 11.2 图 b。

用计算机求解特征多项式时计算量很大，而且算法上也需要仔细考虑。下面我们讨论另外两种方法。

向量迭代法

各种不同的向量迭代法都要用到瑞利商这个特性。对于由方程（11.38）给出的一般性的特征值问题，定义瑞利商为

$$Q(\boldsymbol{v}) = \frac{\boldsymbol{v}^{\mathrm{T}}\boldsymbol{K}\boldsymbol{v}}{\boldsymbol{v}^{\mathrm{T}}\boldsymbol{M}\boldsymbol{v}} \tag{11.45}$$

其中，$\boldsymbol{v}$ 为任意向量。瑞利商的一个基本特性就是它处于最大和最小特征值之间，即

$$\lambda_1 \leqslant Q(\boldsymbol{v}) \leqslant \lambda_n \tag{11.46}$$

幂迭代法、反向迭代法以及子空间迭代法都要用到该性质。幂迭代法将会计算出最大的特征值；子空间迭代法适用于大规模的特征值问题，一些商业化软件中都采用该方法；而反迭代法可用于求解最小的特征值。下面给出反迭代法的计算步骤和针对带状矩阵的计算程序。

反迭代法 在反迭代法的计算步骤中，从试探向量 $\boldsymbol{u}^0$ 开始计算，具体的迭代计算步骤如下：

第 0 步：预估一试探向量 $\boldsymbol{u}^0$，设迭代步 $k=0$；

第 1 步：设 $k=k+1$；

第 2 步：确定右边项 $\boldsymbol{v}^{k-1} = \boldsymbol{M}\boldsymbol{u}^{k-1}$；

第 3 步：求解方程 $\boldsymbol{K}\hat{\boldsymbol{u}}^k = \boldsymbol{v}^{k-1}$；

第 4 步：计算表达式 $\hat{\boldsymbol{v}}^k = \boldsymbol{M}\hat{\boldsymbol{u}}^k$；

第 5 步：估算特征值 $\lambda^k = \dfrac{\hat{\boldsymbol{u}}^{k\mathrm{T}}\boldsymbol{v}^{k-1}}{\hat{\boldsymbol{u}}^{k\mathrm{T}}\hat{\boldsymbol{v}}^k}$；　　(11.47)

第 6 步：正交化特征向量 $\boldsymbol{u}^k = \dfrac{\hat{\boldsymbol{u}}^k}{(\hat{\boldsymbol{u}}^{k\mathrm{T}}\hat{\boldsymbol{v}}^k)^{1/2}}$；

第 7 步：检查误差 $\left|\dfrac{\lambda^k - \lambda^{k-1}}{\lambda^k}\right| \leqslant$ 给定容差。

如果满足，则将特征向量 $\boldsymbol{u}^k$ 记为矩阵 $\boldsymbol{U}$，并退出；否则，转到第 1 步继续运算。

如果以上试探向量不对应任何一个特征向量的话，则以上所描述的算法将收敛于最低阶的特征值。其他的特征值可以通过移动特征向量，或者设置新的试探向量来计算，而该新的试探向量应与已计算的特征向量关于矩阵 $\boldsymbol{M}$ 正交。

漂移法 定义一个移动刚度矩阵为

刚度矩阵移动

$$\boldsymbol{K}_s = \boldsymbol{K} + s\boldsymbol{M} \tag{11.48}$$

其中，$\boldsymbol{K}_s$是移动矩阵，其移动后的特征值问题为

$$\boldsymbol{K}_s\boldsymbol{U} = \lambda_s\boldsymbol{M}\boldsymbol{U} \tag{11.49}$$

这里不加证明地给出一个结论：移动后问题的特征向量与原问题的特征向量完全相同，并且特征值有一个移动量 s，即

$$\lambda_s = \lambda + s \tag{11.50}$$

正交空间 高阶特征值可以通过选择与已算出特征向量关于矩阵 $\boldsymbol{M}$ 正交的试探向量，采用反迭代法来求解获得；这可以通过 Gram-Schmidt 序列过程来有效地实现；设 U_1，U_2，…，U_m 是已确定的前 m 个特征向量，则每个迭代步的试探向量可以取为

$$\boldsymbol{u}^{k-1} = \boldsymbol{u}^{k-1} - (\boldsymbol{u}^{k-1\mathrm{T}}\boldsymbol{M}\boldsymbol{U}_1)\boldsymbol{U}_1 - (\boldsymbol{u}^{k-1\mathrm{T}}\boldsymbol{M}\boldsymbol{U}_2)\boldsymbol{U}_2 - \cdots - (\boldsymbol{u}^{k-1\mathrm{T}}\boldsymbol{M}\boldsymbol{U}_m)\boldsymbol{U}_m \tag{11.51}$$

这就是 Gram-Schmidt 序列过程方法，通过它可以求出 $\boldsymbol{\lambda}_{m+1}$和 $\boldsymbol{U}_{m+1}$。本章所提供的程序就是应用了该方法，在该算法中，当第一步完成后，就可基于式（11.51）进行递推求解。

例题 11.3

计算如例题 11.3 图 a 所示梁的最低阶特征值及对应的特征模态。

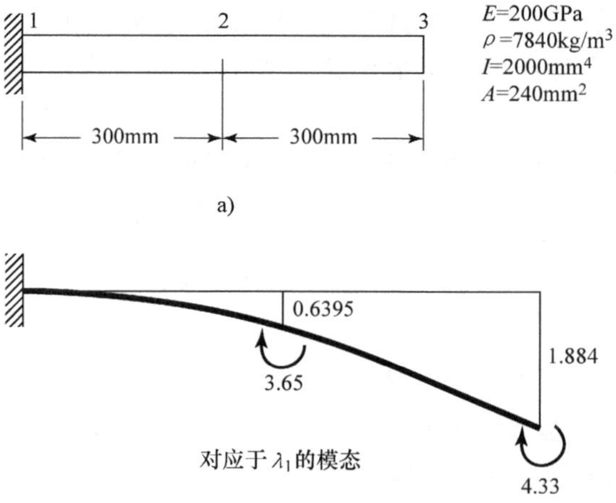

例题 11.3 图

解：根据其自由度 Q_3、Q_4、Q_5 和 Q_6，得到刚度矩阵和质量矩阵

$$\boldsymbol{K} = 10^3\begin{pmatrix} 355.56 & 0 & -177.78 & 26.67 \\ & 10.67 & -26.67 & 2.667 \\ \text{对称} & & 177.78 & -26.67 \\ & & & 5.33 \end{pmatrix}$$

$$\boldsymbol{M} = \begin{pmatrix} 0.4193 & 0 & 0.0726 & -.0052 \\ & .000967 & .0052 & -.00036 \\ \text{对称} & & 0.2097 & -.0089 \\ & & & .00048 \end{pmatrix}$$

反迭代计算程序要求生成数据文件，上述问题的文件格式如下：

数据文件：

```
  TITLE
    NDOF      NBW
     4        4
Banded Stiffness Matrix
   3.556E5             0              -1.778E5      2.667E4
   1.067E4            -2.667E4         2.667E3      0
   1.778E5            -2.667E4         0            0
   5.333E3             0               0            0
Banded Mass Matrix
   0.4193              0               0.0726      -0.0052
   0.000967            0.0052         -0.00036      0
   0.2097             -0.0089          0            0
   0.00048             0               0            0
```

数据文件的第一行包含以下数值：n = 矩阵的维数，NBW = 半带宽；接下来是带状的刚度矩阵 $\boldsymbol{K}$ 和质量矩阵 $\boldsymbol{M}$（见第 2 章），还分别有两个字符标题均为数据文件的一部分。虽然以上的数据文件是手工产生的，但正如本章后面所讨论的，完全可以用程序来生成这些数据文件。

将这些数据文件输入到反迭代计算程序 INVITR 中，可得最低阶特征值

$$\lambda_1 = 2.03 \times 10^4$$

对应的特征向量振动模态为

$$\boldsymbol{U}_1^{\mathrm{T}} = (0.64, 3.65, 1.88, 4.32)$$

λ_1 对应的圆频率为 142.48rad/s 或 22.7Hz（142.48/2π），其振动模态如例题 11.3 图 b 所示。

矩阵变换法 这类方法的基本思路是将矩阵变换为一简单的形式，然后再来求解特征值和特征向量；该类方法中主要有广义雅可比分解和 QR 分解方法，适用于求解大型矩阵问题。在 QR 分解中，先将矩阵用 Householder 矩阵转换为三对角线矩阵；广义雅可比方法通过矩阵变换将刚度阵和质量阵同时对角化，该方法需要对矩阵进行完全处理，对于小型矩阵而言，可以高效地计算出所有特征值和特征向量。在此给出一个广义雅可比方法计算的例子以说明矩阵转换法的应用。

将特征向量按列的次序排列成方阵 $\boldsymbol{U}$，将对应的特征值作为对角线元素组成对角方阵 $\boldsymbol{\Lambda}$，该广义特征值问题可以写为如下形式

$$\boldsymbol{KU} = \boldsymbol{MU\Lambda} \tag{11.52}$$

其中

$$\boldsymbol{U} = (\boldsymbol{U}_1, \boldsymbol{U}_2, \cdots, \boldsymbol{U}_n) \tag{11.53}$$

$$\boldsymbol{\Lambda} = \begin{pmatrix} \lambda_1 & & & \\ & \lambda_2 & & \\ & & \ddots & \\ & & & \lambda_n \end{pmatrix} \tag{11.54}$$

由于特征向量关于 $\boldsymbol{M}$ 具有正交性，则有

$$\boldsymbol{U}^{\mathrm{T}}\boldsymbol{MU} = \boldsymbol{\Lambda} \tag{11.55a}$$

及

$$\boldsymbol{U}^{\mathrm{T}}\boldsymbol{KU} = \boldsymbol{I} \tag{11.55b}$$

其中，$\boldsymbol{I}$ 是单位矩阵。

广义雅可比方法

在广义雅可比方法中，一系列变换矩阵 $\boldsymbol{P}_1$，$\boldsymbol{P}_2$，…，$\boldsymbol{P}_3$ 的乘积组成 $\boldsymbol{P}$，即

$$P = P_1 P_2 \cdots P_l \tag{11.56}$$

并且使 $P^T K P$ 和 $P^T M P$ 的非对角线元素为零。实际计算中非对角线元素设为小于一个误差范围的数值；设该对角阵为

$$\hat{K} = P^T K P \tag{11.57a}$$

和

$$\hat{M} = P^T M P \tag{11.57b}$$

则特征向量由下式给出

$$U = P \hat{M}^{-1/2} \tag{11.58}$$

及

$$\Lambda = \hat{M}^{-1} \hat{K} \tag{11.59}$$

其中

$$\hat{M}^{-1} = \begin{pmatrix} \hat{M}_{11}^{-1} & & & \\ & \hat{M}_{22}^{-1} & & \\ & & \ddots & \\ & & & \hat{M}_{nn}^{-1} \end{pmatrix} \tag{11.60}$$

$$\hat{M}^{-1/2} = \begin{pmatrix} \hat{M}_{11}^{-1/2} & & & \\ & \hat{M}_{22}^{-1/2} & & \\ & & \ddots & \\ & & & \hat{M}_{nn}^{-1/2} \end{pmatrix} \tag{11.61}$$

从计算上来看，式（11.58）表示矩阵 P 的每行都要除以矩阵 $\hat{M}$ 对角元素的平方根，式（11.59）表示矩阵 $\hat{K}$ 中的每个对角元素都要除以矩阵 $\hat{M}$ 对角元素的平方根。

之前曾经提到过：矩阵的对角化过程需要几个步骤，在第 k 步，我们需要选择以下变换矩阵 P_k

$\boldsymbol{P}_k$ 的所有对角元素均为 1，在第 i 行 j 列的元素数值为 α，第 j 行 i 列的元素数值为 β，其他各元素均为零。α 与 β 不是任意值，而是必须使 $\boldsymbol{P}_k^{\mathrm{T}}\boldsymbol{K}\boldsymbol{P}_k$ 和 $\boldsymbol{P}_k^{\mathrm{T}}\boldsymbol{M}\boldsymbol{P}_k$ 的（i，j）位置的元素同时为零，如下式所示

$$\alpha K_{ii} + (1+\alpha\beta)K_{ij} + \beta K_{jj} = 0 \tag{11.63}$$

$$\alpha M_{ii} + (1+\alpha\beta)M_{ij} + \beta M_{jj} = 0 \tag{11.64}$$

其中，K_{ii}，K_{ij}，…，M_{ii}，…是刚度矩阵和质量矩阵的元素，这些方程的求解过程如下所示。

> 记
>
> $$A = K_{ii}M_{ij} - M_{ii}K_{ij}$$
> $$B = K_{jj}M_{ij} - M_{jj}K_{ij}$$
> $$C = K_{ii}M_{jj} - M_{ii}K_{jj}$$
>
> α 和 β 由下式计算。
>
> 当 $A\neq 0$，$B\neq 0$ 时：$\alpha = \dfrac{-0.5C + \mathrm{sgn}(C)\sqrt{0.25C^2 + AB}}{A}$
>
> $$\beta = -\frac{A\alpha}{B}$$
>
> 当 $A=0$ 时：$\begin{cases} \beta = 0 \\ \alpha = -\dfrac{K_{ij}}{K_{jj}} \end{cases}$
>
> 当 $B=0$ 时：$\begin{cases} \alpha = 0 \\ \beta = -\dfrac{K_{ij}}{K_{jj}} \end{cases}$
>
> 当 A 和 B 同时为零时，则选定 α 和 β 这两个值中的任意一个给定值（注意：以上表达式中的重复下标不是求和）。

在本章最后所给出的广义雅可比计算程序中，矩阵 $\boldsymbol{K}$ 和 $\boldsymbol{M}$ 中元素的置零顺序如图 11.6 所示，计算出 α 与 β 后，$\boldsymbol{P}_k$也就确定了。$\boldsymbol{P}_k^{\mathrm{T}}(\quad)\boldsymbol{P}_k$ 即可按图 11.7 所示的方式作用于矩阵 $\boldsymbol{K}$ 和 $\boldsymbol{M}$。同样，设初始时 $\boldsymbol{P}=\boldsymbol{I}$，每一增量步后都要计算乘积 $\boldsymbol{P}\boldsymbol{P}_k$；当图 11.6 所示的所有矩阵元素都处理完毕后，结束一个循环；在第 k 增量步的计算后，一些先前是零的元素将被改变，然后进行另一循环以检验对角线元素，当位于（i，j）位置的元素比容许误差值大时，就要对矩阵进行变换；刚度矩阵的容许误差可取为 $10^{-6}\times$最小的 K_{ii}值，而质量矩阵的容许误差可取为 $10^{-6}\times$最大的 M_{ii}值，也可以重新定义容许误差以提高计算精度。当所有非对角元素都小于容许误差时，计算过程结束。

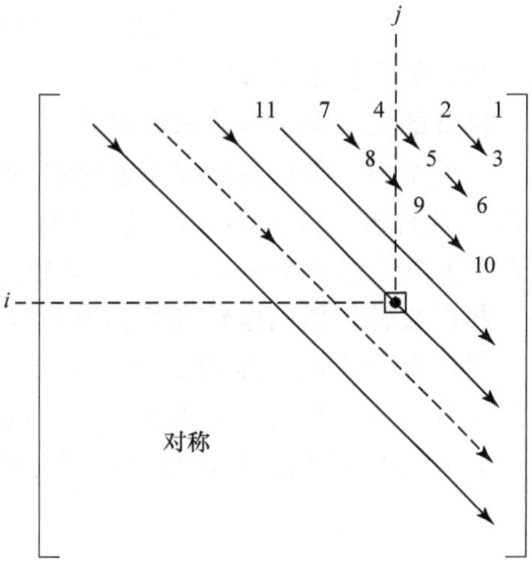

图 11.6 对角化过程

如果对角质量小于容许误差，则用容许误差值取代该对角线值，这样将得到较大的特征值；在这种方法中，不要求刚阵 $\boldsymbol{K}$ 必须是正定的。

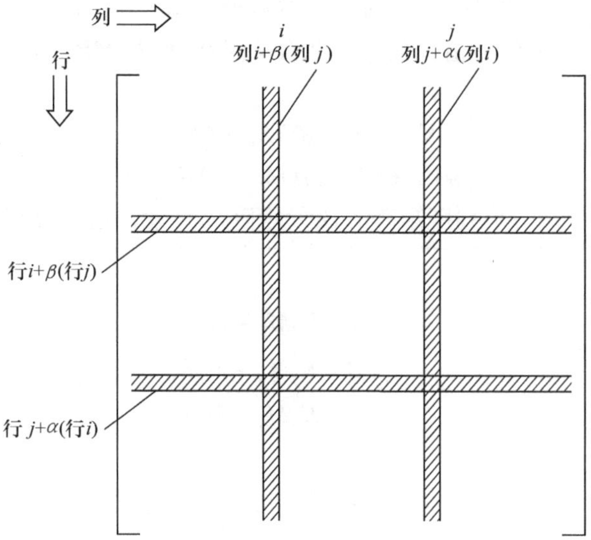

图 11.7 $\boldsymbol{P}_k^{\mathrm{T}}(\quad)\boldsymbol{P}_k$ 矩阵相乘

例题 11.4

用程序 JACOBI 求解例题 11.3 中提到过的梁的特征值和特征向量。

解：JACOBI 的输入数据同程序 INVITR 类似，但需要对整个矩阵进行变换计算，在进行第 4 次循环时收敛，所得到的结果如下

$$\lambda_1 = 2.0304 \times 10^4 (22.7\text{Hz})$$
$$\boldsymbol{U}_1^{\mathrm{T}} = (0.64, 3.65, 1.88, 4.32)$$
$$\lambda_2 = 8.0987 \times 10^5 (143.2\text{Hz})$$
$$\boldsymbol{U}_2^{\mathrm{T}} = (-1.37, 1.39, 1.901, 15.27)$$
$$\lambda_3 = 9.2651 \times 10^6 (484.4\text{Hz})$$
$$\boldsymbol{U}_3^{\mathrm{T}} = (-0.20, 27.16, -2.12, -33.84)$$
$$\lambda_4 = 7.7974 \times 10^7 (1405.4\text{Hz})$$
$$\boldsymbol{U}_4^{\mathrm{T}} = (0.8986, 30.89, 3.546, 119.15)$$

注意特征值在算出后按升序排列。

矩阵的三对角化和隐式移动法

此处给出一种计算特征值和特征向量的有效方法即隐式移动法。首先将所求问题 $\boldsymbol{Kx} = \lambda\boldsymbol{Mx}$ 化成标准形式 $\boldsymbol{Ax} = \lambda\boldsymbol{x}$，然后用 Householder 反射法将矩阵变换为三对角形式，再用隐式对称 QR 分解和 Wilkinson 变换将矩阵对角化 ⊖，对这些步骤详述如下。

将广义特征值问题转变为标准形式

可以看到质量矩阵 $\boldsymbol{M}$ 是半正定矩阵，半正定矩阵的一个特性是：如果某对角元素为零，那么与其对应行和列的元素也为零，这种情况下可把该对角元素设为一个容许值，若可取为 10^{-6} × 最大的 M_{ii} 值，从而使得质量矩阵变为正定，则这样处理的结果使相应的特征值也会

⊖ Golub H. G. , C. F. Van Loan. Matrix Computations. 3rd ed. Baltimore: The Johns Hopkins University Press, 1996.

增大；将该问题转化为标准形式的第一个步骤是按第 2 章给出的算法对矩阵 $\boldsymbol{M}$ 进行 Cholesky 分解，即

$$\boldsymbol{M}=\boldsymbol{L}\boldsymbol{L}^{\mathrm{T}} \tag{11.65}$$

对广义特征值问题进行对称操作，可以得到如下形式

$$\boldsymbol{L}^{-1}\boldsymbol{K}(\boldsymbol{L}^{-1})^{\mathrm{T}}\boldsymbol{L}^{\mathrm{T}}\boldsymbol{x}=\lambda\boldsymbol{L}^{\mathrm{T}}\boldsymbol{x} \tag{11.66}$$

记 $\boldsymbol{A}=\boldsymbol{L}^{-1}\boldsymbol{K}(\boldsymbol{L}^{-1})^{\mathrm{T}}, \boldsymbol{y}=\boldsymbol{L}^{\mathrm{T}}\boldsymbol{x}$，可以得到标准形式

$$\boldsymbol{A}\boldsymbol{y}=\lambda\boldsymbol{y} \tag{11.67}$$

该方程与上述广义特征值问题有相同的特征值，特征向量 $\boldsymbol{x}$ 可以通过对下式进行前置变换来计算

$$\boldsymbol{L}^{\mathrm{T}}\boldsymbol{x}=\boldsymbol{y} \tag{11.68}$$

在程序的实现过程中，$\boldsymbol{A}$ 可以通过以下两步的计算来获得，即 $\boldsymbol{L}\boldsymbol{B}=\boldsymbol{K}$ 和 $\boldsymbol{L}\boldsymbol{A}=\boldsymbol{B}^{\mathrm{T}}$，这两步前置变换的计算效率要比矩阵求逆和矩阵相乘高得多。

例题 11.5

将广义特征值问题 $\boldsymbol{K}\boldsymbol{x}=\lambda\boldsymbol{M}\boldsymbol{x}$ 化为标准形式 $\boldsymbol{A}\boldsymbol{y}=\lambda\boldsymbol{y}$，已知

$$\boldsymbol{K}=\begin{pmatrix}4&1&2&1\\1&3&1&2\\2&1&4&2\\1&2&2&4\end{pmatrix},\ \boldsymbol{M}=\begin{pmatrix}1&1&1&2\\1&2&1&2\\1&1&2&2\\2&2&2&5\end{pmatrix}$$

解：利用第 2 章给出的乔列斯基（Cholesky）分解算法进行 $\boldsymbol{M}=\boldsymbol{L}\boldsymbol{L}^{\mathrm{T}}$分解，得到的 $\boldsymbol{L}$ 为

$$\boldsymbol{L}=\begin{pmatrix}1&0&0&0\\1&1&0&0\\1&0&1&0\\2&0&0&1\end{pmatrix}$$

进行前置变换 $\boldsymbol{L}\boldsymbol{K}=\boldsymbol{B}$，有

$$\boldsymbol{B}=\begin{pmatrix}4&1&2&1\\-3&2&-1&1\\-2&0&2&1\\-7&0&-2&2\end{pmatrix}$$

进行另一前置变换以求解 $\boldsymbol{L}\boldsymbol{A}=\boldsymbol{B}^{\mathrm{T}}$，有

$$\boldsymbol{A}=\begin{pmatrix}4&-3&-2&-7\\-3&5&2&7\\-2&2&4&5\\-7&7&5&16\end{pmatrix}$$

即可将原问题化为标准形式 $\boldsymbol{A}\boldsymbol{y}=\lambda\boldsymbol{y}$，其中，$\boldsymbol{L}\boldsymbol{x}=\boldsymbol{y}$。

三对角化

有几种不同的将对称矩阵化为三对角阵的方法，在此我们采用 Householder 反射法。设单位矩阵 $\boldsymbol{w}$ 正交于一个超平面，则向量 $\boldsymbol{a}$ 的反射向量 $\boldsymbol{b}$ 可由下式给出（见图 11.8）

$$\boldsymbol{b}=\boldsymbol{a}-2(\boldsymbol{w}^{\mathrm{T}}\boldsymbol{a})\boldsymbol{w} \tag{11.69}$$

且可以写成如下形式

$$\boldsymbol{b} = \boldsymbol{Ha} \tag{11.70}$$

其中

$$\boldsymbol{H} = \boldsymbol{I} - 2\boldsymbol{ww}^{\mathrm{T}} \quad \text{且} \quad \boldsymbol{w}^{\mathrm{T}}\boldsymbol{w} = 1 \tag{11.71}$$

是 Householder 变换矩阵,该变换将针对一个平面映射出一个向量,该平面的法向向量为 $\boldsymbol{w}$,所映射出的向量具有如下性质

(1) Householder 变换矩阵是对称的(即 $\boldsymbol{H}^{\mathrm{T}} = \boldsymbol{H}$)

(2) 它的逆阵是其本身(即 $\boldsymbol{HH} = \boldsymbol{I}$)

所以 Householder 变换是正交变换。

如果要求向量 $\boldsymbol{a}$ 反射后必须沿单位向量 $\boldsymbol{e}_1$,则从图 11.8 可以很容易看出 $\boldsymbol{w}$ 是 $\boldsymbol{a} \pm |\boldsymbol{a}|\boldsymbol{e}_1$ 方向的单位向量;若 $\boldsymbol{w}$ 沿 $\boldsymbol{a} + |\boldsymbol{a}|\boldsymbol{e}_1$ 的话,则反射后的方向是 $-\boldsymbol{e}_1$ 方向;我们可以选择 $\boldsymbol{a} + |\boldsymbol{a}|\boldsymbol{e}_1$ 或 $\boldsymbol{a} - |\boldsymbol{a}|\boldsymbol{e}_1$ 中数值模量较大的向量,这种处理将会减小计算中的数值误差。

反射向量 $HT = HT - 2(HT^{\mathrm{T}}HT)HT$
$= (HT - 2HT^{\mathrm{T}})HT$

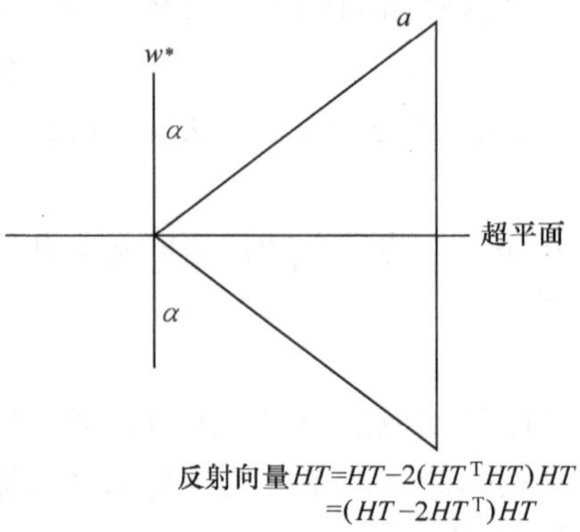

图 11.8 Householder 反射变换

程序中可以通过沿 $\boldsymbol{a} + \mathrm{sgn}(a_1)|\boldsymbol{a}|\boldsymbol{e}_1$ 选取 $\boldsymbol{w}$ 的方式来实现,其中 a_1 是 $\boldsymbol{a}$ 沿单位向量 $\boldsymbol{e}_1$ 方向的分量;可以通过对例题 11.5 的扩展来展示三对角化过程的主要步骤,即在 $\boldsymbol{Ay} = \lambda\boldsymbol{y}$ 中的对称阵为

$$\boldsymbol{A} = \begin{pmatrix} 4 & -3 & -2 & -7 \\ -3 & 5 & 2 & 7 \\ -2 & 2 & 4 & 5 \\ -7 & 7 & 5 & 16 \end{pmatrix}$$

在开始将矩阵三对角化时,应用第 1 列中对角线元素下面所组成的向量 $(-3, -2, -7)^{\mathrm{T}}$,记该向量为 $\boldsymbol{a}$,我们需将它变为 $\boldsymbol{e}_1 = (1, 0, 0)^{\mathrm{T}}$ 的形式;计算 $|\boldsymbol{a}| = \sqrt{3^2 + 2^2 + 7^2} = 7.874$,设 $\boldsymbol{w}_1$ 是沿 $\boldsymbol{a} - |\boldsymbol{a}|\boldsymbol{e}_1 = (-10.874, -2, -7)^{\mathrm{T}}$ 的单位向量,其长度为 $\sqrt{10.874^2 + 2^2 + 7^2} = 13.086$,则单位向量 $\boldsymbol{w}_1 = (-0.831, -0.1528, -0.5349)^{\mathrm{T}}$,记 $\boldsymbol{H}_1 = (\boldsymbol{I} - 2\boldsymbol{w}_1\boldsymbol{w}_2)^{\mathrm{T}}$,我们有第 1 列中的元素

$$\boldsymbol{H}_1 \begin{pmatrix} -3 \\ -2 \\ -7 \end{pmatrix} = \begin{pmatrix} 7.874 \\ 0 \\ 0 \end{pmatrix}$$

则第 1 行中的元素为 $(-3, -2, -7)\boldsymbol{H}_1 = (7.874, 0, 0)$,因此三对角化矩阵 $\boldsymbol{T}$ 的第一行是 $(4, 7.874, 0, 0)^{\mathrm{T}}$,该矩阵为对称阵。

对 3×3 分块矩阵的两端同时乘 $\boldsymbol{H}_1$,计算如下

$$\boldsymbol{H}_1 \begin{pmatrix} 5 & 2 & 7 \\ 2 & 4 & 5 \\ 7 & 5 & 16 \end{pmatrix} \boldsymbol{H}_1 = \begin{pmatrix} 21.0161 & -0.7692 & 0.9272 \\ -0.7692 & 2.4395 & 0.2041 \\ 0.9272 & 0.2041 & 1.5443 \end{pmatrix}$$

这时,$\boldsymbol{H}_1$ 并没有完全确定,若记上面的分块矩阵为 $\boldsymbol{B}$,则以上矩阵相乘的过程可以用以下公式很容易算出

$$\boldsymbol{H}_1\boldsymbol{B}\boldsymbol{H}_1 = (\boldsymbol{I} - 2\boldsymbol{w}_1\boldsymbol{w}_1^{\mathrm{T}})\boldsymbol{B}(\boldsymbol{I} - 2\boldsymbol{w}_1\boldsymbol{w}_1^{\mathrm{T}}) = \boldsymbol{B} - 2\boldsymbol{w}_1\boldsymbol{b}^{\mathrm{T}} - 2\boldsymbol{b}\boldsymbol{w}_1^{\mathrm{T}} + 4\beta\boldsymbol{w}_1\boldsymbol{w}_1^{\mathrm{T}} \tag{11.72}$$

其中，$\boldsymbol{b}=\boldsymbol{B}\boldsymbol{w}_1$，$\beta=\boldsymbol{w}_1^{\mathrm{T}}\boldsymbol{b}$。

下一步，向量（-0.7692，0.9272)^{T} 被反射到沿（1，0)^{T} 的线上，向量的模为 1.2047；$\boldsymbol{w}_2$是沿（(-0.7692-1.2047)，0.9272)^{T} 的向量，其单位向量是（-0.9051，0.4252)^{T}；做完与 2×2 分块矩阵的相乘后，将该部分置入 4×4 的矩阵 $\boldsymbol{T}$ 中，可得该三对角矩阵为

$$\boldsymbol{T}=\begin{pmatrix}4 & 7.874 & 0 & 0\\ 7.874 & 21.0161 & 1.2047 & \\ & 1.2047 & 1.7087 & -0.4022\\ & & -0.4022 & 2.271\end{pmatrix}=\begin{pmatrix}d_1 & b_1 & 0 & 0\\ b_1 & d_2 & b_2 & 0\\ 0 & b_2 & d_3 & b_3\\ 0 & 0 & b_3 & d_4\end{pmatrix} \tag{11.73}$$

在此推导过程中，三对角矩阵各分量存储于两个向量 $\boldsymbol{d}$ 和 $\boldsymbol{b}$ 中，而原来的矩阵 $\boldsymbol{A}$ 被用于存储 Householder 向量 $\boldsymbol{w}_1$和 $\boldsymbol{w}_2$等，即

$$\boldsymbol{A}=\begin{pmatrix}1 & 0 & 0 & 0\\ -0.831 & 1 & 0 & 0\\ -0.1528 & -0.9051 & 1 & 0\\ -0.5349 & 0.4252 & 0 & 1\end{pmatrix}$$

乘积 $\boldsymbol{H}_1\boldsymbol{H}_2$在矩阵 $\boldsymbol{A}$ 中很容易实现，先是矩阵 $\boldsymbol{H}_2$和右下角 2×2 单位矩阵相乘，得到

$$\boldsymbol{A}=\begin{pmatrix}1 & 0 & 0 & 0\\ -0.831 & 1 & 0 & 0\\ -0.1528 & 0 & -0.6385 & 0.7696\\ -0.5349 & 0 & 0.7696 & 0.6385\end{pmatrix}$$

接下来是矩阵 $\boldsymbol{H}_2$和右下角 3×3 矩阵相乘，得到

$$\boldsymbol{A}=\begin{pmatrix}1 & 0 & 0 & 0\\ 0 & -0.381 & -0.522 & -0.7631\\ 0 & -0.254 & -0.7345 & 0.6292\\ 0 & -0.889 & 0.4336 & 0.1473\end{pmatrix}$$

该矩阵表示了对特征向量的贡献，下面将讨论将该矩阵对角化的实现步骤，并求出特征向量。

基于 Wilkinson 漂移的隐式对称 QR 方法来实现矩阵对角化 ⊖

前面已经提到，可以用反迭代法求解三对角阵的特征值，但如果想要得到所有特征值和特征向量，则 Wilkinson 隐式漂移法是一种快速有效的算法，该方法的收敛阶次是立方级的。Wilkinson 漂移法的移动因子 μ 取为三对角阵下端 2×2 矩阵的特征值 d_n 的近似值，即

$$\mu=d_n+t-\operatorname{sgn}(t)\sqrt{b_{n-1}^2+t^2} \tag{11.74}$$

其中，$t=0.5(d_{n-1}-d_n)$；隐式漂移是通过完成 Givens 旋转 $\boldsymbol{G}_1$ 来实现的，选择 $c(=\cos\theta)$ 和 $s(=\sin\theta)$ 以使得在第二位置的元素为零，即

⊖ Wilkinson, J. H. , "Global Convergence of Tridiagonal QR Algorithm with Origin Shifts" Linear Algebra and its Applications, I: 409-420 (1968).

$$G_1\begin{pmatrix} d_1-\mu \\ b_1 \end{pmatrix}=\begin{pmatrix} c & -s \\ s & c \end{pmatrix}\begin{pmatrix} d_1-\mu \\ b_1 \end{pmatrix}=\begin{pmatrix} \times \\ 0 \end{pmatrix} \tag{11.75}$$

注意到：如果 $r=\sqrt{b_1^2+(d_1-\mu)^2}$，$c=-(d_1-\mu)/r$ 及 $s=b_1/r$，对三对角阵的左端前两行和右端前两列执行旋转 $\boldsymbol{G}_1\boldsymbol{T}\boldsymbol{G}_1^{\mathrm{T}}$ 运算，注意旋转计算是基于移动因子 μ 进行的，但移动因子本身并没有变化，所以叫做隐式漂移。以式（11.73）中的三对角阵为例，其数据为：$d_3=1.7087$，$d_4=2.2751$，$b_3=-0.4022$，则有 $t=-0.2832$，$\mu=2.4838$，计算 $d_1-\mu=1.5162$，$b_1=7.874$，$r=8.0186$，可得到 $c=-0.1891$，$s=0.982$；由式（11.75）得 $\boldsymbol{G}_1=\begin{pmatrix} c & -s \\ s & c \end{pmatrix}=\begin{pmatrix} -0.1891 & -0.982 \\ 0.982 & -0.1891 \end{pmatrix}$，旋转后将在矩阵的（3，1）和（1，3）位置上产生两个附加的元素，其值都为 $a=-1.18297$，这时的矩阵不再是三对角阵了，即

$$\boldsymbol{G}_1\boldsymbol{T}\boldsymbol{G}_1^{\mathrm{T}}=\begin{pmatrix} 23.3317 & -4.1515 & -1.18297 & 0 \\ -4.1515 & 1.6844 & -0.2278 & 0 \\ -1.18297 & -0.2278 & 1.7087 & -0.4022 \\ 0 & 0 & -0.4022 & 2.2751 \end{pmatrix}$$

Givens 旋转矩阵 $\boldsymbol{G}_2$将作用于第 2、3 行和第 2、3 列上，对应位置前的参考数为 -4.1515 和 -1.18297，该运算将使得矩阵的（3，1）和（1，3）两个位置上的元素为零，所以有$\boldsymbol{G}_2=\begin{pmatrix} c & -s \\ s & c \end{pmatrix}=\begin{pmatrix} 0.9617 & 0.274 \\ -0.274 & 0.9617 \end{pmatrix}$，由此计算得到

$$\boldsymbol{G}_2\boldsymbol{T}\boldsymbol{G}_2^{\mathrm{T}}=\begin{pmatrix} 23.3317 & -4.3168 & 0 & 0 \\ -4.3168 & 1.5662 & -0.1872 & -0.1102 \\ 0 & -0.1872 & 1.8269 & -0.3868 \\ 0 & -0.1102 & -0.3868 & 2.2751 \end{pmatrix}$$

将 Givens 旋转矩阵 $\boldsymbol{G}_3$ 作用于矩阵的（4，2）和（2，4）位置上的元素，以使矩阵中（4，2）和（2，4）位置的元素为零，则 $\boldsymbol{G}_3=\begin{pmatrix} c & -s \\ s & c \end{pmatrix}=\begin{pmatrix} 0.8617 & 0.5074 \\ -0.5074 & 0.8617 \end{pmatrix}$。经过这些计算处理后，所得矩阵为三对角矩阵，底部的非对角线元素变小了，即

$$\boldsymbol{G}_3\boldsymbol{T}\boldsymbol{G}_3^{\mathrm{T}}=\begin{pmatrix} 23.3317 & -4.3168 & 0 & 0 \\ -4.3168 & 1.5662 & -0.2172 & 0 \\ 0 & -0.2172 & 1.6041 & 0.00834 \\ 0 & 0 & 0.00834 & 2.498 \end{pmatrix}$$

特征值矩阵可由矩阵 $\boldsymbol{A}$ 乘以 Givens 旋转矩阵来更新，即 $\boldsymbol{A}\boldsymbol{G}_1^{\mathrm{T}}\boldsymbol{G}_2^{\mathrm{T}}\boldsymbol{G}_3^{\mathrm{T}}$。

重复上述迭代过程直到非对角元素 b_3（对 $n\times n$ 矩阵而言是 b_{n-1}）在数值上变得非常小（例如，小于 10^{-8}），此时 d_4 为特征值；去除第 4 行第 4 列得到一个 3×3 的三对角矩阵，再继续重复上述过程，直至所有非对角元素都接近于零，所有的特征值也就都求出来了。Wilkinson指出这种算法按三次方收敛于对角矩阵，该问题的特征值是 24.1567、0.6914、1.6538 和 2.4981，对应的特征向量可以通过乘以 $\boldsymbol{L}^{-1}$［按式（11.68）给出的前置变换操作］来获得，即为以下矩阵的各列

$$
\begin{pmatrix}
-2.6278 & -0.1459 & 0.0934 & 0.2543 \\
0.3798 & 0.1924 & -0.8112 & 0.4008 \\
0.2736 & 0.1723 & -0.2780 & -0.9045 \\
0.8055 & -0.5173 & 0.2831 & 0.0581
\end{pmatrix}
$$

以上求解广义特征值问题的特征值和特征向量的算法，已在程序 GENEIGEN 中实现。

11.5 与有限元程序的接口及确定轴旋转临界速度的程序

一旦得到了结构的刚度矩阵 $\boldsymbol{K}$ 和质量矩阵 $\boldsymbol{M}$，就可以用所提供的反迭代法或雅可比法的计算程序来求解自然频率和模态。可以将前面章节中所述的杆、桁架、梁和连续体的计算程序作简单修改，将带状矩阵 $\boldsymbol{K}$ 和 $\boldsymbol{M}$ 输出到一个文件中，然后将该文件输入到反迭代法的程序中，这样就可以求解自然频率和模态。

前面已经给出程序 BEAMKM，它可以生成带状矩阵 $\boldsymbol{K}$ 和 $\boldsymbol{M}$，其输出文件作为反迭代法程序 INVITR 的输入，用以计算特征值和特征向量（模态）。例题 11.6 给出了使用这两个程序应用的例子。对于常应变三角形（CST）单元，也提供计算程序 CSTKM，它也输出矩阵 $\boldsymbol{K}$ 和 $\boldsymbol{M}$。

例题 11.6

求解如例题 11.6 图所示旋转轴的最低阶临界转速（或横向自然频率），轴上有两个集中重量 W_1 和 W_2，分别代表两个飞轮，取轴的弹性模量 $E = 30 \times 10^6\text{psi}$，质量密度 $\rho = 0.0007324\text{lb}\cdot\text{s}^2/\text{in}^4$ （$=0.283\text{lb}/\text{in}^3$）。

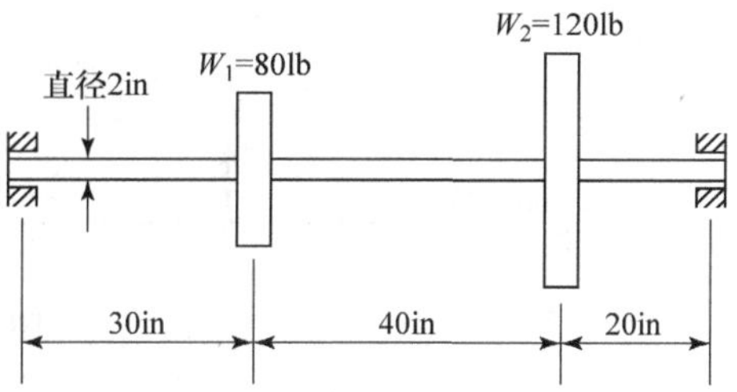

例题 11.6 图

解：两个集中重量 W_1 和 W_2 分别对应于集中质量 W_1/g 和 W_2/g，其中 $g = 386\text{in}/\text{s}^2$。首先执行程序 BEAMKM，然后执行程序 INVITR，其中的输入数据和求解结果在本章最后部分给出。

此时可根据特征值 4042 来计算临界速度，单位为 rpm，即

$$
\begin{aligned}
n &= \sqrt{\lambda} \times \frac{60}{2\pi} \\
&= \sqrt{4042} \times \frac{60}{2\pi} \\
&= 607\,\text{rpm}
\end{aligned}
$$

上述例题主要说明在振动分析中本章给出的反迭代程序和雅可比程序与其他计算程序如何进行衔接。

11.6 GUYAN 缩减

在轮船、飞机、汽车、核反应堆等工程结构的应力和变形分析中，其有限元模型的自由度通常可达数千个；但在动力学分析中，使用这种考虑种种细节的静态计算模型显然既不现

实也无必要。此外，设计和控制方法更适合于小自由度的系统。为了克服这个困难，有学者提出了在动力学分析之前减小系统自由度的动力学缩减技术，GUYAN 缩减就是动力学缩减中最常用的方法之一 ㊀，此时必须要确定哪些自由度需要保留，哪些自由度可被忽略。例如图 11.9 给出了怎样忽略一些自由度从而获得缩减模型的一个例子，在忽略了自由度的位置上，其所施加的外载和惯性力应均可被忽略。

缩减刚度矩阵和质量矩阵的方法为：对于运动方程 $\boldsymbol{M\ddot{Q}}+\boldsymbol{KQ}=\boldsymbol{F}$，即式（11.13），若将惯性力与所施加的力写在一起，则方程为 $\boldsymbol{KQ}=\boldsymbol{F}$，将 $\boldsymbol{Q}$ 分为

$$\boldsymbol{Q}=\begin{pmatrix}\boldsymbol{Q}_r\\ \boldsymbol{Q}_o\end{pmatrix} \tag{11.76}$$

其中，$\boldsymbol{Q}_r$ 为需要保留的自由度组；$\boldsymbol{Q}_o$ 为要忽略的自由度组。一般情况，保留的自由度数约占总数的 20%，运动方程可以写成分块形式

$$\begin{pmatrix}\boldsymbol{K}_{rr} & \boldsymbol{K}_{ro}\\ \boldsymbol{K}_{ro}^{\mathrm{T}} & \boldsymbol{K}_{oo}\end{pmatrix}\begin{pmatrix}\boldsymbol{Q}_r\\ \boldsymbol{Q}_o\end{pmatrix}=\begin{pmatrix}\boldsymbol{F}_r\\ \boldsymbol{F}_o\end{pmatrix} \tag{11.77}$$

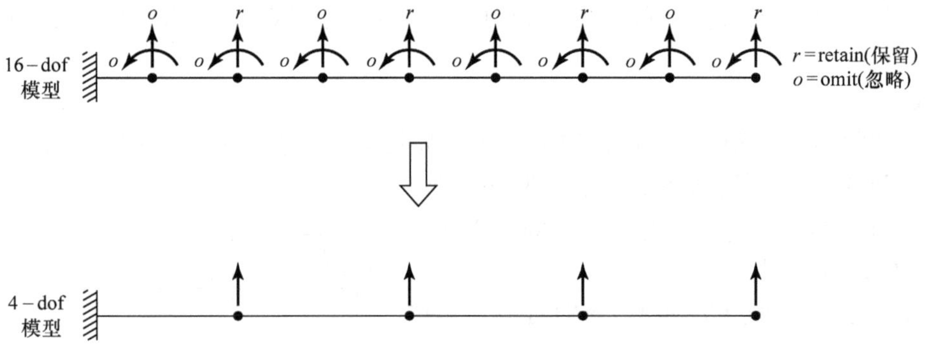

图 11.9 Guyan 缩减

选择所忽略自由度的思路是其对应的 $\boldsymbol{F}_o$ 的分量在数值上应较小；因此，应当保留的自由度组（下标为 r 的那组）应对应有大的集中质量和集中力（用于瞬态分析），同时还要保证所保留的自由度组要足以描述振动模态。设 $\boldsymbol{F}_o=0$，方程（11.76）的下半部分为

$$\boldsymbol{Q}_o=-\boldsymbol{K}_{oo}^{-1}\boldsymbol{K}_{ro}^{\mathrm{T}}\boldsymbol{Q}_r \tag{11.78}$$

结构的应变能为 $U=\dfrac{1}{2}\boldsymbol{Q}^{\mathrm{T}}\boldsymbol{KQ}$，可以写成如下形式

$$U=\frac{1}{2}(\boldsymbol{Q}_r^{\mathrm{T}},\boldsymbol{Q}_o^{\mathrm{T}})\begin{pmatrix}\boldsymbol{K}_{rr} & \boldsymbol{K}_{ro}\\ \boldsymbol{K}_{ro}^{\mathrm{T}} & \boldsymbol{K}_{oo}\end{pmatrix}\begin{pmatrix}\boldsymbol{Q}_r\\ \boldsymbol{Q}_o\end{pmatrix}$$

将方程（11.77）代入上式，可以将应变能写为 $U=\dfrac{1}{2}\boldsymbol{Q}_r^{\mathrm{T}}\boldsymbol{K}_r\boldsymbol{Q}_r$，其中

$$\boldsymbol{K}_r=\boldsymbol{K}_{rr}-\boldsymbol{K}_{ro}\boldsymbol{K}_{oo}^{-1}\boldsymbol{K}_{ro}^{\mathrm{T}} \tag{11.79}$$

是缩减的刚度矩阵。为了得到缩减的质量矩阵表达式，设动能 $V=\dfrac{1}{2}\dot{\boldsymbol{Q}}^{\mathrm{T}}\boldsymbol{M}\dot{\boldsymbol{Q}}$，将质量矩阵分

㊀ Guyan R. J.，“Reduction in stiffness and mass matrices，” AIAA Journal，vol. 3，no. 2，p. 380，Feb. 1965.

块，并应用式（11.78），可以将动能写为 $V=\frac{1}{2}\dot{\boldsymbol{Q}}_r^{\mathrm{T}}\boldsymbol{M}_r\dot{\boldsymbol{Q}}_r$，其中

$$\boldsymbol{M}_r=\boldsymbol{M}_{rr}-\boldsymbol{M}_{ro}\boldsymbol{K}_{oo}^{-1}\boldsymbol{K}_{ro}^{\mathrm{T}}-\boldsymbol{K}_{ro}\boldsymbol{K}_{oo}^{-1}\boldsymbol{M}_{ro}^{\mathrm{T}}+\boldsymbol{K}_{ro}\boldsymbol{K}_{oo}^{-1}\boldsymbol{M}_{oo}\boldsymbol{K}_{oo}^{-1}\boldsymbol{K}_{ro}^{\mathrm{T}} \tag{11.80}$$

是缩减的质量矩阵。对于缩减的刚度矩阵和缩减的质量矩阵，其特征值问题的求解规模大大减小，即

$$\boldsymbol{K}_r\boldsymbol{U}_r=\lambda\boldsymbol{M}_r\boldsymbol{U}_r \tag{11.81}$$

然后可以恢复所忽略部分的

$$\boldsymbol{U}_o=-\boldsymbol{K}_{oo}^{-1}\boldsymbol{K}_{ro}^{\mathrm{T}}\boldsymbol{U}_r \tag{11.82}$$

例题 11.7

例题 11.3 中悬臂梁的特征值和模态的求解是用 4 自由度模型计算的。下面将采用Guyan缩减法忽略旋转自由度，并将计算结果与非缩减模型进行比较。由例题 11.3 图可见，Q_3 和 Q_5是平动自由度，Q_4 和 Q_6 是旋转自由度，所以保留自由度 Q_3 和 Q_5，忽略自由度 Q_4 和 Q_6，从原始 4×4 的矩阵 $\boldsymbol{K}$ 和 $\boldsymbol{M}$ 中选择对应的元素，有

$$\boldsymbol{k}_{rr}=1000\begin{pmatrix}355.6 & -177.78\\ -177.78 & 177.78\end{pmatrix}\quad \boldsymbol{k}_{ro}=1000\begin{pmatrix}0 & 26.67\\ -26.67 & -26.67\end{pmatrix}$$

$$\boldsymbol{k}_{oo}=1000\begin{pmatrix}10.67 & 2.667\\ 2.667 & 5.33\end{pmatrix}\quad \boldsymbol{m}_{rr}=\begin{pmatrix}0.4193 & 0.0726\\ 0.0726 & 0.2097\end{pmatrix}$$

$$\boldsymbol{m}_{ro}=\begin{pmatrix}0 & -0.0052\\ 0.0052 & -0.0089\end{pmatrix}\quad \boldsymbol{m}_{oo}=\begin{pmatrix}0.000967 & -0.00036\\ -0.00036 & 0.00048\end{pmatrix}$$

由式（11.79）和式（11.80），可得缩减矩阵

$$\boldsymbol{K}_r=10000\begin{pmatrix}20.31 & -6.338\\ -6.338 & 2.531\end{pmatrix},\ \boldsymbol{M}_{rr}=\begin{pmatrix}0.502 & 0.1\\ 0.1 & 0.155\end{pmatrix}$$

生成一个输入文件，应用程序 JACOBI 求解方程（11.81）的特征值问题，所得到的解为

$$\lambda_1=2.025\times10^4,\ U_r^1=(0.6401,1.888)^{\mathrm{T}}$$

$$\lambda_2=8.183\times10^5,\ U_r^2=(1.370,-1.959)^{\mathrm{T}}$$

用式（11.82），可得对应于所忽略自由度的特征向量为

$$U_o^1=(3.61,4.438)^{\mathrm{T}},\ U_o^2=(-0.838,-16.238)^{\mathrm{T}}$$

在本例题中，所得结果与非缩减模型的解吻合得相当好。

11.7 刚体模态

在一些情况下（如直升机机座、航天器柔性结构以及位于软基座上的平板等），我们将面临一个确定空间自由悬挂结构的振动模态问题，这些结构既有刚体模态也有变形模态。刚体模态分别对应于沿（绕）x、y、z 轴的平动（转动），所以对于三维结构有六个刚体模态，第 7，8，… 阶模态才对应于变形模态，其值需通过特征值分析来求得。对于刚体模态而言，其刚度矩阵 $\boldsymbol{K}$ 是奇异的，该结论可以这样推出：任何一个有限的刚体平动或转动位移 $\boldsymbol{U}^0$ 并不会在结构中产生任何内力或应力，因此 $\boldsymbol{K}\boldsymbol{U}^0=\boldsymbol{0}$，由于 $\boldsymbol{U}^0\neq\boldsymbol{0}$，所以 $\boldsymbol{K}$ 肯定是奇异矩阵。而且，可以将 $\boldsymbol{K}\boldsymbol{U}^0=\boldsymbol{0}$ 写成 $\boldsymbol{K}\boldsymbol{U}^0=(0)\boldsymbol{M}\boldsymbol{U}^0$，从该式可以看出，刚体模态对应一个零特征值，则前 6 阶刚体模态对应于 6 个零特征值。

在许多求解特征值问题的算法中都要求刚度矩阵 $\boldsymbol{K}$ 必须是非奇异和正定的（即所有特征值必须为正），由于在式（11.48）~式（11.50）中引入了漂移，这一状况有所改变。因此当移动因子 $s>0$ 时，即使初始刚度是奇异的，也可以得到正定刚度矩阵 $\boldsymbol{K}_s$。

使用程序 JACOBI 或 GENEIGEN

因为这两个程序不要求刚度矩阵必须是正定的，则可以直接将其应用于无约束结构。值得注意的是：得到的前6阶特征值（对于三维结构而言）为零，它们代表刚体模态；如果得到的结果经舍入后为较小的负值，则应该将其忽略，还应避免在程序中用它们的平方根来计算频率。

使用程序 INVITR

这里也介绍应用反迭代法来处理刚体转动模态；我们需要在程序中定义刚体模态，然后将针对其质量矩阵进行归一化，设 $\boldsymbol{U}_1^0$，$\boldsymbol{U}_2^0$，…，$\boldsymbol{U}_6^0$ 为6个刚体模态，每阶模态被质量矩阵归一化为

$$\boldsymbol{U}_i^0=\frac{\boldsymbol{U}_i^0}{(\boldsymbol{U}_i^0)^{\mathrm{T}}\boldsymbol{M}(\boldsymbol{U}_i^0)}\quad(i=1,\cdots,6)\tag{11.83}$$

然后，从已计算向量（关于 $\boldsymbol{M}$ 正交的向量空间）中选择试探特征向量用于式（11.51）中，这里的已计算向量必须包含6阶归一化的刚体模态，刚体模态将按如下方式定义：考虑如图11.10所示的三维物体，一般地，节点 I 有6个自由度：Q_{6*I-5}，Q_{6*I-4}，…，Q_{6*I}，分别对应于 x、y、z 方向的平动和绕 x、y、z 轴的转动；定义第一阶模态为沿 x 轴的平动，有 $Q(6^*I-5,1)=1$ 以及 $Q(6^*I-4,1)=Q(6^*I-3,1)=Q(6^*I-2,1)=Q(6^*I-1,1)=Q(6^*I,1)=0$，其中第一个下标是自由度数，第二个下标是模态数；同样地，沿 y 轴和 z 轴的平动模态分别被定义为 $\boldsymbol{Q}(.\ ,2)$ 和 $\boldsymbol{Q}(.\ ,3)$；下面考虑对应于刚体绕 z 轴（即在 xOy 平面内）旋转的第6阶刚体模态，设旋转角度为 θ（θ 可取任意值），选择质心作为刚体旋转的参考点，可以将刚体中的任意一个节点 I 的移动位移向量 $\boldsymbol{\delta}$ 写为

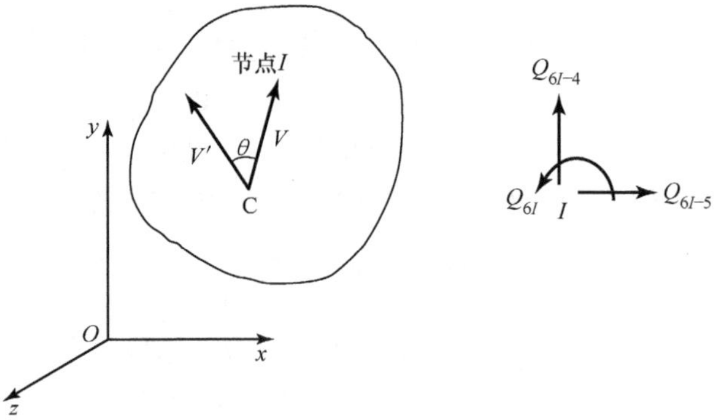

图11.10 绕 z 轴的刚体转动

$$\boldsymbol{\delta}=\boldsymbol{V}'-\boldsymbol{V},\ 其中\ \boldsymbol{V}'=\boldsymbol{R}\boldsymbol{V}$$

对该方程而言，$\boldsymbol{V}=\boldsymbol{x}_I-\boldsymbol{x}_c$ 及 $\boldsymbol{R}=\begin{pmatrix}\cos\theta & -\sin\theta\\ \sin\theta & \cos\theta\end{pmatrix}$ 是旋转矩阵；从 δ 中，可得到 $Q(6^*I-5,6)=\delta_x$，$Q(6^*I-4,6)=\delta_y$；其余分量为 $Q(6^*I-3,6)=0$，$Q(6^*I-2,6)=0$，$Q(6^*I-1,6)=0$，以及 $Q(6^*I,6)=\theta$（弧度值），绕 x 轴和 y 轴的旋转同样可按上述方式得出。

例题11.8给出了关于刚体模态问题的例子。

例题11.8

考虑一个二维钢梁，将其简化为如例题11.8图a所示的四单元模型。在该梁单元模型中，每个节点有垂直方向和逆时针方向的自由度，不考虑轴向自由度，设梁的长度为60mm，

$E=200\text{GPa}$，$\rho=7850\text{kg/m}^3$，截面为矩形，宽为6mm，高为1mm（因此，截面惯性矩为$I=0.5\text{mm}^4$）。移动因子$s=-10^8$；由以上条件得到该钢梁的前三阶频率分别为1440Hz、3997Hz和7850Hz，对应的振动模态见例题11.8图b。程序JACOBI和INVITR都给出了相近的结果；其中用程序JACOBI计算更容易，在程序INVITR中，需要引入对应于垂直移动和旋转的二阶刚体模态。需要特别注意的是：式（11.83）所示的归一化过程中对应的$\boldsymbol{M}$是带状形式。

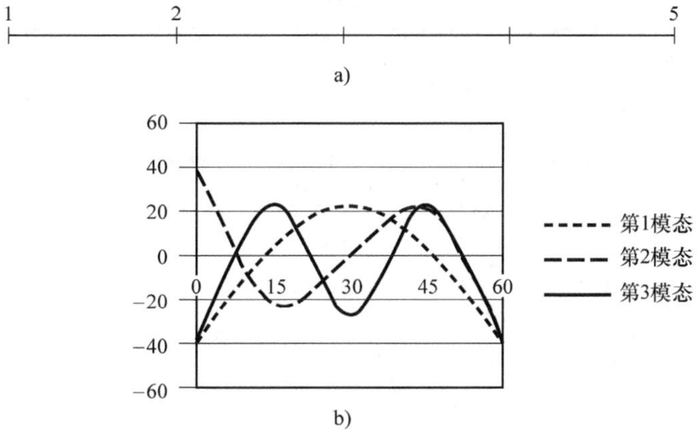

例题11.8图

a）无约束的梁　b）无约束梁的振动模态

11.8　小结

本章讨论了基于一致性质量矩阵的有限元方法在自由振动分析中的应用，同时还给出了相应的求解方法和计算程序，这些程序可以与前面结构静态分析程序相结合，以分析结构的动力学特性。通过结构的自然频率和振动模态，我们可以得出激振频率应该避开的频率值。

输入数据/输出数据

```
INPUT TO BEAMKM
PROGRAM BeamKM << for Stiffness and Mass Matrices
Example 11.5
NN     NE       NM       NDIM     NEN      NDN
4      3        1        1        2        2
ND     NL       NMPC
2      0        0
NODE# X-COORD
1      0
2      30
3      70
4      90
ELEM# N1       N2       MAT#     Mom_In            Area
1      1        2        1        7.85E-01          3.1416
2      2        3        1        7.85E-01          3.1416
3      3        4        1        7.85E-01          3.1416
DOF#  Displ.
1      0
7      0
MAT#  E        Rho << Properties E and MassDensity
1      3.00E+07         0.0007324
SPRING SUPPORTS         <DOF#=0 Exits this
DOF#  Spring Const
0
LUMPED MASSES <DOF#=0 Exits this
DOF#  Lumped Mass
3      0.2072538
5      0.310881
0
```

```
OUTPUT FROM BEAMKM/INPUT TO INVITR, JACOBI, GENEIGEN
Example 11.5
NumDOF        BandWidth
8    4
Banded Stiffness Matrix
70686010472    157080    -10472      157080
3141600       -157080    1570800     0
14889.875      -68722.5   -4417.875   88357.5
5497800        -88357.5   1178100     0
39760.875      265072.5  -35343      353430
7068600       -353430    2356200     0
70686035343   -353430    0           0
4712400        0          0           0
Banded Mass Matrix
0.025638687  0.10847137     0.00887493     -0.064096718
0.591662016  0.064096718    -0.443746512    0
0.267077404  0.084366621    0.01183324     -0.113949722
1.994120128  0.113949722    -1.051843584    0
0.362158375  -0.144628493   0.00591662     -0.02848743
1.577765376  0.02848743     -0.131480448    0
0.017092458  -0.048209498   0              0
0.175307264  0              0              0
Starting Vector for Inverse Iteration
1    1       1       1       1       1       1       1
```

```
OUTPUT - TWO LOWEST EIGENVALUES FROM INVITR
Example 11.5
Eigenvalue Number 1 teration Number 5
Eigenvalue =      4041.9687
Omega =        63.5765
Freq Hz =      10.1185
Eigenvector
2.1E-08 0.05527 1.37830 0.0276 1.0496 -0.0422 2.6E-08 -0.0576
Eigenvalue Number 2   Iteration Number 4
Eigenvalue =  43183.9296
Omega =              207.8074
Freq Hz =              33.0736
Eigenvector
8.97E-08    0.0816    1.3013    -0.0290    -1.2372    0.0051    -1.47E-07    0.0907
```

```
OUTPUT- ALL EIGENVALUES FROM GENEIGEN OR JACOBI
Example 11.5
Eigenval#     1
Eigenval =    4041.9686
Omega =         63.5765
Freq Hz =       10.1185
Eigenvector
-2.1E-08 -0.05527 -1.3783 -0.0276 -1.0496 0.0422 -2.6E-08 0.0576
Eigenval#     2
Eigenval =     43183.9285
Omega =          207.8074
Freq Hz =          33.0736
Eigenvector
-8.96E-08 -0.0816 -1.3015 0.0290 1.2370 -0.0051 1.47E-07 -0.0907
Eigenval#              3
Eigenval =      1207349.4
```

（续）

```
Omega =            1098.79
Freq Hz =           174.88
Eigenvector
1.37E-06 0.3977 0.1141 -0.4456 0.3641 0.2618 9.13E-07 -0.1776
Eigenval#                4
Eigenval =       4503773.7
Omega =            2122.21
Freq Hz =           337.76
Eigenvector
4.34E-06 0.7778 -0.5369 -0.171 -0.1284 -0.6238 -3.43E-06 0.4846
Eigenval#                5
Eigenval =        14836541
Omega =             3851.8
Freq Hz =           613.04
Eigenvector
1.14E-05 1.1700 -0.3604 0.7597 -0.1588 0.4768 9.64E-06 -0.9141
Eigenval#                6
Eigenval =        43448547
Omega =            6591.55
Freq Hz =          1049.08
Eigenvector
9.81E-06 0.5056 0.0112 0.5488 0.3804 0.7667 -3.88E-05 2.3385
Eigenval#                7
Eigenval =       1.316E+13
Omega =            3627211
Freq Hz =           577289
Eigenvector
13.6178 -2.7177 0.2118 -0.2643 0.0042 -0.1668 0.8269 0.1029
Eigenval#               8
Eigenval =      1.894E+13
Omega =           4351512
Freq Hz =          692565
Eigenvector
0.992 -0.2690 -0.0037 -0.1167 -0.1353 -0.1832 -16.3370 -4.6521
```

习　题

11.1　考虑如习题 11.1 图所示铜杆的轴向振动。

（a）推导整体刚度矩阵和质量矩阵。

（b）手工计算最低阶自然频率和振动模态（用反迭代法）。

（c）用程序 INVITR 和 JACOBI 来验证（b）的计算结果。

（d）验证式（11.41a）和式（11.41b）所述的性质。

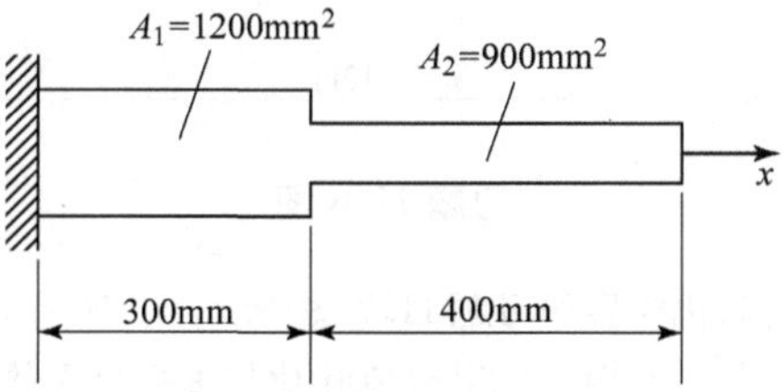

习题 11.1 图

11.2　用特征多项式法，手工计算如习题 11.1 图所示杆件的自然频率和振动模态。

11.3　用集中质量模型求解如习题 11.1 图所示杆件，并与连续质量模型的计算结果进行比较，可用程序 INVITR 或 JACOBI。

11.4 用以下方法计算如习题 11.4 图所示简支梁的各阶自然频率，并比较计算结果：

（a）采用一个单元的模型。

（b）采用两个单元的模型。

可用程序 INVITR 或 JACOBI。

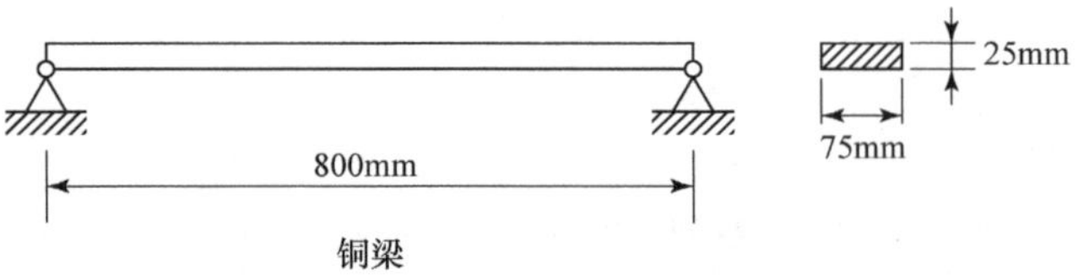

习题 11.4 图

11.5 利用程序 BEAMKM，求解如习题 11.5 图所示钢轴的最低两阶频率（临界速度），考虑以下情况：

（a）设三个推力轴承为简支。

（b）每个推力轴承简化为刚度等于 25 000lb/in 的弹簧。

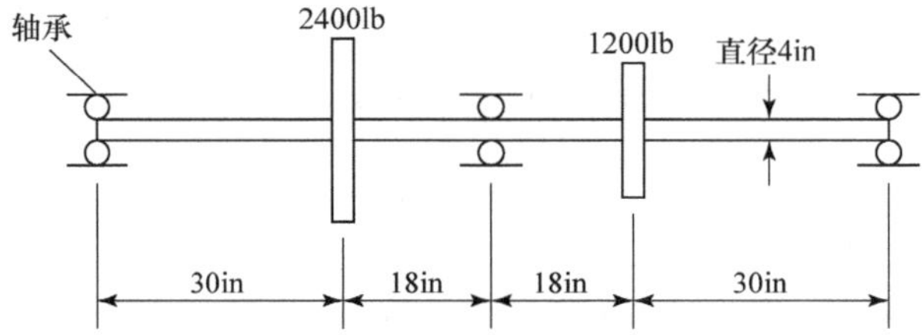

习题 11.5 图

11.6 裂纹的存在将会导致结构刚度的削弱，对于像梁这样承受弯矩的构件，可以认为：虽然位移仍然在此处是连续的，但在裂纹所在截面将会产生挠度斜率的不连续。因此，裂纹所在截面的影响可以通过一个连接两个单元的扭转弹簧来代替，弹簧的刚度系数 k 可以通过理论分析或试验测试给出。

考虑如习题 11.6 图所示的带裂纹的悬臂梁。

（a）讨论如何用梁单元对该结构进行建模，写出裂纹截面的边界条件，以及由此带来的刚度矩阵的修正。

（b）求解前三阶自然频率和振动模态，并与相同结构但无裂纹的模型进行结果比较。设 $k=8\times10^6\text{in}\cdot\text{lb}$，$E=30\times10^6\text{psi}$。

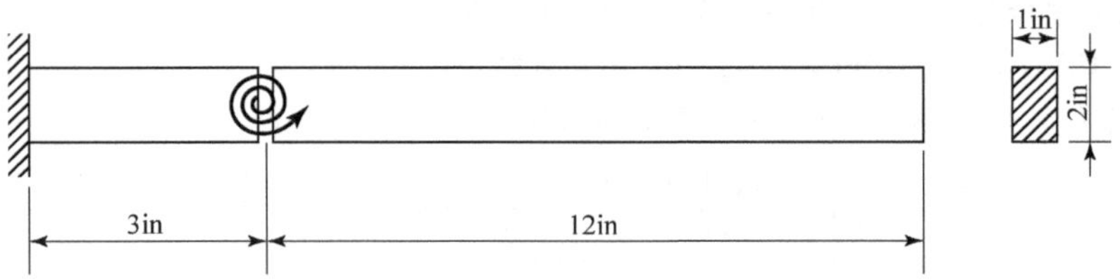

习题 11.6 图

11.7 透平机的一钢制叶片的简化模型如习题 11.7 图所示，求解沿 x 轴方向运动的最低阶共振频率和对应振型。在结构设计中，需要避开该共振频率以避免叶片与透平机壳体相接触，这一点至关重要。该模型中连接所有叶片的外圈可以用集中质量来表示，试用程序 CSTKM 和 INVITR 来进行计算。

11.8 如习题 11.8 图所示，为梁的四节点四边形单元模型；请自己编程生成带状矩阵 $\boldsymbol{K}$ 和 $\boldsymbol{M}$，然后用程序 INVITR 求解最低二阶自然频率和振动模态，并与用梁单元所计算的结果进行比较。

11.9 求解如习题 11.9 图所示单跨双层钢制框架的最低两阶自然频率和对应振型，试编写与 BEAMKM 相似的程序以生成带状矩阵 $\boldsymbol{K}$ 和 $\boldsymbol{M}$，然后用程序 INVITR 进行计算。

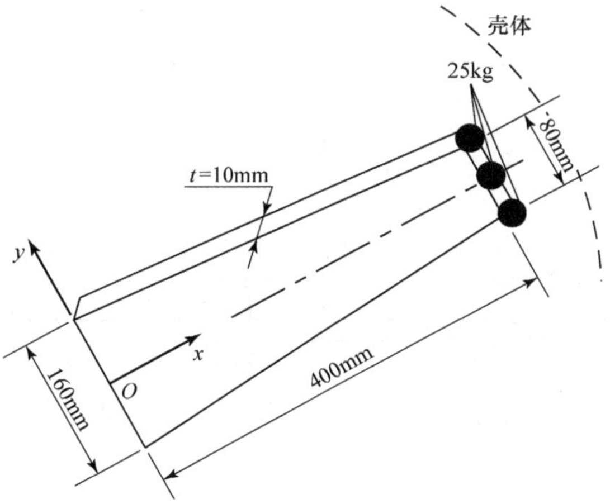

习题 11.7 图

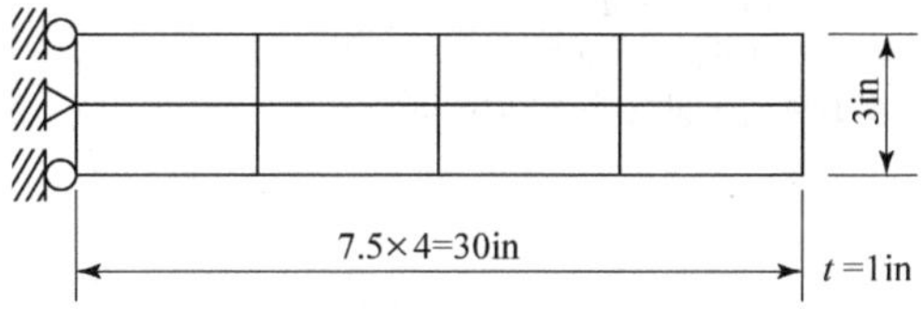

习题 11.8 图　钢梁

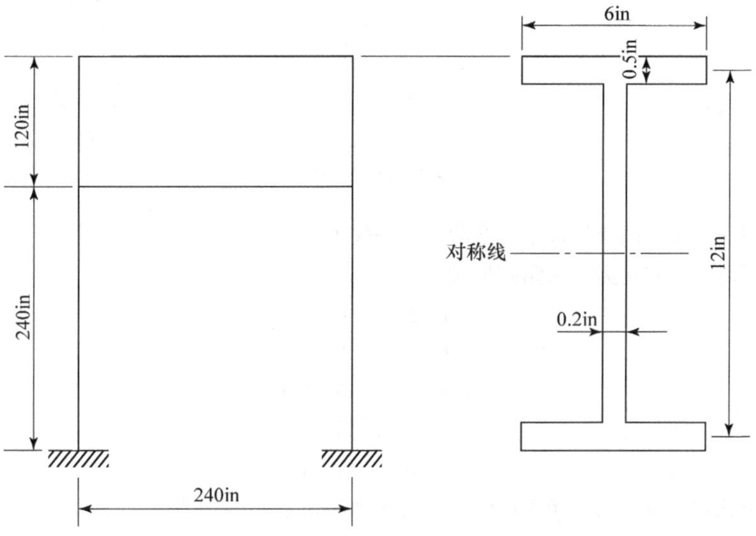

钢制框架　　　　框架单元的横截面

习题 11.9 图

11.10　如习题 11.10 图所示为一根信号杆，用二维梁单元进行建模，求其自然频率和振动模态。（注意：编写一个与 BEAMKM 类似的程序，将刚度矩阵和质量矩阵写入一文件，然后用求解特征值问题的程序进行计算，比如 INVITR）

11.11　考虑如例题 11.6 图所示的轴，用 Guyan 缩减法将原 8 自由度梁模型简化为 2 自由度模型，即保留飞轮所在的平动自由度，将得到的振动频率和模态同原 8 自由度模型进行比较；可采用程序 BEAMKM

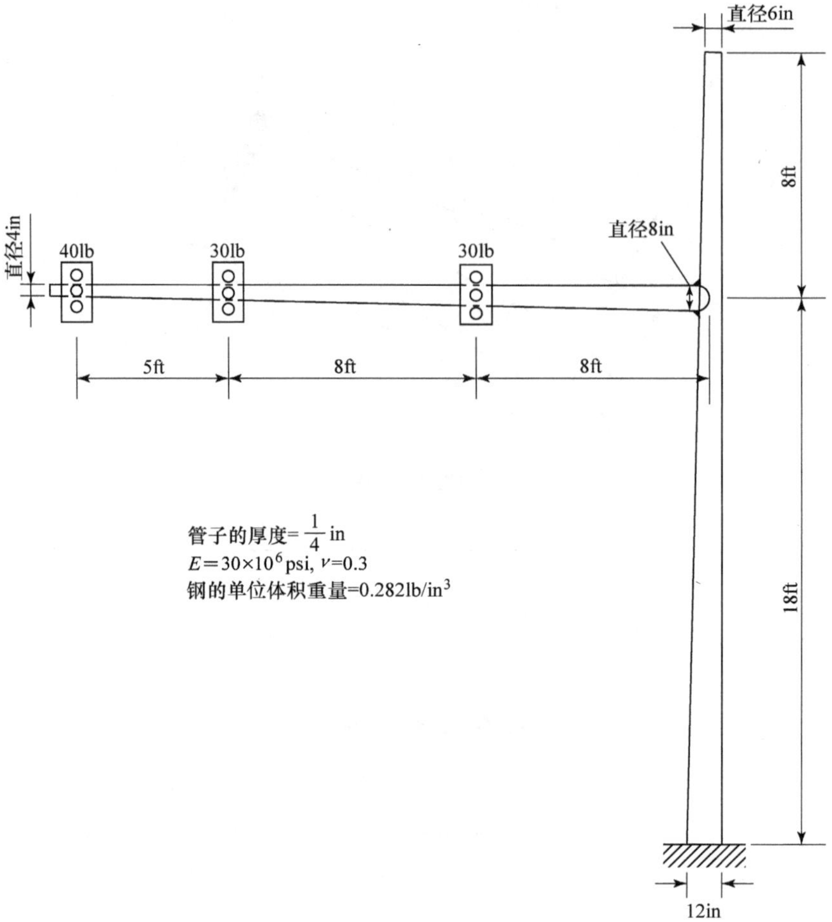

习题 11.10 图

和 JACOBI。同时说明一下在缩减模型中哪几阶模态丢失了。

11.12 将以下对称矩阵化为三对角阵形式。

$$\begin{pmatrix} 5 & 2 & 0 & 0 & 1 \\ 2 & 3 & 1 & 0 & 0 \\ 0 & 1 & 2 & 3 & 0 \\ 0 & 0 & 3 & 1 & 2 \\ 1 & 0 & 0 & 2 & 1 \end{pmatrix}$$

11.13 用雅可比法将以下两个矩阵同时化为对角阵形式。

$$\boldsymbol{K}=\begin{pmatrix} 4 & 1 & 2 & 0 \\ 1 & 2 & 2 & 0 \\ 2 & 1 & 2 & 1 \\ 0 & 0 & 1 & 4 \end{pmatrix} \quad \boldsymbol{M}=\begin{pmatrix} 3 & 3 & 2 & 0 \\ 3 & 1 & 1 & 0 \\ 2 & 1 & 3 & 1 \\ 10 & 0 & 1 & 2 \end{pmatrix}$$

11.14 考虑如习题 11.14 图所示的梁模型，每个节点有垂直方向移动和逆时针方向旋转自由度，不考虑轴向自由度。设梁的长度为 60mm，截面为矩形，宽为 6mm，高为 1mm（因此，截面的转动惯量 $I=0.5\text{mm}^4$）。按以下不同工况求解该梁的前三阶频率，画出对应的振型（在求得振动模态的节点位移后，需将其按 Hermite 插值构造三次形状函数，然后用 MATLAB 或其他软件画出离散曲线）。设梁的材料为钢，

$E = 200\mathrm{GPa}$，密度 $\rho = 7850\mathrm{kg/m}^3$。

（a）左端固定。

（b）左端固定，右端（节点 5）有集中质量，质量 $M =$ 梁质量的 5%。

（c）梁不受任何约束，集中质量 M 位于右端，同（b）。

对于工况（a）和（b），可以用程序 INVITR、JACOBI 或 GENEIGEN；对于工况（c），用程序 JACOBI 或 GENEIGEN。

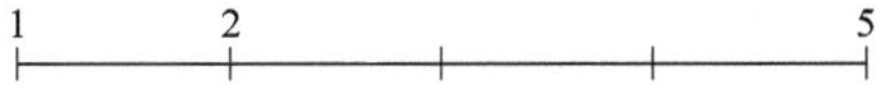

习题 11.14 图

11.15　如习题 11.15 图所示，质量为 M、转动惯量（绕其重心）为 I_C 的刚体被焊接在某平面梁的末端，其动能可以表示为 $\dfrac{1}{2}Mv^2 + \dfrac{1}{2}I_C\omega^2$，其中 v 和 ω 与 $\dot{Q}_1$ 和 $\dot{Q}_2$ 相关。计算刚体对梁节点有贡献的 (2×2) 质量矩阵。

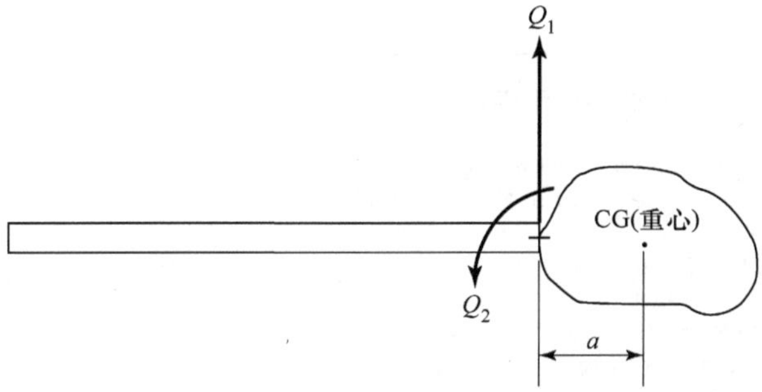

习题 11.15 图

11.16　如习题 11.16 图所示的圆柱管，试采用粗大的轴对称三角形网格对其进行划分，并求解其自然频率和模态。（修改 AXISYM 程序使其输出的刚度和质量矩阵为特征值程序所需的格式）

材料:钢$E=200\mathrm{6Pa}$
$\nu=0.3$
$\rho=7850\mathrm{kg/m}^3$

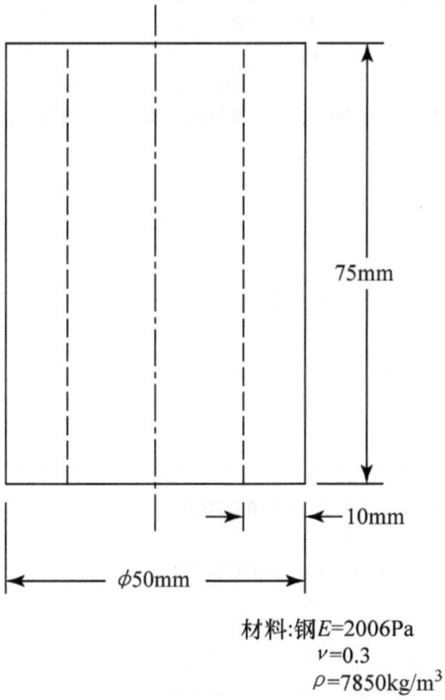

习题 11.16 图

程序清单

```
MAIN PROGRAM BEAMKM
'**************************************
'*           PROGRAM BEAMKM           *
'*    STIFFNESS AND MASS GENERATION   *
'* T.R.Chandrupatla and A.D.Belegundu *
Private Sub CommandButton1_Click()
     Call InputData
     Call Bandwidth
     Call StiffnMass
     Call ModifyForBC
     Call AddSprMass
     Call Output
End Sub
```

```
BEAMKM - STIFFNESS AND MASS MATRICES
Private Sub StiffnMass()
     ReDim S(NQ, NBW), GM(NQ, NBW)
     '----- Global Stiffness and Mass Matrices -----
     For N = 1 To NE
         Call ElemStiffMass(N)
         For II = 1 To NEN
            NRT = NDN * (NOC(N, II) - 1)
            For IT = 1 To NDN
               NR = NRT + IT
               I = NDN * (II - 1) + IT
               For JJ = 1 To NEN
                  NCT = NDN * (NOC(N, JJ) - 1)
                  For JT = 1 To NDN
                     J = NDN * (JJ - 1) + JT
                     NC = NCT + JT - NR + 1
                     If NC > 0 Then
                        S(NR, NC) = S(NR, NC) + SE(I, J)
                        GM(NR, NC) = GM(NR, NC) + EM(I, J)
                     End If
                  Next JT
               Next JJ
            Next IT
         Next II
     Next N
End Sub
```

```
BEAMKM - ELEMENT STIFFNESS AND MASS MATRICES
Private Sub ElemStiffMass(N)
'-------- Element Stiffness and Mass Matrices --------
     N1 = NOC(N, 1)
     N2 = NOC(N, 2)
     M = MAT(NE)
```

（续）

```
      EL = Abs(X(N1) - X(N2))
      '--- Element Stiffness
      EIL = PM(M, 1) * SMI(N) / EL ^ 3
         SE(1, 1) = 12 * EIL
         SE(1, 2) = EIL * 6 * EL
         SE(1, 3) = -12 * EIL
         SE(1, 4) = EIL * 6 * EL
            SE(2, 1) = SE(1, 2)
            SE(2, 2) = EIL * 4 * EL * EL
            SE(2, 3) = -EIL * 6 * EL
            SE(2, 4) = EIL * 2 * EL * EL
         SE(3, 1) = SE(1, 3)
         SE(3, 2) = SE(2, 3)
         SE(3, 3) = EIL * 12
         SE(3, 4) = -EIL * 6 * EL
            SE(4, 1) = SE(1, 4)
            SE(4, 2) = SE(2, 4)
            SE(4, 3) = SE(3, 4)
            SE(4, 4) = EIL * 4 * EL * EL
      '--- Element Mass
      RHO = PM(M, 2)
      C1 = RHO * AREA(N) * EL / 420
      EM(1, 1) = 156 * C1
      EM(1, 2) = 22 * EL * C1
      EM(1, 3) = 54 * C1
      EM(1, 4) = -13 * EL * C1
         EM(2, 1) = EM(1, 2)
         EM(2, 2) = 4 * EL * EL * C1
         EM(2, 3) = 13 * EL * C1
         EM(2, 4) = -3 * EL * EL * C1
       EM(3, 1) = EM(1, 3)
       EM(3, 2) = EM(2, 3)
       EM(3, 3) = 156 * C1
       EM(3, 4) = -22 * EL * C1
         EM(4, 1) = EM(1, 4)
         EM(4, 2) = EM(2, 4)
         EM(4, 3) = EM(3, 4)
         EM(4, 4) = 4 * EL * EL * C1
End Sub
```

ADDITION OF SPRING STIFFNESS AND POINT MASSES

```
Private Sub AddSprMass()
'----- Additional Springs and Lumped Masses -----
     LI = LI + 1
     Do
        LI = LI + 1
        N = Val(Worksheets(1).Range("A1").Offset(LI, 0))
        If N = 0 Then Exit Do
        C = Val(Worksheets(1).Range("A1").Offset(LI, 1))
        S(N, 1) = S(N, 1) + C
     Loop
```

（续）

```
      LI = LI + 2
      Do
         LI = LI + 1
         N = Val(Worksheets(1).Range("A1").Offset(LI, 0))
         If N = 0 Then Exit Do
         C = Val(Worksheets(1).Range("A1").Offset(LI, 1))
         GM(N, 1) = GM(N, 1) + C
      Loop
End Sub
```

```
MAIN PROGRAM INVITR
'*****      PROGRAM INVITR          *****
'*      Inverse Iteration Method        *
'*  for Eigenvalues and Eigenvectors    *
'*        Searching in Subspace         *
'*         for Banded Matrices          *
'* T.R.Chandrupatla and A.D.Belegundu   *
'****************************************
Private Sub CommandButton1_Click()
     Call InputData
     Call BanSolve1                    '<----Stiffness to Upper Triangle
     Call InverseIter
     Call Output
End Sub
```

```
INVITR - INPUT OF DATA
Private Sub InputData()
     TOL = InputBox("Enter Value", "Tolerance", 0.000001)
     NEV = InputBox("Enter Number", "Number of Eigenvalues Desired", 1)
     SH = 0
     NQ = Val(Worksheets(1).Range("A4"))
     NBW = Val(Worksheets(1).Range("B4"))
     ReDim S(NQ, NBW), GM(NQ, NBW), EV1(NQ), EV2(NQ), NITER(NEV)
     ReDim EVT(NQ), EVS(NQ), ST(NQ), EVC(NQ, NEV), EVL(NEV)
     '============ READ DATA ==============
     '----- Read in Stiffness Matrix -----
     LI = 0
     For I = 1 To NQ
            LI = LI + 1
            For J = 1 To NBW
               S(I, J) = Val(Worksheets(1).Range("A5").Offset(LI, J - 1))
            Next J
     Next I
     '----- Read in Mass Matrix
     LI = LI + 1
     For I = 1 To NQ
         LI = LI + 1
         For J = 1 To NBW
```

(续)

```
            GM(I, J) = Val(Worksheets(1).Range("A5").Offset(LI, J - 1))
         Next J
      Next I
      '----- Starting Vector for Inverse Iteration
      LI = LI + 1
      For I = 1 To NQ
          LI = LI + 1
          ST(I) = Val(Worksheets(1).Range("A5").Offset(LI, 0))
      Next I
      SH = InputBox("SHIFT", "Shift Value for Eigenvalue", 0)
      If SH <> 0 Then
         For I = 1 To NQ: For J = 1 To NBW
            S(I, J) = S(I, J) - SH * GM(I, J)
         Next J: Next I
      End If
End Sub
Private Sub Input2()
      '----- Read in Stiffness Matrix -----
      LI = 0
      LI = LI + 1
      For I = 1 To NQ
         LI = LI + 1
         For J = 1 To NBW
             S(I, J) = Val(Worksheets(1).Range("A5").Offset(LI, J - 1))
         Next J
      Next I
End Sub
```

```
INVERSE ITERATION ROUTINE
Private Sub InverseIter()
      ITMAX = 50: NEV1 = NEV
      PI = 3.14159
      For NV = 1 To NEV
         '--- Starting Value for Eigenvector
         For I = 1 To NQ
            EV1(I) = ST(I)
         Next I
         EL2 = 0: ITER = 0
         Do
            EL1 = EL2
            ITER = ITER + 1
            If ITER > ITMAX Then
               'picBox.Print "No Convergence for Eigenvalue# "; NV
               NEV1 = NV - 1
               Exit Sub
            End If
            If NV > 1 Then
               '----Starting Vector Orthogonal to
               '----Evaluated Vectors
               For I = 1 To NV - 1
                  CV = 0
```

（续）

```
                For K = 1 To NQ
                    KA = K - NBW + 1: KZ = K + NBW - 1
                    If KA < 1 Then KA = 1
                    If KZ > NQ Then KZ = NQ
                    For L = KA To KZ
                        If L < K Then
                           K1 = L: L1 = K - L + 1
                        Else
                           K1 = K: L1 = L - K + 1
                        End If
                        CV = CV + EVS(K) * GM(K1, L1) * EVC(L, I)
                    Next L
                Next K
                For K = 1 To NQ
                    EV1(K) = EV1(K) - CV * EVC(K, I)
                Next K
            Next I
         End If
         For I = 1 To NQ
            IA = I - NBW + 1: IZ = I + NBW - 1: EVT(I) = 0
            If IA < 1 Then IA = 1
            If IZ > NQ Then IZ = NQ
            For K = IA To IZ
                If K < I Then
                    I1 = K: K1 = I - K + 1
                Else
                    I1 = I: K1 = K - I + 1
                End If
                EVT(I) = EVT(I) + GM(I1, K1) * EV1(K)
     Next K
     EV2(I) = EVT(I)
  Next I
  Call BanSolve2    '<--- Reduce Right Side and Solve
  C1 = 0: C2 = 0
  For I = 1 To NQ
     C1 = C1 + EV2(I) * EVT(I)
  Next I
  For I = 1 To NQ
     IA = I - NBW + 1: IZ = I + NBW - 1: EVT(I) = 0
     If IA < 1 Then IA = 1
     If IZ > NQ Then IZ = NQ
     For K = IA To IZ
         If K < I Then
            I1 = K: K1 = I - K + 1
         Else
            I1 = I: K1 = K - I + 1
         End If
         EVT(I) = EVT(I) + GM(I1, K1) * EV2(K)
     Next K
  Next I
```

（续）

```
      For I = 1 To NQ
         C2 = C2 + EV2(I) * EVT(I)
      Next I
      EL2 = C1 / C2
      C2 = Sqr(C2)
      For I = 1 To NQ
         EV1(I) = EV2(I) / C2
         EVS(I) = EV1(I)
      Next I
   Loop While Abs(EL2 - EL1) / Abs(EL2) > TOL
   For I = 1 To NQ
         EVC(I, NV) = EV1(I)
   Next I
      NITER(NV) = ITER
      EL2 = EL2 + SH
      EVL(NV) = EL2
   Next NV
End Sub
```

BANDSOLVER FOR MULTIPLE RIGHTHAND SIDES

```
Private Sub BanSolve1()
'----- Gauss Elimination LDU Approach (for Symmetric Banded Matrices)
     '----- Reduction to Upper Triangular Form
     For K = 1 To NQ - 1
        NK = NQ - K + 1
        If NK > NBW Then NK = NBW
        For I = 2 To NK
           C1 = S(K, I) / S(K, 1)
           I1 = K + I - 1
           For J = I To NK
              J1 = J - I + 1
              S(I1, J1) = S(I1, J1) - C1 * S(K, J)
           Next J
        Next I
     Next K
End Sub
Private Sub BanSolve2()
     '----- Reduction of the right hand side
     For K = 1 To NQ - 1
        NK = NQ - K + 1
        If NK > NBW Then NK = NBW
        For I = 2 To NK: I1 = K + I - 1
           C1 = 1 / S(K, 1)
           EV2(I1) = EV2(I1) - C1 * S(K, I) * EV2(K)
        Next I
     Next K
     '----- Back Substitution
     EV2(NQ) = EV2(NQ) / S(NQ, 1)
     For II = 1 To NQ - 1
        I = NQ - II: C1 = 1 / S(I, 1)
        NI = NQ - I + 1
```

（续）

```
        If NI > NBW Then NI = NBW
        EV2(I) = C1 * EV2(I)
        For K = 2 To NI
            EV2(I) = EV2(I) - C1 * S(I, K) * EV2(I + K - 1)
        Next K
    Next II
End Sub
```

INVITR- OUTPUT (EXCEL)

```
Private Sub Output()
' Now, writing out the results in a different worksheet
Worksheets(2).Cells.ClearContents
Worksheets(2).Range("A1").Offset(0, 0) = "Results from Program INVITR"
Worksheets(2).Range("A1").Offset(0, 0).Font.Bold = True
Worksheets(2).Range("A1").Offset(1, 0) = Worksheets(1).Range("A2")
Worksheets(2).Range("A1").Offset(1, 0).Font.Bold = True
       LI = 1
       If NEV1 < NEV Then
               LI = LI + 1
               Worksheets(2).Range("A1").Offset(LI, 0) = "Convergence of "
               Worksheets(2).Range("A1").Offset(LI, 1) = NEV1
               Worksheets(2).Range("A1").Offset(LI, 2) = " Eigenvalues Only."
               NEV = NEV1
       End If
       For NV = 1 To NEV
           LI = LI + 1
           Worksheets(2).Range("A1").Offset(LI, 0) = "Eigenvalue Number "
           Worksheets(2).Range("A1").Offset(LI, 1) = NV
           Worksheets(2).Range("A1").Offset(LI, 2) = "Iteration Number "
           Worksheets(2).Range("A1").Offset(LI, 3) = NITER(NV)
           LI = LI + 1
           Worksheets(2).Range("A1").Offset(LI, 0) = "Eigenvalue = "
           Worksheets(2).Range("A1").Offset(LI, 1) = EVL(NV)
           OMEGA = Sqr(EVL(NV)): FREQ = 0.5 * OMEGA / PI
           LI = LI + 1
           Worksheets(2).Range("A1").Offset(LI, 0) = "Omega = "
           Worksheets(2).Range("A1").Offset(LI, 1) = OMEGA
           LI = LI + 1
           Worksheets(2).Range("A1").Offset(LI, 0) = "Freq Hz ="
           Worksheets(2).Range("A1").Offset(LI, 1) = FREQ
           LI = LI + 1
           Worksheets(2).Range("A1").Offset(LI, 0) = "Eigenvector"
           LI = LI + 1
           For I = 1 To NQ
                Worksheets(2).Range("A1").Offset(LI, I - 1) = EVC(I, NV)
           Next I
       Next NV
End Sub
```

第 12 章

前处理和后处理

12.1　引言

有限元分析包括三大阶段：前处理、计算处理和后处理。前处理是数据的准备，比如节点坐标、单元节点连接信息、边界条件、载荷和材料信息；计算处理阶段包括：刚度矩阵生成、刚度矩阵变换和方程的求解，最后得到节点变量的值，对于其他的衍生变量，诸如梯度或应力也可在这一阶段进行计算。实际上，计算处理阶段的内容在前面的章节中都已作了详细地介绍，需要以一定格式的输入文件准备相应的数据。后处理阶段主要是对计算结果进行表述，特别是提供计算得到的变形后的结构形态、模态形状、温度和应力分布，并以图形的形式展现。一个完整的有限元分析将在逻辑上交互应用这三大阶段，如果所有数据都是由人工处理完成的话，数据的准备和后处理将是一项非常费力的工作，而且随着单元数的增加，处理数据会变得越来越单调乏味，同时，出错的概率也会增加，这些因素也影响了有限元分析者的工作热情。在下面的各节中，我们将系统地介绍前处理和后处理方面的知识，这会使有限元分析这一计算工具变得更有趣味。首先介绍针对二维平面问题的通用网格生成方法。

12.2　网格的生成

区域与分块的表征

网格生成的基本思路是通过读入几个关键点的输入数据，来生成单元的连接信息和节点的坐标数据。这里介绍由监科维奇（Zienkiewicz）和菲力普（Philips）提出的网格生成理论和计算机实现方法 ⊖，在这一方法中，一个复杂区域被分成一些八节点的四边形，这些四边形以矩形块的形式显示；考虑如图 12.1 所示的区域，基于完整的矩形分块图能够方便地进行节点编号，为和区域图匹配，矩形块 4 应被处理为空缺，且两条带阴影的线应重合。总之，一个复杂区域可被看做一个大的矩形，并且它由许多矩形块组成，其中的一些块为空缺并且有一些边是重合的。

矩形块的角节点、边和子区域

图 12.2 所示有一由多个矩形分块组成的一般区域构形，它是完整的矩形，用 *S* 和 *W* 来表示矩形的边，其相应的子域分割数是 *NS* 和 *NW*；为了满足坐标映射的一致性，*S*、*W* 和第三个坐标方向 *Z* 必须构成一个右手坐标系；为了生成网格，每个子域还将被细分，子域 *KS* 和 *KW* 被分别细分为 *NSD*（*KS*）和 *NWD*（*KW*）个小区间，由于对节点的编号首先从 *S* 方向

⊖ Zienkiewicz O. C. , D. V. Philips. "An automatic mesh generation scheme for plane and curved surfaces by 'isoparametric' coordinates." International Journal for Numerical Methods in Engineering 3. 1971 : 519 – 528.

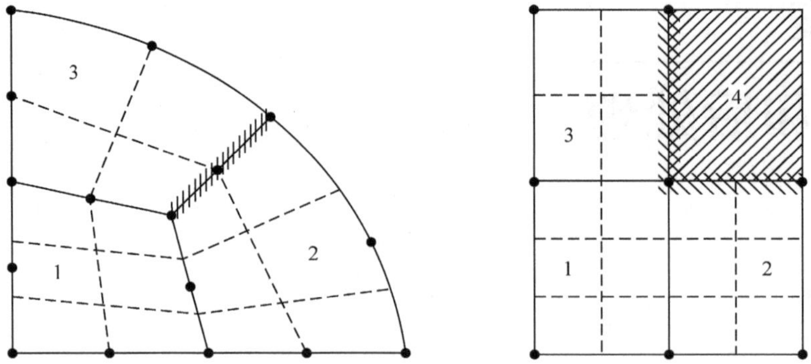

图 12.1

a）区域图　b）矩形分块图

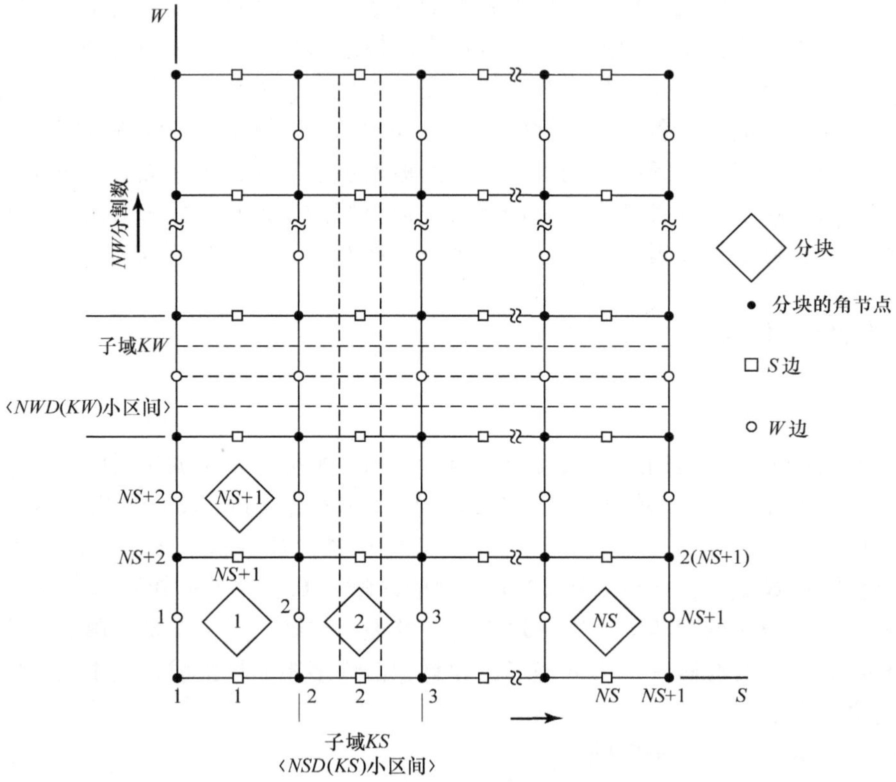

图 12.2　角节点和边的编号

开始，然后再沿 W 方向进行累计编号，如果沿 S 方向总的划分数小于沿 W 方向的划分数，则得到的矩阵带宽将会较小。从这个意义上讲，S 和 W 被用来描述短的和宽的方向；采用这一方法，当没有空缺分块或没有边重合时，则得到的带宽将是最小的。这里，沿 S 和 W 方向的节点总数分别为

$$NNS = 1 + \sum_{KS=1}^{NS} NSD(KS)$$

$$NNW = 1 + \sum_{KW=1}^{NW} NWD(KW) \tag{12.1}$$

对四边形或三边形划分，节点可能的最大值为 $NNT(=NNS \times NNW)$。我们定义一个数组 *NNAR*（*NNT*）来描述该问题中的节点，同样定义一个分块标识矩阵 *IDBLK*（*NSW*），该矩阵负责储存各分块的材料编号，空缺块的位置对应的数是0。所有有效块的角节点的 x、y 坐标都被读入到数组 *XB*（*NGN*，2）中。该程序是用于处理平面区域的，通过引入 z 坐标，同样可以对三维表面进行建模。两个数组 *SR*（*NSR*，2）和 *WR*（*NWR*，2）被用于存储相应边节点的坐标值。首先，生成所有边的节点，假定该边是直边并且该节点是在两个角节点之间的中点上，这是其默认设置；接着，对于曲边和对应节点不在中点的直边，其节点位置的 x 和 y 坐标会被读入到数组 *SR*（.，2）和 *WR*（.，2）中；被合并的边可由这些边的末端节点编号来确定。下面来讨论节点编号和坐标生成方法。

节点编号的生成 我们以一个实例来介绍进行节点编号的方法。考虑如图 12.1 所示的区域和分块，节点编号方案如图 12.3 所示，其中在 S 方向有两个分块，在 W 方向也有两个分块，子块4是空缺的。数组 *NNAR*（30）定义所有节点的位置，编号为 18 ~20 和 18 ~28 的边将被合并，首先通过将数组 *NNAR*（30）中各元素置为 -1 的方法进行初始化，然后在空缺块对应的节点处进行置0，通过这一步骤可检测相邻块的存在。对于边的合并，在具有较大节点编号的边所对应的节点处，将需要合并边所对应的已有节点编号输入。最后的节点编号就是一个简单的处理过程，沿着 S 方向进行扫描，然后在 W 方向上递增编号。只要对应节点位置编号的值是负数，就将节点编号自动增加1，当值为0时，

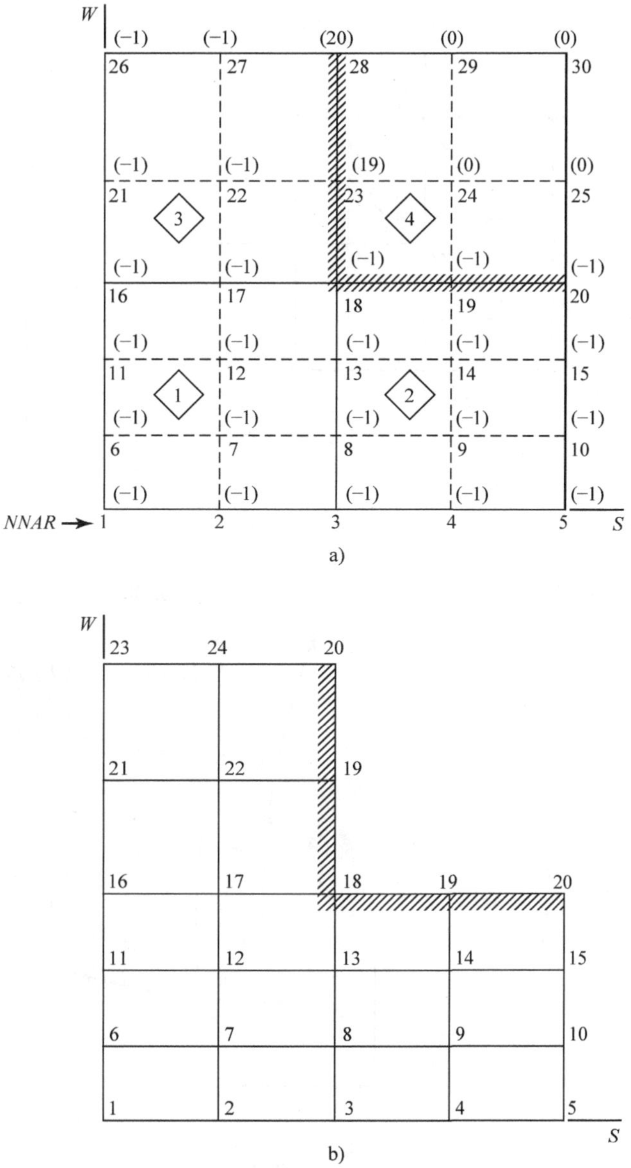

图 12.3 节点编号

就自动跳过。如果该位置的值是一正数，则表示边重合的情况，就将所对应位置的已有节点编号插入。由于这一方法很简单，所以在这一步处理过程中不需要再对节点坐标进行检查。

节点坐标和单元节点连接信息的生成 这里我们使用形状函数来实现第8章中介绍的八节点四边形单元的等参映射。参考图12.4，该图建立了基准矩形分块（或ξ-η块）、S-W分块以及实际的区域分块（或x-y块）之间的联系，第一步是提取出所要计算分块中的角点和边上中节点的整体坐标，一般情况下，对于节点$N1$，基于所划分的分段数可获得ξ和η坐标。

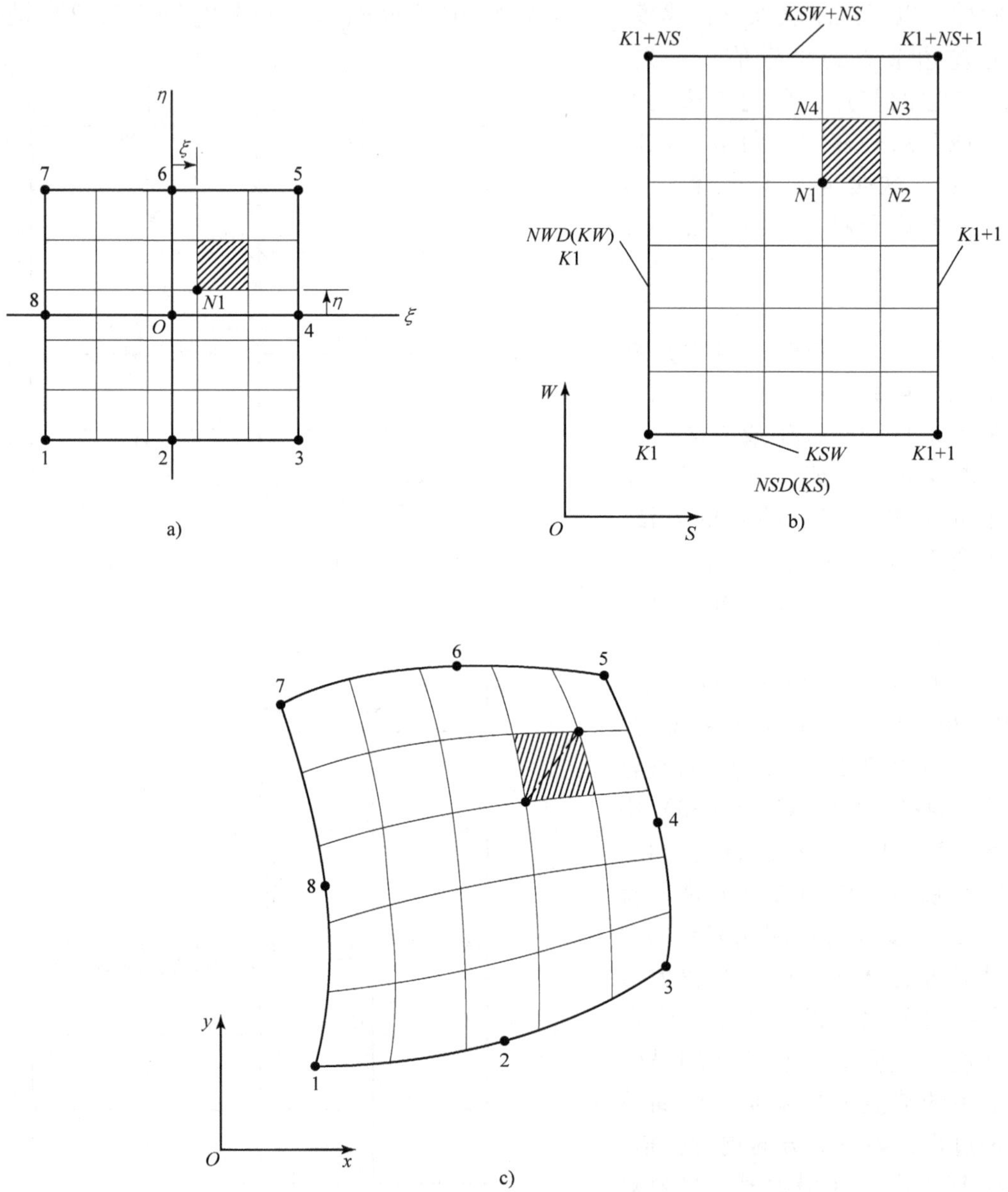

图12.4 节点坐标及单元节点连接关系

a）用于获得形状函数的基准矩形分块 b）用于节点编号的分块 c）实际的区域分块

节点 $N1$ 的坐标由下式给出

$$x = \sum_{I=1}^{8} SH(I) \cdot X(I)$$

$$y = \sum_{I=1}^{8} SH(I) \cdot Y(I) \tag{12.2}$$

其中，$SH()$ 是形状函数；$X()$ 和 $Y()$ 是角节点的坐标。对于图 12.4 中所示的阴影小矩形分块，其左下角的角点为 $N1$，可以算出另外三个节点 $N2$、$N3$ 和 $N4$。对于四边形单元，我们使用 $N1$-$N2$-$N3$-$N4$ 作为单元，其中第一个单元从左下部拐角处开始，下一个分块的单元编号紧跟着上一个分块的最后一个编号。对于三角形单元的划分，每个矩形被划分成两个三角形，即 $N1$-$N2$-$N3$ 和 $N3$-$N4$-$N1$，然后再重新调整三角形的边，以连接较短的对角线作为三角形的边。对于空缺块，坐标和节点连接信息的生成过程会自动跳过。

这一通用的网格生成方法也能够进行复杂问题的建模。引入 z 坐标后，这一方法也能推广到三维表面问题，下面以几个例子来介绍这一程序的使用方法。

网格生成的例子 第一个例子（见图 12.5），其中有 4 个分块，所有分块的默认材料编号是 1，分块 4 的材料编号读入时为 0，表示它是空缺块。对 S 方向的区间 1 和区间 2，分别再被分成 4 小段和 2 小段，而 W 方向的区间 1 和区间 2，都被分为 3 小段；然后读入角节点 1 ~ 8 和曲边 $W1$、$W4$ 的中点坐标。图 12.5 也给出了具有节点编号的网格，如果需要三角形网格，只需连接每个四边形的短对角线。

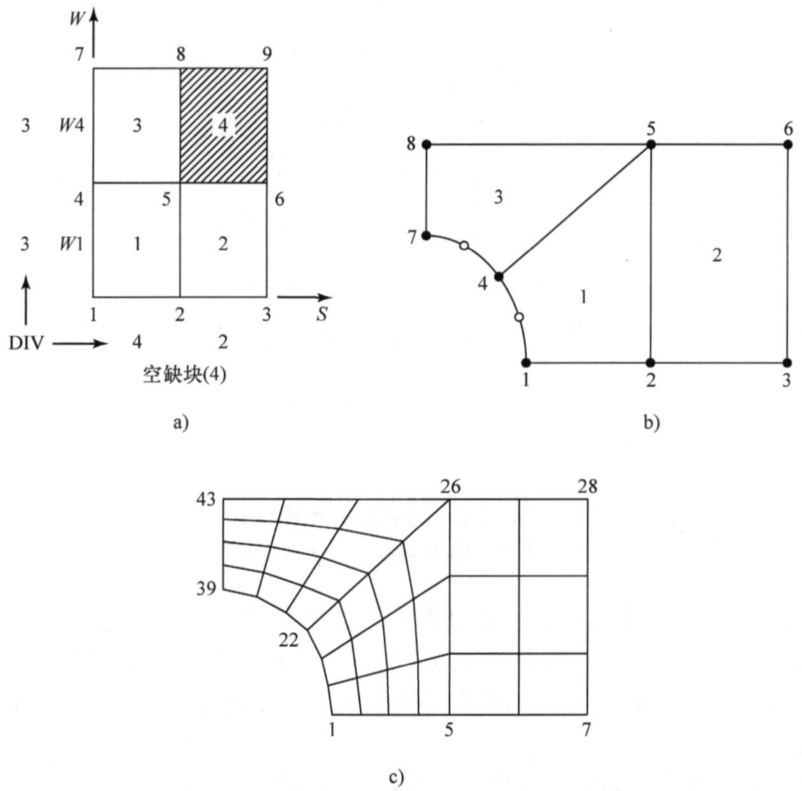

图 12.5 网格划分示例 1

a）分块图 b）实际区域 c）网格划分

图 12.6 所示是第二个例子，我们对一个完整的环形区域进行建模，为获得最小的带宽，建议用如图 12.6a 所示的分块图，分块 2 和 5 是空缺块。边 1-2 与 4-3 重合，边 9-10 与 12-11 重合，并且需要给出所有角节点以及分块图中边 *W*1，*W*2，…，*W*8 中点的坐标。分块图中给出的分区间划分所生成的网格如图 12.6c 所示。

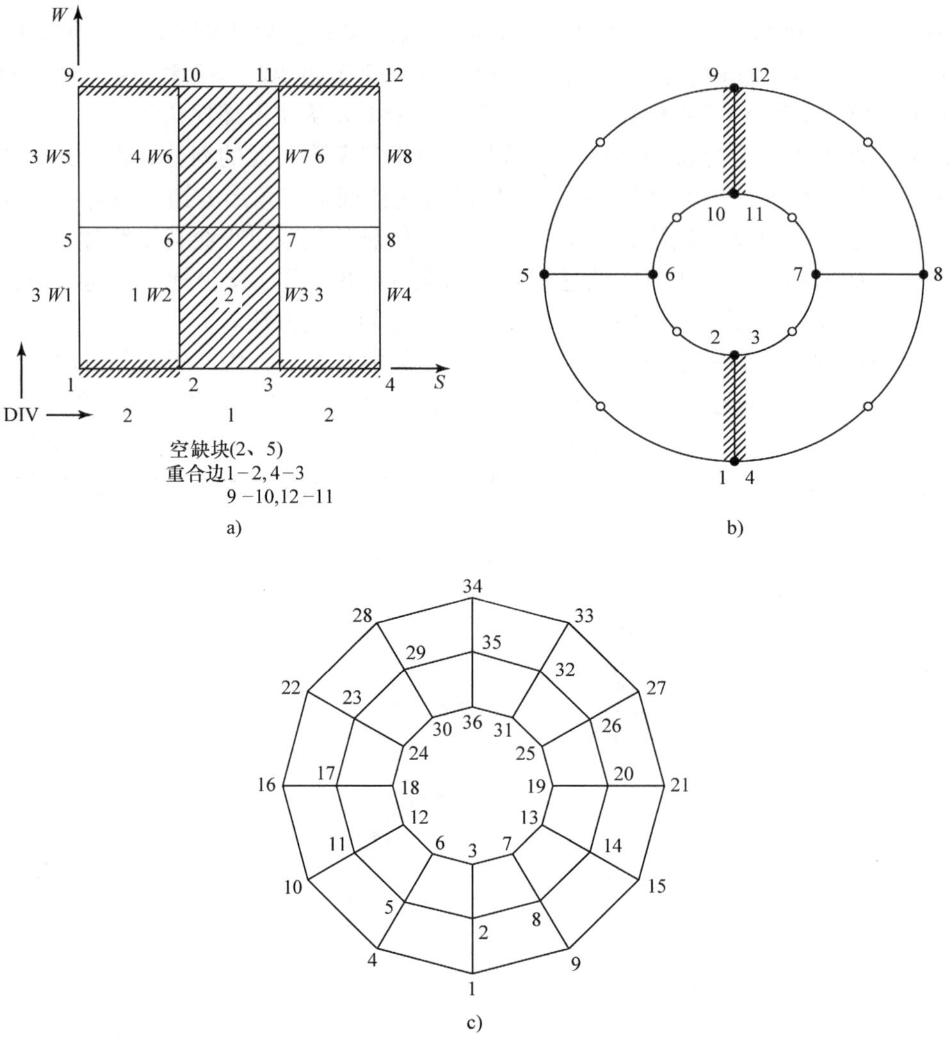

图 12.6 网格划分示例 2

a) 分块图 b) 实际区域 c) 网格划分

图 12.7 显示的是一个孔眼结构，这里需要对整个几何形状进行建模。分块图显示的是空缺块和区间划分，其中标出了需合并的边；分块图中所有角点的坐标将被读入，同时必须输入曲边 *W*1、*W*2、*W*4、*W*7、*W*10、*W*13、*W*16 和 *W*17 上中点的坐标值。图中所示的网格是四边形单元。

区域划分和分块图绘制是准备生成网格所需数据的第一个步骤。

网格图的绘制 生成的数据保存在一个文件中，用计算机将图形画出来可以很方便地检查节点坐标值和节点连接信息，从图中也可以很快发现是否存在错误，而且也能很容易地确

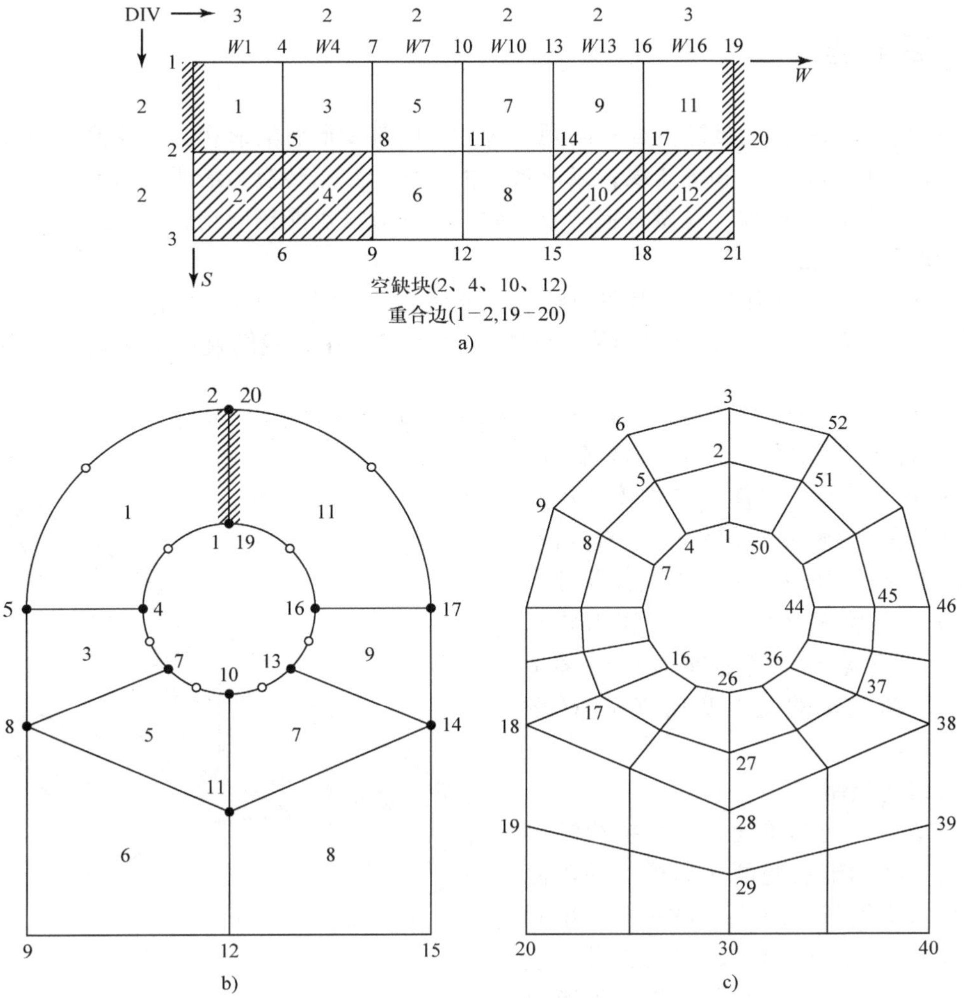

图 12.7 网格划分示例 3

a）分块图 b）实际区域 c）网格划分

定出是否是需要重新调整的节点。程序 PLOT2D 能在屏幕上绘制二维的网格，在绘制网格时，将扫描每个单元并使用节点连接信息画出单元的边界，但首先需要根据屏幕的分辨率和尺寸来调整坐标显示的范围。

数据的处理和编辑 对于单元和节点数不多的简单问题，使用文本编辑器就能够方便地准备数据。对稍微复杂一些的问题，用户可通过程序 MESHGEN 来生成数据；程序 MESHGEN的输出包括节点坐标和单元连接信息，然后再用文本编辑器在网格数据文件中添加载荷、边界条件、材料属性以及其他信息；所有问题对应的数据文件格式都是一致的，该格式在本书的内封上有介绍，而且在本书每章的结尾处都提供有一个输入文件的例子；对二维问题，程序 PLOT2D 能够读入数据并在屏幕上画出网格。

用上述方法生成的数据可用前面章节介绍的有限元程序进行处理，有限元程序负责处理数据并计算节点变量值（比如位移和温度），以及计算单元的变量值（比如应力和梯度），下一阶段就是后处理。

12.3 后处理

这里我们讨论一些后处理方面的问题，包括：绘制变形后的形状、以等值线的形式显示节点的数据，比如等温线和等压线，以及将有关单元的数据转换为最匹配的节点值。这里我们只讨论二维问题，此外，在做一定的修改后，这一方法也能拓展到三维问题。

变形图和模态形状

对程序 PLOT2D 稍作扩展，就可以绘制变形后的形状图；如果将位移或特征向量的分量读入到矩阵 $U(NN, 2)$ 中，把坐标值存储在 $X(NN, 2)$ 中，我们就可定义变形后的位置矩阵 $XP(NN, 2)$，即

$$XP(I,J) = X(I,J) + \alpha U(I,J) \quad (J=1,2; I=1,\cdots,NN) \tag{12.3}$$

其中，α 是放大因子，它用来调整 $\alpha U(I, J)$ 的最大分量，以使其与物体的尺寸有一个合理的比例，NN 表示节点的数量；读者可试着将这一最大分量设为物体尺寸参数的 10%。在程序 PLOT2D 中，还需要对程序进行一些修改，使之能读取位移 $U(NN, 2)$、确定 α 的值以及用 $\boldsymbol{X} + \alpha\boldsymbol{U}$ 替换 $\boldsymbol{X}$。

等值线的绘制

对三节点三角形单元，可直接绘制出诸如温度这样的节点变量（标量）的等值线。我们考虑如图 12.8 所示的三角形单元上的变量 f，三个节点 1、2、3 处的节点值分别是 f_1、f_2 和 f_3，使用常应变三角形单元的线性形状函数来对函数 f 进行插值，f 表示的是三个节点处的值分别为 f_1、f_2 和 f_3 的一个平面，我们希望得到每个级别的分布状况；假定 $\hat{f}$ 表示一个级别的等值线，如果 $\hat{f}$ 位于区间 f_2，f_3，那它也必位于 f_1，f_2 或 f_1，f_3 中的一个区间。图 12.8 所示的即是 $\hat{f}$ 在区间 f_2，f_3 的情况，这时在点 A 和点 B 处 f 的值为 $\hat{f}$，在 AB 连线上为一恒值，这样确定点 A 和点 B 的坐标值就能得到等值线 AB，点 A 的坐标可由下式求出

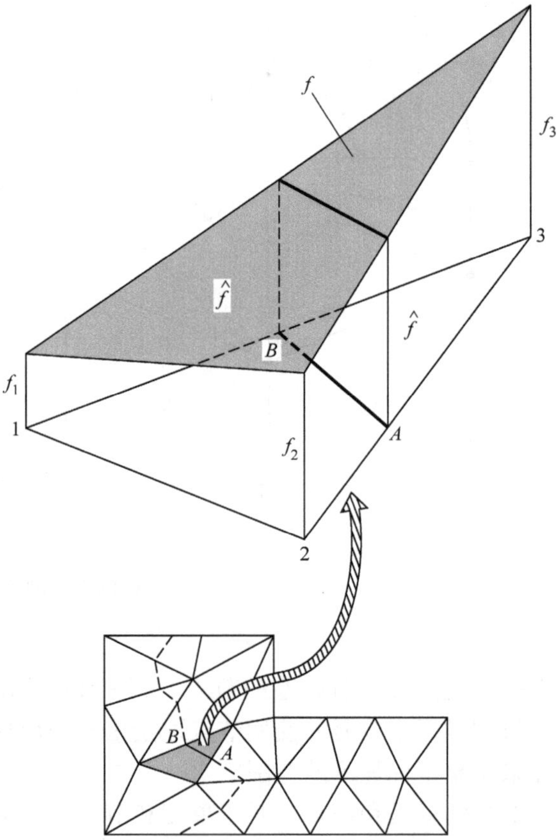

图 12.8 变量 f 的等值线

$$\begin{cases} \xi = \dfrac{\hat{f} - f_2}{f_3 - f_2} \\ x_A = \xi x_3 + (1-\xi) x_2 \\ y_A = \xi y_3 + (1-\xi) y_2 \end{cases} \tag{12.4}$$

用指标 1 和 3 替换 2 和 3 后即可得到点 B 的坐标值。

程序 CONTOURA 能够画出用节点值表示的变量 FF。坐标值、单元的节点连接信息和函数值通过数据文件读入，在该程序的第一部分中，在屏幕上将对区域的边界显示进行限制，函数限制和等值线的分级数也将读入，区域的边界也显示在屏幕上，然后，程序扫描每个单元的函数值，并绘出常值的连线，这样，最后的结果就是一幅等值线图。

此外，在程序 CONTOURA 中，函数值的分级数设定为 10，且每一个分级都对应不同的颜色，紫色是最低级，红色是最高级，其他级别的高低顺序大致对应着彩虹的色谱顺序。程序 CONTOURB 则将颜色填充到一个单元的封闭子区之中。这样，程序 CONTOURA 和程序 CONTOURB 使用相同数据画出颜色显示云图，这两个程序都适用于 4 节点四边形单元。在引入一个内点并考虑相应的 4 个三角形后，三角形等值线的绘制方法同样适用于四边形。四边形还有一些其他的等值线算法，有兴趣的读者可以查找这一领域的相关资料。

还有一些其他的量，比如应力、温度和速度梯度等，它们在整个三角形单元中都是常数，对于这种情况，绘制等值线图需要求出节点的值。这里我们介绍采用最小二乘匹配法来求节点值，该方法适用于不同的情况，比如在图像处理中使获得的数据变得光滑。下面在介绍完三角形单元的最小二乘匹配法后，将介绍针对 4 节点四边形单元的最小二乘匹配法。

常数三角形单元中节点值的计算

现在我们来求取使得误差平方最小的节点值，这里考虑具有常函数值的三角形单元。如图 12.9 所示，有一个函数值为 f_e 的三角形单元，假定 f_1、f_2 和 f_3 分别代表 3 个局部节点的函数值，则插值函数可表示为

$$f = \boldsymbol{N}\boldsymbol{f} \tag{12.5}$$

其中

$$\boldsymbol{N} = (N_1, N_2, N_3) \tag{12.6}$$

是形状函数列阵，且

$$\boldsymbol{f} = (f_1, f_2, f_3)^{\mathrm{T}} \tag{12.7}$$

误差的平方可表示为

$$E = \sum_e \frac{1}{2}\int_e (f - f_e)^2 \mathrm{d}A \tag{12.8}$$

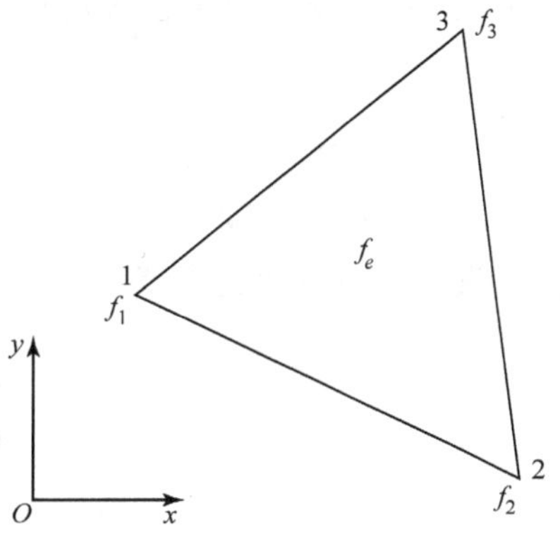

图 12.9 用于最小二乘匹配的三角形单元

展开上式并将式（12.5）代入，可得

$$E = \sum_e \left[\frac{1}{2}\boldsymbol{f}^{\mathrm{T}}\left(\int_e \boldsymbol{N}^{\mathrm{T}}\boldsymbol{N}\mathrm{d}A\right)\boldsymbol{f} - \boldsymbol{f}^{\mathrm{T}}\left(f_e\int_A \boldsymbol{N}^{\mathrm{T}}\mathrm{d}A\right) + \frac{1}{2}f_e^2 A\right] \tag{12.9}$$

注意上式的最后一项为常数，将该式写成以下形式

$$\boldsymbol{E} = \sum_e \left(\frac{1}{2}\boldsymbol{f}^{\mathrm{T}}\boldsymbol{W}^e\boldsymbol{f} - \boldsymbol{f}^{\mathrm{T}}\boldsymbol{R}^e\right) + \text{常数} \tag{12.10}$$

其中

$$\boldsymbol{W}^e = \int_e \boldsymbol{N}^{\mathrm{T}}\boldsymbol{N}\mathrm{d}A = \frac{A_e}{12}\begin{pmatrix} 2 & 1 & 1 \\ 1 & 2 & 1 \\ 1 & 1 & 2 \end{pmatrix} \tag{12.11}$$

$$\boldsymbol{R}^e = f_e\int_e \boldsymbol{N}^{\mathrm{T}}\boldsymbol{N}\mathrm{d}A = \frac{f_eA_e}{3}\begin{pmatrix}1\\1\\1\end{pmatrix} \tag{12.12}$$

$\int_e \boldsymbol{N}^{\mathrm{T}}\boldsymbol{N}\mathrm{d}A$ 类似于第11章中三角形单元质量矩阵的计算。对刚度阵 $\boldsymbol{W}^e$ 和载荷阵 $\boldsymbol{R}^e$ 进行组装后，可以得到

$$E = \frac{1}{2}\boldsymbol{F}^{\mathrm{T}}\boldsymbol{W}\boldsymbol{F} - \boldsymbol{F}^{\mathrm{T}}\boldsymbol{R} + \text{常数} \tag{12.13}$$

其中，$\boldsymbol{F}$ 是整体节点值的列阵，即

$$\boldsymbol{F} = (F_1, F_2, \cdots, F_{NN})^{\mathrm{T}} \tag{12.14}$$

对于最小二乘误差，令误差 E 对每一个 F_i 的导数为零，则有

$$\boldsymbol{W}\boldsymbol{F} = \boldsymbol{R} \tag{12.15}$$

这里 $\boldsymbol{W}$ 是带状的对称矩阵，方程组可采用有限元程序中方程求解的技巧。程序 BESTFIT 是采用网格数据和单元值的数据 $FS(NE)$，并求出三节点三角形单元的节点数据 $F(NN)$。原有程序的输入文件中只需要节点坐标和单元节点连接信息数据。

四节点四边形的最小二乘匹配法

令 $\boldsymbol{q} = (q_1,\ q_2,\ q_3,\ q_4)^{\mathrm{T}}$ 表示单元节点值，该值需要针对4个内部点上的误差，采用最小二乘匹配法来确定。假定 $\boldsymbol{s} = (s_1, s_2, s_3, s_4)^{\mathrm{T}}$ 表示4个内部点处的插值列阵，并且 $\boldsymbol{a} = (a_1, a_2, a_3, a_4)^{\mathrm{T}}$ 表示变量的实际值（见图12.10），则误差可定义为

$$\begin{aligned}\boldsymbol{\varepsilon} &= \sum_e (\boldsymbol{s} - \boldsymbol{a})^{\mathrm{T}}(\boldsymbol{s} - \boldsymbol{a})\\ &= \sum_e (\boldsymbol{s}^{\mathrm{T}}\boldsymbol{s} - 2\boldsymbol{s}^{\mathrm{T}}\boldsymbol{a} - \boldsymbol{a}^{\mathrm{T}}\boldsymbol{a})\end{aligned} \tag{12.16}$$

一般情况下，这4个内部点可取为高斯积分点，在这些点上应力值匹配得较好。如果

$$\boldsymbol{N} = \begin{pmatrix} N_1^1 & N_2^1 & N_3^1 & N_4^1\\ N_1^2 & N_2^2 & N_3^2 & N_4^2\\ N_1^3 & N_2^3 & N_3^3 & N_4^3\\ N_1^4 & N_2^4 & N_3^4 & N_4^4 \end{pmatrix} \tag{12.17}$$

其中，N_j^i 表示在内部点 I 处求得的形状函数 N_j，那么 $\boldsymbol{s}$ 可记作

$$\boldsymbol{s} = \boldsymbol{N}\boldsymbol{q} \tag{12.18}$$

将该式代入式（12.16）中，发现误差变为

$$\boldsymbol{\varepsilon} = \sum_e \boldsymbol{q}^{\mathrm{T}}\boldsymbol{N}^{\mathrm{T}}\boldsymbol{N}\boldsymbol{q} - 2\boldsymbol{q}^{\mathrm{T}}\boldsymbol{N}^{\mathrm{T}}\boldsymbol{a} + \boldsymbol{a}^{\mathrm{T}}\boldsymbol{a} \tag{12.19}$$

注意到 $\boldsymbol{N}^{\mathrm{T}}\boldsymbol{N}$ 的作用和单元刚度阵 $\boldsymbol{k}^e$ 相似，且 $\boldsymbol{N}^{\mathrm{T}}\boldsymbol{a}$ 和单元的载荷列阵相似，这样就可以进行刚度和载荷列阵的组装。组装后的矩阵方程可以写为下面的形式

$$\boldsymbol{K}\boldsymbol{Q} = \boldsymbol{F} \tag{12.20}$$

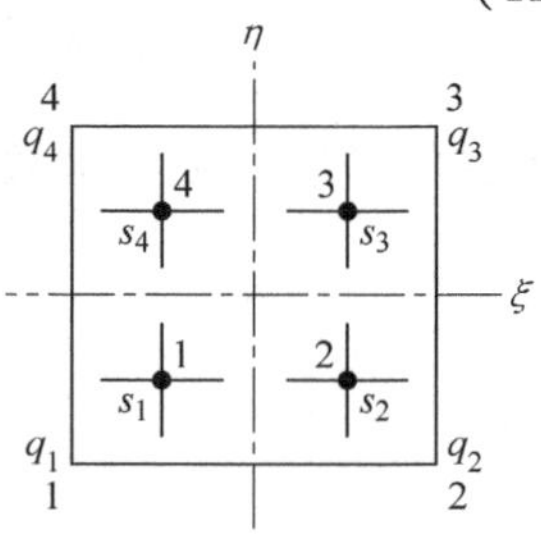

图12.10 四边形单元的最小二乘匹配法

求解这一方程组可得到 $\boldsymbol{Q}$，它就是所研究变量的节点值列阵，该值由单元的最小二乘匹配法来获得。最小二乘匹配

法在程序 BESTFITQ 中已得到实现。

诸如最大切应力、Mises 应力和温度梯度等单元量都可转换为节点值，然后就可以绘制出相应的等值线图。

程序 BESTFI 和 CONTOUR 的使用方法已经在第 6 章（例题 6.9）中讨论过。

12.4 小结

前处理和后处理是有限元分析的组成部分，通用的网格生成方法能够对各种各样的复杂区域进行建模。读者需要带着更丰富的想象力来对复杂区域进行分块描述，对空缺块的定义和对相应边进行合并可以使我们能够就多连通区域进行建模，单元节点的合理编号可以生成更好的稀疏矩阵，而且在许多情况下通过合适地选择区域分块能够获得最小的带宽。网格划分图可以显示单元的分布；数据处理程序是一个用来准备单元数据和进行编辑的专门程序；绘制变形图和模态形状图可以在本书所包括的程序中实现。我们还介绍了绘制三角形和四边形单元等值线图的方法及相关程序；对单元值能够进行最好匹配的节点值计算方法和前面章节所介绍过的有限元方法具有基本相同的处理方式。

有限元分析能够解决很多领域的问题，这些领域包括：固体力学、流体力学、热传导、电场和磁场以及其他领域。在问题的处理过程中将会产生大量的数据，这些数据需要进行系统的处理和清楚的表示。在准备和处理输入输出数据时，这一章所介绍的方法能够让你感觉到这是有趣的工作而不是一项无聊的任务。

例题 12.1

例题 12.1 图所示的四分之一圆由程序 MESHGEN 进行网格划分；输入的数据由例题 12.1 图给出。在输出文件中给出了单元节点的连接信息和节点坐标，运行程序 PLOT2D 可绘制出网格的划分图。

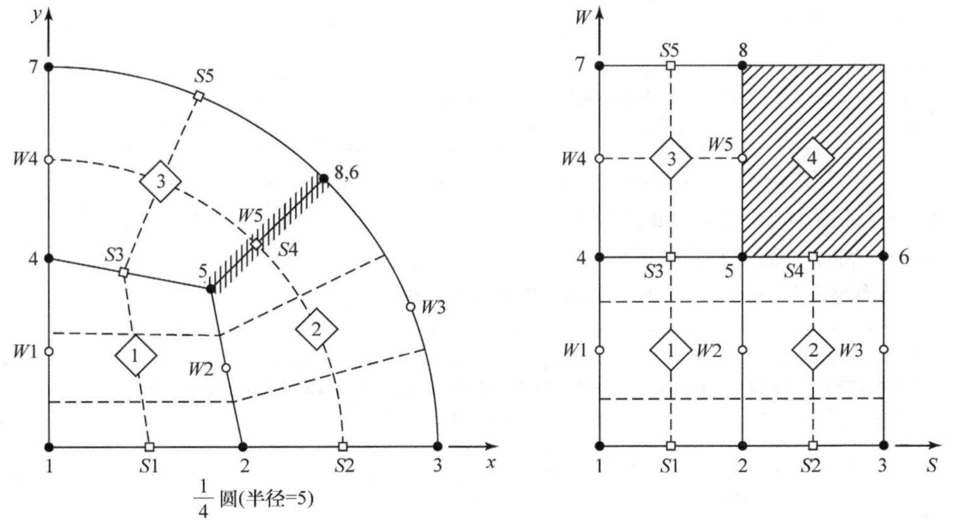

例题 12.1 图

输入数据/输出数据

```
INPUT TO MESHGEN
MESH GENERATION
Example 12.1
Number of Nodes per Element <3 or 4>
3
BLOCK DATA                          NS=#S-Spans
NS     NW      NSJ                  NW=#W-Spans
2      2       1                    NSJ=#PairsOfEdgesMerged
SPAN DATA
S-Span#        #Div  (for each S-Span/Single division = 1)
1      2
2      2
W-Span#        #Div (for each W-Span/Single division = 1) TempRise(NCH=2 El
Char: Th Temp)
1      3
2      2
BLOCK MATERIAL DATA
Block#         Material  (Void => 0   Block# = 0 completes this data)
4      0
0
BLOCK CORNER DATA
Corner#        X-Coord     Y-Coord  (Corner# = 0 completes this data)
1      0       0
2      2.5     0
3      5       0
4      0       2.5
5      1.8     1.8
6      3.536   3.536
7      0       5
8      3.536   3.536
0
MID POINT DATA FOR CURVED OR GRADED SIDES
S-Side#        X-Coord     Y-Coord (Sider# = 0 completes this data)
5      1.913   4.619
0
W-Side#        X-Coord     Y-Coord (Sider# = 0 completes this data)
3      4.619   1.913
0
MERGING SIDES (Node1 is the lower number)
Pair#  Sid1Nod1  Sid1Nod2  Sid2Nod1  Sid2Nod2
1      5         6         5         8
```

程序 MESHGEN 的输出可参考第 6 章的例题。

PLOT2D.XLS 绘制一个没有结点的网格。

Executable 程序用于 PLOT2D，CONTOURA 和 CONTOURB。

```
INPUT TO BESTFIT (File input for C, FORTRAN, and MATLAB Programs)
Geometry Data for BESTFIT same as for CST or AXISYM
Example 6.7
NN      NE      NM      NDIM    NEN     NDN
4       2       1       2       3       2
ND      NL      NMPC
5       1       0
```

（续）

```
Node#  X      Y
1      3      0
2      3      2
3      0      2
4      0      0
Elem#  N1     N2     N3     Mat#    Thickness    TempRise
1      4      1      2      1       0.5          0
2      3      4      2      1       0.5          0
Element Data - <1> for Input from Sheet1  <2> for File Input
1
Element Values (If above number is 1 give element values here)
524.9
298.7
```

```
OUTPUT FROM BESTFIT
NODAL VALUES FROM SHEET2
Nodal Values
638
411.8
185.6
411.8

Executable programs for BESTFIT and BESTFITQ are given for file input
```

PLOT2D 的输入为 CST，AXISYM，QUAD 或 AXIQUAD。

习　　题

12.1　使用程序 MESHGEN，分别采用三角形和四边形单元生成习题 12.1 图 a、b 所示区域的有限元网格；对图中的倒角弧线，采用方程 $y = 42.5 - 0.5x + x^2/360$。

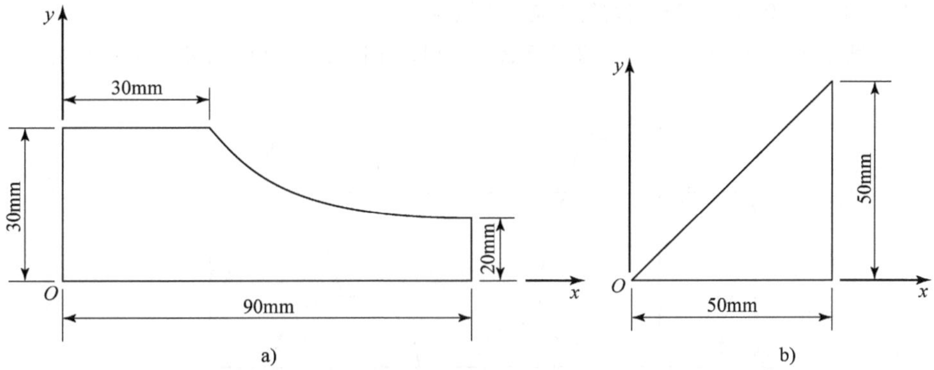

习题 12.1 图

12.2　对习题 12.1 图 a 中所示的区域进行“带疏密变化”的网格划分，这样可以使得靠近区域左边界的地方有更多的单元，即沿着 x 轴的正向，其网格密度逐渐减小。采用程序 MESHGEN 并在边上增加中间节点。

12.3　使用程序 CONTOUR 绘制例题 10.4 中得到的温度分布所对应的等温线。

12.4　使用程序 CST 求解习题 6.17 后，完成下列工作：

（a）使用程序 PLOT2D 绘制出初始形状和变形后的形状图，在绘制变形后的形状时，需要选取一个缩放比例系数并使用方程（12.3）。

（b）使用程序 BESTFIT 和 CONTOUR 绘制最大主应力的等值线。

12.5　画出习题 11.4 中的梁的模态形状。可以通过修改程序 PLOT2D，并设置与程序 INVITR 的接口来实现。

12.6 这个问题描述的是如何构造一个专用有限元程序。程序中仅需输入和设计相关的参数，然后自动生成网格、进行边界条件和载荷的定义、完成有限元分析以及进行后处理。

考虑如习题12.6图所示的飞轮，要求通过修改程序MESHGEN、PLOT2D、AXISYM、BESTFIT和CONTOUR，并设置程序之间相应的接口，设计出一个专用程序，该程序只要求用户输入全部的尺寸r_h、r_i、r_o、t_h和t_f，以及E、ν、ρ和ω的值，就可以通过批处理文件或命令文件来执行，或是一个完整的程序，要求包括以下特征：

（a）能够打印所有的输入数据并输出位移和应力。

（b）绘制出变形前和变形后的形状图。

利用此程序求解习题7.7，并画出应力分量的等值线图。

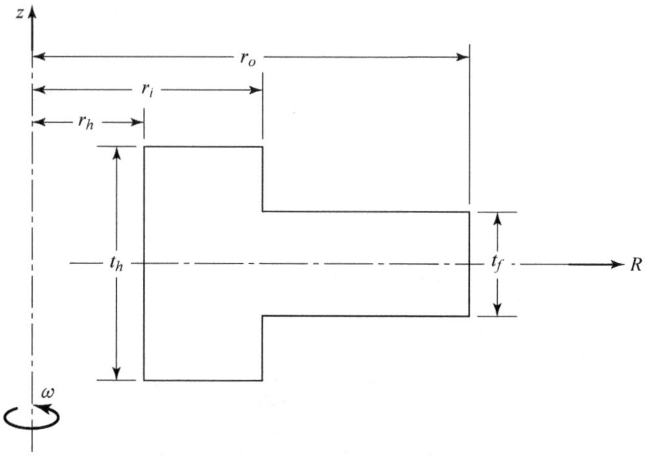

习题12.6图

12.7 绘制出习题10.18中扭转问题的剪应力等值线图。

12.8 使用程序MESHGEN生成如习题12.8图所示带两个圆孔的平板的粗糙网格，并用PLOT2D画出网格图。

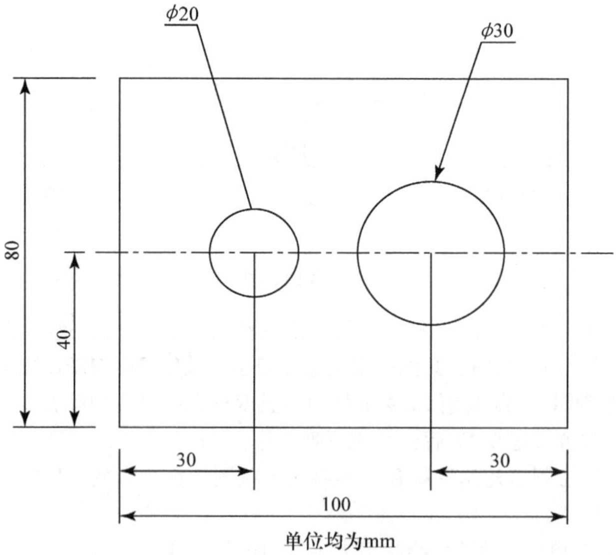

习题12.8图

程序清单

```
'***********************************************
'*              PROGRAM MESHGEN                *
'*  MESH GENERATOR FOR TWO DIMENSIONAL REGIONS  *
'*     (c) T.R.CHANDRUPATLA & A.D.BELEGUNDU     *
'***********************************************
Private Sub cmdEnd_Click()
   End
End Sub
'===== MAIN PROGRAM ======
Private Sub cmdStart_Click()
     Call InputData
     Call GlobalNode
     Call CoordConnect
     Call Output
     cmdView.Enabled = True
     cmdStart.Enabled = False
End Sub
'===============================
```

```
'===== INPUT DATA FROM FILE ======
Private Sub InputData()
     File1 = InputBox("Input File d:\dir\fileName.ext", "Name of File")
     Open File1 For Input As #1
     '=============  READ DATA  ===============
     Line Input #1, Dummy: Line Input #1, Title
     Line Input #1, Dummy
     Input #1, NEN
     ' NEN = 3 for Triangle  4 for Quad
     If NEN < 3 Then NEN = 3
     If NEN > 4 Then NEN = 4
     'Hints:  A region is divided into 4-cornered blocks viewed as a
     '    mapping from a Checkerboard pattern of S- and W- Sides
     '    S- Side is one with lower number of final divisions
     '    Blocks, Corners, S- and W- Sides are labeled as shown in Fig. 12.2
     '    Make a sketch and identify void blocks and merging sides
     '----- Block Data -----
     '#S-Spans(NS)  #W-Spans(NW)  #PairsOfEdgesMerged(NSJ)
     Line Input #1, Dummy: Line Input #1, Dummy
     Input #1, NS, NW, NSJ
     NSW = NS * NW: NGN = (NS + 1) * (NW + 1): NM = 1
     ReDim IDBLK(NSW), NSD(NS), NWD(NW), NGCN(NGN), SH(8)
     '------------- Span Divisions ---------------
     Line Input #1, Dummy
     NNS = 1: NNW = 1
     '--- Number of divisions for each S-Span
     Line Input #1, Dummy
     For KS = 1 To NS
        Input #1, N
        Input #1, NSD(N)
        NNS = NNS + NSD(N)
     Next KS
     '--- Number of divisions for each W-Span
     Line Input #1, Dummy
     For KW = 1 To NW
        Input #1, N
        Input #1, NWD(N)
        NNW = NNW + NWD(N)
     Next KW

     '--- Block Material Data
```

(续)

```
Input #1, Dummy: Input #1, Dummy
'-------- Block Identifier / Material# (Default# is 1) --------
For I = 1 To NSW: IDBLK(I) = 1: Next I
Do
   Input #1, NTMP
   If NTMP = 0 Then Exit Do
   Input #1, IDBLK(NTMP)
   If NM < IDBLK(NTMP) Then NM = IDBLK(NTMP)
Loop

'-----------------   Block Corner Data  ---------------
NSR = NS * (NW + 1): NWR = NW * (NS + 1)
ReDim XB(NGN, 2), SR(NSR, 2), WR(NWR, 2)
Input #1, Dummy: Input #1, Dummy
Do
   Input #1, NTMP
   If NTMP = 0 Then Exit Do
   Input #1, XB(NTMP, 1)
   Input #1, XB(NTMP, 2)
Loop
'---------- Evaluate Mid-points of S-Sides -------------
For I = 1 To NW + 1
   For J = 1 To NS
       IJ = (I - 1) * NS + J
       SR(IJ, 1) = 0.5 * (XB(IJ + I - 1, 1) + XB(IJ + I, 1))
       SR(IJ, 2) = 0.5 * (XB(IJ + I - 1, 2) + XB(IJ + I, 2))
   Next J
Next I
'---------- Evaluate Mid-points of W-Sides -------------
For I = 1 To NW
   For J = 1 To NS + 1
       IJ = (I - 1) * (NS + 1) + J
       WR(IJ, 1) = 0.5 * (XB(IJ, 1) + XB(IJ + NS + 1, 1))
       WR(IJ, 2) = 0.5 * (XB(IJ, 2) + XB(IJ + NS + 1, 2))
   Next J
Next I
'------ Mid Points for Sides that are curved or graded ------
Line Input #1, Dummy: Line Input #1, Dummy
'--- S-Sides
Do
   Input #1, NTMP
   If NTMP = 0 Then Exit Do
   Input #1, SR(NTMP, 1)
   Input #1, SR(NTMP, 2)
Loop
Line Input #1, Dummy
'--- W-Sides
Do
   Input #1, NTMP
   If NTMP = 0 Then Exit Do
   Input #1, WR(NTMP, 1)
   Input #1, WR(NTMP, 2)
Loop
'--------- Merging Sides ----------
If NSJ > 0 Then
   Input #1, Dummy: Input #1, Dummy
   ReDim MERG(NSJ, 4)
   For I = 1 To NSJ
       Input #1, N
       Input #1, L1
       Input #1, L2
       Call SideDiv(L1, L2, IDIV1)
```

(续)

```
            Input #1, L3
            Input #1, L4
            Call SideDiv(L3, L4, IDIV2)
            If IDIV1 <> IDIV2 Then
               picBox.Print "#Div don't match. Check merge data."
               End
            End If
            MERG(I, 1) = L1: MERG(I, 2) = L2
            MERG(I, 3) = L3: MERG(I, 4) = L4
         Next I
      End If
      Close #1
End Sub
'=========================================================
```

```
'===== GLOBAL NODE NUMBERS FOR THE MESH ======
Private Sub GlobalNode()
      '------- Global Node Locations of Corner Nodes ---------
      NTMPI = 1
      For I = 1 To NW + 1
         If I = 1 Then IINC = 0 Else IINC = NNS * NWD(I - 1)
         NTMPI = NTMPI + IINC: NTMPJ = 0
         For J = 1 To NS + 1
            IJ = (NS + 1) * (I - 1) + J
            If J = 1 Then JINC = 0 Else JINC = NSD(J - 1)
            NTMPJ = NTMPJ + JINC: NGCN(IJ) = NTMPI + NTMPJ
         Next J
      Next I
      '---------------- Node Point Array --------------------
      NNT = NNS * NNW
      ReDim NNAR(NNT)
      For I = 1 To NNT: NNAR(I) = -1: Next I
      '--------- Zero Non-Existing Node Locations ---------
      For KW = 1 To NW
         For KS = 1 To NS
            KSW = NS * (KW - 1) + KS
            If IDBLK(KSW) <= 0 Then
               '-------- Operation within an Empty Block --------
               K1 = (KW - 1) * (NS + 1) + KS: N1 = NGCN(K1)
               NS1 = 2: If KS = 1 Then NS1 = 1
               NW1 = 2: If KW = 1 Then NW1 = 1
               NS2 = NSD(KS) + 1
               If KS < NS Then
                     If IDBLK(KSW + 1) > 0 Then NS2 = NSD(KS)
                 End If
                 NW2 = NWD(KW) + 1
                 If KW < NW Then
                   If IDBLK(KSW + NS) > 0 Then NW2 = NWD(KW)
                 End If
                 For I = NW1 To NW2
                   IN1 = N1 + (I - 1) * NNS
                   For J = NS1 To NS2
                          IJ = IN1 + J - 1: NNAR(IJ) = 0
                   Next J
          Next I
          ICT = 0
          If NS2 = NSD(KS) Or NW2 = NWD(KW) Then ICT = 1
          If KS = NS Or KW = NW Then ICT = 1
          If ICT = 0 Then
             If IDBLK(KSW + NS + 1) > 0 Then NNAR(IJ) = -1
          End If
         End If
        Next KS
      Next KW
```

（续）

```
      '--------  Node Identification for Side Merging ------
      If NSJ > 0 Then
         For I = 1 To NSJ
            I1 = MERG(I, 1): I2 = MERG(I, 2)
            Call SideDiv(I1, I2, IDIV)
            IA1 = NGCN(I1): IA2 = NGCN(I2)
            IASTP = (IA2 - IA1) / IDIV
            I1 = MERG(I, 3): I2 = MERG(I, 4)
            Call SideDiv(I1, I2, IDIV)
            IB1 = NGCN(I1): IB2 = NGCN(I2)
            IBSTP = (IB2 - IB1) / IDIV
            IAA = IA1 - IASTP
            For IBB = IB1 To IB2 Step IBSTP
               IAA = IAA + IASTP
               If IBB = IAA Then NNAR(IAA) = -1 Else NNAR(IBB) = IAA
            Next IBB
         Next I
      End If
      '----------  Final Node Numbers in the Array  --------
      NODE = 0
      For I = 1 To NNT
         If NNAR(I) > 0 Then
            II = NNAR(I): NNAR(I) = NNAR(II)
         ElseIf NNAR(I) < 0 Then
            NODE = NODE + 1: NNAR(I) = NODE
         End If
      Next I
End Sub
Private Sub SideDiv(I1, I2, IDIV)
      '===========  Number of Divisions  for Side I1,I2  ===========
      IMIN = I1: IMAX = I2
      If IMIN > I2 Then
         IMIN = I2
         IMAX = I1
      End If
      If (IMAX - IMIN) = 1 Then
         IDIV = NGCN(IMAX) - NGCN(IMIN)
      Else
         IDIV = (NGCN(IMAX) - NGCN(IMIN)) / NNS
      End If
End Sub
'=================================================================
```

```
'=====  COORDINATES AND CONNECTIVITY ======
Private Sub CoordConnect()
      '------------  Nodal Coordinates  ---------------
      NN = NODE: NELM = 0
      ReDim X(NN, 2), XP(8, 2), NOC(2 * NNT, NEN), MAT(2 * NNT)
      For KW = 1 To NW
         For KS = 1 To NS
         KSW = NS * (KW - 1) + KS
         If IDBLK(KSW) <> 0 Then
              '---------  Extraction of Block Data  ----------
              NODW = NGCN(KSW + KW - 1) - NNS - 1
              For JW = 1 To NWD(KW) + 1
                 ETA = -1 + 2 * (JW - 1) / NWD(KW)
                 NODW = NODW + NNS: NODS = NODW
                 For JS = 1 To NSD(KS) + 1
                      XI = -1 + 2 * (JS - 1) / NSD(KS)
```

（续）

```
                    NODS = NODS + 1: NODE = NNAR(NODS)
                    Call BlockXY(KW, KSW)
                    Call Shape(XI, ETA)
                    For J = 1 To 2
                       C1 = 0
                       For I = 1 To 8
                          C1 = C1 + SH(I) * XP(I, J)
                       Next I
                       X(NODE, J) = C1
                    Next J
                    '----------------- Connectivity ----------------
                    If JS <> NSD(KS) + 1 And JW <> NWD(KW) + 1 Then
                       N1 = NODE: N2 = NNAR(NODS + 1)
                       N4 = NNAR(NODS + NNS): N3 = NNAR(NODS + NNS + 1)
                       NELM = NELM + 1
                       If NEN = 3 Then
                          '------------- Triangular Elements ------------
                          NOC(NELM, 1) = N1: NOC(NELM, 2) = N2
                          NOC(NELM, 3) = N3: MAT(NELM) = IDBLK(KSW)
                          NELM = NELM + 1: NOC(NELM, 1) = N3: NOC(NELM, 2) = N4
                          NOC(NELM, 3) = N1: MAT(NELM) = IDBLK(KSW)
                       Else
                          '------------- Quadrilateral Elements ----------
                          NOC(NELM, 1) = N1: NOC(NELM, 2) = N2
                          MAT(NELM) = IDBLK(KSW)
                          NOC(NELM, 3) = N3: NOC(NELM, 4) = N4
                       End If
                    End If
                Next JS
             Next JW
          End If
       Next KS
    Next KW
       NE = NELM
       If NEN = 3 Then
       '--------- Readjustment for Triangle Connectivity ----------
          NE2 = NE / 2
          For I = 1 To NE2
             I1 = 2 * I - 1: N1 = NOC(I1, 1): N2 = NOC(I1, 2)
             N3 = NOC(I1, 3): N4 = NOC(2 * I, 2)
             X13 = X(N1, 1) - X(N3, 1): Y13 = X(N1, 2) - X(N3, 2)
             X24 = X(N2, 1) - X(N4, 1): Y24 = X(N2, 2) - X(N4, 2)
             If (X13 * X13 + Y13 * Y13) > 1.1 * (X24 * X24 + Y24 * Y24) Then
                NOC(I1, 3) = N4: NOC(2 * I, 3) = N2
             End If
          Next I
       End If
End Sub

Private Sub BlockXY(KW, KSW)
       '====== Coordinates of 8-Nodes of the Block ======
       N1 = KSW + KW - 1
       XP(1, 1) = XB(N1, 1): XP(1, 2) = XB(N1, 2)
       XP(3, 1) = XB(N1 + 1, 1): XP(3, 2) = XB(N1 + 1, 2)
       XP(5, 1) = XB(N1 + NS + 2, 1): XP(5, 2) = XB(N1 + NS + 2, 2)
       XP(7, 1) = XB(N1 + NS + 1, 1): XP(7, 2) = XB(N1 + NS + 1, 2)
```

（续）

```
      XP(2, 1) = SR(KSW, 1): XP(2, 2) = SR(KSW, 2)
      XP(6, 1) = SR(KSW + NS, 1): XP(6, 2) = SR(KSW + NS, 2)
      XP(8, 1) = WR(N1, 1): XP(8, 2) = WR(N1, 2)
      XP(4, 1) = WR(N1 + 1, 1): XP(4, 2) = WR(N1 + 1, 2)
End Sub
Private Sub Shape(XI, ETA)
      '============== Shape Functions ================
      SH(1) = -(1 - XI) * (1 - ETA) * (1 + XI + ETA) / 4
      SH(2) = (1 - XI * XI) * (1 - ETA) / 2
      SH(3) = -(1 + XI) * (1 - ETA) * (1 - XI + ETA) / 4
      SH(4) = (1 - ETA * ETA) * (1 + XI) / 2
      SH(5) = -(1 + XI) * (1 + ETA) * (1 - XI - ETA) / 4
      SH(6) = (1 - XI * XI) * (1 + ETA) / 2
      SH(7) = -(1 - XI) * (1 + ETA) * (1 + XI - ETA) / 4
      SH(8) = (1 - ETA * ETA) * (1 - XI) / 2
End Sub
```

```
'============= OUTPUT ================
Private Sub Output()
      '===== Output from this program is input for FE programs after some changes
      File2 = InputBox("Output File d:\dir\fileName.ext", "Name of File")
      Open File2 For Output As #2
      Print #2, "Program MESHGEN - CHANDRUPATLA & BELEGUNDU"
      Print #2, Title
      NDIM = 2: NDN = 2
      Print #2, "NN  NE  NM  NDIM  NEN  NDN"
      Print #2, NN; NE; NM; NDIM; NEN; NDN
      Print #2, "ND   NL   NMPC"
      Print #2, ND; NL; NMPC
      Print #2, "Node#   X    Y"
      For I = 1 To NN
         Print #2, I;
         For J = 1 To NDIM
            Print #2, X(I, J);
         Next J
         Print #2,
      Next I
      Print #2, "Elem#  Node1  Node2  Node3";
      If NEN = 3 Then Print #2, "  Material#"
      If NEN = 4 Then Print #2, "  Node4  Material#"
      For I = 1 To NE
         Print #2, I;
         For J = 1 To NEN
            Print #2, NOC(I, J);
         Next J
         Print #2, MAT(I)
      Next I
      Close #2
      picBox.Print "Data has been stored in the file "; File2
End Sub
```

```
'*********************************************
'*              PROGRAM PLOT2D                *
'*    PLOTS 2D MESHES - TRIANGLES AND QUADS   *
'*    (c) T.R.CHANDRUPATLA & A.D.BELEGUNDU    *
'*********************************************
'========    PROGRAM MAIN    ========
Private Sub cmdPlot_Click()
     Call InputData
     Call DrawLimits(XMIN, YMIN, XMAX, YMAX)
     Call DrawElements
     cmdPlot.Enabled = False
     cmdULeft.Enabled = True
     cmdURight.Enabled = True
     cmdLLeft.Enabled = True
     cmdLRight.Enabled = True
End Sub
'===========================================
```

```
'=====    INPUT DATA FROM FE INPUT FILE    =====
Private Sub InputData()
     File1 = InputBox("Input File d:\dir\fileName", "Name of File")
     Open File1 For Input As #1
     Line Input #1, Dummy: Input #1, Title
     Line Input #1, Dummy: Input #1, NN, NE, NM, NDIM, NEN, NDN
     Line Input #1, Dummy: Input #1, ND, NL, NMPC
     If NDIM <> 2 Then
        picBox.Print "THE PROGRAM SUPPORTS TWO DIMENSIONAL PLOTS ONLY"
        picBox.Print "THE DIMENSION OF THE DATA IS  "; NDIM
        End
     End If
     ReDim X(NN, NDIM), NOC(NE, NEN)
     '===========  READ DATA  ===============
     Line Input #1, Dummy
     For I = 1 To NN: Input #1, N: For J = 1 To NDIM
     Input #1, X(N, J): Next J: Next I
     Line Input #1, Dummy
     For I = 1 To NE: Input #1, N: For J = 1 To NEN
     Input #1, NOC(N, J): Next J: Input #1, NTMP
           For J = 1 To 2: Input #1, C: Next J
     Next I
     Close #1
End Sub
'=================================================
```

```
'========    DETERMINE DRAW LIMITS    ========
Private Sub DrawLimits(XMIN, YMIN, XMAX, YMAX)
     XMAX = X(1, 1): YMAX = X(1, 2): XMIN = X(1, 1): YMIN = X(1, 2)
     For I = 2 To NN
        If XMAX < X(I, 1) Then XMAX = X(I, 1)
        If YMAX < X(I, 2) Then YMAX = X(I, 2)
        If XMIN > X(I, 1) Then XMIN = X(I, 1)
        If YMIN > X(I, 2) Then YMIN = X(I, 2)
```

（续）

```
      Next I
      XL = (XMAX - XMIN): YL = (YMAX - YMIN)
      A = XL: If A < YL Then A = YL
      XB = 0.5 * (XMIN + XMAX)
      YB = 0.5 * (YMIN + YMAX)
      XMIN = XB - 0.55 * A: XMAX = XB + 0.55 * A
      YMIN = YB - 0.55 * A: YMAX = YB + 0.55 * A
      XL = XMIN: YL = YMIN: XH = XMAX: YH = YMAX
      XOL = XL: YOL = YL: XOH = XH: YOH = YH
End Sub
'==========================================================
```

```
'========     DRAW ELEMENTS     ========
Private Sub DrawElements()
      '===========  Draw Elements  ================
      picBox.Scale (XL, YH)-(XH, YL)
      picBox.Cls
      For IE = 1 To NE
        For II = 1 To NEN
         I2 = II + 1
         If II = NEN Then I2 = 1
         X1 = X(NOC(IE, II), 1): Y1 = X(NOC(IE, II), 2)
         X2 = X(NOC(IE, I2), 1): Y2 = X(NOC(IE, I2), 2)
         picBox.Line (X1, Y1)-(X2, Y2), QBColor(1)
         If NEN = 2 Then Exit For
        Next II
      Next IE
      cmdNode.Enabled = True
End Sub
'====================================================
```

```
'*****           PROGRAM BESTFIT        *****
'*            BEST FIT PROGRAM             *
'*          FOR 3-NODED TRIANGLES          *
'* T.R.Chandrupatla and A.D.Belegundu   *
'***************************************
'========     PROGRAM MAIN     ========
Private Sub cmdStart_Click()
      Call InputData
      Call Bandwidth
      Call Stiffness
      Call BandSolver
      Call Output
      cmdView.Enabled = True
      cmdStart.Enabled = False
End Sub
'============================================
```

（续）

```
'=====    STIFFNESS FOR INTERPOLATION    =====
Private Sub Stiffness()
     ReDim S(NQ, NBW), F(NQ)
     '---  Global Stiffness Matrix
     For N = 1 To NE
        Call ElemStiff(N)
        For II = 1 To 3
           NR = NOC(N, II): F(NR) = F(NR) + FE(II)
           For JJ = 1 To 3
              NC = NOC(N, JJ) - NR + 1
              If NC > 0 Then
                 S(NR, NC) = S(NR, NC) + SE(II, JJ)
              End If
           Next JJ
        Next II
     Next N
     picBox.Print "Stiffness Formation completed..."
End Sub
Private Sub ElemStiff(N)
     '--- Element Stiffness Formation
     I1 = NOC(N, 1): I2 = NOC(N, 2): I3 = NOC(N, 3)
     X1 = X(I1, 1): Y1 = X(I1, 2)
     X2 = X(I2, 1): Y2 = X(I2, 2)
     X3 = X(I3, 1): Y3 = X(I3, 2)
     X21 = X2 - X1: X32 = X3 - X2: X13 = X1 - X3
     Y12 = Y1 - Y2: Y23 = Y2 - Y3: Y31 = Y3 - Y1
     DJ = X13 * Y23 - X32 * Y31     'DETERMINANT OF JACOBIAN
     AE = Abs(DJ) / 24
     SE(1, 1) = 2 * AE: SE(1, 2) = AE: SE(1, 3) = AE
     SE(2, 1) = AE: SE(2, 2) = 2 * AE: SE(2, 3) = AE
     SE(3, 1) = AE: SE(3, 2) = AE: SE(3, 3) = 2 * AE
     A1 = FS(N) * Abs(DJ) / 6
     FE(1) = A1: FE(2) = A1: FE(3) = A1
End Sub
'=====================================================
```

```
'********          CONTOURA          **********
'*   CONTOUR PLOTTING - CONTOUR LINES          *
'*   FOR 2D TRIANGLES AND QUADRILATERALS       *
'*   T.R.Chandrupatla and A.D.Belegundu        *
'*********************************************
'=======    PROGRAM MAIN    =======
Private Sub cmdPlot_Click()
     Call InputData
     Call FindBoundary
     Call DrawLimits(XMIN, YMIN, XMAX, YMAX)
     Call DrawBoundary
     Call DrawContours
End Sub
'=========================================
```

```
'=====                INPUT DATA FROM FILES            =====
Private Sub InputData()
     File1 = InputBox("FE Input File", "d:\dir\Name of File")
     File2 = InputBox("Contour Data File", "d:\dir\Name of File")
     Open File1 For Input As #1
     Line Input #1, D$: Input #1, Title$
     Line Input #1, D$: Input #1, NN, NE, NM, NDIM, NEN, NDN
     Line Input #1, D$: Input #1, ND, NL, NMPC
     If NDIM <> 2 Or NEN < 3 Or NEN > 4 Then
        picBox.Print "This program supports triangular and quadrilateral"
        picBox.Print "Elements only."
        End
     End If
     ReDim X(NN, NDIM), NOC(NE, NEN), FF(NN), NCON(NE, NEN)
     ReDim XX(3), YY(3), U(3), IC(10), ID(10)
     '============  COLOR DATA  ===============
     IC(1) = 13: IC(2) = 5: IC(3) = 9: IC(4) = 1: IC(5) = 2
     IC(6) = 10: IC(7) = 14: IC(8) = 6: IC(9) = 4: IC(10) = 12
     For I = 1 To 10: ID(I) = 0: Next I
     '============  READ DATA  ===============
     '----- Coordinates
     Line Input #1, D$
     For I = 1 To NN
        Input #1, n
        For J = 1 To NDIM:Input #1, X(n, J): Next J
     Next I
     '----- Connectivity
     Line Input #1, D$
     For I = 1 To NE
        Input #1, n: For J = 1 To NEN
     Input #1, NOC(n, J): Next J: Input #1, NTMP
     For J = 1 To 2: Input #1, C: Next J: Next I
     Close #1
     Open File2 For Input As #2
     '----- Nodal Values
     Line Input #2, D$
     For I = 1 To NN
        Input #2, FF(I)
     Next I
     Close #2
End Sub
```

```
'=====    FIND BOUNDARY LINES    =====
Private Sub FindBoundary()
'============  Find Boundary Lines  ===============
     'Edges defined by nodes in NOC to nodes in NCON
     For IE = 1 To NE
       For I = 1 To NEN
         I1 = I + 1: If I1 > NEN Then I1 = 1
         NCON(IE, I) = NOC(IE, I1)
       Next I
     Next IE
     For IE = 1 To NE
```

（续）

```
        For I = 1 To NEN
          I1 = NCON(IE, I): I2 = NOC(IE, I)
          INDX = 0
          For JE = IE + 1 To NE
             For J = 1 To NEN
                If NCON(JE, J) <> 0 Then
                    If I1 = NCON(JE, J) Or I1 = NOC(JE, J) Then
                       If I2 = NCON(JE, J) Or I2 = NOC(JE, J) Then
                         NCON(JE, J) = 0: INDX = INDX + 1
                       End If
                    End If
                End If
              Next J
          Next JE
          If INDX > 0 Then NCON(IE, I) = 0
        Next I
      Next IE
End Sub
'======================================================
```

```
'========     DRAW BOUNARY     ========
Private Sub DrawBoundary()
      picBox.Scale (XL, YH)-(XH, YL)
      picBox.Cls
      '============  Draw Boundary  ==============
      For IE = 1 To NE
        For I = 1 To NEN
          If NCON(IE, I) > 0 Then
               I1 = NCON(IE, I): I2 = NOC(IE, I)
               picBox.Line (X(I1, 1), X(I1, 2))-(X(I2, 1), X(I2, 2))
          End If
        Next I
      Next IE
End Sub
'========     DRAW CONTOUR LINES     ========
Private Sub DrawContours()
      '===========  Contour Plotting  ===========
      For IE = 1 To NE
         If NEN = 3 Then
            For IEN = 1 To NEN
               IEE = NOC(IE, IEN)
               U(IEN) = FF(IEE)
               XX(IEN) = X(IEE, 1)
               YY(IEN) = X(IEE, 2)
            Next IEN
            Call ElementPlot
         ElseIf NEN = 4 Then
            XB = 0: YB = 0: UB = 0
            For IT = 1 To NEN
               NIT = NOC(IE, IT)
               XB = XB + 0.25 * X(NIT, 1)
               YB = YB + 0.25 * X(NIT, 2)
               UB = UB + 0.25 * FF(NIT)
            Next IT
```

（续）

```
            For IT = 1 To NEN
               IT1 = IT + 1: If IT1 > 4 Then IT1 = 1
               XX(1) = XB: YY(1) = YB: U(1) = UB
               NIE = NOC(IE, IT)
               XX(2) = X(NIE, 1): YY(2) = X(NIE, 2): U(2) = FF(NIE)
               NIE = NOC(IE, IT1)
               XX(3) = X(NIE, 1): YY(3) = X(NIE, 2): U(3) = FF(NIE)
               Call ElementPlot
         Next IT
      Else
         Print "NUMBER OF ELEMENT NODES > 4 IS NOT SUPPORTED"
         End
      End If
      Next IE
   For I = 1 To 10: ID(I) = 0: Next I
End SubPrivate Sub ElementPlot()
'THREE POINTS IN ASCENDING ORDER
   For I = 1 To 2
      C = U(I): II = I
      For J = I + 1 To 3
         If C > U(J) Then
            C = U(J): II = J
         End If
      Next J
      U(II) = U(I): U(I) = C
      C1 = XX(II): XX(II) = XX(I): XX(I) = C1
      C1 = YY(II): YY(II) = YY(I): YY(I) = C1
   Next I
   SU = (U(1) - FMIN) / STP
   II = Int(SU)
   If II <= SU Then II = II + 1
   UT = FMIN + II * STP
   Do While UT <= U(3)
      ICO = IC(II)
      X1 = ((U(3) - UT) * XX(1) + (UT - U(1)) * XX(3)) / (U(3) - U(1))
      Y1 = ((U(3) - UT) * YY(1) + (UT - U(1)) * YY(3)) / (U(3) - U(1))
      L = 1: If UT > U(2) Then L = 3
      X2 = ((U(L) - UT) * XX(2) + (UT - U(2)) * XX(L)) / (U(L) - U(2))
      Y2 = ((U(L) - UT) * YY(2) + (UT - U(2)) * YY(L)) / (U(L) - U(2))
      picBox.Line (X1, Y1)-(X2, Y2), QBColor(ICO)
      If ID(II) = 0 Then
         picBox.CurrentX = X1: picBox.CurrentY = Y1
         If (XL < X1 And X1 < XH) And (YL < Y1 And Y1 < YH) Then
            picBox.Print II
            ID(II) = 1
         End If
      End If
      UT = UT + STP: II = II + 1
   Loop
End Sub
```

附　　录

$\mathrm{d}A = \det J \mathrm{d}\xi \mathrm{d}\eta$ 的证明

考虑变量（$\boldsymbol{x}$，$\boldsymbol{y}$）到（$\boldsymbol{u}_1$，$\boldsymbol{u}_2$）的一个映射，其表达式为

$$x = x(u_1, u_2), \ y = y(u_1, u_2) \tag{A1.1}$$

假定上式可反向变换为用（x，y）来表示（u_1，u_2），并且它们之间的对应关系是唯一的。

如果一个质点从点 P 移动，若仅变化 u_1，而 u_2 保持为一常数，这时平面内将会生成一条曲线，我们把它叫做曲线 u_1（见图 A1.1）。同样的，通过让 u_2 变化而保持 u_1 不变，可生成曲线 u_2，设

$$\boldsymbol{r} = x\boldsymbol{i} + y\boldsymbol{j} \tag{A1.2}$$

表示一点 P 的矢量，其中 $\boldsymbol{i}$ 和 $\boldsymbol{j}$ 分别是沿着 x 轴和 y 轴的单位矢量。

考虑两个矢量

$$\boldsymbol{T}_1 = \frac{\partial \boldsymbol{r}}{\partial u_1}, \ \boldsymbol{T}_2 = \frac{\partial \boldsymbol{r}}{\partial u_2} \tag{A1.3}$$

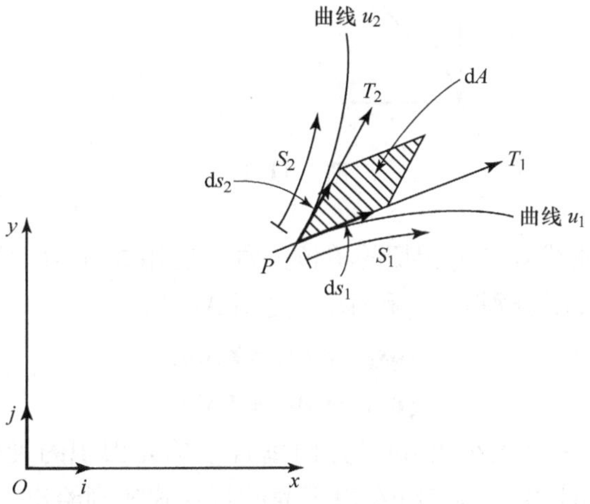

图　A1.1

或将其写成式（A1.2）的形式，有

$$\boldsymbol{T}_1 = \frac{\partial x}{\partial u_1}\boldsymbol{i} + \frac{\partial y}{\partial u_1}\boldsymbol{j}, \ \boldsymbol{T}_2 = \frac{\partial x}{\partial u_2}\boldsymbol{i} + \frac{\partial y}{\partial u_2}\boldsymbol{j} \tag{A1.4}$$

可以看出：$\boldsymbol{T}_1$ 是一个与曲线 u_1 相切的矢量，而 $\boldsymbol{T}_2$ 是与曲线 u_2 相切的矢量（见图 A1.1）。为了更清楚地得到这一关系，我们使用如下定义

$$\frac{\partial \boldsymbol{r}}{\partial u_1} = \lim_{\Delta u_1 \to 0} \frac{\Delta \boldsymbol{r}}{\Delta u_1} \tag{A1.5}$$

其中，$\Delta \boldsymbol{r} = \boldsymbol{r}(u_1 + \Delta u_1) - \boldsymbol{r}(u_1)$，在极限情况下，弦 $\Delta \boldsymbol{r}$ 变成曲线 u_1 的切线（见图 A1.2）。然而，$\partial \boldsymbol{r}/\partial u_1$ 或（$\partial \boldsymbol{r}/\partial u_2$）并不是单位矢量，为了确定它的大小（长度），有

$$\frac{\partial \boldsymbol{r}}{\partial u_1}=\frac{\partial \boldsymbol{r}}{\partial s_1}\frac{\mathrm{d}s_1}{\mathrm{d}u_1} \tag{A1.6}$$

其中，s_1 是沿着曲线 u_1 的弧长，而 $\mathrm{d}s_1$ 是弧长的微分，该矢量的大小为

$$\frac{\partial \boldsymbol{r}}{\partial s_1}=\lim_{\Delta s_1\to 0}\frac{\Delta \boldsymbol{r}}{\Delta s_1}$$

它是弦长与弧长之比的极限值，它等于单位长度。这样，我们就知道矢量$\partial \boldsymbol{r}/\partial u_1$ 的大小是 $\mathrm{d}s_1/\mathrm{d}u_1$。于是我们有

$$\begin{cases}\boldsymbol{T}_1=\left(\dfrac{\mathrm{d}s_1}{\mathrm{d}u_1}\right)\boldsymbol{t}_1\\ \boldsymbol{T}_2=\left(\dfrac{\mathrm{d}s_2}{\mathrm{d}u_2}\right)\boldsymbol{t}_2\end{cases} \tag{A1.7}$$

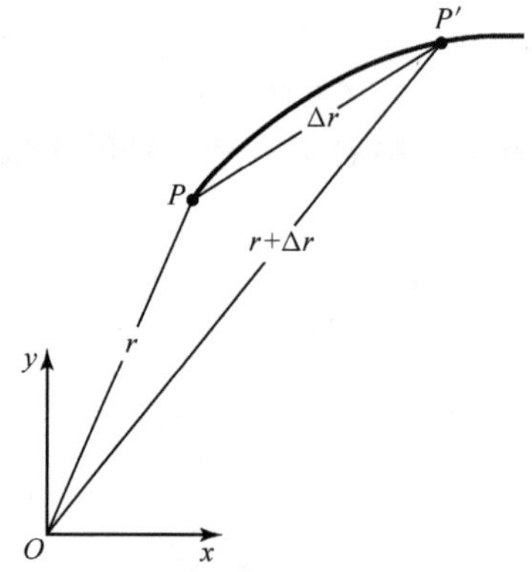

图 A1.2

其中，$\boldsymbol{t}_1$ 和 $\boldsymbol{t}_2$ 分别是与曲线 u_1、u_2相切的单位矢量。使用式（A1.7)，我们有矢量 $\mathrm{d}\boldsymbol{s}_1$和 $\mathrm{d}\boldsymbol{s}_2$ 的如下表达式，它们的长度分别为 $\mathrm{d}s_1$和 $\mathrm{d}s_2$（见图 A1.1)。

$$\begin{cases}\mathrm{d}\boldsymbol{s}_1=\boldsymbol{t}_1\mathrm{d}s_1=\boldsymbol{T}_1\mathrm{d}u_1\\ \mathrm{d}\boldsymbol{s}_2=\boldsymbol{t}_2\mathrm{d}s_2=\boldsymbol{T}_2\mathrm{d}u_2\end{cases} \tag{A1.8}$$

微元面积矢量 $\mathrm{d}\boldsymbol{A}$ 是一个大小为 $\mathrm{d}A$、方向垂直于单元面积的矢量，其方向记为矢量 $\boldsymbol{k}$。考虑式（A1.4）和式（A1.8)，矢量 $\mathrm{d}\boldsymbol{A}$ 由下面的行列式法则给出

$$\begin{aligned}\mathrm{d}\boldsymbol{A}&=\mathrm{d}\boldsymbol{s}_1\times\mathrm{d}\boldsymbol{s}_2\\&=\boldsymbol{T}_1\times\boldsymbol{T}_2\mathrm{d}u_1\mathrm{d}u_2\\&=\begin{vmatrix}\boldsymbol{i}&\boldsymbol{j}&\boldsymbol{k}\\ \dfrac{\partial x}{\partial u_1}&\dfrac{\partial y}{\partial u_1}&0\\ \dfrac{\partial x}{\partial u_2}&\dfrac{\partial y}{\partial u_2}&0\end{vmatrix}\mathrm{d}u_1\mathrm{d}u_2\\&=\left(\frac{\partial x}{\partial u_1}\frac{\partial y}{\partial u_2}-\frac{\partial x}{\partial u_2}\frac{\partial y}{\partial u_1}\right)\mathrm{d}u_1\mathrm{d}u_2\boldsymbol{k}\end{aligned} \tag{A1.9}$$

将雅可比矩阵表示为

$$J = \begin{pmatrix} \frac{\partial x}{\partial u_1} & \frac{\partial y}{\partial u_1} \\ \frac{\partial x}{\partial u_2} & \frac{\partial y}{\partial u_2} \end{pmatrix} \tag{A1.10}$$

因此，$\mathrm{d}A$ 的大小可以写为

$$\mathrm{d}A = \det \boldsymbol{J} \mathrm{d}u_1 \mathrm{d}u_2 \tag{A1.11}$$

这就是我们所要的结果。注意：如果用 ξ-η 坐标系来替换 u_1-u_2 坐标系，就像书中所表达的那样，则有

$$\mathrm{d}A = \det \boldsymbol{J} \mathrm{d}\xi \mathrm{d}\eta$$

将这一关系扩展到三维情形，有

$$\mathrm{d}V = \det \boldsymbol{J} \mathrm{d}\xi \mathrm{d}\eta \mathrm{d}\zeta$$

其中，雅可比行列式 $\det \boldsymbol{J}$ 表示的是体单元 $\mathrm{d}x\mathrm{d}y\mathrm{d}z$ 与 $\mathrm{d}\xi\mathrm{d}\eta\mathrm{d}\zeta$ 的比值。

参 考 文 献

有许多关于有限元方法及应用的优秀图书及学术期刊论文，下面仅列出一些英文的图书目录，涉及有限元基础及前沿研究。其中一些图书已在本书中引用，但没有明确标注出来，有关本书各章内容的资料，读者还可以参考另外的图书及论文，一定会从中受益匪浅。

AINSWORTH, M., and J. T. ODEN, *A Posteriori Error Estimation in Finite Element Analysis*. Hoboken, NJ: Wiley, 2000.

AKIN, J. E., *Finite Elements for Analysis and Design*. San Diego, CA: Academic Press, 1994.

AKIN, J. E., *Finite Element Analysis with Error Estimators*. Burlington, MA: Elsevier, 2005.

ALLAIRE, P. E., *Basics of the Finite Element Method—Solid Mechanics, Heat Transfer, and Fluid Mechanics*. Dubuque, IA: W. C. Brown, 1985.

ASKENAZI, A., and V. ADAMS, *Building Better Products with Finite Element Analysis*. On World Press, 1998.

AXELSSON, O., and V. A. BARKER, *Finite Element Solution of Boundary Value Problems*. Orlando, FL: Academic, 1984.

BAKER, A. J., *Finite Element Computational Fluid Mechanics*. New York: McGraw-Hill, 1983.

BAKER, A. J., and D. W. PEPPER, *Finite Elements 1–2–3*. New York: McGraw-Hill, 1991.

BARAN, N. M., *Finite Element Analysis on Microcomputers*. New York: McGraw-Hill, 1991.

BATHE, K. J., *Finite Element Procedures*. Upper Saddle River, NJ: Prentice Hall, 1996.

BATHE, K. J., and E. L. WILSON, *Numerical Methods in Finite Element Analysis*. Englewood Cliffs, NJ: Prentice Hall, 1976.

BECKER, A. A., *Introductory Guide to Finite Element Analysis*. ASME Press, 2003.

BECKER, E. B., G. F. CAREY, and J. T. ODEN, *Finite Elements—An Introduction*, Vol. 1. Englewood Cliffs, NJ: Prentice Hall, 1981.

BEYTSCHKO, T., B. MORAN, and W. K. LIU, *Nonlinear Finite Elements for Continua and Structures*. New York: Wiley, 2000.

BHATTI, M. A., *Fundamental Finite Element Analysis and Applications*. Hoboken, NJ: Wiley, 2005.

BICKFORD, W. M., *A First Course in the Finite Element Method*. Homewood, IL: Richard D. Irwin, 1990.

BONET, J., and R. D. WOOD, *Nonlinear Continuum Mechanics for Finite Element Analysis*. Cambridge University Press, 1997.

BOWES, W. H., and L. T. RUSSEL, *Stress Analysis by the Finite Element Method for Practicing Engineers*. Lexington, MA: Lexington Books, 1975.

BREBBIA, C. A., and J. J. CONNOR, *Fundamentals of Finite Element Techniques for Structural Engineers*. London: Butterworths, 1975.

BUCHANAN, G. R., *Finite Element Analysis*. New York: McGraw-Hill, 1994.

BURNETT, D. S., *Finite Element Analysis from Concepts to Applications*. Reading, MA: Addison-Wesley, 1987.

CAREY, G. F., and J. T. ODEN, *Finite Elements—A Second Course*, Vol. 2. Englewood Cliffs, NJ: Prentice Hall, 1983.

CAREY, G. F., and J. T. ODEN, *Finite Elements—Computational Aspects*, Vol. 3. Englewood Cliffs, NJ: Prentice Hall, 1984.

CARROLL, W. F., *A Primer for Finite Elements in Elastic Structures*. Wiley, 1999.

CHANDRUPATLA, T. R., *Finite Element Analysis for Engineering and Technology*. Hyderabad, India: Universities Press, 2004.

CHARI, M. V. K., and P. P. SILVESTER, *Finite Elements in Electrical and Magnetic Field Problems*. New York: Wiley, 1981.

CHEUNG, Y. K., and M. F. YEO, *A Practical Introduction to Finite Element Analysis*. London: Pitman, 1979.

CHUNG, T. J., *Finite Element Analysis in Fluid Dynamics*. New York: McGraw-Hill, 1978.

CIARLET, P. G., *The Finite Element Method for Elliptic Problems*. Amsterdam: North-Holland, 1978.

CONNOR, J. C., and C. A. BREBBIA, *Finite Element Techniques for Fluid Flow*. London: Butterworths, 1976.

COOK, R. D., *Finite Element Modeling for Stress Analysis*. New York: Wiley, 1995.

COOK, R. D., COOK , D.S. MALKUS, M. E. PIESHA, and R. J., WITT, *Concepts and Applications of Finite Element Analysis*, 4th Ed. Hoboken, NJ: Wiley, 2002.

DAVIES, A. J., *The Finite Element Method: A First Approach*. Oxford: Clarendon, 1980.

DESAI, C. S., *Elementary Finite Element Method*. Englewood Cliffs, NJ: Prentice Hall, 1979.

DESAI, C. S., and J. F. ABEL, *Introduction to the Finite Element Method*. New York: Van Nostrand Reinhold, 1972.

DESAI, C. S., and T. KUNDU, *Introductory Finite Element Method*. CRC Press, 2001.

FAGAN, M. J. J., *Finite Element Analysis: Theory and Practice*. Addison Wesley Longman, 1996.

FAIRWEATHER, G., *Finite Element Galerkin Methods for Differential Equations*. New York: Dekker, 1978.

FENNER, R. T., *Finite Element Methods for Engineers*. River Edge, NJ: World Scientific, 1996.

FERREIRA, A. J. M., *MATLAB Codes for Finite Element Analysis*. Springer, 2009.

FISH, J., and T. BELYTSCHO, *A First Course in Finite Elements*. Chichester, UK: Wiley, 2007.

GALLAGHER, R. H., *Finite Element Analysis—Fundamentals*. Englewood Cliffs, NJ: Prentice Hall, 1975.

GOCKENBACK, M. S., *Understanding and Implementing the Finite Element Method*. SIAM, 2006.

GRANDIN, H., Jr., *Fundamentals of the Finite Element Method*. New York: Macmillan, 1986.

HEINRICH, J. C., and D. W. PEPPER, *Intermediate Finite Element Method: Fluid Flow and Heat Transfer Applications*. Taylor & Francis, 1997.

HINTON, E., and D. R. J. OWEN, *Finite Element Programming*. London: Academic, 1977.

HINTON, E., and D. R. J. OWEN, *An Introduction to Finite Element Computations*. Swansea, Great Britain: Pineridge Press, 1979.

HUEBNER, K. H., and E. A. THORNTON, *The Finite Element Method for Engineers*, 2nd Ed. New York: Wiley-Interscience, 1982.

HUGHES, T. J. R., *The Finite Element Method—Linear Static and Dynamic Finite Element Analysis*. Dover Publications, 2000.

HUTTON, D., *Fundamentals of Finite Element Analysis*. New York: McGraw-Hill, 2004.

IRONS, B., and S. AHMAD, *Techniques of Finite Elements*. New York: Wiley, 1980.

IRONS, B., and N. SHRIVE, *Finite Element Primer*. New York: Wiley, 1983.

JIN, J., *The Finite Element Method in Electromagnetics*. New York: Wiley, 1993.

KATTAN, P., *MATLAB Guide to Finite Elements*, 2nd Ed. Springer, 2008.

KIM, N-H., and B.V. SANKAR, *Introduction to Finite Element Analysis and Design*. Hoboken, NJ: Wiley, 2008.

KIKUCHI, N., *Finite Element Methods in Mechanics*. Cambridge, Great Britain: Cambridge University Press, 1986.

KUROWSKI, P. M., *Finite Element Analysis for Design Engineers*. SAE International, 2004.

KNIGHT, C. E., *The Finite Element Method in Machine Design*. Boston: PWS Kent, 1993.

KRISHNAMOORTY, C. S., *Finite Element Analysis—Theory and Programming*. New Delhi: Tata McGraw-Hill, 1987.

LEPI, S. M., *Practical Guide to Finite Elements: A Solid Mechanics Approach*. Marcel Dekker, 1998.

LIVESLEY, R. K., *Finite Elements: An Introduction for Engineers*. Cambridge, Great Britain: Cambridg University Press, 1983.

LOGAN, D. L., *A First Course in the Finite Element Method,* 5th Ed. Samford, CT: Cengage Learning, 2011.

MACDONALD, B. J., *Practical Stress Analysis with Finite Elements*. Dublin: Glasnevin Publishing, 2007.

MARTIN, H. C., and G. F. CAREY, *Introduction to Finite Element Analysis: Theory and Application*. New York: McGraw-Hill, 1972.

MELOSH, R. J., *Structural Engineering Analysis by Finite Elements*. Englewood Cliffs, NJ: Prentice Hall, 1990.

MITCHELL, A. R., and R. WAIT, *The Finite Element Method in Partial Differential Equations*. New York: Wiley, 1977.

MOAVENI, S., *Finite Element Analysis: Theory and Applications with Ansys,* 3rd Ed. Upper Saddle River: Prentice Hall, 2007.

MORRIS, A., *A Practical Guide to Finite Element Modelling.* Chichester, UK: Wiley, 2008.

NAKAZAWA, S., and D. W. KELLY, *Mathematics of Finite Elements—An Engineering Approach*. Swansea, Great Britain: Pineridge Press, 1983.

NATH, B., *Fundamentals of Finite Elements for Engineers*. London: Athlone, 1974.

NICHOLSON, D. W., *Finite Element Analysis Thermomechanics of Solids*. Boca Raton, FL: CRC Press, 2005.

NIKISHKOV, G., *Programming Finite Elements in Java*. Springer, 2010.

NORRIE, D. H., and G. DE VRIES, *The Finite Element Method: Fundamentals and Applications*. New York: Academic, 1973.

NORRIE, D. H., and G. DE VRIES, *An Introduction to Finite Element Analysis*. New York: Academic, 1978.

ODEN, J. T., *Finite Elements of Nonlinear Continua*. New York: McGraw-Hill, 1972.

ODEN, J. T., and G. F. CAREY, *Finite Elements: Mathematical Aspects*, Vol. 4. Englewood Cliffs, NJ: Prentice Hall, 1982.

ODEN, J. T., and J. N. REDDY, *An Introduction to the Mathematical Theory of Finite Elements*. New York: Wiley, 1976.

OWEN, D. R. J., and E. HINTON, *A Simple Guide to Finite Elements*. Swansea, Great Britain: Pineridge Press, 1980.

PAO, Y. C., *A First Course in Finite Element Analysis*. Newton, MA: Allyn & Bacon, 1986.

PINDER, G. F., and W. G. GRAY, *Finite Element Simulation in Surface and Subsurface Hydrology*. New York: Academic, 1977.

POTTS, J. F., and J. W. OLER, *Finite Element Applications with Microcomputers*. Englewood Cliffs, NJ: Prentice Hall, 1989.

PRZEMIENIECKI, J. S., *Theory of Matrix Structural Analysis*. New York: McGraw-Hill, 1968.

RAO, S. S., *The Finite Element Method in Engineering*, 5th Ed. Oxford, UK: Elsevier, 2011.

REDDY, J. N., *Energy and Variational Methods in Applied Mechanics,* 2nd Ed. Hoboken, NJ: Wiley, 2002.

REDDY, J. N., *An Introduction to the Finite Element Method,* 3rd Ed, New York: McGraw-Hill, 2005.

REDDY, J. N., and D. K. GARTLING, *The Finite Element Method in Heat Transfer and Fluid Dynamics*, 3rd Ed. CRC Press, 2010.

ROBINSON, J., *An Integrated Theory of Finite Element Methods*. New York: Wiley-Interscience, 1973.

ROBINSON, J., *Understanding Finite Element Stress Analysis*. Wimborne, Great Britain: Robinson and Associates, 1981.

ROCKEY, K. C., H. R. EVANS, D. W. GRIFFITHS, and D. A. NETHERCOT, *The Finite Element Method—A Basic Introduction*, 2nd Ed. New York: Halsted (Wiley), 1980.

ROSS, C. T. F., *Finite Element Programs for Axisymmetric Problems in Engineering*. Chichester, Great Britain: Ellis Horwood, 1984.

SEGERLIND, L. J., *Applied Finite Element Analysis*, 2nd Ed. New York: Wiley, 1984.

SHAMES, I. H., and C. L. DYM, *Energy and Finite Element Methods in Structural Mechanics*. New York: McGraw-Hill, 1985.

SILVESTER, P. P., and R. L. FERRARI, *Finite Elements for Electrical Engineers*. Cambridge, Great Britain: Cambridge University Press, 1996.

SMITH, I. M., and D. V. GRIFFITHS, *Programming the Finite Element Method,* 4th Ed. Chichester, UK: Wiley, 2004.

STASA, F. L., *Applied Finite Element Analysis for Engineers*. New York: Holt, Rinehart & Winston, 1985.

STRANG, G., and G. FIX, *An Analysis of the Finite Element Method*. Englewood Cliffs, NJ: Prentice Hall, 1973.

SZABÓ, B., and I. BABUŠKA, *Introduction to Finite Element Analysis, Verification and Validation*. Hoboken, NJ: Wiley, 2011.

TONG, P., and J. N. ROSSETOS, *Finite Element Method—Basic Techniques and Implementation*. Cambridge, MA: MIT Press, 1977.

URAL, O., *Finite Element Method: Basic Concepts and Applications*. New York: Intext Educational Publishers, 1973.

VOLAKIS, J. L., A. CHATTERJEE, and L. C. EMPEL, *Finite Element Method for Electromagnetics*. IEEE, 1998.

WACHSPRESS, E. L., *A Rational Finite Element Basis*. New York: Academic, 1975.

WAIT, R., and A. R. MITCHELL, *Finite Element Analysis and Applications*. New York: Wiley, 1985.

WHITE, R. E., *An Introduction to the Finite Element Method with Applications to Non-Linear Problems*. New York: Wiley-Interscience, 1985.

WILLIAMS, M. M. R., *Finite Element Methods in Radiation Physics*. Elmsford, NY: Pergamon, 1982.

WRIGGERS, P., *Nonlinear Finite Element Methods*. Springer, 2010.

YANG, T. Y., *Finite Element Structural Analysis*. Englewood Cliffs, NJ: Prentice Hall, 1986.

ZAHAVI, E., *The Finite Element Method in Machine Design*. Englewood Cliffs, NJ: Prentice Hall, 1992.

ZIENKIEWICZ, O. C., and K. MORGAN, *Finite Elements and Approximation*. Dover Publications, 2006.

ZIENKIEWICZ, O. C., and R. L. TAYLOR, *The Finite Element Method*, 6th Ed. Burlington, MA: Butterworth-Heinemann, 2005.

部分习题答案

（**1.3**） 4500psi

（**1.8**） $\sigma_n = 50\text{MPa}$

（**1.12**） $q_1 = 1.363\text{mm}$，$q_2 = 1.963\text{mm}$

（**1.15**） $u_{x=1} = 4.9 \times 10^{-11}$

（**2.1c**） $\lambda_1 = 0.2325$，$\lambda_2 = 5.665$，$\lambda_3 = 9.103$；
矩阵是正定的；
$y_1 = (0.172,\ 0.668,\ 0.724)^{\mathrm{T}}$；
$y_2 = (0.495,\ 0.577,\ -0.65)^{\mathrm{T}}$；
$y_3 = (0.85,\ -0.47,\ 0.232)^{\mathrm{T}}$。

（**2.2b**） $\int_{-1}^{1} \boldsymbol{N}^{\mathrm{T}}\boldsymbol{N}\mathrm{d}\xi = \begin{pmatrix} \frac{2}{3} & 0 \\ 0 & \frac{16}{15} \end{pmatrix}$

（**2.3**） $\boldsymbol{Q} = \begin{pmatrix} 6 & 2 \\ 3 & -5 \end{pmatrix}$，$\boldsymbol{c} = \begin{pmatrix} 3 \\ -8 \end{pmatrix}$

（**2.8**） $A_{11,14} \to B_{11,4}$，$B_{6,1} \to A_{6,6}$

（**3.1**） （a）$u = 0.05625\text{in}$ （b）$\varepsilon = 1.25 \times 10^{-3}$
（d）$U_e = 143.71\text{lb} \cdot \text{in}$

（**3.9**） $Q_2 = 0.436\text{mm}$，$Q_3 = 0.211\text{mm}$

（**3.12**） 单元 1 的应力 = 2480.371MPa

（**3.30**） $\boldsymbol{T}^e = \frac{l_e}{30}(4T_1 - T_2 + 2T_3,\ -T_1 + 4T_2 + 2T_3,\ 2T_1 + 2T_2 + 16T_3)^{\mathrm{T}}$

（**4.1**） $l = 0.8$，$m = 0.6$，$\boldsymbol{q}' = 10^{-2}(2.02,\ 5)^{\mathrm{T}}\text{in}$，
$\sigma = 17\ 880\text{psi}$，$U_e = 559.463\text{lb} \cdot \text{in}$

（**4.3**） $K_{1,1} = 4.42 \times 10^5$

（**4.4**） $Q_3 = 1.3706 \times 10^{-3}\text{in}$

（**4.6**） 单元 1-3 的应力 = −110.8MPa

（**4.9**） 点 R 水平移动了 3.39mm

（**5.1**） 集中载荷处的挠度 = −0.05461mm

（**5.2**） 集中载荷处的挠度 = −0.0113in

（**5.8**） BC 中点的挠度 = −0.417in

（**5.12**） 没有连接杆时，点 D 垂直挠度 = −19.338in；有连接杆时，点 D 垂直挠度 = −1.4552in

（**6.1**） $Q_1 = 0.000205$mm（x 方向位移），$Q_2 = -0.00117$mm（y 方向位移）

（**6.2**） 面积 = 19

（**6.5**） $\varepsilon_x = (0.0005, 0.00267, -0.00583)^T$

（**6.11**） x 方向的位移 = 0.000205mm

（**7.1**） $\varepsilon_\theta = 2.02 \times 10^6$psi

（**7.4**） 变形后的外径 = 100.00117mm

（**7.5**） 平均接触压力 = −7022.15psi

（**7.7**） 峰值径向应力≈10 000psi，峰值环向应力≈54 000psi

（**7.14**） 环向应力从没有紧缩环的约 990MPa 减少到有紧缩环的 650MPa

（**8.1**） $x = 7$，$y = 7$

（**8.2**） 积分值 = 368

（**9.7**） 采用 4 个六面体单元的网格，最大垂向位移 = −0.0148in

（**10.1**） $(T_1, T_2, T_3) = (40, 16.114, -7.7708)$℃（采用更多的单元能得到更好的答案）

（**10.3**） 峰值温度 = 50.7229℃

（**10.13**） 流出烟囱的热流 = 1883.8W/m

（**10.18**） $\alpha = 5.263 \times 10^{-6} T/G$(rad/mm)，其中，$T$ 的单位为 N · mm，G 的单位为 MPa

（**10.21**） 截面 a-a 的速度从 345cm/s 变化到 281cm/s

（**10.24**） $C = 13.5$

（**11.1**） 最低自然频率 = 1509Hz（cps）

（**11.3**） 集中质量的结果为 $\lambda_1 = 8 \times 10^7$，$\lambda_2 = 3.5 \times 10^8$

（**11.7**） 拉伸模态自然频率 = 1392.02Hz

索　　引

A

B

C

D

H

I

N

O

P

Q